全国建设职业教育系列教材

建筑装饰基本理论知识

全国建设职业教育教材编委会

王义山　主编

中国建筑工业出版社

图书在版编目（CIP）数据

建筑装饰基本理论知识/全国建设职业教育教材
编委会编．—北京：中国建筑工业出版社，1999
全国建设职业教育系列教材
ISBN 7-112-04038-8

Ⅰ．建… Ⅱ．全… Ⅲ．建筑装饰-基本知识-技术
教育-教材 Ⅳ．TU767

中国版本图书馆 CIP 数据核字（1999）第 54270 号

全国建设职业教育系列教材
建筑装饰基本理论知识
全国建设职业教育教材编委会
王义山　主编

*

中国建筑工业出版社出版(北京西郊百万庄)
新华书店总店科技发行所发行
北京建筑工业印刷厂印刷

*

开本:787×1092 毫米　1/16　印张:26¾　插页:2　字数:648 千字
2000 年 6 月第一版　2003 年 5 月第二次印刷
印数:2,001—3,000 册　定价:**35.60**元
ISBN 7 – 112 – 04038 – 8
G·316(9445)

本书主要介绍建筑装饰木工、抹灰工、油漆工、钳工、电工、砖瓦工等各相关工种基础知识和建筑装饰木装修、抹灰、陶瓷面砖、石材饰面、裱糊饰面、玻璃装饰、金属制品装饰、新型地面装饰的施工工艺、美学基础及应用常识，同时对建筑装饰班组管理、施工方案编制也进行了介绍。

　　本书可作为技工学校、职业高中相关专业的教学用书，并可作为建筑装饰不同层次的岗位培训教材，亦可供相关施工管理人员参考。

"建筑装饰"专业教材（共四册）
总主编　黄珍珍
《建筑装饰基本理论知识》
主　编　王义山

序

改革开放以来，随着我国经济持续、健康、快速的发展，建筑业在国民经济中支柱产业的地位日益突出。但是，由于建筑队伍急剧扩大，建筑施工一线操作层实用人才素质不高，并由此而造成建筑业部分产品质量低劣，安全事故时有发生的问题已引起社会的广泛关注。为改变这一状况，改革和发展建设职业教育，提高人才培养的质量和效益，已成为振兴建筑业的刻不容缓的任务。

德国"双元制"职业教育体系，对二次大战后德国经济的恢复和目前经济的发展发挥着举足轻重的作用，成为德国经济振兴的"秘密武器"，引起举世瞩目。我国于1982年首先在建筑领域引进"双元制"经验。1990年以来，在国家教委和有关单位的积极倡导和支持下，建设部人事教育劳动司与德国汉斯·赛德尔基金会合作，在部分职业学校进行借鉴德国"双元制"职业教育经验的试点工作，取得显著成果，积累了可贵的经验，并受到企业界的欢迎。随着试点工作的深入开展，为了做好试点的推广工作和推进建设职业教育的改革，在德国专家的指导和帮助下，根据"中华人民共和国建设部技工学校建筑安装类专业目录"和有关教学文件要求，我们组织部分试点学校着手编写建筑结构施工、建筑装饰、管道安装、电气安装等专业的系列教材。

本套"建筑装饰"专业教材在教学内容上，符合建设部1996年颁发的《建设行业职业技能标准》和《建设职业技能岗位鉴定规定》要求，是建筑类技工学校和职业高中教学用书，也适用于各类岗位培训及供一线施工管理和技术人员参考。读者可根据需要购买全套或单册学习使用。

为使该套教材日臻完善，望各地在教学和使用过程中，提出修改意见，以便进一步完善。

全国建设职业教育教材编委会

1999年11月

前　言

　　"建筑装饰"专业教材是根据《建设系统技工学校建安类专业目录》和建设部双元制教学试点"建筑装饰"专业教学大纲编写的。该套教材突破以往按学科体系设置课程的形式,依据建设部《建设行业职业技能标准》对培养中级技术工人的要求,遵循教学规律,按照专业理论、专业计算、专业制图和专业实践四个部分分别形成《建设装饰基本理论知识》、《建筑装饰基本计算》、《建筑装饰识图与翻样》和《建筑装饰实际操作》四门课程。突出技能培养,以专业实践活动为核心,力求形成新的课程体系。

　　本套教材教学内容是具有较强的针对性、实用性和综合性,根据一线现场施工的需要,对原有装饰专业课内容作大胆的取舍、调整、充实,按照初、中、高三个层次由浅入深进行编写,旨在培养一专多能复合型的建筑装饰技术操作人才。四本教材形成理论与实践相结合的一个整体,是建筑装饰专业教学系列用书,但每本书由于门类分工不同又具有自己的独立性,也可单独使用。

　　本套教材力求深入浅出,通俗易懂。在编排上采用双栏排版,图文对照,新颖直观。为了便于教学与自然者掌握重点,每章节后都会有小结、复习思考题和练习题,供学习掌握要点和复习巩固所学知识用。

　　《建筑装饰基本理论知识》一书主要介绍建筑装饰相关工种(木工、抹灰工、油漆工、钳工、电工和砖瓦工)基础知识、建筑装饰木装修、抹灰、陶瓷面砖与石材饰面、裱糊饰面、玻璃装饰、金属制品装饰和新型地面装饰的施工工艺、美学基础及应用常识、班组管理和施工方案的编制四大部分。

　　《建筑装饰基本理论知识》由上海市房地产学校王义山主编,负责全书的修改和增删,并编写第12和13章,卢海泳编写第3、10和11章;南京建筑教育中心王勇编写第1和7章,陈海平、许志勇协助绘图、制表和文字整理,马忠瑞编写第4章,邱海霞编写第5章,冯庭富、张三川编写第14、15章;山东省建筑安装技工学校朱晓前、姜波编写第16、17和18章;攀枝花建筑安装技工学校赵旭东、陈华兵编写第2和8章,杜逸玲、钟世昌和石正东编写第6和9章;陕西省建筑安装技工学校李国年编写第19、20和21章。

　　本套教材由江西省城市建设技工学校黄珍珍任总主编。由北京城建(集团)装饰工程公司总工程师韦章裕、中建一局二公司高级工程组胡宏文主审。在编写过程中,建设部人事教育司和中国建设教育协会有关领导给予了积极有力的支持,并作了大量组织协调工作。德国赛德尔基金会给予了大力支持和指导。各参编学校领导也给予了极大的关注和支持。在此,一并表示衷心感谢。

　　由于双元制的试点工作尚在逐步推广之中,本套教材又一次全新的尝试,加之编者水平有限,编写时间仓促,书中定有不少缺点和错误,望各位专家和读者批评指正。

目　录

第一篇

建筑装饰相关工种基础知识

建筑装饰专业是复合型专业。从建筑装饰施工来看，它涉及到的工种主要有木工、抹灰工、油漆（玻璃）工、砖瓦工、电工和钳工等。所以学习装饰专业，必须学习和了解上述工种的基础知识。

第1章　木工基础知识

木材是建筑装饰最普遍采用的装饰材料之一，木工则是将各种木材转化为装饰作品的主要工种。学习建筑装饰专业的人员必须了解木材种类和性能，掌握木工工、机具的操作和维护方法，还要相应地了解木工的安全生产知识和防火施工要求等。

1.1　木材的种类和性能

木材具有质轻、易加工、天然纹理美丽和较好的力学性能等特点。

1.1.1　树木的组织构造和木材的分类

（1）树木的组织构造

树木由树根、树干和树冠三部分组成，建筑用材主要取自树干。

从树干横切面上可以看到，树干是由树皮、形成层、木质部（边材与心材）和髓心等组成，如图1-1所示。

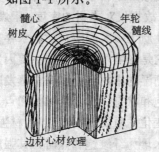

图1-1　树干的组织构造

1）树皮

树皮是树干的最外层，是识别树种的重要特征之一，各树种树皮的厚薄、颜色和外部形态有所不同。

2）形成层

形成层位于树皮与木质部中间，是一层很薄的组织。形成层向外分生韧皮细胞形成树皮；向内分生木质细胞构成木质部。

3）年轮

横切面上有一圈圈呈同心圆式的木质层称为年轮。多数树种的年轮近似圆圈，少数树种的年轮呈不规则的波浪状。

4）木质部

木质部位于形成层与髓心之间，多数树种在这部分有深浅不同颜色，靠近形成层部分材色要浅些，髓心周围部分材色深些。材色较浅的树干外围部分，称为边材；材色较深的部分，称为心材。心材占树干的容积量最多，材质也较好，是木材利用的主要部分。

5）髓心、髓线

髓心位于树干中心，是由一年生幼茎的初生木质部构成，在树干的成长中，它一般不再增大。其力学性能极低，容易开裂、腐朽，因此，用材要求质量高的，不得带有髓心。

髓线是从树干中心成辐射状穿过年轮射向树皮的细条纹。髓线是木材中较脆弱的组织。木材干燥时，木材常沿髓线开裂，从而降低了木材的利用率。

6）导管、树脂道

导管是阔叶树材中输导水的管状构造，所以阔叶树因多孔容易被腐蚀。

树脂道是分泌树脂液的特殊孔道，为某些树种中特有。它也是识别木材树种的依据之一。

7）木材结构

木材结构有粗有细，有均匀和不均匀之分。由较多的大细胞组成材质粗糙的称为粗结构；由较多小细胞组成材质致密的称为细结构；组成木材的大小细胞变化不大的，称为均匀结构；大小细胞排列变化大的，称为不均匀结构。结构粗或不均匀结构的木材但表面粗糙，油漆后没有光泽；结构细、均匀结构的木材木纹虽单调但表面光滑，容易旋切、刨光或进行雕刻。

（2）木材纹理

木材中由于各种细胞排列的不同和材色的差别形成了纹理。根据年轮的宽窄和变化缓急，分为粗纹理和细纹理；根据纹理的方向又可以分为直纹理、斜纹理和乱纹理。直纹理的木材容易加工，强度大；斜纹理和乱纹理的木材不易加工，强度较低。木材的锯切部位和方向与纹理有关，径切面是直纹理，而弦切面往往形成"V"形花纹。

（3）木材的分类

木材由自然树经砍伐后加工而成。

1）按树种分类

树木通常分为针叶树和阔叶树两大类。

针叶树：树干长直高大，纹理通直材质较轻软，容易加工，是装饰骨架的主要用材，如松、柏、杉木等。

阔叶树：材质较硬，刨削加工后表面有光泽，纹理美丽、耐磨，主要用于外露面的装修，如柳桉、水曲柳等。

2）按用途分类

木材按加工与用途不同可分为原木、杉原条、板方材等。

a. 原木是指伐倒后经修枝，并截成一定长度的木材，分直接使用和加工用两种。直接用原木适用作坑木、电杆、桩木等；加工用原木适用于造车、船、加工胶合板和板方材等。

b. 杉原条是指只经修枝、剥皮，没有加工造材的杉木，长度在 5m 以上，直径 60mm 以上。

c. 板方材是指按一定尺寸加工成的板材和方材。板材是指断面宽为厚的三倍及三

倍以上者；方材是指断面宽低于厚的三倍者。

按板材厚度的大小，板材分为：

薄板：厚度 18mm 以下；

中板：厚度 19～35mm；

厚板：厚度 36～65mm；

特厚板：厚度 66mm 以上。

按方材宽厚相乘积的大小，方材分为：

小方：宽厚相乘积 54cm² 以下；

中方：宽厚相乘积 55～100cm²；

大方：宽厚相乘积 101～225cm²；

特大方：宽厚相乘积 226cm² 以上。

板方材长度：针叶树 1～8m。

　　　　　　　阔叶树 1～6m。

1.1.2　木材的性质

（1）含水率

木材的含水率是以木材中所含水分重量与绝干木材重量比值的百分数来表示，即：

木材含水率＝

$$\frac{木材干燥前的重量-烘干后的重量}{木材烘干后的重量} \times 100\%$$

木材中的水分，主要有自由水和附着水两种。当潮湿木材水分蒸发时，首先是蒸发自由水，故它仅对木材的密度、干燥等有关，对其他性质无多大影响。附着水存在于细胞壁中，它是影响木材性能的主要因素。

当潮湿的木材自由水完全蒸发时，附着水尚在饱和状态，称为纤维饱和点，这是木材性质变化的重要转折点。以木材强度来说，木材含水量为纤维饱和点时，其强度是纤维饱和点强度；当木材含水量低于纤维饱和点时，其强度会因含水量的减少而增加，反之则降低。

纤维饱和点的含水率一般约在 23%～30% 之间。

（2）干缩和湿胀

潮湿木材在空气中，其水分会逐渐蒸发掉，使其体积缩小，这种现象称为干缩。干缩不均匀会使木材产生变形和开裂；反之，干

燥的木材在潮湿的空气中又会吸收水分，使体积胀大，这种现象称为湿胀。木材的干缩和湿胀现象与周围空气湿度和温度有关，当木材含水量与空气的相对湿度相平衡时，木材既不再蒸发水分，也不再吸收水分，木材的含水率一般在15%左右，这时的木材称为气干材。

纤维饱和点也是木材干缩湿胀的转折点，木材的含水量在纤维饱和点以上时，没有胀缩变化（或变化极小），而当含水率低于纤维饱和点以下时，木材将随着含水量的减少而收缩，反之因含水量的增加而膨胀。

各种木材的干缩湿胀程度是不同的，即使同一块木材，纵向和横向的胀缩也有很大的区别，而横向的胀缩又因径向和弦向而不同。总之，纵向干缩最小，一般为0.1%，径向干缩一般在3%～6%，而弦向干缩最大，达6%～12%；同样木材的边材，即靠近树皮的部分的含水量又大于心材，所以边材的干缩又大于心材。

湿胀的速度也是不均匀的，开始快，以后逐渐减慢。

木材干燥后，由于不均匀收缩，径向、弦向、边材、心材等干缩的差异，使木材改变原来的形状，引起翘曲，局部弯曲、扭曲、反翘等，也会发生裂隙等现象，参见图1-2，

图1-2 木材干燥后
截面形状的改变

1—通过髓心的径锯板呈凸形；2—边材径锯板收缩较均匀；3—板面与年轮成40°角呈翘曲；4—两边与年轮平行的正方形变长方形；5—与年轮成对角线的正方形变菱形；6—圆形变椭圆形；7—弦锯板呈翘曲

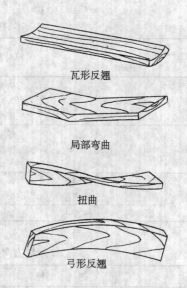

瓦形反翘

局部弯曲

扭曲

弓形反翘

图1-3 木材干缩后的变形

图1-3。

（3）相对密度

木材的相对密度因树种、产地、砍伐部位的不同而发生变化，约为0.3～1.0。构成木材实质物质部分的相对密度与树种无关。较轻的木材其空隙部分自然较多。

（4）强度

1）木材的强度及弹性模量与相对密度有密切关系。

2）新鲜木材的强度为气干木材强度的60%～70%。

3）木材的抗拉、抗弯强度高于抗压强度，而抗剪、抗冲切强度明显偏低。

木材相对密度、强度标准值见表1-1。

（5）容许应力

不同的材料其强度差异性较大。考虑木节、蠕变现象（在荷载长期作用下变形徐徐加大）等，与标准值相比容许应力值则较小。

顺纹方向的长期容许应力见表1-2。

（6）木材的干燥

为了提高木材强度，保持原有形状，防止腐朽、变形、裂纹、弯曲等现象出现，以保证装饰工程质量，延长其使用年限，木材在制作、使用前必须进行干燥处理。

树　种		相对密度	抗压强度 (kgf/cm²)	抗弯强度 (kgf/cm²)	抗剪强度 (kgf/cm²)	弹性模量 (tf/cm²)
针叶树	杉	0.38	370	580	48	71
	扁柏	0.41	410	740	60	104
	松	0.52	400	690	60	80
阔叶树	椴木	0.40	410	660	59	80
	白蜡	0.50	420	880	82	110
	榉木	0.67	450	910	78	116
进口材	针叶树　美国杉	0.34	310	350	39	50
	针叶树　美国松	0.53	420	780	57	100
	阔叶树　柳桉木	0.42	400	720	57	90

树　种		抗压	抗拉弯曲	剪切
针叶树	杉、美国松　美国铁杉	60	70	5
	松、扁柏、铁杉、美国松、美国扁柏	80	90	7
阔叶树	栗树、桴树、榉树	70	100	10

注：1. 短期容许应力为本表数值的 2 倍。

　　2. 垂直顺纹方向的冲切强度为本表数值的 1/5。

　　3. 木材使用在平时为湿润状态处时，取本表数值的 70%。

木材的干燥处理应根据木材的树种、规格、用途和当地设备条件等，选择自然干燥法和人工干燥法。

1）自然干燥法

自然干燥法就是将木材堆积在空旷场地或棚内，利用空气的传热、传湿作用和太阳辐射热量，使木材水分逐渐蒸发，达到一定的干燥程度。

堆积场地要求干燥、平整，排除积水方便，通风良好；场地内不得有易燃物品，为了防火，必须健全防火制度和设置足够的防、灭火设备和器材。

因自然干燥时间较长，应尽早将木材筹备齐全，采用图 1-4、图 1-5 所示的板方材堆积法和小材料堆积方法。若气候条件、通风状态良好，厚度 30mm 以下的杉木板需要 1~2 个月可大致干燥，方材则需要 6~12 个月。

2）人工干燥法

在工厂用蒸汽，边调整温湿度边使之干燥。干燥新鲜杉厚板约需 10 日，硬木厚板约需 30 日。

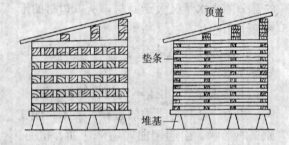

图 1-4　板方材堆积法

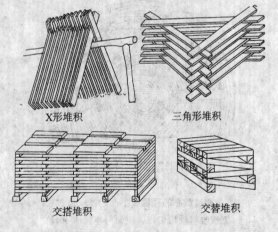

X形堆积　　　三角形堆积

交搭堆积　　　交替堆积

图 1-5　小材料堆积方法

将木材置于流动水中，木材中的液体被溶解流出，此后将其干燥就变得很容易，人们称为浸水法。

（7）木材的缺陷

木材的缺陷很多，下面举几种常见的缺陷。

1）木节

树干中的活枝条或枯死枝条在树干中生长的断面为木节。木节有活节、死节、腐朽节等。

2）变色及腐朽

变色是由木材的变色菌侵入木材后引起。腐朽菌破坏细胞壁，引起木材腐朽。

3）裂纹

在树木生长期间或砍伐后，由于外力或温度和湿度变化的影响（如不适当的干燥），使木纤维之间发生分离，称裂纹。按开裂部位和开裂方向不同，分为径裂、轮裂和干裂三种。

1.1.3 木材的装饰性

利用木材进行装饰能赋于建筑空间自然典雅、明快富丽的格调，它具有以下优点：

（1）古典优雅，易体现民族风格

用木材进行装修，我国已有几千年的历史。早在战国时代，各国统治者用"高台榭、美宫室"炫耀财富和权势。在明朝颁布了《工部工程法则》形成一套包括木工的成熟的技术规范；明清时代由于航海业的发达，东南亚一带出产的花梨木、紫檀、红木等输入，通过我国民间的能工巧匠的创作，更加体现出木装修的高贵典雅。如江南一带的居室厅堂用罩、隔扇、屏门等自由分隔空间，上部天花做成各种形式的"轩"，或称卷棚式天花，变化多端具有浓厚民族风格。

（2）天然材质，独具优良装饰效果

木材具有天然纹理和材色。树木本身是大自然的空气调节器，因而木材具有调节温度、湿度、散发芳香、吸音、调光等多种功能，使人有回归自然、心情稳定愉悦的感觉。木材系天然植物，对人体没有污染和毒害。

（3）施工简捷，易造型雕琢

木材因其质轻，容易加工，可与多种材料配合施工，所以在固定、连接等构造上的形式多样，既可进行自身榫眼结合，又可钉胶结合。施工均以干作业为主，施工方便，既可以现场制作，又可以加工预制。特别是对于较小型的工程和家庭，可不受气候、场地等因素影响。

木材的加工比较简单，可以加工制作出各种不同规格和型状，以满足人们的意愿，造就出各种不同风格、形式和种类的艺术造型。

木材不但可以制作骨架，还以其自身优美的色泽、木纹起到饰面的作用。通过加工，还可以制成各种胶合板，而胶合板更具有材质均匀、吸湿变形小、幅面大、不翘曲、板面花纹美丽、装饰性强的特点。并可以对异型的形体进行饰面，而各种木线条安装，更是起到点缀的效果。

（4）用途广泛，永远受到人们的喜爱

在装饰工程中，木质材料作为装修构件和饰面的种类繁多。从室外的门头、柱、梁到室内的墙裙、隔墙；从地面的地板到顶部的天花；从开启门窗到移动的屏风；从隐蔽的结构到封边、收口，随处可见，随手触摸。在现代装饰材料层出不穷的今天，木材的装饰性依然受到人们的青睐，不难看出，无论现在或是将来，木材在装饰上的应用日益广泛。

1.1.4 木材的合理使用

木材用途很广，需求量较大。我国虽然有丰富的森林资源，但树木生长需要时间，为了在长远时间内充分满足各方面要求，同时在造价上降低成本，这就要求我们在使用木材上厉行节约，按照木材各种特性和具体要求，做到合理使用。

（1）提高出材率

采用新技术、新工艺、综合利用等技术措施提高木材的出材率。

1) 制材原则

制材就是将原木锯成板材或方材。制材时要按照国家的"木材标准"，综合利用制材产品的用途，对各种形状的原木，不同的纹理和木材缺陷，选择合理的锯条、锯割方向和顺序。

一般先制特殊材，后制一般材；先制长材，后制短材；先制优材，后制劣材。

2) 制材方法

a. 方材的下锯

一般采用三面或四面下锯，参见图1-6。原木有缺陷时，把缺陷放在板皮上，在不影响使用的情况下，特大方可适当带点钝棱，以增加其出材率。

b. 板材的下锯

毛边板的下锯一般采用以下两种方法。

锯口平行地将原木锯成两边为毛边的板材，图1-7（a）。这种下锯法，木材的利用率高，干燥损失少，但不便剔除原木中的缺陷。

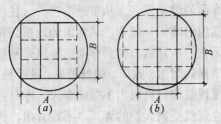

图1-6　三面和四面下锯法（方材）
（a）四面下锯法；（b）三面下锯法

将毛边板的一边先锯齐，使原木中缺陷较严重的部位集中在这块板皮上，然后锯口平行地锯出单面毛板，参见图1-7（b）。

因板材在原木中的位置不同，其板面木纹可为直纹、斜纹、曲纹。如将原木的横断面平分20等份，从两边向髓心计算，两边各约4/20为曲纹板，各3/20为斜纹板，中部6/20为直纹板。有些木纹不规则的硬材，如果采用三边斜向开板，可以得到较多的木纹

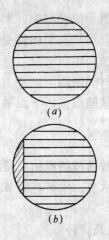

图1-7　板材下锯法

美丽的板材（参见图1-8）。

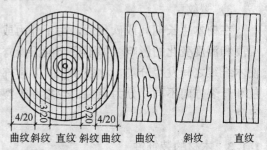

曲纹斜纹 直纹 斜纹曲纹　　曲纹　　　斜纹　　　直纹

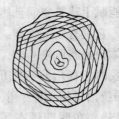 

图1-8　板与木纹

（2）合理加工，搭配使用

1) 木材加工时可采用锯、刨两道工序交叉进行的方法

一般木材刨削加工量（机械）单面为3mm，双面为5mm。如采用先刨削一面，然后按直边锯裁，就不必留出3mm的单面刨削加工量，只要有1mm左右就可以了，这样既能节约木材，还能节省工时。所以只要有条件就可以采用锯刨交叉的操作方法。

2) 统筹画线，合理搭配

加工制作时，各构件的长短、宽窄有所不同，而板、方材的规格一般是定尺寸的，只要统筹搭配长短、宽窄的画线，就能在定尺寸的木材上减少图方便而造成的浪费，并能达到统一下料的效果。

3）缺陷木材的使用

由于自然条件的变化，木材会产生各种缺陷，配料时既要克服单独求好，不注意充分利用木材的倾向；又要反对不顾质量的错误倾向。在保证质量的前提下，要针对构件的作用和位置，合理地将带有某些允许缺陷的木料使用在允许使用的部位，一般做法是：

需要开榫的料，端头允许有裂纹，而不允许带有节子；需要打眼的料，端头在眼子以外允许有节子，但不允许有裂纹；外露面要好，内隐面可以带有不超过允许范围的缺陷。

4）采取"拼、接、贴、补"的方法，在不影响质量的前提下，对装饰层的隐蔽部位进行劣材良用，小材大用。

"寸木如寸金"，在施工过程中严禁长材短用和优材劣用。另外对木材进行干燥与防腐、防虫处理，可以延长木材的使用年限，也是节约木材的好办法。

1.2 木工手工工具、机具

1.2.1 木工手工工具

（1）量具

木工操作中常用量具有以下几种：

1）量尺

量尺有钢卷尺和木折尺（图1-9）等。

钢卷尺用薄钢片制成，卷装在钢制小圆盒内，尺长有1m和2m、3.5m、5m等。使用时将尺头挂或按在起量处，拉开卷尺即可读出尺寸数。钢卷尺丈量尺寸比较准确，携带方便，使用较多。

木折尺有四折、六折、八折等几种，它

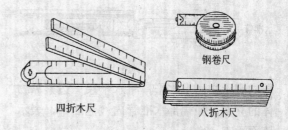

四折木尺　　　　　　　钢卷尺

八折木尺

图1-9　量尺

用质地较好的薄木片制成。四折尺长为50mm，铰接处用铜或钢制的圆形夹槽及铰链连接，不易变形。六折尺、八折尺长为1m，铰接处用空心铆钉连接，易松动而产生误差，应经常进行校验。折尺在使用时要紧贴物面展开拉直。

2）角尺与三角尺（图1-10）

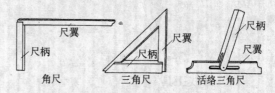

尺翼　　　　　尺翼　　　尺翼

尺柄　　　尺柄　　　尺柄

角尺　　　三角尺　　　活络三角尺

图1-10　角尺与三角尺

角尺又称曲尺、拐尺，有木制和钢制两种。一般木制角尺的尺翼长200～400mm，尺柄长150～200mm，尺翼较薄，尺柄略厚。尺翼与尺柄用榫结合，互相成直角。角尺用于划垂直线和平行线，检查物面的平整及相邻面是否成直角。

三角尺又称斜尺、搭尺，长度均为150～200mm，尺翼与尺柄的交角一个为90°，一个为45°。三角尺用不易变形的木料制成，尺翼较薄，尺柄略厚，尺翼与尺柄用榫结合。使用时将尺柄紧靠物面边棱即可划出45°斜角线。另有一种为活络三角尺，它可以任意调整角度，尺翼长为300mm，中间开有槽孔，尺柄端头也开有槽，用螺栓与尺翼连接。

3）水平尺

有木制和钢制两种，尺的中部及端部各装有水准管（图1-11）。

水平尺用来校验物面的水平或垂直，将水平尺平置于物面上，如中部水准管内气泡

9

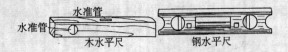

图 1-11　水平尺

居中表示物面呈水平；将水平尺一边紧靠物体的立面，如端部水准管内气泡居中，表示该面垂直。

4）线锤

是用钢制成的正圆锥体，在其上端中央设有带孔螺盖，可系一条线绳（图1-12）。

图 1-12　线锤

（2）画线工具

1）画线笔

画线笔有木工铅笔、竹笔等。木工铅笔的笔杆是椭圆形的，铅芯有黑色、红色、蓝色数种。使用前将铅芯削成扁平形，画线时要使铅芯扁平沿着尺顺画。

竹笔又称墨衬，用韧性较好的竹片制成，长约200mm左右，笔端削扁成40°斜角，宽约15～18mm，并削成多条丝帛，切口深度一般以2mm左右为宜。制作竹笔时，竹料事先应用水浸饱和，前笔时保持竹青一面平直，竹黄一面削薄。竹丝愈细，吸墨愈多，画线愈细，笔尖稍加切成弧形，以利画线时笔尖转动角度滑利（图1-13）。使用时手持竹笔要垂直不偏。

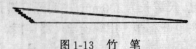

图 1-13　竹笔

2）线勒子

又称勒线器，它是由勒子档、勒子杆、活楔和小刀片等组成。勒子档一般用硬木制成，中间凿一个孔，穿勒子杆，勒子杆一端安装小刀片，杆侧用活楔与勒子档楔紧（图1-14）。

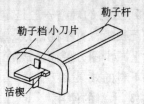

图 1-14　线勒子

3）墨斗

墨斗由圆筒、摇把、线轮和定针等组成（图1-15）。

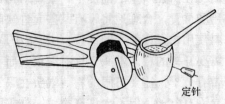

图 1-15　墨　斗

墨斗的圆管内装有饱含墨汁的丝绵或棉花，筒身上留有对穿线孔，线轮上绕有线绳，一端栓住定针。

4）墨株

墨株是用竹片或木板制成的，开有各种距离的三角槽，中间用档块来控制划线尺寸。使用可参见图1-16。

图 1-16　墨　株

5）画线符号

为了避免在木料加工中发生差错，在画线时要有统一的符号，以资识别。常用的画线符号如图1-17所示。

画线符号在全国各地还不统一，因此，共同工作时必须研究使用一致的符号，以免混淆。

（3）砍削工具

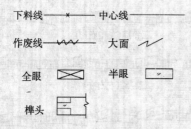

下料线——×——中心线——————

作废线——〜〜——大面 〜

全眼 ⊠ 半眼 ▭

榫头

图 1-17 画线符号

在木工操作中，砍削工具有斧和锛（图 1-18）。斧有单刃斧和双刃斧。单刃斧的刃在一面，适合砍而不适于劈；双刃斧的刃在中间，适合于砍劈。

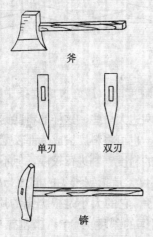

斧

单刃 双刃

锛

图 1-18 斧和锛

锛一般用来砍削较大木料的平面。砍削时要侧身俯视墨线，还要根据木料软硬程度来掌握下锛之力。先用力砍几下，再按墨线修改。锛的操作比较困难，容易发生砍伤事故，因此必须小心谨慎，看准砍稳。

斧与锛的研磨方法：一般用双手食指和中指压住刃口部分（也可一手握住斧把，一手压住斧刃口），紧贴在磨刀石上来回推动，向前推时要使刃口斜面始终紧贴石面，切勿使其翘起，当刃口磨得发青、平整、口成一直线时，表示刃口已磨得锋利。

（4）锯割工具

木工用锯按其构造不同，分为框锯、板锯、狭手锯、钢丝锯等。

1）框锯

又名架锯。它是由工字形木架和锯条等组成。木架一边装锯条，另一边装麻绳，用绞片绞紧，或装钢串杆用蝶形螺母旋紧，也有用吊绳拉紧的（图 1-19）。

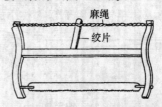

麻绳

绞片

图 1-19 框 锯

框锯按其用途不同，分为纵割锯（顺锯）和横割锯（截锯）。纵割锯用于顺木纹纵向锯开；横割锯用于横木纹锯断口。

框锯按其锯条长度及齿距不同，分为粗锯、中锯、细锯、绕锯、大锯等。在装饰工程中常用的有：

中锯，锯条长度为 550～600mm，齿距 3～4mm。用于锯割薄木料或开榫料。

细锯，锯条长度为 450～500mm，齿距 2～3mm，用于细木工及开榫、拉肩。

锯条的宽度为 22～38mm，厚度为 0.45～0.70mm。

绕锯，又名曲线锯，锯条较窄（约 10mm 左右），锯条长度为 600～700mm，主要用于锯割圆弧或曲线部分。

框锯是木工主要用锯。一把好的锯，其锯条应该是平面薄，强而韧。鉴别方法是：用手指在锯条上来回摩擦，感到没有凹凸不平的现象；将锯条弯成弧形，再放开，恢复原状速度块；用手指弹锯条角，声音清脆，余音悠长；锯齿整齐而锋利。

2）板锯

又名手板锯。由木手把及锯条组成，手把装于锯条一端，锯条长 250～750mm，齿距 3～4mm，锯齿是向锯尖方向倾斜的（图 1-20）。板锯适用于锯割较宽的木板。

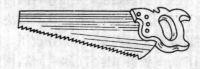

图 1-20 板 锯

3）狭手锯

又名鸡尾锯。由木手把和锯条组成，锯条窄而长，端头呈尖形，长度约300～400mm（图1-21）。狭手锯适用于锯割狭小的孔槽。

图1-21　狭手锯

4）钢丝锯

又名弓锯。它是用竹片弯成弓形，两端绷装钢丝而成。钢丝上剁出锯齿形的飞棱，利用飞棱的锐刃来锯割（图1-22）。钢丝锯适用于锯割复杂的曲线或开孔。

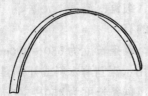

图1-22　钢丝锯

5）锯齿的构造

锯齿的功能主要决定其料路、料度和斜度。

a. 料路，又名锯路，是指锯齿向两侧倾斜的方式。料路一般有三料路和二料路两种。三料路又分左右中三料路和左中右中三料路，左右中三料路的锯齿排列是一个向左，一个向右，一个中立相间，一般纵割锯都用这种料路；左中右中三料路的锯齿排列是一个向左，一个中立，一个向右，一个中立相间，一般纵割锯，锯割潮湿木料或硬质木料时才用这种料路。二料路又称人字路，它的锯齿排列是一个向左，一个向右相间，一般横割锯都用这种料路（图1-23）。没有料路的锯条容易夹锯，不能使用。

b. 料度，又名路度。是指锯齿尖向两侧的倾斜程度（图1-24）。料度的大小取决于锯的用途及木料干湿程度。一般情况下，纵割锯的料度为其锯条厚度的0.6～1倍，横割锯

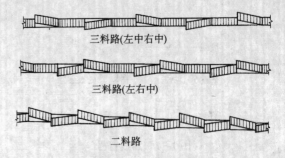

图1-23　料　路

的料度为其锯条厚度的1～1.2倍，如果锯割潮湿木料，则料度要适当加大。

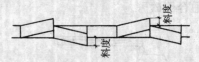

图1-24　料　度

在拨料度时，最好拨成锯条中间的$\frac{2}{3}$段内，略比两边大一些，这样的料度锯割进度较快而省力，也可将料度拨成上部较宽，下部略窄，这样的料度锯割进行较慢，但不易跑锯。

c. 斜度，是指锯齿尖的前面与锯条长度方向的夹角，它的大小是根据锯的用途而定，一般纵割锯的斜度为80°，横割锯的斜度为90°，齿尖夹角均为60°（图1-25）。

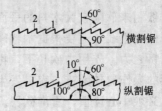

图1-25　锯齿斜度
1—前面；2—后面

6）锯的修理

锯割过程中，感到进度慢而费力，表明锯齿不利，需要锉伐；平直推拉感到夹锯，是料度受摩擦发热而退缩，总是向一方偏弯，表明料度不匀，应进行拨料修理。

锯齿修理应先进行拨料，然后再锉锯齿。

a. 拨料，料路是用拨料器进行调整。

b. 锉伐，锉锯要求如下：每个锯齿齿尖要高低平齐，在同一直线上，各齿锯要均匀

相等，大小一致，锯齿的斜度要正确，齿尖要锉得有棱有角，非常锋利，呈乌青色。（见图1-26）。

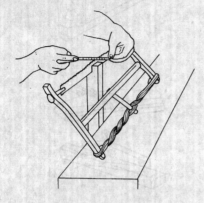

图1-26　锯的锉伐

此外，还要对锯架进行维修，如发现绳索、螺母、旋钮以及木架接榫处有损坏，应及时调整或修理。

（5）刨削工具

刨依其用途及构造不同，有平刨、槽刨、线刨、边刨、轴刨等等，装饰工程中常用的有：

1）平刨

平刨是用来刨削木料的平面，使其平直。按其刨削要求不同，有长刨、短刨和光刨等。

a. 长刨，又名细刨。刨身长度为400～500mm，宽为65mm，厚度为50mm，由于刨身较长，所刨削的木料面较为平直，适用于刨削长料。

b. 中刨，又名二长刨、粗刨。刨身长度为250～280mm，宽、厚与长刨相同。中刨一般用于第一道粗刨木料面，它的加工精度不高，表面粗糙。

c. 短刨，又名荒刨。刨身长度为180～220mm，宽、厚与长刨相同，专供刨木料的粗糙面。

d. 光刨，又名细短刨。刨身长约180mm，宽厚与长刨相同，专供修光木料表面，使其平整光滑。

平刨是由刨身、刨柄、刨刃、盖铁、刨梁螺丝及木楔等组成（图1-27）。刨身一般用檀木、榉木等硬质木材制成。刨身面上开有刨刃槽，槽内横装一条硬木制成的半圆形刨梁，也有将刨刃槽前部开成燕尾形，刨刃等卡在槽内，刨身底有条刨口槽，槽的长度略大于刨刃宽度，槽的宽度依刨刃的厚度和斜度而定，一般为5～8mm，刨口装有镶边铁，起耐磨保护作用。刨身以刨口为中心分前后两部分，一般长刨和中刨前部比后部长约$\frac{1}{5}$，短刨后部比前部长约$\frac{1}{5}$。

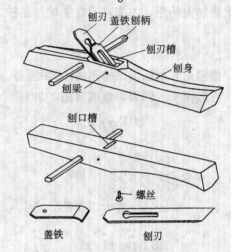

图1-27　平刨的组成

刨柄一般长度为250mm，用刨身相同的木料制成，刨柄可做成方圆形断面，也可做成羊角形式的，榫接在刨身上。

刨刃又名刨刀、刨铁，其宽度为25～64mm，常用为44mm、51mm。刨刃的刃口角度要根据所刨木料软硬程度而定，通常刨硬木用的在35°左右，刨中等料用的在25°～30°之间，刨软木则在20°左右。刨刃嵌入刨身内与刨底的夹角要依刨的用途而定，长刨约48°，中刨约45°，短刨约42°，光刨约51°（图1-28）。

图1-28　刨刃与刨底夹角

刨刃装入刨身后，其刃口到刨口槽边的空隙要留适当，长刨和光刨中不宜大于1mm，中刨及短刨中约1～1.5mm。

盖铁又名刨夹，它的主要作用是保护刨刃刃口部分，并使刨刃在工作时不易活动，易排出刨花，盖铁规格与刨刃相同。盖铁扣在刨刃面上，用螺丝拧紧。盖铁刃口到刨刃刃口的距离可根据加工木料的硬度与刨光程度而定，一般长刨约0.6～0.8mm，中刨1mm、光刨0.2～0.5mm，在刨硬木或潮湿木料时，可适当加大间距，木楔楔紧在刨梁与盖铁之间。

2）槽刨

槽刨是专供刨削凹槽用的。它由刨身、刨柄、方形楔子、刨刃等组成（图1-29）。

图1-29 槽 刨

槽刨的长度约200mm，宽度约35mm，高度约60mm，底部有一条2.5～12mm宽，7-9mm高的凸形滑道，刨刃与刨身底面的夹角约48°，方形楔子用来调整槽与木料边缘的距离，调整后用木楔敲紧。槽刨一般具有3～12.5mm不同宽度的凹槽。

3）线刨

专为成品棱角处开美术线条加工用，根据设计和使用要求来制作，它的长度约200mm，高为50mm，宽度依所需要刨的线条而定。一般为20～40mm。刨刃与刨身底面夹角一般为51°左右（图1-30）。

4）边刨

又名裁口刨，专供在木料边缘开出裁口用。刨身长约200～300mm，厚约40mm，高约50～60mm，刨刃与刨身底面夹角约51°（图1-31）。

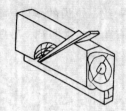

图1-30 线刨

图1-31 边刨

5）轴刨

又名滚刨、蝙蝠刨，有木制和钢制两种，适用于刨削各种较小木料弯曲部分（图1-32）。

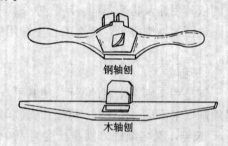

图1-32 轴 刨

6）刨的修理

a. 刨刃研磨，刨刃用久后，其刃口部分会迟钝，刨过硬质木料或有节子的木料后，刃口往往容易有缺口，因此需要进行研磨。

磨刨刃所用磨石，有粗磨石及细磨石。磨缺口或磨平刃口斜面用粗磨石，磨锋利则用细磨石。

研磨过的刀刃看起来是条极细的黑线，呈乌青色，刃口斜面要平直。

b. 刨的维护，刨在使用时，刨底要经常擦油（机油、豆油均可）。敲刨时要敲其后端，不要乱敲。木楔不能打得太紧，以免损坏刨梁。刨用完后，退松刨刃，挂在工作台板间或使其底面向上平放，不要乱丢。如果长期不用，应将刨刃及盖铁退出。要经常检查刨底是否平直、光滑，如有不平整应及时修理，否则会影响刨削质量。

（6）凿

凿是打眼、剔槽及在狭窄部分作切削工具。它由凿头与凿柄组成，凿头刃口宽度为6.4～51mm，凿柄因要承受锤击，需要硬质的檀木，榉木等制成。为了防止柄端锤击起毛损坏，可装上铁箍保护，凿柄长度一般为130～150mm。

1）凿的种类

凿按其形式不同，分为平凿、斜凿、圆凿等（图1-33）。

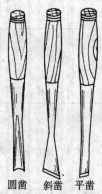

圆凿　斜凿　平凿

图1-33　凿

a. 平凿，又名板凿，用于凿方孔及切削，一般使用的凿刃宽度为12.7～31.7mm。平凿又分宽刃凿及狭刃凿两种。宽刃凿又名薄凿，刃口宽度在22mm以上，适用于剔槽及切削；狭刃凿又名厚凿，刃口宽度在18mm以下，专用于剔削较狭较深的孔槽。

b. 斜凿是刃口倾斜的一种薄凿，切削比较锋利，适用于倒棱、剔槽及狭窄部分的剔削。

c. 圆凿的刃口呈弧形，专用于凿圆孔或弧形部分。

2）凿的修理

研磨凿刃时，要用右手紧握凿柄，左手横放在右手前面，拿住凿的中部，使凿刃斜面紧贴在磨石面上，用力压住均匀地前后推

动（图1-34），磨时应在磨石全部表面上来回研磨，以尽量保持磨石面的平整，要注意保持凿刃斜面的角度。刃口磨锋利后，将凿翻转过来，把平的一面放在磨石面上，磨去卷边。

图1-34　磨凿手势

凿顶如被打坏或打成蘑菇状要看情况更换凿柄或把柄端车小，用铁衬圈加固。

（7）锤

锤又名锒头，木工操作中采用羊角锤和平头锤（图1-35）。羊角锤既可敲击又可拔钉，锤重（不连柄）0.25～0.75kg。柄长300mm左右，用硬质木料组成。敲钉时锤头应平击钉帽，使钉垂直地钉入木料内，否则容易把钉打弯。拔钉时，可在羊角处垫上木块，加强起力。遇到锈钉，可先用锤轻击钉帽，使钉松动，然后再行拔起。

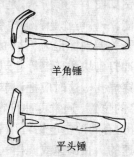

羊角锤

平头锤

图1-35　锤

（8）木锉

木锉用来锉削或修正木制品的孔眼、凹槽或不规则的表面等。按其锉齿粗细，分为粗锉与细锉。按其形状不同分为平锉、扁锉和圆锉。一般常用的是扁锉，长度为150～

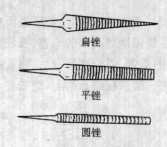

扁锉

平锉

圆锉

图 1-36 木 锉

300mm，使用时装上木柄（图 1-36）。锉削时要顺纹方向锉，否则会越锉越毛糙。

（9）螺丝批

又名螺丝刀、旋凿、改锥、起子。用于装卸木螺丝。分普通式（不穿心柄）及穿心柄式两种，杆部长度（不连木柄）为 50～350mm（图 1-37）。

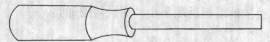

图 1-37 螺丝刀

装卸木螺丝时，要使其刀口紧压孔螺帽槽内，顺时针方向拧则螺丝上紧，逆时针拧则螺丝退出。

1.2.2 木装饰机具

（1）冲击电钻

冲击电钻如图 1-38 所示，是电动工具，具有两种功能：一种可作为普通电钻使用，同时应把调节开关调到标记为"钻"的位置；另一种可用来冲打砌块和砖墙等建筑材料的木榫孔和导线穿墙孔，这时应把调节开关调到标记为"锤"的位置。通常可冲打直径为 6～16mm 的圆孔。有的冲击电钻可调节转速，分有双速和三速的。在调速或调档（"冲"和"锤"）时，均应停转，使用方法如同电钻。

1）构造

冲击电钻由单相串激电机、传动机构、旋冲调节及壳体等部分组成。充电式冲击电钻在操作手柄下端，有一个电池盒。

2）技术性能

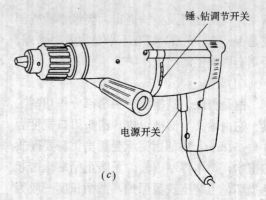

锤、钻调节开关

电源开关

（c）

图 1-38 冲击电钻

冲击电钻规格及部分国内外产品性能见表 1-3、表 1-4、表 1-5。

冲击电钻规格（ZB K64 006-88）

表 1-3

冲击电钻规格(mm)	10	12	16	20
额定输出功率(W)	≥160	≥200	≥240	≥820
额定转矩(N·m)	≥1.4	≥2.2	≥3.2	≥4.5
额定冲击次数(min⁻¹)	≥17600	≥13600	≥11200	≥9600

注：1. 冲击电钻规格是指加工砖石、轻质混凝土等材料的最大规格。

2. 对双速冲击电钻，表中的基本参数系指低速档时的参数。

部分国产冲击电钻规格 表 1-4

型 号	最大钻孔直径(mm) 混凝土	钢	输入功率(W)	额定转速(r/min)	冲击次数(min⁻¹)	重(kg)
回 Z1J-12	12	8	430	870	13600	2.9
回 Z1J-16	16	10	430	870	13600	3.6
回 Z1J-20	20	13	650	890	16000	4.2
回 Z1J-22	22	13	650	500	10000	4.2
回 Z1J-16	16	10	480	700	12000	
回 Z1J-20	20	13	580	550	9600	
回 Z1J-20 /12	20	16	640	双速 850/480	17000/ 9600	3.2
回 Z1JS-16	10/16	6/10	320	双速 1500/700	30000/ 14000	2.5
回 Z1J-20	20	13	500	500	7500	3
回 Z1J-10	10	6	250	1200	24000	2
回 Z1J-12	12	10	400	800	14700	2.5
回 Z1J-16	16	10	460	750	11500	2.5

注：表中产品为中国电动工具联合公司、上海电动工具厂等厂家生产。

3）使用和维护

a. 使用前检查电钻完好情况，包括机体、绝缘、电线、钻头等有无损坏。

b. 操作者应戴绝缘手套。

c. 根据冲击、旋转要求，把调节开关调节到相应的冲击档、旋转档上，钻头垂直于工作面冲转。

d. 使用中发现声音和转速不正常时，要立即停机检查；使用后，及时进行保养。

e. 电钻旋转正常后方可作业，钻孔时不能用力过猛。

f. 使用双速电机，一般钻小孔时用高速，钻大孔时用低速。

（2）手电钻

手电钻（图1-39）是装饰作业中最常用的电动工具。用它可以对金属、塑料、木材等进行钻孔作业。根据使用电源种类的不同，手电钻有单相串激电钻、直流电钻、三相交流电钻等，近年来更发展了可变速、可逆转或充电电钻。在形式上有直头、弯头、双侧手柄、后托架、枪柄、环柄等多种形式。

1）构造

手电钻结构简单，一般为单相电机直接带动钻卡头，直流电机则配置电池盒。

2）技术性能

技术性能见表1-6、表1-7。

3）使用和维护

a. 手电钻应在标准规定的环境条件下使用。

b. 使用前，检查各部零件完好情况，特别是绝缘情况，电线插头完好，钻头直径要与电钻钻孔能力相符。

c. 操作时，平稳进给，不得用力过猛过大。如遇钻机难以钻进或较大震动，立即停钻，退出钻孔检查。

d. 按使用说明书定期保养，保持完好。

（3）电动角向磨光机

博世（BOSCH）冲击电钻性能　　　　　　　　　表 1-5

项　目	交　流　电　源				充　电　式	
	PSB400-2	PSB420	CSB550RE	GSB16RE	GSB9.6	GSB12
输入功率（W）	400	420	550	550	10	10
空载速率（rpm）	2200～2800	0～2600	0～3000	0～1600	600～1350	750～1700
空载冲击率（rpm）	44800	41600	48000	0～25600		
钻孔径（mm）						
钢	10	10	10	10	10	10
混凝土	10	10	15	16	10	10
木	20	20	25	25	15	15
电池电压/充电时间					9.6V/1h	12V/1h
重量（kg）	1.3	1.3	1.65	1.7	1.8	1.9

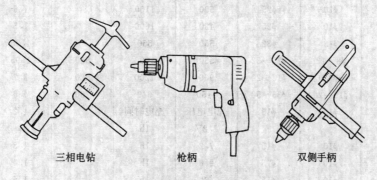

三相电钻　　　　　　　枪柄　　　　　　双侧手柄

图 1-39　手电钻

部分国产手电钻技术性能

表 1-6

型　号	最大钻孔直径 (mm)	额定电压 (V)	输入功率 (W)	空载转速 (r/min)	净重 (kg)	型　式
J1Z-6	6	220	250	1300		枪　柄
J1Z-13	13	220	480	550		环　柄
J1Z-ZD2-6A	6	220	270	1340	1.7	枪　柄
J1Z-ZD2-13A	13	220	430	550	4.5	双侧柄
J1Z-ZD-10A	10	220	430	800	2.2	枪　柄
J1Z-ZD-10C	10	220	300	1150	1.5	枪　柄
J1Z$_2$-6	6	220	230	1200	1.5	枪　柄
J1Z-SF2-6A	6	220	245	1200	1.5	枪　柄
J1Z-SF3-6A	6	220	280	1200	1.5	枪　柄
J1Z-SF2-13A	13	220	440	500	4.5	双侧柄
J1Z-SF1-10A	10	220	400	800	2	环　柄
J1Z-SF1-13A	13	220	460	580	2	环　柄
J1Z-SD 03-6A	6	220	230	1350	1.2	枪　柄
J1Z-SD 04-6C	6	220	220	1600	1.15	枪　柄
J1Z-SD 05-6A	6	220	240	1350	1.32	枪　柄
J1Z$_2$-6K	6	220	165	1600	1	枪　柄
J1Z-SD 04-10A	10	220	320	700	1.55	环　柄
J1Z-SD 03-10A	10	220	440	680	1.8	下侧柄
J1Z-SD 03-13A	13	220	420	550	3.35	双侧柄
J1Z-SD 04-13A	13	220	440	570	2	环　柄
J1Z-SD 05-13A	13	220	420	550	3.12	双侧柄
J1Z-SD 04-19A	19	220	740	330	6.5	双侧柄
J1Z-SD 04-23A	23	220	1000	300	6.5	双侧柄
J3Z-32	32	380	1100	190		双侧柄
J3Z-38	38	380	1100	160		双侧柄
J3Z-49	49	380	1300	120		双侧柄

注：表中产品性能是上海、杭州、青海等厂家电钻性能。

博世手电钻技术性能

表 1-7

型　号	钻孔直径 (mm)		输入功率 (W)	满载速率 (rpm)		重 (kg)	备注
	钢材	木材		高速	低速		
PBM350	φ10	φ25	350	1000		1.5	
GBM1	φ6.5	φ15	320	1350		1.2	
GBM10-10RE	φ10	φ25	320	1300		1.4	
GBM10X	φ10	φ25	500	1100		1.6	
GBM10SRE	φ10	φ25	420	1600		1.5	
GBM13	φ13	φ32	550	550		1.95	
GBM13-2	φ8～13	φ20～32	550	1000	550	1.95	
GBM16-2E	φ8～16	φ13～20	900	1200	520	3.7	
GBM23-2	φ13～28	φ35～50	1150	640	280	4.6	
GWB7.2V	φ10	φ15	充电电压 7.2V	充电时间 1h		1.2	充电式
PBM7.2V-1	φ10	φ15	7.2	1h		1.3	
GBM9.6V	φ10	φ15	9.6	1h		1.4	
GBM12VE	φ10	φ15	12	1h		1.5	

部分国产角向磨光机技术性能

表 1-8

产品规格	SIMJ-100	SIMJ-125	SIMJ-180	SIMJ-230
砂轮最大直径（mm）	φ100	φ125	φ180	φ230
砂轮孔径（mm）	φ16	φ22	φ22	φ22
主轴螺纹	M10	M14	M14	M14
额定电压（V）	220	220	220	220
额定电流（A）	1.75	2.71	7.8	7.8
额定频率（Hz）	50～60	50～60	50～60	50～60
额定输入功率（W）	370	580	1700	1700
工作头空载转速（r/min）	10000	10000	8000	5800
净重（kg）	2.1	3.5	6.8	7.2

日本牧田牌电动角向磨光机性能表

表 1-9

型号	最大直径（mm）					空载转速（r/min）	额定输入功率（W）	全长（mm）	净重（kg）
	钹形砂轮	杯形钢丝刷	盘形钢丝刷	磨料圆盘	磨料切断轮				
9500N	100	75	85	100	110	12000	570	245	1.65
9504B	100	75	85	100	110	10000	520	264	1.5
9514B	100	75	85	100	—	10000	500	255	1.5
9505B	125	90	85	125	—	8700	560	260	2.1
GA5000	125	90	85	125	125	10000	850	278	2.5
9552B	125	90	85	125	125	9000	450	262	2.0
9005B	125	90	85	125	125	10000	1020	356	2.0
9006B	150	90	85	150	150	10000	1020	356	3.4
9607B	180	110	85	180	180	8000	2000	450	6.0
9609B	230	110	85	—	—	6000	2000	450	6.3
9607HB	180	110	85	180	180	8000	2000	413	5.0
9609HB	230	110	85	—	—	6200	2000	413	5.3
9607NB	180	110	85	180	180	8000	1800	413	5.0
9609NB	230	110	85	—	—	6200	1800	413	5.3
9105	砂轮尺寸 φ125×φ12.7×19					4800	750	550	5.5

电动角向磨光机（图 1-40）是供磨削用的常用电动工具。

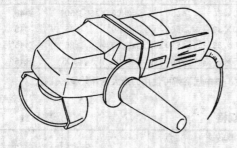

图 1-40　电动角向磨光机

该机可配用多种工作头、粗磨砂轮、细磨砂轮、抛光轮、橡皮轮、切割砂轮、钢丝轮等，从而起到磨削、抛光、切割、除锈等作用，在建筑装修中应用极为广泛。

1）构造

该机由电机、传动机构、磨头和防护罩等组成，橡胶手柄使操作较为方便。

2）技术性能

角向磨光机技术性能见表 1-8、表 1-9。

3）使用和维护

a. 磨光机使用的砂轮，必须是增强纤维树脂砂轮，安全线速度不小于 80m/s，使用的电缆和插头具有加强绝缘性能，不能任意用其他导线和插头更换或接长。

b. 使用切割砂轮时，不得横向摆动，以免砂轮破裂。

c. 均匀操作，不得用力过猛，防止过载。

d. 保持磨光机的通风畅通、清洁，应经常清除油垢和灰尘。

e 按使用说明书。定期进行保养。

（4）射钉机

射钉机是一种直接完成紧固技术的工具（图1-41）。原理是利用射钉器（枪）击发射钉弹，使火药燃烧，释放出能量，把射钉钉在砖、墙砌体、钢铁、岩石上，将需要固定的构件，如管道、电缆、钢铁件、龙骨、吊顶、门窗、保温板、隔音层装饰物等永久性的或临时固定上去。这种技术具有其他一些固定方法所没有的优越性，如能源自带，操作快速，工期短，作用可靠安全，节约资金，施工成本低，大大减轻劳动强度等。

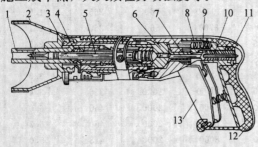

图1-41　射钉枪

1—钉管；2—护罩；3—机头外壳；4—制动环；5—活塞；

6—弹膛组件；7—击针；8—击针回簧；9—挡板；

10—击针簧；11—端帽；12—枪尾体外套；13—扳机

1）构造

射钉机主要由活塞、弹膛组件、击针、击针弹簧、钉管及枪体外套等部分组成。轻型射钉枪有半自动活塞回位，半自动退壳，半自动射钉枪有半自动供弹机构。

2）使用要点

a. 装钉子。把选用的钉子装入钉管，并用通条将钉子推到底部。

b. 退弹壳。把射钉枪的前半部转动到位，向前拉，断开枪身，弹壳便自动退出。

（5）电锯（图1-42）

图1-42　电圆锯

电锯是对木材、纤维板，塑料和软电缆切割的工具。便携式木工电锯自身重量轻，效率高，是装饰施工中常用的工具。

1）构造

手提式圆锯由电机、锯片、锯片高度定位装置组成。选用不同锯片切割相应材料，可以大大提高效率。

2）技术性能

电圆锯规格及部分国内外产品性能见表1-10、表1-11、表1-12、表1-13。

电圆锯规格（ZBK64 003—87）

表1-10

规　格 （mm）	额定输出 功　率 （W）	额　定 转　矩 （N·m）	最大锯割 深　度 （mm）	最大调节 角　度
160×30	≥450	≥2.00	≥50	≥45°
200×30	≥560	≥2.50	≥65	≥45°
250×30	≥710	≥3.20	≥85	≥45°
315×30	≥900	≥5.00	≥105	≥45°

注：表中规格指可使用的最大锯片外径×孔径。

部分国产电圆锯规格

表1-11

型　号	锯片尺寸 （mm）	最大锯深 （mm）	额定电压 （V）	输入功率 （W）	空载转速 （r/min）	重量 （kg）	生产厂
回M1Y-200	200×25×1.2	65	220	1100	5000	6.8	上海中国电动工具联合公司
回M1Y-250	250×25×1.5	85	220	1250	3400		石家庄电动工具厂
回M1Y-315	315×30×2	105	220	1500	3000	12	上海人民工具五厂
回M1Y-160	160×20×1.4	55	220	800	4000	2.4	上海人民工具五厂

博世牌电圆锯性能表   表1-12

型　号	锯片直径	最大锯深(mm)		输入功率	空转速率	重
	(mm)	90°	45°	(W)	(rpm)	(kg)
PKS54	160	54	35	900	5000	3.6
GKS6	165	55	44	1100	4800	4.1
GKS7	184	62	49	1400	4800	4.1
GKS85S	230	85	60	1700	4000	3.6

日本牧田牌电圆锯规格   表1-13

型　号	锯片直径(mm)	最大锯深(mm)		空载转速(r/min)	额定输入功率(W)	全长(mm)	净重(kg)
		90°	45°				
5600NB	160	55	36	4000	800	250	3
5800NB	180	64	43	4500	900	272	3.6
5007B	185	61.5	48	5800	1400	295	5.2
5008B	210	74	58	5200	1400	310	5.3
5900B	235	84	58	4100	1750	370	7
5201N	260	97	64	3700	1750	445	8.3
SR2600	266	100	73	4000	1900	395	8
5103N	335	128	91	2900	1750	505	10
5402	415	157	106	2200	1750	615	14

3）使用和维护

a. 使用圆锯时，工件要夹紧，锯割时不得滑动。在锯片吃入工件前，就要启动电锯，转动正常后，按划线位置下锯。锯割过程中，改变锯割方向，可能会产生卡锯、阻塞，甚至损坏锯片。

b. 切割不同材料，最好选用不同锯片。如纵横组合锯片，可以适应多种切割；细齿锯片能较快地割软、硬木的横纹；无齿锯片还可以锯割砖、金属等。

c. 要保持右手紧握电锯，左手离开。同时，电缆应避开锯片，以免妨碍作业和锯伤。

d. 锯割快结束时，要强力掌握电锯，以免发生倾斜和翻倒。锯片没有完全停转时，人手不得靠近锯片。

e. 更换锯片时，要将锯片转至正确方向（锯片上右箭头表示），要使用锋利锯片，提高工作效率，也可避免钝锯片长时间磨擦而引起危险。

（6）电刨

手提式电刨（图1-43）是用于刨削木材表面的专用工具。体积小，效率高，比手工刨削提高工效10倍以上，同时刨削质量也容易保证，携带方便。广泛用于木装饰作业。

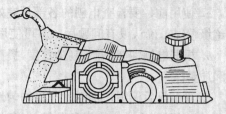

图1-43　电刨

1）构造

手提电刨由电机、刨刀、刨刀调整装置和护板等组成。

2）技术性能

电刨规格和部分国内外电刨技术性能见表1-14、表1-15、表1-16。

电刨规格（ZB K64 004—87）

表1-14

刨削宽度(mm)	刨削深度(mm)	额定输出功率(W)	额定转矩(N·m)
60	1	≥180	≥0.16
80	1	≥250	≥0.22
80	2	≥320	≥0.30
80	3	≥370	≥0.35
90	2	≥370	≥0.35
90	3	≥420	≥0.42
100	2	≥420	≥0.42

部分国产电刨性能表   表1-15

型　号	刨削宽度(mm)	最大刨削厚度(mm)	额定电压(V)	额定功率(W)	转速(r/min)	重量(kg)
回 M1B-60/1	60	1	220	430	>9000	
回 M1B-80/1	80	1	220	600	>8000	
回 M1B₃-90/2	90	2	220	670	>7000	
回 M1B-80/2	80	2	220	647	10000	5
回 M1B-80/2	80	2	220	480	7400	2.8

注：本表产品规格系上海、南方等厂产品规格。

日本牧田牌电刨性能表   表1-16

型　号	刨削宽度(mm)	最大刨深(mm)	空载转速(r/min)	额定输入功率(W)	全长(mm)	净重(kg)
1100	82	3	16000	750	415	4.9
1901	82	1	16000	580	295	2.5
1900B	82	1	16000	580	290	2.5
1923B	82	1	16000	600	293	2.9
1923H	82	3.5	16000	850	294	3.5
1911B	110	2	16000	840	355	4.2
1804N	136	3	16000	960	445	7.8

3）使用和维护

a. 使用前，要检查电刨的各部件完好和电绝缘情况，确认没有问题后，方可使用。

b. 根据电刨性能，调节刨削深度，提高效率和质量。

c. 双手前后握刨，推刨时平稳均匀地向前移动，刨到端头时应将刨身提起，以免损坏刨好的工作面。

d. 刨刀片用钝后即卸下重磨或更换。

e. 按使用说明书及时进行保养与维修，延长电刨使用寿命。

（7）打钉机

打钉机（图1-44）用于木龙骨上钉各种木夹板、纤维板、石膏板、刨花板及线条的作业。所用钉子有直形和U形（钉书钉式）等几种，打钉机有电动和气动。用打钉机安全可靠，生产效率高，劳动强度低，高级装饰板材可以充分利用，是建筑装饰常用机具。

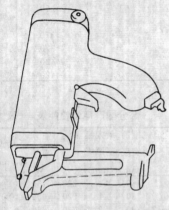

图1-44　打钉机

1）构造

气动打钉机由气缸和控制元件等组成。使用时，利用压缩空气（>0.3MPa）冲击缸中的活塞实现往复运动，推动活塞杆上的冲击片，冲击落入钉槽中的钉子钉入工件中去。电动打钉机，接上电源直接就可使用。

2）技术性能

a. 普通标准圆钉。直径φ25×51mm，专用枪钉，常用10、15、20、25mm四种，使用气压0.5～0.7MPa，冲击次数60次/min。

b. U形钉。博世PTk14型，U钉宽度10mm，长度6～14mm，冲击频率30次/min，机重1.1kg。

（8）打砂纸机

打砂纸机（图1-45）用于高级木装饰表面进行磨光作业，由电力和压缩空气作动力，由马达带动砂布转动，使工件表面达到磨削效果。

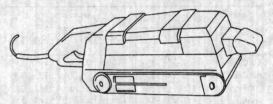

图1-45　打砂纸机

技术性能见表1-17、表1-18。

马首牌砂纸机技术性能　　表1-17

序	型　号	规　格 （mm）	输入功率 （W）	无负载转速 （rpm）	备注
1	L190	93×190	130	21000	
2	L130	80×130	170	12000	
3	LOM10B	120×210	300	9000	
4	LRT115	φ115	200	23000	
5	LN75	75×457	600	200m/min	

博世砂磨机技术性能　　表1-18

序	名称型号		磨面规格 （mm）	输入功率 （W）	空载转速 （rpm）	重 （kg）
1	平	GSS-14	115×140	150	24000	1.3
2	板	PSS-23	93×230	150	24000	1.7
3	型	GSS-28	115×280	500	20000	2.8
4	偏	PEX115A	φ115	190	11000	1.35
5	心	PEX125AE	φ125	250	11000	1.65
6	型	PEX15AE	φ150	420	2500～8000	1.9
7	三角型	PDA120E	94	120	6500～13000	0.9

（9）磨腻子机

磨腻子机（图1-46）以电动或压缩空气作

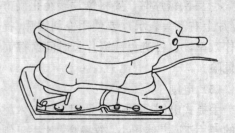

图1-46　磨腻子机

动力。适用于木器等行业产品外表腻子、涂料的磨光作业。特别适宜于水磨作业。将绒布代替砂布则可以进行抛光、打腊作业。

1）构造

当压下上盖时，气门即开启，压缩空气经气门进入底座内腔，推动腔内钢球沿导轨作高速圆周运动，产生离心力带动底座平面有规则高速运动，底座下部装有由夹板夹持定位的砂布，因而产生磨削效果。

2）技术性能

磨削压力 20～25N，使用气压 0.5MPa，空载耗气量 0.24m³/min，机重 0.70kg，气管内径 8mm，体积（长×宽×高）166mm×110mm×97mm（NOT 型）。

（10）地板刨平机和磨光机

地板刨平机（图 1-47）用于木地板表面粗加工，保证安装的地板表面初步达到平整。地板精磨由磨光机（图 1-48）完成。

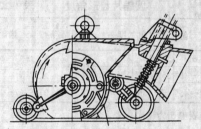

图 1-47　地板刨平机

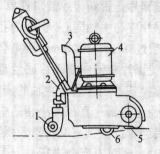

图 1-48　地板磨光机
1—后滚轮；2—托座；3—排泄管；
4—电动机；5—磨削滚筒；6—前滚轮

1）构造

地板刨平机和磨光机分别由电动机、刨刀滚筒、刨刀、机架等部分组成。

2）技术性能

部分国内生产的地板刨平机和磨光机技术性能见表 1-19。

地板刨平机和磨光机性能表　表 1-19

型号\指标	刨平机		磨光机	
	0-1 型	北京型	25m²/h	32.5m²/h
工作能力(m²/h)	17～28	12～15	20～30	30～35
刨刀数量(片)	3	4		
加工宽度(mm)	326	325	200	
滚筒转速(rpm)	2900	2880	720	1100
切削厚度(mm)	3			
电动机　功率(kW)	1.9	3(HP)	2(HP)	1.7(HP)
转速(rpm)	2900	1400	1440	1420
机重(kg)	107	108		

3）使用和维护

a. 使用前要检查机械各部紧固、润滑等情况，尤其是工作机构滚筒刨刀完好情况，保证刨刀完好锋利。

b. 刨平工作一般二次进行，即顺刨和横刨。第一次刨削厚度 2～3mm，第二次刨削为 0.5～1mm 左右。

c. 操作磨光机要平稳，速度均匀。高级硬木地板磨光时，先用带粗砂纸的磨光机研磨，机械难以磨削的作业面，应使用手持磨光机进行打磨。

d. 每班工作结束后，要切断电源，擦拭保养机具。

木装饰机具的种类较多，除以上介绍的几种外，还有电动线锯、电工木工雕刻机及木工修边机（图 1-49）等。

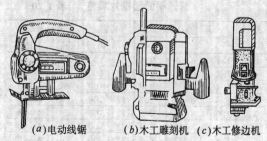

(a)电动线锯　(b)木工雕刻机　(c)木工修边机

图 1-49　其他木装饰机具

1.2.3 常用的木工机械

(1) 锯割机械

锯割机械是用来纵向或横向锯割原木和方木，一般常用的有带锯机、圆锯机（圆盘机），吊截机和手推电锯等。

圆锯机主要用于纵向锯割木材，也可配合带锯机锯割板方材，为建筑装饰工地的一种木材机械。

1）圆锯机的构造。图 1-50 所示为 MJ109 型手动进料圆锯机，它由机架、台面、电动机、锯片、锯比（导板），防护罩等组成。

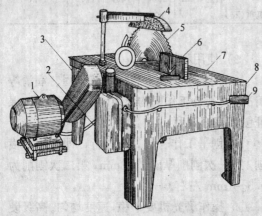

图 1-50 MJ109 型手动进料圆锯机

1—电动机；2—开关盒；3—皮带罩；4—防护罩；
5—锯片；6—锯比；7—台面；8—机架；9—双联按钮

2）锯片的规格一般以锯片的直径、中心孔直径和锯片厚度为基数，常用的普通平面圆锯片和刨锯片的规格如表,1-20 和表 1-21 所示。

普通平面圆锯片规格 表 1-20

外径 (mm)	厚度(mm)				齿数		孔径 (mm)	硬度 HRC
	1	2	3	4	纵割	横割		
350	1.4	1.6	1.8	2.0	80	100	25	44-48
400	1.4	1.6	1.8	2.0	80	100	25	44-48
450	1.4	1.6	1.8	2.0	80	100	25	44-48
500	1.6	1.8	2.0	2.2	72	100	35	44-48
550	1.6	1.8	2.0	2.2	72	100	35	44-48
600	1.6	1.8	2.0	2.2	72	100	35	44-48
650	1.8	2.0	2.2	2.4	72	100	35	44-48
700	1.8	2.0	2.2	2.4	72	100	35	44-48
750	2.2	2.4	2.6	2.6	72	100	35	44-48
800	2.2	2.4	2.6	2.8	72	100	40	44-48

刨锯片规格 表 1-21

外径 (mm)	厚 度 (mm)			齿数	孔径 (mm)	硬度 HRC
	1	2	3			
200	1.8		2.0	80	25	48-52
250	1.8		2.0	80	25	48-52
300	2.4		2.6	80	25∶30	48-52
350	2.4		2.6	80	25∶30	48-52
400	2.8	3.0	3.2	80	30	48-52
450	2.8	3.0	3.2	80	30	48-52
500	3.2	3.4	3.6	80	35	48-52

圆锯片的齿形分纵割齿和横割齿两种。纵割齿的圆锯片主要用于纵向锯割木材，也可以用于横向截断；横割齿的圆锯片用于横截，锯割速度较慢。

圆锯片的齿形与被锯割木材的软硬，进料速度等有很大关系，应根据使用要求选用。一般圆锯片齿形角度如表 1-22 所示。

圆锯片齿形角度 表 1-22

锯割用途	齿形角度			齿高 h	齿距 t
	α	β	γ		
纵割	30°～35°	35°～45°	15°～20°	$(0.5\sim0.7)t$	$(8\sim14)s$
横割	35°～45°	45°～55°	5°～10°	$(0.9\sim1.2)t$	$(7\sim10)s$

注：表中 s 为锯片厚度

3）圆锯机的操作注意事项。圆锯机操作前，应检查锯片是否断齿或裂口现象，然后安装锯片。锯片应与主轴同心，锯片内孔与轴的空隙不应超过 0.15～0.2mm，否则会产生离心惯性力使锯片旋转中摆动。法兰盘的夹紧面必须平整，应严格垂直于主轴的旋转中心。法兰盘直径应与锯片直径大小相适应，要保持锯片安装牢固，并装好防护罩及保险装置。

操作时，要两人配合进行，上手推料入锯，下手接拉锯尽。上手掌握木料一端，紧靠锯比，目视前方，水平的稳准入锯，步子走正，照直线送料，下手等料锯出台面后，接拉后退，直至木料离开锯片。两人步调一致，紧密配合。上手推料距锯片 300mm 时放手，人站在锯片的侧面，下手回送木料时，要防止木料碰撞锯片，以免弹伤人。

进料速度要按木料软硬程度、节子情况等灵活掌握，推动不要用力过猛。锯到节子处速度要放慢点，木料加短时应注意。

(2) 平刨

平刨又名手压刨，可用于刨削厚度不同的木料材面，也可调整导板，更换刀具，加设模具后刨削斜或曲面等（平刨技术规格见表1-23）。

几种平刨床的主要技术规格　表1-23

机床型号	最大刨削宽度(mm)	刀轴直径(mm)	刨刀板	刀轴转速(r/min)	电动机功率(kW)
MB502	200	80	2	5000	1.7
MB503	300	98	3	3500	2.8
MB502A	200	87	3	6000	1.5
MB503A	300	112	3	5000	3
MB504	400	125	2	5000	2.8
MB504B	400	112	4	6000	3
MB506	600	125	2	5000	4.5
MB506B	630	125	4	6000	4

1) 平刨的构造。平刨类型很多，但其构造原理基本相同，图1-51所示为MB506型平刨，它主要由机座、刀轴、导板、支架、台面升降机构、防护罩、电动机等组成。

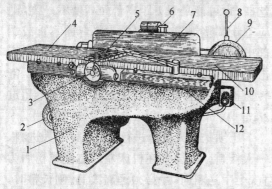

图1-51　MB506型平刨
1—机座；2—电动机；3—刀轴轴承座；4—工作台面；5—扇形防护罩；6—导板支架；7—导板；8—前台面调整手柄；9—刻度盘；10—工作台面；11—电钮；12—偏心轴架护罩

机座、台面及导板全为铸铁结构，刀夹在两台面中间，前后工作台面均以偏心轴和机座相连接。前工作台的右侧装有调整手把和刻度盘。扳动手把，通过偏心轴转动，可调整台面的高度。刻度盘用于控制调整量；后工作台面的右侧丝杠手轮，转动手轮可调整后面的高低。导板装于工作台面右侧，可左右移动或倾斜一定角度。

2) 平刨的操作注意事项

平刨操作前，先要进行工作台的调整，平刨有前后两个台面，刨削时后台面的高度应与刨刀旋转时的高度相一致，前台面比后台面略低，高度之差即为刨削厚度，一般控制在1～2.5mm之间。如果前台面比后台面高，便失去刨削作用，前台面如果过低，则增加刨削厚度。并要校对导板与台面是否成直角，与刀轴是否垂直。

操作前，还应检查机械各部件及安全防护装置。刨刀要锋利，钝的刨刀不但刨削时效率不高，而且刨到节子或戗槎处木料常被拨退跳动，手指容易被刨伤。对所刨的木料应仔细检查，清除料面上砂灰和钉子，对有严重缺陷的木料应挑出。刨刀安装用螺栓拧紧固定。刨削前要进行试车1～3min，经检查机械各部分运转正常后，才能开始刨料。

操作时，人要站在工作台的左侧中间，左脚在前，右脚在后，左手按压木料，又要使大面紧靠导板，右手在后稳妥推送。当木料快刨完时，要使木料平稳地推刨过去，遇到节子或戗槎处，木质较硬或纹理不顺，推送速度要放慢，思想要集中。两人操作时，应互相密切配合，上手台前送料要稳准，下手台后接料要慢拉，待木料过刨口300mm后方可去接拉，木料进出要始终紧靠导板，不要偏斜。

刨削长400mm、厚30mm以下的短料要用推棍推送，刨削长400mm，厚30mm以下的薄板要用推板推送（图1-52）。长300mm、厚20mm以下的木料，不要在平刨上刨削，以免发生伤手事故。

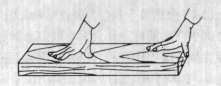

图 1-52 刨料手势

（3）压刨

压刨是将平刨已刨过两边相邻面的木料，刨制成一定厚度和宽度的规格材的加工机械。

1）压刨的构造，图 1-53 所示为 MB106 型压刨床的机构原理。

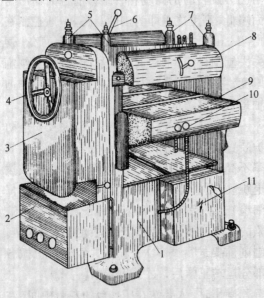

图 1-53 MB106 型单面压刨
1—机座；2—变速箱；3—传动部分防护罩；4—台面升降手轮；5、7—上滚筒压紧弹簧罩；6—护刀罩手柄；8—进料部分防护罩；9—台面；10—按钮开关；11—电源箱

机座上装有可升降的工作台面，台面中部的上方装有刀轴，刀轴由电动机通过三角皮带带动，刀轴上面盖有用整块铁板制成的可提起的防护罩。四个进料滚分别装于刀轴的前后部，两个装在机座上的称为上滚筒，两个装在工作台面下的称为下滚筒。下滚筒露出台面 0.3～0.8mm，上下滚筒相对旋转压送工件。有的将刀轴前面的两个称为进料滚，把刀轴后面的两个称为送料滚。装在工作台上刀轴前的进料滚为一组外带刻纹的内装弹簧的花滚筒，此进料滚应低于工件上表面 1～2mm，其主要作用是压紧输送工件。当工件通过上下滚筒时，靠弹簧的张力将工件压紧，并可有 0.8～1mm 的伸缩量。

在花滚筒的前面有排吊爪，其作用是防止工件被刀头打回。花滚筒与刀轴之间有排铁块组成的断屑器，旋动调整螺丝可使断屑器上下，靠弹簧的张力使断屑器始终紧贴通过的工件，其作用是防止工件在刨削中被撕裂，造成木材表面粗糙不光滑。在刨削过程中，刨屑从刀轴与断屑器之间的孔隙间飞出，在刀轴与后滚筒间有一块压铁，压在刨削过的工件上，使工件不致发生跳动。

压刨台面的升降机构的旋转手轮，通过链轮链条和半齿轮的转动，使左右两根丝杠转动，后面便同固定在它上面的丝母一起上升或下降。

2）压刨的操作。操作前应按照加工木料要求的尺寸与机床标尺刻度仔细加以调整。调整以后，可先用木料沿台面的两边刨削一次来检验。如果两边刨出的木料厚度不一，可能是台面歪斜，此时可调整台面下的齿轮和丝杠，也可能是刀刃距离台面高度不一致，则应重新调整刨刀，刨出的木料弯曲不直或端部出现挖坑缺损，是由于下滚筒过高，刀轴撞击木料造成。调整合适后试运转 1～3min，待转速正常后即可进料，每次吃刀深度不超过 2mm。

压刨是两人配合进行操作的，一人进料，一人接料，人要站在机床左、右侧或稍后为宜，上手送料时，手必须远离滚筒。刨长料时，木料要平直推进，不得歪斜；刨短料时，必须连续接上。遇有木材不动时，可用其它材料推送，如发生木料走横时，应立即转动台面升降手轮，将台面降落，取出木料，以免发生事故。

1.3 木工安全生产知识及防火施工要求

1.3.1 操作安全知识

（1）一般规定

1）参加施工的工人（包括学徒工、实习生、代培人员和民工），要熟知本工种的安全技术操作规程。操作中，应坚守工作岗位，严禁酒后操作。

2）正确使用个人防护用品和安全防护设施。进入施工现场，必须戴安全帽，禁止穿拖鞋或光脚。在没有防护设施的高空施工，必须系安全带。上下交叉作业有危险的出入口要有防护棚或其它隔离设施。距地面3m以上作业要有防护栏杆、挡板或安全网。安全帽、安全带、安全网要定期检查，不符合要求的，严禁使用。

3）施工现场的脚手架、防护设施、安全标志和警告牌，不得擅自拆动。需要拆动的要经工地施工负责人同意。

4）从事高空作业要定期体检，经医生诊断，凡患高血压、心脏病、贫血病、癫痫病以及其他不适于高空作业的，不得从事高空作业。

5）高空作业衣着要灵便，禁止穿硬底和带钉易滑的鞋。

6）高空作业所用材料要堆放平稳，工具应随手放入工具袋（套）内。上下传递物件禁止抛掷。

7）乘人的外用电梯、吊笼，应有可靠的安全装置。除指派的专业人员外，禁止攀登起重臂、绳索和随同运料的吊篮、吊装物上下。

8）梯子不得缺档，不得垫高使用。梯子间距以300mm为宜。使用时上端要扎牢，下端应采取防滑措施。单面梯与地面夹角60°～70°为宜，禁止2人同时在梯上作业。如需接长使用，应绑扎牢靠。人字梯底脚要拉牢。在通道外使用梯子，应有人监护或设置围挡。

9）没有安全防护设施，禁止在屋架的上弦、支撑、桁条、挑梁的挑梁和未固定的构件上行走或作业。高空作业与地面的联系，应设通讯装置，并专人负责。

10）不得擅自拉、接电源和增设照明。

（2）木装饰机具的安全使用知识

详见本书1.1.2木装饰机具的操作要点。

（3）木工机械安全操作知识

使用木工机械操作时，禁止戴手套。女工发辫挽入帽内。

1）圆锯机

操作前，检查锯片是否有断齿和裂纹现象，并装好防护罩和保险装置。

操作时，应站在锯片稍左的位置，不应与锯片站在同一直线上，以防木料弹出伤人。

送料不要过猛，木料拿平，不要摆动或抬高压低。

料到尽头，不得用手推按，以防锯伤手指。如果两人操作，下手应待木料出锯台后，才可去接拉。

锯短料（一般300mm以下）必须用推杆送料。

木料卡住锯片时，应立即停车后处理。

操作要戴防护眼镜，超过锯片半径的木料，禁止上锯。

2）平刨机

平刨机必须有安全装置，否则禁止使用。操作前检查机械各部件及防护安全装置是否有松动或失灵现象。并检查刨刃锋利程度及吃力深度，经试车1～3min后，才能正式工作。

吃力深度不超过1.5mm。进料速度保持均匀，经过刨口时用力要轻，禁止在刨刃上方回料。

刨厚度小于15mm，长度小于300mm的木料，必须用压板或推棍，禁止用手推进。

遇节疤、戗槎要减慢推料速度，禁止手按

节疤上推料,刨旧料必须将铁钉、泥砂等清除干净。

换刀片应拉闸断电。同一台刨机刀片重量、厚度必须一致,刀架、夹板必须吻合。刀片焊缝超出刀头和有裂缝的刀具不准使用,紧固刀片的螺丝钉,应嵌入槽内,并离刀背不少于 10mm。

两人同时操作时,须待料推过刨刀 150mm 以外,下手方可接拖。

操作人员衣袖要扎紧,不得在操作中说笑。

3) 压刨机(包括三面刨、四面刨)

操作前,应详细检查各部件,如有毛病应先修理校正,并调整好床面与刨刀的距离,进行试刨,合格后才能正式操作。

每次吃刀深度不宜超过 3mm。

操作时,上、下手应站在机械侧面,上手送料时,手要远离滚筒。

刨长料时,料要平直推进,不得歪斜,如走横时,应立即搬拨压滚闸,将台床降落。

如木料走不动,应用其它材料推送,不能用手推动,如成批生产,应连续送料。

不同厚度的木材,严禁同时刨削,以免木料弹出伤人。

刨短料长度不得短于前后压滚距离,厚度小于 10mm 的木料必须垫托板。

4) 裁口机

按材料规格调整盖板,一手按压,一手推进。刨或锯到头时,将手移到刨刀或锯片的前面。

送料缓慢均匀,不得猛拉猛推,遇有硬节应慢推,按料需待过刨口 150mm。

裁硬木口,一次不得超过 15mm,高 50mm;裁松木口,一次不得超过 20mm,高 60mm,禁止在中间插刀。

裁刨圆形木料,禁止在防护罩和台面放置任何物品。

机器运转时,禁止在防护罩和台面上放置任何物品。

5) 开榫机

要侧身操作,不要面对刀具;进料速度要均匀,不得猛推。

短料开榫必须加垫板夹牢,禁止用手握料,1.5m 以上的木料,必须两人操作。

发现刨渣或木片堵塞,要用木棍推出,禁用手掏。

6) 打眼机

打眼必须使用夹料器,不得直接用手扶料,1.5m 以上必须使用托架,调头时双手扶料,注意周围人和物。

操作中如遇凿芯被木渣挤塞,应即抬起手把;深度超过凿渣出口,要勤拔钻头。

清理凿渣要用刷子或吹风器,禁止手掏。

1.3.2 施工生产安全知识

(1) 装饰施工多发事故

1) 火灾

装饰施工阶段易燃、能燃物品多,外墙门窗封闭后油漆、防水作业区挥发性易燃气体浓度高,交叉施工明火作业频繁,这些因素一旦失控便会导致火灾。

2) 触电

装饰施工阶段电动工具特别是手持电动工具使用广泛,防护和管理不力便可能引起触电。

3) 物体打击

装饰施工与结构施工及机电安装立体交叉频繁,作业环境易导致物体打击事故。

4) 机械伤害

现代装饰施工除了广泛使用电动工具以外,还采用大量气动工具甚至以火药致动的工具,导致机械伤害事故的因素多。

5) 高处坠落

装饰施工阶段,特别是结构外沿和多种洞口尚未封闭之前,各种等级的高处作业随处可见,保护不力即导致高处坠落事故。

(2) 安全用电要点

1) 设立期超过半年的现场、生产、生活

设施的电气安装均应按正式电气工程标准安装。

2）施工现场内一般不架设裸导线，现场架空线与施工建筑物水平距离不小于10m，与地面距离不小于6m，跨越建筑物或临时设施时垂直距离不小于2.5m。

3）多种电气设备均须采用接零或接地保护，单项220V电气设备应有单独的保护零线或地线。严禁在同一系统中接零、接地两种保护混用。不准用保护接地做照明零线。

4）手持电动工具均要在配电箱装置设额定动作电流不大于30mA，额定动作时间不大于0.1s的漏电保护装置。电动机具定期检验、保养。

5）每台电动机械应有独立的开关和熔断保险，严禁一闸多机。

6）使用电焊机时对一次线和二次线均须防护，二次线侧的焊把线不准露铜，保证绝缘良好。

7）电工须经专门培训，持供电局核发的操作许可证上岗，非电气操作人员不准擅动电气设施。电动机械发生故障，要找电工维修。

（3）预防物体打击事故的措施

1）进入现场人员戴安全帽。

2）交叉作业通道搭护头棚。

3）高处作业的工人应备工具袋，零件、螺栓、螺母随手放入工具袋，严禁向下抛掷物品。

4）高处码放的板材要加压重物，以防被大风掀翻吹落，高处作业的余料、废物须及时清理，以防无意碰落或被风吹落。

5）高处作业的操作平台应密实，周围栏杆底部应设高度不低于18cm的挡脚板，以防物体从平台缝隙或栏杆底部漏下。

（4）防止机械伤害事故要点

1）施工电梯的基础、安装和使用符合生产厂商的规定，使用前应经检验合格，使用中定期检测。

2）卷扬机须搭防砸、防雨的操作棚，固定机身须设牢固地锚，传动部分须装防护罩，导向滑轮不得用开口拉板式滑轮。

3）圆锯的传动部分应设防护罩，长度小于500mm，厚度大于锯片半径的木料，严禁上锯，破料锯与横截锯不得混用。

4）砂轮机应使用单向开关，砂轮须装不小于180°的防护罩和牢固的工件托架，严禁使用不圆、有裂纹和剩余部分不足25mm的砂轮。

5）各种施工机械的安全防护装置必须齐全有效。

6）经常保养机具，按规定润滑或换配件，所用刀具必须匹配，换夹具、刀具时一定要拔下插头。

7）注意着装，不穿宽松服装操作电动工具，留长发者应戴工作帽，不能戴手套操作。

8）打开机械的开关之前，检查调整刀具的扳手等工具是否取下，插头插入插座前先检查工具的开关是否关着。

9）手持电动工具仍在转动的情况下，不可随便放置。

10）操作施工机具必须注意力集中，严禁疲劳操作。

11）保持工作面整洁，以防因现场杂乱发生意外。

（5）防止高空坠落要点

1）洞口、临边防护

a. 1.5m×1.5m以下的孔洞，应预埋通长钢筋网或加固定盖板；1.5m×1.5m以上的孔洞，四周须设两道护身栏杆（高度大于1m），中间挂水平安全网。

b. 电梯井口须设高度不低于1.2m的金属防护门，井道内首层和每隔四层设一道水平安全网封严。

c. 在安装正式楼梯栏杆、扶手前，须设两道防护栏杆或立挂安全网，回转式楼梯间中央的首层和以上每隔四层设一道水平安全网。

d. 阳台栏杆应随层安装，若不能随层安装，须设两道防护栏杆或立挂安全网封闭。

e. 建筑物楼层临边，无围护结构时，须设两道防护栏杆，或立挂安全网加一道防护栏杆。

2）外沿施工保护

a. 外沿装饰采用单排外脚手架和工具式脚手架时，凡高度在 4m 以上的建筑物，首层四周必须支 3m 宽的水平安全网（高层建筑支 6m 宽双层网），网底距下方物体不小于 3m（高层建筑不小于 5m）。

b. 外沿装饰脚手架必须有设计方案，装饰用外脚手架使用荷载不得超过 1960 N/m²，特殊脚手架和高度超过 20m 的高大脚手架，必须有设计方案。

c. 插口、吊篮、板式脚手架及外挂架应按规程支搭，设有必要的安全装置；工具式脚手架升降时，必须用保险绳，操作人员须系安全带，吊钩须有防脱钩装置，使用荷载不超过 117T^N/m²

3）室内装饰高处作业防护

a. 移动式操作平台应按相应规范进行设计，台面满铺木板，四周按临边作业要求设防护栏杆，并安登高爬梯。

b. 凳上操作时，单凳只准站一人，双凳搭跳板，两凳间距不超过 2m，准站两人，脚手板上不准放灰桶。

c. 梯子不得缺档，不得垫高，横档间距以 300mm 为宜，梯子底部绑防滑垫，人字梯两梯夹角 60° 为宜，两梯间要拉牢。

d. 从事无法架设防护设施的高处作业时，操作人员必须戴安全带。

（6）主要安全管理制度

1）安全生产责任制

2）安全技术措施审批制

3）进场安全教育制

4）上岗安全交底制

5）安全检查制

6）事故调查、报告制

1.3.3 木工消防知识

（1）安全用火要求及防火措施

1）防火间距

各类建筑设施、材料的防火间距见表 1-24。

建筑设施、材料防火间距　表 1-24

防火间距（m）　类别　　类别	建筑物	临时设施	非易燃库站	易燃库站	固定明火处	木料堆	废料易燃杂料
建筑物	/	20	15	20	25	20	30
临时设施	20	5	6	20	15	15	30
非易燃库站	15	6	6	15	15	10	20
易燃库站	20	20	15	15	25	20	30
固定明火处	25	15	15	25	/	25	30
木料堆	20	15	10	20	25	/	30
废料易燃杂料	30	30	20	30	30	30	/

2）消防设施要求表（表 1-25）

消防设施要求　　表 1-25

消防设施项目		要　　求
消防水管线直径		＞100mm 高层建筑设消防竖管，随施工接高
消防栓间距		＜120m
消防栓个数	地上式	1 个 φ100mm 或 2 个 φ65mm
	地下式	1 个 φ100mm 或 1 个 φ65mm
消防栓距道边		＜5m
消防栓距房屋建筑		＞5m（地下式有困难时可减为 1.5m）
消防车道宽度	一般现场	＞3.5m
	仓库、木料堆场	6m
车道端头回车场		12m×12m
其他灭火器材		易燃材料搭设的工棚设蓄水池或蓄水桶及灭火器

3）电气设备防火要点

a. 各类电气设备，线路不准超负荷使用，接头须接实、接牢，以免线路过热或打火短路，发现问题立即修理。

b. 存放易燃液体、可燃气瓶和电石的库房，照明线路应穿管保护，单用防爆灯具的开关应设在库外。

c. 穿墙电线和靠近易燃物的电线穿管保护，灯具与易燃物一般应保持 30cm 间距，大

功率灯泡要加大间距,工棚内不准使用碘钨灯。

d. 高压线下不准搭设临时建筑,不准堆放可燃材料。

4)现场明火管理

a. 现场生产、生活用火均应经主管消防的领导批准,使用明火要远离易燃物,并备有消防器材。使用无齿锯,须开具用火许可证。

b. 冬季装修施工采用明火或电热法的,均须制定专门防火措施,专人看管,人走火灭。

c. 冬季炉火取暖要专人管理,注意燃料存放、渣土清理及空气流通,防止煤气中毒。

d. 电焊、气焊工作人员均应受专门培训,持证上岗。作业前办理用火手续,并配备适当的看火人员,随身应带灭火器具。吊顶内要安装管道,应在吊顶易燃物装上以前,完成焊接作业。如因工程特殊需要,必须在顶棚内进行电气焊作业,应先与消防部门商定妥善

防火措施后方可施工。

e. 工地设吸烟室,施工现场严禁吸烟。

(2)木装修的防火

木材的防火性能差且木装修面层多采用易燃性油漆涂刷,所以,其防火并非一件易事。从这个角度理解,它不同于木结构的防火。

木装修的防火应遵循以下原则:

1)重要的是守法精神,并从法律角度充分理解防火规范及其它有关规定,注意防火构造和材料的选用。

2)重视系统环境的防火设计。

3)加强施工及使用期间的安全防火管理。

4)火灾之际,火焰从混凝土楼地面、墙壁中的预埋管、贯通孔、通风管等处喷出,引发大面积燃烧的事故较多。这些隐蔽部位的管孔、管道要尽可能用防火材料予以封堵。

小　　结

　　本章介绍了木材的种类、性能,木工手工工具的基本知识和电动工具名称、用途及操作要点;也介绍了木工安全生产和防火知识,提高安全生产意识和防范安全事故的能力。

习　题

1. 木材有哪些优点?

2. 如何提高木材的强度?

3. 如何合理使用木材?

4. 常用的木装饰(电动)工具有哪些?

5. 操作安全知识中的一般规定是什么?

6. 装饰施工多发事故有哪些?

7. 安全用电要点是什么?

8. 如何防止机械伤害事故?

9. 如何防止室内装饰高处作业事故?

10. 安全用火要求及防火措施有哪些?

11. 木装修的防火应遵循哪些原则?

第2章 抹灰工基础知识

抹灰是保护、装饰建筑物的基本工序之一，同时还起着隔热、保温、防潮、隔声的作用。

除抹灰工程外，饰面工程也被广泛用于各种工业与民用建筑。饰面工程多以天然石材、合成石材、陶瓷砖等为饰面材料，装饰于内外墙面、楼地面，从而起到保护结构、美化环境的作用。

本章着重介绍抹灰工程常用材料、工具、机具，饰面工程中所用建筑陶瓷与饰面石材的种类、性能、用途、材质检验和安全生产知识。

2.1 抹灰材料

抹灰工程中常用材料见表2-1所示。

常用抹灰材料 表2-1

类 别	材料名称	用 途
胶凝材料	水硬性胶凝材料：普通硅酸盐水泥、火山灰硅酸盐水泥、矿渣硅酸盐水泥、白色硅酸盐水泥、硅酸盐膨胀水泥	1. 砂浆自身的胶凝固结 2. 砂浆与基层、砂浆各层之间牢固凝结
	气硬性胶凝材料：建筑石灰、石膏、菱苦土	
骨 料	砂、米粒石、色石渣、瓷粒、蛭石、珍珠岩	1. 起骨架作用 2. 增强装饰使用效果
纤维材料	麻刀、纸筋、草秸、玻璃丝等	1. 加强抹灰砂浆整体性 2. 抹灰层不开裂、脱落
颜 料	见本章2.1.4	使表层抹灰有各种色彩，装饰效果

续表

类 别	材料名称	用 途
胶 粘 剂	107胶及乳液	1. 加强砂浆自身强度 2. 增强各抹灰层间粘结力
憎水剂掺合料	有机硅憎水剂	1. 增强装饰面层的耐久性 2. 耐污染

2.1.1 胶凝材料

抹灰常用的胶凝材料有水泥、石灰、建筑石膏、菱苦土等。

（1）水泥

抹灰工程中常用标号为425号的水泥。不得使用过期或受潮水泥及小窑水泥。如果需要使用，则必须经过试验，确定其品质是否符合国家有关标准。

1）常用水泥性能如表2-2所示。

抹灰常用的水泥性能 表2-2

水泥名称	物理性能		特 性		优先使用	不得使用
	初凝	终凝	优 点	缺 点		
普通硅酸盐水泥	≥45min	≤12h	1. 快硬、早强 2. 抗冻、耐磨、不透水性好	1. 水化热高 2. 抗硫酸盐侵蚀性差	1. 冬季，干燥环境抹灰 2. 抗渗、耐磨砂浆	有硫酸盐侵蚀的工程
火山灰硅酸盐水泥	≥45min	≤12h	1. 保水性好 2. 水化热低 3. 耐蚀性好	1. 干缩大，早强低 2. 抗冻性差	1. 抗渗砂浆 2. 远距离运输砂浆	1. 有耐磨要求 2. 干燥环境
矿渣硅酸盐水泥	≥45min	≤12h	1. 水化热低 2. 耐热性好 3. 耐蚀性好	1. 早强低、干缩大 2. 保水性差 3. 抗冻性差	1. 高湿度或水下环境	有抗渗要求不宜使用
白色硅酸盐水泥	≥45min	≤12h	同普通水泥	同普通水泥	1. 装饰抹灰	同普通水泥
硅酸盐膨胀水泥	≥45min	≤6h	1. 微膨胀、防水性好 2. 快硬、早强	1. 抗硫酸盐侵蚀性能差	1. 抗渗防水砂浆 2. 接缝修补	同普通水泥

2）装饰水泥

装饰水泥包括白色硅酸盐水泥和彩色硅酸盐水泥。

a. 白色硅酸盐水泥

白色硅酸盐水泥简称白水泥。白水泥的标号分为 325 号和 425 号两种，其白度分为一级、二级、三级、四级。

白水泥技术标准见表 2-3。

白色硅酸盐水泥的技术标准　表 2-3

项　目		技术标准					
物理性能	白度	一级：84%；二级：80%；三级 75%；四级：70%					
	细度	0.08mm 方孔筛，筛余量不超过 10%					
	凝结时间	初凝不早于 45min，终凝不迟于 12h					
	安定性	用沸煮法试验，合格					
	强度	标号	强度分类及龄期					
			抗压强度			抗拉强度		
			3d	7d	28d	3d	7d	28d
	(MPa)	525	14	20.5	32.5	2.5	3.5	5.5
		425	18	26.5	42.5	3.4	4.6	6.4
化学性能	烧失量	水泥烧失量不超过 5%					
	氧化镁	熟料氧化镁的含量不超过 4.5%					
	三氧化硫	水泥中三氧化硫的含量不超过 3.5%					

b. 彩色硅酸盐水泥

彩色硅酸盐水泥是指在白色硅酸盐水泥熟料中掺入颜料、外加剂共同粉磨而成的一种水硬性彩色胶结材料，简称彩色水泥。

装饰水泥性能同一般抹灰水泥相近，施工和养护方法也与一般抹灰水泥相同。但是，装饰水泥极容易污染，使用时要注意防止其它物质污染，拌和工具必须及时清洗干净。

（2）石灰

抹灰所用石灰必须先经过加水淋制成膏状的石灰膏后方能使用。在常温 25℃ 下，熟化时间一般应不少于 15d；如果用于罩面灰，应不少 30d。石灰膏使用时，应用小于 3mm 筛孔的筛子过滤，不得含有未熟化的颗粒。冻结的石灰膏不得使用。如有条件的话，可以优先使用磨细的生石灰代替石灰膏。磨细生石灰粉的细度，应通过 4900 孔/cm² 筛，筛余

量不得超过 5%。

石灰的质量标准见表 2-4。

石灰质量标准　表 2-4

指标名称	块灰		生石灰粉		水化石灰		石灰浆	
	一等	二等	一等	二等	一等	二等	一等	二等
活性氧化钙及氧化镁之和（干重%）不少于	90	75	90	75	70	60	70	60
未烧透颗粒含量（干重%）不大于	10	12					8	12
每 kg 石灰的产浆量（L）不小于	2.4	1.8	暂无规定					
块灰内细粒的含量（干重%）不大于	8	10	暂无规定					
标准筛上遗留量（干重%）不大于	900 孔/cm² 筛	无规定		3	5	3	5	无规定	
	4900孔/cm² 筛	无规定		25	25	10	5	无规定	

细磨生石灰粉的凝结时间见表 2-5。

生石灰粉凝结时间　表 2-5

水灰比	磨细生石灰粉	
	初凝	终凝
0.8	10min	1h45min
1.00	14min	23h30min
1.25	40min	195h
1.50	41min	221h

块状石灰外观质量见表 2-6。

块状石灰外观质量　表 2-6

特征	新鲜灰	过火灰	欠火灰
颜色	白色或灰白色	色暗带灰黑色	中间颜色比边缘颜色深
重量	轻	重	重
硬度	疏松	质硬	中间硬，边缘松
断面	均一	玻璃状	中间与边缘不同

（3）石膏

抹灰用石膏是在熟石膏中掺入缓凝剂及掺合材料制作而成。

砂浆中掺入的石膏，应选用建筑熟石膏，并且最好是选用优等品、一等品，不得使用受潮或结块变质的石膏。其主要技术指标应

符合表 2-7 和表 2-8 的要求。

建筑石膏强度（MPa）　**表 2-7**

等　级	优等品	一等品	合格品
抗折强度	2.5 (25.0)	2.1 (21.0)	1.8 (18.0)
抗压强度	4.9 (50.0)	3.9 (40.0)	2.9 (30.0)

建筑石膏细度（%）　**表 2-8**

等　级	优等品	一等品	合格品
0.2mm 方孔筛筛余量	5.0	10.0	15.0

建筑石膏凝结时间：初凝应不小于 6min；终凝时间应不大于 30min。

（4）菱苦土

菱苦土是苛性菱苦土的简称，是天然镁矿经 800～850℃温度煅烧后磨成细粉而得到的一种强度较高的气硬性胶凝材料。

菱苦土在使用时需用氯化镁溶液进行拌和。用氯化镁溶液拌和比用水硬化快，强度高。用菱苦土与松木屑按 3：1 的比例调制的混合物，在空气中养护 28d，其抗压强度可达 40MPa 以上。

菱苦土与植物纤维能很好地粘结，而且碱性较低，不会腐蚀纤维，施工方便。常用它做菱苦土楼、地面，调制镁质抹灰砂浆，制造人造大理石及水磨石、木丝板、木屑板等，在装饰工程中应用极广。

菱苦土技术指标见表 2-9 所示。

菱苦土的化学成分及物理性能指标
表 2-9

	项　　目		指标
化学性能	氧化镁（%），应大于		75
	氧化钙（%），应小于		4.5
	烧失量（%），应小于		18
细度	900 筛孔/cm²，筛余（%）不大于		5
	4900 筛孔/cm²，筛余（%）不大于		25
物理性能	凝结时间	初凝不早于	20min
		终凝不迟于	6h
	安定性	常温 20℃时	合格
	强度（MPa）	3 天净浆抗拉	1.5
	（常温下养护）	3 天净浆抗压	30

（5）其他胶凝材料

1）粉煤灰

燃烧煤所产生的灰渣，称为粉煤灰。粉煤灰为细小粉状物，具有一定的水硬强度，在标准不高的抹灰中常作为部分胶凝材料或填料掺入水泥混合砂浆中。

2）水玻璃

水玻璃具有良好的粘结能力与高度的耐酸性能，不燃烧，有防止水渗透的作用。在抹灰工程中常用于配制防水砂浆和耐酸砂浆。

2.1.2　骨料

抹灰工程中常用骨料有砂、石粒、瓷粒、蛭石、珍珠岩等。

（1）砂

在抹灰工程中，常用的砂包括普通砂和石英砂。

1）普通砂。由岩石风化而成的粒径小于 5mm 的岩石颗粒，称为砂。由于产源不同，普通砂又分为河砂、海砂、山砂。山砂表面粗糙，与水泥砂浆粘力好，但泥土及有机物多；海砂表面光滑洁净，但混有贝壳碎片及含盐分；河砂颗粒表面粗糙程度介于山砂与海砂之间，比较干净，且分布广泛。因而，一般工程上都采用河砂。

在工程中，根据颗粒的直径大小，可将砂分为粗砂（平均粒径不小于 0.5mm）、中砂（平均粒径不小于 0.35mm）、细砂（平均粒径不小于 0.25mm）三种。

抹灰砂浆中的砂要求干净，尽量不含杂质（若含有杂物，其含量不超过 3%），使用前应过 3mm×3mm 的筛孔。一般地，底层和中层砂浆宜选用中砂或粗砂，而罩面灰宜用细砂。

2）石英砂。石英砂分天然石英砂、人造石英砂及机制石英砂三种。人造石英砂和机制石英砂是将石英石加以焙烧，经人工或机械破碎、筛分而成，因而比较纯净，质量好。在抹灰工程中，石英砂可用于配制耐酸砂浆等。

（2）石粒

石粒是由天然大理石、白云石、方解石、花岗岩以及其他天然石料破碎筛分而成。在抹灰工程中用来制作水磨石、水刷石、干粘石、斩假石等。比较常用的是大理石石粒。

1）大理石石粒

具有多种色泽，多用来作水磨石、水刷石、斩假石的骨料，其品种及规格见表2-10。

常用大理石石粒的规格、品种及质量要求

表 2-10

规格与粒径对照		常用品种	质量要求
俗称	粒径(mm)		
大二分	约20	汉白玉、奶油白、黄花玉、桂林白、松香黄、晚霞、蟹青、银河、雪云、齐灰、东北红、桃红、南京红、铁岭红、东北绿、丹东绿、莱阳绿、潼关绿、东北黑、苏州黑、大连黑、湖北黑、墨玉、芝麻黑	颗粒坚韧，有棱角洁净，不得含有风化石粒及碱质或其他有机物质，使用时应冲选过筛
一分半	约15		
大八厘	约8		
中八厘	约6		
小八厘	约4		
米粒石	2～4		

2）彩色瓷粒

以石英、长石和瓷土为主要原料经煅烧而成。粒径为1.2～3.0mm，颜色多样。彩色瓷粒具有大气稳定性好，颗粒小，表面瓷粒均匀，露出粘结砂浆较少，整个饰面厚度较薄，自重较轻等优点。

抹灰工程中常用的还有绿豆砂、白凡石、瓜米石、石屑等。这些石粒用于水刷石、干粘石、斩假石及配制外墙喷涂饰面用的聚合物砂浆等。

3）抹灰用石粒质量要求

颗粒坚硬，有棱角、洁净，不含有风化的石粒及其它有害物质。石粒使用前应冲选过筛，按颜色规格分类堆放。

（3）其它骨料

1）膨胀珍珠岩

膨胀珍珠岩是珍珠岩矿石经破碎、筛分、预热，呈白色或灰白色，颗粒结构呈蜂窝泡沫状，质量特轻，风吹可扬。其作用主要有保温、隔热、吸音，具有无毒、无臭、不燃烧等优点。其用途主要是与水泥等其他胶结材料制成保温、隔热、吸音等灰浆，用于墙面、屋面、管道处。

2）膨胀蛭石

膨胀蛭石由蛭石经过晾干、破碎、筛选煅烧膨胀而成。其特性主要是密度小、自重轻、耐火防腐、导热系数小。其用途主要是用于厨房、浴室、地下室及湿度较大的车间等内墙面和天棚等处。

2.1.3 纤维材料

纤维材料在抹灰面中起拉结和骨架作用，提高抗裂和抗拉强度，增强弹性和耐久性。

（1）麻刀（也称麻筋）

由细碎麻丝剪切而成，长度不大于30mm，要求坚韧、干燥，不含杂质。

（2）纸筋

常用粗草纸泡制。有干纸筋和湿纸筋两种。使用前应浸透、捣烂，再按一定比例加入石灰膏中。

（3）草秸

一般将稻草、麦秸断成长度不大于30mm碎段，并经石灰水浸泡15d后使用。

除以上材料外，抹灰施工中还要用到各种矿物颜料、玻璃丝等。

2.1.4 抹灰外掺剂

抹灰中常用外加剂有胶粘剂、憎水剂、分散剂等。

（1）胶粘剂

常用胶粘剂包括聚乙烯醇缩甲醛和聚醋酸乙烯乳液。

1）聚乙烯醇缩甲醛（某些地区不提倡使用）

该胶粘剂俗称107胶。它是由聚乙烯醇和甲醛为主原料加入少量盐酸和氢氧化钠以及大量的水在一定温度条件下，经缩合反应而生成的一种可溶于水的无色胶粘剂。其固体含量大约$10\%\sim12\%$，体积密度为1.05，pH值为$6\sim7$，粘度为$3500\sim4000CP$。它是抹灰工程中一种经济适用的有机聚合物。在素水泥浆或水泥砂浆中掺入适量的107胶，可将其粘结性能提高$2\sim4$倍。

107胶的主要作用如下：

a. 可以提高面层的强度，不致粉酥掉面。

b. 增加涂层或砂浆层的柔韧性与弹性，减少开裂倾向。

c. 加强涂层或砂浆层与基层之间的粘结力，不易爆皮或起鼓脱落。

注意事项：

a. 107胶的掺量不宜超过水泥质量的40%。

b. 107胶要用耐碱容器贮运，冬季应注意防冻，受冻后质量会受到严重影响。

2）聚醋酸乙烯乳液

聚醋酸乙烯乳液，简称乳液。它是一种白色水溶性胶结剂，是以44%的醋酸乙烯和4%左右的分散剂乙烯醇以及增韧剂、消泡剂、乳化剂、引发剂等聚合而成。比107胶的性能与耐久性都好，但价格较贵。乳液有效期为$3\sim6$个月。

（2）憎水剂

抹灰工程中常常在外墙饰面上喷刷憎水剂，以增强墙面的透气、防水、防风化、防污染等功效，从而提高外墙饰面的耐久性。

常用憎水剂包括甲基硅醇钠建筑憎水剂和聚甲基乙氧基硅氧烷憎水剂两种。其特性及使用方法分述如下。

1）甲基硅醇钠建筑憎水剂

该憎水剂为无色透明水溶液，呈强碱性，固体含量为$30\%\sim33\%$，体积密度为1.23，pH值为13，喷刷于外墙饰面上。

该剂贮存时必须密封，防止阳光直射，其温度宜为$0\sim30℃$。在使用本剂时，应用水稀释，配合比按甲基硅醇钠：水=1：9（质量

比）或1：11（体积比），使其固体含量达到3%。在配制过程中，勿触及皮肤衣服。一旦溅到皮肤上，立即用大量的水冲洗，然后再抹些食醋即可。

在喷、刷本剂时，以见湿而不流淌为度。水溶液的用量宜以$400g/m^2$为准；用量过多会产生白色粉末，影响饰面效果。雨天不能施工。如果在喷、刷后24小时遇雨，则于第二天做憎水试验，以水挂流，饰面不见湿为合格。否则，须再喷、刷一遍。稀释后的水溶液应在$1\sim2$天内用完，存放过长则效果下降。

2）聚甲基乙氧硅氧烷憎水剂

该剂为黄色透明液体，有特殊香味，易燃，酸性较强时遇水易水解。其稀溶液能渗透到建筑材料内部，干燥后表面不留漆膜痕迹，使建筑材料具有透气、防水等功效。由于它的价格贵，配制工艺复杂，只宜在特殊高级工程中使用。该憎水剂配制方法如下：

a. 5%盐酸水溶液的配制：将工业盐酸（浓度约为35%）与水按1：6（质量比）的比例搅拌均匀，待用。

b. 氢氧化钠溶液的配制：将氢氧化钠与水按1：4（质量比）的比例混合，再加入12份（质量比）的工业酒精搅拌均匀，待用。

c. 取1份（质量比）聚甲基乙氧基硅氧烷，加入0.5份（质量比）工业乙醇稀释，在充分搅拌下加入$0.1\sim0.12$份5%的盐酸水溶液，此时，溶液产生放热反应至全透明，静置半个小时后，取1滴溶液滴在干净的玻璃板上，如能在10min内固化、透明、不粘手，即表示反应良好。再放置$1\sim2h$，然后加入$3\sim4$份乙醇和$3\sim4$份丁醇稀释（对外观要求不高者可用乙醇代替丁醇），在搅拌时加氢氧化钠溶液到pH值为$7\sim7.5$即可使用。

d. 24h内防止雨水冲洗，随配随用，不得过夜。

（3）分散剂

抹灰中常用分散剂包括木质素黄酸钙和六偏磷酸钠两种。现分述如下：

1）木质素磺酸钙

该分散剂为棕色粉末。把它掺入抹灰用的聚合物砂浆中，可减少用水量10％左右，并可起到分散剂作用。木质素磺酸钙能使水泥水化时产生的氢氧化钙均匀分散，而且有减少表面析出的趋势，在常温下施工时能有效地克服面层颜色不均匀现象。

2）六偏磷酸钠

该分散剂为白色结晶颗粒，易潮解结块，需用塑料袋贮存。它用于室外喷涂、刷涂等。它对于稳定砂浆稠度，使颜料分散均匀及抑制水泥中游离成分的析出，都有一定的效果。一般掺入量为水泥用量的1％。

2.2 抹灰工具、机具

在进行抹灰施工时，应根据工程的特点和抹灰的类别准备机械设备和抹灰工具，并按照现场平面布置搭设机棚，安装好机械，接通水、电源，搭好垂直运输井架以及室内外抹灰脚手架。

2.2.1 抹灰常用的工具

（1）抹子类

1）铁抹子（铁板）

用于抹底子灰、上灰及水刷石、水磨石面层等。如图2-1所示。

2）钢皮抹子

其外形与铁抹子相同，但比较薄，弹性较大。用于水泥砂浆面抹光、水泥地面以及纸筋灰、石膏灰面层收光。

3）压子

用于压光水泥砂浆面层和水泥地面。如图2-2所示。

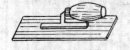
图2-1　铁抹子

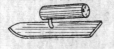
图2-2　压子

4）铁皮

用于小面积或铁抹子伸不进去的地方以及修理等。如图2-3所示。

5）木抹子

用于搓平底子灰。如图2-4所示。

图2-3　铁皮

图2-4　木抹子

6）阴、阳角抹子

用于压光阴阳角。分为尖角和小圆角两种。如图2-5、图2-6所示。

图2-5　阴角抹子

图2-6　阳角抹子

7）圆角阴阳角抹子

用于水池、明沟、楼梯防滑条捋光。如图2-7、图2-8所示。

图2-7　圆角阴角抹子

图2-8　圆角阳角抹子

8）小压子

用于细部压光。如图2-9所示。

9）塑料抹子

用于压光纸筋灰面层。如图2-10所示。

图2-9　小压子

图2-10　塑料抹子

（2）木制工具

1）托灰板

亦称托板、操板。用于抹灰时承托砂浆。如图2-11所示。

2）木杠

又叫刮尺，分为长、中、短三种规格。长

杠长 2.5～3m，用于冲筋。中杠长 2～2.5m，短杆长 1.5m，其粗细一般为 40×80～100mm，用于刮平墙面或地面。如图 2-12 所示。

 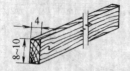

图 2-11　托灰板　　　图 2-12　木杠

3）八字靠尺板

又称引条、直木条。一般作为做边角的依据，其长度按需截取。如图 2-13 所示。

4）方尺

又叫角尺，用于测量阴阳角方正。如图 2-14 所示。

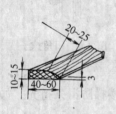 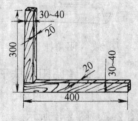

图 2-13　八字靠尺板　　　图 2-14　方尺

5）托线板

主要用于挂垂直。其规格为 15×120×2000mm，板中间有标准线。如图 2-15 所示。

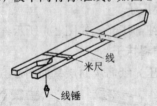

图 2-15　托线板

6）分格条

又叫米厘条。用于墙面分格及滴水槽处，尺寸视需要而定。如图 2-16 所示。

图 2-16　分格条

（3）搅拌、运输、存放砂浆的工具

1）铁锹（分为尖头和平头两种）、灰镐、灰耙、灰叉子等，用于人工拌和各种砂浆及灰膏。

2）筛子

用于筛分砂子。常见的筛子孔有 1、1.5、3、5、8、10mm 等六种。如图 2-17 所示。

图 2-17　筛子

3）小车

又称人力翻斗车，供运输材料用。

4）小灰桶

用于施工中盛装砂浆。

5）胶皮管

其内径一般为 25mm，用作活动水管。

6）小灰勺

用于舀砂浆。

（4）刷子类

1）长毛刷

又称软毛刷子，室内外抹灰洒水用。如图 2-18 所示。

2）猪棕刷

用于刷水、刷石、水泥拉毛等。如图 2-19 所示。

 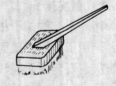

图 2-18　长毛刷　　　图 2-19　猪棕刷

3）鸡腿刷

用于长毛刷刷不到的地方，如阴角。如图 2-20 所示。

4）钢丝刷

用于清刷基层以及金属表面的锈污。如图 2-21 所示。

图 2-20　鸡腿刷

图 2-21　钢丝刷

5）茅柴帚

用茅草扎成,用于刷水和甩毛灰。如图 2-22 所示。

图 2-22　茅柴帚

（5）饰面安装专用工具

1）小铁铲

用于铲灰。如图 2-23 所示。

图 2-23　小铁铲

2）錾子

用于剔凿饰面板材、块材。如图 2-24 所示。

3）开刀

用于陶瓷锦砖拨缝。如图 2-25 所示。

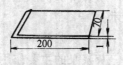
图 2-24　錾子　　　图 2-25　开刀

（6）斩假石专用工具

1）剁斧

用于剁斩假石,清理混凝土基层剁毛。如图 2-26 所示。

2）花锤

石工的常用工具,用于斩假石。如图 2-27 所示。

图 2-26　剁斧　　　图 2-27　花锤

3）单刀或多刀

多刀由几个单刀组成,用于剁斩假石。如图 2-28 所示。

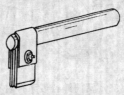
图 2-28　单刀或多刀

（7）其他工具

1）滚筒

一般重 30～40kg,抹水磨石地面及细石混凝土地面时滚平压实用。如图 2-29 所示。

图 2-29　滚筒

2）粉线包

也称灰线包,用于弹水平线和分格线等。如图 2-30 所示。

3）分格器

用于抹灰面层分格。如图 2-31 所示。

图 2-30　粉线包　　　图 2-31　分格器

2.2.2　抹灰常用机械

（1）砂浆拌合机

砂浆拌合机有活门卸料式和倾翻卸料式

两种。如图2-32、图2-33所示。

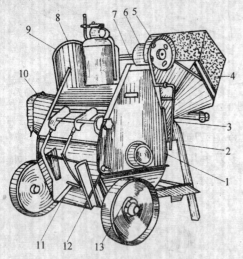

图 2-32　活门卸料砂浆拌合机

1—拌筒（内装拌叶）；2—机架；3—料斗升降手柄；4—
进料斗；5—制动轮；6—卷扬筒；7—天轴；8—离合器；
9—配水箱（量水器）；10—电动机；11—出料活门；12—
卸料手柄；13—行走轮

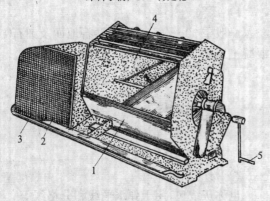

图 2-33　倾翻卸料拌合机

1—拌筒；2—电动机与传动装置；3—机架；4—拌叶；
5—卸料手柄

（2）纸筋灰搅拌机

国产搅拌纸筋灰的机具主要有两种：一种由搅拌筒和小钢磨两部分组成。如图2-34所示。另一种为搅拌筒内同一轴上分别装有搅拌螺旋片及打灰板。如图2-35所示。它们的特性都一样：前部装置起搅拌作用，后部装置起磨（打）细作用。台班产量分别为8t、10t。

（3）粉碎淋灰机

粉碎淋灰机是淋制装饰工程、砌体工程中

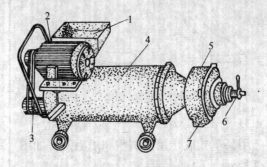

图 2-34　纸筋灰搅拌机

1—进料口；2—电动机；3—皮带；4—搅拌筒；
5—小钢磨；6—调节螺栓；7—出料口

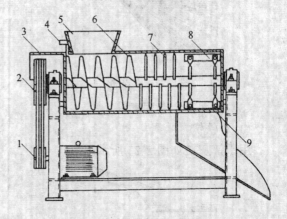

图 2-35　纸筋灰搅拌机

1—电动皮带轮；2—大皮带轮；3—防护罩；4—水
管；5—进料斗；6—螺旋；7—打灰板；8—刮料板；
9—出料口

石灰膏的机具，其主要优点是节省了淋灰池淋灰时间，提高了石灰利用率（达95％以上）。

粉碎淋灰机产量为16t/台班。如图2-36所示。

（4）灰浆泵

灰浆泵的主要作用是加压输送砂浆。目前常用的砂浆输送泵按其结构特征，有柱塞直接作用式灰浆泵，如图2-37所示，圆柱形成片状隔膜式灰浆泵，如图2-38与图2-39所示，以及挤压式砂浆泵，如图2-40所示。

直接作用式及隔膜式灰浆泵出灰量大，效率高，运输距离远，但设备复杂；挤压式砂浆泵设备简单，移动灵活，但相对出灰量小（出浆量2m³/h），运输距离近（垂直20m，水平80m）。

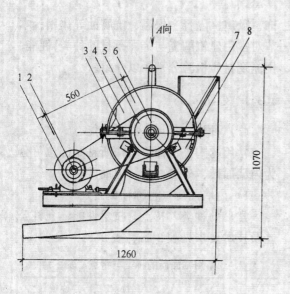

图 2-36　FL-16 粉碎淋灰机示意图

1—小皮带轮；2—钩头楔键；3—胶垫；4—筒体上部；
5—大皮带轮；6—挡圈；7—支承板；8—筒体下部

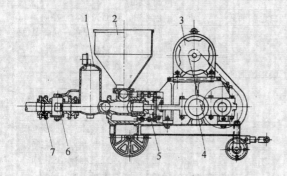

图 2-37　柱塞直接作用式灰浆泵

1—气罐；2—料斗；3—电动机；4—变速箱；5—泵体；
6—三通阀门；7—输出口

图 2-38　圆柱形隔膜式灰浆泵

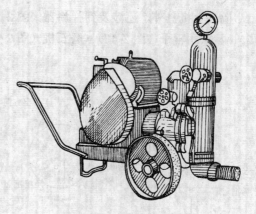

图 2-39　片状隔膜式灰浆泵

图 2-40　挤压式砂浆泵

（5）地面压光机

用于压光水泥砂浆地面。如图 2-41 所示。

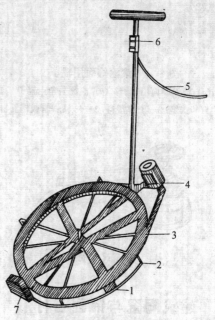

图 2-41　地面压光机

1—刀片；2—防护架；3—三角皮带；4—电动
机；5—电缆；6—电闸；7—平衡锤

除以上机具外，还涉及到弹涂器（图2-42）、滚涂用辊子（图2-43）、磨石机（图2-44）。

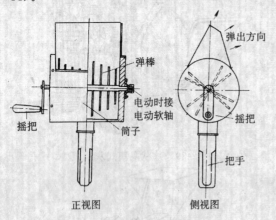

图 2-42　弹涂饰面用手动弹涂器

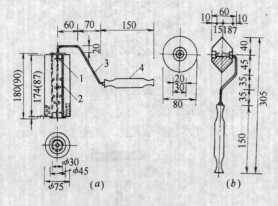

图 2-43　滚涂饰面用辊子

（a）滚涂墙面用辊子；（b）滚涂阴角用辊子

1—串钉和铁垫；2—硬薄塑料；3—φ8 镀锌管或钢筋棍；
4—手柄

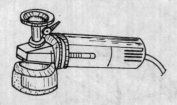

图 2-44　手提式电动磨石机

2.3　建筑陶瓷与饰面石材

建筑陶瓷与饰面石材在室内、外及楼地面的饰面工程中广泛应用，主要有保护、装

饰、吸声、隔音、保温、抗腐蚀等作用。本节对常用建筑陶瓷与饰面石材的种类、性能、用途及材质检验分别予以介绍。

2.3.1　建筑陶瓷

（1）种类、特点、技术性能

常用的陶瓷饰面材料按所粘贴部位可分为内墙面砖、外墙面砖、地面砖。

1）内墙面砖（也称釉面砖）

常见的种类、特点、技术性能、允许公差及技术要求见表2-11、表2-12、表2-13。

常用釉面砖的种类与特点　表 2-11

种　　类		特　　点
彩色釉面砖	有光彩色釉面砖	釉面光亮晶莹，色彩丰富雅致
	无光	釉面半无光，不显眼，色泽一致，色调柔和
白色釉面砖		色纯白，釉面光亮，洁净
装饰釉面砖	花釉面砖	同一砖面，多种彩色，经高温色釉互渗，花纹丰富
	结晶釉面砖	晶光，纹理多姿
	斑纹釉面砖	斑纹丰富
	理石釉面砖	具有天然大理石花纹颜色丰富，美观大方
图案砖	白底图案砖	白色釉面砖上装饰各种彩色图案高温烧制，纹样清晰，色彩明快
	色底图案砖	在有光或无光彩釉砖上装饰各种图案，高温烧制，产生浮雕、缎光绒毛彩漆效果
瓷砖画及色釉陶瓷字	瓷 砖 画	由各色釉面砖拼成，根据已存画稿上彩后烧成
	色釉陶瓷字	以各种彩釉、瓷土烧制而成，光亮美观永不褪色

釉面砖的技术性能　表 2-12

项　目	说　明	单　位	指　标	备　注
比　重	—	g/cm³	2.3～2.4	—
吸水率	—	%	<18	—
抗折强度	—	MPa	2.0～4.0	—
冲击强度	用 30g 钢球从30cm 高处落下3次	—	不碎	—
热稳定性	由 140℃至常温剧变次数	次	≮3	
硬　度		度	85～87	指白色釉面砖
白　度		%	>78	指白色釉面砖

白色釉面砖标定尺寸的允许公差及技术要求

续表

表 2-13

项　目	公差值 (mm)	主　要　技　术　要　求
长　度	±0.5	1. 白度不低于 78°
宽　度	±0.5	2. 吸水率不大于 22%
厚　度	±0.3 −0.2	3. 耐急冷急热性能 150℃至 19℃±1℃热交换一次不裂
圆弧半径	±0.5	

2）外墙面砖

常见的种类、规格、性能和用途见表 2-14。

外墙贴面砖的规格、性能　表 2-14

种　类		一般规格 (mm)	性能	用途
名　称	说　明			
表面无釉外墙面砖（墙面砖）	有白、浅黄、深黄、红、绿等色	200×100×12 150×75×12 75×75×8	质地坚固，吸水率不大于8%，色调柔和，耐水，抗冻经久耐用	用于建筑外墙，作装饰及保护墙面之用
表面有釉外墙面砖（彩釉砖）	有粉红、蓝、绿、金砂釉、黄、白等色	108×108×8		
线　砖	表面有突起线纹、有釉，并有黄、绿等色			
外墙立体贴面砖（立体彩釉砖）	表面有突起立体图案，有釉			

3）陶瓷锦砖（也称马赛克）

常见形状、规格见表 2-15。尺寸允许偏差见表 2-16。

陶瓷锦砖的形状与规格　表 2-15

基本形状	名　称	规　格　（mm）				
		a	b	c	d	厚度
	正方 大　方	39.0	39.0	—	—	5.0
	正方 中大方	23.6	23.6	—	—	5.0
	正方 中　方	18.5	18.5	—	—	5.0
	正方 小　方	15.2	15.2	—	—	5.0

续表

基本形状	名　称	规　格　（mm）				
		a	b	c	d	厚度
	长方（长条）	39.0	18.5			5.0
	对角 大对角	39.0	19.2	27.9		5.0
	对角 小对角	32.1	15.0	22.8		5.0
	斜长条（斜条）	36.4	11.9	37.9	22.7	5.0
	六　角	25	—			5.0
	半八角	15	15	18	40	5.0
	长条对角	7.5	15	18	20	5.0

陶瓷锦砖几何尺寸允许公差　表 2-16

项　目	规格（mm）	允许公差（mm）	
		一级品	二级品
单片瓷饼	边长≤25.0	±0.5	±0.5
		±1.0	±1.0
	厚度 4.0 4.5	±0.2	±0.2
每张锦砖	线路2.0	±1.0	±1.0
	边长305.5	+2.5 −0.5	+3.0 −1.0

2.3.2　饰面石材

建筑用饰面石材主要有天然石材和人造石材两大类。

43

（1）天然石材

天然石材是把大块荒料经过锯切、研磨、酸洗、抛光，最后按所需规格、形状切割加工而成。

1）大理石

大理石常呈层状结构，条纹清晰，是一种富有装饰性的石材。但大理石一般含有杂质，其硬度、强度、耐久性比花岗石差。因此，大理石饰面不宜用于室外，常用于室内装饰。常常用于室内的地面、墙面、柱面、卫生间的洗漱台等。

常见天然大理石品种及物理、力学性能指标见表 2-17。

天然大理石品种及物理力学性能指标

表 2-17

序号	品种	颜色、结构特征	抗压强度（MPa）	抗折强度（MPa）	产地
	汉白玉	乳白色带少量隐斑、花岗结构	156	16.9	北京房山 湖北黄石
	雪浪	白色、灰白色、颗粒变晶、镶嵌结构	61.1	13.7	湖北黄石
	雪野	灰白色	121.5	14.4	湖北黄石
	秋景	灰白色、浅棕色带条状花纹、微晶结构	68.6	16.8	湖北黄石
	粉荷	浅粉红色带花纹	101.9	17	湖北通山
	墨壁	黑色带少量白色条纹	70.5	17.1	湖北黄石
	咖啡	咖啡色	84.9	17.9	山东青岛
	苏黑	黑色间少量白络	157.8	18.5	江苏
	杭灰	灰色、白花纹	121	17.7	浙江杭州
	皖螺	灰红色底、红灰色相间的花纹	90.6	14.3	安徽
	云南灰	灰白色间有深灰色晕带	178.6	26	云南
	莱阳绿	灰白色底、间深草绿色斑点状	82.2	18.7	山东莱阳
	丹东绿	浅绿色、翠绿、墨绿	86.6～100.8	28～30.5	辽宁丹东
	岭红	玫瑰红、深红、棕红、紫红、杂白斑	82～104	23	辽宁铁岭
	东北红	绛红色	128	21	大连
	晚霞	白黄间土黄	146	10.7	北京顺义
	芝麻白	白色晶粒	138	16.5	北京顺义
	艾叶青	青底、深灰间白色叶状、间片状纹缕	173.5	11	北京顺义
	螺丝转	深灰色底、青白相间螺纹状花纹	157	7.6	北京顺义
	川绿玉	油绿、菜花黄绿	141	23.2	四川南江

天然大理石板外观质量要求见表 2-18。大理石板平度允许偏差见表 2-19，角度偏差允许值见表 2-20。

天然大理石板外观质量要求

表 2-18

项目	范围	外观观感要求	
		一级品	二级品
贯穿厚度的裂纹长度	磨光板面	允许有不贯穿裂纹	允许有不贯穿裂纹
贯穿厚度的裂纹长度	贴面产品贯穿的裂纹长度	不超过其顺延长度之20%，距板边60mm范围内不得有大致平行板边的裂纹	≤其延长长度之40%
磨光面缺陷	整块光面	不允许有 $d>$1mm 之明显砂眼、划痕	不允许有 $d>$1mm 之明显砂眼、划痕
棱角缺陷	在一块板块中：正面棱≤2×6mm 正面角≤2×2mm 底面棱角≤25×25 或 40×10	允许1处 允许1处 允许2处	允许2处 允许2处 允许3处
棱角缺陷	底面棱角缺陷深度	不得>板厚1/4	不得板厚1/4
棱角缺陷	板安装后被遮盖部位的棱角缺陷	不得>被遮盖部位之1/2	不得>被遮盖部位之1/2
棱角缺陷	两个磨光面相邻的棱角	不允许有缺陷	不允许有缺陷
粘接与修补	整块范围内	可补，但补后正面不得有明显痕迹，花色更相近	可补，但补后正面不得有明显痕迹，花色要相近
色调与花纹	定型产品	以 50m² 一批花纹色调应基本一致与标准色调相比不得有明显差别	以 50m² 一批，花纹色调应基本一致与标准色调相比，不得有明显差别
色调与花纹	非定型产品	色调可逐步过渡，花纹特征基本一致无突变	色调可逐步过渡，花纹特征基本一致，无突变
漏检率	每批产品中	≤10%二级品	≤5%之等外品

天然大理石板平度允许偏差 表 2-19

平板长度（mm）	最大偏差值（mm）		
	优等品	一级品	合格品
<400	0.2	0.3	0.5
≥400	0.50	0.6	0.8
≥800	0.70	0.8	1.0
≥1000	0.80	1.0	1.2

天然大理石板角度偏差允许值

表 2-20

板材长度（mm）	最大偏差值（mm）			附 注
	优等品	一级品	合格品	
<400	0.30	0.4	0.6	侧面不磨光的拼缝板材，正面与侧面的夹角不得大于90°
≥400	0.50	0.6	0.8	

2) 花岗石

花岗石岩质坚硬。但花岗石中含有石英，不耐高温，加温至573℃时，体积会发生剧烈膨胀。花岗石常用于建筑物的室内外墙面、立柱、墙裙、地（楼）面、檐口、腰线、勒角、基座、踏步等。

根据结晶颗粒的大小，花岗石可分为"伟晶"、"粗晶"、"细晶"三种。颜色有粉红底黑点、花皮、白底黑点、灰白色、纯黑等。根据加工方法不同，可分为剁斧、机刨、粗磨、磨光板材四类。

花岗岩的主要品种、性能见表 2-21。

花岗岩饰面板的主要品种、产地及性能

表 2-21

品 种	花 色	力学性能指标		产 地
		抗压强度（MPa）	抗折强度（MPa）	
白虎涧	粉红色黄色、红色	137.3	9.2	北 京
花岗石	浅灰条纹状	202.1	15.7	山 东
花岗石	红灰色	212.4	18.4	山 东
	灰白色	140.2	14.4	山 东
宝山石	浅灰色	180.4	21.6	福建惠安
日中石	灰白色	171.3	17.1	福 建
峰日石	灰 色	195.6	23.3	福 建

续表

品 种	花 色	力学性能指标		产 地
		抗压强度（MPa）	抗折强度（MPa）	
大黑白点	灰白色	103.6	16.2	北 京福 建
花岗石	粉红色	119.2	8.9	广 东
花岗石	黑黄白色	152.3	14.9	河北唐山
砻 石	浅红色	214.2	21.5	福建南海
桃花红	黑白花桃花红	189.5	18.5	湖南桃江

粗磨、磨光板的常用规格见表 2-22。

花岗石粗磨和磨光板的规格（单位：mm）

表 2-22

长	300	305	400	600	600	610	610	900
宽	300	305	400	300	600	305	610	600
厚	20	20	20	20	20	20	20	20
长	915	1067	1070					
宽	610	762	750					
厚	20	20	20					

花岗石平板尺寸、平度允许偏差见表 2-23、表 2-24。

花岗石平板尺寸允许公差（单位：mm）

表 2-23

产品名称	一 级 品			二 级 品		
	长	宽	厚	长	宽	厚
粗磨和磨光板材	+0 -1	+0 -1	±2	0 -2	0 -2	+2 -3
机刨和剁斧板材	0 -2	0 -2	+1 -3	0 -3	0 -3	+1 -3

花岗石板平度允许偏差（单位：mm）

表 2-24

平板长度	粗磨和磨光板材		机刨、剁斧板材	
	一级品	二级品	一级品	二级品
<400	0.3	0.5	1.0	1.2
≥400	0.6	0.8	1.5	1.7
≥800	0.8	1.0	2.0	2.2
≥1000	1.0	1.2	2.5	2.8

剁斧板表面坑窝允许范围见表 2-25。

用于室内外装饰。

人造石材的品种、规格、性能见表 2-26。

剁斧板剁面的坑窝允许范围（单位：mm）

表 2-25

剁斧板材面积（m²）	允许范围	允许处数	
<0.2	20×20×3	1	处
0.2～0.3	20×20×3	2	处
>0.3～0.5	20×20×3	3	处

3）人造大理石

人造大理石具有较好的抗污染性，花纹容易设计，它的最大特点在于它的可加工性，成本仅为天然大理石板材的 30%～50%。常

4）预制水磨石

预制水磨石饰面耐腐蚀性能较差，容易产生微龟裂，但其花色、石子的排列密度、光泽是现制水磨石所不能比的。预制水磨石多用于墙面及地面装饰，特别是卫生间、浴室等。

预制水磨石的技术要求应满足：表面抛光出亮，石粒分布均匀，色泽一致，块厚一致，边缘平直，无旋纹、气孔、缺角掉楞。

预制水磨石块允许偏差见表 2-27。

人造石材的品种、规格、性能

表 2-26

品种	代号	规格（mm）	花色	主要性能指标						产地
				抗折（MPa）	抗压（MPa）	硬度（HB）	光泽度（度）	密度（g/cm³）	吸水率（%）	
合成石板		长≤2000 厚≤800 厚8～20	有40种花色	30.0	100.0	35	70～90	2.2	<0.10	北京建材水磨石厂
人造大理石板	A—1 B—2 C—3 D—4	150×450×8～10 600×600×10～12 700×700×12～15 800×800×15～20	各种天然理石花板	38.0	100.0	40	80	2.6	0.10	上海市申江聚酯制品厂
合成花岗石	3101 3102 3103 3104 3105 3106	1780×890×12	贵妃红 奶白 麻花 锦黑 彩云 贵妃红1	25.0	90.0	>22	90	2.5	0.30	江西上高建筑装饰材料厂
人造大理石		530×1850 530×1960 520×1960 345×1960 520×1940 530×1850	花色20余种	31.3	100.0	50～60	100.9	2.23	<1.0	呼和浩特聚酯大理石制品厂

46

预制水磨石块允许偏差　表 2-27

名　　　称	允许偏差（mm）		
	长（宽）度	厚　度	平整度（用直尺检查）
预制水磨石块	+0 -1.0	±1.0	±0.5

2.4　抹灰安全生产知识

2.4.1　设施安全

（1）抹灰前应检查脚手架和跳板是否牢固稳定，合格后方能上人操作。严禁将跳板或架管支承在门窗框、散热器或管道上作业。

在架子上操作时人员不能集中，堆放的材料要散开，存放砂浆的灰槽、小灰桶要放稳。木制直刮尺不能斜靠在墙面，应平放在脚手板上。

层高在 3.6m 以下，由抹灰工自己搭设的架子，采用脚手凳时，间距应小于 2m。采用木制高凳时，其一头要顶在墙上。

（2）冬季施工期间，室内热作业时应防止煤气中毒，热源周围要防止引起火灾。外架子要经常扫雪，开冻后注意外架沉陷变形。

2.4.2　穿着安全

（1）严禁操作人员穿拖鞋、塑料鞋、高跟鞋、硬底鞋上架作业。

（2）多工种立体交叉作业应有防护措施，作业人员必须配戴安全帽。

（3）顶棚抹灰时应戴防护眼镜，防止灰浆溅入眼内造成工伤。

（4）抹灰时一般都要求戴手套，以免灰浆刺激、腐蚀皮肤。

2.4.3　用电安全

（1）临时施工照明，必须用低压电，导线绝缘良好。

（2）机电设备如磨石机、地面压光机应固定专人并经培训后方能操作。小型卷扬机的操作人员需经培训并考试合格后才准操作。现场一切机电设备非操作人员一律不准乱动。

小　　　结

本章介绍了抹灰材料的分类与性能，抹灰工具、机械的使用方法，建筑陶瓷及饰面石材的分类、性能、用途、材质检验知识，抹灰施工生产安全知识四部分内容。其中，对常用抹灰工具、机械、材料及天然大理石、花岗石、内外墙面砖应重点了解。

习　题

1. 抹灰材料分为哪几大类？
2. 使用菱苦土时，可用什么材料拌和？为什么？
3. 什么是水玻璃？它有哪些性能？适用于何处？
4. 装饰水泥的施工特点有哪些？装饰水泥有哪几类？
5. 白水泥有几种标号？其白度分为几级？
6. 石灰膏在使用前，应注意什么问题？
7. 石英砂有几种类型？哪些较好？适用于何处？
8. 抹灰外掺剂有哪几种？使用 107 胶应注意什么问题？
9. 用于表面压光的工具或机具有哪些？
10. 为什么天然大理石一般用于室内装饰？
11. 根据加工方法的不同，花岗石可分为几类？
12. 常见陶瓷饰面材料有哪些？各用于什么场合？

47

第3章 油漆工基础知识

本章简要介绍涂料的化学基本理论知识，涂料与腻子的性能、用途，油漆工安全生产知识和玻璃工的基础理论知识，以及油漆工常用的工具和机具。

3.1 有关涂料的化学基本理论

3.1.1 化学基本概念

世界是由物质组成的，研究证明，构成物质的微粒可以是分子、原子或离子。有些物质是由分子构成的，还有一些物质是由原子直接构成的。具有相同质子数（即核电荷数）的同一类原子总称为元素，由同种元素组成的纯净物叫做单质，由不同种元素组成的纯净物叫化合物。单质和化合物是元素存在的两种形态，元素以单质形态存在的叫做元素的游离态，元素以化合物形态存在的叫做元素的化合态。

（1）有机化合物和无机化合物

组成有机物的元素，除主要的碳外，通常还有氢、氧、氮、硫、卤素等。无机化合物一般指组成里不含碳元素的物质。例如水、食盐、氨、硫酸这些都是无机物。一氧化碳、二氧化碳、碳酸盐等少数物质，虽然含有碳元素，但它们的组成和性质跟无机物很相近，一向把它们作为无机物。

有机物种类繁多，目前从自然界发现的和人工合成的有机物已有几百万种，而无机物却只有十来万种。这是由于碳原子含有四个价电子，可以跟其它原子形成四个共价键，而且碳原子跟碳原子之间能以共价键结合，形成长的碳链。

大多数有机物难溶于水，易溶于汽油、酒精、苯等有机溶剂。而许多无机物是容易溶于水的。绝大多数有机物受热后容易分解，并且容易燃烧，而绝大多数无机物是不易燃烧的。涂料中的成膜物质以及溶剂基本上属于有机物。在有机化合物里有一大类物质仅由碳和氢两种元素组成，这类物质称为烃，也叫碳氢化合物，甲烷是烃类里面分子组成最简单的物质。

（2）高分子化合物和低分子化合物

烃和烃的衍生物的分子量都很小，而另外一类的化合物，比如氯乙烯等的分子量却很大。一般把分子量低于1000或1500的化合物称为低分子化合物；分子量在10000以上的化合物称为高分子化合物，简称高分子。

高分子化合物化学性质通常很稳定。此外，高分子密度小，强度高，还具有一定的可塑性和弹性以及良好的耐磨、耐腐蚀和电绝缘性能。但高分子材料也有缺点，它们一般不耐高温、易燃烧、易老化。老化就是高分子材料受到光、热、空气、潮湿、腐蚀性气体等综合因素的影响，逐步失去原有的优良性能，以至到最后不能使用。所以减少或延迟老化，提高高分子的耐热性能等，都成为对高分子材料的重要研究课题。

（3）加聚反应

加聚反应是指分子量小的化合物（单体）在适当的温度、压强和有催化剂存在的情况下，其分子互相结合成为分子量很大的聚合物（高分子化合物）的反应。

（4）缩聚反应

由单体合成高分子化合物时还生成简单化合物（H_2O、NH_3、HCl 等）的反应，叫做缩聚反应。缩聚反应除了形成聚合物外，同时还有低分子副产物。

3.1.2 涂料的成膜知识

涂料是由不挥发部分和挥发部分两大部分组成。涂料施涂于物体表面后，其挥发部分逐渐散去，剩下的不挥发部分留在物体表面上干结成膜。这些不挥发的固体部分叫做涂料的成膜物质。

常用的涂料由于种类不同，涂膜的类型与成膜原理各不相同。

（1）涂膜的类型

根据涂膜的分子结构，涂膜分为三类，即低分子球状结构的涂膜；线型分子结构的涂膜和体型网状分子结构的涂膜。漆膜的分子结构如图 3-1 所示。

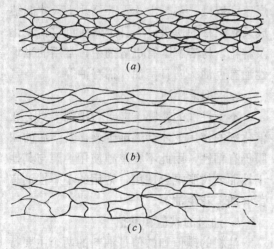

图 3-1　漆膜的分子结构
（a）低分子（球状）的；（b）线型分子的；
（c）体型（网状）分子的

1）低分子球状结构的涂膜：低分子球状结构的涂膜是由大量球形或类似球形的低分子（如虫胶、松香衍生物等）组成的。这些涂膜对木材的附着力尚好，但因分子之间的联系微弱，所以耐磨性很差，弹性低，大多数不耐水、不耐热，不能抵抗大气的侵入。

2）线型分子结构的涂膜：它是由直链型或支链型大分子（如硝酸纤维）与许多非转化型的合成树脂（如过氯乙烯、聚丙烯等）组成的。这类涂膜因分子间彼此相互交织，联系紧密，因此弹性、耐磨性、耐水性和耐热性等均高于低分子结构的涂膜。

3）体型网状分子结构的涂膜：属于体型网状分子结构的涂膜有聚酯、丙烯酸、聚氨酯等涂料的涂膜。各个分子之间由许多侧链紧密连接起来。由于这些牢固的侧链存在，所以这类涂膜的耐水、耐热、耐寒、耐磨、耐化学性能等都比其他分子结构的涂膜高得多。

（2）涂料的成膜原理

为了从化学理论知识角度来说明涂料的成膜原理，现将常用涂料归纳为以下几种类别：

1）油性涂料的成膜原理：油性涂料的成膜是由油的分子结构决定的。当把含有不饱和脂肪酸较多的油涂成薄层时，它和空气接触首先发生氧化反应，同时自身也发生聚合作用，由小分子变为大分子，液态薄层逐渐变成固态的涂膜。如果油含饱和脂肪酸多，那么它所起的氧化聚合作用很小，因而不能成膜。

2）溶剂型涂料成膜原理：一般在 15～25℃温度下，待溶剂全部挥发后，就可得到一层涂膜。属于这类成膜方式的涂料类别有虫胶漆、硝基漆、过氯乙烯树脂漆等。

3）氧化聚合型涂料的成膜原理：这类涂料的成膜一方面靠溶剂的挥发，另一方面靠成膜物质的氧化、聚合、缩合等化学反应——由低分子物质或线型高分子物质转化为体型聚合物，故称"转化型涂料"。有清油、厚漆、天然树脂漆、酚醛树脂漆、醇酸树脂漆、丙烯酸漆等。这类涂料化学反应需较长时间，涂层干燥缓慢。

4）固化剂固化型涂料的成膜原理：这类涂料的成膜需要加入固化剂，因为固化剂中的活性元素或活性基因能使成膜物质的分子发生化学反应，交联固化成高分子的涂膜。属于这种类型的涂料有双组分的聚氨酯漆和胺类固化的环氧树脂漆等。

5）烘干聚合型涂料的成膜原理：这类涂料必须经过一定的温度烘烤才能使成膜物质分子中的官能团发生交联固化而形成连续完整的网状高分子涂膜。属于这类涂料的有氨基醇酸烘漆、沥青烘漆、环氧树脂烘漆等。每一种烘干聚合型涂料都有它自己的规定成膜烘烤时间和一定的温度。若温度太低则交联反应太慢，或根本不起反应；温度太高则会引起成膜物质中的颜料分解，或高分子树脂的裂解而使涂膜颜色变深等。一般烘烤温度范围在 $100 \sim 150 ℃$ 之间。

6）水溶性树脂涂料的成膜原理：水溶性涂料与溶剂型涂料的区别在于水溶性涂料是以水作溶剂，而溶剂型涂料是以有机溶剂作溶剂。

水溶性涂料可分为烘干型和常温干燥型两类。水溶性涂料的成膜原理与一般的溶剂型涂料相同，只不过因为它是高分子树脂的多羧酸盐或铵盐，成膜过程中，首先是氨的挥发，在加热固化时，也有铵的衍生物生成。由于氨和铵的衍生物生成，就可形成一层涂膜。在常温下干燥型的水溶性涂料，可用环烷酸或硝酸钴、铅、锰等催干剂，在常温下水分挥发树脂类等物质干燥成膜。水溶性涂料常用的品种有：水溶性环氧树脂涂料、水溶性丙烯酸树酯涂料、水溶性聚氨酯树脂涂料等。

3.1.3 常用涂料的性能

涂料的组成物质主要是胶粘剂、颜料、溶剂和辅助材料。

（1）常用胶粘剂

胶粘剂可促使涂料粘附于物体表面，形成坚韧的涂膜，是主要成膜物质，也可胶粘颜料等物质共同成膜，这是涂料的基本成份，因此也常称为基料、漆料或漆基。胶粘剂有油料和树脂两类。

1）油料类

油料类是涂料工业中最早使用的成膜物，可以用来制造清漆、色漆、油改性合成树脂以及作为增塑剂使用。以油料为主要成膜物质的涂料称油性涂料或油性漆（油脂漆）。油性漆依靠油料干结成膜，牢固附着在物件上，其漆膜具有良好的柔韧性。油性漆中所用油料量至少占 20%，有的甚至全部使用植物油。一般油性漆所用的油料以干性和半干性的植物油居多，不干性油只作为增韧剂使用。动物油一般不采用。

a. 油料的分类

油料根据其干燥性能，可分为干性油、半干性油、不干性油三类；按其来源不同可分为动物油、植物油和矿物油。

（a）干性油

干性油具有较好的干燥性，漆膜干结快，干燥后的漆膜不会溶化，几乎不溶解于有机溶剂中。常用的干性油有桐油、亚麻仁油等。

（b）半干性油

半干性与干性油相比，半干性油漆膜干燥速度较慢，要等十几天甚至几十天才能结成又软又粘的薄膜，而且干燥后可重新软化及熔化，易溶解于有机溶剂中，常用的半干性油有豆油、向日葵油、棉籽油等。

（c）不干性油

不干性油的漆膜不能自行干结，只有在催化剂的作用下才会逐渐干燥，其干后的漆膜仍有粘性，因此不宜单独使用，要与其他干性油或树脂混合使用。常用的不干性油有蓖麻油、花生油等。

b. 油料的碘值和酸值

油料的碘值和酸值是油料的两个主要特性常数，是反映油料性能和质量的理化性能指标。

（a）碘值

碘值指每 $100g$ 油料所能吸收碘的克数，是表示油料干燥速度的重要指标。干性油的碘值一般在 140 以上；半干性油 $100 \sim 140$；不干性油的碘值一般在 100 以下。

（b）酸值

酸值是反映中和 $1g$ 油料中的游离酸所

需氢氧化钾的毫克数，用来表示油料中所含游离酸的多少。油料中所含酸值的多与少，表示油料质量的劣与优。新鲜油料的酸值低，而长期存放的油料因酸败而导致酸值升高。

c. 几种常用的植物油

(a) 桐油

桐油是最早使用的油漆原料之一，盛产于我国长江流域及以南地区，是我国的特产。桐油是从桐树的果实中榨取的一种浅黄色液体，经炼制后可直接用作油漆。桐油的主要优点是聚合速度快和容易干燥。生桐油可直接与树脂一起高温熬炼，制成的产品涂刷后不粘。桐油是油料中干燥最快的一种，干固后的油膜坚硬密实，因而其耐水性和耐碱性好。桐油的缺点是油膜弹性差，生桐油漆膜干后会出现严重的皱皮。造漆时常将桐油与其他干性油配合使用，以克服桐油的缺点，同时可利用桐油易皱皮的特点制造皱纹漆。

(b) 亚麻仁油

亚麻仁油又叫胡麻籽油，产于我国的黄河以北的内蒙古、山西、陕西、河北等地区。亚麻仁油由压榨亚麻籽而得，可以食用。亚麻仁油的干性稍次于桐油和梓油，用它制得的油漆柔韧性及耐久性好，但耐光性较差，易泛黄，不宜制作白色漆。可用它加工成聚合油后再生产各种油基清漆。

(c) 梓油

梓油又叫青油，是从乌桕树的籽仁压榨取得的干性油，盛产于我国江苏、浙江、江西、四川、湖南、贵州等省。梓油的干性稍次于桐油，但优于亚麻仁油，漆膜较为坚硬。由梓油制成的油漆，颜色浅，不易变黄。市场上所称的鱼油，实际上是熟桐油和亚麻仁油。

(d) 苏籽油

苏籽油是由野生植物白苏子压榨而得，也是一种干性油，产于我国东北和河北地区。苏籽油的干燥性略比亚麻仁油好，其用途与亚麻仁油相同。

(e) 豆油

豆油是从大豆压榨而得。豆油干性较慢，与向日葵油、菜籽油等同属半干性油。豆油与向日葵油的使用性能相近，不易变黄，可以用来制作白色油漆。

(f) 向日葵油

向日葵油又叫葵花籽油。是从向日葵籽压榨而得。向日葵油是一种很好的食用油，它还可以用来制造肥皂等。

(g) 蓖麻油

蓖麻油是由蓖麻籽仁压榨而得，是一种不干性油。蓖麻油中含有羟基，经高温处理（脱水）后可转变为干性油，其干燥性、耐水性、耐碱性介于桐油与亚麻仁油之间，漆膜不易泛黄，但有反粘现象。

(h) 椰子油

椰子油是从椰树果实所得，它在低温下呈固态状，颜色较浅，用于制造不干性醇酸树脂，其漆膜硬度大，不易退色，但稍脆。

d. 常用油脂漆的品种

用植物油制造的油脂漆品种较多，目前还在使用的油脂漆有下列几种：

(a) 清油

清油也称熟油，是用干性油或半干性油经过炼制后加入适量催干剂制成的。它是一种价格便宜的透明涂料。

用清油制作油脂漆，通常采用加热聚合的方法，也就是将干性油加热到 290～300℃，保持一定的时间至所需的稠度为止。油在高温下的长时间内，其分子间就会发生聚合作用，从而改变了分子的结构，加快了油的干燥速度，改善了油的耐水、耐久性能，并增加了光泽与坚韧性。例如熟桐油，也是清油。它就是以桐油为主要原料，加热聚合到适当稠度，再加入催干剂而制成的。熟桐油干燥较快，漆膜光亮，耐水性好。因此目前有些地区还在使用，但不能用作中、高档木质制品表面的涂饰。

清油在多数情况下，是用作调制油性厚

漆、底漆和腻子等。

（b）厚漆

厚漆是由着色颜料、大量的体质颜料与精制干性油经研磨而制成的稠厚浆状混合物。此种涂料中体质颜料较多，油分一般只占总量的10%～20%。不能直接使用，需加清油和油基清漆等，经调配后才能涂饰。厚漆是一种质量很差的不透明涂料，所以不能用于高质量要求的木制品的涂饰，只能用作建筑工程涂饰，或调制腻子时配色用。

（c）调合漆

油性调合漆是由精制干性油、着色颜料、体质颜料加上溶剂、催干剂及其他辅助材料配制而成的。品种虽很多，但生产原理却是一样的。用此种漆，涂饰比较简便，漆膜附着力好，质量较厚漆好得多，但耐候性、光泽、硬度都较差，干燥也很慢，涂饰一道需要24h以上才干燥。它也属质量较差的不透明涂料，只适于室内外一般钢铁、木材、抹灰等建筑饰面的涂饰。

除以上几种油脂漆外，还有防锈漆、油性电泳漆等。它们主要用作金属表面防锈漆或面漆的涂饰。

总的来说，油脂漆的主要优点是涂饰方便，渗透性好，价格低廉，有一定的装饰和保护作用。其缺点是涂层干燥缓慢、质软、不耐打磨及抛光，耐水性、耐候性、耐化学性差。在这些方面是远远赶不上合成树脂漆的。因此，它只能用作质量要求不高的木制品的涂饰。另外，油脂漆中要大量耗用植物油，尤其是食用油，所以不用或少用植物油来制造涂料，缩小油脂漆的使用比重是今后的发展方向。

2）树脂类

树脂是涂料工业中的主要原料，是由多种有机高分子化合物互相溶合而成的混合物。树脂可以是半固态、固态或假固态的无定形状态。纯粹体呈透明或半透明状，不导电，无固定熔点，只有软化点，受热变软并逐渐熔化，熔化时发粘；大多数不溶于水，易溶于有机溶剂，溶剂挥发后，能形成一层连续的薄膜。树脂所以能作成膜物质就是利用它的这种性质。

以树脂作为涂料的成膜物质，能提高涂料的装饰性能和耐水、耐磨、耐化学酸碱性能。

a. 树脂的分类

涂料用的树脂通常可分为天然树脂、人造树脂和合成树脂三类，当然合成树脂也是人造的，为此将人造树脂和合成树脂并为一个大类。

（a）天然树脂

天然树脂漆是以干性植物油与天然树脂经过炼制而成的漆料，也是一种比较古老的油漆品种。它可分为清漆、磁漆、底漆、腻子等。天然树脂漆中的干性油可增加漆膜的柔韧性，树脂则可使漆膜提高硬度、光泽、快干性和附着力。漆膜性能较油脂漆有所提高。

天然树脂漆中的树脂有琥珀、达麦树脂、松香、沥青、虫胶、生漆等。所用油脂有桐油、梓油、亚麻仁油、豆油及脱水蓖麻油等。纯粹的天然树脂如琥珀等由于来源缺乏，炼制工艺复杂，已很少采用。虫胶也几乎被合成树脂所替代。目前使用最广泛的天然树脂是松香及其衍生物。

（b）合成树脂

涂料中所用合成树脂品种很多，可分为缩合型树脂、聚合型树脂和元素有机树脂三类。常用的缩合型树脂有酚醛树脂、环氧树脂等，聚合型树脂有过氯乙烯树脂、聚氯乙烯树脂、聚醋酸乙烯树脂等，元素有机树脂有有机硅树脂等。

缩合型树脂作主要成膜物质的涂料有两种：一种是热固型，需经升温才能固化，所以也叫烘干型；另一种是需要加入固化剂才能在室温下固化，因固化剂是在使用前才能加入，所以这类产品的包装要分开。

b. 几种常用树脂

(a) 松香

松香是由赤松、黑松等松树所分泌的松脂经过蒸馏制得,其中的主要成分是松香酸。用天然松香制作的涂料,漆膜脆、易发粘、光泽差、容易分解、遇水发白,所以一般不直接用天然松香造漆,而是首先使松香改性。改性后的松香仍以松香为主要成份,称松香衍生物。

(b) 石灰松香(钙脂)

将松香加热,按一定比例掺入熟石灰粉末,反应所得产品即为石灰松香。使用石灰松香制成的钙脂漆,其漆膜光泽好、硬度也比松香有所改进,干燥较快,但耐候性差,附着力、耐久性欠佳,适用于室内普通家具的罩光或与其他树脂相配合使用。

(c) 松香甘油脂(酯胶)

将松香加热熔化后与甘油发生作用而制得,俗称凡立水。漆膜韧,能够耐水,但干燥性不好,光泽也不持久。

(d) 虫胶

虫胶又叫漆片,是一种从紫胶虫的分泌物经加工所得的天然树脂。虫胶的产地是印度与马来西亚,我国南方及台湾也有出产。虫胶硬而脆,不透明,颜色由浅黄到暗红。虫胶易溶于酒精而制成虫胶清漆,俗称泡立水。虫胶清漆的成膜过程也是溶剂的挥发过程,其漆膜坚硬光亮透明,但遇水后会变白,干后用酒精棉花团揩擦即可恢复原样。

(e) 大漆

大漆也称中国漆,是我国的著名特产。大漆是从漆树流出的一种白色粘稠状液体,经过滤除去杂质后成为生漆,再将生漆进行精加工,成为熟漆。

(f) 沥青

沥青的使用历史很久。沥青有天然沥青,石油沥青和煤油沥青,属黑色硬质热塑性物质。用沥青作为主要成膜物质的沥青漆,具有耐酸、耐碱、耐腐、耐水等特点。沥青资源丰富,成本低,在建筑上使用广泛。沥青可单独使用,但更多的是与其他油料或树脂混合使用,制成各种改性沥青漆。建筑工程采用的冷底子油、乳化沥青等属纯沥青涂料,由沥青加溶剂而成。

(g) 橡胶

涂料中使用的橡胶是天然橡胶衍生物(天然橡胶经过处理)及合成橡胶,常用的品种有氯化橡胶、环化橡胶及丁苯橡胶等。用橡胶作为主要成膜物质的橡胶漆,具有良好的柔韧性、耐水性、耐化学腐蚀性,因此用途广泛。

(h) 醇酸树脂

醇酸树脂由多元醇、多元酸、一元酸和脂肪酸缩合而成,属油改性脂类,具有耐老化、耐候性好、保光性好、附着力强等优点,并具有一定弹性。这类合成树脂在涂料中应用量最多。醇酸树脂根据其油脂(或脂肪酸)含量的多寡,可有长度油、中度油、短度油之分。

(i) 硝基漆

硝基漆又称喷漆、蜡克。它是以硝化棉为主,加入合成树脂、增韧剂、溶剂与稀释剂制成基料,然后再添加颜料,经机械研磨、搅拌、过滤而制成的液体。其中不含颜料的透明基料即为硝基清漆,含有颜料的不透明液体则为硝基磁漆(也称色漆)。

硝基漆是涂料中比较重要的品种,它具有干燥迅速、光泽优异、坚硬耐磨、可以抛光等特点,而且漆膜是可逆的,便于修复,是一种普遍使用的装饰性能较好的涂料,适宜刷、喷、淋等施工方法。但是硝基漆的组分中固体份含量很低,施工时一般只有20%左右,挥发份占80%左右,成膜很薄。为了提高漆膜的装饰性,还要砂磨打蜡。如果是刷涂或喷涂就需要反复操作5~8次。如是揩涂,则要揩涂几十次。可见施工比较繁琐,而且所得漆膜的耐水性、耐久性、耐化学药品性以及耐溶剂性都不够好。况且硝基漆的主要原料是棉花,它所消耗的大量溶剂也都是用粮食制作的，很不经济。此种溶剂含有毒性，对生产和使用者的身体健康有危害。

硝基漆属于挥发型涂料，它的成膜主要是溶剂挥发的物理过程。它所生成的漆膜，装饰性能较好，经砂磨抛光后，还可获得较高的光泽。而且硬度高，耐磨性、耐水性、耐化学药品等性能都比较好。涂层干燥快和漆膜容易修复是它最突出的优点。在常温条件下，如果揩涂一次，仅几分钟就可复揩；如刷涂或喷涂一道，半小时左右就能表干，比油基漆的干燥快几倍甚至几十倍。干燥的漆膜如局部损伤，可修复到与原漆膜完全一致的程度。在这方面，硝基漆优于其它许多新型的合成树脂漆，如聚氨酯树脂漆和丙烯酸树脂漆等。

硝基漆也有它的不足之处，如固体份含量低，施工繁琐，工人的体力劳动强度大，生产周期长，而且因溶剂有毒性，大量挥发到车间周围的空气中去，还会严重地污染环境和危害操作人员的健康。硝基漆膜的某些性能还不能满足更高的要求，如耐寒性不十分好，当气温激烈变化时，常常引起开裂与剥离。

(j) 酚醛树脂

酚醛树脂是由苯酚和甲醛缩合而成，是最早发明的合成树脂。用于涂料的酚醛树脂有三种：一是用于金属表面的醇溶性树脂；二是耐水、耐热、耐腐蚀的油溶性树脂；三是松香改性酚醛树脂。其特点是耐水、耐化学腐蚀及耐久性好。

(k) 环氧树脂

环氧树脂是由环氧丙烷和二酚丙烷在碱作用下聚合而成的高分子聚合物。它具有粘结力强、耐化学性能优良、韧性及耐久性等优点，因此应用广泛，但成本较高。

(l) 氨基树脂

氨基树脂是由含氨基的化合物（如尿素、三聚氰胺）与甲醛进行缩聚反应而制得的产物。用这类树脂加热固化后形成的涂层，具有坚硬、耐水、耐碱等特点，但涂膜硬而脆，故附着力差。因此很少单独使用，常与其他树脂特别是醇酸树脂合用。

(m) 丙烯酸树脂

这类树脂大都是丙烯酸与丙烯酸酯或甲基丙烯酸酯的聚合物或共聚物。用这类树脂形成的涂膜，具有色浅、不变色、耐湿性及耐候性好等特点。在阳光下曝晒不损坏，能耐一般的酸、碱、油、酒精等，因此应用广泛，是主要的涂料之一。

(n) 过氯乙烯树脂

将过氯乙烯（含氯量56%）溶于氯化苯中，通入氯气使其进一步氯化（含氯量增加至61%～65%）而成。用过氯乙烯树脂制成的油漆，其漆膜具有良好的耐化学腐蚀性，耐水性及耐寒性。

(o) 聚脂树脂

聚脂树脂由多元酸和多元醇缩聚而成。由于使用不同的多元酸和多元醇，可得到不同的聚酯树脂，其种类有：不饱和聚酯树脂、饱和聚酯树脂、油改性聚酯树脂、对苯二甲酸聚酯树脂、多羟基聚酯树脂。

(p) 聚氨酯树脂

聚氨酯树脂与其他树脂的不同之处，是除了羟基以外，在聚酯树脂中只含有酯键，在聚醚树脂中只含有醚键。在聚氨酯树脂中，除了氨酯键外，尚可含有许多酯键、醚键、脲键、脲基甲酸酯键、异氰脲酸酯键或油脂的不饱和双键等，然而在习惯上则统称为聚氨酯漆。

聚氨酯树脂不象聚丙烯酸酯那样由丙烯酸酯单体聚合而成，而是由多异氰酸酯（主要是二异氰酸酯）和多元醇（羟基）结合而成的。

聚氨酯涂料，具有较为全面的综合性能。不仅对金属有极好的附着力，而且对非金属如木材等也有良好的附着性，这是其它涂料所不及的。它的漆膜坚硬耐磨、富有弹性、外观平整丰满、经砂磨抛光后有较高的光泽。此外，漆膜还具有耐水、耐热、耐候和耐酸碱等化学药品的性能。漆膜的耐温变性尤为优异，它能在$-40℃\sim+120℃$的条件下使用。其固体份的含量达50%左右，比硝基漆高一倍以上。聚氨酯漆的施工粘度低，适用于刷涂、淋涂、喷涂等施工方法。减轻工人的劳动强度，提高生产效率。

聚氨酯漆虽然具有很多优点，但也存在一些缺点：①用芳香族多异氰酸酯制造的聚氨酯漆保色性差，漆膜易泛黄，因此不易制造浅色涂料。②对人体有刺激作用；③漆膜如损坏，修复困难；④聚氨酯漆中的异氰酸酯对水分和潮气较为敏感，遇水要胶凝。因此，在制造和施工中，所用的溶剂不能含水，包装的容器也必须干燥。

目前，聚氨酯漆共有五种类型，即聚氨酯改性油涂料、湿固化型聚氨酯涂料、封闭型聚氨酯涂料、羟基固化型聚氨酯涂料和催化固化型聚氨酯涂料。除封闭型需要高温烤烘不宜用于木材表面的涂饰以外，其它四种类型都可涂饰木制品，其中双组分的羟基固化型聚氨酯涂料，应用较为广泛，基本上代替了硝基漆的表面罩光。

3) 水性涂料类

水性涂料不同于一般溶剂型涂料，它以水作为溶剂和调稀，特点是能大大节约有机溶剂，改善施工条件，保障施工安全，所以近年来发展很快。

a. 水性涂料的分类

（a）水分散性涂料

水分散性涂料漆简称"乳胶漆"。其特点是可用水作稀释剂，可避免因使用易燃性溶剂而引起的火灾和中毒的危险，而且能一次涂刷较厚的涂膜，即使在一定潮湿程度的水泥表面上施工，涂膜也不易起泡，大大提高工效。同时该涂膜的耐水性及耐磨性良好，表面可用皂液洗擦，所以很适于混凝土和抹灰墙等建筑面涂装。缺点是对金属基层的防锈性及附着力差，而且使用原料较多，制造较复杂。

（b）水溶性涂料

水溶性涂料与乳胶漆不同之处是，光泽比一般乳胶漆好，能接近一般溶剂型涂料，稳定性比一般乳胶漆好，可用泵输送。缺点是常温干燥慢，一般需$140\sim150℃$至$170\sim180℃$的高温烘烤方能干透，故目前的产品大多是底漆，仅用于如汽车、自行车、仪器、仪表、轻工产品等方面。

b. 常用水性涂料的品种

（a）大白浆

大白浆是由大白粉加胶粘剂组成。大白粉又名白垩土、白土粉、老粉，是由滑石、青石等精研成粉状，其主要成分为碳酸钙粉末。碳酸钙本身没有强度和粘结性，在配制浆料时必须掺入胶粘剂。适用于室内顶棚和墙面的刷浆。

（b）石灰浆

石灰浆是由生石灰块或淋制的石灰膏加水调制而成。石灰的原料是石灰石，它的主要成分是碳酸钙。将石灰石放在立窑中，在90℃左右温度下进行煅烧使碳酸钙分解成氧化钙，这就是生石灰。石灰浆的适用范围基本同大白浆。

（c）可赛银

可赛银又称酪素胶，是工厂生产的一种带色的粉料，是以细大白粉为填料，以酪素为胶粘剂，掺入颜料混合而成为粉末状材料。使用时先用温水将粉料浸泡，使酪素溶解，加水调制到适合施工稠度即可。与大白浆相比，其附着力、耐磨性、颜色的均匀性都优于大白浆，适用于室内墙面刷浆。

（d）聚乙烯醇水玻璃内墙涂料

聚乙烯醇水玻璃内墙涂料又称为106内墙涂料。它以聚乙烯醇水玻璃为成膜物质，掺入轻质碳酸钙、滑石粉等填充料、体质颜料（钛白粉、锌钡白）、着色颜料（色浆）以及分散剂、稳定剂、消泡剂等助剂，经高速搅拌、过筛、研磨而成的一种水溶性低档涂料。

涂膜具有一定的粘结强度和防潮性能，无毒、无味、不燃，施工方便，涂层干燥快，表面光洁平滑，且能配成多种色彩，因而被广泛地应用于一般住宅建筑及公用建筑室内墙面、墙裙及顶棚等装饰，是目前我国使用量最大的内墙涂料。缺点是不适宜于 5℃以下施工，耐湿擦性较差。

(e) 聚乙烯醇氨基化树脂涂料

聚乙烯醇氨基化树脂涂料又称 803 内墙涂料。是在聚乙烯醇缩醛胶聚合过程中，掺入适量尿素，形成氨基化胶（即 801 建筑胶水），再加入颜料、填料、石灰膏及其它助剂，经研磨混合、搅拌而成。这种涂料的粘结强度、耐湿擦性、耐水性均优于 106 内墙涂料，且无味，不燃，干燥块，可喷可刷。适用于装饰要求略高的中级工业与民用建筑内墙面、顶棚、墙裙等饰面。

(f) 乳胶漆

乳胶漆是由树脂、乳化剂、消泡剂、填充料、着色色浆等经混炼研磨而制成的。乳胶漆可用水稀释，是一种以水为分散介质的水性涂料，其涂膜具有一定的透气性和耐碱性，因此可在新浇筑的混凝土和新抹灰的墙面上涂刷。乳胶漆涂膜为开孔式，涂膜不致发生起泡、变色、发粘等缺陷。

乳胶漆没有一般涂料中因含有机溶剂而给大气带来的污染。它的特点是对人体无毒，无火灾之患，贮存安全，施工方便。适用于墙面、顶棚等装饰。按涂膜外观分为有光、半光、无光等品种；按其使用范围又分为以下两种：

a) 室内用乙烯树脂类乳胶漆

室内用乙烯树脂类乳胶漆又称内用乳胶漆、水粉漆。其中以聚醋酸乙烯类乳胶漆应用最为广泛，但其耐水、光等性能还不能满足使用要求。所以近年来已向丙烯酸酯为主的乳胶漆发展，其品种有醋酸乙烯-丙烯酸酯（简称乙丙涂料）、苯乙烯-丙烯酸酯等共聚物乳胶涂料（简称苯丙涂料）。其保光性、保色性、耐候性能均优于聚醋酸乙烯类乳胶漆，是目前室内装饰的理想材料。

b) 室外用乙烯（含丙烯酸）树脂类乳胶漆

室外用乙烯（含丙烯酸）树脂类乳胶漆有醋酸乙烯-顺丁烯二酸丁酯共聚物外用乳胶漆、醋酸乙烯-丙烯酸酯类外用涂料、苯乙烯-丙烯酸酯类外用涂料等品种。苯-丙涂料目前主要用于外墙复合涂料的罩面涂料。

(g) 水溶性环氧电泳漆

水溶性环氧电泳漆是以水做溶剂，可节省大量有机溶剂，减少了毒性，采用电泳施工（即电沉积涂），适宜大规模连续生产，施工质量好。不足之处是设备投资大、烘烤温度高（140～180℃），故应用较少，目前仅用于电冰箱、自行车、仪器、仪表等轻工产品的底漆。

4) 胶料

最早人们通常以骨胶、皮胶、淀粉等天然产物作胶料，随着石油化工尤其是合成高分子材料的兴起，根据使用的要求而合成了一系列新型的、性能优良的合成胶料。胶料在涂料装饰中主要作为调制腻子、色浆、贴金、贴纸、贴布等用途。

5) 常用胶料的品种

a. 鸡脚菜

鸡脚菜又名菜胶或鹿角菜（北方地区采用龙须菜，南方地区有时也用石花菜代替），是一种海生植物，它是刷大白浆的主要胶质材料，也可作为腻子的胶粘剂。

b. 血料

常用的血料是熟猪血。将生猪血加块石灰经调制后便成熟猪血。生猪血用于传统油漆打底，熟猪血用于调配腻子或打底。血料是一种传统的胶粘剂，由于猪血贮存时间短，且腥臭难闻，如今在一般装饰工程上，它已被 107 胶或其他化学胶取代。

c. 羧甲基纤维素

羧甲基纤维素又称化学浆糊。系植物纤

维经化学合成的胶粘剂，它与水调配后成浆糊状，故称化学浆糊。市场出售的羧甲基纤维素有粉状和棉絮状两种，粉状浸泡时间短，棉絮状的所需时间长而且质量没有粉状细腻。羧甲基纤维素无毒无味，防腐耐久储存，使用比较方便，是传统胶粘材料鸡脚菜的理想代用品，它可以用来调拌腻子，配制水浆涂料，以及同其它胶料配制成裱糊粘结剂等。羧甲基纤维素吸水性强，为此在储存时必须放置在干燥处。

d. 聚乙烯醇缩甲醛

聚乙烯醇缩甲醛又称 107 建筑胶水。是以聚乙烯醇和甲醛为主要原料，在酸性条件下反应生成缩甲醛胶。具有一定的粘结强度，外观是无色透明胶状液体，固体含量 10%～12%，pH 值 7～8，能与水任意稀释。

e. 聚乙烯醇氨基化胶

聚乙烯醇氨基化胶又称 801 建筑胶水。是在缩甲醛反应过程中，加入适量尿酸与游离甲醛制成的。主要性能及适用范围与 107 胶相同。

f. 聚醋酸乙烯乳液

聚醋酸乙烯乳液又称白胶、白乳胶。是由聚醋酸乙烯单体、引发剂、乳化剂、增塑剂等通过乳液聚合方法而制得的。固体含量约为 50%，其粘结强度和耐水性能较好，但价格高于 107 胶。

(2) 常用颜料

涂料中的各种颜料，是不溶于各种成膜物质（粘合剂）的有机物和无机物。颜料品种很多，按其来源可分为天然颜料和人造颜料两类；按其化学成分可分为有机颜料和无机颜料两大类；按其在涂料中的作用可分为着色颜料，防锈颜料和体质颜料。

1) 着色颜料

着色颜料主要起着色和遮盖物面的作用，同时可以提高涂层的耐日晒、耐久和耐候性，有的还可以提高耐磨性，是涂料中使用最多的一类品种。着色颜料按其所显示的色彩有红、黄、蓝、绿、白、黑和金属光泽类等。

a. 白色颜料

白色颜料在各色涂料中使用最广。白色颜料都是无机颜料，一般具有良好的外观白度及分散性，有较高的遮盖力及一定的耐候性。使用较普遍的白色颜料有钛白粉、锌白、锌钡白等。

(a) 钛白粉

钛白粉化学名称为二氧化钛，呈白色粉末状。钛白粉的化学性质相当稳定，遮盖力及着色力均较强，并具有较好的耐光、耐热、耐稀酸、耐碱等性能，是制作白漆的优质白色颜料。金红石型二氧化钛，耐光性强，可作外粉刷颜料；锐钛型二氧化钛，耐光性较差，可作内粉刷颜料。

(b) 锌白

化学名称为氧化锌，呈白色粉末状，具有良好的着色力和遮盖力，不易粉化，常与锌钡白混合使用，能起阻止漆膜龟裂的作用。

(c) 锌钡白

又名立德粉，呈白色粉末状，它是由硫化锌和硫酸钡混合而成的，可用在酸值高的漆料中，其遮盖力比锌白强，但次于钛白。立德粉为中性颜料，耐候性差，不适合作外粉刷。

b. 黑色颜料

(a) 氧化铁黑

也称铁黑，呈黑色粉末状，是由氧化亚铁与三氧化二铁配制成的黑色粉末颜料，有极强的遮盖力和着色力，耐光性、耐候性及耐碱性较好，溶于酸，并具有较强的磁性，是一种较好的黑色颜料。

(b) 炭黑

又名乌烟，呈黑色细腻粉末状，它是由有机物质经不完全燃烧或经热分解而制成的不纯产品，是一种粒子细腻无定形，比重轻而遮盖力、着色力很强并且具有较好的耐热、耐碱性的黑色优质粉末，一般可分槽黑（硬质炭黑）和炉黑（软质炭黑）两种。炭黑的化学性能稳定，不和酸碱发生作用，是一种通用的黑色颜料。

c. 黄色颜料

（*a*）氧化铁黄

又称铁黄，呈黄色粉末状。氧化铁黄具有很高的着色力和遮盖力，同时具有良好的耐光性和耐候性，可用来配制各种涂料。

（*b*）铅铬黄

又称铬黄，呈黄色粉末状。有毒。铬黄一般有淡铬黄，中铬黄，深铬黄等种类，油漆中可用来配成酒色作拼色用。

（*c*）锶黄

呈艳丽的柠檬色，具有较好的耐光性，但着色力和遮盖力较弱，且价格昂贵。在木制品涂饰中，锶黄只用作拼色颜料。

d. 红色颜料

（*a*）氧化铁红

又称铁红。氧化铁红的遮盖力和着色力都很强，具有良好的耐光性、耐高温性、耐碱性，并有物理防锈作用。氧化铁红在涂料工业中用量很大，主要用于各种底漆。其缺点是不耐强酸，颜色不鲜艳。

（*b*）镉红

它是由硫化镉、硒化镉和硫化钡组成的红色粉末状颜料，色泽鲜红，有良好的着色力和遮盖力，其耐光、耐热、耐候、耐碱等性能均好。由于镉红的价格昂贵，仅使用在特殊的涂料中。

（*c*）大红粉

是一种色泽鲜艳的有机颜料。它的遮光力强，且耐光、耐热、耐酸碱，是一种常用的颜料。

（*d*）甲苯胺红

又称颜料猩红，是一种鲜艳猩红色粉末状的有机颜料。甲苯胺红具有良好的遮盖力和耐酸碱性，并有很强的耐水、耐光、耐油性，是一种优良的红色颜料，被广泛应用在涂料中。

（*e*）氧化铁棕

又称哈巴粉。它是由氧化铁红、氧化铁黑、氧化铁黄经机械加工混合而成，其性能与氧化铁颜料基本相同。在木面油漆中，哈巴粉主要用于调配填孔料。

e. 蓝色颜料

（*a*）铁蓝

又名华蓝或普鲁士蓝。铁蓝分为青光铁蓝、红光铁蓝、青红光铁蓝等品种。铁蓝具有很高的着色力，耐光性能好，但遮盖力不强，涂料中常使用不发光的铁蓝，以免影响色彩鲜艳。

（*b*）群青

又称洋蓝，是一种色彩鲜艳的无机颜料，是半透明状。群青具有良好的耐光、耐候、耐热、耐碱等性能，但着色力和遮盖力均较低。群青被广泛用来去除白色油漆中的黄色，使白漆显得更加洁白。

f. 绿色颜料

（*a*）铬绿

铬绿是由铅铬黄和铁蓝混合配制的一种绿色颜料，其中铅铬黄和铁蓝用量比例决定绿色的深浅。铬绿具有良好的遮盖力，同时具有良好的耐热、耐光和耐候性，但不耐酸和碱。

（*b*）锌绿

锌绿色彩鲜艳，耐光性强，但着色力差。锌绿比铬绿耐久。

g. 金属粉颜料

（*a*）铜粉

俗称"金粉"，是铜锌合金制成的鳞片粉末状。纯铜容易变黄，故采用铜锌合金，按铜锌两种金属不同比例配成的铜锌合金，可制得不同颜色的"金粉"。金粉一般供装饰用，在木家具涂刷施工中常用金粉作为高级家具的镶色。金粉的缺点是与油酸相结合时，会使涂料出现蓝色或泛黑色。

（*b*）铝粉

俗称"银粉"，是由铝熔化后喷成细雾，

再经研磨而成,是具有银色光泽的金属颜料。铝粉具有很强的遮盖力,反射光和热性能良好,常用来涂在暖气片及管道上。铝粉质轻,易在空气中飞扬,遇火易爆炸。为了安全,常在铝粉中加入200号汽油溶剂,调成浆糊状使用。铝粉容易被氧化而失去光泽。铝粉漆会结底,应随调随用。

2）防锈颜料

防锈颜料可使涂层具有良好的防锈能力,它能抑制金属的腐蚀,延长金属的使用寿命。防锈颜料有化学防锈颜料和物理防锈颜料两种。

化学防锈颜料不仅能增强涂膜的封闭作用,防止腐蚀介质渗入,还能与钨发生化学反应形成新的防锈层保护被涂的金属。常用的化学防锈颜料有红丹粉、锌粉、锌铬黄等。

物理防锈颜料是一种化学性质较为稳定的颜料,它借助于颜料颗粒本身的特性,填充涂膜结构的空隙,提高涂膜的致密度,阻止水分的渗入。常用的物理防锈颜料有氧化铁红和铝粉。

其中有些颜料,从色彩和着色力等方面考虑,可划在着色颜料中,但从防锈作用来考虑,也可划在防锈颜料中,所以分类不是绝对的。防锈颜料在钢家具、钢木结构家具中用得很多。由于它在使用性能上不同于一般的着色颜料,有防止钢家具表面受锈蚀的作用,所以凡是金属的器具表面上,都用防锈颜料。

a. 红丹（Pb_3O_4）

红丹,又称铅丹,呈桔红色粉末状,主要成分是四氧化铅。它的防锈化学原理是红丹中的过氧化铅可以起氧化剂作用,使铁的表面生成氧化高铁而起到保护作用。红丹又是一种铅酸盐,它是阻锈剂,它与铁接触后,在氧化铁表面生成一层铅酸铁膜,覆盖在铜铁表面上,使其钝化,不再发生锈蚀。但铅的毒性较大,要注意防止中毒。

b. 锌铬黄（$ZnCrO_4$）

锌铬黄,又称锌黄,是黄色晶体。锌黄能溶于稀酸、稀碱、微溶于水。分子式为$K_2O \cdot 4ZnO_4CrO_3 \cdot 3H_2O$,遇水后放出少量铬酸根离子,能使钢铁表面或铝镁,铝合金表面纯化防止生锈。

c. 铝粉（Al）

铝粉,又称银粉,呈银色平滑的鳞片状粉末,它是制作银粉漆的主要原料。特点是遮盖力强,在漆中悬浮性好,对紫外光线具有反射能力,对太阳光照射的热能具有散热作用,耐候性良好,是目前使用最广泛的一种金属防锈颜料。

3）体质颜料

体质颜料属于填充颜料,大都是天然矿物或工业副产品,它是一种没有遮盖力和着色力的粉状物质。其特点是耐化学性、耐候性及耐磨性均较好。体质颜料能增加漆膜的厚度和光泽,加强漆膜的体质,使其坚硬、耐磨。用体质颜料调制成的腻子,物面经腻子批刮后,不但平整光滑,而且能增加光泽度,并能降低涂料的成本。有些体质颜料组织细腻,可以改善漆膜的平润性,有些体质颜料本身比重轻,悬浮性好,可以防止比重大的颜料沉底。

a. 碱土金属盐类

（a）硫酸钡（$BaSO_4$）

硫酸钡,天然产品称为重晶石粉,呈白色粉末状,为中性体质颜料。有较好的耐酸碱性,能和漆料、颜料混合调配,是配制底漆、腻子的主要体质颜料,其作用是使漆膜坚硬、不透紫外线,吸油量低,密度大。硫酸钡与少量氧化锌合用,能提高耐磨性,但比重大,易沉淀,因而,也有沉淀硫酸钡之称。

（b）硫酸钙（$CaSO_4 \cdot H_2O$）

硫酸钙,也称石膏粉,呈白色粉末状。具有良好的可塑性,是天然漆腻子,油漆腻子配制中的主要原料,耐水性差,不适宜作室外涂饰。

（c）碳酸钙（$CaCO_3$）

碳酸钙，天然产品称为白垩、大白粉，俗称老粉，呈本白色粉状，是一种由方解石及其它含碳酸钙较高的石灰岩石经粉碎加工而制成的天然石灰岩石的粉末。碳酸钙易吸潮，呈微碱性，用于配制底漆、腻子等。

b. 硅酸盐类

（a）硅酸镁（$3MgO_4 \cdot 4SiO_2 \cdot H_2O$）

硅酸镁，又称为滑石粉，是由天然的滑石和透闪石矿的天然混合物经过细磨水漂后而得，呈白色，质软细腻而轻滑，常以片状、纤维状两种形态混合存在。在漆膜中能起到吸收伸缩应力的作用，防漆膜开裂，并能防止其它颜料沉底结块，同时还能防止油漆流坠，增加漆膜的耐水性和耐磨性，用于底漆、腻子的配制。滑石粉是虫胶清漆揩擦工艺中的良好填孔材料。

（b）瓷土（$Al_2O_3 \cdot 2SiO_2 \cdot 2H_2O$）

瓷土，又称高岭土，呈白色，质地细软，为无定形片状粉末。是由天然高岭土，正长石等风化构成的白色粘土层，经采掘、水漂、干燥而制得。瓷土耐稀酸、耐稀碱，能增强漆膜的硬度而不易开裂，主要用于底漆的配制。

（c）石棉粉（$2SiO_2 \cdot 3MgO \cdot 2H_2O$）

石棉粉是由石棉粉碎而制得，其组成为硅酸钙镁的混合盐。特点是质轻而松软，吸油量大，本身耐酸、耐碱、耐热，稳定性均很高，常作为耐酸漆、耐热漆、防火漆中的颜料使用，也用于隔热涂层中。

（3）常用染料的化学性能

凡借助化学和物理作用，能使纤维或者其它物料，经着染后能相当牢固地呈现各种透明而鲜艳颜色的有机物质称为染料。染料是一种有机化合物，常呈粉末状，色彩艳丽。染料的来源可分为天然染料和合成染料（人造染料）两大类。天然染料主要是植物性染料。合成染料是由煤焦油分馏，经化学加工后而制成。染料主要用于各种纤维织物、塑料、皮制品、纸张的染色，也是木材面透明涂饰工艺中着色的主要原料。

染料和颜料在性质上有根本的区别，它能溶解于水、油和溶剂等介质中，能使被染物体全部染色；而颜料一般不溶介于上述介质中，仅能使物体表面着色。它们虽然均属着色材料，因染料对于物质的纤维具有亲和力（结合力），一般都能溶于水或借助化学药品直接渗入物体内部，染色后使物体表面颜色鲜艳透明，并且有一定的坚牢度。由于颜料的不溶解性，对纤维的亲和力很弱，所以，并不渗入物体内部。

染色的作用即染料由溶液转移并固着于纤维上的作用。染料的种类很多，其溶解的性质随种类的不同而有区别，在使用时应注意，有的染料需要强溶剂才能溶解，有的则用水就可溶解，但用水必须清洁，并且应为软水（将硬水煮沸就可成为软水）。所有染料溶液也应按类别单独制备，不要混合，否则可能形成沉淀。

染料的种类很多，木材染色和木家具油漆中常用的染料主要有碱性染料、酸性染料、中性染料、油溶性染料、分散性染料、醇溶性染料等。

1）碱性染料

含有氨基或取代氨基而生成盐的染料称为碱性染料，常溶于水和乙醇中，常用的碱性染料有碱性橙、碱性品红、碱性品绿等。碱性染料的分散性强，染料溶液能渗进木材之中，如遇有单宁的木材，经染色后的色泽更鲜艳。

a. 碱性橙

碱性橙，又称盐基金黄、块子金黄或盐基杏黄。为红褐色结晶粉末或带绿光的黑色块状晶体。能溶于乙醇，微溶于丙酮，不溶于苯。涂饰施工过程中，常把它溶于乙醇中，一般用在虫胶清漆内进行涂层着色或拼色。

b. 碱性品红

碱性品红，简称品红，俗称马兰红。呈

绿褐色的结晶块状,溶于水后呈紫红色。溶于水,微溶于乙醇,用于木家具涂饰中的红木颜色的着色。

c. 碱性绿

碱性绿,简称品绿,又称孔雀绿。带有绿色金属光泽的大块晶体和片状,溶于水和乙醇。用于木材的染色,在木制品透明涂饰工艺中,常调配在虫胶清漆中作拼色用。如涂层色泽红于样板,经品绿溶液刷涂后可减去红光。

2) 酸性染料

在酸性(或中性)介质中进行染色的染料称为酸性染料,酸性染料能溶解于水中,它的颜色鲜艳,透明度高,可用于木材表面着色,也可用作木材的深度染色。常用的酸性染料品种有酸性橙、酸性大红、酸性嫩黄、黑纳粉、黄纳粉,其中黑纳粉及黄纳粉是由若干种酸性染料和其他物质按比例调制成的混合物,能溶于水,微溶于酒精,是清漆施工中应用最广的染料之一。一般的用法是将它泡制成水溶液,在木制品表面直接染色,或作为着色剂用在涂层上。

a. 酸性橙

酸性橙,又称酸性金黄,俗称洋苏木红。呈鲜艳金黄色粉末状,溶于水后呈桔黄色,微溶于酒精,是透明涂饰工艺中的主要着色染料。

b. 酸性大红

酸性大红,又称酸性朱红,是带黄光红色粉末,溶于水后呈大红色,溶于乙醇后呈浅橙红,可用于深红色木制品的打底着色。

c. 酸性嫩黄

酸性嫩黄,又称槐黄,呈浅黄色粉末状,极易溶于热水和乙醇后呈槐黄色溶液。也溶于丙酮,微溶于苯。是透明涂饰工艺中作浅色着色用的主要染料。

酸性、碱性染料的性质基本相似,均可溶解于水和酒精,但在实际操作中酸性染料善于同水亲融,碱性染料善于同乙醇亲融。以

酸性染料溶于水具有色彩艳丽、透明度高、着色力强、渗透性好、附着力牢固等优点。以碱性染料溶于酒精具有透明度高、着色力好等优点。

3) 中性染料

所谓中性染料,就是既能与酸性染料混用,也能与碱性染料混用。常用的中性染料有黄纳粉和黑纳粉等。

a. 黄纳粉

黄纳粉呈黄棕色粉末。是将酸性黄、酸性黑、拷胶、硼砂等按比例拼混,经过筛加工而成。黄纳粉是家具、乐器、仪表木壳等木制品打底着色的一种常用染料。易溶于热水和乙醇,但不溶于 200 号溶剂汽油。经黄纳粉溶液打底着色后的木器,涂饰透明漆后不仅色泽鲜艳,而且透出的饰面木纹美观感强。

b. 黑纳粉

黑纳粉呈红棕色粉末状。其性能用途同黄纳粉。黑纳粉配制的溶液颜色偏红,常与黄纳粉拼用染各种木制品。

4) 油溶性染料

油溶性染料能溶于油脂和蜡或溶于其他有机溶剂而不容于水的染料称为油溶性染料。它具有颜色鲜艳、透明度较好的特点。用于制造涂料、油墨、蜡烛、塑料等。木制品表面涂饰施工中,可以把油溶红、油溶黄、油溶黑等,调入腻子或调入虫胶清漆中作涂层着色、拼色等用。常用油溶性染料一般有油溶红、油溶黄、油溶黑、油溶紫、油溶品蓝等。

5) 分散性染料

分散性染料是一种能均匀地分散在水中,但不溶于水而只溶于有机溶剂的着色染料。分散性染料的染色力好,性能稳定,色泽鲜艳、透明度高,不易褪色,并有较好的耐光性和耐热性,是木制品染色的最好染料。主要用于调入树脂色浆和树脂面色内作为木制品饰面着色。常用品种有分散红 3B、分散

黄 RGFL、分散蓝 2BLN、分散黑（红、黄、蓝均等配制而成）等。

6）醇溶性染料

醇溶性染料是一种溶于乙醇或其他类似的有机溶剂而不溶于水的着色染料。醇溶性染料具有耐热、耐光和耐酸碱性等优点，是一种较好的着色染料。常用的醇溶性染料有醇溶耐晒红、醇溶耐晒黄、醇溶苯胺黑等。

（4）常用溶剂的作用、性能及种类

凡能溶解脂肪、树脂、蜡、沥青、植物油、硝化纤维等成膜物质的，易挥发的有机溶液称为溶剂。溶剂首先应该具有一定的活性，即具有能溶解多种物质的能力。溶剂的溶解能力越高（即被溶于其中的物质浓度越大），溶剂的活性也就越高。溶剂的蒸发速度和沸点是溶剂最重要的性质。在涂料施工操作中，必须了解溶剂的性能，才能发挥溶剂的应有效用。

溶剂是一些能挥发的液体，能溶解和稀释各种涂料。在涂料中使用溶剂是为了降低油料或树脂等成膜物质的粘稠度，以便于施工。溶剂在涂料配方中占很大比重，但在涂料干结成膜后，它并不留在漆膜中，而是全部挥发掉。溶剂的溶解力与其分子结构有关，每种物质都只能溶解在和它分子结构相类似的液体中，例如：松节油对油料松香来讲是溶剂，而对硝酸纤维来说，因为它没有溶解硝酸纤维的能力，所以就不是溶剂。

1）溶剂的作用

溶剂在涂料中的作用分为真溶剂、助溶剂和稀释剂三大类。

a. 真溶剂

真溶剂具有溶解涂料中的有机化合物能力，也就是能够单独溶解树脂的溶剂。

b. 助溶剂

助溶剂没有单独溶解能力，但在一定的程度上与真溶剂混合使用，具有一定的溶解能力，并可影响涂料的其它性能，这种溶剂称为助溶剂。

c. 稀释剂

稀释剂这种溶剂不能溶解所用的有机化合物，也无助溶作用，但一定程度上可以和真溶剂及助溶剂混合使用，主要起稀释作用，这种溶剂称之为稀释剂。

溶剂的分类只是相对某种成膜物质而言，一种溶剂在一种类型的涂料中起真溶剂作用，而在另一种类型涂料中，也许只起助溶剂作用。如乙醇在虫胶漆中起真溶剂作用，而在硝基漆中只起助溶剂作用。在涂料施工中必须做到不同类型的涂料应当选择不同类型的溶剂。

2）溶剂的性能

溶剂的主要性能包括溶解力、挥发性、闪点、自燃点、毒性等。

a. 溶解力

溶解力是指溶解油料和树脂的能力。溶剂的溶解力决定于其内部的分子结构，每种物质只能溶解在与其分子结构相类似的溶剂中。溶剂的溶解力对漆膜质量有很大影响，溶解力差会使漆膜粗糙，影响漆膜光泽。

b. 挥发性

溶剂的挥发速度对漆膜影响很大，挥发太快，容易产生刷纹，漆膜皱皮、发白、鼓泡等缺陷；挥发太慢不但影响干燥时间，而且会发生流挂。

c. 闪点和自燃点

绝大部分的有机溶剂为易燃物质，当溶剂挥发时，随着温度的升高，浓度增大，当遇到明火，就会有火光闪出，但随即熄灭，这时的温度称为溶剂的闪点。溶剂的闪点越低，越不安全。当溶剂的挥发成分与空气混合，未与明火接触即自行着火时的温度，叫溶剂的自燃点。闪点在 25℃ 以下的溶剂是易燃品；闪点在 25～66℃ 之间的属可燃品。在闪点温度以上时，禁止明火与涂料接触。在涂料的贮存和使用进程中要格外注意防火。

d. 毒性

着火点是溶剂蒸气遇火能燃烧 5s 以上

的温度，它比闪点略高。自燃点是不用外来火焰而自行着火的温度，它比着火点更高。溶剂的着火点和自燃点高，使用时就比较安全。溶剂的蒸气有毒，对人体具有危害性。中毒的症状有急性和慢性两种，症状为头昏眼花、唇色泛紫、皮肤干燥等。溶剂通过呼吸道或皮肤进入人体，人体有排出外来物质的机能，也可能吸收。此外，溶剂的毒性与其浓度、作用、停留时间的长短以及和每个人的适应性有关，在同一情况下，有的人反应敏感，有的人却毫无影响。所以在使用溶剂过程中，如皮肤沾上溶剂应马上揩干净，用肥皂、用水洗涤；使用溶剂时，如呼吸道干结或感觉不舒服，可多喝温开水或冷开水，以冲淡体内溶剂浓度并促使从尿中排出，施工时必须有良好的通风设备，避免吸进溶剂和接触溶剂，做好安全防护工作。

3) 溶剂的种类

a. 萜烯溶剂

萜烯溶剂是植物性溶剂，绝大部分来自松树分泌物，最常用的为松节油。它是一种无色或微黄色透明的、比水轻的油状液体。

b. 脂肪烃

脂肪烃从石油分馏而得。它们的组成主要是链状碳氢化合物，含有烷族烃、烯族烃和环烷族烃，有时也含有部分芳香族烃（苯、甲苯、二甲苯）。沸点小于 80℃ 的称为石油醚，挥发极快，只可用来提取香精；80～150℃ 的一段产品称为汽油，闪点、自燃点都低，挥发速度太快，有时只在浸渍用漆、快干漆中使用；150～204℃ 的这一段馏出物叫松香水（矿质松节油、白酒精），是涂料中普遍采用的溶剂。它的沸点和挥发速度都与松节油相似，溶解力以其中所含芳香族烃的多少而不同，一般芳香烃含量越多，则溶解力越好。它的最大特点是毒性较小，这是其它溶剂所不能相比的。一般用在油性漆和磁性漆中，代替松节油作为溶剂使用。

c. 芳香烃

(a) 苯（C_6H_6）

苯在芳香烃溶剂中沸点最低，天冷时会结冰，应避免贮存在严寒的地方。苯的闪点低，极易着火，必须密封，小心贮藏。苯的毒性大，尽可能用二甲苯或其它溶剂代替。

(b) 甲苯（$C_6H_5CH_3$）

挥发率仅次于苯。工业品甲苯中含有苯、二甲苯及少量甲基噻吩。溶解力与苯相似。主要用作醇酸漆料的溶剂，并在硝基漆、乙基纤维漆、乙烯类树脂漆、酚醛漆、环氧树脂漆、丙烯酸树脂漆及其它漆料中用作稀释剂。

(c) 二甲苯 $[C_6H_4(CH_3)_2]$

二甲苯挥发性和溶解力次于甲苯，毒性比苯小，可代替松香水作为强力溶剂。

d. 酯类

酯类是低碳的有机酸和醇的结合物。它们和酮、醇、醚等相同，常带有极性。溶解力很强，能溶解硝酸纤维和各种人造树脂，是纤维漆中的主要溶剂。

(a) 醋酸丁酯（$CH_3COOC_4H_9$）

醋酸丁酯它是无色透明而有香蕉味的液体，毒性小。它的特点是用在硝基漆中可防止树脂和硝酸纤维析出，挥发不太快，使漆膜不易泛白、便于施工。

(b) 醋酸乙酯（$CH_3COOC_2H_5$）

溶解力比丁酯好，所得溶液粘度较小，常与醋酸丁酯混合，在汽车、木器等硝酸纤维漆中使用。

(c) 醋酸戊酯（$CH_3COOC_5H_{11}$）

用在纤维漆中能改进流平性和泛白性。挥发较慢，在热喷用纤维漆中亦常使用。

e. 酮类

主要用来溶解硝酸纤维，常用的有丙酮、环乙酮。

(a) 丙酮（$CH_3CO \cdot CH_3$）

丙酮是无色透明的液体，能和水以任何比例混合；溶解力极强，能溶解硝酸纤维、乙烯类树脂、甲基丙烯酸树脂及其它许多聚合树脂；能掺入大量甲苯而不浑浊；属于低沸点溶剂；挥发速度很大，又因能溶于水，容易使漆膜吸水而泛白和形成桔皮。因此，必须同其它挥发性慢的溶剂混合使用。大多用在硝基漆、脱漆剂、快干漆中。丙酮极易燃烧，使用时必须注意防火。

(d) 环己酮 ($C_5H_{10}CO$)

是高沸点溶剂。可溶解纤维衍生物、过氯乙烯、聚氯乙烯等树脂。性能稳定，不易挥发，可防止漆膜泛白，改善漆膜的流平性，便于施工。可以和其它溶剂或稀释剂混合使用。大多用在乙烯类树脂漆中。

f. 醇类

醇类是一种强极性的有机溶剂。能和水混合，常用的有乙醇、丁醇等。

(a) 乙醇 (C_2H_5OH)

乙醇俗称酒精。可用淀粉发酵制得，也可从乙烯气制取。一般工业产品为96%的酒精。

醇类不能单独溶解硝酸纤维，但同酯类、酮类混合后，就可以与溶剂一样溶解同等数量的硝酸纤维。所以又称为硝酸纤维的潜溶剂，即指其具有潜在的溶解力的意思。不能溶解一般树脂，能溶解乙基纤维、虫胶等醇溶性树脂。常用制备酒精清漆（醇清漆）、木材染色剂、磷化底漆及醇溶性酚醛烘漆等。

异丙醇挥发率比乙醇稍慢，用途与丁醇大致相同。

(b) 丁醇 (C_4H_9OH)

也是由淀粉制得的，性质与乙醇相似，但溶解力较乙醇略低，挥发较慢。常与乙醇、异丙醇合用，可防止漆膜泛白、消除针孔、桔皮、起泡等毛病。丁醇的另一特殊效能是能够溶解肝化发胀的颜料浆，防止油漆的胶化，降低短油醇酸的粘度。丁醇又可作为氨基树脂的溶剂。

g. 醚醇类

醚醇类是一种新兴的溶剂，有乙二醇乙醚 ($C_2H_5OC_2H_4OH$)，乙二醇甲醚 ($CH_3OC_2H_4OH$)、乙二醇丁醚 ($C_4H_9OC_2H_4OH$)、乙二醇二乙醚

($C_2H_4OC_2H_4OC_2H_4OH$) 等，都是挥发性差、沸点高的溶剂。常用在硝基漆、酚醛树脂漆及某些环氧树脂漆中。乙二醇丁醚为最好的抗白剂，能提高硝基漆的光泽度和流平性，还可在静电喷漆和电泳漆中使用。

(5) 常用辅助材料的化学性能

涂料工业中应用的助剂（辅助材料）很多，涂料助剂的用量一般都很小（稀释剂除外），在涂料总配方中不过百分之几，甚至只有千分之几，但它在涂料组分中却占有重要的地位，对改善产品质量，延长贮存期限，扩大应用范围和便于施工等均起到很大的作用。

辅助材料的主要品种有稀释剂、催干剂、固化剂、脱漆剂、增韧剂、防潮剂、抛光剂等。在众多的辅助材料中，除稀释剂外，使用最多的数催干剂和增韧剂，前者普遍用于油性漆，后者则多用于树脂漆。

1) 催干剂

催干剂又名干料、燥剂（燥液或燥油），是一种能加速漆膜氧化、聚合和干燥的物质，对干性油的吸氧、聚合能起到一种类似催化剂的作用。因此，几乎所有含有干性油并在常温下干燥的油漆涂料都要使用催干剂。特别是在冬季，由于漆膜干燥缓慢，影响工作进度和工作效率，还容易使漆面污染，这时使用催干剂显得尤为必要。

需要注意的是，一般油漆涂料在工厂生产时已加入足够的催干剂，在使用时不必再加入催干剂，只有在冬天或气温较低情况下，以及因涂料贮存过久而干性不足时，才需补加一定数量的催干剂。在这种情况下，它的用量也有限，一般为漆重的1%～3%，最高为5%。不要以为催干剂愈多，漆膜干得愈快，恰恰相反，超量使用催干剂不但会降低催干性能，使漆膜发粘，还会出现漆膜皱皮等毛病，并造成漆膜过早老化。所以，使用催干剂要谨慎。

催干剂的品种繁多，许多金属盐可作为催

干剂的原料,如钴、锰、铅、锌、铁、钙等金属的氧化物、盐类及它们的各种有机酸皂类。

催干剂只用于清油、油性漆、酚醛漆、醇酸漆等含油类较多的油基漆,不能用在硝基漆、树脂漆中。在漆中加催干剂应搅拌均匀,并放置1~2h再用,以便充分发挥催干剂的效能。

2)增韧剂

增韧剂又称增塑剂或软化剂。因为增塑剂的分子小,能插入聚合物分子链之间,降低分子链的结晶性,从而增加塑性,使漆膜微带韧性,还可以同时提高漆膜的附着力。单独用树脂作为主要成膜物质的油漆,如硝基漆、丙烯酸树脂漆、虫胶漆等,其漆膜太硬,容易脆裂,必须加入增韧剂。

增韧剂具有良好的混溶性,能很好地与成膜物质均匀地融合,结膜后不易挥发,长期保持增塑性能,并且有较好的耐寒、耐热和耐光的性能。

3)固化剂

有些合成树脂制成的涂料,如聚氨酯漆、不饱和聚酯漆等,在常温下或虽经加热尚不能干结成膜,需要利用酸、胶、过氧化物等物质与合成树脂发生化学反应,才能使其干结成膜,这类物质称为固化剂,又叫硬化剂。涂料中加入固化剂愈多,漆膜固化愈快,但如固化剂用量过大,容易使漆膜因硬化过快而过快老化,因此必须根据施工时的气温高低来确定固化剂的用量。一般来讲,涂料在低气温施工时才加入酌量的固化剂;当气温超过25℃时就不必使用固化剂。

固化剂的品种主要有磷酸及其衍生物、多元胶、过氧化苯甲酰、过氧化环己酮等。

4)防潮剂

防潮剂又称防白剂,是一种沸点较高的溶剂。

在潮湿的环境中进行油漆施工,比如硝基漆等挥发性漆中的溶剂,因其挥发过快,致使漆膜表面温度迅速降低,此时空气中的水分会凝结在漆膜表面,变成白色雾状,称为"泛白"。此时如果在涂料中适量加入高沸点的防潮剂,能使溶剂的挥发速度减慢,减少水分凝结,防止泛白现象的发生。

防潮剂通常由酯、酮、醇类溶剂组成,防潮剂可以与稀释剂配合使用,一般在稀释剂中加入10%~20%的防潮剂。防潮剂用量不宜过多,否则会使漆膜干燥太慢,影响漆膜质量,而且会导致油漆成本增加,造成浪费。

5)脱漆剂

在修缮工程中,往往需要先除去旧漆。去除旧漆,除了用手工和机械方法外,可以用化学方法来彻底清除旧漆膜,即使用脱漆剂。脱漆剂的成分是有机溶剂或酸碱溶液,它们对漆膜有溶胀作用,促使漆膜溶解或溶胀剥离。脱漆剂有液态和乳状两类,当用于平面脱漆时,可在液体脱漆剂中加入适量的石蜡,调成浆糊状后再使用。脱漆剂的品种很多,常用的有有机溶液脱漆剂、酸性脱漆剂、碱性脱漆剂及烯热碱溶液脱漆剂等。

a. 有机溶液脱漆剂

有机溶液脱漆剂是由多种有机溶液混合而成。其优点是效率高、施工简便,但有毒性,易燃、易挥发,成本高。有机溶液脱漆剂的品种除油漆厂生产的T-1、T-2、T-3脱漆剂外,还可以自行配制。一般的油性漆、酯胶漆、酚醛漆、硝基漆、醇酸漆等都可用有机溶剂脱漆剂来脱漆。

b. 碱溶液脱漆剂

是简单的一种配方,即用纯碱与水溶解后加入适量生石灰配成火碱水,其浓度以能使漆膜发软为准。

使用脱漆剂时,注意避免与皮肤接触。可用旧漆刷或排笔将脱漆剂涂刷在旧漆面上,待漆膜溶解起鼓时再用铲刀轻轻将其刮去,如漆膜较厚,可将上述过程反复数次,直至将旧漆膜除尽。

6)稀释剂

稀释剂是单组分或多组分的挥发性液体,能稀释和冲淡涂料,调节粘度,利于施工。使用时应根据涂料中成膜物质的物理、化学性能，选择适宜的稀释剂。

不同品种的油料和树脂对稀释剂的要求是不同的，在使用各种涂料时必须选择相适应的稀释剂，否则涂料就会发生沉淀、析出、失光和施涂困难等问题。常用涂料稀释剂的选用见表3-1。

常用涂料稀释剂的选用　表3-1

类别	型号	涂料名称	稀释剂
油脂漆类	Y00-1	清油	
	Y02-1	各色厚漆	200号溶剂汽油、松节油、松香水
	Y03-1	各色油性调合漆	
	Y53-1	红丹油性防锈漆	
天然树脂漆类	T01-1	酯胶清漆	200号溶剂汽油、松节油
	T01-18	虫胶清漆	乙醇
	T03-1	各色酯胶调合漆	200号溶剂汽油、松节油
	T03-2	各色酯胶无光调合漆	同上
	T04-1	各色酯胶磁漆	同上
酚醛树脂漆类	F01-1	酚醛清漆	
	F04-1	各色酚醛磁漆	200号溶剂汽油、松节油
	F06-1	各色酚醛底漆	
沥青漆类	L01-13	沥青清漆	松节油、苯类溶剂
	L50-1	沥青耐酸漆	200号溶剂汽油、二甲苯+200号溶剂汽油
醇酸树脂漆类	C01-1	醇酸清漆	松节油+二甲苯或200号溶剂汽油+二甲苯
	C04-2	各色醇酸磁漆	松节油、200号溶剂汽油+二甲苯
	C06-1	铁红醇酸底漆	二甲苯
硝基漆类	Q01-1	硝基外用清漆	X-1
	Q22-1	硝基木器清漆	X-1
	Q04-34	各色硝基磁漆	X-1
聚氨酯树脂漆	S01-3	聚氨酯清漆	S-1
		聚氨酯木器漆	S-1
		各色聚氨酯磁漆	二甲苯
环氧树脂漆类	H06-2	铁红、铁黑、锌黄环氧底漆	二甲苯
	H01-1	环氧清漆	甲苯+丁醇+乙二醇乙醚=1∶1∶1
	H04-1	各色环氧磁漆	甲苯∶丁醇∶乙二醇乙醚=7∶2∶1
乙烯树脂漆类	X08-1	各色醋酸乙烯无光乳胶漆	水
过氯乙烯树脂漆类	G01-5	过氯乙烯清漆	X-3
	G04-2	各色过氯乙烯磁漆	X-3
丙烯酸漆类	B01-1	丙烯酸清漆	X-5
	B22-1	丙烯酸木器漆	X-5
	B04-9	各色丙烯酸磁漆	X-5、X-3

小　结

本节中要求学员了解化学的基本概念，熟悉涂料的成膜原理知识，掌握涂料的化学性能。

习　题

1. 有机物和无机物是如何区分的？
2. 加聚反应和缩聚反应是什么？
3. 简述涂料的成膜原理？
4. 常用的植物油有哪些？
5. 常用树脂有哪些品种？
6. 着色颜料主要起什么作用？
7. 溶剂五大性能有哪些内容？

3.2 涂料与腻子

涂料和腻子的品种繁多，本节主要介绍涂料的组成、分类、命名和编号，同时还介绍了一些常用的成品腻子和自行调配的腻子。

3.2.1 涂料

（1）涂料的组成、分类、命名及编号

1）涂料的组成

组成涂料的全部原料成分按其作用可分为主要成膜物质、次要成膜物质和辅助成膜物质。如图3-3所示。

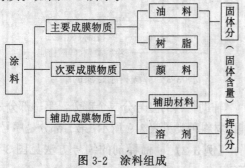

图 3-2 涂料组成

a. 涂料的主要成膜物质

主要成膜物质也称为胶粘剂和固着剂，是组成涂料的基料。由于它的作用使其他组分粘结成一体形成附着与物面上的坚韧的保护膜，用于建筑涂料的胶结剂应具有较高的化学稳定性，使用得最多的胶粘剂是树脂和无机盐，而油料使用得较少。

b. 涂料的次要成膜物质

涂料的次要成膜物质也是构成涂膜的组成部分，但它不能离开主要成膜物质而单独构成涂膜。这种成分就是涂料中所使用的颜料。颜料是不溶于水、溶剂和漆基的粉状物质，但能扩散于介质中形成均匀的悬浮体。颜料是涂料中的固体成分，它能增加涂料的遮盖力和调制人们所需要的各种色彩，还能提高涂膜的厚度、机械强度以及抵抗外界自然环境侵蚀的能力。通常所用的颜料有着色颜料和体质颜料。着色颜料分为有机颜料和无机颜料两大类。体质颜料也称填充料或填料。常用的品种有大白

粉、滑石粉、石膏粉和云母粉等。

c. 涂料的辅助成膜物质

涂料的辅助成膜物质不能构成涂膜或涂膜的主体，但对涂料的成膜过程有很大的影响，并能对涂膜的性能起一些辅助作用。涂料的辅助成膜物质主要有溶剂和辅助材料两大类。

2）涂料的分类

为了有利于涂料的生产和管理，方便使用者对各种涂料品种的选择，国家制定了涂料基料中主要成膜物质为基础的分类方法。按照这样的分类方法，将涂料分成十七大类，再加上辅助材料则为十八大类。涂料的分类表见表3-2所示。辅助材料分类表见表3-3所示。

涂料分类表　　　　表3-2

序号	代号	成膜物质类别	主要成膜物质	备注
1	Y	油脂漆类	天然植物油、清油、合成油	包括天然资源所产生的物质及经过加工处理的物质
2	T	天然树脂漆类	松香及其衍生物、虫胶、乳酪素、动物胶、大漆及其衍生物	
3	F	酚醛树脂漆类	酚醛树脂、改性酚醛树脂	
4	L	沥青漆类	天然沥青、石油沥青、煤焦沥青	
5	C	醇酸树脂漆类	甘油醇酸树脂、季戊醇酸树脂、其他改性醇酸树脂	
6	A	氨基树脂漆类	脲醛树脂、三聚氰胺甲醛树脂、聚酰亚胺树脂	
7	Q	硝基漆类	硝酸纤维素、改性硝基纤维素	
8	M	纤维素漆类	乙基纤维、苄基纤维、羟基纤维、醋酸纤维、醋酸丁酸纤维、其他纤维酯及醚类	
9	G	过氯乙烯漆类	过氯乙烯树脂	
10	X	乙烯漆类	氯乙烯共聚树脂、聚醋酸乙烯及其共聚物、聚乙烯醇缩醛树脂、聚二乙烯乙炔树脂、含氟树脂、石油树脂等	
11	B	丙烯酸漆类	丙烯酸酯、丙烯酸共聚树脂及其改性树脂	
12	Z	聚酯漆类	饱和聚酯树脂、不饱和聚酯树脂	
13	H	环氧树脂漆类	环氧树脂、改性环氧树脂	
14	S	聚氨酯漆类	聚氨基甲酸酯	
15	W	元素有机漆类	有机硅、有机钛、有机铝等元素有机聚合物	
16	J	橡胶漆类	天然橡胶及其衍生物、合成橡胶及其衍生物	
17	E	其他漆类	除以上所列的成膜物质	

辅助材料分类表　　表 3-3

序号	代号	名称	序号	代号	名称
1	X	稀释剂	4	T	脱漆剂
2	F	防潮剂	5	H	固化剂
3	C	催干剂			

3）涂料的命名

涂料的全名称是由三部分构成，即颜色或颜料的名称、成膜物质的名称和基本名称，用以下公式来表示。

涂料全名称＝颜色或颜料名称＋成膜
物质名称＋基本名称

有的涂料没有颜料，不带色，如：酚醛清漆。在它的名称中就没有颜色或颜料名称，而只有成膜物质名称＋基本名称。

若涂料基料中含有两种或两种以上物质时，取主要成膜物质命名，必要时也可两种成膜物质并用，如环氧硝基磁漆等。

涂料名称中成膜物质的名称，有时应作适当的简化，如聚氨基甲酸酯，可简化为聚氨酯。

4）涂料的编号

涂料的型号由三个部分组成，第一部分是成膜物质，用汉语拼音字母来表示，见表 3-2 涂料分类表所示，及表 3-3 辅助材料分类表所示；第二部分是基本名称，用二位数字表示，见表 3-4 部分涂料的基本名称代号表所示；第三部分是序号，见表 3-5 涂料产品序号所示，以表示同类品种间的组成、配比或用途的不同。

部分涂料的基本名称代号　表 3-4

代号	基本名称	代号	基本名称	代号	基本名称
00	清油	11	电泳漆	51	耐碱漆
01	清漆	12	乳胶漆	52	耐腐蚀漆
02	厚漆	13	其他水溶性漆	53	防锈漆
03	调合漆	14	透明漆	54	耐油漆
04	磁漆	23	罐头漆	55	耐水漆
05	粉末涂料	31	绝缘漆	61	耐热漆
06	底漆	32	绝缘磁漆	64	可剥漆
07	腻子	40	防污漆	98	胶液
09	大漆	50	耐酸漆	99	其他

涂料产品序号　　表 3-5

涂料品种		序 号	
清漆、底漆、腻子		自干	烘干
		1～29	30 以上
磁漆	有光	1～49	50～59
	半光	60～69	70～79
	无光	80～89	90～99
专用漆	清漆	1～9	10～29
	有光磁漆	30～49	50～59
	半光磁漆	60～64	65～69
	无光底漆	70～74	75～79
	底漆	80～89	90～99

【例 3-1】 醇酸树脂磁漆的编号方法见图 3-3 所示。

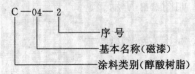

图 3-3　醇酸树脂磁漆的编号

辅助材料的型号分二个部分，第一部分是辅助材料种类见表 3-9 所示；第二部分是序号。

【例 3-2】 稀释剂的编号方法见图 3-4 所示。

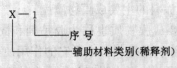

图 3-4　稀释剂的编号

3.2.2 腻子

在油漆施工中，不论是抹灰面、金属制品面、木面以及水泥面等，首先要使用腻子批嵌的方法来平整底层、弥补缺陷，如果不经过腻子嵌批，物面上的油漆涂层就会粗糙不平、光泽不一，影响涂饰效果。

腻子主要由各种漆基、颜料（着色颜料和体质颜料）等组成，是一种呈软膏状的物质。它的具体组成材料可按物面材料不同来选配。常用腻子的主要材料有熟桐油、聚乙烯醇缩甲醛液（107 胶）羧甲基纤维素（化学浆糊）、熟猪血（料血）、大白粉、石膏粉、颜料、虫胶液等。腻子对物面要有牢固的附着力和对上层漆的良好结合力，要有良好的封闭性，干燥快，色泽一致，并且操作简便。

（1）常用成品腻子的品种与性能

1）F07-1 各色酚醛腻子

酚醛腻子是由中油度酚醛漆基、体质颜料、催干剂、松香水配制而成。酚醛腻子的涂刮性好、容易磨、适用于金属制品面及木制品面的填嵌和批刮。

2）Q07-5 各色硝基腻子

硝基腻子是由硝化棉、醇酸树脂、顺酐树脂、颜料、大量体质颜料和稀释剂调制而成。硝基腻子干燥快、容易磨，通常用于硝基漆类饰面的嵌补和批刮。

3）C07-5 各色醇酸腻子

由干性油、颜料及大量体质颜料、适量的催干剂及溶剂等配制而成。醇酸腻子的涂层坚硬、耐候性较好，附着力较强而不易脱落、龟裂。适用于车辆、机器等。用于已涂覆底漆的金属或木材表面。涂刮时每层厚度不应超过 0.5mm，否则会造成面干底不干等弊病。一般在 25℃ 隔 24h 再刮下一道腻子。

醇酸腻子可自干，也可烘干。但烘干时严禁直接在高温下烘烤，以免造成腻子起泡等。一般是先在室温下放置 30min 后，进入 50～60℃、烘 30min，再升至 100～110℃ 烘 1h。使用时可用 200 号溶剂油漆、松节油和二甲苯稀释。

4）H07-5、H07-34 环氧腻子

环氧腻子是由环氧脂与颜料、体质颜料、催干剂和二甲苯制成。H07-5 为自干型，H07-34 为烘干型。涂层牢固坚硬，对金属附着力强。使用时可加二甲苯与丁醇稀释。

5）G07-3、G07-5 过氯乙烯腻子

过氯乙烯腻子是由过氯乙烯树脂、醇酸树脂等加体质颜料、溶剂等组成。干燥快，腻子层之间可不涂底漆，可连续批刮，结合力好，但收缩性大。

（2）常用自调腻子的品种与性能。

1）猪血老粉腻子

猪血老粉腻子由熟猪血（料血）、老粉（大白粉）调配而成，具有良好的平整性，是一种传统的优良腻子。它适合用各种室内抹灰面、木材面等不透明涂饰工艺中作嵌补及批刮用，特别在古式建筑的油漆中更是必不可少的基层嵌批料。经过猪血老粉腻子批刮的物面平整、光滑，附着力强，干燥快，且易批刮打磨。猪血老粉腻子的缺点是耐水性差、不宜存放。猪血虽然来源广、成本低，但由于采血及调制料血麻烦，夏天容易变质，所以逐渐被各种化学胶所代替，但在古建筑修缮中熟猪血仍被采用。

2）胶老粉腻子

胶老粉腻子由胶及老粉组成，并可酌量加入石膏粉。胶粘剂一般用化学浆糊和 107 胶水，也可采用其他植物胶或动物胶。胶老粉腻子通常用于室内抹灰面的不透明涂饰工艺中，也可用在木器家具上。经胶老粉腻子批刮后的物面平整光滑、附着力好、干燥快、易打磨。胶老粉腻子宜存放，价廉物美，是猪血老粉腻子的理想代用品。其缺点是耐水性差。

3）胶油老粉腻子

胶油老粉腻子是由熟桐油、松香水、老粉、化学浆糊、107 胶水再加适量的色漆和石膏粉调配而成。胶油老粉腻子可用于不透明漆或半透明漆的涂饰中，常用来作室内抹灰面油漆及木制品油漆打底用，尤其适合在抹灰面上作底层嵌补批刮之用。经胶老粉腻子批刮后的物面平整光滑，附着力强，且不易卷皮和龟裂。

4）油性石膏腻子

油性石膏腻子亦称纯油石膏腻子，它是由石膏粉、熟桐油、松香水、水和色漆调配而成，不加老粉，用于不透明涂饰工艺中作为嵌补及批刮料。油性石膏腻子质地坚韧牢固、光洁细腻，有一定光泽度，耐磨性及耐水性好，宜存放，因此广泛用于室内外抹灰面、金属面及木制品面。调制油性石膏腻子应特别注意其配合比，如果配比不当，熟桐油过量时会产生外干内不干的现象，甚至若干年后被封存的腻子仍有未干现象。

5）虫胶老粉腻子

虫胶老粉腻子由浅色虫胶液、老粉及着色颜料调配而成。虫胶老粉腻子附着力强、质地坚硬、干燥快、易于着色，在透明涂饰工艺中应用广泛，常用来填补高级木器的钉眼、缝隙。填补时要高于木面，防止因打砂皮而成瘪陷。虫胶老粉腻子不宜用于大面积批刮。

6）聚氨酯石膏腻子

聚氨酯石膏腻子是由聚氨酯漆甲乙组份中的乙组（固化剂）、石膏粉、颜色和水调配而成。聚氨酯石膏腻子质地坚韧、光洁细腻、有一定光泽度、具有耐热、耐磨、耐水、耐酸碱等性能。适用于不透明涂饰工艺中小面积嵌补洞缝用。

7）水粉腻子

水粉腻子也称水老粉，是水和老粉并掺加适量颜色粉和化学浆糊调配而成。水粉腻子用于透明漆涂刷工艺中嵌补棕眼，能起到全面着色作用。此道工序称为润粉。

小　　结

对涂料的作用及发展演变过程有进一步的了解，熟练掌握涂料的各种成膜物质，熟悉各种腻子的性能及运用范围。

习　题

1. 涂料的组成是哪些内容？
2. 涂料有哪些作用？
3. 涂料是如何分类的？
4. 腻子的作用有那些？
5. 常用腻子的组成材料是那些材料？
6. 常用腻子的填充料是那些材料？

3.3 油漆工具与机具

在施工中所用的工具和机械不尽相同，且装饰施工对象各异，因此必须根据涂料品种、施工对象，合理地选用工具和机械。

3.3.1 涂刷工具

涂刷工具，它是使涂料在物面上形成薄而均匀涂层的工具，常用的有油漆刷、排笔、漆刷、棕刷、底纹笔等。

（1）油漆刷

油漆刷又称猪鬃刷、油刷、漆帚、长毛鬃刷等。它是用猪鬃制成的刷具。常用的规格有25、38、50、63、76mm等多种，是按被涂饰物面的形状、大小而选用。详见表3-6。油漆刷规格与适用范围对照表。

油漆刷规格与适用范围对照表　　表 3-6

规格(mm)	适 用 范 围
25	施涂小的物件，或不易刷到的部位
38	施涂钢窗
50	施涂木制门窗和一般家具的框架
63	施涂木门、钢门外，还广泛地用于各种物面的施涂
76	施涂抹灰面、地面等大面积的部位

施涂的质量很大程度上取决于油漆刷的选择。挑选时以鬃厚、口齐、根硬、头软为好。如图 3-5。

（2）排笔

排笔是由多支单管羊毛笔用竹销钉拼合而成的，有多种规格，一般 4 管～12 管主要用于涂刷虫胶清漆、硝基清漆、聚氨酯清漆、丙烯酸清漆和水色等粘度较小的涂料；16 管排笔主要用于涂刷乳胶漆和粉浆涂料。常用

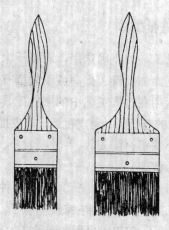

图 3-5　油漆刷

的有 4～20 支多种规格。在涂刷较大面积时，应选用支数大的排笔，以提高工效，同时也可减少涂料搭接重叠而留下刷痕；若涂刷小部位木制品，也可以将支数多的排笔在竹削钉处切断成支数少的排笔，以便于施工操作。

排笔的刷毛，一般用细软又富弹性的羊毛或狼毫制作。刷柄是由细竹管用竹销钉并联而成。排笔以毛锋尖、毛口齐、毛柔软并富有弹性而不脱毛者为佳。见图 3-6。

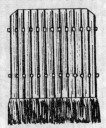

图 3-6　排笔

（3）漆刷

漆刷也称国漆刷或漆扇，是一种以涂刷大漆为主要用途的刷具。这种漆刷是用牛尾毛或人发经过洗净处理，梳理整齐之后，先用大漆胶成刷坯，再在刷坯外面多次地批刮大漆腻子，涂刷大漆，并用布反复揩擦，最后在外面夹上木板制成。这种漆刷的主要特点是：外露的刷毛较短，且富有极好的弹性，因此特别适宜天然大漆等粘度较大的涂料施工。

选用牛尾毛制作的漆刷属大型刷，漆刷纹较粗，用来刷涂大漆；选用头发制作的漆刷属小型刷，刷纹较细，以描绘字画为主。见图 3-7（a）、（b）。

（4）棕刷

棕刷是一种用植物纤维制成的刷具。刷锋、刷柄均用植物纤维制成，刷锋较短，是一种传统工具，是以棕树上的棕皮经加工编织而成。这种刷子的特点是耐潮湿，价格低，一般是涂刷底漆，掸除灰尘或者用来刷浆糊等用途。见图 3-8。

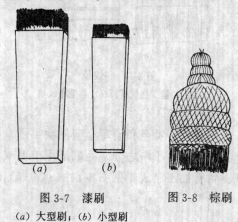

图 3-7　漆刷　　　　　图 3-8　棕刷
（a）大型刷；（b）小型刷

（5）底纹笔

底纹笔也称板刷，它的形状像油漆刷，但比油漆刷薄。底纹笔不仅应用在涂刷建筑涂料方面，在美术工作方面也是一种常用的工具。

底纹笔可分为两种：一种是由白猪鬃制成的，适用于描制模拟木纹图案；另一种是用羊毛制成的，可以刷涂虫胶清漆、硝基清漆、聚氨酯清漆和丙烯酸清漆，或者在木面、纸面上涂刷大面积的粉质涂料，也可以用来书写艺术字体等。见图 3-9。

（6）油画笔

油画笔常为美术工作者所用，在建筑涂料装饰施工中也经常需要它。油画笔有多种规格可供选择。

油画笔的制作技术要比其它刷具来的严格。他的笔杆较长，笔尖大部分是用白猪鬃制作，也有的是用狼毫制作。油画笔的毛锋纹理组织较细腻，有扁、圆两种，在建筑涂饰上使用的大部分是扁形油画笔。见图 3-10（a）、（b）。

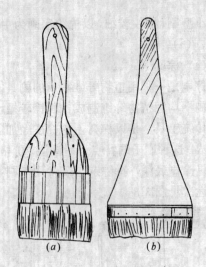

图 3-9 底纹笔

(a) 白猪鬃底纹笔; (b) 羊毛底纹笔

(7) 毛笔

主要用于补色和绘写小型油漆字画。毛笔有大、中、小楷之分。毛笔是用羊毛或狼毫、竹管加工制成。见图 3-11 (a)、(b)。

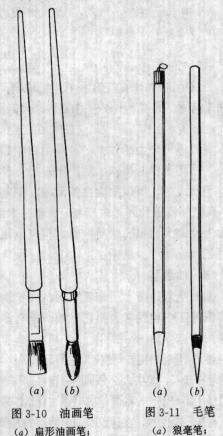

图 3-10 油画笔

(a) 扁形油画笔;
(b) 圆形油画笔

图 3-11 毛笔

(a) 狼毫笔;
(b) 羊毛笔

3.3.2 嵌批工具

嵌批工具的正确选用,对腻子涂层的平整、保证涂饰质量、提高劳动效率有很大的关系。运用在涂饰工艺中的嵌批工具种类很多,常用的有铲刀、钢皮批刀、橡皮批刀、牛角翘、小铁板、脚刀等。

(1) 铲刀

铲刀也称麻丝刀、嵌刀等,是一种应用普遍的嵌批工具。经常用它来调制腻子、挖取腻子、填嵌腻子。铲刀也可用来清除灰尘和旧漆。铲刀是由木柄和弹性钢片相连接而成。常用的规格有 30、50、63、76mm 等。见图 3-12。

(2) 钢皮批刀

钢皮批刀有些地方称为钢皮批板或钢皮刮刀。在建筑涂料施工中,主要用它来批刮大的平面物件和抹灰面。钢皮批刀是将具有弹性的薄钢板镶嵌在材质比较坚硬的木柄上而制成的刮具。常用的钢皮批刀规格有: (0.25～0.35) mm×110mm×170mm。见图 3-13。

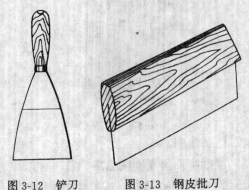

图 3-12 铲刀   图 3-13 钢皮批刀

(3) 橡皮批刀

橡皮批刀又称橡皮刮板,根据工艺的需要可以自制。橡皮批刀可用 4～12mm 厚的耐油、耐油溶剂性能好的橡胶板制作,用两块质地较硬、表面平整的木板,将橡皮的大部分夹住,留出约 40mm 作为批刮刀口。其特点是柔软而有弹性,适用于批刮圆弧形制品以及金属表面的腻子。见图 3-14。

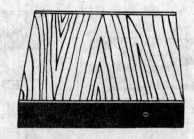

图 3-14　橡皮批刀

（4）牛角翘

牛角翘又称牛角刮刀，是用水牛角制成的一种刮涂工具。他的用途极广，适用于油性腻子和大漆腻子的刮涂。牛角翘分大、中、小三种，大型牛角翘刀口宽在 100mm 以上，可嵌批大平面的物件；中型的牛角翘口宽在 50～100mm，适用嵌批木门窗；小型的牛角翘刀口宽在 50mm 以下，宜嵌批小平面的物件。选购时应挑选角质纤维清晰，平直透明，富有弹性的产品。新的牛角翘必须经过整理后方可使用，先用玻璃将牛角翘两边刮薄，然后在磨刀石上将牛角翘刀口磨平、磨薄、磨齐。见图 3-15。

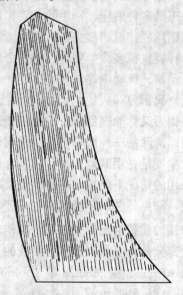

图 3-15　牛角翘

（5）脚刀

脚刀又称剔脚刀，主要用于将虫胶漆腻子填嵌到木器表面的洞眼、钉眼、虫眼、榫头接缝处，或用于剔除木器线脚处的腻子残余物等。脚刀是用普通铁板淬火制成，其两端有刃口，一端为斜口，另一端为平口，刃口尖锐、锋利、平直，刃口上不得有缺口，如有缺口应及时修整，要始终保持脚刀刃口的平整锋利。见图 3-16。

图 3-16　脚刀

（6）小铁板

小铁板同泥工用铁板形状相似，但规格不同，油漆工用的小铁板规格为 0.4mm×75mm×88mm×215mm，小铁板主要用作批刮大平面物件的腻子，工效、平整度较钢皮刮板高，使用完毕后擦净铁板上的残余腻子。见图 3-17。

图 3-17　小铁板

3.3.3　辊具

辊具主要是将涂料滚涂到抹灰面等装饰物表面上，以达到各种装饰效果的一种手工工具，其次还可以将墙纸拼缝处压平服。辊具分为普通滚筒和艺术滚花筒二种。常用辊具有绒毛滚筒和橡胶滚花筒。

（1）绒毛滚筒

绒毛滚筒结构简单，使用方便，它是有

人造绒毛等易吸附材料包裹在硬质塑料的空心辊上，配上弯曲形圆钢支架和塑料或木制手柄而制成的手工辊具，其规格有150、200、250mm等。绒毛滚筒一般适用于抹灰面上滚涂水性涂料，尤其适用于粗糙的抹灰面。运用滚筒滚涂省时、省力、工效显著提高，但滚筒不适用于交接转角处和装饰光洁程度要求较高的物面。滚筒使用完毕后，应清洗干净，然后将滚筒用力在水泥墙上来回滚动，使滚筒水份划干，绒毛舒松挺刮。见图3-19。

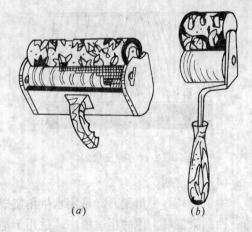

图3-19　橡胶滚花筒

(a) 三滚筒式；(b) 二滚筒式

图3-18　绒毛滚筒

(2) 橡胶滚花筒

橡胶滚花筒是一种艺术滚花筒，利用刻在筒上的各式花纹，在饰面上滚印出不同色彩的花纹图案，可以达到类似印花墙纸，甚至胜于墙纸的艺术效果。橡胶滚花筒分为双滚筒式和三滚筒式两种，主要由盛涂料的料斗、带柄壳体和滚筒组成，料斗和壳体用电化铝材制成。双滚筒式的其中一只辊是用硬质塑料制成，专供上彩料用，另一辊是橡胶图案滚筒，专供印花用。三滚筒式则是增加一只引料滚筒。橡胶辊具的外形尺寸，一般选用长200mm、宽170mm、高130mm，滚筒直径为150mm。用于滚饰墙面边角的小型滚花辊具为双滚筒式，是由小橡胶图案滚筒、海棉上料卷筒、镀锌架和手柄组成，是与大滚花辊具配套使用的辊具。见图3-19 (a)、(b)。

3.3.4　除锈工具

为了保证涂料涂覆到金属表面上的涂饰质量，首先必须将物件表面的锈垢处理干净。金属物件的表面与空气接触会产生氧化层，时间越久，氧化层越厚，涂饰前必须除去；另外金属在焊接时，焊接处往往留下较厚的焊渣，涂饰前也必须除去；有时还会看到被涂饰金属件的表面和边角处有些残留的硬刺，涂刷前也必须将其锉平磨光。目前操作比较广泛的清除工艺是手工清除和机械清除。手工清除工具多种多样，常用的主要工具有钨钢刀、钢丝刷、敲铲榔头等。机械清除常用机械的种类也很多，主要有手提式角向磨光机，电动刷、风动刷等。

(1) 钨钢刀

钨钢刀又称除锈刮铲，是专门用来进行金属表面清除的一种简单工具。使用钨钢刀除锈，主要是在用其他方法除锈不方便或者不能采用的情况下使用，它的优点是除锈灵活方便，缺点是劳动环境不卫生，劳动强度大，除锈的质量也比较差。用于除锈的钨钢刀，大部分是自行焊制经打磨而成的。选择一块长300mm、宽25mm、厚5～6mm的普通铁板，再选两块厚4～5mm，长度为25mm、宽度为15mm的钨钢做成刀刃、将其焊在已备好的铁板两端，然后用砂轮（必须金刚砂轮）机将焊就的钨钢块磨出较锋利的刃口。钨钢刀主要用来清除金属表面上较厚

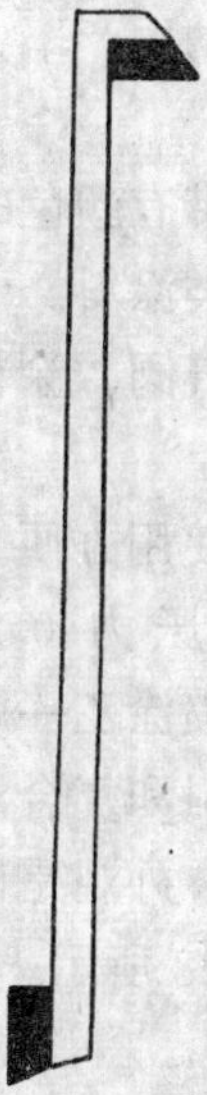

重的锈层和漆膜。如图3-20。

（2）钢丝刷

钢丝刷也是金属结构表面常用的手工除锈工具之一，与钨钢刀在工序上配合使用，也可以单独使用。钢丝刷是用硬木和钢丝制成，钢丝刷刷峰采用坚韧的钢丝，钢丝锋长度约为290mm，其形状如图3-21所示。用钢丝刷除锈既简单又比较干净，用于清除一般性金属表面及边角处的锈迹和氧化层。

（3）锉刀

图3-20　钨钢刀

图3-21　钢丝刷

锉刀用于锉除金属表面的飞刺及焊接飞溅物。见图3-22。

图3-22　锉刀

（4）敲铲榔头

敲铲榔头主要用于敲铲焊渣、金属制品上的麻眼中的旧漆膜等。见图3-23。

（5）手提式角向磨光机

手提式角向磨光机是用电机来带动机械前部分的砂轮高速转动，磨擦金属表面进行除锈。也可将砂轮换成钢丝刷盘，同样能达到除锈目的。手提式角向磨光机是建筑施工中常用的手持式除锈工具，整个机体质量轻，移动方便。见图3-24。

图3-23　敲铲榔头

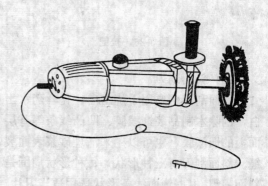

图3-24　手提式角向磨光机

3.3.5　铲刮工具

铲刮工具主要有墙面烧出白刀、拉钯、斜面刮刀、铲刀等。

（1）墙面烧出白刀

墙面烧出白刀是专门用来铲除墙面旧漆膜与喷灯配合使用的专用工具，其规格是长170mm，宽70mm，厚2mm。使用方法是一手握住出白刀，另一手提喷灯，当喷灯将旧漆膜喷软后，随即用出白刀铲除旧漆膜。烧出白刀较长，目的是离喷灯有一定的距离，避免烫伤。见图3-25。

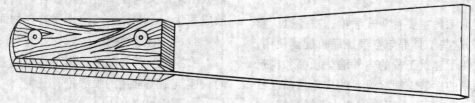

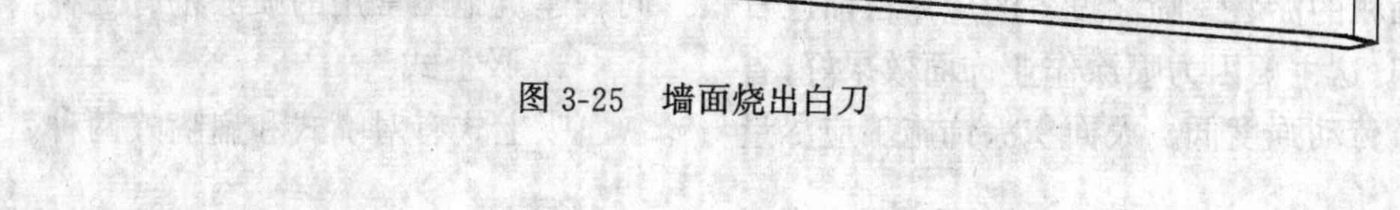

图3-25　墙面烧出白刀

（2）拉钯

拉钯主要用来铲刮木门窗平面旧漆膜，一般与喷灯配合使用。使用方法是将旧漆膜烧软，待自然冷却后用拉钯将酥松的旧漆膜铲除干净。拉钯一般自制，用扁铁或旧锉刀将两端开口出刃，一端弯成 90°状，一端为平口，规格长约 250～300mm，宽约 25～30mm。见图 3-26。

图 3-26　拉钯

（3）斜面刮刀

斜面刮刀主要用于烧出白，化学药水出白，刮除木制品装饰线脚、凹凸线条等基层面上的旧漆膜，也可以用来清理砂浆表面裂缝。斜面刮刀有三种形状，每种形状周围是斜面刀刃，根据饰面线条形状选用适当刀片。见图 3-27。

图 3-27　斜面刮刀

（4）铲刀

铲刀在油漆施工中为最常用的工具，它可以用来铲除旧水性涂料、旧漆膜、松散沉积物、清除旧壁纸等用途，也可以作为批嵌工具以及调拌工具等。见图 3-12。

3.3.6　喷涂工具

喷涂工具主要有斗式喷枪、喷漆枪、喷涂枪等。这些工具都与空气压缩机配套使用。喷涂常用于建筑工程的内外墙、顶棚和构筑物大面积的涂装。喷涂设备的应用目前已日趋普遍，这主要因为喷涂作业饰面效果好，省涂料，劳动强度低。大面积涂饰施工应尽量采用喷涂设备作业，以提高劳动生产率。

（1）手提斗式喷枪

手提斗式喷枪适用于喷涂带有颜色的砂状涂料、粘稠状厚质涂料和胶类涂料。

手提斗式喷枪由料斗、调气阀、涂料喷嘴座、喷嘴、定位螺栓等组成。

手提斗式喷枪结构简单、使用方便。喷枪口径为 5～18mm，工作压力 0.4～0.6MPa，斗容量1.5L，适用于喷涂乙—丙和苯—丙彩砂涂料、砂胶外墙涂料和复合涂料等。涂层的厚度一般为 2～3mm，外观是砂壁状或浮雕状。斗式喷枪如图 3-28 所示。

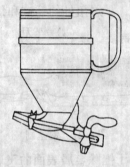

图 3-28　手提斗式喷枪

（2）喷漆枪

喷漆枪是喷涂低粘度涂料的一种工具。如硝基涂料、过氧乙烯涂料、丙烯酸涂料等。其料斗容积小，操作灵活，也便于随意更换。其特点是：涂膜外观质量好，工效高，劳动强度低，适用于大面积施工。

1）喷漆枪的基本工作原理

压缩空气通过管路进入喷漆枪之后，打开板机，压缩空气即可从喷枪嘴的环形孔喷出，这时压缩空气对喷嘴口处形成了一个负压区，使孔内的涂料产生了抽吸作用，涂料被吸出，又与压缩空气相会合，接着被吹散成雾状，涂粒微粒均匀地附着在物面上。

2）喷漆枪的种类

喷漆枪的种类较多，但工作原理基本相同。建筑施工常用的喷漆枪有三种：

a. 吸上式

吸上式有对嘴式和扁嘴式两种。它是直

接连接在涂料的容器上，利用压缩空气造成的真空，将涂料从容器内抽吸出来。如图3-29（a）、（b）所示。

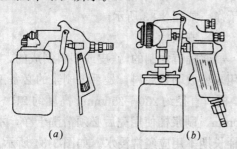

图3-29　吸上式喷漆枪

（a）吸上式（对嘴）(b)吸上式（扁嘴）

b. 压下式

压下式也称自动式或者自流式。盛装涂料的容器在喷漆枪的上方，涂料在容器内靠自重自动压流，同时借助压缩空气的流速将涂料从容器中抽吸出来。如图3-30所示。

c. 压力式

压力式就是喷漆枪的进漆孔与带压力的供漆装置（压力供漆桶）连接，压缩空气将涂料压至喷漆枪再喷出来。如图3-31所示。

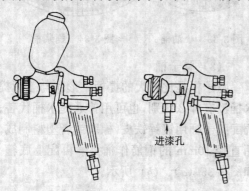

图3-30　压下式　　图3-31　压力式

（自流）喷漆枪　　　　喷漆枪

（3）空压泵

空压泵一般是指小型的空气压缩机，机身装有行走轮子，可以移动，在喷涂工艺中，空压泵属于不可缺少的配套设备。供喷涂料用的空压泵的规格有许多种，可选用输出气压在0.6MPa左右的小型机种即可。

空压泵是产生压缩空气的机械，利用它产生的压缩空气气流，迫使涂料从喷枪的喷嘴中以雾状喷出，形成薄而均匀的涂层。空压泵由电动机、压缩机、安全阀、储气筒等装置组成。电动机是带动空压泵曲轴运转的动力装置，空压泵的曲轴运转带动活塞吸气和压气，然后再进入储气筒，供喷枪使用。如图3-32所示。

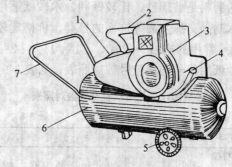

图3-32　电动小型空气压缩机

1—电动机；2—输气管；3—曲轴与活塞；4—压力板；

5—行走车轮；6—贮气筒；7—推动手把

3.3.7　磨料类

被涂饰的物面必须经过打磨以后才能进行下道工序的涂饰。砂纸、布是一种常用的油漆打磨工具，也是一种消耗性的材料。磨料的性质和它的形状、硬度和韧性有着很大的关系，磨粒的颗粒粗细是按每平方英寸的筛孔来计算的。铁沙布和木砂纸是根据磨料的粒径划分的，号数愈大，粒径愈大，而水砂纸则相反，号数愈大、粒径则越小。砂纸的品种有：铁砂纸、木砂纸、水砂纸三种。

（1）铁砂布

铁砂布是油漆涂饰中最常用的一种打磨材料，可以打磨木材、金属、水泥等基层，铁砂布最适用于金属基层的打磨和除锈。铁砂布是由骨胶等胶粘剂将金钢砂或钢玉砂粘结于布面上，具有较好的韧性、比较耐用，常用规格一般有 $0^{\#}$、$1^{\#}$、$1\frac{1}{2}^{\#}$、$2^{\#}$ 等。砂布受潮后，可在太阳下或灶具上烘干再用。铁砂的代号与磨料粒号数对照见表3-7。

代号	0000	000	00	0	1	1½	2	2½	3	3½	4
磨料粒度号数	200	180	150	120	100	80	60	46	36	30	24

（2）木砂纸

木砂纸是用骨胶等胶粘剂将磨料粘结于纸基上而制成的不耐水的打磨材料。木砂纸用的磨料是玻璃砂，比较锋利，木砂纸适用于木制品、抹灰面等饰面的打磨，价格比较低廉，常用的规格一般有0#、1#、1½#、2#。木砂纸的代号与磨粒号数对照表，见表3-8。

木砂纸的代号与磨料粒度号数对照表

表3-8

代号	00	0	1	1½	2	2½	3	4
磨料粒度号数	150	120	80	60	46	36	30	20

（3）水砂纸

水砂纸是由醇酸、氨基等漆料将磨料粘结于浸过熟桐油的纸基上而制成的，水砂纸的磨料无尖锐棱角、耐水、适宜于蘸肥皂水打磨饰面，由于水砂纸的磨料颗粒较细，经水砂纸打磨过的饰面光洁、细腻，是漆膜抛光前打磨的理想工具材料，常用规格一般有280#、320#、400#、500#等。水砂纸的代号与磨料粒度号数对照。见表3-9。

水砂纸的代号与磨料粒度号数对照表

表3-9

代　　号	180	220	240	280	320	400	500	600
磨料粒度号数	100	120	150	180	220	240	280	320

3.3.8 桶类

在油漆涂饰中，必须利用各种盛装器具来盛放各种涂料和溶剂，常用的容器有小油桶、刷浆桶、腻子桶等。

（1）小油桶

小油桶是油漆涂饰时常用的手提工具，它是用普通铁皮或镀锌铁皮制成，也有采用塑料小桶，小油桶主要用于盛放油漆涂料。常用小油桶规格是：直径约150～180mm，高度约130～160mm，小油桶使用完毕后，必须擦洗干净。如图3-33所示。

（2）刷浆桶

刷浆桶有木制的，铁皮或塑料制成的，主要用来盛放刷浆涂料，是手工刷浆的必备工具，桶口直径约230～250mm，高度约210～230mm，刷浆桶使用完后必须清洗干净，木制桶长期不用应经常浸水。如图3-34所示。

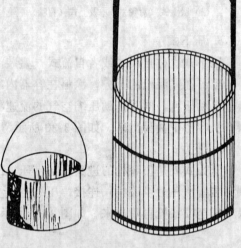

图3-33　小油桶　　　图3-34　刷浆桶

（3）腻子桶

腻子桶是比较大的提桶，形状与普通提水桶没有什么区别，也可用普通提水桶代替。调配腻子桶用镀锌铁皮、橡胶或者塑料制成。用直径10mm的钢筋作桶提，再配上底箍。如图3-35（a）、（b）所示。

3.3.9 其他工具

在涂饰操作过程中，除了以上工具，常用的工具还有喷灯、铜箩筛漏斗、铜箩筛、小漏斗、粉线袋、搅拌器、腻子板、合梯等。

（1）喷灯

喷灯在油漆工程中主要用来烧出白用，喷灯加油不可加满，最多加70%，点火加热后再打气，冷灯或突然熄火时不要打气，在

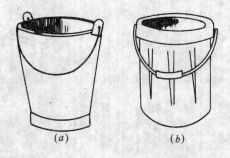

图 3-35　调配腻子桶形状

(a) 镀锌铁皮桶；(b) 塑料桶

喷灯操作场所必须置备消防器材。点火纱头和铲下的漆皮应妥善处理，以免火灾。如图 3-36 所示。

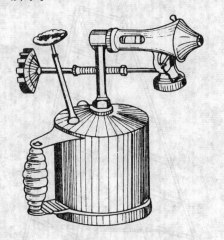

图 3-36　喷灯

（2）铜箩筛漏斗

铜箩筛漏斗是用铁皮制成，主要与铜箩筛配套使用，用来搁置铜箩筛配制浆料等用，铜锣筛漏斗直径根据铜锣筛口径大小而制作，浆料配制完毕后必须将漏斗擦干净。如图 3-37 所示。

（3）铜箩筛

铜箩筛主要是过滤浆料或筛滤体质颜料，由铜丝或钢丝编织而成，常用规格一般有 40 目、60 目、80 目、100 目、120 目等。过滤浆料后必须用溶剂清洗干净并拍净。如图 3-38 所示。

（4）小漏斗

小漏斗是用来灌装漆液、溶剂于小口径

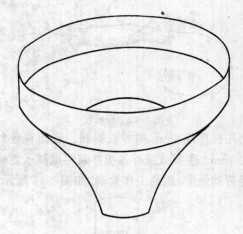

图 3-37　铜锣筛漏斗

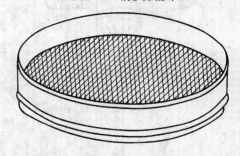

图 3-38　铜箩筛

容器中必备的工具，可以避免漆液、溶剂在倒置过程中散洒于容器外，小漏斗有铁制、塑制、铅制等品种。如图 3-39 所示。

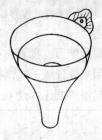

图·3-39　小漏斗

（5）粉线袋

粉线袋主要用于弹水平线。粉线袋一般是操作者自己制作，用一方块布，裹上颜色粉，在中间穿一根细线绳，将布的两头用线绳扎牢即可。如图 3-40 所示。

（6）手提式搅拌器

手提式搅拌器主要用来搅拌浆料、腻子等用途。手提式搅拌器是由电钻改装而成，将电钻轴接长 700～800mm，在接长的轴上焊

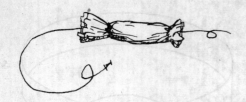

图 3-40 粉线袋

(a)　　　　　　　　(b)

图 3-42 腻子板

(a) 握式；(b) 托式

上几根直径 6mm 的等长钢筋，底面直径约 100mm。手提式搅拌器搅拌浆料或腻子能减轻劳动强度，提高工作效率。如图 3-41 所示。

(8) 合梯

合梯即人字梯，也称高凳，主要用于搁置跳板或登高操作用，有铁制、木制、铝合金制品等。使用时必须在由下向上的第二档用结实的绳子扎牢，夹角呈 30°～35°，四只脚角必须用橡皮包扎好，以防打滑。如图 3-43 所示。

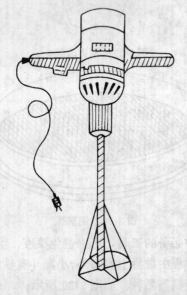

图 3-41 手提式搅拌机

(7) 腻子板

腻子板主要同铲刀、批刀、小铁板配合使用，腻子板是用来放置腻子或调拌腻子用，一般通常采用木制板。如图 3-42 (a)、(b) 所示。

图 3-43 铁制合梯

小　结

熟悉各种涂刷手工工具及机械工具，掌握各种工具的规格、型号、用途、构造原理等知识。

习　题

1. 常用油漆刷的规格有哪些？

2. 排笔有哪些用途？如何选用排笔？

3. 铲刀有那些用途？

4. 如何整理新的牛角翘？

5. 除锈工具有那些？

6. 喷漆枪的基本工作原理是什么？有那些种类？

3.4 油漆工安全生产知识

涂料施工人员必须学习相应的安全生产知识,熟练掌握安全施工方法,严格执行劳动条例和操作规程,做好防火、防毒工作,熟悉涂料的储存和保管工作。

3.4.1 一般安全措施

(1) 参加施工的工人,要熟知本工种的安全技术操作规程。在操作中,应坚守工作岗位,严禁酒后操作。

(2) 正确使用个人防护用品和安全防护措施。进入施工现场,必须戴好安全帽,并扣好帽带。禁止穿拖鞋或光脚。在没有防护设施的高空操作时,必须系安全带。

(3) 做好女工在月经、怀孕、生育和哺乳期间的保护工作。女工在怀孕期间对原工作不能胜任时,根据医生的证明,应调换轻便工作。

(4) 操作时,使用的电气设备和线路必须绝缘良好,电线不得与金属物绑在一起;各种电动机具必须按规定接零接地,并设置单一开关;遇有临时停电或停工休息时,必须拉闸加锁,或拔掉插头。

(5) 施工机械和电气设备不得带病运转和超负荷作业。发现不正常情况应停机检查,不得在运转中修理。

(6) 行灯电压不得超过 36V。

(7) 小型空气压缩机应有安全阀、压力表,并避免曝晒、碰撞。安全阀上不准任意加重物压牢。

(8) 从事高空作业要定期体检,凡患高血压、心脏病、贫血、癫痫病以及其它不适于高空作业的,不得从事高空作业。

(9) 高空作业衣着要灵便,禁止穿硬底和带钉易滑的鞋。

(10) 梯子不得缺档,不得垫高使用。梯子横档间距以 30cm 为宜。双梯下端应采取防滑措施,中间用绳索拉牢。脚手板不要放在最高

一挡上,同一块跳板上只准一人站立操作。

(11) 施工脚手架支搭完毕后,经检查验收合格后方可上人操作。

(12) 垂直运输要了解卷扬机起重量,防止运玻璃及涂料时超载。

3.4.2 防毒

(1) 施工前应将门窗打开,使空气畅通以加速有害气体的散发。

(2) 洗手可用煤油或柴油,洗过擦干后,再用肥皂清洗。不要在溶剂中洗手,以免皮肤干燥或中毒发炎。

(3) 操作时要注意防止甲苯、二甲苯或香蕉水等侵入眼内,若已侵入眼内,应立即用清水冲洗或就医诊治。

(4) 操作时若有口渴或气管干结、头晕恶心感觉,应多喝开水,以及到室外呼吸新鲜空气,或去就医诊治。收工后勤洗澡。

(5) 要定期做体格检查,发现职业病及时治疗。

(6) 苯中毒

苯常作为涂料溶剂使用,苯的蒸汽经过呼吸道而吸入人体内会引起多种损害。在神经方面的症状是头昏、头痛、记忆力减退、乏力、失眠等;在造血方面的损害先是白血球减少,以后就会使血小板和红细胞降低。另外,苯还能引起皮肤干燥、瘙痒、发红;热苯可引起皮肤起水泡及脱脂性皮炎。

预防措施:加强自然通风和局部机械通风,加强卫生宣传,不能用苯洗手。

(7) 铅中毒

铅中毒是因为长时间使用红丹防锈漆和其他含有铅化合物的涂料所引起的。主要是通过呼吸道而吸入肺内,也有从口腔通过饮食进入胃中,以及从皮肤破损处吸收到血液中。长时间使用会感觉体乏疲倦、食欲不振、体重减轻、脸色苍白、肚痛、头痛、关节痛等。

预防措施:用偏硼酸钡、云母氧化铁、铝粉、铁红或铝红等防锈漆代替红丹防锈漆;饭

前洗手，下班淋浴；如必须采用红丹防锈漆时，则宜涂刷施工，并加强通风。

（8）刺激性气体中毒

刺激性气体如氯气等，对眼及呼吸道粘膜以及皮肤均有损害。

预防措施：加强个人防护；加强通风，使操作场所有害气体浓度降到允许浓度以下。

（9）汽油中毒

汽油进入人体的主要途径为呼吸道、皮肤和消化道。接触机会是当用它作为溶剂或去油污时，在超过允许浓度的汽油环境中长期工作，会发生神经系统和造血系统的损害。皮肤接触汽油后，可能产生皮炎、湿诊和皮肤干燥。

预防措施：改善操作环境，加强通风，操作时最好站在上风向；在高浓度环境中工作时，应戴防毒面具；手上可涂保护性糊剂。

（10）甲苯、二甲苯中毒

甲苯、二甲苯接触的机会是作为溶剂使用，它对皮肤有刺激性，一次大量吸入可能有麻醉性。

预防措施同苯。

（11）甲醇中毒

甲醇接触机会是作为溶剂使用。主要途径是由呼吸道吸入大量甲醇气体，可导致头昏、头痛、喉痛、干咳、失眠、视力模糊。

预防措施：使容器密闭；操作场所应通风良好。

3.4.3 涂料的储存与保管

涂料是属危险品范畴，含溶剂较多的涂料如硝基漆，稀释剂，防潮剂，脱漆剂等为易燃危险品；清油、厚漆、底漆、磁漆、腻子等为一般危险品；乳胶漆、电泳漆等属于普通化学品。大部分涂料，易燃性是不容置疑的。有些涂料如聚氨酯漆等遇水、醇类、酸碱、盐等物质会导致变质报废；而用水稀释剂的涂料如乳胶漆等在冰点以下时，也会由于受冻而变质不能使用；此外涂料内的溶剂产生的蒸气会使包装容器的密封性受到影

响，而导致涂料的早期变质；由于上述种种因素会影响涂料的质量，所以在涂料的贮存和保管过程中应注意下列事项：

（1）涂料库房必须干燥，通风良好，无阳光直接照射，邻近无火源，其温度在5～25℃之间，在库房及施工场所应有严禁烟火的标志，夏季应有降温设施。

（2）涂料不得与可燃物质如氧化剂、金属粉末等自燃易爆物质同时放在一个仓库内，仓库内外必须有灭火设施。

（3）涂料仓库内不许调配涂料，以免易燃有毒的挥发气体扩散，而增加起火的可能性。涂料桶必须下面垫空，以免桶底受潮锈穿，保持涂料桶封闭，无缝隙，更不得堆放敞口涂料桶。

（4）仓库内应保持清洁，不得将用过的油布、棉纱、纸屑等抛在地上，以防引起火灾。

（5）涂料入库时应登记，填写制造厂名、批号、出厂日期、贮存年限等，按出厂日期分块存放。发料时应按"先生产先使用"的原则，不可积压过久，以免涂料变质报废；贮存期将满时应设法进行调拨或动员生产部门立即领用。

（6）虫胶片不可用袋装悬挂存放，以免成堆结块，虫胶片存放时的叠层高度不宜超过300cm，即面积宜大而高度宜低。贮存时间不宜超过一年，以免变质。

（7）施工场所不应存放涂料，当日的涂料应存入小仓库中，连续施工时应有严格的交接班制度，遇节假日应将涂料全部退到总库加以妥善保管。

3.4.4 油漆工消防知识

（1）涂料工程场地要严格遵守防火制度，严禁火源，通风要良好。

（2）使用汽油、脱漆剂清除旧涂膜时，应切断电源。

（3）涂料库房必须远离或隔绝火源，并有专人管理，做好防火工作，备好干粉式灭火器，通风、隔热要良好。

（4）擦洗涂料用的棉纱、废布、纸屑等

废料,应随时清除存放在有盖的金属容器内,并妥善处理,以免发生意外或自燃。

(5) 用喷灯喷除旧涂膜时,现场要有适当的通风和防火设施。喷灯火焰及受热件要避免与存储涂料或溶剂的容器接近。

(6) 使用喷灯,加油不能过满,应控制在 70% 左右,打气不应过足,使用时间不能过长,点火时喷嘴不准对着人。

(7) 涂料和溶剂贮存及操作场所必须配备砂箱、泡沫灭火机和二氧化碳灭火机等消防设施。

小　　结

熟知本工种的安全操作规程,掌握防火、防毒知识,熟知涂料的储存和保管知识。

习　题

1. 一般安全措施是那些?
2. 苯中毒和铅中毒的症状是那些? 防治措施有那些?
3. 如何储存和保管好涂料?
4. 油漆工消防知识有那些?

3.5　玻璃工基础知识

玻璃是由石英砂、纯碱、长石、石英石等材料在高温下熔融后,经拉制或压制而成。随着建筑业的发展,玻璃在建筑工程中起着重要的作用。它除了采光、保温和装饰之外,还能控制透射、反射、漫射的光线;调节吸收热和反射热;节约采暖和空调能源;控制噪声;降低建筑结构自重;防火防爆;防辐射等多种功能。在现代的工业与民用建筑中,玻璃已趋向大块面的使用,不仅室内光线充足,而且使建筑物形象整齐美观。目前在建筑工程上已有许多应用大面积的玻璃甚至玻璃墙体(玻璃幕墙)装饰于建筑物的外立面,使建筑物显得光亮、明快、挺拔、大方、别具一格。由此可见,掌握玻璃在建筑中的应用技术和施工工艺是十分必要的。

3.5.1　玻璃的种类、性能及用途

玻璃的种类很多,按其化学成分有钠钙玻璃、铝镁玻璃、钾玻璃、硼硅玻璃、铅玻璃和石英玻璃等。按功能分有平板玻璃、热反射玻璃、吸热玻璃、异形玻璃、钢化玻璃、夹层玻璃、光致变色玻璃、中空玻璃等。

用于建筑工程上的玻璃按其加工工艺不同,可分为以下三大类:一是平板玻璃,二是压延玻璃,三是工业技术玻璃。

平板玻璃分为普通平板玻璃、浮法玻璃、磨砂玻璃、热反射玻璃等;压延玻璃有钢化玻璃、夹层玻璃等;工业技术玻璃有磨光玻璃、离子交换增强玻璃、电热玻璃、中空玻璃、饰面玻璃、防爆防弹玻璃、异形玻璃等。部分玻璃的种类、规格及用途如表 3-10 所示。

3.5.2　玻璃粘结(密封)胶的种类、性能及用途

目前玻璃工程常用的密封材料主要有结构密封胶、橡胶密封条、建筑密封胶、氯丁密封胶、耐候硅酮密封胶、结构硅酮密封胶等,现简叙几种常用的密封胶。

(1) 结构密封胶

结构密封胶一般为硅酮密封胶,它的主要成分是二氧化硅,它是固定玻璃并使其与铝框有可靠连接的胶结剂。这种胶对热应力、风荷载气候变化或地震作用均有相应的抵抗能力。这种胶适用结构玻璃和大面积玻璃门窗。结构密封胶分有单组分和双组分两种,单

组分密封胶有醋酸基的酸性密封胶和乙醇基的中性密封胶。用于镀膜玻璃必须使用中性

平板玻璃品种、规格及用途　　表3-10

序	品　种	规格（mm）	用　途
1	普通平板玻璃	一般厚度2～6 厚最大规格：2000×2500×（5、6、8、12）	主要用于普通民用住宅、工业建筑和各种公共建筑门窗上
2	浮法（平板）玻璃	3、4、5、6厚 1300×500～900 1300×1950 1300×2000 2000×1300 1200×1800	主要用于汽车、火车、船舶的风窗玻璃，高级建筑物的窗用玻璃，玻璃门，有机玻璃的模具玻璃、制镜玻璃，夹层的原片玻璃
3	吸热玻璃	3、5、6、8厚最大规格：2200×1800	主要用于体育馆、航空控制塔、电子计算机、医院、特殊仓库等高级建筑物的门窗；汽车船舶等交通工具的驾驶室、风窗，可减少太阳热辐射的影响；用于电视机防爆玻璃，可起到滤色保护眼睛的作用
4	磨砂玻璃	3、4、5、6厚 900×600×3 1800×1200×6	主要用于建筑物会议室、餐厅、走廊、卫生间的门窗玻璃以及教学用的黑板等
5	特厚（平板）玻璃	20厚 2000×2500	主要用于高级宾馆、体育馆、商店及各种建筑物的玻璃墙、隔断、顶棚等
6	热反射玻璃品种	3、5厚 2600×1200范围内	主要用于各种建筑物的门、窗、汽车、轮船的窗玻璃以及各种艺术装饰
7	压花玻璃	800×600×3 900×600×3 1200×650×5 1200×900×5 1800×900×5	主要用于浴室、走廊、隔断、底层门窗等
8	夹丝玻璃	最大规格：1250×1000×6	主要用于振动较大的厂房，要求安全的天窗

胶，不得使用酸性胶；中空玻璃也应使用中性胶。双组分密封胶是基胶和固化剂分别装在两种包装容器内，在使用前要用调胶机按一定比例混合搅拌均匀后才使用的一种密封胶；基胶和固化剂的比例与固化时间成正比，配比愈大固化时间愈长。两种组分不同的胶

各有其长处，但在施工现场用于铝合金门窗玻璃安装还是单组分密封胶较为合适。

（2）建筑密封胶

称之为耐候胶，主要有硅酮密封胶和聚硫密封胶两种，聚硫密封胶比硅酮密封胶相容性差，且不易配合使用。建筑密封胶通用于镶嵌一般普通铝合金门窗（无结构性）玻璃和填缝。建筑密封胶亦有单组分和双组分之分，如果现场使用，还是购置单组分为好，但是应注意在规定贮存时间之内使用完，不得过期，否则，难以保证质量。

（3）中空玻璃二道密封胶

这种胶也有单组分和双组分。中空玻璃二道密封胶与硅酮密封胶性能相容，可配套使用，凡是使用硅酮密封胶做中空玻璃结构性玻璃装配或防风雨填缝的中空玻璃，必须使用中空玻璃二道密封胶作第二道密封，使用其他密封胶必须作相容性试验。

目前国内使用的耐候硅酮密封胶全部是从美国进口的。可以根据上表作为进口和使用的依据。由于酸性或碱性胶会对铝合金和结构硅酮胶带来不良影响，玻璃幕墙规范规定用于铝合金玻璃幕墙的耐候硅酮密封胶应是中性胶。

玻璃幕墙工程中往往会同时用到多种密封胶，凡是用在半隐框、隐框玻璃幕墙上与结构胶共同工作时，都要将建筑密封胶与结构胶进行相容性试验，由胶厂出示相容性试验报告，经允许方可使用。

（4）结构硅酮密封胶

玻璃幕墙中使用的结构硅酮密封胶应采用高模数中性胶。结构硅酮密封胶分单组分和双组分。

国内的玻璃幕墙目前还很少采用国内生产的结构硅酮胶，主要使用从美国进口的产品。由于玻璃幕墙使用在各种不同的环境之下，往往要抵御和承受大自然中各种变化的影响。例如随着温度的变化，材料会发生胀缩；风雨侵袭，会带来很大荷载并导致雨水侵入，

这就要求结构密封胶能牢固可靠地具有粘结力,为结构安装提供足够的强度;而同时又要求不过度限制被粘结的不同材料的相对变位,要具有足够的弹性和变形恢复能力。要有较强的抗反复拉伸、压缩和剥离粘结度,在正负应力很大的情况下仍能正常传递荷载。

3.5.3 玻璃裁割主要工具

玻璃裁割的工具很多,专用的有金刚石割刀、轮式割刀、夹具、吸盘和卷边滚筒等,见图3-44。

3.5.4 玻璃的选择

门窗起着围护和采光的作用。处在不同部位、不同环境的门窗,具有不同要求的功能,因而应选择相应的玻璃安装。

(1)钢木门窗框、扇玻璃宜采用平板、中空、夹层、夹丝、磨砂、钢化、压花和彩色玻璃。

(2)采光顶棚玻璃宜采用夹层玻璃、钢化玻璃、夹丝玻璃,以及中空玻璃。

(3)工业厂房斜天窗玻璃,如设计无要求时,应采用夹丝玻璃。若用平板玻璃,应该其下加设一层镀锌铁丝网。

(4)楼梯间和阳台等的围护结构,应安装钢化玻璃,并用卡紧螺丝或压条镶嵌固定,玻璃与围护结构的金属框格相接处,应衬橡胶垫或塑料垫。

(5)要求透光的墙、隔断、顶棚,宜采用玻璃砖。

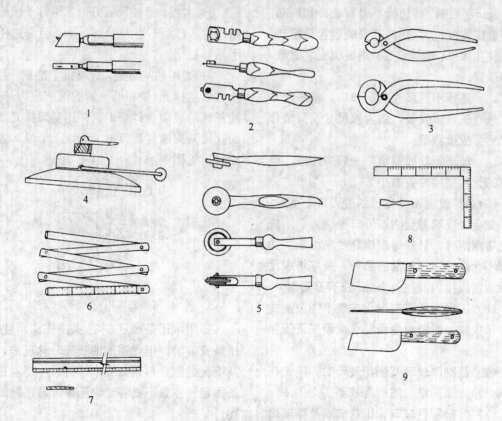

图 3-44 玻璃部分专用工具
1—金刚石割刀;2—轮式割刀;3—夹具;4—吸盘;
5—卷边滚筒;6—折尺;7—尺;8—角尺;9—腻子刀

3.5.5 玻璃的裁割要领

玻璃裁割得当与否，直接关系到出材率和安装质量。玻璃集中裁配一是便于加强管理，统一加工提高效率，二是裁割规格和数量与玻璃产品规格进行合理套裁，损耗少，出材率高。钢木门窗框、扇玻璃裁割时，应注意以下几点。

(1) 根据安装所需的玻璃规格，结合成箱运进施工现场中的玻璃规格实行合理套裁，可减少边角余料。

(2) 玻璃最好集中裁割，使各种所需规格的玻璃按"先裁大、宽，后裁小、窄"的顺序进行，做到物尽其用。裁割时，按设计或实测尺寸，长宽各缩小一个裁口宽度的1/4（1～3mm）裁割，其边缘不得有缺口和斜曲。所得缝隙宽度过大，则玻璃安装后容易松动，影响使用效果；缝隙过小，则玻璃安装困难，容易破碎。

(3) 选择不同尺寸的框和扇，量好尺寸后，进行试裁试安装，认为该尺寸及留量合适之后可成批裁割。

(4) 玻璃裁割的留量，一般应按框、扇实际的长和宽尺寸各缩小 2～3mm 为准。

(5) 裁割玻璃不可在已划过刀口处重划，这样做会使玻璃刀金刚石刀口报废。必须按此规格裁割时，只好将玻璃翻过来再割。如果属不允许翻过来裁割的品种，只好将靠尺在原裁割线往内或往外 3mm 处下刀裁割。

(6) 工程上所需的钢化玻璃不能裁割或用钳子扳脱。所需规格和要求应预先订货加工。

(7) 裁割厚玻璃及压花玻璃时，应先在裁割处涂煤油一道，然后再裁割。

(8) 裁割彩色玻璃、压花玻璃及厚玻璃时，应按设计图案裁割，拼缝应吻合，不得错位、斜曲和松动。

(9) 裁割夹丝玻璃时，应先在裁割处涂煤油一道，然后再裁割。裁割向下压时用力要均匀，再向上回时要在裁开的玻璃缝处夹一木条或硬板纸，然后向上回，铅丝就会同时被切断，夹丝玻璃的裁割边缘上宜涂刷防锈涂料。玻璃切开后铅丝还不断时，用铗钳剪断。

(10) 裁窄条时，裁好后用刀头将玻璃震开，再用钳子垫布后钳，以免玻璃损伤。

(11) 冬季施工，从寒冷处到暖和处的玻璃应在其变暖后方可裁割。

3.5.6 玻璃安装的要领

(1) 木门窗玻璃安装

1) 安装玻璃前，应将企口内的污垢清除干净，并沿企口的全长均匀涂抹 1～3mm 厚底灰，并推压平板玻璃至油灰溢出为止。

2) 木框、扇玻璃安好后，用钉子或钉木条固定，钉距不得大于 300mm，且每边不少于两颗钉子。

3) 如用油灰固定，应再批上油灰，且沿企口填实抹光，使和原来铺的油灰成为一体。油灰面沿玻璃企口切平，并用刮刀抹光油灰面。油灰面通常要经过 7 天以上干燥，才能涂装，见图 3-45。

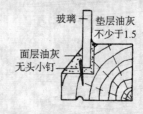

图 3-45　用油灰安装

如用木压条固定，木压条应先涂干性油。压条安装前，把先铺的油灰充分抹进去，使其下无缝隙，再用钉或木螺钉、小螺丝把压条固定，注意不要将玻璃压得过紧，见图 3-46。

4) 拼装彩色玻璃、压花玻璃时，应符合设计且拼缝要吻合，不得错位。

5) 冬季施工，从寒冷处运到暖和处的玻璃应在其变暖后方可安装。

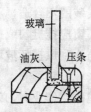

图 3-46 用木压条安装

（2）钢门窗玻璃安装

1）安装钢门窗玻璃前，先检查钢门窗扇是否平整，预留安钢丝卡的孔眼是否齐全、准确，钢门窗扇如有扭曲变形，安钢丝卡的孔眼如不符合要求，则应校正和补充孔眼，以保证安装质量，钢丝卡的露头应剪去。

2）安装钢框、扇玻璃，应用钢丝卡固定，间距不得大于 300mm，且每边不少于两个。然后在钢丝卡上再抹油灰面层，以增加密封性。

3）如用油灰固定，则油灰应填实抹光，见图 3-47。如用橡皮垫，应先将橡皮垫嵌入裁口内，并用压条和螺钉固定。见图 3-48。

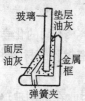

图 3-47 金属框玻璃安装

图 3-48 橡皮垫安装

4）如采用角压条固定，通常在四边或两边加压条。密封材料主要用密封胶。

5）拼装彩色玻璃、压花玻璃时，应与设计图案吻合，不得错位、斜曲和松动。玻璃的朝向应符合设计要求。

6）做好安装后的清洁工作。

（3）围护墙、隔断、顶棚玻璃砖安装

1）安装前先检查围护墙、隔断、顶棚镶嵌玻璃砖的骨架与结构的连接是否牢固，隔断的上框的顶面与结构（楼盖）间是否留有适量缝隙，以免结构稍有沉陷或变形而压碎玻璃砖。

2）玻璃安装时应排列均匀整齐，表面平整。嵌缝的油灰或胶泥应饱满密实。

3）安装磨砂玻璃和压花玻璃时，磨砂玻璃的磨砂面应向室内，压花玻璃的花纹宜向室外。

4）楼梯间和阳台等的围护结构（也称拦河），安装钢化玻璃时，应卡紧螺丝或压条镶嵌固定，玻璃与围护结构的金属框格相接处，应衬橡胶垫或塑料垫。

3.5.7 玻璃的存放、保管

玻璃如不能正确存放最容易破裂，受潮、雨淋后会发生粘连现象，可造成玻璃大量损坏。因此必须重视玻璃的存放与保管工作。

（1）放置玻璃时，应按规格和等级分别堆放，避免混淆，大号玻璃不要堆垛，尽量单层立放。存放时玻璃底部必须垫上两根方木。

（2）玻璃不要平躺贮存，应靠紧立放，立放玻璃应与地面水平成 70° 夹角为宜。玻璃不要歪斜贮存，也不得受重压。各堆之间应留出通道以便搬运，堆垛木箱的四角应用木条牢固固定。

（3）贮存环境应保持干燥，木箱的底部应垫高 10mm，防止受潮。

（4）玻璃不可露天存放，如必须放于露天，日期不宜过长，且下面要垫高，离地应保持在 20～30mm，上面用毡布盖好。

3.5.8 安全生产

因为玻璃薄而脆，容易破碎伤人，所以在搬运、裁割、安装和安装作业等过程中，要注意安全，保证职工身体健康，防止事故发生。

（1）搬运玻璃

搬运玻璃时应戴手套，特别小心，防止伤手伤身。

（2）裁割玻璃

1）裁割玻璃时，应在指定地点进行，随时清理边角废料，并集中堆放。

2）玻璃裁割后，移动玻璃离开台面时，手应抓稳玻璃，防止掉下伤脚。

（3）安装玻璃

1）安装玻璃时，不得穿短裤和凉鞋。

2）安装玻璃时，应将钉子、工具放在工具袋内，不得口含钉子进行操作。

3）安装上、下层窗扇的玻璃，不可相对同时操作，并且还应与其他作业错开。

4）在玻璃未钉牢固之前，不得中途停工，以防掉落；如安装的不合适，不得用刨刀硬撬；安装完毕，窗应挂挺勾或插插销，门应用木楔固定，防止刮风损坏玻璃。

（4）高空作业

1）安装玻璃高空作业时，必须系安全带，必须把安全带拴在牢固的地方；还要穿防滑鞋、带上工具袋、将玻璃放置平稳；垂直下方禁止通行。

2）安装屋顶采光玻璃时，下方应有防护措施，其他人员不得走近。

3）使用高凳、靠梯时，下脚应绑麻布或垫胶皮，并加拉绳，以防滑溜。不得将梯子撑在门窗扇上。

（5）油灰管理

在油灰加工处和施工地点，应事前清理干净。油灰里严防混入碎玻璃等杂物，避免涂抹时伤手。

小　结

玻璃的种类很多，可按化学成分分，也可按加工工艺分，不同的化学成分，不同加工工艺的玻璃，有不同的特性，用于不同的场合。玻璃密封胶的材料也很多，根据不同金属的框架，使用不同的玻璃密封胶。

玻璃裁割得当与否，直接关系到出材率和安装质量，因此在裁割玻璃时，要注意尺寸，更要掌握裁割的基本要领。

安装玻璃也并非易事，不同的玻璃安装的要求也不同。

玻璃是易碎材料，因此玻璃的存放有一定的要求，破碎的玻璃易伤人，因此在搬运、裁割、安装和安装作业等过程中，要注意安全，防止事故发生。

习　题

1．铝合金门窗一般使用哪些密封胶？玻璃幕墙又常使用哪些密封胶？

2．玻璃裁割的要领有哪些？

3．木门窗玻璃安装的顺序怎样？

4．钢门窗玻璃安装的顺序怎样？

5．安装特种玻璃应注意哪些？

6．玻璃怎样存放与保管才是正确的？

7．搬运、裁割、安装和安装作业玻璃时要注意哪些安全生产的知识？

第4章 钳工和钣金工基础知识

建筑装饰施工中，常涉及金属加工，尤其是钳工和钣金工。由于钳工和钣金工工作涉及面广，具有广泛的适应性和灵活多样性，因此，必须掌握钳工和钣金工的基础知识，才能适应工作需要。

4.1 建筑装饰常用金属材料

在现代建筑装饰工程中，越来越多的金属材料被广泛使用。

4.1.1 金属材料的分类与力学性质

金属材料通常分为黑色金属和有色金属，分类及定义各国都不尽相同。黑色金属，我国原指铁及铁合金，后来又列入铬和锰，于是，有色金属就成了除铁、铁合金、铬、锰以外的金属了。目前我国的有色金属有64种。

钢材是应用最广泛的一种金属材料。型钢是作为钢结构的主要材料。钢材可制成各种管材、板材、小五金和装饰材料等。

通常泛指的钢和铁，其实都是铁与碳的合金。除了这两种主要成分外，还都含有少量的硅、锰、硫、磷等杂质。两者的主要区别在于含碳量不同。含碳量大于2.0%的铁碳合金为生铁，小于2.0%者为碳钢。生铁性脆，常用来铸造制品，也叫铸铁。碳钢具有良好的塑性，强度和韧度都高，焊接、铆合等加工性好。

目前，在建筑装饰工程中，大量采用了铝合金，即在铝中加入镁、锰、锌等元素后成为铝合金。如铝合金门窗、铝合金柜台货架、商店橱窗及铝合金装饰板、铝合金吊顶等。

在建筑装饰工程中，为使金属材料变成所需之形状，就要采用各种工艺方法（如弯曲、压延、焊接等）。对金属材料加外力作用，而金属材料对外力作用又表现出一定的抵抗力，称为力学性能。由于不同金属材料的力学性能不同，所以在成形过程中，金属材料的工艺成形性能也不一样。在生产中常用塑性、弹性、屈服强度等来反映金属材料的力学性能。

(1) 弹性

当金属材料受外力作用时发生变形，外力去掉后，能完全恢复原来形状的性能，称为弹性。这种变形量愈大，说明材料的弹性愈好。在弹性变形范围内，外力和变形成正比，即外力愈大，弹性变形也愈大

(2) 塑性

塑性是指金属材料在外力作用下，不发生破坏的永久变形能力。如一般受拉会伸长，受压会变形，这种伸长或变形量愈大，而又不出现破坏现象的材料，说明塑性好。

塑性好坏，可以从两个方面来反映，一个叫断面收缩率 (ψ)，另一个叫伸长率 (δ)。

当一定断面积的试件受拉伸直至断裂时，它的横断面积缩小，长度增大，以此便可计算出材料断面收缩率 (ψ) 和伸长率 (δ)。

金属材料的 ψ 和 δ 的百分数愈大，其塑性愈好。塑性好的材料，容易进行各种加工，如压延、弯曲、拉伸等。

(3) 屈服强度

金属材料在外力作用下，开始发生明显的塑性变形，或达到规定塑性变形值时的应

力，称为屈服强度。塑性高的材料在拉伸过程中，当应力超过弹性极限后，材料就失去抵抗弹性变形的能力，此时应力不增加，而材料变形仍继续伸长，这种现象为屈服现象，此时的应力称为屈服极限。

屈服极限是金属材料将要发生显著塑性变形的标志，因此，在金属材料成形过程中，要使材料改变成一定形状，所加外力必须能使材料产生的应力大于屈服极限。

（4）抗拉强度

金属材料在拉力作用下，抵抗破坏的最大能力，称为抗拉强度。试件拉断的最大负荷与原材料断面积之比，为抗拉强度或称强度极限。金属材料所受外力超过试件拉断的最大负荷就会断裂。因此，在材料成形过程中，为了不使材料断裂，所加外力必须小于试件拉断的最大负荷

当金属材料在所受的外力是压力或弯曲力时，这种抵抗破坏的最大能力，分别称为抗压强度或抗弯强度。

金属材料的力学性能，除上述外，还有冷弯性能和焊接性能等工艺性能。

（5）冷弯性能

冷弯性能是指金属材料在常温下承受弯曲变形的能力。通过冷弯试验并检查受弯部位的外面及侧面，若未发生裂纹、起层或断裂则为合格。对于弯曲成型和焊接的金属材料，其冷弯性能必须合格。

（6）焊接性能

在建筑装饰工程中，无论是钢结构，还是型钢骨架的连接，大多数是采用焊接方式联接的，这就要求材料具有良好的可焊性。

可焊性是指材料是否适应通常的焊接方法与工艺的性能。可焊性好的材料易于用一般焊接方法，焊口处不易形成裂纹、气孔、夹渣等缺陷。焊口处的强度与母体相近。

4.1.2 型钢

长度和截面周长之比相当大的直条钢

材，统称为型钢。按型钢的截面形状，可分为简单截面和异型截面两大类。

（1）简单截面的型钢

简单截面的热轧型钢，有扁钢、圆钢、方钢、六角钢和八角钢五种，各种型钢的截面形状，以及表示其规格的主要尺寸名称，如图4-1和表4-1所示。

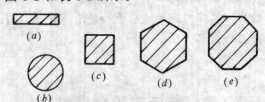

图 4-1　简单截面型钢的截面
(a)；扁钢；(b) 圆钢；(c) 方钢；
(d) 六角钢；(e) 八角钢

简单截面型钢的规格尺寸　表 4-1

型钢名称	表示规格的主要尺寸		尺寸范围（mm）
扁 钢	宽 度		10～150
	厚 度		3～60
圆 钢	直 径		5.5～250
方 钢	边 长		5.5～200
六角钢	对边距离		8～70
八角钢	对比距离		16～40

（2）异型截面的型钢

异型截面的热轧型钢，其截面不是简单的几何图形，而是有明显凸凹分枝部分，包括角钢、槽钢、工字钢等。其规格、截面形状、代号及主要用途如表4-2所示。

4.1.3 彩板及型材

以薄钢板经冷压或冷轧成型，表面施以防腐蚀涂层的彩板及型材，正得到广泛使用。多以厚度0.5、0.6或1.2mm的镀锌薄钢板为基材，轧制成各种规格的型板和型材。涂层多采用各种树脂基涂料。

彩板及型材具有质轻、强度高、刚度好、装饰性强等特点。彩色压型板适用于外墙、隔墙和屋面；彩板型材，可轧制各种开口闭口不同形状的截面，如用作轻钢龙骨，幕墙骨

种类	规格	截面形状	代号	用途
角钢	等边∟2～20号（12种）	a / a	∟a (cm)	可铆、焊成构件
	不等边∟3.2/2～20/12.5（12种）	a / b	∟a/b (cm)	橱窗的边框、店面招牌的骨架等
槽钢	轻型和普通型[5～30（25种）	h / b	[hb (cm)	可铆、焊接成构件、型钢搁栅
工字钢	轻型工22～63　普型工10～30（20种）	h	工h	可铆、焊接成构件大型工字钢可直接用做构件

架，各种配件，以及制作门窗等。

彩板门窗的主要性能，如抗风压、密封性、以及色彩、线型等，均优于原有的钢门窗，与铝合金门窗相比，性能指标相近，装饰效果并不逊色，而造价低。因此彩板门窗及型材的发展有较好的前景。

塑钢门窗是塑料与型材复合而成，使两种材料的优点得到互补。塑钢门窗的突出优点有两个，一是隔热效果好，另一个是耐蚀性高。这两点正是弥补金属门窗的不足。

4.1.4　不锈钢

不锈钢习惯上是对不锈钢和耐酸钢的简称，其实是两个钢种。前者耐大气、蒸汽和水等弱腐蚀性介质，不一定耐酸；后者对酸、碱、盐等化学浸蚀性介质的腐蚀，均有不蚀性。

不锈钢有多种系列，牌号达几十种，其中一般用途的为铬不锈钢和铬镍不锈钢。铬不锈钢含铬12%～13%，以铬为主要合金元素，有的加入钼、钛等。其中铬是不锈钢获得耐蚀性的基本元素。铬镍不锈钢，含铬约18%，镍8%～10%，有较好的耐蚀性。

不锈钢因具有良好的耐蚀性和表面质量，还具有良好的力学性能、焊接性能和冷变形等工艺性能，为用作装蚀材料，提供了有利条件。目前，建筑装饰使用的不锈钢材，主要是2mm以下的薄钢板，用于各项包覆部件的加工，如不锈钢包柱；此外是使用成品的不锈钢型材及压形板材，如角钢、槽钢、条形扣板等。

4.1.5 彩色不锈钢板

彩色不锈钢板系在不锈钢板上进行技术和艺术加工，使其成为各种色彩绚丽的不锈钢板。采用彩色不锈钢板装饰墙面，不仅坚固耐久、美观新颖，而且具有强烈的时代感。

彩色不锈钢装饰板具有抗腐蚀性能及良好的机械性能等。颜色有蓝、灰、紫、红、青、绿、金黄、橙及茶色等。色泽随光照角度不同会产生变幻的色调效果。彩色面层能耐200℃的温度。耐盐雾腐蚀性能超过一般不锈钢，耐磨和耐刻划性能相当于箔层镀金的性能。弯曲90°彩色层不会损坏，并且彩色层经久不褪色。

彩色不锈钢板可作为电梯厢板、厅堂墙板、天花板、建筑装璜、招牌等装饰之用。

4.1.6 铝合金装饰板及型材

铝合金装饰板又称铝合金压型板、铝合金花纹板。是选用纯铝、铝合金为坯料，经辊压冷加工成各种花纹图案的板材。具有重量轻、便于清洗、经久耐用、防腐蚀性强的诸多特点，而且花纹美观大方，通过表面处理可制成各种颜色，适用于旅馆、饭店、商场等建筑的墙面和屋面装饰。

建筑铝合金型材，主要用作门窗、幕墙、家具的框架，以及用作墙体和吊顶的龙骨等。

4.2 钳工工具、机具及使用

4.2.1 钳工手工工具

（1）台虎钳

台虎钳是用来夹持工件的通用夹具，有固定式和回转式两种结构类型。如图4-2所示。

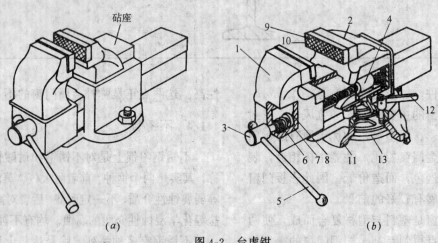

图 4-2 台虎钳
(a) 固定式台虎钳；(b) 回转式台虎钳

台虎钳的规格以钳口的宽度表示，有100mm、125mm、150mm 等。

台虎钳在钳台上安装时，必须使固定钳身的工作面处于钳台边缘以外，以保证夹持长条形工件时，工件的下端不受钳台边缘的阻碍。

钳台（钳桌）是用来安装台虎钳、放置工具和工件等。高度约800～900mm，装上台虎钳后，钳口高度恰好齐人的手肘为宜（见图4-3）；长度和宽度随工作需要而定。

图 4-3 台虎钳的合适高度

（2）划针与划规

1）划针（见图4-4）

用来在工件上划线条，是用弹簧钢丝或高速钢制成的，直径一般为$\phi3\sim5$mm，尖端磨成15°～20°的尖角，并经热处理淬火使之硬化。

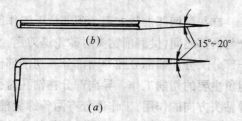

图 4-4 划针

（a）高速钢直划针；（b）钢丝弯头划针

2）划规（见图4-5）

用来划圆和圆弧、等分线段、等分角度以及量取尺寸等。

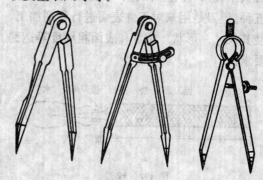

图 4-5 划规

（3）样冲

用于在工件所划加工线条上冲点，作加强界限标志和作划圆弧或钻孔定中心（称中心样冲点）。它一般用工具钢制成，尖端处淬硬，其顶尖角度在用于加强界限标记时大约为40°，用于钻孔定中心时约取60°。

（4）錾子

錾子是錾削工件的刀具，用碳素工具钢经锻打成形后再进行磨和热处理而成。常用錾子主要有阔錾、狭錾、扁冲錾（见图4-6）。

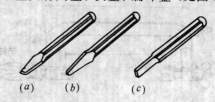

图 4-6 錾子

（a）阔錾；（b）狭錾；（c）扁冲錾

阔錾用于錾切平面、切割和去毛刺；狭錾用于开槽；扁冲錾用于打通两个钻孔之间的间隔。錾子的楔角主要根据加工材料的硬软来决定。柄部一般做成八棱形，便于控制握錾方向。头部做成圆锥形，顶端略带球面，使锤击时的作用力方向便于朝着刃口的錾切方向。

（5）锉刀（见图4-7）

锉刀用高碳工具钢制成，并经热处理淬硬。目前我国普通锉分为平锉（齐头平锉和尖头平锉)、方锉、圆锉、半圆锉、三角锉等五种。锉刀是用来对工件表面进行切削加工，使其尺寸、形状、位置和表面粗糙度等达到要求。

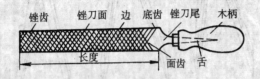

图 4-7　锉刀

（6）弓锯和锯条

弓锯是用来把工件材料切割开或在工件上锯出沟槽。

1）弓锯构造

弓锯由锯弓和锯条构成。锯弓是用来安装锯条的，它有可调式和固定式两种（见图4-8）。固定式锯弓只能安装一种长度的锯条，可调式锯弓通过调整可以安装几种长度的锯条，并且，可调式锯弓的锯柄形状便于用力，所以目前被广泛使用。

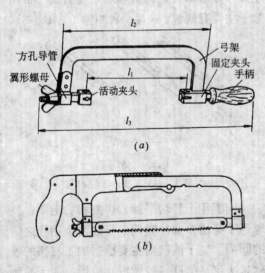

图 4-8　弓锯
(a) 固定式；(b) 可调式

2）锯条

弓锯上所用的锯条主要是单面齿锯条。锯割时，锯入工件越深，缝道两边对锯条的摩擦阻力就越大，甚至把锯条咬住。为了避免锯条在锯缝中被咬住，锯齿就做成几个向左，几个向右，形成波浪形或折线形的锯齿排列，各个锯齿的作用，相当于一排同样形状的凿子。

锯条的长度，常用的是 300mm。根据齿距的大小，分为粗齿锯条和细齿锯条两种。使用时应根据所锯材料的软硬、厚薄来选用。锯割软材料（如紫铜、青铜、铝、铸铁、低碳钢等）且较厚的材料应选用粗齿锯条；锯割硬材料或薄的材料（如合金钢、角铁、薄板料等）时应选用细齿锯条。对锯割薄材料，在锯割截面上至少应有三个齿能同时参加锯割，这样才能避免锯齿被钩住和崩裂。

（7）钻头

钻头是用来在实体材料上加工出孔的，常用的是麻花钻。它有锥柄和柱柄两种。一般直径大于 13mm 的钻头做成锥柄的，13mm 以下的钻头做成柱柄的。麻花钻由柄部、颈部、工作部分组成（见图4-9）。

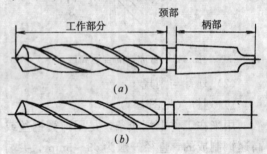

图 4-9　钻头
(a) 锥柄；(b) 柱柄

麻花钻柄部供装夹用，颈部位于工作部分与柄部之间，供磨削钻头时砂轮退刀用。工作部分又分切削部分和导向部分。切削部分担负主要的切削工作，导向部分在钻孔时引导钻头方向的作用。工作部分有两条螺旋槽，它的作用是容纳和排除切屑。工作部分的外形如"麻花"，所以这种钻头称为"麻花钻"。

（8）丝锥

用丝锥在孔中削出内螺纹称为攻丝，丝锥是加工内螺纹的工具。它的构造如图4-10

所示。丝锥由工作部分1和柄部4组成。工作部分1包括切削部分2与校准部分3。切削部分磨出锥角,以便将切削负荷分配在几个刀齿上。校准部分具有完整的齿形,用于校准已切出的螺纹,并引导丝锥轴向运动。柄部有方榫5,用来传递力矩。

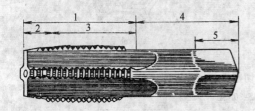

图 4-10　丝锥

手用丝锥攻螺纹孔时一定要用铰手。铰手分普通铰手(图4-11)和丁字铰手(图4-12)两类。丁字绞手主要用在攻工件凸台旁的螺孔。各类绞手又有固定式和活络式两种。固定式绞手常用在攻M5以下的螺孔,活络式绞手可以调节方孔尺寸。

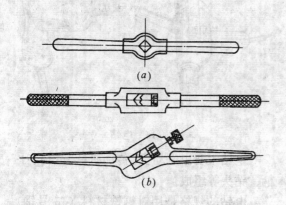

图 4-11　普通绞手
(a) 固定绞手;(b) 活络绞手

绞手长度应根据丝锥尺寸大小选择,以便控制一定的攻丝扭矩。

(9) 常用量具

常用量具有钢尺、直角尺、刀口直尺、内外卡钳、量角器、游标卡尺等。

除上述钳工基本操作中常用工、量具外,

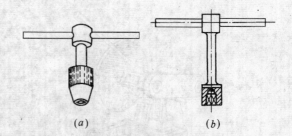

图 4-12　丁字绞手
(a) 活络丁字绞手;(b) 固定丁字绞手

还有其他一些常用工具,如扳手、起子、手锤等。

4.2.2　钳工施工机械

(1) 型材切割机(见图4-13)

型材切割机是一种高效率的电动工具,它根据砂轮磨削原理,利用高速旋转的薄片砂轮来切割各种型材。其特点是:切割速度快,切断面平整,垂直度好。在建筑装饰工程中,可以用以裁切各种金属材料,且裁切时可调整切割角度。

1) 使用方法

型材切割机由电动机、切割动力头、可转夹钳底座、转位中心调整机构及切割砂轮片等组成。使用时将被切割的型材装夹在可转夹钳上,驱动电机通过三角带传动带动砂轮片旋转,利用手柄揿下动力头,即可切断型材。

操作时不能用力按手柄,以免电机过载或砂轮片崩裂。操作人员可握手柄开关,身体应侧向一旁,避免发生意外。

2) 注意事项

a. 使用前应检查切割机各部位是否紧固,检查绝缘电阻,电缆线、接地线以及电源额定电压是否与铭牌要求相符。

b. 切割机开动后,应首先注意砂轮片旋转方向是否与防护罩上标出的方向一致,如不一致,应立即停车,调换插头中两支电线。

c. 使用中如发现异常杂音,要停车检查原因,排除后方可继续使用。

(a)

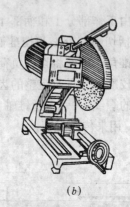
(b)

图 4-13　型材切割机

(a) J₃G-400 型；(b) J₃GS-300 型（双速）

（2）电动角向磨光机

电动角向磨光机（图 4-14）是利用高速旋转的薄片砂轮、切割砂轮、橡皮轮以及钢丝轮等对金属构件进行磨削、切削、除锈、磨光加工。在建筑装饰工程中使用该工具对金属型材进行磨光、除锈、去毛刺等作业，使用范围比较广泛。

图 4-14　电动角向磨光机

1）使用方法和注意事项

a. 使用前检查工具的完好程度，不能任意改换电缆线、插头，使用时按切割、磨削件材料不同，选择安装合适的切磨轮，按额定电压要求接好电源。

b. 工作过程中，不能让砂轮受到撞击，使用切割砂轮时不得横向摆动，以免使砂轮破裂。

c. 使用过程中如发现传动部位卡住，转速急剧下降或停转，有异常声响、升温或有异味，电刷下火花过大应立即停机。

d. 使用工具应经常检查，维护保养。用完后应放置在干燥处妥善保存。

（3）电钻

在装饰工程中，电钻主要用于金属构件的钻孔，也可用于塑料、木材等非金属材料的钻孔。电钻一般用手握持使用，操作简单，使用灵活，携带方便（见图 4-15）。

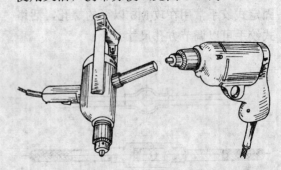

图 4-15　电钻

电钻主要由电动机、传动机械、壳体、手柄、钻头等组成。

电钻的规格是用对钢铁材料（45 号钢）加工最大钻孔直径来表示。对有色金属、木材等钻孔时，最大钻孔直径可相应增大 30%～50%。

电钻的使用方法和注意事项：

a. 使用前应先检查电源是否符合要求，空转一分钟，检查传动部分是否运转正常，接地线是否良好，以免烧坏电机或引起安全事故。

b. 使用钻头必须锋利，钻孔时不宜用力过猛，以免电钻过载。凡遇转速突然降低时，应立即放松压力，钻孔时突然刹停，必须立即切断电源，钻孔过程中，在孔即将钻通时推力应适当减小。

c. 移动电钻时，必须握持电钻手柄，不能拖拉橡皮软线搬动电钻，并随时防止橡皮软线擦破、割破和轧坏。工具使用后应注意轻放，避免损坏外壳及零件。

d. 电钻应存放在干燥的环境中，重新使用时要检查绝缘电阻。

（4）电动曲线锯

电动曲线锯（图 4-16）可以在金属、木材、塑料、橡胶皮条等材料上切割直线或曲线，能锯割复杂形状和曲率半径小的几何图形，在装饰工程中常用于铝合金门窗安装，广告招牌安装及吊顶等。它具有体积小、重量轻、操作方便、适用范围广的特点。

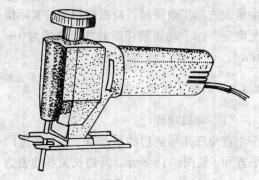

图 4-16 电动曲线锯

电动曲线锯由电动机、往复机构、风扇、机壳、开关、手柄、锯条等零件组成。锯条的锯割是直线的往复运动，可按照各种要求锯割曲线和直线的板材，根据材料的不同，更换不同的锯条。

电动曲线锯的规格及型号以最大锯割厚度表示。

操作方法及注意事项：

a. 锯条应锋利，并装紧在刀杆上。

b. 若在锯割薄板时发现工件有反跳现象，表明选用锯条齿距太大，应调换细齿锯条。

c. 锯割时向前推力不能过猛，转角半径不宜小于 50mm。若卡住应立刻切断电源，退出锯条，再进行锯割。

d. 在锯割时不能将曲线锯任意提起，以防锯条受到撞击而折断和损坏锯条中路。但可以断续地开动曲线锯，以便认准锯割线路，保证锯割质量。

e. 在板材上挖孔时，可先用电钻在板上钻孔，再将锯条伸入孔中，锯割出所需要形状。

f. 应随时注意保护机具，经常加注润滑油，使用过程中发现不正常声响、火花、外壳过热、不运转或运转过慢时，应立即停锯，检查和修好后方可使用。

4.3 钣金工基础知识

在建筑装饰施工过程中，为使板料变成所需之形状，特别是对一些形状比较复杂的零件，还得用手工成形的方法来制造。因此有必要将钣金工的基础知识，如常用手工工具、钣金放样、常用计算、钣金件表面的展开等作一介绍。

4.3.1 钣金工常用手工工具

（1）螺丝批

螺丝批又名螺丝刀，也叫起子或改锥。它是用来拧紧或松开螺钉的工具。按其形状及使用特征区分，一般常用的有标准螺丝批和十字形螺丝批两种。使用时应注意把刀口垂直地紧压在螺钉头部槽内，用力不能太大。如果刀口与螺钉槽不吻合时，禁止使用。螺丝批不能代替撬杠、錾子等工具使用。

（2）扳手

扳手是用以拧紧或松开螺栓的一种工具。一般常用的有开口扳手、活络扳手等几种。使用活络扳手，一定要将活络扳口调整到与螺母大小相适合。不能用锤锤击扳杆，也不能将扳手当手锤使用。选用的扳手要与螺帽大小相适合，不可有松动现象，否则会滑出伤人或伤物。

（3）手钳

钣金工常用的手钳有钢丝钳和尖嘴钳等几种。不要将手钳代替锤子使用，也不要代替扳手使用。应根据不同情况选用适用的钳子。

（4）剪刀

剪刀是用来剪切各种不同厚度的金属板材的手工工具。由于人的手力有限，手工剪刀剪薄板时最厚不超过 1.5mm，可以剪切小零件和剪缝不长的工件。剪切工件时，右手握剪，剪刀口张开要适宜，两刃口要靠拢，刃口与板料要垂直。禁止剪切比刃口还硬的板料和用锤击刀背，以免损坏剪刀。

（5）方木棒

方木棒又叫拍板。用硬质木料制成。主要用于薄板件的弯曲、卷边和咬接。使用时不要用力过猛，使用完毕放在固定地方保存，不要受潮湿，不要乱扔乱放，以防砸坏。

（6）其他工具

如划针、划规、样冲、直角尺、卷尺等。

4.3.2 钣金放样

按照施工图的要求，用 1：1 的比例，把构件画出，这个过程称作放样，这样画出的图称放样图。施工图和放样图之间有着密切的联系，其中放样的第一步就是按施工图画出实样，但两者之间又存区别。其一，施工图比例可以是 1：3 或 3：1 以及其他比例，而放样图只限于 1：1。其二，施工图上不能随意增加或减少线条，而放样图上则可以添加各种必要的辅助线，也可以去掉与下料无关的线条。

放样前，应熟悉并核对图纸，如有疑问，应及时处理。对于单一的产品零件，可直接在所需厚度的平板上进行放样。为了防止由于下料不当使零件造成废品，往往在展开图的周围加放一定宽度的修边余量，此修边余量叫加工余量。放加工余量的一般方法是在展开图的同一边线的法线方向扩展出等宽的余量，如图 4-17 所示为放加工余量的情形。其中 AD 和 BC 边线以外加放的余量 δ_2 是用于接缝外的咬缝余量；AB 边线以外加放的余量 δ_3 是用于联接的翻边余量；展开曲线 CD 以外的加放余量 δ_1 是用于接口处的咬口余量。放加工余量时，应根据加工的实际情况确定。如手动切割切断的加工余量为 3～4mm。

4.3.3 钣金工常用计算

（1）勾股定理

直角三角形斜边的平方等于两直角边的平方和，见图 4-18 所示。其边长关系的表达式为 $a^2+b^2=c^2$ 或 $c=\sqrt{a^2+b^2}$。

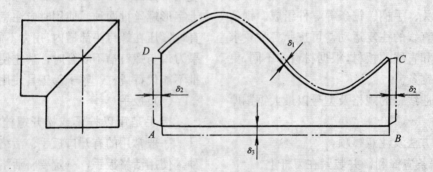

图 4-17　放加工余量

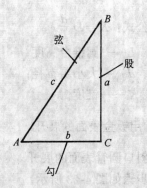

图 4-18　勾股定理

（2）三角函数

以图 4-18 所示为例，$\angle A$ 的三角函数公式为：

正弦 $\sin A = \dfrac{a}{c}$

余弦 $\cos A = \dfrac{b}{c}$

正切 $\mathrm{tg}A = \dfrac{a}{b}$

余切 $\mathrm{ctg}A = \dfrac{b}{a}$

例：图 4-19 所示为一槽钢结构件，已知 AB 尺寸为 500mm，$\angle A$ 为 60°，立柱与底座是垂直连接，求斜撑的长度 l。

解：根据已知条件可用余弦公式求出

$\cos 60° = \dfrac{500}{l}$，则 $l = \dfrac{500}{\cos 60°} = 1000$（mm）

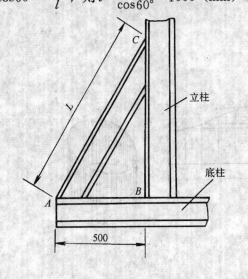

图 4-19　槽钢结构件

（3）弧长计算

图 4-20（a）所示为小于 180°时弧长的计算。

按 α 标准，AB 弧长 $= \dfrac{R \cdot \alpha \cdot \pi}{180°}$

$\qquad = R \cdot \alpha \cdot 0.01745$

按 β 标准，AB 弧长 $= \dfrac{R \cdot \pi \cdot (180° - \beta)}{180°}$

$\qquad = R \cdot (180° - \beta) \cdot$

0.01745

图 4-20（b）所示为大于 180°时弧长的计算。

按 α 标准，AB 弧长 $= \dfrac{d \cdot \alpha \cdot \pi}{360°}$

$\qquad = d \cdot \alpha \cdot 0.0873$

按 β 标准，AB 弧长 $= \dfrac{d \cdot \pi \cdot (360° - \beta)}{360°}$

$\qquad = d (360° - \beta) \cdot$

0.0873

式中　R——圆弧半径；

$\qquad d$——圆弧直径；

$\qquad \alpha$、β——任意角度。

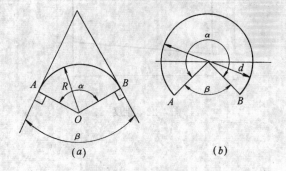

图 4-20　弧长图

（4）斜度和锥度计算

斜度：零件上的某一面对另一面的倾斜程度叫做斜度，见图 4-21 所示。

斜度的计算公式：$M = \dfrac{H - h}{L}$

式中　M——斜面对基面的斜度

$\qquad H$、h——斜面两端至基面的高度；

$\qquad L$——基面长度。

锥度：正圆锥台大小头直径的差与其长度之比叫做锥度；若是正圆锥形，底圆直径

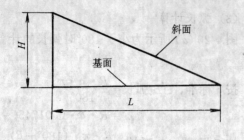

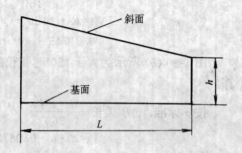

图 4-21　斜度

与锥高之比就是锥度,图 4-22 所示为正圆锥台的锥度。

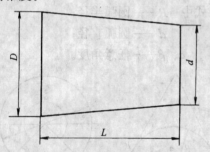

图 4-22　锥度

计算公式: $K=D\dfrac{d}{L}$

式中　L——圆锥台高度;

　　　D、d——大小头直径;

　　　K——锥度。

4.3.4　常用钣金表面的展开

(1) 斜口圆管表面的展开

展开步骤如图 4-23 所示。

1) 将俯视图的圆周分成若干等分 (图中 12 等分,因前后对称将半圆六等分) 得 1、2 ……7 各点,过各分点在主视图中作出相应素线,各素线与切口的交点分别为 1'、2' ……7' 点。

2) 将圆管底圆展开成一直线,使其长度等于 πD,同样分成 12 等分,过各点引此直线的垂线。

3) 将主视图中 1'、2' ……7' 各点至底圆的距离,分别量取至展开图中的各相应素线上得 1_1、2_1 ……7_1 各点。

4) 光滑连接 1_1、2_1 ……7_1 各点,即得斜口圆管的展开图。

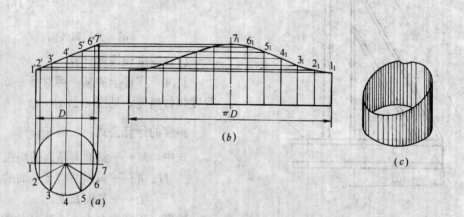

图 4-23　斜口圆管表面的展开

（2）三节直角弯管表面的展开

图 4-24 所示三节直角弯管，它由三节斜口圆管所组成，中间的一节两端都是斜口。当各节圆管的轴线垂直于水平面时，其斜口与水平成 22.5°的角度。

为了节约材料、提高工效，把三节斜口圆管拼成一圆管来展开，即把中节绕其轴线旋转 180°，再拼上节与下节，如图 4-24 中的双点划线所示。这样，可以一次画出三节斜口圆管的展开图。

其中，上、下两节为一端斜口的圆管，它的展开图画法与斜口圆管的展开图完全相同。

（3）异径直交三通管的展开

图 4-25 所示为异径直交三通管，它由两节不同直径的圆管垂直相贯而成。由异径直交三通管的主视图与左视图作展开图时，必须先准确地作出主视图中两圆管的相贯线，然后分别作出大圆管与小圆管的展开图。

1）小圆管展开

a. 在主视图、左视图各作小圆管的等分素线，为此需以小圆管直径作辅助圆，标出 1、2、3、4 各等分点，过各点再向视图内引出等分素线。

b. 在主视图中作出异形三通管表面的相贯线。

c. 作小圆管的展开图，作图方法与前述相类似。

2）大圆管的展开

展开大圆管主要是在展开图中作出摊平后的相贯线的位置与形状。

a. 将大圆管展开成一矩形，并作出其对称中心线。

b. 自对称中心线起，把左视图中 $\overset{\frown}{4''1''}$ 展开成如展开图中的 $4_0 1_0$ 直线长度，作图时可近似用各段弦长分别代替各段弧长，即使 $\overset{\frown}{4''3''}$ 近似等于展开图中的 $4_0 3_0$，$\overset{\frown}{3''2''} \approx 3_0 2_0$，$\overset{\frown}{2''1''} \approx 2_0 1_0$，按所指水平线与相应的垂直线相交得 1_1、2_1、3_1、4_1 各点。

c. 求出 1_1、2_1、3_1、4_1 各点的对称点后，用曲线光滑连接各点，即可得到大圆管表面相贯线的展开图形。

在实际生产中，特别是单件生产这种金属薄板制件时，一般不在大圆管的展开图上开孔，而是把弯卷焊接成的小圆管，紧合在大圆管画有中心线的位置上，描出曲线形状，依样气割开孔。这样既可省略大圆管展开图上的交线作图，又可避免大圆管轧卷时产生变形。

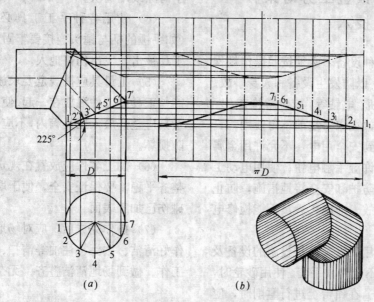

（a） （b）

图 4-24 三节直角弯管表面的展开

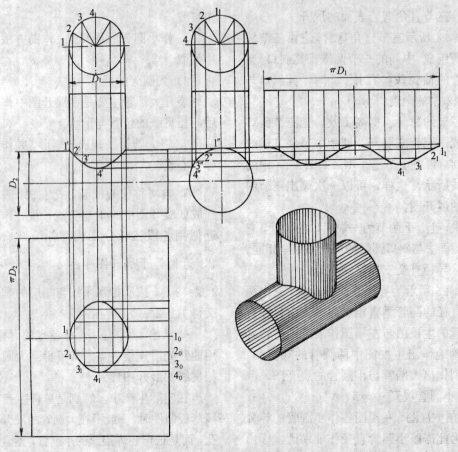

图 4-25　异径直交三通管的展开

4.4　钳工、钣金工劳动保护和安全技术

（1）使用各种设备，必须按照操作规程操作，不可乱动，以防发生设备和人身事故。工机具（如砂轮机、电钻等）应经常检查，发现问题及时报告，在未修复前不得使用。

（2）必须做到安全用电，不允许用金属棒触电钮；不允许湿手触电钮；使用电动工具时，要有绝缘防护和安全接地措施，防止发生触电伤人事故。非电工人员不能检修电器设备。

（3）禁止使用无安全防护设施的设备及机具。使用钻床不允许戴手套。使用砂轮时，要戴好防护眼镜。在钳台上进行錾削时，应

有防护网，清除切屑要用刷子，不要直接用手清除或用嘴吹。

（4）使用各种手工工具必须安全牢靠（如手锤的柄与锤头连接要牢固），防止手工工具被击，飞出伤害他人。

（5）工量具应按规定要求放置。量具不能与工具或工件混放在一起。使用完毕后，工量具应整齐放入工具箱内，不应任意堆放，以防损坏。

（6）加工零件应放置在规定位置，排列整齐平稳。要保证安全，便于取放，并避免碰伤已加工表面。

（7）操作完成后，应对场地、台虎钳等作好清洁、去污、注油等清扫、维护、保养工作。做到场地清洁整齐、无杂物。

习　题

1. 钳工有哪些常用工具？使用要领是什么？
2. 钣金工有哪些常用工具？使用要领是什么？
3. 什么是钣金放样、钣金件表面展开？施工图和放样图有什么关系？有什么不同？

第 5 章　电工基础知识

电能的应用在生产技术上曾引起了划时代的革命。在现代工业、农业及国民经济的其他各个部门中，逐渐以电力作为主要的动力来源。电也是现代物质、文化生活中所不可缺少的。现代一切新的科学技术的发展无不与电有密切的关系。总之，要想使电能能够造福人类，我们就必须学习它，认识它，掌握它的特性与基本规律，这样才能有效地驾驭它、使用它。

5.1　电的基本知识

5.1.1　电路的基本概念

（1）电流

电荷的定向运动，形成电流。为了计量电流的强弱，用电流强度来衡量，简称电流。某处电流的大小等于单位时间内通过某处的电荷量。用 i 表示电流，并规定正电荷运动的方向为电流的方向。

大小和方向不随时间变化的电流叫做恒定电流或直流电流，简称直流，其强度用大写字母 I 表示。大小和方向随时间变化的电流叫做交变电流，简称交流，用小写字母 i 表示。

在国际单位制（SI）中，电流的单位是安培（A），简称安，计量微小的电流时，以毫安（mA）或微安（μA）为单位。1 毫安是千分之一安（10^{-3} 安），1 微安是百万分之一安（10^{-6} 安）。

（2）电源、电动势和电压

电源是向外提供电能的装置，如蓄电池和干电池、发电机等。

电源的两端分别聚集着正电荷和负电荷，它具有向外提供电能的能力，这时我们说电源具有电动势，用 E 表示直流电动势，E 是电源供电能力的主要物理量之一。规定电流流出的那一端为 E 的正极，反之为负极。

E 的方向规定：在电源内部从负极指向正极，见图 5-1。

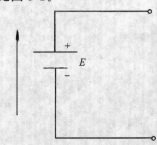

图 5-1　电动势的方向

当电流流过负载时，在负载两端会产生电压降，可以用电压表测得，这个电压降简称为电压，用 U 表示直流电压。规定电流流入负载 R 的一端为电压的正极，反之为负极。

U 的方向规定：从正极指向负极，如图 5-2 所示。

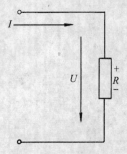

图 5-2　电压的方向

注意区别 U 和 E 的关系：在电源内部 U

和 E 大小相等，方向相反。

E 和 U 的单位相同，都是伏特（V），简称伏，常用的单位还有千伏（kV）、毫伏（mV）和微伏（μV）。

（3）电路

通常在应用电能时，总是使电荷沿着一定的闭合路径流动的，我们把电荷流动时所经过的路径称为电路。最简单的电路一般都是由电源、负载、导线和开关等四部分组成的，见图5-3。

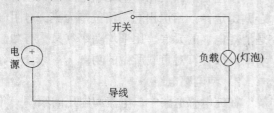

图 5-3　电路的组成

（4）电功率和电能

电源在单位时间内（一秒钟）对负载做的功称为电功率，也可以说用电设备在单位时间内所消耗的电能叫做电功率，用 P 表示。P 的计算公式为：

$$P=UI$$

P 的单位是瓦特（W），倍数单位有千瓦（kW）、毫瓦（mW）等。U 是负载电压，单位是伏特；I 是负载电流，单位是安培。

电功率是用电设备很重要的一个物理量。

电源通过电流把电能传输给负载，负载把电能变成光能、热能和机械能等。也就是说一台用电设备在工作一段时间 t 之后，所消耗的电能 A，这部分电能的计算公式为：

$$A=IUt=P \cdot t$$

式中　t——电流流过负载作功的时间，单位为秒（s）；

　　　　A——电能，单位为焦耳（J）。

当功率 P 的单位用"千瓦"，时间 t 的单位以"小时"计时，电能 A 的单位就是千瓦·小时（kW·h），俗称"度"。

（5）欧姆定律

欧姆定律是电路最基本的定律，用来确定电路各部分的电压与电流的关系。

图5-4是一段没有电源的电路，由实验证明，一段无源电路两端所加的电压 U，与其中通过的电流 I 有着正比关系，即：

$$\frac{U}{I}=R$$

式中，当 U 一定时，R 愈大，则电流愈小。显然 R 具有对电流起阻碍作用的性质，因此称其为该段电路的电阻。

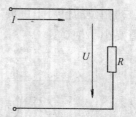

图 5-4　电压与电流的方向

电阻的单位是欧姆（Ω），简称欧。常用的倍数单位有千欧（kΩ）和兆欧（MΩ）。

上式也可写成：

$$I=\frac{U}{R} \text{ 或 } U=I \cdot R$$

这就是欧姆定律的表达式。

5.1.2　正弦交流电基本知识

在建筑工程中主要使用交流电。交流电的大小和方向都随时间作周期性变化，按正弦规律变化的交流电称为正弦交流电。

（1）正弦交流电的主要参数

正弦交流电的波形图如图5-5所示，从图中可知它是一个周期函数，周期（T）是交流电变化一周所需要的时间，单位是秒（s）。频率（f）是交流电在1秒钟所变化的周期数，单位是赫兹（Hz），我国和世界上大多数国家，采用电力工业的标准频率，即所谓"工频"是50Hz。50Hz表示在1秒钟内周期变化数是50次。

角频率（ω）和 T、f 一样也是表示交流电变化快慢的参数。ω 定义为交流电每秒钟变化的角度，单位是弧度/秒（rad/s）。交流电一个周期变化的角度为 2π rad。因为正弦量每经历一个周期 T 的时间，相位增长 2π rad，所以正弦量的角频率 ω、周期 T 和频率 f 三者的关系为：

$$\omega = \frac{2\pi}{T} = 2\pi f$$

当 f 为工频 50Hz 时，ω 为 314rad/s。

初相位是指在计时起点 $t=0$ 时正弦量的相位，在图 5-5 中 e_1 的初相位为 φ_1，e_2 的初相位为 φ_2。初相位反映了正弦量在计时起点的状态。初相位的值可正可负，规定初相位的绝对值要小于 $180°$。

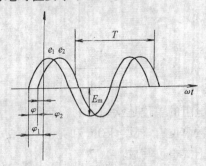

图 5-5　正弦交流电

相位是正弦量在 $0 \sim t$ 期间变化的角度和初相位之和，即 $\omega t + \varphi_1$

相位差（φ）是两个同频率正弦量在同一时刻的相位之差称相位差，在图 5-5 中，两个正弦量的相位差为：

$$\varphi = (\omega t + \varphi_1) - (\omega t + \varphi_2)$$
$$= \varphi_1 - \varphi_2$$

可见，相位差即初相差。

交流电任意时刻的数值称为瞬时值，用小写字母表示。最大的瞬时值称最大值，用大写字母加下标 m 表示，如：E_m、U_m、I_m。

交流电通过某一电阻时所产生的热量，如果和某一直流电在相同的时间内通过这一电阻所产生的热量相等，则这一直流电的数值为交流电的有效值，用大写字母表示。我们平常所说的交流电压、电流的数值和仪表测得的数值大都是指有效值。

最大值和有效值之间有固定的数值关系，即最大值是有效值的 $\sqrt{2}$ 倍。

一个正弦量由最大值、频率和初相所确定，因此，最大值、频率和初相是三个最重要的参数，称为正弦交流电的三要素。知道了三要素，一个正弦交流电也就确定了。

（2）正弦交流电的基本电路

1）纯电阻电路

在纯电阻电路中，电流和电压的频率一样，按正弦规律变化；电流和电压的关系符合欧姆定律；相位相同；相位差为零。电阻是消耗电能的元件，用平均功率（又称有功功率）来计算对负载所做的功。

2）纯电感电路

在纯电感电路中，电流和电压的频率一样，按正弦规律变化；电流和电压的最大值、有效值的关系符合欧姆定律；电压和电流的最大值或有效值之比称为感抗，用 X_L 表示。

电感不消耗能量，因此平均功率（有功功率）为零。电感和电源之间只进行能量的交换，为了衡量能量交换的规模，用无功功率 Q_L 表示。

3）纯电容电路

在纯电容电路中，电流与电压的频率一样，按正弦规律变化；电流和电压的最大值、有效值的关系符合欧姆定律；电压和电流的最大值或有效值之比称为容抗，用 X 表示。

电容也不消耗能量，所以平均功率（有功功率）为零。电容和电源之间也进行能量的交换，为了衡量能量交换的规模，用无功功率 Q_L 表示。

在生产实际中，所有的电路都是以上三个基本电路的组合，例如日光灯电路可以作为电阻和电感串联的电路来分析计算；一台电动机也可以作为电阻和电感串联的电路来进行分析和计算。

（3）功率因数的提高

在实际电路中，总电压和总电流之间的相位 φ 的余弦 $\cos\varphi$ 称电路的功率因数，功率因数的大小反映了有功功率所占比重的大小。有功功率的比重小，说明发电设备的容量没有得到充分利用，因此，功率因数的提高对国民经济的发展有着极为重要的意义。

提高功率因数的方法就是与电感性负载并联电容器（设置在用户或变电所中），这是因为并联了电容器以后，减少了电源与负载之间的能量互换，就是说能量的互换主要发生在电感性负载与电容器之间，因而使发电机容量能得到充分利用。

（4）三相交流电源

目前，电能的产生、输送和分配，几乎全部采用三相制，而且工农业用电，也绝大部分采用三相交流电源。

所谓三相制是指由三个频率相同、最大值相等、相位互差 120° 的正弦交流电动势组成的供电系统。

三个电动势到达最大值的先后顺序称三相交流电的相序。三相分别用 A、B、C 表示，常用黄、绿、红三色分别标注 A、B、C 相。按 $A \rightarrow B \rightarrow C$ 次序到达最大值时称顺相序，反之为逆相序。

发电机和配电变压器三相绕组的接法有星形（Y 形）接法和三角形（△形）接法，如图 5-6 所示。

在 Y 形接法中，三个绕组有一端（末端）连接在一起，连接在一起的点为公共接点称中点，从中点引出的线叫中线，从三个绕组的另一端（首端）分别引出的线称端线或火线。

相电压——火线与中线之间的电压；
线电压——火线与火线之间的电压。

相电压的有效值用 U_A、U_B、U_C 表示，当它们在数值上相等时共用 U_P 表示。线电压的有效值用 U_{AB}、U_{BC}、U_{CA} 表示，当它们在数值上相等时共用 U_X 表示。

对于 Y 形接法，三相电源的线电压在数值上是相电压的 $\sqrt{3}$ 倍，即

$$U_X = \sqrt{3}\, U_P$$

我们常用的供电系统的 $U_P = 220V$，线电压 $U_X = \sqrt{3} \times 220 = 380V$。

Y 形接法通常接成三相四线制供电线路，这样可以得到两种电压——线电压和相电压。

在 △形接法中，三个绕组的首末端顺次相接，没有中点，只有三根端线引出，三根端线均为火线，火线与火线之间的电压为线电压。

对于 △形接法，每一相绕组的电压即是两根火线之间的电压，所以它的相电压就等于线电压。

在生产实际中，普遍使用的是 Y 形接法的三相交流电源。

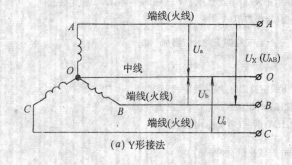

(a) Y 形接法

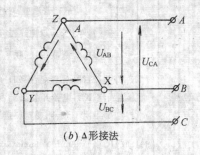

(b) △形接法

图 5-6　电源三相绕组的接法

5.2 室内装饰常用配电线路材料

5.2.1 电线、开关、插座

(1) 电线

常用的电线可分为绝缘导线和裸导线两类。

绝缘导线的绝缘包皮要求绝缘电阻值高，质地柔韧，有相当机械强度，耐酸、油、臭氧等的侵蚀。

裸导线是没有绝缘包皮的导线。裸导线多用铝、铜、钢制成。裸导线主要用于室外架空线路。

电缆是一种多芯的绝缘导线，即在一个绝缘套内有很多互相绝缘的线芯，所以要求线芯间的绝缘电阻高，不易发生短路等故障。

橡皮绝缘电线是在裸导线外先包一层橡皮，再包一层编织层（棉纱或无碱玻璃丝），然后再以石蜡混合防潮剂浸渍而成。一般橡皮绝缘电线供室内敷设用，有铜芯和铝芯之分，在结构上有单芯、双芯和三芯等几种。长期工作温度不得超过＋60℃。电压在250V以下的橡皮线，只能用于220V照明线路。

聚氯乙烯绝缘电线是用聚氯乙烯作绝缘层的电线，简称塑料线。它的特点是耐油、耐燃烧、并具有一定防潮性能，不发霉，可以穿管使用。室外用塑料电线具有较好的耐日光、耐大气老化和耐寒性能。和橡皮电线比较，它的造价低廉，节约了大量橡胶，且性能良好，因此，是广泛采用的一种导电材料。塑料线的种类很多，各种类型的塑料线用于各种需要的场所。

低压橡套电缆的导电线芯是用软铜线绞制而成，线芯外包有绝缘包皮，一般用耐热无硫橡胶制成。绝缘线芯上包有橡胶布带，外面再包有橡胶护套。橡套电缆用于将各种移动的用电装置接到电网上。电缆芯的长期允许工作温度不超过＋55℃。电缆有单芯、双芯、三芯和四芯等几种。

电线的种类很多，为了便于区分和使用，国家统一规定了电线的型号。

线规是表示导线直径粗细的一种国家标准。全国统一标准后，产品规格比较统一，设计和使用时便有所依据。

常用的86系列产品型号的含义如下：

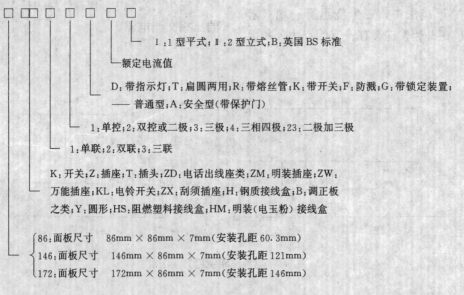

Ⅰ:1型平式;Ⅱ:2型立式;B:英国BS标准

额定电流值

D:带指示灯;T:扁圆两用;R:带熔丝管;K:带开关;F:防溅;G:带锁定装置;

——普通型;A:安全型(带保护门)

1:单控;2:双控或二极;3:三极;4:三相四极;23:二极加三极

1:单联;2:双联;3:三联

K:开关;Z:插座;T:插头;ZD:电话出线座类;ZM:明装插座;ZW:万能插座;KL:电铃开关;ZX:刮须插座;H:钢质接线盒;B:调正板之类;Y:圆形;HS:阻燃塑料接线盒;HM:明装(电玉粉)接线盒

86:面板尺寸 86mm×86mm×7mm(安装孔距60.3mm)

146:面板尺寸 146mm×86mm×7mm(安装孔距121mm)

172:面板尺寸 172mm×86mm×7mm(安装孔距146mm)

【例 1】

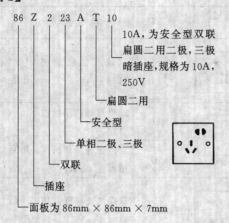

```
86 Z 2 23 A T 10
```
- 10A，为安全型双联扁圆二用二极，三极暗插座，规格为10A，250V
- 扁圆二用
- 安全型
- 单相二极、三极
- 双联
- 插座
- 面板为 86mm × 86mm × 7mm

【例 2】

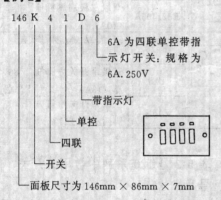

```
146 K 4 1 D 6
```
- 6A 为四联单控带指示灯开关：规格为 6A. 250V
- 带指示灯
- 单控
- 四联
- 开关
- 面板尺寸为 146mm × 86mm × 7mm

（2）开关、插座

常用的电灯开关有：跷板式、扭扣式和触摸式三种。按其装设条件分，有明装和暗装两类。

插座有普通式、安全式和防溅式。按插口形状又分扁型和圆型两种。目前常用的开关、插座都是面板与器芯共体结构，改变了旧产品分体安装形式。开关和插座按产品外型尺寸又分为 120 系列和 86 系列两大类。

表 5-1 是 86 系列中常用的开关、插座的型号及尺寸。

86 系列常用开关插座型号及尺寸

表 5-1

图 形	型 号	名称及摘要	尺寸 (mm)
开关系列			
	E31/1/2A	单联单控开关 (10A)	86×86 孔距 60.3
	E31/2/3A	单联双控开关 (10A)	
	E32/1/2A	双联单控开关 (10A)	86×86 孔距 60.3
	E32/2/3A	双联双控开关 (10A)	
	E33/1/2A	三联单控开关 (10A)	86×86 孔距 60.3
	E33/2/3A	三联双控开关 (10A)	
	E34/1/2A	四联单控开关 (10A)	86×86 孔距 60.3
	E34/2/3A	四联双控开关 (10A)	
	E35/1/2A	五联单控开关 (10A)	86×86 孔距 60.3
	E35/2/3A	五联双控开关 (10A)	
	E31BPA2/3	电铃开关 (3A)	86×86 孔距 60.3
	E31ETR60	电子式延时开关(1～60min 可调)(16A)	86×86 孔距 60.3
	E31ETR720	电子式延时开关 (1～12h 可调)(16A)	
	E31D20A	双极开关 (20A)	86×86 孔距 60.3
	E32D20NA	双极带指示灯开关 (20A)	
	ED30NSP	双极带指示灯开关 (30A)	86×86 孔距 60.3
	ED45NSP	双极带指示灯开关 (45A)	
	ET35N	三相三极带指示灯开关 (35A)	146×86 孔距 120.6
	E32V500	单联调光开关 (500W)	86×86 孔距 60.3
	E34V500	双联调光开关 (500W)	

109

图 形	型 号	名称及摘要	尺寸(mm)
	31V1000	调光开关（1000W）	115×73 孔距84
	31V1000LV	调光开关（供卤钨灯用）（1000W、8V）	
	E32V400F	风扇调速开关（400W）	86×86 孔距60.3
	BM2	塑胶面调光器（普通型）（630W）	86×86 孔距60.3
	BMP2	银色金属面调光器（630W）	86×86 孔距60.3
	BMG2	金色金属面调光器（630W）	
	BM3	塑胶面风扇调速开关（250W）	86×86 孔距60.3
	751	红外线感应开关（墙装或顶装）（2A）	直径100.2，高57，孔距50.3、84

电源用插座系列

（除标明外，所有插座均带保护门）

图 形	型 号	名称及摘要	尺寸(mm)
	E426//5	三极圆脚插座（5A）	86×86 孔距60.3
	E15/5	三极带开关圆脚插座（5A）	
	E15/5N	三极带开关带灯圆脚插座（5A）	
	E426/10	三极扁脚插座（不带保护门）（10A）	86×86 孔距60.3
	E426/10S	三极扁脚插座（10A）	
	E15/10S	三极带开关扁脚插座（10A）	
	E15/10N	三极带开关带灯扁脚插座（10A）	
	E426/10SF	三极带熔丝管扁脚插座（10A）	86×86 孔距60.3
	E426/10U	双联二极及三极插座（不带保护门）（10A）	86×86 孔距60.3
	E426/10US	双联二极及三极插座（10A）	

图 形	型 号	名称及摘要	尺寸(mm)
	E426/16	欧陆式二极插座（16A）	86×86 孔距60.3
	E426U	二极扁圆两用插座（10A）	86×86 孔距60.3
	E15U	二极带开关扁圆两用插座（10A）	
	E426U2	双联二极扁圆两用插座（10A）	86×86 孔距60.3
	E31/405A	单联二极扁脚插座（10A）	86×86 孔距60.3
	E32/405A	双联二极扁脚插座（10A）	
	E426	三极方脚插座（13A）	86×86 孔距60.3
	E15	三极带开关方脚插座（13A）	
	E15N	三极带开关带灯方脚插座（13A）	

表 5-2 是 120 系列中常用的开关、插座的型号及尺寸。

120 系列的开关、插座的型号及尺寸

表 5-2

图 形	型 号	名称及摘要	尺寸(mm)
普通开关系列			
	WC501	单联一位单控开关	120×70 孔距83.5
	WC502	单联一位双控开关	
	WC503	单联二位单控开关	120×70 孔距83.5
	WC504	单联二位双控开关	
	WC505	单联三位单控开关	120×70 孔距83.5
	WC506	单联三位双控开关	

图 形	型 号	名称及摘要	尺寸(mm)
	WC551	双联三位单控开关	120×116
	WC552	双联三位双控开关	孔距 83.5×46
	WC553	双联四位单控开关	120×116
	WC554	双联四位双控开关	孔距 83.5×46
	WC555	双联五位单控开关	120×116
	WC556	双联五位双控开关	孔距 83.5×46
	WC557	双联六位单控开关	120×116
	WC558	双联六位双控开关	孔距 83.5×46

高机能开关系列

图 形	型 号	名称及摘要	尺寸(mm)
	WC511	单联一位单控荧光显示开关	120×70
	WC512	单联一位双控荧光显示开关	孔距 83.5
	WC521	单联一位单控指示灯开关	120×70 孔距 83.5
	WC201	单联一位指示灯	120×70 孔距 83.5
	WC202	单联一位按钮开关	120×70 孔距 83.5
	WC520	单联空调用开关	120×70 孔距 83.5
	WC683	双联三位荧光显示混合开关（双控、钥匙开关）	120×116 孔距 83.5×46
	WC684	双联三位荧光显示混合开关（双控、调光）	120×116 孔距 83.5×46

电源用插座系列

图 形	型 号	名称及摘要	尺寸(mm)
	WC101	单联单相一位三极插座（10A）	120×70
	WC102	单联单相一位三极带保护门插座（10A）	孔距 83.5
	WC111	单联单相一位二极插座（10A）	120×70
	WC112	单联单相一位二极带保护门插座（10A）	孔距 83.5
	WC103	单联单相一位三极插座（15A）	120×70 孔距 83.5
	WC104	单联单相二位三极插座（10A）	120×70
	WC105	单联单相二位三极带保护门插座（10A）	孔距 83.5
	WC121	单联单相二位混合插座（二、二极）（10A）	120×70
	WC122	单联单相二位混合带保护门插座（二、三极）（10A）	孔距 83.5
	WC123	单联单相二位混合插座（二、三极）（10A、15A）	120×70
	WC124	单联单相二位混合带保护门插座（二、三极）（10A、15A）	孔距 83.5
	WC113	单联单相二位二极插座（10A）	120×70
	WC114	单联单相二位二极带保护门插座（10A）	孔距 83.5
	WC115	单联单相三位二极插座（10A）	120×70
	WC116	单联单相三位二极带保护门插座（10A）	孔距 83.5
	WC117	单联单相二位带接地端子二极插座（10A）	120×70 孔距 83.5
	WC151	双联单相二位三极插座（10A）	120×116
	WC152	双联单相二位三极带保护门插座（10A）	孔距 83.5×46

图 形	型 号	名称及摘要	尺寸 (mm)
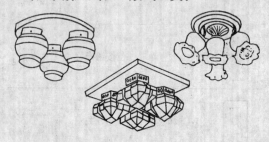	WC171	双联单相四位混合插座（二、三极）（10A）	120×116 孔距 83.5×46
	WC172	双联单相四位混合带保护门插座（二、三极）（10A）	

注：尺寸为高×宽，单联为两个螺丝孔距（高），双联为四个螺丝孔距（高×宽）。

暗装式的开关和插座都必须安装在接线盒上，接线盒也可作为开关盒。接线盒一般分为钢盒和塑料盒两种，表 5-3 是 86 系列接线盒的型号与规格。

暗装接线盒　钢盒　表 5-3

图 例	产品名称	型号	规 格
	钢盒	86H40	75×75×40
		86H50	75×75×50
		86H60	75×75×60
	钢盒	146H50	75×135×50
		146H60	75×135×60
		146H70	75×135×70
		150H70	89×139×70
		172H50	75×160×50
	八角钢盒	DH75	长边 75
塑料盒			
	塑料盒	86HS50	75×75×50
		86HS60	75×75×60
	塑料盒	146HS50	75×135×50
		146HS60	75×135×60

5.2.2 灯具及其他安装材料

（1）灯具

灯具是灯座和灯罩的联合结构的总称。常用的灯具品种繁多，可以分为以下三种类型。

工厂灯具：主要用于工厂车间、仓库、运动场及室内外工作场所的照明。有配照型、广照型、深照型、防水防尘灯等。

荧光灯具：适用的范围很广，工业、民用、写字间以及商场等都广泛采用。有简式荧光灯、密闭式荧光灯；按安装方式分有吊杆式、吊链式、吸顶式和嵌入式等。

建筑灯具：品种繁多。按安装方式分为：吸顶灯（XD）、吸壁灯（XB）、吊灯（DD）、花饰吊灯（DDH）以及庭院灯（TY）等。本节主要介绍几种建筑灯具。

1）吸顶灯

吸顶灯是直接安装在顶棚上的一种固定式灯具，分白炽吸顶灯和荧光吸顶灯。

a. 白炽吸顶灯。如图 5-7 所示为一般式多灯组合白炽吸顶灯具。白炽吸顶灯品种很多，造型丰富。按其在顶棚安装情况可分为嵌入式、半嵌入式和一般式三类。

图 5-7　多灯组合白炽吸顶灯具

b. 荧光吸顶灯。荧光吸顶灯有直管荧光吸顶灯和紧凑型荧光吸顶灯。直管荧光吸顶灯有的采用透明压花板或乳白塑料板做外罩、有的安装镀膜光栅，既有装饰性又有实用性，使灯具显得造型大方，清晰明亮。图 5-8中的（a）、（c）、（d）均为直管荧光吸顶灯。

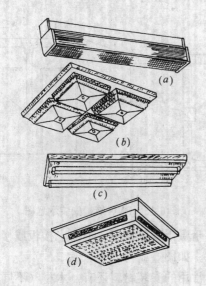

图 5-8 荧光吸顶灯具

2）吊灯

吊灯是悬挂在室内屋顶上的照明灯具，经常用作大面积范围的照明，它比较讲究造型、强调光线作用。吊灯可分成二类，即白炽类吊灯和荧光类吊灯。白炽吊灯有四种：

a. 单灯罩吊灯。这是以一个灯罩为主体的吊灯。如图 5-9 所示。

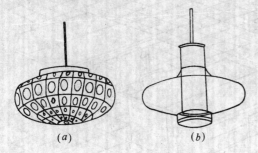

图 5-9 单灯罩吊灯
（a）吹制玻璃灯罩吊灯；（b）双色罩吊灯

b. 枝形吊灯。枝形吊灯又分为单层枝形吊灯如图 5-10 所示。将若干个单灯罩在一个平面上通过尤如树枝的灯杆组装起来，就成了单层枝形吊灯。

c. 多层枝形吊灯。枝形向多层次空间伸展如图 5-11 所示。

d. 珠帘吊灯。这是近年来发展很快的豪华型吊灯。全灯用成千上万只经过研磨处理

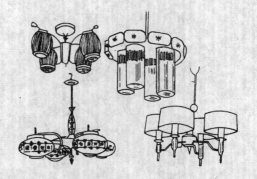

图 5-10 单层枝形吊灯

图 5-11 多层枝形吊灯

的玻璃珠（片、球）串连装饰。当灯开亮时，玻璃珠使光线折射。由于角度不同，会使整个吊灯呈现出五彩之色。给人以华丽、兴奋的感受。

荧光类吊灯。由于荧光灯光效高，因此商店、图书馆、学校等的一般照明多采用荧光灯吊灯。

3）射灯

射灯是近几年迅速发展起来的一种灯具，它的光线投射在一定区域内，使被照射物获得充足的照度与亮度。它已被广泛应用在商店、展览厅等处作室内外照明，以增加展品及商品的吸引力。射灯的造型千姿百态，有圆筒式、方形椭圆式、喇叭形、还有抛物线形等，图 5-12 所示是几种常用的射灯。射灯的几何线条明显，充满现代气息。

4）门灯

门灯多半安装在公共建筑正门处，作夜间照明。门灯的种类主要有门壁灯、门前座灯、门顶灯等。

（2）其他安装材料

113

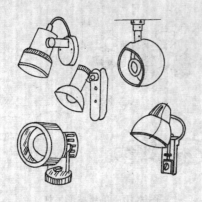

图 5-12　射灯

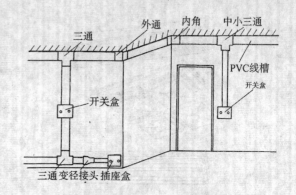

图 5-13　PVC 线槽安装示意图

线槽是线槽配线的主要材料。线槽配线是近来使用较多的一种配线方式。线槽按其材质分主要有 PVC 线槽和金属线槽。

PVC 线槽配线一般适用于办公室、写字楼等的明配线路，如图 5-13 所示。PVC 线槽配线整齐美观，操作较简单且造价低。

金属线槽一般用于地面内暗装布线，适用于正常环境下大空间且隔断变化多、用电设备移动性大或敷有多种功能线路的场所，暗敷于现浇混凝土地面、楼板或楼板垫层内。如图 5-14 所示。

常用的安装材料还有：木材（不同规格的木方、木条、木板）、铝合金（板、型材）、型钢、扁钢、钢板作支撑构件。塑料、有机玻璃板、玻璃作隔片，外装饰贴面和散热板、铜板、电化铝板作装饰构件。其他配件如螺丝、铁钉、铆钉、胶粘剂等。

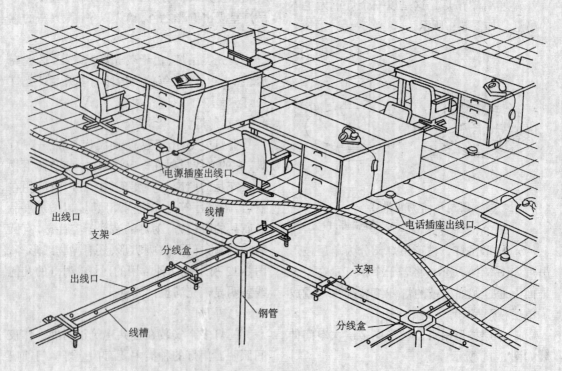

图 5-14　金属线槽安装示意图

5.3 常用电工工具

5.3.1 通用工具

通用工具是指一般专业电工都要运用的常用工具。

(1) 低压试电笔

低压试电笔又称电笔,是用于检验60～500V导体或各种用电设备外壳是否带电的常用的一种辅助安全用具,分钢笔式和螺丝刀式(又称起子式或旋凿式)两种。

试电笔由氖管、电阻、弹簧、笔身和笔尖上的金属探头组成,如图5-15所示。

试电笔的原理是:当手拿着它测试带电体时,电流经带电体、电笔、人体到大地形成通电回路。只要带电体与大地之间的电位差超过60V,电笔中的氖管就会发光。测交流电时,氖泡两极均发光,测直流电则一极发光。

目前,还有一种电笔,它根据电磁感应原理,采用微型晶体管作机芯,并以发光二极管显示,整个机芯装在一个螺丝刀中。它的特点是测试时不必直接接触带电体,只要靠近带电体就能显示红光,有的还可直接显示电压的读数。利用它还能检测导线的断线部位,当电笔沿导线移动时,红光熄灭处即为导线的断点。

(2) 电工刀

电工刀如图5-16所示,是用来剖削和切割电工器材的常用工具。

常用的电工通用工具还有钢丝钳(老虎钳)、螺丝刀(起子)、活络扳手等。

5.3.2 线路安装工具

(1) 麻线凿

麻线凿也叫圆榫凿,如图5-17(a)所示。麻线凿是用来凿打混凝土结构建筑物的木榫孔。电工常用的麻线凿有16号和18号两种,分别可凿直径为8mm和6mm两种圆形木榫孔。凿孔时要不断转动凿子,使灰砂碎石及时排出。

(2) 小扁凿

小扁凿如图5-17(b)所示,是用来凿打砖墙上的方形木榫孔。电工常用的凿口宽12mm。

(3) 长凿

长凿如图5-17(c)、(d)所示,图示两种均用来凿打墙孔,作为穿越线路导线的通孔。(c)所示用来凿打混凝土墙孔,由中碳钢制成;(d)所示用来凿打砖墙孔,由无缝钢管制成。长凿直径分有19、25、30mm,长度通常有300、400、500mm等多种。使用时,应不断旋转,及时排出碎屑。

(4) 管子钳

管子钳如图5-18所示,用来拧紧或松散电线管上的束节或螺母。常用规格分有250、300、350mm等多种。

(5) 剥线钳

剥线钳如图5-19所示,是用来剥削6mm²以下塑料或橡胶电线的绝缘层。由钳头和手柄两部分组成。钳头部分由压线口和刀口构成,分有直径0.5～3mm的多个刀口,以适用于不同规格的芯线。

常用的线路安装工具还有冲击电钻等。

图5-15 验电笔

(a) 螺丝刀式低压验电笔;(b) 钢笔式低压验电笔

115

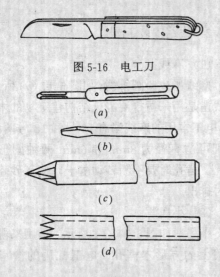

图 5-16　电工刀

(a)

(b)

(c)

(d)

图 5-17　凿削墙孔工具

(a) 麻线凿；(b) 小扁凿；

(c) 凿混凝土墙孔用长凿；(d) 凿砖墙孔用长凿

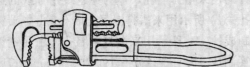

图 5-18　管子钳

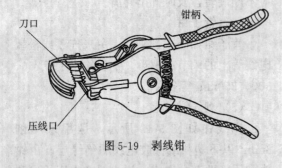

刀口

钳柄

压线口

图 5-19　剥线钳

5.3.3　登高工具

电工在登高作业时，要特别注意人身安全。而登高工具必须牢固可靠，方能保障登高作业的安全。未经现场训练过的，或患有精神病、严重高血压、心脏病、癫痫等疾病者，均不能擅自使用登高工具登高。

(1) 梯子

梯子如图 5-20 所示，电工常用的有直梯和人字梯两种。直梯通常用于户外登高作业，人字梯通常用于户内登高作业。

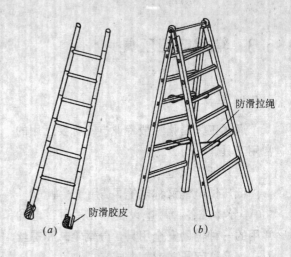

防滑拉绳

防滑胶皮

(a)　　　　　　(b)

图 5-20　电工用梯

(a) 直梯；(b) 人字梯

直梯的两脚应各绑扎胶皮之类防滑材料；人字梯应在中间绑扎两道防自动滑开的安全绳。

(2) 电工工具夹

电工工具夹如图 5-21 所示，是户内外登高操作时必备用品，用来插活络扳手、钢丝钳、螺丝刀和电工刀等电工常用工具。分有插装一件、三件和五件工具等各种规格，用皮带系结在腰间。

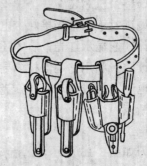

图 5-21　电工工具夹

(3) 吊绳和吊篮

吊绳和吊篮是登高作业时传递零件和工具的用品。吊绳一端应系结在操作者腰带上，另一端垂向地面，随操作者的需要而吊物向上。吊篮是用来盛放零星小件物品或工具的，使用时系住吊绳，随物向上。吊篮通常由钢丝扎成圆桶骨架，外蒙复帆布而成。

5.4 常用电工仪表

5.4.1 电工仪表的分类

电工仪表的分类主要根据作用原理和用途来划分。

(1) 按用途分类

按用途的不同，可分为电压表、电流表、功率表等。还可根据电流的不同，分为直流表、交流表和交直流两用表等三种。

(2) 按作用原理分类

按作用原理分，常用的有电磁式、电动式、磁电式和感应式四种。电磁式、电动式、磁电式都能用作电流表和电压表。直流电流表和直流电压表主要采用磁电式测量机构，交流电流表和交流电压表多采用电磁式测量机构，交、直流标准表则采用电动式测量机构的居多。

(3) 按测量方法分类

按测量方法，可分为直读式和比较式两种。直接指示被测量数值的仪表，称为直读式仪表，例如电压表、电流表、功率表、万用表等；被测量数值用"标准量"比较出来的仪表，称为比较式仪表，如平衡电桥、补偿器等。

(4) 按准确度分类

按测量的准确度可分为 0.1 级、0.2 级、0.5 级、1.0 级、1.5 级、2.5 级和 5 级七种。0.2 级仪表的允许误差为 ±0.2%，0.5 级仪表的允许误差为 ±0.5%，依此类推。0.5 级以上的仪表准确度比较高，多数用于实验室作为校验仪表。1.5 级、2.5 级等仪表，准确度比较低，一般装在配电盘和操作台上，用来监视电气设备运行情况。

5.4.2 万用表

万用表是一种多用途的仪表，一般的万用表可以测量交流电压、直流电压、直流电流和直流电阻等。有的万用表还能测量交流电流、电容、电感以及晶体管参数等。万用表的每一个测量种类又有多种量程，且携带和使用方便，因而是电气维修和测试最常用的仪表。万用表的测量精度不高，误差率在 2.5%～5%，故不宜用于精密测量。

万用表主要由表头（测量机构）、测量线路和转换开关组成，如图 5-22 所示。

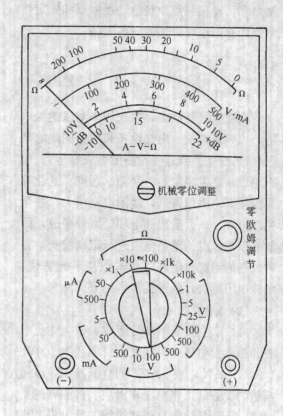

图 5-22　MF-30 型万用表面板图

(1) 表头

表头通常采用磁电式测量机构作为万用表的表头。这种测量机构灵敏度和准确度较高，满刻度偏转电流一般为几个微安到数百微安。满刻度偏转电流越小，灵敏度就越高，表头特性就越好。

(2) 测量线路

万用表的测量线路由多量程的直流电流表、多量程直流电压表、多量程交流电压表及多量程欧姆表组成，个别型号的万用表还有多量程交流档。实现这些功能的关键是通过测量线路的变换把被测量变换成磁电系统所能接受的直流电流，它是万用表的中心环节。测量线路先进，可使仪表的功能多、使用方便、体积小和重量轻。

（3）转换开关

转换开关是用来选择不同的被测量和不同量程时的切换元件。转换开关里有固定接触点和活动接触点，当活动接触点和固定接触点闭合时就可以接通一条电路。

5.4.3 兆欧表

（1）用途

兆欧表又称摇表，主要用来测量绝缘电阻，以判定电机、电气设备和线路的绝缘是否良好，这关系到这些设备能否安全运行。由于绝缘材料常因发热、受潮、污染、老化等原因使其电阻值降低，泄漏电流增大，甚至绝缘损坏，从而造成漏电和短路等事故，因此必须对设备的绝缘电阻进行定期检查。各种设备的绝缘电阻都有具体要求。一般来说，绝缘电阻越大，绝缘性能也越好。

（2）结构

兆欧表主要有两部分组成：磁电式比率表和手摇发电机。手摇发电机能产生500V、1000V、2500V 或 5000V 的直流高压，以便与被测设备的工作电压相对应。目前有的兆欧表，采用晶体管直流变换器，可以将电池的低压直流转换成高压直流。

图 5-23 是兆欧表的外形平面图，L、E、G 是它的三个接线柱，手柄转动，手摇发电机发电，指针显示电阻值的读数。

5.4.4 接地电阻测量仪

（1）接地电阻测量仪的用途

接地电阻测量仪又称接地摇表，主要是用于直接测量各种接地装置的接地电阻和土壤电阻率。接地电阻测量仪型式很多，使用

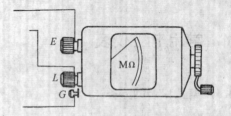

图 5-23　兆欧表外形平面图

方法也有所不同，但基本原理是一样的。常用的有国产 ZC-8 型和 ZC-29 型等几种，图 5-24 是 ZC-8 型接地电阻仪的外形。

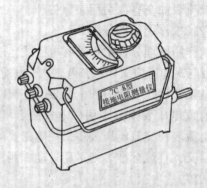

图 5-24　ZC-8 型接地电阻测量仪

（2）接地电阻测量仪的结构

ZC-8 型接地电阻测量仪主要由手摇发电机、电流互感器、滑线电阻及零指示器等组成。全部机构都装在铝合金铸造的携带式外壳内。外形与普通摇表差不多。测量仪还随表带一个附件袋，装有接地探测针两支，导线三条。其中 5m 的导线用于接地极，20m 的导线用于电位探测针，40m 的导线用于电流探测针。

ZC-8 型测量仪有两种量程，一种是 0～1～10～100Ω，另一种是 0～1～100～1000Ω。

5.4.5 钳形电流表

在临时需要检查电气设备的负载情况或线路流过的电流时，就要先把线路断开，然后把电流表串联到电路中去，这样很不方便，还要影响电气设备的正常运行。能不能既不影响电气设备的正常运行，又能测得运行时

的电流呢？使用钳形电流表就不必把线路断开，而直接测得负载电流的大小。

钳形电流表是根据电流互感器的原理制成的，外形象钳子一样，其结构如图5-25所示。

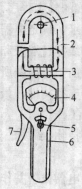

图 5-25　钳形电流表
1—被测导线；2—铁芯；3—二次绕组；4—表头；
5—量程调节开关；6—胶木手柄；7—铁芯开关

5.5　室内配电安装要求与验收规范

5.5.1　室内配线与验收规范

敷设在建筑物内的配线，统称为室内配线，也称室内配线工程。根据房屋建筑结构及要求的不同，室内配线又分为明配和暗配两种。明配是敷设于墙壁、顶棚的表面及桁架等处，暗配是敷设于墙壁、顶棚、地面及楼板等处的内部。按配线敷设方式，有瓷夹、瓷柱、瓷瓶配线、槽板配线、塑料护套线配线、线管配线、线槽配线及钢索配线等。目前，使用最多的敷设方式是线管配线和线槽配线。

（1）室内配线的一般要求和施工程序

室内配线首先应符合电气装置安装的基本原则，即：

安全。为保证室内配线及电器设备的安全运行，施工时选用的电器设备和材料应符合图纸要求，必须是合格产品。施工中对导线的连接、接地线的安装以及导线的敷设等均应符合质量要求，以确保运行安全可靠。室内配线是为了供电给用电设备而设置的。有的室内配线由于不合理的设计与施工，造成很多隐患，给室内用电设备运行的可靠性造成很大影响。因此，必须合理布局，安装牢固。

经济。在保证安全可靠运行和发展的可能条件下，应该考虑其经济性，选用最合理的施工方法，尽量节约材料。

方便。室内配线应保证操作运行可靠，使用和维修方便。

美观。室内配线施工时，配线位置及电器安装位置的选定，应注意不要损坏建筑物的美观，且应有助于建筑物的美化。

1）室内配线的一般要求

室内配线的一般技术要求如下：

使用的导线其额定电压应大于线路的工作电压。导线的绝缘应符合线路的安装方式和敷设环境的条件。导线截面应能满足供电和机械强度的要求，导线允许最小截面见表5-4所列数值。

不同敷设方式导线线芯的最小截面

表 5-4

敷　设　方　式			线芯最小截面（mm²）		
			铜芯软线	铜线	铝线
敷设在室内绝缘支持件上的裸导线			—	2.5	4.0
敷设在绝缘支持件上的绝缘导线其支持点间距 L（m）	$L \leqslant 2$	室内	—	1.0	2.5
		室外	—	1.5	2.5
	$2 < L \leqslant 6$		—	2.5	4.0
	$6 < L \leqslant 12$		—	2.5	6.0
穿管敷设的绝缘导线			1.0	1.0	2.5
槽板内敷设的绝缘导线			—	1.0	2.5
塑料护套线明敷			—	1.0	2.5

配线时，应尽量避免导线接头，因为常常由于导线接头不好而造成事故。若必须接头时，应采用压接或焊接。导线在连接和分

支处，不应受到机械力的作用。

穿在管内的导线，在任何情况下，都不能有接头。必须接头时，可把接头放在接线盒或灯头盒、开关盒内。

各种明配线应垂直和水平敷设，水平和垂直允许偏差应符合表 5-5 的规定。

明配线的水平和垂直允许偏差

表 5-5

配线种类	允许偏差（mm）	
	水　平	垂　直
瓷夹配线	5	5
瓷柱或瓷瓶配线	10	5
塑料护套线配线	5	5
槽板配线	5	5

瓷夹、瓷柱、瓷瓶、塑料护套线和槽板配线在穿过墙壁或隔墙时，应采用经过阻燃处理的保护管保护；当穿过楼板时应采用钢管保护，其保护高度与楼面的距离不应小于 1.8m，但在装设开关的位置，可与开关高度相同。

在顶棚内由接线盒引向电器的绝缘导线，应采用可挠金属电线保护管或金属软管等保护，导线不应有裸露部分。

为确保用电安全，室内电气管线与其他管道间应保持一定距离，见表 5-6。

电气线路与管道间最小距离（mm）

表 5-6

管道名称	配线方式		穿管配线	绝缘导线明配线	裸导线配线
蒸汽管	平行	管道上	1000	1000	1500
		管道下	500	500	1500
	交叉		300	300	1500
暖气管、热水管	平行	管道上	300	300	1500
		管道下	200	200	1500
	交叉		100	100	1500
通风、给排水及压缩空气管	平行		100	200	1500
	交叉		50	100	1500

注：1. 对蒸汽管道，当在管外包隔热层后，上下平行距离可减至 200mm。
　　2. 暖气管、热水管应设隔热层。
　　3. 对裸导线，应在裸导线处加装保护网。

配线工程施工后，保护地线（PE 线）连接应可靠。对带有漏电保护装置的线路应作模拟动作试验，并应作好记录。

2）室内配线的施工程序

根据施工图纸，确定电器安装位置、导线敷设途径及导线穿过墙壁和楼板的位置。

在土建抹灰前，将配线所有的固定点打好孔洞，埋设好支持构件，最好配合土建工程搞好预埋预留工作。

装设绝缘支持物、线夹、支架或保护管。

敷设导线。

安装灯具及电器设备并作安装记录。

测量线路绝缘并作测量记录。

校验、自检、试通电。

（2）塑料护套线配线的验收规范

塑料护套线与接地导体或不发热管道等的紧贴交叉处，应加套绝缘保护管；敷设在易受机械损伤场所的塑料护套线，应增设钢管保护。

塑料护套线进入接线盒（箱）或与设备、电器连接时，护套层应引入接线盒（箱）内或设备、器具内。

建筑物、构筑物表面明配的塑料护套线应符合下列要求：

应平直，并不应松弛、扭绞和曲折。

应采用线卡固定，固定点间距应均匀，其距离宜为 150～200mm。

在终端、转弯和进入盒（箱）、设备或电器处，均应装设线卡固定导线，线卡距终端、转弯中点、盒（箱）、设备或电器边缘的距离宜为 50～100mm。

塑料护套线或加套塑料护层的绝缘导线在空心楼板板孔内敷设时，应符合下列要求：

导线穿入前，应将板孔内积水、杂物清除干净。

导线穿入时，不应损伤导线的护套层，并便于更换导线。

导线接头应设在盒（箱）内。

（3）线管配线

把绝缘导线穿在管内敷设，称为线管配线。这种配线方式比较安全可靠，可避免腐蚀性气体侵蚀和遭受机械损伤，特别是敷设在建筑物内部的线管，因它的隐蔽性使建筑物更加整齐美观，所以这种配线方式是目前使用较多的一种方式。

线管配线通常有明配和暗配两种。明配是把线管敷设于墙壁、桁架等表面明露处，要求横平竖直、整齐美观。暗配是把线管敷设于墙壁、地坪或楼板内等处，要求管路短、弯曲少，以便于穿线。

线管配线常使用的线管有焊接钢管（分镀锌和不镀锌两种，管壁较厚，管径以内径计）、电线管（管壁较薄，管径以外径计）、硬塑料管、阻燃PVC管（硬质聚氯乙烯管）和软金属管等。

阻燃PVC管是以聚氯乙烯树脂粉为主要原料，配合各种辅助材料及添加剂，通过制管机挤压而成。它具有抗压力强、防潮、耐酸碱、防鼠咬、阻燃、绝缘、可冷弯等优点。适用于公用建筑、工厂、住宅等建筑物的电气配管，可浇筑于混凝土内，也可明装室内及吊顶等场所。施工过程中与钢管相比，具有重量轻、运输便利、易截、易弯等优点。给施工带来极大方便，可加快施工进度，大大降低工程造价，节省投资，现已得到广泛的应用。

（4）管内穿线的验收规范

对穿管敷设的绝缘导线，其额定电压不应低于500V。

不同回路、不同电压等级和交流与直流的导线，不得穿在同一根管内，但下列几种情况或设计有特殊规定的除外：

电压为50V及以下的回路。

同一台设备的电机回路和无抗干扰要求的控制回路。

照明花灯的所有回路。

同类照明的几个回路，可穿入同一根管

内，但管内导线总数不应多于8根。

同一交流回路的导线应穿于同一钢管内。

导线在管内不应有接头和扭结，接头应设在接线盒（箱）内。

管内导线包括绝缘层在内的总截面积不应大于管子内空截面积的40%。

导线穿入钢管时，管口处应装设护线套保护套线；在不进入接线盒（箱）的垂直管口，穿入导线后应将管口密封。

5.5.2　室内电气安装要求

室内电气安装，主要有灯具、配电箱、开关和插座等的安装。为了保证室内电气的安装质量，对安装的施工，有明确的技术要求和严格的验收规范，以确保安装后的安全运行。

（1）灯具的安装要求

灯具是照明的重要组成部分和体现，灯具不仅仅是一般意义上的照明，在现代建筑中，灯具还起到重要的装饰作用。

灯具的安装，有室内的，也有室外的。室内灯具的安装方式，主要是根据配线方式、室内净高和对照度的要求来确定，通常有吸顶式、壁式和悬吊式三种。室外灯具有的装在电杆上，有的装在墙上，也有的悬吊在钢索上。

灯具的安装一般在配线完毕后进行。灯具安装的要求如下：

安装前应了解灯具的形式（定型产品、组装式）、大小、连接构造等，以便确定预埋件位置、开口位置及大小。

灯具的安装位置应按设计要求，事先定位放线。

灯具距地面高度，室内尽量不低于2.5m，如果难以达到上述要求时，应采取相应保护措施。

固定灯具的配件，应根据灯具的大小选择。灯具固定处如在砖墙或混凝土结构上，应采用预埋吊钩、螺栓、螺钉、膨胀螺栓、尼龙塞或塑料塞固定，严禁使用木楔。当设计无规定时，上述固定件的承载能力应与电气照明装置的重量相匹配。

（2）照明配电箱的安装要求

照明配电箱有标准型和非标准型两种。标准型可向生产厂家直接购买，非标准型可自行制作。照明配电箱型号繁多，但其安装方式不外乎悬挂式明装和嵌入式暗装两种。如图5-26所示。

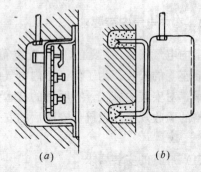

图5-26 照明配电箱安装图

(a) 嵌入墙内；(b) 墙上明装

照明配电箱的安装要求如下：

配电箱要安装在干燥、明亮、不易受震并便于抄表、操作、维护的场所，不得安装在水池或水道阀门（龙头）的上、下侧，如果必须安装在上述地方的左、右时，其净距必须在1m以上。照明配电箱底边距地面高度宜为1.5m；照明配电板底边距地面高度不宜小于1.8m。

安装配电箱时，要保证箱体横平竖直。用水平尺放在箱顶上，测量箱体是否水平。如果不平，可调整配电箱的位置以达到要求。

（3）开关、插座的安装要求

开关、插座分为明装和暗装，规格型号及安装必须符合设计要求。图5-27和表5-7是开关、插座安装的一般要求。

在墙面粉刷、裱壁纸及油漆等内装修工作完成后，再进行开关、插座的安装。

标 示	名 称	距地高度 (mm)	备 注
a	跷板开关	1300～1400	
b	拉线开关	2000～3000	
c	电源插座	≥1800	儿童活动场所等
d	电源插座	300	需带保护门
d	电话插座	300	
d	电视插座	300	
e	壁 扇	≥1800	

开关、插座安装高度　　表5-7

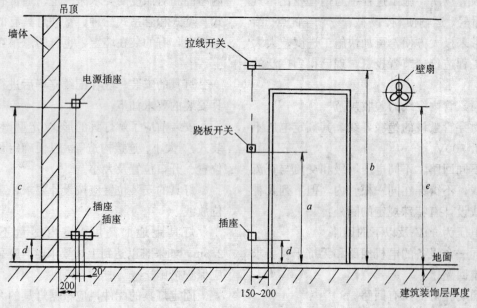

图5-27 开关、插座的安装高度

122

5.5.3 室内配电安装验收规范

（1）灯具安装的主要验收规范

1）根据灯具的安装场所及用途，引向每个灯具的导线线芯最小截面应符合表5-8的规定。

导线线芯最小截面　　表5-8

灯具的安装场所及用途		线芯最小截面（mm²）		
		铜芯软线	铜　线	铝　线
灯头线	民用建筑室内	0.4	0.5	2.5
	工业建筑室内	0.5	0.8	2.5
	室　　外	1.0	1.0	2.5
移动用电设备的导线	生　活　用	0.4	—	—
	生　产　用	1.0	—	—

2）灯具不得直接安装在可燃构件上；当灯具表面高温部位靠近可燃物时，应采取隔热、散热措施。

3）室外安装的灯具，距地面的高度不宜小于3m；当在墙上安装时，距地面的高度不应小于2.5m。

4）螺口灯头的接线应符合下列要求：

相线应接在中心触点的端子上，零线应接在螺纹的端子上。

灯头的绝缘外壳不应有破损和漏电。

对带开关的灯头，开关手柄不应有裸露的金属部分。

5）对装有白炽灯泡的吸顶灯具，灯泡不应紧贴灯罩；当灯泡与绝缘台之间的距离小于5mm时，灯泡与绝缘台之间应采取隔热措施。

6）灯具的安装应符合下列要求：

采用钢管作灯具的吊杆时，钢管内径不应小于10mm；钢管壁厚度不应小于1.5mm。

吊链灯具的灯线不应受拉力，灯线应与吊链编叉在一起。

软线吊灯的软线两端应作保护扣；两端芯线应搪锡。

同一室内或场所成排安装的灯具，其中心线偏差不应大于5mm。

日光灯和高压汞灯及其附件应配套使用，安装位置应便于检查和维修。

灯具固定应牢固可靠。每个灯具固定用的螺钉或螺栓不应少于2个；当绝缘台直径为75mm及以下时，可采用1个螺钉或螺栓固定。

7）公共场所用的应急照明灯和疏散指示灯，应有明显的标志。无专人管理的公共场所照明宜装设自动节能开关。

8）当吊灯灯具重量大于3kg时，应采用预埋吊钩或螺栓固定；当软线吊灯灯具重量大于1kg时，应增设吊链。

9）嵌入顶棚内的装饰灯具的安装应符合下列要求：

灯具应固定在专设的框架上，导线不应贴近灯具外壳，且在灯盒内应留有余量，灯具的边框应紧贴在顶棚面上。

矩形灯具的边框宜与顶棚面的装饰直线平行，其偏差不应大于5mm。

10）固定花灯的吊钩，其圆钢直径不应小于灯具吊挂销、钩的直径，且不得小于6mm。对大型花灯、吊装花灯的固定及悬吊装置，应按灯具重量的1.25倍做过载试验。

11）安装在重要场所的大型灯具的玻璃罩，应按设计要求采取防止碎裂后向下溅落的措施。

（2）照明配电箱（板）的验收规范

1）照明配电箱（板）内的交流、直流或不同电压等级的电源，应具有明显的标志。

2）照明配电箱（板）不应采用可燃材料制作；在干燥无尘的场所，采用的木制配电箱（板）应经阻燃处理。

3）导线引出面板时，面板线孔应光滑无毛刺，金属面板应装设绝缘保护套。

4）照明配电箱（板）应安装牢固，其垂直偏差不应大于3mm；暗装时，照明配电箱（板）四周应无空隙，其面板四周边缘应紧贴墙面，箱体与建筑物、构筑物接触部分应涂防腐漆。

5）照明配电箱底边距地面高度宜为1.5m；照明配电板底边距地面高度不宜小于1.8m。

6）照明配电箱（板）内，应分别设置零线和保护地线（PE 线）汇流排，零线和保护线应在汇流排上连接，不得绞接，并应用编号。

7）照明配电箱（板）内装设的螺旋熔断器，其电源线应接在中间触点的端子上，负荷线应接在螺纹的端子上。

8）照明配电箱（板）上应标明用电回路名称。

（3）插座的主要验收规范

1）插座的安装高度应符合设计的规定，当设计无规定时，应符合下列要求：

距地面高度不宜小于1.3m；托儿所、幼儿园及小学校不宜小于1.8m；同一场所安装的插座高度应一致。

车间及试验室的插座安装高度距地面不宜小于0.3m；特殊场所暗装的插座不应小于0.15m；同一室内安装的插座高度差不宜大于5mm；并列安装的相同型号的插座高度差不宜大于1mm。

落地插座应具有牢固可靠的保护盖板。

2）插座的接线应符合下列要求：

单相两孔插座，面对插座的右孔或上孔与相线相接，左孔或下孔与零线相接；单相三孔插座，面对插座的右孔与相线相接，左孔与零线相接。

单相三孔、三相四孔及三相五孔插座的接地线或接零线均应接在上孔。插座的接地端子不应与零线端子直接连接。

当交流、直流或不同电压等级的插座安装在同一场所时，应有明显的区别，且必须选择不同结构、不同规格和不能互换的插座；其配套的插头，应按交流、直流或不同电压等级区别使用。

同一场所的三相插座，其接线的相位必须一致。

3）暗装的插座应采用专用盒，专用盒的四周不应有空隙，且盖板应端正，并紧贴墙面。

4）在潮湿场所，应采用密封良好的防水防溅插座。

（4）开关的验收规范

1）安装在同一建筑物、构筑物内的开关，宜采用同一系列的产品，开关的通断位置应一致，且操作灵活，接触可靠。

2）开关安装的位置应便于操作，开关边缘距门框的距离宜为0.15～0.2m；开关距地面高度宜为1.3m；拉线开关距地面高度宜为2～3m，且拉线出口应垂直向下。

3）并列安装的相同型号开关距地面高度应一致，高度差不应大于1mm；同一室内安装的开关高度差不应大于5mm；并列安装的拉线开关的相邻间距不宜小于20mm。

4）相线应经开关控制；民用住宅严禁装设床头开关。

5）暗装的开关应采用专用盒；专用盒的四周不应有空隙，且盖板应端正，并紧贴墙面。

5.6 安全用电知识及电工防火施工要求

5.6.1 安全操作知识

电工必须接受安全教育，掌握电工基本的安全知识，方可参加电工的实际操作。凡没有接受过安全教育、不懂得电工安全知识的学员是不允许参加电工实际操作的。

电工所应掌握的具体的安全操作技术与电工操作的技术要求和规定相同，如安装开关时，相线必须接入开关，不可接入灯座；导线连接时接点要接触良好，以防过热；安装灯具时不能用木楔作预埋件，以防木楔干燥后脱落等等。所以要做到安全操作，就必须熟悉每一项电气安装工程的技术要求和操作规范；必须了解每一种工具的正确使用方法和每一种仪器仪表的测量方法。除此以外还应熟悉基本安全用电知识。这里就电工最基本的安全知识综述如下：

在进行电工安装与维修操作时，必须严格遵守各种安全操作规程和规定，不得玩忽职守。

在进行电工操作时，要严格遵守停电操作的规定。

操作工具的绝缘手柄、绝缘鞋和手套等的绝缘性能必须良好，并应作定期检查。登高工具必须牢固可靠，也应作定期检查。

对已出现故障的电气设备、装置和线路必须及时进行检查修理，不可继续勉强使用。

具有金属外壳的电气设备，必须进行可靠的保护接地；凡有被雷击可能的电气设备，要安装防雷装置。

严禁采用一线一地、二线一地和三线一地（指大地）安装用电设备或器具。

在一个插座或灯座上不可引接过多或功率过大的用电器具。

不可用金属线绑扎电源线。

不可用潮湿的手去触及开关、插座和灯座等电气装置；更不可用湿布去揩抹电气装置和用电器具。

在搬移电焊机、鼓风机、电钻和电炉等各种移动电器时，应先分离电源，更不可拖拉电源引线来移动电器。

在雷雨时，不可走近高压电杆、铁塔和避雷针的接地导线周围，至少要相距 10 米远，以防雷电入地时周围存在跨步电压而造成触电。

5.6.2　电工消防知识

（1）电气火灾的原因

电气事故不但能造成人员伤亡，设备损坏，还会造成火灾，有时火灾的损失比起电气事故的直接损失要大得多。电气设备在运行中产生的热量和电火花或电弧是引起火灾的直接原因。线路、开关、保险丝、照明器具、电动机、电炉等设备均可能引起火灾。电力变压器、互感器、电力电容器和断路器等设备除能引起火灾外还会产生爆炸。

（2）预防和扑救

预防电气火灾和爆炸的具体措施很多，在此仅介绍几点一般的措施。

选用绝缘强度合格、防护方式、通风方式合乎要求的电气设备。

严格执行安装标准，保证安装质量。

控制设备和导线的负荷，经常检查它们的温度。

合理使用设备，防止人为地造成设备及导线的机械损伤、漏电、短路、通风道的堵塞、防护装置的损坏等。

导线的接点要接触良好，以防过热。铜、铝导线连接时应防止电化腐蚀。

消除有害的静电。

万一发生了火灾，应尽量断电灭火，断电时应注意下面几点：

起火后由于受潮或烟熏，开关的绝缘电阻下降，拉闸时最好用绝缘工具。

高压侧应断开油断路器，一定不能先断开隔离开关。

断电的范围要适当，要保留救火需要的电源。

剪断电线时，一次只能断一根，并且不同相电线应在不同的部位剪断，以免造成短路。

不得不带电灭火时，下面的事项应予以注意：

按火情选用灭火机的种类。二氧化碳、四氯化碳、二氟一氯、一溴甲烷（"1 2 1"）、二氟二溴甲烷或干粉灭火机的灭火剂都是不导电的，可用于带电灭火。泡沫灭火机的灭火剂（水溶液）有一定导电性，且对电气设备的绝缘有影响，故不宜使用。

防止电通过水流伤害人体。用水灭火时，电会通过水枪的水柱、地上的水流、潮湿的物体使人触电。可以让灭火人员穿戴绝缘手套、绝缘靴或均压服，把水枪喷嘴接地，使用喷雾水枪等。

人体与带电体之间要保持一定距离。水枪喷嘴至带电体（110kV 以下）的距离不小于 3m。灭火机的喷嘴机体和带电体的距离，10kV 不小于 0.4m，35kV 不小于 0.6m。

对架空线路等架空设备进行灭火时，人体和带电体间连线与地平面的夹角不应超过 45°，以免导线断落危及灭火人员的安全。

如有带电导线落到地面，要划出一定的警戒区，防止有人触及或跨步电压伤人。

5.6.3　触电急救方法

（1）预防人体触电

为防止触电事故，除思想上重视，认真贯彻执行合理的规章制度外，主要依靠健全组织措施和完善各种技术措施。

为防止触电事故或降低触电危害程度，需要作好以下几方面的工作：

设立屏障，保证人与带电体的安全距离，并悬挂标示牌；

有金属外壳的电气设备，要采取接地或接零保护；

采用联锁装置和继电保护装置，推广、使用漏电保安器；

正确选用和安装导线、电缆、电气设备，对有故障的电气设备，及时进行修理；

不要乱拉电线，乱接用电设备，更不准用"一线一地"方式接灯照明；

不要用湿手去摸灯口、开关、插座等。更换灯泡时要先关闭开关，要经常检查电器的电源线是否完好；

发现电线断开落地时不要靠近，对 6～10kV 的高压线路应离开落地点 8～10m，并及时报告；

建立健全各项安全规章制度，加强安全教育和对电气工作人员的培训。

（2）触电急救

触电急救要做到镇静、迅速、方法得当，切不可惊慌失措。具体方法如下：

使触电者迅速脱离电源。应立即断开就近的电源开关，如果距开关太远，则要采用与触电者人体绝缘的方法直接使他脱离电源。如戴绝缘手套拉开触电位置；或用干燥木棒、竹竿等挑开导线。

如触电者脱离电源后有摔跌的可能时，应在使之脱离电源的同时作好防摔伤的措施。

触电者一经脱离电源，应立即进行检查，若是已经失去知觉，便着重检查触电者的双目瞳孔是否已经放大、呼吸是否停止和心脏的跳动情况如何等项目。应在现场就地抢救，使触电者仰天平卧，松开衣服和腰带，打开窗户，但要注意触电者的保暖；及时通知医务人员前来抢救。

根据检查结果，立即采取相应的急救措施。对有心跳而呼吸停止的触电者，应采用"口对口人工呼吸法"进行抢救。

对有呼吸而心脏停跳（或心跳不规则）的触电者，应采用"胸外心脏挤压法"进行抢救。

对呼吸和心跳都已停止的触电者，应同时采用上述两种方法进行抢救。

抢救方法：

口对口（或口对鼻）人工呼吸法步骤：

使触电者仰天平卧，头部稍后仰，松开衣服和腰带。

清除触电者口腔中血块、痰唾或口沫，取下假牙等杂物。

急救者深深吸气，捏紧触电者鼻子，大口地向触电者口中吹气，然后放松触电者鼻子，使之自身呼气，同时急救者再吸气，向触电者吹气。每次重复应保持均匀的间隔时间，以每分钟吹气 15 次左右为宜，人工呼吸要坚持连续进行，不可间断，直至触电者苏醒为止。见图 5-28 所示。

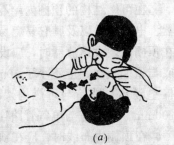
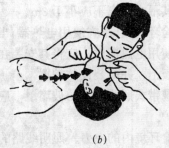

图 5-28　人工呼吸法

(a) 吹气；(b) 呼气

若触电者的嘴不易掰开，可捏紧嘴，往鼻孔里吹气。

胸外心脏挤压法施行步骤：

使触电者仰天平卧，松开衣服和腰带，颈部枕垫软物，头部稍后仰，急救者跪在触电者侧或跨在其腰部两侧，两手交叉相叠，用掌根对准心窝处 (两乳中间略下一点) 向下按压。

向下按压不是慢慢用力，要有一定的冲击力，但也不要用力过猛，一般对于成人压陷胸骨 3～4cm，儿童酌减。然后突然放松，但不要离开胸壁，让胸部自动恢复原状，此时心脏扩张，整个过程如图 5-29 所示。如此反复做，每分钟约 60 次，对儿童每分钟大约 90～100 次。

触电者如果呼吸停止，心脏也停止跳动，则同时使用口对口人工呼吸法和心脏挤压法，每心脏挤压四次，吹一口气，操作比例为 4∶1，最好由两个人共同进行。

5.6.4 电气安装工程的防火施工要求

我们知道电气事故不但能使设备损坏，还会造成火灾，而且火灾的损失比电气事故的直接损失要大得多，所以预防电气火灾是一项非常重要的工作，防患于未然，我们必须在电气安装的整个施工过程把好电气防火的每一关。

发生电气火灾的主要原因有：

线路严重过载或接头处接触不良引起严重发热，使附近易燃物、可燃物燃烧而发生

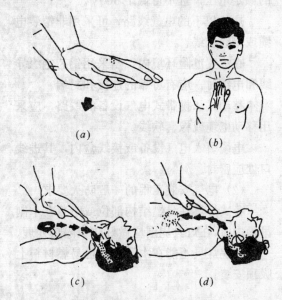

图 5-29　胸外心脏挤压法

火灾。

开关通、断或熔断器熔断时喷出电弧、火花，引起周围易燃、易爆物质燃烧爆炸。

由于电气设备受潮、绝缘性能降低而引起漏电短路，使设备产生火花引发火灾。

电气照明及电热设备使附近易燃物燃烧。

由于静电 (雷电、摩擦) 引发火灾。

鉴于发生电气火灾的各种原因，在电气安装工程中制定了有关防火的要求和规范。

(1) 在火灾危险环境电气设备及线路的安装要求

装有电气设备的箱、盒等，应采用金属制品；电气开关和正常运行产生火花或外壳表面温度较高的电气设备，应远离可燃物质

的存放地点，其最小距离不应小于 3m。

在火灾危险环境内，不宜使用电热器。当生产要求必须使用电热器时，应将其安装在非燃材料的底板上，并应装设防护罩。

移动式和携带式照明灯具的玻璃罩，应采用金属网保护。

在火灾危险环境内的电力、照明线路的绝缘导线和电缆的额定电压，不应低于线路的额定电压，且不得低于 500V。

1kV 以下的电气线路，可采用非铠装电缆或钢管配线。

在火灾危险环境内，当采用铝芯绝缘导线和电缆时，应有可靠的连接和封端。

移动式和携带式电气设备的线路，应采用移动电缆或橡套软线。

电缆引入电气设备或接线盒内，其进线口处应密封。

（2）电气安装工程的一般防火要求

各式灯具在易燃结构部位或暗装在木制吊顶内时，在灯具周围应做好防火隔热处理。

卤钨灯具不能在木质或其他易燃材料上吸顶安装。

在可燃结构的顶棚内，不允许装设电容器、电气开关以及其它易燃易爆的电器。如在顶棚内装设镇流器时，应设金属箱。铁箱底与顶棚板净距应不小于 50mm，且应用石棉垫隔热，铁箱与可燃构架净距应不小于 100mm，铁箱应与电气管路连成整体。

在顶棚内布线时，应在顶棚外设置电源开关，以便必要时切断顶棚内所有电气线路的电源。

在顶棚内由接线盒引向器具的绝缘导线，应采用可挠金属电线保护管或金属软管等保护，导线不应有裸露部分。

导线在槽板内不应设有接头，接头应置于接线盒或器具内；盖板不应挤伤导线的绝缘层。

塑料线槽必须经阻燃处理，外壁应有间距不大于 1m 的连续阻燃标记和制造厂标。

电气照明装置的接线应牢固，电气接触应良好；需接地或接零的灯具、开关、插座等非带电金属部分，应有明显标志的专用接地螺钉。

小　　结

本章学习的内容包括：电路的基本物理量：电流、电压、电源、电动势；欧姆定律 $U=IR$；正弦交流电的三要素：初相、频率、最大值；三相交流电源；Y 形接法、三角形接法；提高功率因数的方法：并联电容器；并学习了室内装饰常用配电线路材料，了解并学会使用常用的电工工具及仪表。

我们应重点掌握室内配电安装的要求及验收规范，熟记灯具、配电箱（板）、开关和插座的安装，掌握安全用电知识，学会触电急救方法，了解发生电气火灾的原因，在今后的施工过程中把好电气防火的每一关，认真做好防火施工。

习　题

1. 有一 220V、60W 的电灯，接在 220V 的电源上，试求通过电灯的电流和电灯的电阻。如果每晚用 3h，问一个月消耗电能多少？

2. 电感和电容消耗有功功率吗？为什么？

3. 常用的电灯开关有哪几种形式？

4. 常用的插座有哪几种形式？

5. 一般灯具分为哪几种类型？

6. 常用的电工工具有哪些？

7. 常用的电工仪表有哪些？各有什么用途？

8. 灯具、配电箱、开关和插座的安装要求是什么？

9. 发生电气火灾的原因是什么？

10. 电气安装工程的防火施工有哪些？

第6章 砖瓦工基础知识

砖瓦工程在建筑上也称为砌筑工程，它是利用砌筑砂浆（也可用泥浆）将砖、石、砌块或土坯等砌成所需的形状，如墙、基础等砌体。完成砌筑工程的施工过程包括砂浆调制、搭设脚手架和砖、石砌筑等。本章讲述的主要内容有砌筑材料和砌筑工具的使用方法、砌体砌筑的基本方法、砖墙的组砌形式及"二四"墙的砌筑工艺和隔墙、空心砖墙的砌筑方法等内容。

6.1 砌筑材料与工具

6.1.1 砌筑用砖

（1）普通粘土砖

普通粘土砖又称标准砖，根据砖的颜色分为红砖和青砖两种。普通粘土砖是建筑工程中最常用的砖，广泛用于承重墙体，也用于非承重的填充墙。

普通粘土砖标准尺寸为 240mm×115mm×53mm。当砌体灰缝厚度为 10mm 时，即 4 块砖长、8 块砖宽、16 块砖厚均为 1m。标准砖各个面的叫法如图 6-1 所示。

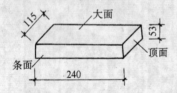

图 6-1 标准砖各面的叫法

粘土砖的体积密度为 1600～1800 kg/m³，每块砖重为 2.5kg。

（2）空心砖

空心砖分承重空心砖、非承重空心砖两种。

1）承重空心砖规格和性能见表 6-1、表 6-2。

2）非承重空心砖的主要规格和性能见表 6-3、表 6-4。

3）空心砖的适用范围

承重空心砖有较高的抗压强度，可用于砌筑承重墙或非承重墙，而非承重空心砖抗压强度低，一般用于砌筑非承重隔断墙及框架结构的围护墙。

承重空心砖规格　　表 6-1

代号	长 （mm）	宽 （mm）	高 （mm）
KM₁	190	190	90
KP₁	240	115	90
KP₂	240	185	115

承重空心砖力学性能　　表 6-2

强度等级	抗压强度（MPa）		抗折荷重（kg）	
	五块平均 值不小于	单块最小 值不小于	五块平均 值不小于	单块最小 值不小于
MU20	20	14	945	615
MU15	15	10	735	475
MU10	10	6	530	310
MU7.5	7.5	4.5	430	260

非承重空心砖规格　　表 6-3

代号	规格分类	长 （mm）	宽 （mm）	高 （mm）
KF₁	主规格	240	240	115
	副规格	115	240	115

非承重空心砖力学性能　　表 6-4

受压方向	抗压强度（MPa）	
	五块平均值	其中最小值
大面受压	≥3	≮2.5
条面受压	≥2.5	≮2

6.1.2 砌筑砂浆

（1）砂浆的作用、种类和适用范围

作用：把单个的砖块胶结在一起，形成一个整体，增强砌体的稳定性，提高砌体的强度，能够使块体通过它均匀地传递内力，填满砖间的缝隙，减小砌体的透风性，对房屋起到保温、隔热、隔潮的作用。

施工操作中常用的砌筑砂浆有三种：

1）水泥砂浆：由水泥和砂子按一定比例混合搅拌而成，它可以配制强度较高的砂浆。水泥砂浆一般用于基础、长期受水浸泡的地下室和承受较大外力的砌体。

2）混合砂浆：由水泥、石灰膏、砂子拌和而成。一般用于地面以上的砌体，混合砂浆和易性好，操作起来比较容易，有利于砌体密实度和工效的提高。

3）石灰砂浆：由石灰膏和砂子按一定比例搅拌而成的砂浆，适用于砌筑一般简易房屋的墙体。

（2）砌筑砂浆材料

1）水泥

a. 水泥的种类：常见的有硅酸盐水泥、普通硅酸盐水泥、矿渣硅酸盐水泥、火山灰质水泥、粉煤灰水泥等。

b. 水泥的标号：常用的水泥标号有：325号、425号、525号、625号四个。

c. 水泥的凝结：水泥凝结畤间分为初凝和终凝。初凝是指水泥从加水到开始凝结所需的时间。国家标准规定初凝不得早于45min，终凝不得迟于12h。目前各地生产的水泥初凝时间是1～3h，终凝时间是5～8h。

d. 水泥的保管：水泥属于水硬性材料，必须妥善保管，不得淋雨受潮。贮存时间一般不宜超过3个月。超过3个月的水泥，必须重新取样送检，待确定标号后再使用。

2）石灰膏

生石灰经过熟化，用网滤渣后，储存在石灰池内，沉淀14d以上，经充分熟化后即成为可用的石灰膏。

3）砂

砂是砂浆中的细骨料，按产地分有山砂、河砂、海砂几种；按平均粒径可分为粗砂、中砂、细砂三种。砌筑砂浆以使用中砂为好，粗砂的砂浆和易性差，不便于操作；细砂的砂浆强度低，一般用于勾缝。

4）水

水能与水泥发生水化反应，还起润滑作用。砌筑砂浆要求用自来水或清洁的天然水，若用工业废水、矿泉水则需经化验合格后才能使用。

（3）砂浆的技术要求

1）流动性

流动性也叫稠度，是指砂浆稀稠的程度。试验室采用稠度计（如图6-2所示）进行测定，试验时以稠度计的圆锥体沉入砂浆中的深度表示稠度值。圆锥的重量规定为300g，按规定的方法将圆锥沉入砂浆中。例如沉入的深度为80mm，则表示该砂浆的稠值为8。

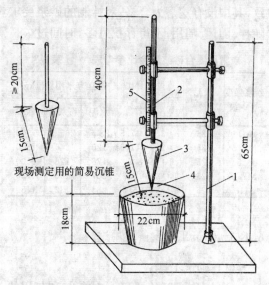

图 6-2 砂浆流动性测定仪（稠度计）
1—台架；2—滑杆；3—圆锥（自重300g，锥径7.5cm）；4—灰桶；5—标尺

砂浆的流动性与砂浆的加水量、水泥用量、砂子的颗粒大小和形状、砂子的孔隙以及砂浆搅拌的时间等有关。对砂浆流动性的要

求可以因砌体种类、施工时大气温度和湿度等的不同而异。当砖浇水适当而气候干热时，稠度宜用8～10；当气候湿冷，或砖浇水过多及遇雨天，稠度宜采用4～5；如砌筑毛石、块石等吸水率小的材料时，稠度宜采用5～7。

2）保水性

砂浆的保水性是指砂浆从搅拌机出料后到使用在砌体上，砂浆中的水和胶结料以及骨料之间分离的快慢程度。保水性与砂浆的组成配合比，砂子的粗细程度等有关。石灰砂浆的保水性比较好，混合砂浆次之，水泥砂浆较差。所以，在砂浆中添加微沫剂是改善保水性的有效措施。

（4）砌筑砂浆的配制

1）配合比

砂浆配合比可参考表6-5。

2）砂浆的拌制

砂浆的拌制分为人工拌制和机械拌制两种情况。采用机械拌制时，要求搅拌时间最少为2min。人工拌制时，则以拌到颜色均匀一致，其中没有疙瘩为合格。对拌制的砂浆要求随拌、随运、随用，不得存积过多，时间过久。

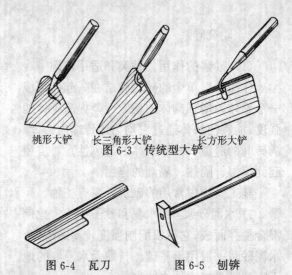

图6-3　传统型大铲
桃形大铲　长三角形大铲　长方形大铲

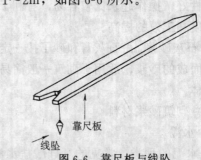

图6-4　瓦刀　　　　图6-5　刨锛

4）靠尺板和线坠：又称托线板，是用于检查墙面垂直度及平整度的工具，长度一般为1～2m，如图6-6所示。

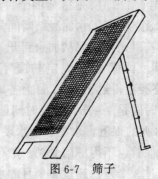

靠尺板

线坠

图6-6　靠尺板与线坠

5）筛子：用于筛分砂子，常用的筛孔尺寸为5mm、8mm、10mm等几种。使用时用木杆或竹杆支立，如图6-7所示。

常用混合砂浆配合比参考表　　　表6-5

砂浆强度等级	水泥标号	重量配合比 水泥：石灰膏：砂	每立方米用料（kg）		
			水泥	石灰膏	砂子
M1	325	1：3.0：17.5	88.5	265.5	1500
M2.5	325	1：2.0：12.5	120	240	1500
M5	325	1：1：8.5	176	176	1500
M7.5	325	1：0.8：7.2	207	166	1450
M10	325	1：0.5：5.5	264	132	1450

6.1.3　砌筑工具设备及用途

（1）砌筑工具

1）大铲：砌砖时铲灰、铺灰与刮灰用的工具，传统型的大铲有长三角形、桃形、长方形三种，如图6-3所示。

2）瓦刀：又叫泥刀，用于摊铺砂浆、砍削砖块，其形状如图6-4所示。

3）刨锛：打砖用的工具，如图6-5所示。

图6-7　筛子

（2）砂浆搅拌机

砂浆搅拌机，是砖瓦工砌砖操作常用的拌制砂浆的机械，常用的规格有200L和325L，台班产量分别为18m³和26m³。砂浆搅拌机如图 6-8 所示。

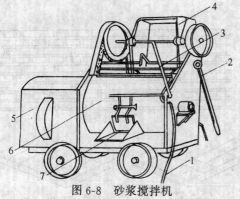

图 6-8　砂浆搅拌机

1—水管；2—上料操纵手柄；3—出料操纵手柄；
4—上料斗；5—变速箱；6—搅拌斗；7—出灰门

6.2　砌筑基本方法

6.2.1　"三一"砌筑法

"三一"砌筑法，即是一块砖、一铲灰、一揉挤，并随手将挤出的砂浆刮去的砌筑方法。这种砌筑方法的优点是：灰缝容易饱满、粘结力好、墙面整洁，所以，砌筑实心砖砌体宜用"三一"砌筑法。

6.2.2　披刀灰砌砖法

披刀灰砌筑的优点是：砂浆刮得均匀，灰缝饱满，所以砌筑质量好，但工效较低，目前采用较少。

6.2.3　铺灰挤砌法

用铺灰工具，在墙上铺好一段灰浆，然后进行挤浆砌砖。挤浆方法可分为双手挤浆和单手挤浆两种。

铺灰挤砌法的优点是：砌砖工效高、砂浆饱满，粘结力强。但容易发生灰浆干硬，粘结不良影响砌体强度。

6.3　砖墙的组砌形式与摆砖

6.3.1　砖砌体的组砌原则

砖砌体是由砖块和砂浆通过各种组砌方

法砌成的整体，为了使砖砌体形成牢固的整体，因此在砌筑时要遵守以下原则：

(1) 必须错缝搭接

(2) 灰缝的厚度在 8～12mm 内。

6.3.2　砖砌体的组砌形式

(1) "三顺一丁"砌法

由三皮顺砖和一皮丁砖相互交替叠砌而成。上下皮顺砖搭接 1/2 砖长，顺砖与顶砖搭接 1/4 砖长。调整错缝搭接时用"内七分头"，见图 6-9 所示。

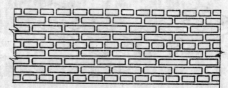

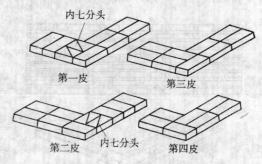

内七分头

第一皮　　　　　　　第三皮

第二皮　内七分头　第四皮

图 6-9　三顺一丁砌法

(2) "一顺一丁"砌法

由一皮顺砖与一皮丁砖相互交替砌筑而成，上下皮砖之间竖缝错开 1/4 砖长。它的墙面形式有两种：一种称十字缝（顺砖层上下对齐），如图 6-10(a) 所示；一种称骑马缝（顺砖层上下错开半砖），如图 6-10(b) 所示。

一顺一丁砌法调整错缝搭接时，可用"内七分头"或"外七分头"，"外七分头"较为常用，如图 6-10 所示。

(3) "三七缝"砌法

在同一皮砖层内由三皮顺砖和一皮丁砖相互交替叠砌而成。上下皮叠砌时，上皮丁砖应砌在下皮第二块顺砖中间上下皮砖的搭接长度为 1/4 砖长。如图 6-11 所示。

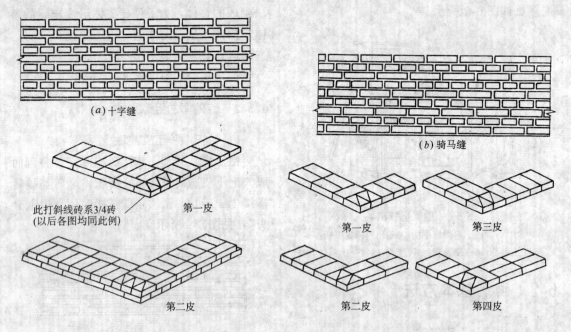

(a)十字缝

(b)骑马缝

此打斜线砖系3/4砖
(以后各图均同此例)

第一皮

第一皮

第三皮

第二皮

第二皮

第四皮

图 6-10 一顺一丁砌法

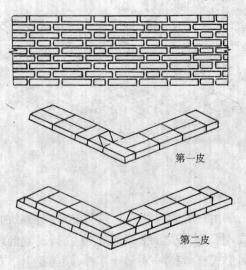

第一皮

第二皮

图 6-11 "三七"缝砌法

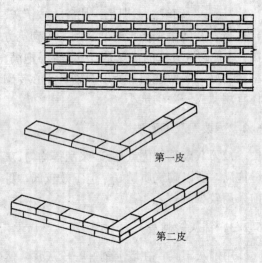

第一皮

第二皮

图 6-12 顺砌法

（4）顺砌法（条砌法）

每皮砖全部用顺砖砌筑，两皮间竖缝搭接二分之一砖长。此种砌法仅用于半砖墙隔断墙，如图 6-12 所示。

6.3.3 摆砖方法

纵、横墙的连接是指相互垂直的丁字形或十字形相交的两道墙连接，其连接方法主要是砖的错缝压槎及加筋砌筑。错缝压槎的摆砖方法随墙的厚度和连接形式的不同而异。

（1）丁字形连接的摆砖方法

1）12 墙接 12 墙：12 墙丁字连接的组砌形式应该满足条砌法的规定，即两块砖的搭接长度为 1/2 砖长，因此在接槎处两边需用两块七分头砖，这样才能将立缝错开。如图 6-13 所示。

2）12 墙接 24 墙：一般是 12 墙伸进 24 墙 1/2 砖长。操作时，应在 24 墙的接槎处砌

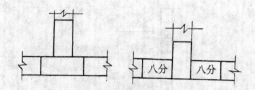

图 6-13　12 墙接 12 墙

一块半头砖，如图 6-14 所示。如果接槎位置与图示相差 1/4 砖长时，还可在内条砖的位置上用半头砖砌一半，另一半使 12 墙的条砖伸入到 24 墙内。

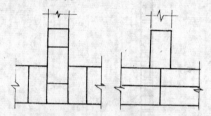

图 6-14　12 墙接 24 墙

3) 24 墙接 24 墙（37 墙接 37 墙）：操作时，在内条砖的位置上砌两块二寸头（37 墙时砌三块二寸头），如图 6-15 所示。

（2）十字形连接的摆砖方法

1) 12 墙接 12 墙：这种连接方法需要层层打制材料砖，即在接槎处，第一皮砖中有一道墙需用两块七分头错缝；第二皮砖中另一道墙又需用两块七分头错缝，只有这样才能满足条砌法的搭接 1/2 砖长的规定。此种摆砖方法如图 6-16 所示。如果是混水墙，则可采用摆两块二寸头砖的方法错缝，这样不仅能使打制七分头砖时剩下的砖（二寸头）得以利用，而且还能收到减少打砖操作，使工作面干净，节省材料的目的。

2) 24 墙接 24 墙（37 墙接 37 墙）：这种连接情况比 12 墙简单。无论是条砖层或是丁砖层的摆砖，只要注意先摆砖的墙的立缝与后摆砖的墙边线错开 1/4 砖长，即满足搭接要求就可以了，并且不需要打砖，如图 6-17 所示。

6.3.4　皮数杆、准线及靠尺板的使用

（1）皮数杆

皮数杆一般是用 50mm×50mm 的方木制成，上面砖的皮数、灰缝厚度、门窗、楼板、圈梁、过梁、屋架等，以及建筑物各种预留洞口的高度，它是墙体竖向尺寸的标志。其形式如图 6-18 所示。

皮数杆应设立在墙的转角处、内外墙的交接处及楼梯间和洞口较多的部位，如图 6-19 所示，立皮数杆时可用水准仪测定标高，使各皮数杆立在同一标高上。

（2）挂线

为了确保墙面垂直、平整、标高及砌砖时灰缝均匀，必须挂线进行砌筑，如图 6-20 所示。

一般一砖厚以下的墙可以单面挂线，一砖厚以上的墙宜双面挂准线。

（3）靠尺板的用法

使用时将靠尺板的一侧垂直靠紧墙面进行检查，靠尺板上挂线坠的线不宜过长（也不要过粗），应使线坠的位置正好对准靠尺板下端开口处，同时还要注意不要使线坠紧靠在靠尺板上，要由线坠自由摆动。这时检查摆动的线坠最后停摆的位置是否与靠尺板上的竖直墨线重合，重合表示墙面垂直；当线坠向外离开墙面偏离墨线时，表示墙面向外倾斜；线坠向里靠近墙面偏离墨线，则说明墙向内倾斜，如图 6-21 所示。经靠尺板检查有不平整的现象时，则应先校正墙面平整后，再检查其垂直度。

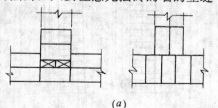
(a)

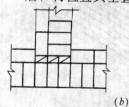
(b)

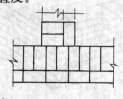

图 6-15　24 墙、37 墙丁字连接

(a) 24 墙接 24 墙　(b) 37 墙接 37 墙

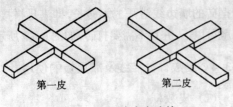

第一皮　　　　第二皮

图 6-16　12 墙十字连接

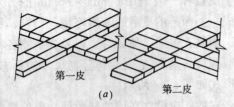

第一皮　　　　　　第二皮

(a)

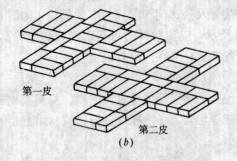

第一皮

第二皮

(b)

图 6-17　24 墙、37 墙十字连接

(a) 24 墙接 24 墙　　(b) 37 墙接 37 墙

3.000

表示一层楼标高

45

表示钢筋混
凝土过梁

表示窗上框

35

15

表示窗下框

5

±0.000

图 6-18　皮数杆

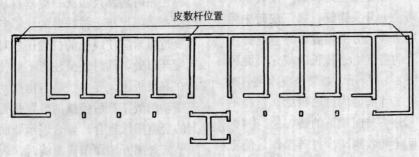

皮数杆位置

图 6-19　设立皮数杆位置

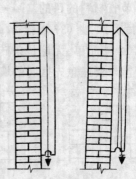

小线

图 6-20　挂线

图 6-21　靠尺板用法示意

136

6.4 墙体的砌筑

6.4.1 砖墙的砌筑工艺

（1）抄平、放线

为了保证建筑物平面尺寸和各层标高的正确无误，砌筑前必须认真细致地做好抄平、放线工作，准确地定出各层楼面（地面）的标高和墙柱的轴线位置，作为砌筑时的控制依据。

（2）立皮数杆及门窗樘

1）立皮数杆：皮数杆的立设要求详见6.3.4。

2）立门窗樘：安立门窗樘的方法有两种：一种是先留洞口，然后将樘子塞进去；另一种是将樘子立好再砌砖。

（3）摆砖

指在墙基面上（或窗台面上），按墙身长度和组砌方式先用干砖试摆，以确定各段墙的砖块数和头缝宽度。

（4）砌头角、挂线

墙体的砌角又称盘角，分小盘角和大盘角两种。小盘角是把七分砖砌在墙角的第一块砖处，同一砖层的"七分头"用量按墙宽来决定，24墙用两块、37墙用三块，以此类推。大盘角的墙角第一块砖用整砖砌筑，"七分头"砌在墙角的第二块砖处。

在砖墙的砌筑中，为了确保墙面的垂直平整，必须要挂线砌筑，其要求见6.3.4。

6.4.2 门窗弧形碹砌筑

当碹两侧的砖墙砌到碹脚标高后，支上胎模，然后砌碹膀子（拱座），拱座的坡度线应与胎模垂直。碹膀子砌完后开始在胎模上发碹，碹的砖数也必须为单数，由两端向中间发，立缝与胎模面要保持垂直。大跨度的弧形碹厚度常在一砖以上，宜采用一碹一伏的砌法，就是发完第一层碹后灌好浆，然后

砌一层伏砖（平砌砖），再砌上面一层碹，伏砖上下的立缝错开，这样可以使整个碹的上下边灰缝厚度相差不太多，弧形碹的做法如图6-22所示。

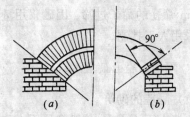

图 6-22　弧形碹的做法
（a）一碹一伏形式；（b）碹砖指向圆心并与砖胎面垂直

6.4.3 清水墙勾缝

清水墙砌筑完毕要及时抠缝，可以用小钢皮或竹棍抠划，也可以用钢线刷剔刷，抠缝深度应根据勾缝形式来确定，一般深度为10mm左右。

勾缝的形式一般有四种，如图6-23所示。

（1）平缝：操作简便，勾成的墙面平整，不易剥落和积圬，防雨水的渗透作用较好，但墙面较为单调。平缝一般采用深浅两种做法，深的约凹进墙面3～5mm。

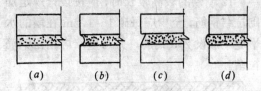

图 6-23　勾缝的形式
（a）平缝；（b）凹缝；（c）斜缝；（d）半圆形凸缝

（2）凹缝：凹缝是将灰缝凹进墙面5～8mm的一种形式。凹面可做成半圆形。勾凹缝的墙面有立体感。

（3）斜缝：斜缝是把灰缝的上口压进墙面3～4mm，下口与墙面平，使其成为斜面向上的缝。斜缝泻水方便。

（4）凸缝：凸缝是在灰缝面做成一个半圆形的凸线，凸出墙面约5mm左右。凸缝墙

面线条明显、清晰、外观美丽，但操作比较费事。

勾缝一般使用稠度为 4～5cm 的 1:1 水泥砂浆，水泥采用 325 号水泥，砂子要经过 3mm 筛孔的筛子过筛。因砂浆用量不多，一般采用人工拌制。

6.4.4 隔墙、空心砖墙砌筑

(1) 隔墙的砌筑

隔墙由于不承重，一般都采用半砖墙，墙面均采用条砌法。当砌到梁或板的下面时，砌筑十分困难。由于塞灰不严使墙体上部分与梁、板接触处产生空隙，墙体上端成为自由端，当墙体受到门窗开闭和周围一些经常性的振动时，日久天长会使上端边角处灰层开裂，脱落，影响使用质量。所以，要求墙体上端与梁、板接触处采取立砖斜砌进行固定。

具体做法是：当砌至梁、板 200mm 左右时，先在角处斜砌一块半砖，然后进行整砖斜砌，采取在砖面上打灰条，同时打上丁头灰，斜砌时用瓦刀或刨锛将砖块向上楔紧，同时用砂浆塞严条砖下部灰缝如图 6-24 所示。使墙体上端与梁、板接触严实。

12 墙砌的较高较长时，应按设计规定加砌拉结钢筋，至少应每砌 1～1.2m 在墙的水平缝中加设 2ϕ6 钢筋，并与主墙内预留钢筋拉结。

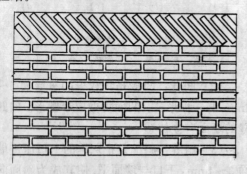

图 6-24　12 墙与 18 墙的砌筑

(2) 空心砖墙的砌筑

1) 排砖摞底

a. 空心砖墙的灰缝厚度一般为 8～12mm。排砖摞底时，应按砖块尺寸和灰缝厚度计算排数和皮数。

b. 承重空心砖的孔应竖直向上，排砖时，按组砌方法（满丁满条或梅花丁）先从转角或定位处开始向一侧排砖。内外墙应同时排砖，纵横方向交错搭接，上下皮错缝，一般搭砌长度不小于 60mm。

c. 非承重空心砖上下皮错缝 1/2 砖长。排砖时，凡不够半砖处用普通实心砖补砌，门窗洞口两侧 240mm 范围内，应用实心砖砌筑，如图 6-25 所示。

d. 排砖符合上述要求后，应安排砖的竖缝和水平缝要求拉紧通线。

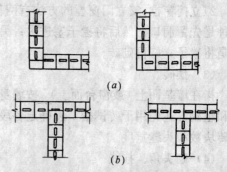

图 6-25　承重空心砖墙大角
及内外墙交接处的组砌
(a) 大角处；(b) 内外墙交接处

2) 砌筑工艺

a. 由于空心砖厚度较大，所以砌筑时要注意上跟线、下对楞。

b. 砌筑时，墙体不允许用水冲浆灌缝。

c. 承重空心砖墙大角处和内外墙交接处，应加半砖使灰缝错开（图 6-25）。

盘砌大角不宜超过了皮砖，不得留槎；内外墙应同时砌筑，如必须留槎时应留斜槎。

d. 非承重空心砖砌筑时，在以下部位应砌实心砖墙：

(a) 地面以下或防潮层以下部位；

(b) 墙体底部三皮砖；

(c) 墙体留洞、预埋件、过梁支承处；

(d) 墙体顶部用实心砖斜砌挤实。

e. 非承重空心砖砌筑时，不宜砍砖。当不够整砖时，应用实心砖补填。墙上的预留孔洞应在砌筑时留出，不得后凿。在砌较长、较高的墙体时，如设计无要求时，一般在墙的高度范围内加设一道或两道实心砖带，亦可每道用 2 根 φ6 的钢筋加强。与框架结构连接处，必须将柱子上的预留拉结筋砌入墙内。

6.4.5 一般砖砌体施工规范

(1) 砖砌体应上下错缝，内外搭砌。实心砖砌体宜采用一顺一丁、三顺一丁或梅花丁的砌筑形式。

砖柱不得采用包心砌法。

(2) 砖砌体水平灰缝的砂浆应饱满，实心砖砌体水平灰缝的砂浆饱满度不得低于 80%。

竖向灰缝宜采用挤浆或加浆方法，使其砂浆饱满，严禁用水冲浆灌缝。

(3) 砖砌体的水平灰缝厚度和竖向灰缝宽度一般为 10mm，但不应小于 8mm，也不应大于 12mm。

(4) 砖砌体的转角处和交接处应同时砌筑。对不能同时砌筑而又必须留置的临时间断处，应砌成斜槎，实心砖砌体的斜槎长度不应小于高度的 2/3（如图 6-26 所示）；空心砖砌体的斜槎长高比应按砖的规格尺寸确定。

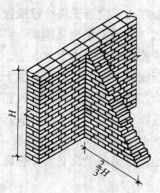

图 6-26 斜槎

如临时间断处留槎确有困难时，除转角外，也可留直槎，但必须做成阳槎，并加设拉结筋。拉结筋的数量为每 120mm 墙厚放 1 根直径 6mm 的钢筋；间距沿墙高不得超过 500mm；埋入长度从墙的留槎处算起，每边均不应小于 500mm；末端应有 90°弯钩。如图 6-27 所示。

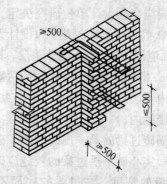

图 6-27 直槎

抗震设防地区建筑物的临时间断处不得留直槎。

(5) 隔墙与墙或柱如不同时砌筑而又不留成斜槎时，可于墙或柱中引出阳槎，或于墙或柱的灰缝中预埋拉结筋，其构造与第 4 条相同，但每道不得少于 2 根。

抗震设防地区建筑物的隔墙，除应留阳槎外，并应设置拉结筋。

(6) 砖砌体接槎时，必须将接槎处的表面清理干净，浇水湿润，并应填实砂浆，保持灰缝平直。

(7) 框架结构房屋的填充墙，应与框架中预埋的拉结筋连接。

(8) 隔墙和填充墙的顶面上部结构接触处宜用侧砖或立砖斜砌挤紧。

(9) 每层承重墙的最上 1 皮砖，应用丁砖层砌筑。在梁或梁垫下面，砖砌体的阶台水平面上以及砖砌体的挑出层（挑檐、腰线等）中，也应用丁砌层砌筑。

(10) 砖柱和宽度小于 1m 的窗间墙，应选用整砖砌筑。半砖和破损的砖应分散使用在受力较小的砌体中和墙心。

(11) 砌筑空心砖砌体时，砖的孔洞应垂直于受压面。砌筑前应试摆，在不够整砖处，如无辅助规格，可用模数相符的普通砖补砌。

（12）施工时需在砖墙中留置的临时洞口，其侧边离交接处的墙面不应小于500mm；洞口顶部宜设置过梁。

抗震设计烈度为9度的建筑物，临时洞口的设置应会同设计单位研究决定。

（13）砌筑钢筋砖过梁，如设计无具体要求，底面应铺设1∶3水泥砂浆层，其厚度宜为30mm；钢筋应埋入砂浆层中，两端伸入支座砌体内不应小于240mm，并有90°弯钩埋入墙的竖缝内。

钢筋砖过梁的第一皮砖应砌丁砌层。

（14）实心砖平拱过梁的灰缝应砌成楔形缝。灰缝的宽度，在过梁的底面不应小于5mm；在过梁的顶面不应大于15mm。

拱脚下面应伸入墙内不小于20mm，拱底应有1%的起拱。

（15）砖过梁底部的模板应在灰缝砂浆强度达到设计标号的50%以上时，方可拆除。

（16）砌筑配筋砖砌体应符合下列补充规定：

1）埋设钢筋的灰缝厚度应比钢筋直径大4mm以上，以保证钢筋上下至少各有2mm厚的砂浆层。

2）用钢筋网作横向配筋，每一钢筋网的末端应在砌体的水平灰缝中露明，以便检查配筋是否遗漏和设置是否正确。

3）横向配筋所用的矩形钢筋网或连弯式钢筋网，不得采用分离设置的单根钢筋代替。

连弯式钢筋网应在相邻砖层中相互垂直设置。

（17）设有钢筋混凝土抗风柱的房屋，应在柱顶与屋架间以及屋架间的支撑均已连接固定后，方可砌筑山墙。

6.4.6 砌筑工程质量检测工具和质量标准

（1）检测工具

1）靠尺板：又称托线或弹子板，如图6-

6所示，用以检查墙面垂直和平整。

2）塞尺：如图6-28所示，检查墙面平整时用来确定偏差数值。

3）百格网：如图6-29所示，检查砂浆饱满程度。

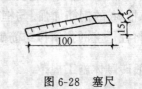

图6-28 塞尺

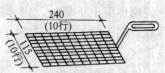

图6-29 百格网

4）经纬仪：测定房屋大角及烟囱的垂直度。

（2）质量标准

1）保证项目

a. 砖的品种、强度等级必须符合设计要求。

检测方法：观察检查、检查出厂合格证或试验报告。

b. 砂浆的品种必须符合设计要求，强度必须符合下列规定：

（a）同品种、同强度等级砂浆各组试块的平均强度不得小于$f_{m,k}$（设计强度）；

（b）任一组试块的强度不小于$0.75f_{m,k}$。

检验方法：检查试块检验报告。

c. 砌体砂浆必须密实饱满，实心砖砌体灰缝的砂浆饱满度不小于80%。

检查数量：每步架抽查不少于3处。

检验方法：用百格网检查砖底面砂浆的粘结痕迹面积，每处掀3块砖取其平均值。

d. 外墙的转角处严禁留直槎，其他的临时间断处，留槎的做法必须符合施工规范的规定。

检验方法：观察检查。

2）基本项目

a. 砖砌体上下错缝应符合以下规定：

项次	项 目			允许偏差 (mm)	检 验 方 法
1	轴线位置偏移			10	用经纬仪或拉线和尺量检查
2	基础和墙砌体顶面标高			±15	用水准仪和尺量检查
3	垂直度	每层		5	用 2m 托线板检查
		全高	≤10m	10	用经纬仪或吊线和尺量检查
			>10m	20	
4	表面平整度	清水墙、柱		5	用 2m 靠尺和楔形塞尺检查
		混水墙、柱		8	
5	水平灰缝平直度	清水墙		7	拉 10m 线和尺量检查
		混水墙		10	
6	水平灰缝厚度（10 皮砖累计数）			±8	与皮数杆比较尺量检查
7	清水墙面游丁走缝			20	吊线和尺量检查，以底层第一皮砖为准
8	门窗洞口（后塞口）	宽度		±5	尺量检查
		门口高度		+15、(-5)	
9	预留构造柱截面（宽度、深度）			±10	尺量检查
10	外墙上下窗口偏移			20	用经纬仪或吊线检查以底层窗口为准

注：每层垂直度偏差大于 15mm 时，应进行处理。

合格：砖柱、垛无包心砌法；窗间墙及清水墙面无通缝；混水墙每间（处）4～6 皮砖的通缝不超过 3 处。

优良：砖柱、垛无包心砌法；窗间墙及清水墙面无通缝；混水墙每间（处）无 4 皮砖的通缝。

检查数量：外墙，按楼层（或 4m 高以内）每 20m 抽查 1 处，每处 3 延长米，但不少于 3 处；内墙，按有代表性的自然间抽查 10%，但不少于 3 间。

检验方法：观察或尺量检查。

注：通缝系指上下二皮砖搭接长度小于 25mm。

b. 砖砌体接槎应符合以下规定：

合格：接槎处灰浆密实，缝、砖平直，每处接槎部位水平灰缝厚度小于 5mm 或透亮的缺陷不超过 10 个。

优良：接槎处灰浆密实，缝、砖平直，每处接槎部位水平灰缝厚度小于 5mm 或透亮的缺陷不超过 5 个。

检查数量：同“砖砌体上下错缝”

检验方法：观察或尺量检查。

c. 预埋拉结筋符合以下规定：

合格：数量、长度均应符合设计要求和施工规范规定，留置间距偏差不超过 3 皮砖。

优良：数量、长度均应符合设计要求和施工规范规定，留置间距偏差不超过 1 皮砖。

检查数量：同砖砌体上下错缝

检验方法：观察或尺量检查。

d. 留置构造柱应符合以下规定：

合格：留置位置应正确，大马牙槎先退后进；残留砂浆清理干净。

优良：留置位置应正确，大马牙槎先退后进；上下顺直；残留砂浆清理干净。

检查数量：同砖砌体上下错缝。

检验方法：观察检查。

e. 清水墙面应符合以下规定：

合格：组砌正确、刮缝深度适宜，墙面整洁。

优良：组砌正确、竖缝通直、刮缝深度适宜一致、楞角整齐，墙角整洁美观。

检查数量：同“砖砌体上下错缝”

检验方法：观察检查。

3）允许偏差项目

砖砌体尺寸、位置的允许偏差和检验方

法应符合表 6-6 的规定。

检查数量：外墙，按楼层（或 4m 高以内）每 20m 抽查 1 处，每处 3 延长米，但不少于 3 处；内墙，按有代表性的自然间抽查 10％，但不少于 3 间，每间不少于 2 处，柱不少于 5 根。

6.5 砖瓦工安全生产知识

（1）在操作之前必须检查操作环境是否符合安全要求，道路是否畅通，机具是否安全牢固，安全设施和防护用品是否齐全，经检查符合要求后才可施工。

（2）墙身砌体高度超过地坪 1.2m 以上时，应搭设脚手架、一层以上或高度超过 4m 时，采用里脚手必须支搭安全网；采用外脚手架应设护身栏杆和挡脚板后方可砌筑。

（3）脚手架上堆料不得超过规定荷载，堆砖高度不得超过 3 皮砖。

（4）砍砖时应面向内砍，注意碎砖蹦出伤人。

（5）雨季施工，每天下班时，要做好防雨措施，以防雨水冲跑砂浆，致使砌体倒塌。

（6）冬期施工时，上班前应清扫冰霜、积雪，才能上架子进行施工。

（7）在立体上下交叉作业时，必须设置安全隔板，下层人员必须戴好安全帽。

小　结

1. 砌筑材料与工具是砖瓦工操作的基础，砌筑材料主要包括砌筑用砖和砌筑砂浆两个部分。常用的砌筑用砖是普通粘土砖，而砌筑砂浆墙体一般采用混合砂浆，基础则采用水泥砂浆。在砌筑工具方面主要介绍了砌筑工程中南北地区常用的砌筑工具和设备。

2. 确定砖墙的组砌形式是砌墙的基础，常用的组砌形式有一顺一丁砌法、三顺一丁砌法、"三七"缝法、条砌法、丁砌法等几种，"二四"墙的砌筑大多采用三顺一丁砌法。摆砖是在砌墙操作之前把干砖进行试摆砖和摞底，所谓摆砖就是按照规定的组砌形式将干砖摆好，而摞底就是用砂浆把试摆所确定的砖砌筑固定。

皮数杆、准线、靠尺板都是保证砌筑质量的主要工具。建筑物的标高主要是靠皮数杆来进行控制和传递的；准线是控制一道墙垂直、平整、标高及砌砖时灰缝厚度的依据线，一般一砖厚以下的墙单面挂线，一砖厚以上的墙双面挂线；靠尺板则是检查墙体垂直度的重要工具，使用时将靠尺板的一侧垂直靠紧墙面进行检查。

3. 墙体砌筑的操作方法有"三一"砌筑法、披刀灰砌筑法和铺灰挤砌法等几种、一般的实心墙体均采用"三一"砌筑法施工。

4. 墙体的砌筑包括了砖墙的砌筑工艺、门窗弧形碹砌筑方法、清水墙面勾缝形式和操作方法、并且介绍了隔墙和空心砖墙的施工要求和规范对砌筑工程的要求及工程质量检测的工具和标准。

习　题

1. 普通粘土砖的标准尺寸是多少？单块重是多少？它的强度等级分哪几种？
2. 水泥的存放应注意哪些事项？
3. 砌筑砂浆分哪几类？各自用什么材料拌制？各自的适用范围是什么？
4. 什么叫"三一"砌筑法？
5. 皮数杆的作用是什么？怎样立设皮数杆？
6. 砌墙为什么要挂线？怎样挂线？
7. 隔墙的砌筑有哪些要求？
8. 砖墙应检查哪些质量？如何检查？

第二篇

建筑装饰施工工艺

本篇主要讲述建筑装饰相关工种施工工艺，让读者了解各装饰施工工艺的特点，类型，所用材料的主要物理力学性能，施工对象的构造，工艺流程，施工规范和质量标准等。

本篇将介绍 7 种装饰施工工艺：木装修施工工艺，陶瓷面砖与石材饰面施工工艺，油漆涂料施工工艺，裱糊饰面施工工艺，玻璃装饰施工工艺，金属制品装饰施工工艺和其他装饰施工工艺。

第7章 木装修施工工艺

建筑装饰涉及木装修是很普遍的。常见的木装饰工艺有木地板装修、墙柱面木装饰、木装饰门窗、木龙骨吊顶及其面层安装、木隔断以及各种木结构的衔接收口等工艺。此外，为了装饰风格的整体协调，木家具制作也纳入了室内装饰木结构施工范畴。

7.1 木地板施工工艺

木地（按）板具有弹性好、隔热、隔音、木纹理美观、质朴自然和烘托室内温馨气氛等优点，广泛用于家庭及公共设施、健身房、舞台、体育馆等建筑装饰工程中。随着我国人民生活水平、住房条件不断提高，木地板工程已普遍见于平常人家。

7.1.1 木地板的构造类型

木地（按）板按其构造做法可分为架铺式和实铺式；按其面层铺设形式分为普通长条和拼花木地板。

(1) 普通长条木地板

1) 高架空铺木地板

采用高架空铺木地板构造形式，其突出优点是使木地板富有弹性，脚感舒适，隔声和防潮。地板面距建筑地面的高度，一般大于 250mm，由木搁栅、剪力撑和条板等组成。

首层房间木地板，木搁栅一般搁置于基础墙上，并在搁栅的搁置处垫放通长沿缘木。当搁栅跨度较大时，在房间中间加设地垄墙或砖墩。地垄墙顶部加设油毡及垫土，将木搁栅架置在垫木上，以减小木搁栅的跨度并相应减小木搁栅的断面。

木搁栅上铺设企口木板，应与搁栅平面相互垂直。如若基础墙或地垄墙间距大于 2m，在木搁栅之间加设木剪力撑，剪力撑断面多用 38×50mm 或 50×50mm。

这种木地板要采取通风措施，以防止木材腐朽。做法是设置通风孔洞，一般是将通风洞设在地垄墙及外墙上，使架空层内保持空气对流。为了防潮，木搁栅、沿缘木、垫木及地板面层的底面，均涂刷焦油沥青两道或其他防潮材料。

楼层房间内的木地板，其搁栅两端是搁置在墙内沿缘木上，搁栅之间设剪刀撑，在搁栅上铺设企口木板。高架空铺木地板构造形式，见图 7-1。

2) 实铺木地板

不设地垄墙或砖墩及剪刀撑，只设木搁栅（或称木框架）、木龙骨，将其固定于钢筋混凝土楼板或混凝土等垫层上。木搁栅断面多呈梯形，也有呈矩形或方形。其框架形式可以是方格状，长方格状或不设横撑面只有主搁栅。

搁栅方木的断面尺寸及布置间距由设计决定，间距一般为 400mm 左右，或接地板长度的搭接模数而定。企口条形木地板铺钉于木搁栅上，与木搁栅的主搁栅布置相垂直。木搁栅与面层底面均涂刷焦油沥青两遍或作其他防腐处理，其构造形式见图 7-2。

薄木地板用胶粘剂直接胶粘在混凝土或空心楼板的地面上，也是实铺式中的一种，其构造如图 7-3 所示。

(2) 拼花木地板

拼花木地板也分架铺和实铺两种做法，

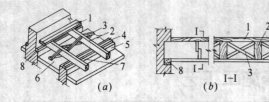

图 7-1　高架空铺木地板构造做法

（a）底层房间的高架空铺木地板；

（b）楼层房间的高架空铺木地板

1—企口木板；2—木搁栅；3—剪刀撑；

4—垫木；5—地垄墙（砖墩）；

6—灰土或石灰矿渣；7—油毡；8—沿缘木

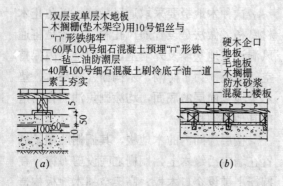

图 7-2　实铺木地板构造做法

（a）底层房间地面做法示例；（b）楼层楼面做法示例

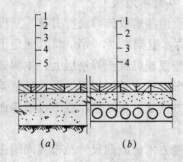

图 7-3　薄木地面构造示意

（a）1—薄木地板；2—胶粘剂；3—细石

混凝土基层；4—防潮层；5—混凝土垫层

（b）1—薄木地板；2—胶粘剂；3—1：3 水泥砂浆

基层（压光）；4—预制混凝土圆孔板

其木搁栅等的布置与普通长条木地板相同。

传统的硬木长条地板和硬木拼花地板的构造做法如图 7-4 所示。一般是在木搁栅上先铺钉一层毛地板，毛地板无需企口，在其上面再铺设硬木地板。为了防潮与隔音，在毛地板与硬木地板之间增设一层油纸。毛地板多采用板宽 120mm 以下，厚 22～25mm 的实木条板，与搁栅呈 30°～45°的角度斜向布置，采用高低缝或平缝拼合，缝宽 2～3mm。且毛地板的心材一律向上，明钉与搁栅钉接，钉帽砸扁顺纹冲入 3～5mm，每道搁栅不少于 2 只钉。

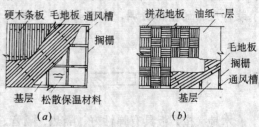

图 7-4　硬木条板及硬木拼花地板的构造层次

（a）硬木长条地板；（b）硬木拼花地板

7.1.2　施工准备

（1）现场准备

1）对土建施工中的结构、基础墙及室内地坪标高进行查验和确定。

2）验收检查各部预埋木砖、金属件的位置、数量、间距、牢固程度及防腐、防虫和防火等工作的情况，以保证隐蔽工程的质量。

3）室内湿作业已完成，抹灰、地坪等工程干燥程度在 80％以上；其它预埋管件已经到位。

4）安装好门窗及玻璃，弹好＋50cm 辅助水平线。

（2）材料准备

1）木材

木地板铺设所需要的搁栅、垫土、沿缘木、剪力撑和毛地板等采用的树种和规格应符合设计要求。常用规格见表 7-1。

毛地板的含水率限值分区域，分别限定为 13％、15％、18％；面层用木材（包括拼花木板）的含水率，分别限定在 10％、12％、

15％。鉴于木材湿胀干缩的特点，必须严格掌握木地板所用木材的含水率，不可超过上述的限值，即不应大于当地平衡含水率。

木搁栅、垫木、压檐木、剪刀撑和毛地板常用规格参考表　表 7-1

名　称		宽（mm）	厚（mm）
垫　木 （包括压檐木）	空铺式	100	50
	实铺式	平面尺寸 120×120	20
剪刀撑		50	50
木搁栅 （或木楞）	空铺式	根据设计或计算决定	根据设计或计算决定
	实铺式	梯形断面 上 50 下 70 矩形 70	50
毛地板		不大于 120	22～25

木地板面层应选用坚硬、耐磨、纹理美、有光泽、耐朽、不易变形和开裂的优质木材，如东北水曲柳、柞木、核桃木、黄檀木等树材。进口较适宜的木材有北美橡木、银槭（又称山毛榉）、枫木，瑞典柏木、巴西红木、台湾产的榉木、南洋木及柳安木和抽木等。表 7-2 为木地板面层的选材标准；表 7-3 为我国传统木地板的常用规格。木地板面层因加工有一定的难度，所以一般购买专业生产厂家的成品。选购时要对其产品的规格、尺寸、槽榫拼合、木纹理和色差进行检查验收。尤其对免漆、免刨的高级地板，更要进行试拼装、留样板（或样板间）的工作。

木地板面层的选材标准　表 7-2

木　材　缺　陷			I 级	II 级	III 级
活节	节径	不计个数时应小于(mm)	10	15	20
		计算个数时不应大于板材宽的	1/3	1/3	1/2
	个数		3	5	6
死节			允许，包括在活节总数中		
髓心			不露出表面的允许		
裂缝、深度及长度不得大于厚度及板长的			1/5	1/4	1/3
斜纹：斜率不大于%			10	12	15

续表

木　材　缺　陷	I 级	II 级	III 级
油　眼	I、II 级非正面允许，III 级不限		
其他	浪形纹理，圆形纹理，偏心及化学变色允许		

注：I 级品不允许有虫眼，II、III 级品允许有表层的虫眼。

木地板常用规格　表 7-3

名　称		厚(mm)	宽(mm)	长(mm)	备注
松杉木条形地板		23	不大于 120	800 以上	木地板除底面外，其他五面均应平直刨光
硬木条钉接式形地板	单层	20～23	50	800 以上	
	双层的面层	18～23			
硬木拼花地板		18～23	30,37,5,42,50	250 300	
粘结式	松，杉木	18～20	不大于 50	不大于 400	
	硬木	15～18			

2）地面防潮防水材料

常用的有再生橡胶——沥青防水涂料、JM—811 防水涂料、及其他合格的高效防水涂料等。

3）粘结材料

木地板粘贴施工常用的胶粘剂有沥青、107 胶、801 胶、聚醋酸乙烯乳液（白乳胶），以及中建一局科研所生产的 SG792 胶粘剂和氯丁橡胶型胶粘剂、环氧树脂胶粘剂等。

因各种胶粘剂各有其特点，所以选用的胶粘剂要以能达到设计要求为重要依据，并在施工前认真阅读产品使用说明书，掌握其使用方法，并注意防火、防毒等安全施工问题。

4）其他材料，如圆钉、油毡、油纸、铅丝、膨胀螺丝、水泥等也应按设计要求选择质优合格产品。

各种材料进场都要做好验收记录，做到

专人专库保管,材料要按使用的先后、品种、规格、色号等进行分类堆放,并注意防火、防潮。

(3) 工具、机具及其他准备:

1)常用木工机械如平刨机床、压刨机床、固锯机、地板刨光机、磨光机、冲击电钻、手电钻等机械要进场,就位和固定,并进行调试、试用和保养,电源要有接地保护,启动开关安全可靠。

2)木地板铺设施工用的手工工具有手锯、平刨、线刨、锤子、斧子、钉冲、凿子、螺丝刀、直角尺、45°直角尺、量尺、墨斗及撬杆、扒钉等。

3)水暖管道、电气设备及其它室内固定设施要安装油漆完毕,并进行试水、试压检查。对电源、通讯、电视等管线进行必要的测试。

7.1.3 基层施工

(1) 架铺式基层施工

1) 工艺流程:地垄墙抄平→弹线→干铺油毡→铺垫木(沿缘木)、找平→弹线、安装木搁栅→钉剪力撑。

2) 工艺要点:

首层有地垄墙的首先进行清理,然后按+50cm 水平线进行抄平,弹出水平线。

将垫木等材料按设计要求作防腐处理,在地垄墙或砖墩上铺好油毡。木搁栅的表面应平直,要注意从纵横两个方向找平,其误差不得大于 3mm。

固定木搁栅,可用100mm 圆钉。为防止木搁栅与剪刀撑在钉位时移位、走动,应在木搁栅上面临时钉些木条或毛地板。剪刀撑两端用75mm(3in)圆钉与木搁栅钉牢。

上述架铺法的特点是弹性好,脚感舒适,其剪刀撑的位置也符合架空层构造的力学要求。但其突出的缺点是选材与施工较为复杂,操作比较费工时,因此渐被较为简洁的木框架搁栅所取代(图7-5)。

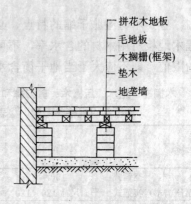

图7-5 木框架搁栅架铺构造

木框架的木方材料多采用东北松、杉木及花旗松,截面尺寸可取 50×50mm、50×70mm。方框结构或长方结构均可。框架组装见图7-6 所示。

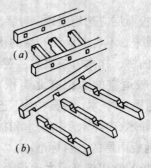

图7-6 木搁栅框架组装
(a) 有主次木方的榫卯连接示意;
(b) 无主次之分的半槽扣接示意

木搁栅框架与砖墩的连接,多采用预埋木方或铁件的方法进行固定。图7-7、图7-8为常见的连接固定形式。

图7-7 木搁栅与预埋木方连接

(2) 实铺式基层施工
1) 工艺流程:清理地面→找平、做防

150

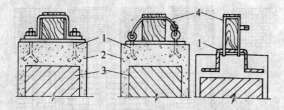

图 7-8　木搁栅与预埋铁件连接

1—预埋铁件；2—砂浆或混凝土；3—砖墩；4—铅丝

潮、防腐→弹线、分格或组装框架→固定、找平。

2）工艺要点：

首先清理地（楼）面，检查地坪的平整和水平程度，如果误差大于 5mm，须用水泥砂浆找平。然后在处理平整的楼、地面上刷涂两遍防水涂料，或者是涂刷两道乳化沥青。

按设计要求或面层需要弹出木搁栅的间距线和分格线。

搁栅（框）与地面的连结固定，较常采用的是埋木楔的方法。用 φ12～φ16 的冲击电钻钻孔，孔深 40～50mm（视原结构的找平层、粉刷层而定，但不得将空心板钻通），孔距 0.6～0.8m。然后在孔内打入做过防腐处理的硬质木楔，将龙骨或搁栅用钉与木楔连接固定，见图 7-9 所示。

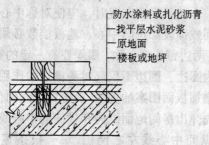

防水涂料或扎化沥青
找平层水泥砂浆
原地面
楼板或地坪

图 7-9　木搁栅框架与楼地面的连接固定

实铺式木地板基层要求较高，用 2m 直尺检查，误差不得超过 2mm，其间距误差不得超过 3mm，每个连接点要牢固。隔热、隔音材料铺设不得有空隙并低于搁栅表面 10mm。

7.1.4　面层铺设

（1）工艺流程：弹线→钉毛地板→抄平、刨平→弹线、钉（粘）面层→抄平、弹线、钉踢脚板→刨光、打磨→油漆。

木地板面层门铺设有钉接式和粘结式两种。

（2）钉接式工艺要点：

1）条形木地板面层的铺钉

地板应与木搁栅垂直铺钉，并要顺进门方向。接缝均应在木搁栅中心部位，且应间隔错开，板与板之间仅允许个别地方有空隙，其缝宽不应大于 1mm，如为硬木长条形地板，个别地方缝隙宽度不应大于 0.5mm。木板的材心应朝上，边材朝下铺钉。木板面层与墙之间应留 10～20mm 的缝隙，铺钉一段（约 500cm）要带通线检查，保证长条地板始终通直。顶头接缝要割方，顶紧缝隙不得大于 1mm。

圆钉的长度应为板厚的 2～2.5 倍，圆钉钉帽要砸扁，在板的侧面凹角处斜向钉入（图 7-10）。地板的排紧方法（图 7-11）。钉到最后一块，因无法斜向着钉，可用明钉钉牢，采用硬木地板，铺钉前应先钻孔，孔径为圆钉直径的 0.7～0.8 倍。

图 7-10　木地板的钉结方式

企口地板铺完之后，清扫干净。先按垂直木纹方向粗刨一遍，再按照木纹方向细刨一遍，然后磨光。刨磨的总厚度不宜超过 2mm，应无痕迹。

双层木地板的上层，应采用宽度不大于 120mm 的企口板。为防止在使用中发生过大音响及受潮气侵蚀，铺钉前应先铺设一层沥青油纸或油毡。

双层木地板的下层毛地板，其宽度不大于 120mm。铺设时必须清除毛地板下空间内的刨花等杂物。毛地板应与木搁栅成 30°或 45°斜向钉接，板间的缝隙应在 2～3mm，以

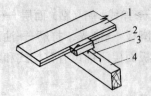

图 7-11　企口木地板排紧方法示意

1—企口木地板；2—木楔；

3—扒钉（扒锔）；4—木搁栅

免湿胀起鼓。毛地板和墙之间应留 10～20mm 的缝隙，每块毛地板应在其下的每根木搁栅上各用两颗钉钉牢。毛地板的顶头接缝要有 1～2mm 空隙，接缝要错开，并拼接在搁栅中心，心材朝上，边材朝下。

2）拼花木地板面层的铺钉

钉接式拼花木地板面层应铺钉于基层板（或称基层面板、毛地板）上，基层板可采用实木板，也可以用厚胶合板或刨花板等板材，根据设计及现场情况择定。无论使用何种板材作基层板，重点是保证牢固地铺钉于木搁栅框架的木方中线上。每两块或两条基层板均应在木搁栅木方的中线上对缝，但钉位要错开。

硬木拼花面板可以拼成多种图案。图 7-12 为硬木地板的拼花纹样形式示例。通常的图案有方格式、席纹式、人字纹式、阶梯式等，其板块棱边多为企口拼接式。

拼花木地板面层铺钉之前，为使图案匀称，应按设计要求进行试拼试排并进行弹线。阶梯式花纹的弹线较为简单，只需在毛地板面上弹出条形走向线即可。方格形拼花图案的排板方式有两种，一种是接缝与墙面呈 45°角，另一种是接缝与墙面平行的排布形式。定位线与墙面呈 45°角时，铺排出成斜向的木地板花纹；定位线与墙面平行时，就可以排出平行的花纹（图 7-13）。如果相邻房间的地板颜色不同时，其分色线应设在门洞踩口处或门扇中间。

在人字形图案的木地板上弹线时，首先确定板条的斜向角度，为便于板端的严密拼接，一般是采用与墙面成 45°角的斜向，其余

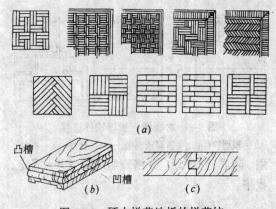

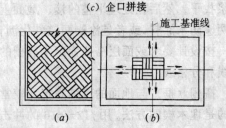

图 7-12　硬木拼花地板的拼花纹样及地板块企口形式

(a) 常见拼花图案；(b) 成品地板块造型方式；(c) 企口拼接

图 7-13　拼花木地板弹线作方格排布的形式

(a) 45°角斜向布板；(b) 与墙面平行布板

弦为 0.7071，则施工线间距＝地板条长度×0.7071。

木地板平面布置时，应使对称中心点在房间或铺设部位的中心，地板档数必须是双数，两边留头要一致，四周要有一定的宽度，作为圈边。圈边不仅起封头镶边的作用，同时增加板面图案的美观。确定施工线的位置，应先弹出房间地面纵向和横向的中心线，在距纵间中心线左右两侧，a＝板条宽度×0.7071×0.5 处，作出中心线的平行线，就是起始施工线，见图 7-14。板条铺钉时，只要两外角对准施工线，即能将地板铺得规矩。

有了起始施工线、即可以从起始施工线开始分别按档宽尺寸 b 在两端定点，然后将两点之间连成直线，就是施工线。施工线顺次推移到圈边，靠圈边下一档要窄些，其宽度为 $b-a$。施工线是铺钉地板的重要依据，因此，弹线必须准确。由于档宽尺寸总会出

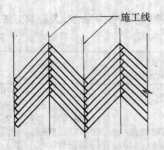

图 7-14 人字形拼板弹线

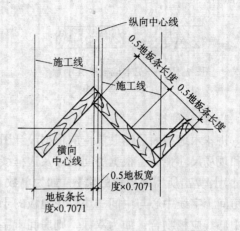

图 7-16 第一块板条的铺设位置

现小数，用尺量会造成较大的累计误差，故可运用斜线整数等分点来画施工线。在图 7-15 中，档宽 b，圈边 d，取稍大于 b 的整数 c，档数 n，即可弹出施工线。

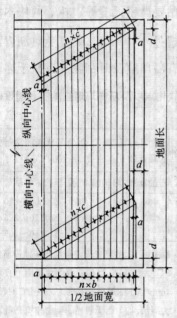

图 7-15 人字形图案的施工线布置

弹施工线后，第一块木地板的铺设是保证整个地板对称均衡的关键，其做法如图 7-16 所示。第一块木地板铺设后，继续从中央向四边铺钉，最后铺镶边部分。

拼花木地板可设圈边，也可以不设圈边，由设计决定。当设计有圈边时，往往由于房间面积的局限会出现纵横方向交圈处及对称的两边宽度难以取得一致的问题。其处理方法为：当纵横方向边宽窄相差小于一块而大于半块板时，可以按图 7-17 的方式处理；当

对称的两边圈边宽窄不一致时，可按圈边作横圈边处理，如图 7-18 所示。

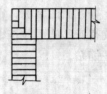

图 7-17 纵横圈边不一致的布板处理

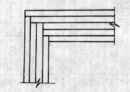

图 7-18 相对称圈边不对称
时的布板处理

（3）粘结式工艺要点

粘结式木地板面层多用于实铺式。即将拼花硬木地板块直接粘贴于楼地面。工艺要点为：

1）基层要求

粘接式对原地面要求很高，其表面应平整、洁净、干燥、不起砂，以 2m 直尺检查，允许空隙不得大于 2mm，抄平处理中要掺加防水剂、107 胶，基层应实施防潮处理。

2）拼缝形式

拼花木地板的拼缝形式多采用截口接缝或平头接缝两种形式（图 7-19）。

图 7-19 拼花木地板接缝示意

(1) 截口式；(2) 平头式

3）弹线预排

拼花木地板面层铺贴前，应根据设计图案和现场尺寸弹线。根据房间尺寸及边框线尺寸，计算出所需地板料的块数：如为单数，则房间十字线中心与中间一块拼花地板的十字中心线应相吻合；如为双数，则房间十字中心线应与中间四块地板料的十字拼缝线相吻合，如图 7-20 所示。弹线后试排，目的是检查地板面层的拼缝高低、平整度。对缝及材质颜色变化等方面的情况，符合要求后进行编号，堆放整齐，施工时按编号从房间中央向四周顺序铺贴。

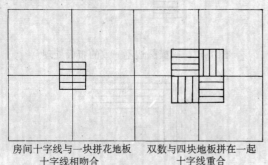

房间十字线与一块拼花地板十字线相吻合　　双数与四块地板拼在一起十字线重合

图 7-20　单、双、数地板块与十字线排列示意

4）粘贴施工

粘贴施工常有用沥青玛琋脂铺贴法、胶粘剂铺贴法。

a. 沥青玛琋脂铺贴法：用沥青玛琋脂铺贴拼花木地板面层，应将基层清扫干净，涂刷一层冷底子油，再用热沥青玛琋脂随涂随铺。

冷底子油的配合比和配制方法可参考表7-4。涂刷时用大号鬃板刷，刷得薄而均匀，不准有空白、麻点和气泡。

涂刷好冷底子油待一昼夜后，开始铺贴拼花木板面层。粘结用的沥青玛琋脂的熬制和铺贴时的温度，参见表7-5。

冷底子油参考配合比及配制方法

表 7-4

配合成份 （重量百分比）	调制方法
10#建筑石油沥青　40 煤油或轻柴油　60 30#建筑石油沥青　30 汽　油　70	将沥青放入锅中溶化，使其脱水不再起沫为止。将熬好的沥青倒入料桶中，再加入溶剂。如采用慢挥发性溶剂，则沥青的温度不得超过140℃，如采用快挥发性溶剂，则沥青的温度不得超过110℃。溶剂应分批加入，开始每次加入2~3L，以后每次5L。加入时，不停的搅拌至沥青全部溶化为止。

注：表中"L"为升（容积）的代表符号。

铺贴要严密无缝隙。相邻两块木地板高差不应超过 $^{+1.5}_{-1.0}$ mm。要避免热沥青溢出表面，如有溢出应及时刮除并擦拭干净。

沥青的软化点以及沥青玛琋脂熬制和铺设时温度

表 7-5

地面受热的最高温度	按"环球法"测定的最低软化点（℃）		沥青玛琋脂的熬制温度（℃）		铺设时温度不低于（℃）
	石油沥青	玛琋脂	夏季	冬季	
30℃以下	60	80	180~200	200~220	160
31~40℃	70	90	190~210	210~225	170
41~60℃	95	110	200~220	210~225	180

注：1. 取 100cm³ 的沥青玛琋脂加热至铺设所需的温度时（见上表）应能在平坦的水平面上自动的流成 4mm 以下的厚度。温度为 18±2℃ 时，玛琋脂应为凝结、均匀而无明显的杂物和填充料颗粒。

2. 地面受热的最高温度，应根据设计要求选用。

b. 胶粘剂铺贴法：用胶粘剂铺贴拼花木地板面层，应将基层表面清扫干净，弹出施工线。底子胶应采用原胶粘剂配制，如采用非水溶性胶粘剂，应按原胶粘剂重量加10％的70号汽油和10％醋酸乙酯（或乙酸乙酯）；如采用水溶性胶粘剂时，应用原胶粘剂加适量的水性溶剂搅拌均匀而制成底子胶。

底子胶干燥后，按施工线位置沿轴线由中央向四面铺贴。

c. 胶水铺贴法

当前，用于粘贴木地板的胶较多，可根据实际需要选择，如专用的木地板胶水（进口产品称黑金刚胶，稀释剂可用90号汽油）、万能胶（用天那水稀释），以及107胶、白乳胶等各种胶粘剂。如采用107胶、白乳胶液等常用材料，如果夏季施工，可在胶粘剂内适当掺加缓凝剂；冬季施工则适量掺入促凝剂，但施工时的环境温度不得低于10℃。

（4）面层刨削、磨光工艺要点

木地板面层采取钉接式或粘结式铺设，铺设工序结束，下一道工序为刨削、磨光。

粘贴后的地板要待粘贴剂完全固化，一般在常温下保养5～7天，方可刨削。

1）机械刨削、打磨

采用机械刨削和打磨一般适用于面积较大的木地板工程。采用的机械为带有滚轮的地板刨平机，用于木地板表面粗加工，再用滚动式地板磨光机顺纹磨光，一般要求磨两遍，第一遍用3号粗砂纸磨平，第二遍用0号或1号细砂纸磨光。

2）手工刨削

对于面积较小的房间和地板靠墙的边角，一般采用手工刨削。

手工刨削也是先粗刨，后细刨，直到光滑。且不能留有刨刀痕迹，总刨削量也不应超过1.5mm厚。

（5）木踢脚板的装饰工艺要点

1）木地板房间的四周墙角处应设木踢脚板，踢脚板一般高100～200mm，常采用的是150mm，厚20～25mm。为防止翘曲，在靠墙的一面应开成凹槽，凹槽深度约3～5mm，宽10～15mm；有的用机械开出5mm深、60～100mm宽的凹槽。为了防潮通风，木踢脚板每隔1～1.5m设一组通风孔，一般采用$\phi6$～8mm孔。

2）木踢脚板与地板面转角处安装木压条（一般为$\frac{1}{4}$圆的成品木线条），木踢脚板安装见图7-21。

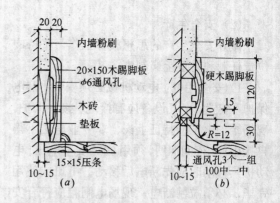

图7-21 木踢脚板做法示意图

（a）压条做法；（b）圆角做法

安装时木踢脚板与立墙饰面贴紧，上口要平直，用明钉上下钉牢，钉帽砸扁并顺纹冲入板内3mm，木线压条做法与上述一样。

3）如果安装带有凹槽内圆角形的踢脚板，应在木地板铺贴前先将带有凹槽内圆角的踢脚板安装好，再铺贴木地板面板。

7.1.5 木地板施工规范

（1）规范要求：

1）首先要将基层或地垄墙上的垃圾、灰尘、砂浆等清理干净。

2）抄平要用仪器、水管或较精确的水平尺，操作要认真准确，并要复核。

3）弹线要清晰、明显、准确，不能有漏弹或短残，同一水平要交圈。

4）基层防腐处理要认真，在施工中有破损的要及时补做、重做。对各预埋件要用拉线或尺量以检查其位置、数量是否达到设计标准。并检查检验其牢固性。如不符合要求要及时增加、修复和加固。做好隐蔽工程的检查、测试和验收工作，保存好验收交接工作和资料。

5）检查施工作业条件是否具备，操作工艺是否正确，设置质量控制点，严格工序间质量检查制度，严防不合格产品进入下道工序，确保木地板制作安装工程的整体质量。

（2）安全生产

做好安全生产的思想教育工作，坚持岗位责任制和持证上岗制度。

1）安全用电：电动机械必须安装"漏电保护"装置，电气设备应有接地、接零保护，现场维护电工应持证上岗、非专业电工不得自接电源。夜间照明，须用36V安全电压。电动机具移动时应先断电后移动。下班或使用完毕，必须拉闸断电。现场电闸箱应符合安全用电规范，应有锁，有危险标志，进出线有护线橡胶套等安全措施。

2）安全使用机械：使用机械要按照机械加工规范要求进行操作，非专业人员不得使用。开机前要试机，观察运行是否正常，开关是否有效。过薄、过短、过硬木材不得在机械上操作加工。严禁带手套在机械上操作，操作过程中思想要集中，以免发生事故。

（3）防火、防毒

木地板操作场地和配制溶剂的房间，应备足消防器材和消防用具，工作场地严禁吸烟，也不准在施工现场和库房附近吸烟。

凡易燃物，如胶粘剂、稀释剂等应存放在专人负责的阴凉房内，并远离火源贮存，做好收发签名记录，随用随领，剩余及时入库。

保持施工现场整洁卫生，坚持谁做谁清和随做随清工作，使易燃物及时清理出现场。

使用有毒性胶粘剂时，作业时应戴好防毒口罩，并开窗通风。作业2～4h应在室外通风，下班后先漱口、洗手后再饮食。

7.1.6 木地板工程质量标准

（1）质量验评

1）保证项目：木质地板工程质量保证项目见表7-6。

2）基本项目：木地板工程质量基本项目见表7-7。

（2）允许偏差：木质地板工程允许偏差项目见表7-8。

木地板工程质量保证项目　表7-6

项次	内　容	检验方法
1	木材材质品种、等级和铺设时的含水率应符合《木结构工程施工及验收规范》（GBJ 206—83）的有关规定	检查测定记录
2	木搁栅、垫木、毛地板等应作防腐处理，木搁栅安装牢固、平直。在混凝土基层上铺设木搁栅，其间距和固定方法应符合设计要求	观察、脚踩检查和检查施工记录
3	各种木质板面铺钉牢固无松动，粘贴牢固无空鼓	观察、脚踩或小锤轻击检查
4	木板直接与基层粘贴所使用的胶应符合设计要求	检查胶的品种及合格证书

注：空鼓面积不大于单块板面积1/8，且每间不超过抽查总数的5%者可不计。

木地板工程质量基本项目　表7-7

项次	内　容	检验方法
1	木质板面层刨平、磨光、无刨痕、戗茬和毛刺等缺陷，图纹清晰，清油面层颜色均匀一致	观察、手摸和脚踩检查
2	长条硬木地板面层缝隙严密，接头位置错开表面洁净拼花硬木地板面层接缝对齐，粘钉严密，缝隙宽度均匀一致，表面洁净，粘洁无溢胶	观察检查
3	踢脚线的铺设接缝严密，表面光滑，高度、出墙厚度一致	观察检查
4	木地板烫蜡、擦软蜡，蜡布均匀，不露底，光滑明亮，色泽一致，厚薄均匀，木纹清楚，表面洁净	观察和手摸检查

项次	项目	允许偏差（mm）					检验方法
		薄木地板	木搁栅	松木长条木地板	硬木长条木地板	拼花地板	
1	表面平整	2	3	2	1	1	2m 靠尺初楔形塞尺检查
2	踢脚线上口平直	3	—	3	3	3	拉 5m 线,不足 5m 拉通线
3	板面拼缝平直	3	—	2	2	2	和尺量检查
4	缝隙宽度	<0.2	—	<2	<0.3	<0.1	尺量检查

注：允许偏差项目随机抽查总数的 20%。

小　结

　　木装修是建筑装饰普遍采用的、效果较好的方式，而木地板装饰又是木装修中最普遍采用的项目，它经久不衰地用于公共建筑的厅室地面装饰，近年来又普遍进入寻常百姓家，所以我们必须熟悉木地板施工工艺。我们应注意木地板装修分为高架空铺设和实铺设两大类。前者多用于首层地面装饰和高档次的楼地面装饰，实铺也分两种情况：一是也有低架空的龙骨（搁栅）作为基层部分，二是面层板直接粘贴于楼地面上，但要求原楼地面找平条件较好。至于钉接式和粘贴式是相对面层施工而言的，钉接式用于高架空铺设和低架空有龙骨的实铺设；粘贴式多用于无龙骨的实铺设。

习　题

　　1. 高架空铺木地板的优、缺点是什么？
　　2. 木地板施工主要有哪些准备工作？
　　3. 木地板基层施工的要点是什么？
　　4. 木地板面层施工中的工艺要点是什么？
　　5. 粘贴式木地板施工有哪些规范要求？
　　6. 木地板面层刨削、磨光工艺要求是什么？

7.2　墙、柱面木装饰施工工艺

　　装饰木质墙、柱既保护墙、柱面，又具有较好的装饰效果。

7.2.1　木护墙和木墙裙

　　木护墙和木墙裙通称护墙板或木台度。区别在于前者为全高，后者为局部。

　　木护墙有保护墙面、隔热、隔音、美化环境、渲染温馨质朴气氛等优点。宾馆、饭店、商场、影剧院、办公场地和家庭普遍采用。因为使用范围较广，所以没有固定的格局，但一般不低于窗台。

　　面层的材料、形状、图案、色彩不同，所产生的效果也不一样。但是，基层的施工要求和处理方法基本一样。

　　（1）木护墙构造

　　木护墙主要分为基层和面层。

　　基层以木方或厚夹板为贴墙龙骨，用明钉与立墙固定。

　　木护墙面层用木板材、胶合板等板材铺钉。并用木板条和装饰线条，按分格布置钉成压条，称为冒头、腰带、立条，如图 7-22 所示。当胶合板木护墙不设腰带时，就要考虑并缝的处理方式，一般有平缝、八字缝、装饰

157

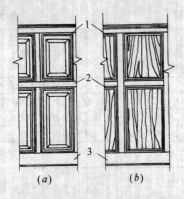

图 7-22 木护墙立面示意

(a) 凸装板起线；(b) 胶合板起线

1—冒头；2—腰带；3—木踢脚

线条压缝三种，如图 7-23 所示。木护墙用木板做面层时，其并缝形式有很多，如图 7-24 所示。木护墙截面如图 7-25 所示。

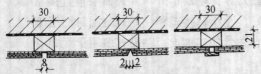

图 7-23 胶合板木墙裙接缝处理

木护墙高度若无特殊需要，应视室内空间高度决定，一般为 900mm、1200mm、1500mm、1800mm 高。高于 1800mm 即为木板墙，木板墙的构造作法与木护墙基本相同。

（2）施工准备

龙骨、面板、防腐（潮）等材料及各机具准备就绪。

按规范设计，要求对木材进行干燥、防腐、防蛀、防火处理。

墙面等结构面及洞口过梁处的预埋木砖或铁件，经检查应符合要求。

骨架安装，应在安装好门窗框、窗台板、吊顶龙骨架、各种管线已安装到位后进行。面层安装，应在室内抹灰及地面做完后进行。

（3）工艺流程

清理墙面→弹线、检查预埋件（或布设木楔等，以备连结紧固件）→制作、安装木龙骨（同时做防腐、防潮、防火处理）→装钉面板→饰面及收口→清理现场→刷底油等。

（4）工艺要点

弹线，即按设定高度弹出水平线、分档线，按间距弹出垂直分格线，如图 7-26 所示。

检查预埋木砖和预留埋件的位置、数量和牢固情况，不符合规范的要增补（可用冲击电钻打 $\phi12mm$ 的孔加木楔或膨涨螺栓，深度不小于 60mm。）

钉木龙骨，木龙骨可以做成龙骨架，整片或分片安装；也可以先钉标筋再逐一按先竖后横的方法钉设。

木龙骨间距一般为 400～500mm，或按面层模数而定。遇有插座要在其四周加钉龙骨框，并随装龙骨时做好防腐、防潮、防火处理。

安装龙骨后，要检查平整、水平和垂直度。阴阳角要用方尺套方。调整龙骨表面偏差，所用的垫木要与龙骨钉固、牢靠。龙骨装毕，再弹画出面板位置线。

装钉面层，护墙板面层的纵向接头，最好是在窗口上部或窗台板以下，以避开视线利于美观。钉面板时自下而上进行，接缝需严密。

采用胶合板面层，应对胶合板的质量、木纹、色泽进行挑选。并注意木纹根部向下。装钉前要校对与龙骨上所弹的线是否一致，合格后再刷胶装钉。钉帽要砸扁，冲入 0.5～1mm，钉子竖向间距≤100mm，横向间距≤80mm。如用射钉枪时要使射钉枪嘴垂直顶压板面后再扣动板机打钉，保证其钉头埋入及钉固质量。钉板应先固定四角，再从中间向四周辐射钉铺。木踢脚在做法上有多种式样，如图 7-27 所示。木踢脚板钉在木龙骨上，钉距≤300mm，接头为 45°斜搭接。木踢脚上应开 $\phi12$ 通气孔，中距 25mm，三个一组，每组间距 900mm 左右。

压条和压缝条同样用明钉法钉在龙骨上。压缝条要通直，竖压条不能接，横压条接长或转角处都为 45°斜角相接。嵌缝条用胶或钉固定在嵌缝中。遇有插座时，先在面板开好略小于插座盖板孔洞，再安装面板。

对有装饰图案的木护墙，应以墙面中心向两端测量等分，不足等分的可以在墙面拆

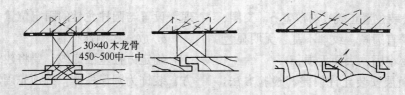

图 7-24　木板木墙裙接缝处理

角处，形成新的单体图案。

（5）施工规范

1）弹线要用仪器、水管、线锤等，找出基准点，分格、分档要准确。

2）龙骨、面板含水率要达到设计和规定标准。防火处理要达到设计要求。龙骨面层背面涂刷防火涂料（漆）不少于三道。对于操作过程中损伤的防腐、防潮、防火部位要及时补做，做好隐蔽工程验收工作。

图 7-26　弹画垂直分格线

3）面层制作、安装不能损伤需油漆的部位。面板制作要背面编号，标明方向以便对号安装。

4）胶合剂要涂刷均匀，不得遗漏。钉距要均等，相邻的板其钉位置应相对应。

5）收口合理，制作精细，安装一致。冲钉帽不得使各部表面受到损伤。

（6）木护墙质量标准、安装允许偏差和检验方法。

a. 制作

合格：尺寸正确，表面光滑，线条顺直。

优良：尺寸正确，表面光滑，楞角方正，线条顺直，不露钉帽，无戗槎、刨痕、毛刺、锤印等缺陷。

b. 安装

合格：安装位置正确，割角整齐，接缝严密。

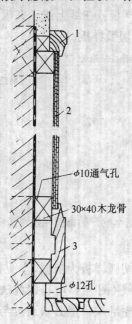

图 7-25　木护墙截面

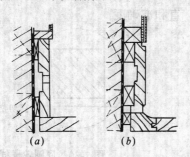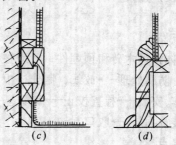

图 7-27　木踢脚的几种做法

优良：安装位置正确，割角整齐，交圈、接缝严密，平直通顺、纹理不乱、无明显色差，结合紧密牢固、表面无损伤。

木护墙面层安装允许偏差和检验方法，详见表7-9。

木护墙面层安装允许偏差及检验表

表7-9

序号	项目	允许偏差 (mm)	检验方法
1	上口平直	3	拉5m线，不足5m拉通线检查
2	垂直	2	全高吊线和尺量检查
3	表面平整	1.5	2m靠尺和塞尺检查
4	压条间距	2	尺量检查
5	拼接缝	0.5	塞尺和尺量检查

7.2.2 木装饰柱

木装饰柱体以及装饰木柱方法源远流长，从室内到室外，从公共场所到家庭普遍可见，有方的，有圆的，有中式的，有西式的，大小不等，形态各异，充斥于各种生活空间，以满足人们的不同要求。

（1）方柱改制成圆柱施工

在装饰工程中，常遇到将建筑方柱装饰成圆柱的要求。其具体施工如下：

1）构造

方柱改制圆柱的构造为原柱的套方层、圆柱基层龙骨架、面层基层板、装饰面层等。

2）施工准备

施工前应对原结构进行强度、尺寸、垂直及平整等方面的检查，收集现场实际情况。根据实际情况设计方案，绘制施工图，确定材料和工具。

3）工艺流程

检查原柱体预埋木砖和预埋件，清理柱面→做防潮、防腐处理→放线、制作样板→龙骨架制作、安装→检查校正→铺钉基层面→安装装饰面层→收口封边。

4）工艺要点

a. 对原柱体进行清理和防潮、防腐处理，设置与圆柱龙骨的固定位置。

b. 放线、制作样板

确定方柱基准底线。要将建筑方柱（扁方）装饰为圆形柱体，必须先确定原柱的基准正方形底线，才可以进而找出装饰圆柱的基准边线。如果多根柱体改制，还要用拉通线（纵、横方向）的方法。确定方柱基准底线可参见图7-28。

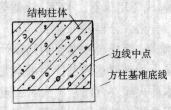

图7-28 确定方柱基准底线

制作样板：在纸上或三夹板上，按图7-29制作弦切弧样板。

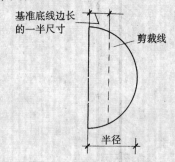

图7-29 装饰圆柱弦切弧样板

c. 画线

以弦切弧样板为依据，参见图7-29画出底圆轮廓线（图7-30），再以此法画出装饰圆柱的顶部轮廓线，但必须通过与底部画线吊垂线校核，以保证装饰圆柱底面与顶面的垂直和准确度。

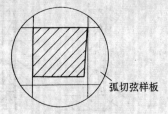

图7-30 底圆轮廓线

d. 骨架制作与安装

装饰柱体的骨架是用方木连接或用方木与板材连接。

放线和下料：根据画线位置及现场实测确定竖向和横向龙骨及支撑杆等材料尺寸，按实际尺寸进行木方锯割。木料的材质及规格尺寸应符合设计要求。圆柱体骨架中，其横向龙骨为圆弧形，它既是龙骨框架的支撑件，又是柱体圆形截面的造型构件。其制作方法如下：

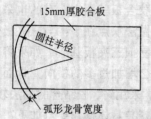

图 7-31　木龙骨的弧形边缘龙骨

以 15mm 厚胶合板或 20mm 厚的中密度板为龙骨材料，按图 7-31 所示的方法，即可制作木骨架的弧形边缘龙骨。按同样方法在另张胶合板上画出各条横向龙骨，用电动曲线锯进行锯裁。注意划线排列时既要留出加工余量，又要节约材料，尽量减少剩余边角废料。

竖向龙骨的安装：根据画出的圆柱顶面线向底面吊垂直线，并以垂直线为基准，按设计图纸要求的竖龙骨间隔，分别固定各条竖龙骨。固定方法是以角钢块为连接件，通过膨胀螺栓或射钉将竖龙骨与顶面、地面固定。角钢连接件的固定方法参见图 7-32 所示。

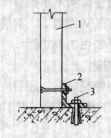

图 7-32　角钢连接件固定

1—竖龙骨；2—角钢；3—膨胀螺栓

横向木龙骨的安装：须在柱顶与地面间设置圆柱形体位置控制线，即吊垂线和拉水平线。木龙骨的连接可采用加胶钉接法，也可使用槽接法，如图 7-33 所示。

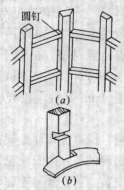

图 7-33　加胶

(*a*) 钉接法；(*b*) 槽接法

横向龙骨的间距为 300～400mm。其龙骨框架的安装组合形式，见图 7-34 所示。龙骨架垂直可用与建筑柱之间的支撑标长短来调整、设置与固定，如图 7-35 所示。

图 7-34　龙骨框架的安装组合

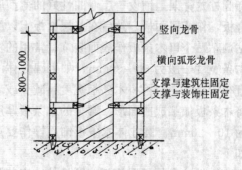

图 7-35　支撑杆的设置与固定

e. 柱体骨架的质量检查与校正

为保证装饰柱体的造型准确及符合质量

要求，在骨架施工过程中应不断进行检查和校正。检查的主要项目为垂直度、圆度及各条横向龙骨与竖向龙骨连接的平整度。

垂直度检查：在柱体龙骨架顶端边框线上吊垂直线，如果上下龙骨边框与垂线齐平，即可保证骨架的垂直度。如此吊线检查一般不少于4个点位置。柱高3m以下者，可允许垂直度偏差3mm以内；柱高3m以上者，允许垂直度误差6mm以内，如若超出规定应进行修正。

圆度检查：圆形装饰柱骨架在安装过程中，较容易出现外凸和内凹现象，会影响饰面板的正常安装。检查骨架轮廓线圆度的方法，也是采用吊垂线。吊垂线连接圆柱框架上下边线，要求中间骨架与垂线保持贴平。如果中间部分骨架出现顶弯垂线或与垂线有间隙，则说明骨架有外凸内凹缺陷。圆柱体表面的不圆度误差值不得超过±3mm，若有超出则应进行修整。

调整与修边：圆柱体龙骨架经过连接，校正和组装固定之后，要对其连接部位及各组件的不平整处进行全面检查纠正并作修整处理。对竖向龙骨的外边缘进行修边，使之成为骨架圆形外弧面的一部分。

f. 圆柱体饰面

圆形柱体以实木板条作面层饰面，可以取得典雅古朴的效果。其贴面做法多是在装饰圆柱龙骨架上铺设一层弯曲性好的薄型胶合板，作基层面板。然后在基层面板上以胶粘剂粘贴企口木条板作表面装饰。常用的实木条宽度一般为50～80mm。如果圆柱体的直径较小时，也可将木条板宽度再减少或者将木条板加工成曲面形。常见的木条板厚度为10～20mm。圆柱体木条板饰面操作要点如下。

铺设胶合板基层面板：圆柱体上安装胶合板基面（质量优良的三夹板），应事先在柱体骨架上试铺。如果弯曲贴合有困难，可以在胶合板背面横向用墙纸刀割一些竖向卸力槽，每两条刀槽的间距10mm左右，槽深1mm左右。

在圆柱木质骨架的外面刷粘结性能好的胶粘材料。木龙骨刷胶后，即将胶合板以横向形式用长边围住柱体骨架包覆粘贴，而后用铁钉或射钉枪钉，从一侧开始顺序向另一侧固定。在其对缝处的用钉需适当加密，采用明钉法要将钉帽砸扁冲入胶合板表面。

实木条板安装：实木条板块在圆柱体上安装时，普遍的做法是将其钉胶结合的方法，贴于上述胶合板基面上。有的也采用无钉铺钉。这种做法缺点在于：与三夹板连接不牢固，同时易损三夹板基层；如果将其钉在龙骨上，又会增加过多的横向龙骨面，浪费工料。因此，采用钉、胶结合的办法较为适宜。实木条板安装具体操作要点如下：

试排：根据圆柱的圆长和实木条板的宽度，对条板进行试排，以确定纵横数量。

画线：根据试排结果，在圆柱上的胶合板基层面上弹竖向分格线及画出横向分层线（如有拼花即画出拼板位置线）。

刷涂胶粘剂：清理基层面，保证胶合面的洁净、平整和干燥，而后在实木条板粘贴的位置上刷涂胶液。胶粘剂的具体使用方法，应参照所用材料说明使用。

条板镶贴：将实木条板镶贴在已涂胶的柱面，粘正压平粘牢。以手捺压板的时间，应按照所用胶说明而定。一般新型快干胶粘剂的固化时间较为迅速，因此要求粘贴操作力求干净准确，胶液开始固化时不得再移动板块。常见的圆柱面实木条板有平口和企口两种；拼接形式有V型缝、U型缝和密实缝三种表面，效果如图7-36所示。

g. 收口封边

圆柱体装饰完成后，还要对圆柱上下端部收口。一般下部做踢脚，踢脚可用金属、石材或木踢脚板。

木踢脚板高100～150mm，用圆柱基层面材料（夹板2～3层），包覆在拉脚，用钉胶结

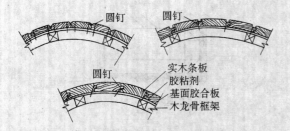

图 7-36　圆柱体实木条板饰面构造形式

合方法固定在圆柱上，形成木踢脚板。再用木线条封盖踢脚板（夹板与柱面的阴角处）。木线条要采用较为软质的，如弯曲弧度过小，可在木线条背面均匀锯些深度一致的锯口。

顶部要与原构造或吊顶相吻合，柱与顶的阴角处也要用金属条或木线条封口，同时注意与吊顶线条交圈和相应。

（2）装饰半圆柱

半圆柱的施工工艺与圆柱基本相同，这里主要介绍骨架和面层制作、安装的方法。

1）半圆柱身（骨架）的制作安装工艺要点

用 9～12mm 厚胶合板加工制作成与柱身半径相同的弧形板，并按要求开出竖龙骨交接边的槽口，如图 7-37。

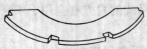

图 7-37　半圆柱骨架弧形板

再用木方与弧形板组合固定成半圆柱的骨架，如图 7-38 所示。

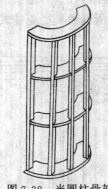

图 7-38　半圆柱骨架

按要求垂直固定在墙、柱面上，固定时既要与墙体轴线垂直，又要自身垂直于地面。

半圆柱体靠墙的一面要作防潮、防腐处理，安装垂直，而和墙体留出的空隙要用防腐垫木塞紧，而垫木既要和骨架钉牢，又不能超出柱身的边缘，以免影响包面层。

2）面层的铺钉

在半圆骨架外包覆 3mm 薄型胶合板，如果效果不理想，可以包覆 2 层 3mm 薄型胶合板，制成半圆柱基体，如图 7-39 所示。

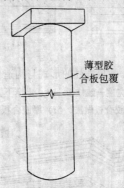

薄型胶合板包覆

图 7-39　半圆柱基体

当半圆半径较小（$R \leqslant 150mm$），也可以不用夹板，而改用长条木板（宽度$\leqslant 30mm$）外边刨弧形直接胶钉在骨架上，再铺覆饰面板。

饰面板外还可以装饰各种线条，一般不全高，可留出拉脚、柱颈和柱帽而进行横向的再装饰。

（3）装饰方柱

采用木质材料对墙体或靠墙柱进行装饰，可以较为容易装饰出西方古典式样的柱体。

1）仿罗马方柱制作安装工艺要点

仿制罗马方柱可以先用大方做出框架，后铺贴 5～7mm 胶合板，也可以直接以厚胶合板做出整体柱身。其柱身形式可以是上下宽度一样的形状，也可以是上窄下宽略有变化的形状，如图 7-40 所示。柱身的高度一般是高至吊顶与墙面交接部位，柱顶端的装饰线条宜与天花阴角装饰线相一致，如图 7-41 所示。柱身装饰线条的做法有两种，一种是

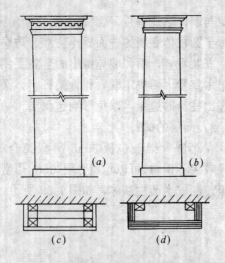

图 7-40 扁方柱的形式与构造做法

(a) 上下宽度一致柱形；(b) 上窄下宽柱形；

(c) 木方框架罩胶合板做法；(d) 厚胶合板整体柱身做法

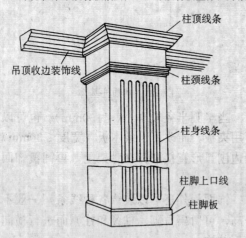

图 7-41 扁方靠墙柱装饰效果示意

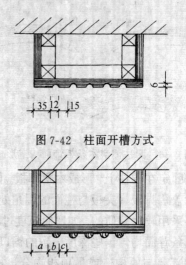

图 7-42 柱面开槽方式

图 7-43 柱面半圆线条方式

标注的 a 尺寸，大于 $2.5 \sim 4b$，b 尺寸等于 c 或稍大于 c。凸圆木线条固定方法采用钉胶结合。柱脚板一般厚 $9 \sim 12mm$，高 $100 \sim 150mm$，用钉胶结合于柱身底部。最后用 $10 \sim 15mm$ 宽的木线条封口。

柱颈线高度一般离吊顶 $200 \sim 300mm$ 之间，可用与吊顶收边线相呼应的收口线，阳角要 $45°$ 对角，其厚度一般要超过外贴柱身的线条厚度。

仿罗马式的扁方柱宜用于较宽敞的大厅内。

2) 仿爱奥尼克方柱制作安装工艺要点

利用扁方柱的形式仿爱奥尼克柱式，其柱身、柱脚的构造及做法与扁方罗马柱相同，其外观的不同处是柱头的造型。也只有在这里才可以展示所谓爱奥尼克柱式的独特形态（图 7-44）。

图 7-44 扁方形仿爱奥尼克柱式

用手提式雕刻机在柱身的罩面板（此种做法要求面板厚 $12 \sim 15mm$ 以上）开出深度为 $5 \sim 6mm$、宽度为 $10 \sim 12mm$ 的竖向半圆形凹槽，槽与槽的间距为 $15 \sim 20mm$，每条凹槽的长度相等，上距柱颈线 $150 \sim 200mm$、下距柱脚板 $200 \sim 250mm$，柱面边部的凹槽距柱阳角线的间距应大于每条凹槽的间距，一般为每两条凹槽间距的 $2.5 \sim 4$ 倍，如图 7-42 所示。第二种做法是在柱身上固定半圆木线条，常用的半圆木线条的宽度为 $15 \sim 20mm$。固定半圆木线条的尺寸情况同上述开槽做法的尺寸一样。也可参考图 7-43 的方法，图中所

（4）装饰柱体质量标准

1）制作

合格：尺寸正确，表面光滑，线条顺直。

优良：尺寸正确，表面光滑，楞角方正，弧度圆满，无戗槎、刨痕、毛刺、锤印等。

2）安装

合格：位置正确，交圈合理，割角整齐。

优良：位置正确，交圈合理，割角整齐、严密，花纹整齐、无乱错、色泽调和。

3）验收方法

观察、手摸、尺量。

（5）允许偏差和检验方法

详见表7-10。

装饰柱安装允许偏差及检验

表7-10

序号	项目	允许偏差（mm）		检验方法
		圆柱（半圆柱）	方柱	
1	垂直度	3	2	全高吊线尺量
2	圆度	3		1. 吊线尺量 2. 样板套验
3	方正度		2	直角尺套方
4	表面平整（滑）	1.5	1	圆柱吊线，方柱2m靠尺，塞尺检查
5	平行度	3	3	拉通线、尺量
6	压条间距	1	1	尺量
7	拼花缝	0.5	0.5	尺量

7.2.3 人造革软包施工

皮革与人造革是一种高级装饰材料，常被用以包覆家具及室内局部饰面，追求艺术效果上的高雅华贵，并经构造处理后达到触感柔软、温暖且具吸声和消震特性。

以其底基材料的不同可分为棉布基聚氯乙烯人造革和化纤基聚氯乙烯人造革；按其表面特征可分为光面革、花纹革、印花革、套色革；按其塑料层结构的不同可分为单面、双面、泡沫和透气人造革等。人造革的最新品种为微孔聚氨酯贴层合成革。

合成革弹性好、重量轻并且透气、透湿，

与天然皮等十分接近，并在耐水、不怕霉变和虫蛀方面优于动物皮等。

用人造革装饰局部墙面、墙裙、柱体、酒吧台及服务台立面等，可以发挥人造革耐水、可清洗等特长，但应重视其色彩、质感和表面处理效果，使之符合室内装饰的整体风格。

（1）人造革软包基本构造

人造革软包基本构造见图7-45。

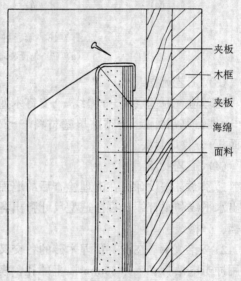

图7-45 软包基本构造

（2）施工准备

室内湿作业完全干燥以后，其它木装修基层面完成，且要求其基层牢固，构造合理。

如果是直接装设于建筑墙体及柱体表面，为防止墙柱体的潮气使其基层面板翘曲变形而影响装饰质量，要求基层进行防潮处理，通常采用1：3水泥砂浆抹灰后，刷涂底子油一道，并作一毡二油防潮层。

材料按设计要求和计划进场，做好验收和保管工作，按不同类型、色彩分别堆放。

在建筑墙柱面做人造革装饰，应采用墙筋木龙骨，其截面一般（20～25）×（40～45）mm的木方；间距一般400～600mm，或按设计要求进行分格，并要考虑到平面造型和人造革材料的幅宽尺寸。传统的常见形式为450×450mm见方划分，如图7-46所示。

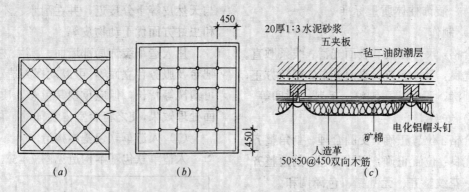

图 7-46　墙、柱人造革饰面的基本构造

(a)(b) 包覆装饰形式示例；(c) 构造做法

（3）工艺流程

清理检查原基层面→弹线→安钉木龙骨→铺钉基层面板→粘贴填塞材料→安装面板→收口封头。

（4）工艺要点

1）弹线：按设计图在清理检查后的墙面弹出水平线和垂直线，再按造型尺寸弹出各分档、分格线。

2）安装龙骨：在没有预埋木砖的各交叉点用冲击电钻打 φ12 深 60mm 以上的孔，楔好木楔，将制作好的木龙骨按先主后次，先竖后横的方法固定在墙、柱面上，并检查其水平、垂直、平整，达到设计要求，并做好防腐、防潮。

3）基层面板的铺钉：按设计要求将夹板钉置在木龙骨上，接头部位一定要在木龙骨中心。钉帽要冲入 0.5～1mm，夹板与龙骨用钉胶接合，钉距纵向 ≤100mm，横向 ≤80mm。接头缝隙 1～2mm，要求表面平整，尺寸正确。

4）粘贴填塞材料：采用快干胶合剂将矿棉或泡沫海棉均匀地贴在基层面板上，接缝严密，厚度一致，一次粘贴不宜过长，粘贴一部分后要回头检查，有无空泡现象，如有要及时修整。粘贴时既不能有起拥挤起皱，又不能硬拉撕扯，以免厚度不一致和撕裂现象。

5）面层固定：人造革材料的铺钉方法主要有成卷铺装和分块固定两种方式，如图 7-

47。此外尚有压条法、平铺泡钉压角法等，由装饰设计而定。

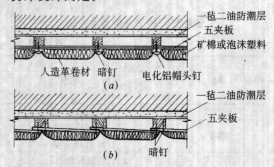

图 7-47　皮革及人造革软包饰面的施工做法

(a) 人造革卷材的成卷铺装固定；

(b) 皮革或人造革的分块固定

6）注意事项：

a. 成卷铺钉：因面积较大，需要注意人造革卷材的幅面宽度要大于横向龙骨木筋中距 50～80mm，要先将人造革端部裁齐、裁方，用暗钉法顺序逐渐固定在龙骨上，同时要保持表面平整，图型、线条的横平竖直，要松紧一致，边铺钉边观察，发现问题及时调整，然后以电化铝帽头钉按分格或其它形式的划分尺寸进行钉固；也可以采用压条。压条的材料可以用不锈钢、铜或木条按设计装钉成各种立面造形。最后将收头、收口条用明钉或镙丝固定在木龙骨上，如图 7-48 所示。

b. 分块固定：这种做法是将人造革与五夹板按设计要求的分格、划块尺寸进行预制，

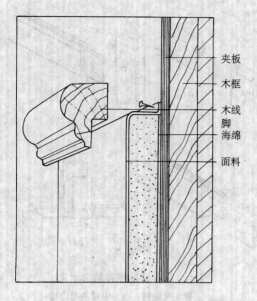

夹板
木框
木线
脚
海绵
面料

图 7-48　收头、收口

然后再逐一按造型固定在龙骨上，安装方法
参见图 7-47（b）。

软包墙、柱面的材料很多，除皮革、人造
革，还有平绒布、防火仿绵布等等，其施工工
艺和人造革软包施工相同。如防火仿绵布不
但饰面色彩、图案秀丽外，还在面层上预先贴
粘好泡沫海棉等填充层，使施工更加方便。软
包工程施工只是装饰工程中的一个部分，但
是又具有独特装饰意义，其更注重细节处理。

（5）人造革软包施工的质量要求

1）图案要美观大方，不乱不斜。

2）饰面张驰一致、平整、有弹性，分格
要标准。

3）收口合理，铺粘牢固。

（6）软包墙面装饰工程的允许偏差和检
验方法，见表 7-11。

软包墙面装饰工程的允许偏差和检验方法

表 7-11

项次	项目	允许偏差 (mm)	检验方法
1	上口平直	2	拉 5m 线或通线检查
2	表面垂直	2	吊线尺量检查
3	表面平整	2	拉 5m 线或通线检查
4	压缝条间距	2	尺量检查

小　　结

我们通过木护墙施工、木装饰柱施工及人造革软包等内容的学习，对室内墙柱
面的构造，操作程序、操作方法以及施工中常出现的通病及防治方法等有所了解。而
质量的优劣，主要在于基层的操作能否达到规范要求，一旦基层处理出现马虎和超
出允许偏差，那么面层是无法挽救和调整的。所以，"要想质量有保障，关键把好基
层关，要想质量达优良，隐蔽工程验收忙，面层制作要精细，完工还要来遮挡（指
收口）。"

习　题

1. 木护墙施工有哪些规范要求？

2. 方柱改制成圆柱施工的工艺要点是什么？

3. 圆柱体饰面安装有哪些形式？

4. 常见装饰方柱施工要点是什么？

5. 人造革软包施工的工艺要点是什么？

7.3 木装饰门窗施工工艺

现代装饰工程中，特别是室内装修，木质装饰门窗是一项不可缺少的内容。它结合其它装饰构造和艺术造型，形成高雅独特的风格，创造质朴温馨的气氛。

7.3.1 装饰木门扇施工

（1）装饰木门扇的种类和构造

装饰木门扇主要分为实木镶板门和人造板包板门两类。

1）实木镶板门有全木式和木质板与玻璃格结合式。镶板门扇由边梃、上冒头、中冒头、下冒头、中竖梃、门心板及玻璃等组成，其各部名称和构造见图7-49、图7-50。

镶板门以榫眼连接组合成框架，组合时门心板或玻璃安装在边梃和冒头的凹槽内。其各部榫眼结合如图7-51所示。

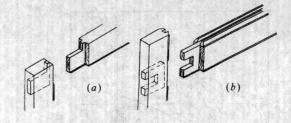
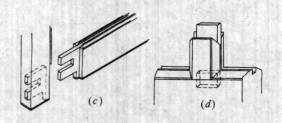

图7-51 各部的榫眼结合示意

(a) 上冒头与边梃；(b) 中冒头与边梃；

(c) 下冒头与边梃；(d) 中竖梃与下冒头

架，被人造板双面包实，四周实木板条封边，其构造和各部位名称如图7-52。骨架一般采用单榫或槽口拼接的连接方法，如图7-53所

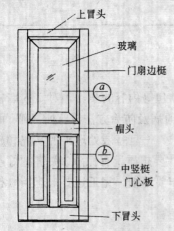

图7-49 镶板木门扇各部分名称

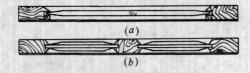

图7-50 剖面构造

(a) 边梃与玻璃结合式；

(b) 边梃、中竖梃与门心板结合

2）包板门由断面较小的木方组合成骨

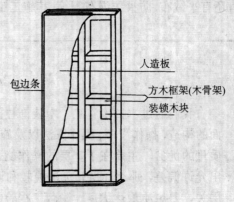

图7-52 包板门构造

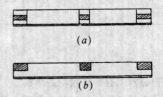

图7-53 单榫和槽口连接

(a) 单榫连接；(b) 槽口连接

示。面层与骨架的连接主要以胶合剂连接为主，四周封边木条采用钉胶结合的方法。木骨架制作时应在安装门锁的部位预埋好150

168

×200mm 的木块，包条木边不得拼接。

（2）木门扇制作

1）工艺流程和基本要求

门扇制作工艺流程：配料→截料→刨料→画线、凿眼→开榫、裁口（或起槽）→整理线角→拼装，或从开榫起拼装→修整→胶面层→封边。

要求榫要饱满，眼要方正。半榫的长度可比半眼深度短 2mm，见图 7-54。拉肩不得伤榫，割角要严密、整齐。画线必须正确，线条要平直、光滑，裁口、起槽宽窄、深浅一致，胶合剂涂刷均匀，连接牢固、平整，水平放置冷压密实，刨面不得有刨痕、戗槎及毛刺。

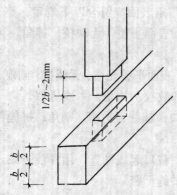

图 7-54　半榫比榫眼短 2mm

2）工艺要点

首先要熟悉图纸，了解门扇构造，各部分尺寸，制作数量，列出配料单，先配长料，后配短料，以使木料得到充分合理的使用。木质门扇料需双面刨光，双面刨光应增加 5mm，边梃应加长 40mm，冒头要加长 6～10mm。

按门扇构造要求划出榫、眼线，孔眼的位置应在木料的中间，宽度不超过其宽度的 $\frac{1}{3}$，榫头厚度按榫眼的宽度确定（榫厚只能略小于榫眼宽度 0.5mm），如图 7-55 所示。画线要作对，以免拼装时基准面不在一个面。

凿眼要选择与孔眼宽度相等的凿子。凿好的眼口要求方正，两内侧边要平直，眼内

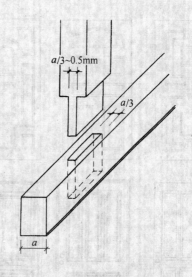

图 7-55　榫眼宽不超过木料宽的1/3 榫厚不得超过榫宽度

要清，不留木渣。

起线、槽、裁口应在拉肩之前，要求宽度一致，深度一致，方正平直，不得有戗槎和凸凹不平现象。门心板尺寸应比入槽后的实际尺寸小 2mm，以免受潮膨胀起鼓。

拼装骨架或门扇前刨清墨线。拼装时要随时注意整个门扇的平整度，检验其方正度，最后水平放置，待安装。

包板门则应将木骨架六面整平、刨直，人造板按设计要求加工，人造板与骨架之间的胶粘剂挤压密实无空鼓。胶合另一面时要注意第一次胶合好的人造板正面不能受损，可用隔、填轻质材料来保护，同时不能随意拖拉，两面面板胶合好水平放置，如需叠放要用塑料薄膜或人造板条水平垫好，使面与面隔开，表面有胶渍应及时用稀释剂擦净，待完全干燥固化后，再将四周多余人造板面层刨直、刨平，封边条回转角应 45°斜接胶钉连接于骨架上，最后将封边条和两层人造板交接面修刨平整光滑（用手摸无凸凹感），包板门制成，再按设计图案用线条在面层上胶粘成凸出的图案。木线条装饰木门扇的图案，可参见图 7-56。

如果不用木线条而用面板材料通过木纹

图 7-56 木线条装饰木门扇图案示例

（3）门扇制作质量标准

1）保证项目

a. 木材的树种、材质等级、含水率和防腐防虫、防火处理必须符合设计要求和施工规范的规定。检验方法：观察检查和检查测定记录。

b. 门扇的榫槽必须嵌合严密，以胶料胶结，胶料品种符合施工规范规定。检验方法：观察和用手推拉检查。

c. 门扇的面层与骨架必须胶结牢固，不到固化强度不得卸压，胶合品种符合施工规范的规定。检验方法：观察和用小锤轻击检查。

2）基本项目

a. 木门扇表面应符合以下规定：

分格：表面平整、无缺棱、掉角，色泽近似。

优良：表面平整光洁、无戗槎、刨痕、毛刺、锤印和缺棱、掉角，木纹近似。

b. 裁口、起线、抽槽、割角、拼缝符合以下规定：

合格：裁口起线顺直，槽深浅一致，割角准确，拼缝严密。

优良：裁口起线顺直，无刨痕，槽深浅一致，割角准确，交圈整齐，拼缝严密，无胶迹。

检验方法：观察和手摸检查。

c. 涂刷干性底油应符合以下规定：

合格：门扇制成后，能及时涂刷干性底油。

优良：在上述条件下，涂刷得十分均匀。

检验方法：观察与手摸检查。

3）木门扇制作允许偏差和检验方法见表7-12。

（4）装饰木门扇安装

室内木门扇按启开形式一般分为平开式和推拉式。平开式多为单元门、房间门等，推拉式多用于通往阳台隔墙门，轻质隔墙门或较小的厨、卫门。

的对花、或横、竖、斜拼缝而组成图案的平板门，则骨架要按图案拼缝的需要而设置框架，拼缝必需在木框架的各档料的中心，胶合前要在各档上画好中线并试拼，做好标记，编排序号，才可顺次胶合。拼缝分格的图案可参见图7-57。

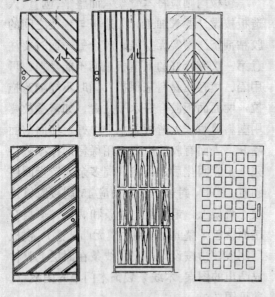

图 7-57 拼缝分格装饰木门扇图案示例

木门扇制作允许偏差和检查方法

表 7-12

序号	项目	允许偏差（mm）	检查方法
1	翘曲	2	门扇平放在平台板上用楔形塞尺检查
2	对角度长度	2	门扇外角、尺量检查
3	人造板门扇在 $1m^2$ 内平整	2	用 1m 靠尺和楔形塞尺检查
4	宽高	+1 −0	扇量外缘、尺量检查
5	冒头或棂子对水平线	±1	尺量检查

1）平开式装饰门扇作业条件：

室内以弹好+50cm 水平线，室内水泥地面和墙面抹灰作业已结束，木门框已安装完毕。

平开装饰木门扇一般选用 4m 铜质或不锈钢合页，球型门锁、闭门器、门吸等五金。

备有水平尺、线锤、手电钻、开孔器及木工手工工具等。

2）工艺流程

检查门框→确定标高→刨削试装→安装合页→安装五金。

3）工艺要点

检查门框的尺寸的对角线，测其垂直度和水平度。

刨修门扇使其与四周门框地面的缝隙达到规定标准，且要门扇两侧和上部略有向框裁口处倾斜，如图 7-58。合页位置各为门扇高度的 $\frac{1}{11}$ 和 $\frac{1}{9}$（上部和下部）。

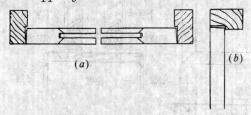

(a)   (b)

图 7-58 门扇倾斜示意
(a) 门扇两侧向裁口处倾斜；
(b) 门扇上端向裁口处倾斜

安装合页时，检查门扇与门框是否平整，

缝隙是否合适，符合标准后再拧上全部螺丝。硬质门扇应先用手电钻钻孔。孔的深度为螺丝 $\frac{2}{5}$ 的深度。

球型门锁或执手门锁，安装高度一般离地面 90cm 左右（有设计要求除外）。

4）平开门扇安装质量要求与检验方法详见表 7-13。

平开木门扇安装质量要求与检查方法

表 7-13

序号	质量要求	检查方法
1	门扇刨面平整、光滑、裁口、起线顺直、开关灵合、稳定、无自开、回弹	观察、开闭检查
2	框与扇或扇接触处高低差≤2mm	直尺或楔形塞尺检查
3	门扇对口缝或框与扇间侧缝宽度=1.5～2.5mm	
4	框与扇间的上缝=1.0～1.5mm	
5	扇与地面之间缝宽度=4～5mm（外门） 6～8mm（内门） 10～12mm（卫生间门）	楔形塞尺检查

5）推拉门扇的安装

作业条件如平开门扇安装。

推拉门扇按其支承形式可划分为悬挂式和下承式两大类，图 7-59 和图 7-60 分别是较简单的悬挂式和下承式推拉门的构造示意图。

推拉门安装程序：

检查校正→弹线定位→安装配件→调整→固定→收口。

6）推拉门扇安装工艺要点

推拉门扇的上、下轨道或上、下框板必须保持水平，在洞口全长范围内高差不大于2mm，如果原洞口的基面不平，在安装上梁或上下框板时应用垫木找平。

侧框板必须垂直，全高垂直误差不大于2mm，如原洞口基面不垂直，在安装侧框板时用垫木找平。

上下轨道或轨槽的中心线必须在同一垂线上，以免推拉门窗扇时，上下轨道拧劲。

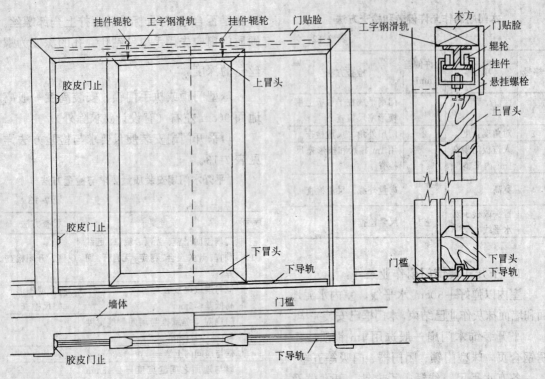

图 7-59　悬挂式推拉门示意

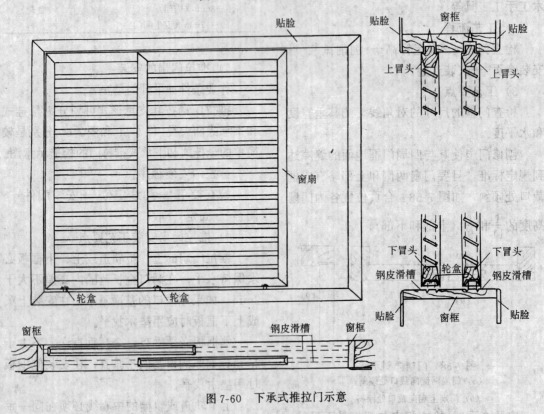

图 7-60　下承式推拉门示意

悬挂式推拉门的上梁承受整个门扇的重量，必须安装牢固，上梁厚度不少于 50mm，每 200mm 的距离至少有一个点与洞口基层底牢固连接。

在侧板垂直的前提下，如果门扇与侧板的缝隙上下不等宽，首先要检查门扇是否平直；如果门扇左右两边均不垂直，可通过调节悬挂螺栓或轮盒将门扇找直。悬挂螺栓直接由镙母调节长度；轮盒须通过在轮盒槽内加垫片来调节。

安装完毕后随即用木方保护侧框板及门扇边角。

7）推拉门安装质量要求和检验方法见表 7-14。

推拉木门安装质量要求和检查方法

表 7-14

序号	质量要求	检查方法
1	门框板与轨道的安装位置和固定点必须符合设计要求、安装牢固、开关灵活	观察、手扳与推拉检查
2	上梁、下导轨或上、下框板全长水平高差≤2mm	用 2m 长水平尺检查
3	侧框板全高正、侧面垂直偏差≤2mm	用 2m 托线板检查
4	框对角线长度偏差≤2mm	圈尺测量
5	悬挂式门扇与地面的缝宽度＝4～5mm	
6	下承式门扇与地面的缝宽度＝4～6mm	楔形塞尺检查
7	双扇推拉门两扇之间的缝宽度＝2～3mm	

7.3.2 木筒子板、门窗贴脸及窗帘盒等细木制品的施工

室内的木质筒子板、门窗贴脸、窗帘盒及窗台板等一些木制品的制作与安装工程，往往处于较醒目的位置，有的还是能够触摸得到的，其质量令人注目。为此，细木制品不但要与整体的装饰工程配套、统一设计使

其既有其功能作用，又能起到装饰效果。而且应选优质木材，精心制作、仔细安装、突出其醒目别致的特点。

（1）施工准备

1）现场要求

窗台板是在窗框安装后进行。

无吊顶采用明窗帘盒的房间，明窗帘盒的安装应在安装好门窗框、完成室内抹灰标筋后进行。

有吊顶的暗窗帘盒的房间，窗帘盒安装与吊顶施工同时进行。

门窗贴脸的安装应在门窗框安装完，地面和墙面施工完毕再进行。

筒子板的龙骨安装，应在安装好门框与窗台板后进行。

2）操作准备

a. 细木制品制成后，应刷一道底油防止受潮变形。

b. 细木制品及配件在包装、运输、堆放和安装时，要轻拿轻放，专人、专库保管，不得曝晒和受潮，防止变形和开裂。

c. 细木制品安装必须按设计要求，预埋好防腐木砖及配件，保证安装牢固。

d. 细木制品与砖石砌体、混凝土或抹灰层接触处均应进行防腐处理；金属配件应涂刷防锈漆。

e. 施工所用工具，应在使用前安装好，接好电源并进行试运转，开关灵活有效，并有漏电保护装置。

3）材料要求

a. 木质材料要求：

细木制品所用的木材必须干燥，应提前进行干燥处理。含水率的检测要达到设计要求。

细木制品所用木材要认真挑选，保证所用木材的树种、材质、规格符合设计要求。施工中应避免大材小用、长材短用和优材劣用的现象。

由专业生产厂家生产的细木制品，购买时要有产品合格证和检测证书且应配套供

应。进入现场要验收、留样、记录备案等工作。成品半成品均应符合质量标准。

露明部位要选用优质材，清油饰显露木纹时，应注意同一房间或同一部位选用颜色、木纹近似的相同树种。细板制品不得有腐朽、节疤、扭曲和劈裂等弊病。

b. 其他材料要求：

细木制品的拼接、连接处，必须加胶，采用聚醋酸乙烯（乳胶）、立时得、脲醛树脂等化学胶；所用的金属配件、钉子、木螺丝，除规格、尺寸应符合设计要求外还应选择铜质、不锈钢或铅合金等不易生锈和较为美观的品种。

（2）木窗帘盒装饰施工

木窗帘盒有明、暗两种，明窗帘盒整个露明，一般是先加工成半成品，再在施工现场安装；暗窗帘盒的仰视部分露明，适用于有吊顶的房间。窗帘盒内需安装窗帘轨道，轨道有单轨、双轨或多轨。

1）窗帘盒的构造

明窗帘盒一般由木板、木方、人造板加工制成半成品，由铁支架为连接件固定在砖墙或混凝土构件上，图 7-61 所示为几种常见的明窗帘盒的构造。

暗窗帘盒一般由现场制作，多和吊顶配套施工，其构造如图 7-62 所示。

2）窗帘盒的制作

窗帘盒可以做成各种式样，制作时，首先根据施工图或标准图的要求，进行选料、配料，先加工成半成品，再加工成型。

（3）检查窗帘盒的预埋件

为提高窗帘盒安装质量，应先检查预埋件。

木窗帘盒与墙体连接固定，除少数在墙内砌入木砖，多数预埋铁件。预埋铁件的尺寸、位置及数量应符合设计和安装要求。如果出现差错应采取补救措施。如预制过梁上漏放预埋件，可用射钉枪或胀管螺栓将铁件补充固定。

图 7-63 为常用的预埋件的铁支架，铁支架中的螺孔一般为 $\phi6\sim\phi8$，其他尺寸可参照图中说明。

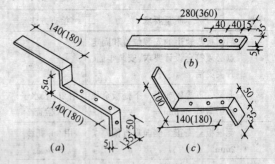

图 7-63　窗帘盒铁支架
（所有支架用－35×5 扁铁制作）

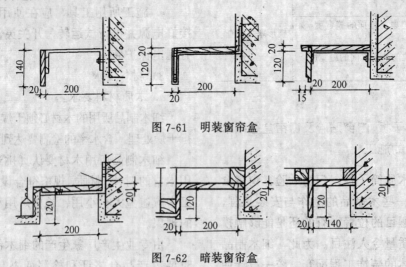

图 7-61　明装窗帘盒

图 7-62　暗装窗帘盒

4）窗帘盒的安装

明窗帘盒宜先安装轨道，暗窗帘盒可后安轨道，窗帘盒的长度由窗洞的宽度决定，一般窗帘盒的长度比窗洞口宽度大 300mm 或 360mm。

根据室内＋500mm 的标准水平线，确定窗帘盒的标高。在同一墙面上有几个窗帘盒，应高度一致。窗帘盒两端距窗洞口长度一致。窗帘盒靠墙部分应与墙面紧贴，无缝隙。如墙面局部不平，应调整。如挂较重的窗帘，明窗帘盒安装轨道采用机械螺丝；暗窗帘盒安装轨道时，木螺丝不小于 40mm。

（3）窗台板装饰施工

木窗台板的截面形状和尺寸装钉方法应按施工图施工，常用方法如图 7-64。

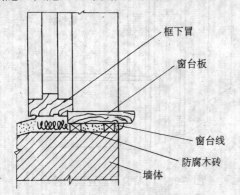

图 7-64　窗台板常用的构造和方法

窗台板的长度一般比窗樘宽度长 120mm 左右，两端伸出的长度应一致。在同一房间内同标高的宽台板，使其标高一致，突出墙面一致。应注意窗台板上表面向室内倾斜（泛水），坡度约 1%。

如果窗台板的宽度大于 150mm，拼缝时背面应穿暗带，防止翘曲。窗台板的下面与墙交角处，要钉窗台线（三角压条）。

（4）筒子板装饰施工

1）构造

筒子板设置在室内门窗洞口处，可称"堵头板"，其面板一般用五层胶合板制作并采用镶钉方法。门窗筒子板构造如图 7-65 所示。

2）筒子板施工工艺流程

检查门窗洞口及埋件→制作、安装木龙骨→装钉面板。

3）施工要求

木筒子板的安装，一般是根据设计要求在砖或混凝土墙内预埋经防腐处理过的木砖，中距一般为 500mm。采用木筒子板的门窗洞口应比门窗樘宽 40mm，洞口比门窗樘高出 25mm，才可以安装筒子板。

4）工艺要点

首先检查门窗洞尺寸是否符合要求，预埋木砖或连接铁件是否齐全，位置是否正确，如发现问题，必须修理、校正或增补。

根据门窗洞口实际尺寸，先用方木制成龙骨架，当筒子板宽度大于 500mm 需要拼接时，中间适当增加立杆。横撑间距不大于 400mm，横撑位置应与预埋件位置对应。安装龙骨架先从上端开始后两侧，洞口上部骨架应与预埋木砖或预埋件连接牢固，骨架必须平整牢固并做好防腐处理。

面板应挑选木纹和颜色近似的用于同一房间。长度方向需要对接时，木纹应通顺，其接头位置应避开平视视线范围。一般窗筒子板拼缝应在室内地平 2m 以上；门筒子板拼缝一般离地坪 1.2m 以下，接头必须在横档中间。采用厚木板材时，板背后应做卸力槽，以免板面变形、弯曲。卸力槽一般间距为 100mm，槽宽 10mm、深度 5~8mm。

固定面板所用钉子的长度为面板厚度的 3 倍，间距一般为 100mm。

筒子板里侧要装进门窗框预先做好的凹槽里。外侧要与墙面齐平，割角严密方正，由贴脸板封头。

（5）门窗贴脸装饰施工

贴脸又称门头线、窗框线，是装饰门窗洞口的一种木制线脚。

1）构造

门窗贴脸板的式样很多，尺寸很多，形状各异，应按照设计图纸施工。门窗贴脸的

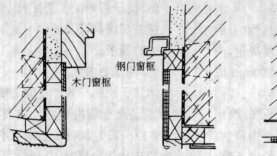
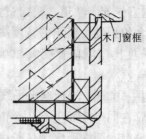

钢门窗框

木门窗框

木门窗框

图 7-65　门窗筒子板构造

构造如图 7-66 所示。安装应在墙面抹灰以后。

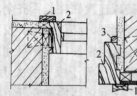

图 7-66　门窗贴脸构造

1—贴脸；2—樘子；3—12×12 木压条；

4—胶合板墙裙；5—筒子板

2）工艺流程

量取尺寸→锯割→装钉。

3）工艺要点

先量出横向贴脸板所需长度，上部 45° 斜角连接，两端伸出长度一致，明钉钉接，拼缝严密。

贴脸板搭盖在墙面上的宽度不应小于 20mm，钉距 200mm 左右，且横平竖直，接角密合。

门贴脸下部宜设贴脸墩（也称墩子线），贴脸墩要稍厚于踢脚板，如图 7-67 所示。不设贴脸墩时，贴脸板厚度不能小于踢脚板的厚度，以免踢脚板冒出影响美观。

（6）细木装饰施工质量与检查方法

1）保证项目

a. 细木制品的树种、材质等级、含水率和防腐处理必须符合设计要求和《木结构工程施工及验收规范》的规定。

检查方法：观察检查和检查测定记录。

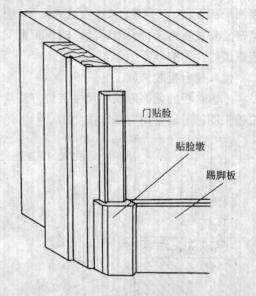

门贴脸

贴脸墩

踢脚板

图 7-67　门贴脸下部宜设贴脸墩
贴脸墩要稍厚于踢脚板

b. 细木制品与基层（或木砖、木楔）必须镶钉牢固，无松动现象。

检查方法：观察和手扳检查。

2）基本项目

a. 细木制品的制作质量应符合以下规定。

合格：尺寸正确，表面光滑，线条顺直。

优良：尺寸正确，表面平直光滑，楞角方正，线条顺直，不露钉帽，无戗槎、刨痕，无刺、锤印等缺陷。

检验方法：观察、手摸或尺量检查。

b. 细木制品的安装质量应符合以下规定：

合格：安装位置正确，割角整齐，接缝严密。

优良：安装位置正确，割角整齐、交圈，接缝严密，平直通顺，与墙面紧贴出墙、门口一致、同一标高高度一致。

检验方法：观察、尺量、水平尺、线锤等测量检查。

c.细木制品安装允许偏差和检验方法如表 7-15 所示。

细木制品安装允许偏差和检验方法

表 7-15

序号	项　目		允许偏差 (mm)	检验方法
1	筒子板	垂直	2	全高吊线和尺量检查
		表面平整	1.5	用 1m 靠尺和塞尺检查
2	窗台板窗帘盒	两端高低差	2	用水平尺和楔形塞尺检查
		两端距窗洞长度差	3	尺量检查
3	贴脸板	内边缘至门窗裁口距离	1	尺量检查

小　结

木装饰门窗施工必须要有足够的牢固性。木门扇、明窗帘盒等的安装所用五金、螺丝必须达到设计标准，严格按规范操作，使其安装牢固。

严格控制木材的含水率，木质等级和规格；胶合板、胶合剂、木线条的订购要有检验合格证和质检证书，以保证胶粘工程的质量。

木门扇、细木制品的制作尺寸要精确，线条要顺直，交圈、割角、拼接缝严实，方法合理，表面平整光滑，木纹清晰，图案美观。

精心操作，一丝不苟，每一细部都要认真处理，决不使不合格品进入下道工序。

习　题

1. 装饰木门扇施工工艺要点是什么？
2. 如何保证包板门制作质量？
3. 如何保证门扇安装（平开）的质量？
4. 推拉门扇安装的工艺要点是什么？
5. 如何保证细木制品的制作、安装质量？

7.4　木龙骨吊顶施工工艺

吊顶为建筑物内部空间顶部装饰，通过不同的面层材料，不同的艺术造型和构造方法，使装饰吊顶具有丰富的美感。木龙骨吊顶令人感到温暖、舒适和亲切。木质材料的预制和现场加工较为方便，安装施工较为简捷，易于造型，特别是在较小型的装修工程中应用的十分广泛。

此外，有关饰面材料的安装，如玻璃镜面、金属薄板、软质纤维吸音板、纸面石膏板等，常常以木质吊顶作为基层；墙纸、墙布、墙毡、织物的裱糊或皮革等装饰往往也以木质板材作为基层底板。

目前，较流行的木质吊顶做法主要有木龙骨胶合板吊顶装饰和实木板吊顶。

7.4.1　木龙骨胶合板吊顶

（1）施工准备

1）现场要求

现浇或预制楼板中预留好钢吊筋，间距

应符合设计要求；四周墙内吊顶位置预留好防腐木砖，标高、间距也应符合要求。

屋面防水工程完毕且通过验收，主体结构已通过验收，且门窗装完、室内楼地面粗装修完。

吊顶上部电气布线、空调、消防、报警、供排水及通风等管道系统安装完毕并调试完成。

脚手架搭设完毕，且高度合适。

2）材料准备

木材应选用烘干、无扭曲的红白松树种（黄花松不得使用），按设计规格加工，如无明确规定时则按下述规格加工：

主龙骨 50mm × 70mm 或 50mm × 100mm；

次龙骨 50mm × 50mm 或 40mm × 60mm；

吊筋骨 50mm × 50mm 或 40mm × 40mm。

面层按设计要求，选用优质夹板。

3）施工放线

放线包括放标高线、吊顶造型位置线、吊点定位线、大中型灯具吊点等。标高线弹到墙面或柱面，其它线弹到楼板底面。此时应同时检查处于吊顶上部空间的设备和管线对设计标高后影响；检查其对吊顶艺术造型的影响；如确实妨碍标高和造型的布局定位，应及时按现场实际情况修改设计。

4）木龙骨的处理

防腐处理：建筑装饰工程中所用木质龙骨材料，应按规定选材并实施在构造上的防潮处理，同时亦应涂刷防腐防虫药剂，选用药剂可参考表7-16。

防火处理：工程中木构造的防火处理，一般是将防火涂料刷或喷于木材表面，也可把木材置于防火涂料槽内浸渍，防火涂料的选择及使用可从表7-17中进行选择使用。

木材防腐、防虫药剂特性及适用范围 表7-16

类 别	编号	名 称	特 性	适 用 范 围
水溶性	1	氟酚合剂	不腐蚀金属，不影响油漆，遇水较易流失	室内不受潮的木构件的防腐及防虫
	2	硼酚合剂	不腐蚀金属，不影响油漆，遇水较易流失	室内不受潮的木构件的防腐及防虫
	3	硼铬合剂	无臭味，不腐蚀金属，不影响油漆，遇水较易流失，对人畜无毒	室内不受潮的木构件的防腐及防虫
	4	氟砷铬合剂	无臭味，毒性较大，不腐蚀金属，不影响油漆，遇水较不易流失	防腐及防虫效果良好，但不应用于与人经常接触的木构件
	5	钢铬砷合剂	无臭味，毒性较大，不腐蚀金属，不影响油漆，遇水不易流失	防腐及防虫效果良好，但不应用于与人经常接触的木构件
	6	六六六乳剂（或粉剂）	有臭味，遇水易流失	杀虫效果良好，用于毒杀已有虫害的木构件
油溶性	7	五氯酚、林丹合剂	不腐蚀金属，不影响油漆，遇水不流失，对防火不利	用于易腐朽的木材、虫害严重地区的木构件
油类	8	混合防腐油（或蒽油）	有恶臭，木材处理后呈黑褐色，不能油漆，遇水不流失，对防火不利	用于经常受潮或与砌体接触的木构件的防腐和防白蚁
	9	强化防腐油	有恶臭，木材处理后呈黑褐色，不能油漆，遇水不流失，对防火不利	用于经常受潮或与砌体接触的木构件的防腐和防白蚁，效果较高
浆膏	10	氟砷沥青浆膏	有恶臭，木材处理后呈黑褐色，不能油漆，遇水不流失	用于经常受潮或处于通风不良情况下的木构件的防腐和防虫

注：1. 油溶性药剂是指溶于柴油；
　　2. 沥青只能防水，不能防腐，用以构成浆膏。

项次	防火涂料的种类	每 m² 木材表面所用防火涂料的数量（以 kg 计）不得小于	特　　性	基本用途	限制和禁止的范围
1	硅酸盐涂料	0.5	无抗水性，在二氧化碳的作用下分解	用于不直接受潮湿作用的构件上	不得用于露天构件及位于二氧化碳含量高的大气中的构件
2	可赛银（酪素）涂料	0.7	—	用于不直接受潮湿作用的构件上	不得用于露天构件
3	掺有防火剂的油质涂料	0.6	抗水	用于露天构件上	—
4	氯乙烯涂料和其他以氯化碳化氢为主的涂料	0.6	抗水	用于露天构件上	—

注：允许采用根据专门规范指示而试验合格的其他防火剂。

5）龙骨架的拼接

为方便安装，木龙骨架吊装前多是先在地面进行分片拼接。

（2）木龙骨吊顶构造

采用悬吊方式将装饰顶棚支承于屋顶或楼板下面就是吊顶。吊顶的构造主要由支承、基层和面层三部分组成。支承部分是指主龙骨及其吊杆；基层部分主要是指用以覆面的次龙骨及间距龙骨等；面层即是饰面部分，详见图 7-68 为木龙骨胶合板吊顶的构造。

根据吊顶使用功能和设计的不同，有的可省略主次龙骨之分，既是吊顶的支承部分，又是为覆面而设的框架，但这种吊顶一般都难以承受上人检修等附加荷载。

1）吊顶的支承部分

吊顶的支承部分即为悬吊式装饰吊顶的

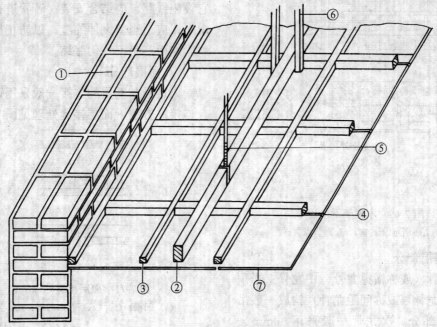

图 7-68　木龙骨胶合板吊顶构造示意

①—墙体；②—主龙骨；③—次龙骨；④—间距龙骨

⑤—钢吊杆或吊筋镀锌铁丝；⑥—吊筋木方；⑦—胶合板面板

基本结构，用以形成吊顶造型基本轮廓，例如平面的、拱形的、跌落式（迭级）的等等。它主要承受饰面材料的重量及其它荷载（如上人检修、较重的灯具及饰物），连同自重，通过吊杆（吊筋）传给屋顶或楼板以及墙体等主体结构。

木龙骨胶合板吊顶的主龙骨采用50mm×70mm或50mm×100mm的方木，将主龙骨悬吊在木屋架的上、下弦节点上，如图7-69所示。较为普遍的是钢筋混凝土槽形板、空心板下的吊顶，其构造见图7-70。一般是先在混凝土或空心楼板内预埋钢筋钩穿上8#镀锌铅丝，待吊顶施工时将主龙骨拧牢；或者用$\phi8\sim\phi10$吊筋螺栓与楼板缝内的钢筋焊接，下面穿过主龙骨拧紧拧平（楼板内预埋钢筋与主龙骨的位置相一致）。如采用吊杆，多是使用圆钢，非保温轻型吊顶也可采用木吊杆。

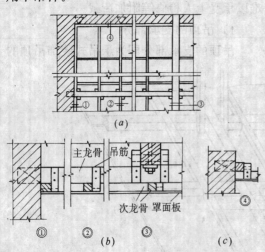

图7-69　木屋架下吊顶
(a) 吊顶平面图；(b)、(c) 节点大样

2）基层部分

次龙骨（或称横撑龙骨、中龙骨、平顶筋）及小龙骨（或称间距龙骨）构成一般吊顶的基层部分。次龙骨一般采用50mm×50mm或40mm×60mm的方木，其间距一般为400~500mm。需有一面刨平、刨光，以使

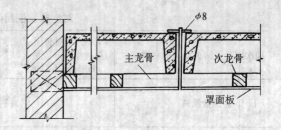

图7-70　槽形板下吊顶

吊顶基层平顺而利于饰面质量的保证。底面刨光面应位于同一标高，与主龙骨垂直布置。钉中间部分的次龙骨时，应起拱，房间7~10m的跨度，一般按3/1000起拱。10~15m的跨度，一般是按5/1000起拱；间距龙骨一般用50mm×50mm或40mm×60mm的方木，其间距一般为300mm~400mm，用3in钉子与次龙骨钉牢，次龙骨与主龙骨的连接，也多采用$3\frac{1}{2}$in圆钉，穿过次龙骨斜向钉入主龙骨。

吊顶的基层部分要密切结合灯具、风扇或空调送风口位置，做好预留洞穴及吊挂措施等方面的工作。吊顶内有管道、电线及其它设施线路，应结合安装；若管道有保温要求时，应适当留设伸缩缝，以防止吊顶受管线影响而产生不均匀胀缩。

3）面层部分

人造板与基层的连接一般采用钉、胶结合连接的方法，面层接缝处理见图7-71。

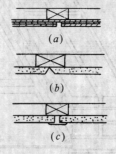

图7-71　面层接缝处理示意
(a) 凹槽；(b) "八字"形凹槽；(c) 盖缝

（3）吊顶特殊局部的构造

1）木龙骨局部弧形或球冠形吊顶是由多

层木夹板作龙骨，先按设计图放样，锯出若干弧形木龙骨做成单体木骨架，如图7-72所示。然后组装成所需的形状，木龙骨做成并经样板校验后，可钉罩三层胶合板。

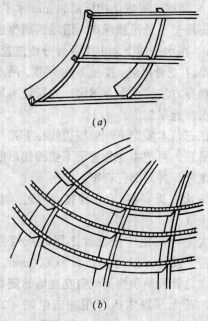

(a)

(b)

图7-72 木龙骨圆弧形、球冠形吊顶示意

(a) 圆弧形吊顶示意；(b) 球冠形吊顶示意

2) 嵌入式吸顶灯：其灯孔的形式、位置和尺寸，应与吊顶龙骨统一布置并结合灯具种类和规格。如选用白炽灯等散发热量的灯具，应在灯孔内部设通气孔，以使热量尽快散出，图7-73为嵌入式吸顶灯构造做法示例。

3) 暗灯槽：应注意槽口的高低与深浅的布置，做到既不遮挡光线又不能直接射出光线，同时在墙面及吊顶应避免产生不均匀阴影，槽内两光源的间距不小于1.9倍的槽口宽度。槽壁按一定距离设置通气孔，以利于散热，见图7-74所示。

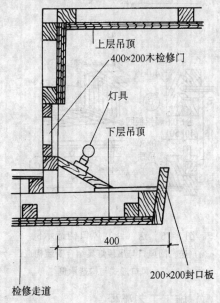

图7-74 暗灯槽构造示意

4) 通风口：一般安装于吊顶面板边或迭级吊顶的立面部分，与吊顶装饰造型一并考虑，有时与室内照明结合布置，图7-75为通风口的形式与构造示例。

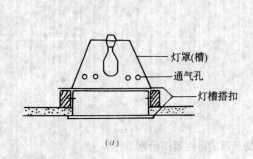

(a)

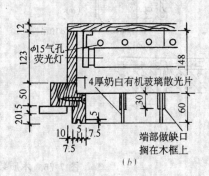

(b)

图7-73 嵌入式吸顶灯构造做法示例

(a) 灯孔剖面示意；(b) 灯具安装构造示意

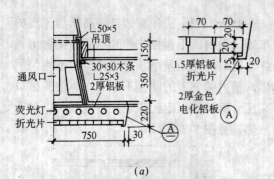

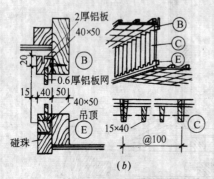

图 7-75 送（回）风口构造示例
(a) 送、回风口与吊顶灯具结合安装构造；
(b) 风口形式与构造示例

（4）施工工艺流程

胶合板木龙骨吊顶的操作程序一般为：安设吊点、吊筋（原结构顶板未预埋或埋后需修改、增补时）→弹线→安装主龙骨→安装次龙骨、间距龙骨→安装管线及设备→防腐、防火处理→安装罩面板→安装饰压条。

（5）龙骨架安装工艺要点

1）弹线：根据结构标高 50mm 水平线，沿墙高量至设计吊顶标高，沿墙四周弹出水平线，并在水平线上划出主龙骨分档位置线。

2）主龙骨吊装：按图 7-76 吊顶、吊点紧固示意等方法将主龙骨固定，并保证满足标高要求、起拱规范。

在三角木屋架下，应按边线在下弦两侧钉上吊筋，再把主龙骨置于下弦面使吊筋夹住主龙骨，并用圆钉钉牢。

3）次龙骨安装：次龙骨底面刨光、刨平、截面一致。

次龙骨间距应按设计之罩面板规格确定，若无设计一般为 500mm 或 600mm。

次龙骨按吊顶标高线钉在立墙的防腐木砖上，若无预埋木砖可用冲击电钻（或电锤）在标高线上 10～20mm 处打孔，孔径 10～12mm，间距 500～800mm，再在孔内塞入防腐木楔。

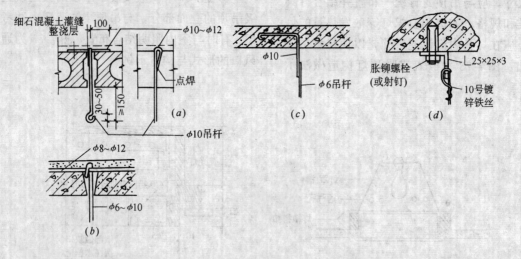

图 7-76 木质装饰吊顶的吊点紧固示意

(a) 预制楼板内浇灌细石混凝土时，埋设 φ10～φ12 短段钢筋，另设吊筋将一端打弯勾于水平钢筋，另一端从板缝中抽出；(b) 预制楼板内埋设通长钢筋，另一钢筋一端系其上一端从板缝中抽出；(c) 预制楼板内预埋钢筋弯钩；(d) 用胀铆螺栓或射钉固定角钢连接件

立墙龙骨固定好后，画出分档线，将次龙骨逐根固定在两边立墙的次龙骨和主龙骨上（注意固定在主龙骨之前要带通线），使其间距符合设计要求。通过调整主龙骨的高度使次龙骨达到起拱高度的要求。

间距龙骨（或称卡档横龙骨），安装在通长次龙骨之间。先在通长次龙骨上弹出分档（或称间距）线，再按通长次龙骨之间的实际距离截料，以底找平钉牢。间距龙骨两端不少于2只圆钉。钉好后必须平整，与次龙骨在同标高上，可参见图7-76木龙骨吊顶构造。

4）无主次龙骨之分的龙骨架安装

不分主次龙骨的安装，是将四周立墙上的龙骨按标高固定后，将其它龙骨按设计预制成吊顶骨架，在地面拼接组合好，整体或分片托起至吊顶标高位置。

对于高度低于3m的吊顶骨架，可用高度定位杆作临时支撑，如图7-77所示。吊顶高度超过3m时，可用铁丝在吊点上作临时固定；再根据吊顶标高拉出纵横水平线，作为吊顶的平面基准；调整骨架，使其与水平线平齐，即将靠墙部分与立墙龙骨用钉钉接，最后将龙骨架与吊点固定。固定的方法可参见图7-78。

迭级吊顶一般是从最高平面（相对地面）开始吊装，吊装与调平的方法同于上述。其高低面的衔接，常用做法见图7-79。

分片龙骨架在同一平面对接时，其方法参见图7-80。对于一些重要部位的龙骨接长，须采用铁件进行连接紧固。整体吊装结束，通过各吊点的调整，使整体吊顶骨架各

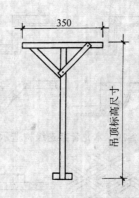

图7-77　定位杆作临时支撑

标高，起拱高度达到设计要求。弹好板块定位线于龙骨上。

5）防腐防火处理

龙骨架安装好后，所有明露铁件应刷好防锈漆；龙骨架与墙柱接触面应涂刷防腐剂。有防火要求的，还应在龙骨架上刷防火涂料。

（6）罩面胶合板的装钉

1）材料选择

选用加厚三夹板或五夹板。如果使用3mm以下的胶合板，则在室温和湿度的影响下而容易产生凹凸变形。

胶合板表面不能有严重碰伤，若有木质断裂、边角残损、板层脱胶起泡等缺陷不得使用。

板材长度、宽度、厚度及对角线的尺寸应符合标准。

纹理、色泽相同或近似板材应分类堆放。

2）板材处理

需裁割的应按画线裁割胶合板，并要保证其形状符合要求。当设计要求钻孔并形成图案时，应先做样板，按样板划线钻孔。为

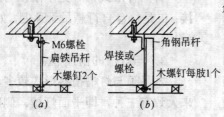

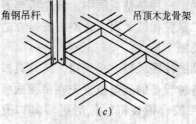

图7-78　木龙骨架与吊点连接示例
（a）用扁铁固定；（b）用角钢固定；（c）角钢与龙骨架连接示意

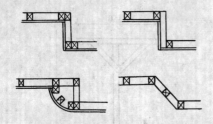

图 7-79　木龙骨架迭级构造示意

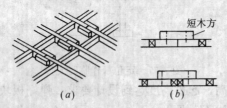

图 7-80　木龙骨架对接固定示意

(a) 短木方固定于龙骨侧面；(b) 短木方固定于龙骨上面

保证所钻孔的质量，一般可采用固定铁夹卡，如图 7-81 所示。

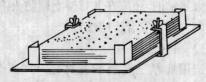

图 7-81　固定铁头卡

板面倒角或修边要准确、仔细，拼接安装才能严缝。对于有留缝装饰的吊顶罩面，应根据图纸要求修边要一致，最好使用木工修边机。

对于罩面板有防火要求的，反面向上，用防火涂料涂刷或喷涂三遍，晾干后备用。

3）胶合板铺钉

为节省材料，避免安装中出错，使罩面板面美观，特别是饰面需保持原木色油漆作透明涂饰的吊顶，在正式装钉前必须预排布置。对于无缝罩面（最终不要板缝），其排板形式有两种，一种是整板居中，分割板布置于两侧；二是整板铺大面，分割板安排在边缘部位，见图 7-82。

有空调的冷暖风口、排气口、暗灯具口等，可将各种设备的洞口位置先在吊顶面板上画出，待胶合板装钉就位后再将其口开出。

钉装面板应从板的中间向四周展开铺

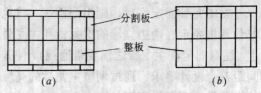

图 7-82　吊顶罩面胶合板布置

(a) 整板居中，分割板块在侧边；

(b) 整板铺大面，分割板块布置于边缘部位

钉，用电动或气动射钉枪或 16～18mm 的圆钉，钉距在 80～120mm 左右均匀钉装。钉头沉入板面表层。确保分缝线条通顺或严实。

（7）有关的节点处理

吊顶工程常涉及到有关的节点处理，如暗装窗帘盒、暗装灯盘、暗装灯槽等与吊顶构造的衔接。

1）与暗装窗帘盒的连接节点

其节点处理一般有两种方法，一种是吊顶与木方薄板窗帘盒衔接；另一种是吊顶与厚夹板窗帘盒衔接，处理形式见图 7-83。

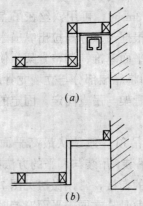

图 7-83　木吊顶与暗装窗帘盒的连接节点

(a) 方木薄板窗帘盒；(b) 厚夹板窗帘盒

2）与暗装灯盘的衔接节点

有两种形式，一是木吊顶与灯盘固定连接；二是灯盘自行悬吊于顶棚，如图 7-84 所示。

3）与灯槽的衔接节点

木吊顶与灯槽衔接形式较多，但归纳起来大致有三种，即平面灯槽、侧向反光灯槽和顶面半反光灯槽，其处理方法见图 7-85。

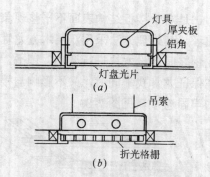

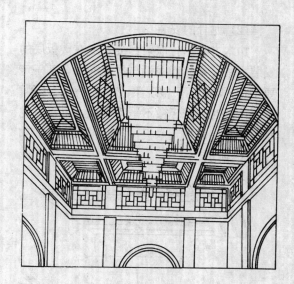

图 7-84 木吊顶与暗装灯盘衔接

(a) 灯盘与吊顶固定连接；(b) 灯盘自行悬吊于建筑底面

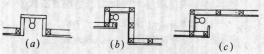

图 7-85 木吊顶与反光灯槽的衔接示意

(a) 平面式；(b) 侧向反光式；(c) 顶面半反光式

图 7-86 实木板顶棚装饰示例

(东方风格艺术效果)

7.4.2 木龙骨实木板吊顶

以实木板作为顶棚装饰，特别用透明清漆涂饰后显露木材的纹理，会得到较为突出的美感和质感，使室内效果独具特色。

采用条板或方板，或者再施以彩画，令人感到温馨亲切，或者是富丽堂皇，如图 7-86 所示的这种吊顶能够营造特殊的室内气氛，并具吸声和保温功能。在一些国家和地区由于取材较为方便，并被编入国家标准

（如德国的 DIN18281）。

（1）种类和形式

木龙骨实木板饰面吊顶一般多采用条板，常见规格为 90～120mm 宽，1500～6000mm 长，厚度 15～20mm 左右，成品有光边、企口和双面槽等种类。也有使用方板的，拼联为不同图案的表面形式。有的则是在房间顶面的宽度方向布置木方，木方之间安装实木板吊顶。再一种做法是将实木条板于吊顶平面作立式安装，形成较为开敞的效果。见图 7-87。

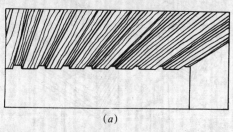

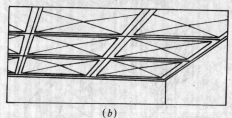

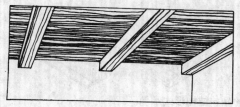

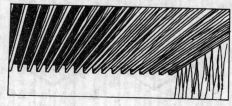

图 7-87 实木板装饰顶棚形式示例

(a) 条板的压接式铺设；(b) 方板（板中心图案为凹入式）顶棚；

(c) 木方条与装饰木板配合布置；(d) 木条板立式安装

（2）龙骨的安装

1）木方和木材框架直接固定在楼板底的安装方法，须注意楼板与骨架的结合部一定要平坦，如有不平整现象，处理方法有两种。

一是对于较轻微不平整现象，可以在龙骨与楼板底面加入木板进行调整、调平，如图7-88所示。

二是对于楼板结构表面不平整现象较为严重者，其处理方法采用双层木方龙骨，两层龙骨之间加设木块进行调整、调平，这样可在保证龙骨找平同时，又不影响与楼板结构的牢固连接，见图7-89。

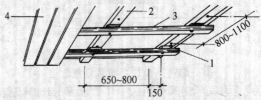

图7-89　采用双层木龙骨加木垫块方法找平
1—木块；2—上层龙骨；3—承接饰面
板的下层龙骨；4—条板饰面

木龙骨的规格由设计而定，一般情况可采用$50 \times 80mm$，$40 \times 60mm$或$30 \times 50mm$。

2）安装和悬吊

对于实木板吊顶的安装和悬吊形式很多，视吊顶要求及龙骨种类而定，图7-90为国外常用的木质吊顶悬吊构配件形式，图7-91为吊件上部紧固形式，可供参考。

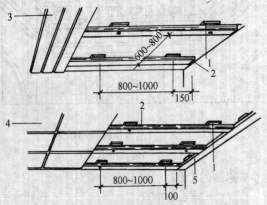

图7-88　用木块找平单层木方龙骨示意
1—木块；2—木方龙骨；3—木条板饰面；
4—木方形板饰面；5—边龙骨

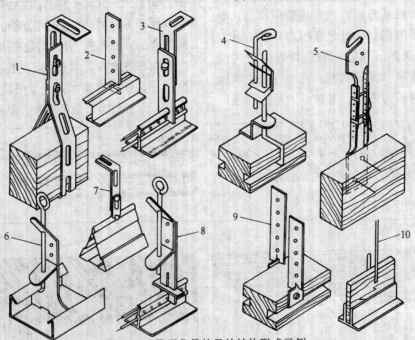

图7-90　吊顶龙骨的悬挂结构形式示例
1—开孔铁带吊杆；2—扁铁悬挂金属龙骨（安装开槽式木板天花）；3—开孔铁带吊杆和
T型龙骨；4—可伸缩吊杆与带槽龙骨；5—可调节吊杆与木龙骨；6—伸缩吊杆与U型
龙骨；7—开孔铁带吊杆与三角形吊挂件；8—伸缩吊杆与T型龙骨；9—交叉式吊杆与
企口木龙骨；10—圆钢吊筋双T型龙骨

186

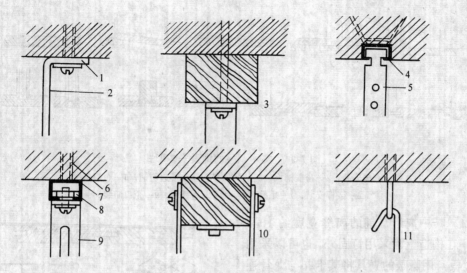

图 7-91　吊顶上部与楼板底紧固示例

1—射钉或胀铆螺栓；2—吊筋；3—方木与楼板固定再与扁铁吊杆固定；4—预埋固定轨；5—开孔悬挂带；6—打入张管销；7—固定轨；8—菱形螺母；9—开孔悬挂带；10—方木固定扁钢吊杆；11—吊筋勾挂螺丝环

实木板吊顶的吊杆，应采用直径不小于 φ25mm 的钢筋，或厚度不小于 5mm 的扁钢进行悬吊。角钢、吊环及各种连接部件在承受吊顶负荷后不允许有弯曲变形现象。吊点的紧固件安装，必须牢固可靠，应保留 5 倍的保险系数。对于悬吊式木龙骨的连接固定，可用螺丝钩、螺丝和 U 型钉，在方木的侧面固定，或以 U 型钉于龙骨下侧固定（只适用于硬质优良木材）。属于龙骨框架结构的连接，其螺丝和螺钩的旋入深度应在 50mm 以上，不可采用易生锈的钉固件。较重的吊顶，可以采用预埋在楼板混凝土结构内的木方或带锚型底脚的铁轨，用螺栓连接。所有预埋木方规格，至少为 40mm 厚，60mm 宽，并刨出一定的锥度。预埋的铁轨尺寸，应满足吊顶的承重能力。没有预埋的应使用胀铆螺栓或射钉连接技术，图 7-92 为双层木龙骨的安装悬吊示意图；图 7-93 为单层木龙骨的安装悬吊示意，其龙骨侧面带有槽口，可直接嵌装带榫的饰面板或以卡式挂插件插入连接。

（3）实木饰面板的罩面安装

木条板的安装铺设常有企口平铺、离缝平铺、嵌缝平铺和搭边斜铺等多种形式，如

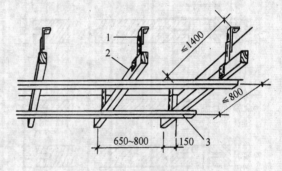

图 7-92　双层木龙骨的悬吊和安装示意

1—开孔悬挂铁带吊杆；2—上层木龙骨；3—下层覆面木龙骨

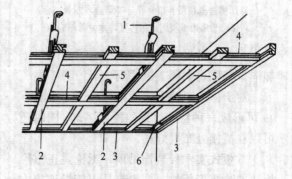

图 7-93　单层木龙骨的悬吊安装示意

1—可伸缩吊杆；2—主龙骨；3—边龙骨；4—横撑龙骨；5—间距龙骨；6—角接榫板

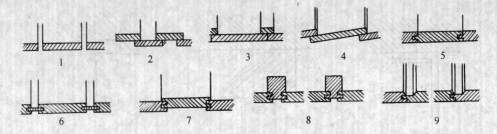

图 7-94　实木条板的铺设安装形式

1—离缝安装；2—搭盖铺设；3—密缝钉接；4—搭边斜铺；5—企口连接；

6—嵌榫安装；7—重叠搭接；8—凹边插装；9—企口暗装

图 7-94。其中离缝平铺的离缝宽度约 10～15mm，在构造上除采用钉固外，也可以采用凹槽边板，用隐蔽的夹具将其卡扣与龙骨连接，如图 7-95、图 7-96、图 7-97 所示。

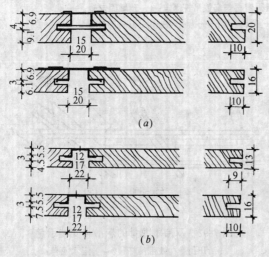

图 7-95　利用夹具卡扣件连接面板与龙骨

(a) 凹槽边板利用卡扣件可与 T 形金属龙骨结合；

(b) 凹槽边板利用卡扣件可与木龙骨结合

为了满足吊顶吸声的需要，可在木板上加铺矿棉毡，如图 7-98 所示。

对于搭边斜铺形式的条板吊顶，如图 7-99 可形成一种特殊效果的覆面装饰，同时还可以在搭接处布置灯具。

方板式实木板装饰吊顶，无论是正方形板块或是矩形板块，一般都是以暗槽连接方式进行嵌装，使用开槽木块、金属薄片、异型板卡或者特殊形式的固定轨等进行固定。与墙壁的连接，可采用环绕式圈梁、暗槽式

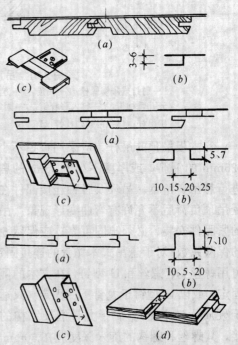

图 7-96　企口条板与木龙骨的暗卡钉合

(a) 暗卡连接形式；(b) 卡扣件规格和类型；

(c) 卡扣件立体图示；(d) 条板连接示意

结构或木方边龙骨的方式。图 7-100～图 7-103 为方板安装示例，可以看出实木方板装饰吊顶的一般安装固定方式。

7.4.3　其他人造板吊顶饰面的安装

（1）纤维板

纤维板由于成型时温度和压力不同，可分为软质和硬质两种。

1）硬质纤维板饰面安装

硬质纤维板安装之前，须将板进行处理，

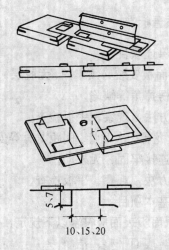

图 7-97 企口面板与 T 型金属
龙骨的卡扣结合示意

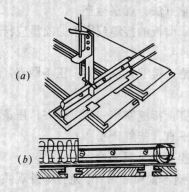

图 7-98 装设矿棉毡的吸声木板顶棚
(a) 板材与金属 T 型龙骨吊装;
(b) 面板上部铺设矿棉毡

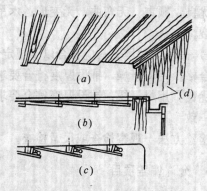

图 7-99 实木条板的搭边斜铺构造示意
(a) 条板斜铺效果;(b) 搭边斜铺剖视;
(c) 灯具配合安装;(d) 窗帘

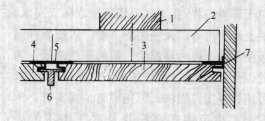

图 7-100 用 T 型连接条固定饰面板
1—承重(纵)木龙骨;2—覆面(横撑)木龙骨;3—
边部饰面板(可作假过梁式设置);4—带边槽饰面
板;5—间距式板卡;6—木制或金属 T 型连接条;
7—边部金属条与墙连接

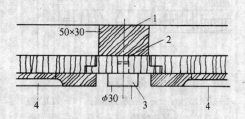

图 7-101 用旋入式木钮固定饰面板
1—主龙骨;2—连接木件;
3—旋入式木钮;4—饰面板

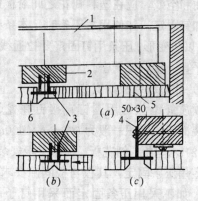

图 7-102 用 T 型金属龙骨固定饰面板
(a) 边部以假过梁方式安装;(b) 中间部位的结合;
(c) 中间部位的结合;
1—主龙骨;2—覆面龙骨;3—双 T 型连接件;
4—T 型连接件;5—边部假梁;6—饰面板

即把板块浸入 60℃ 的热水中 30min,或用冷水浸泡 24h。因为不经浸水处理的硬质纤维板有湿胀干缩的特性,能吸收空气中的水分,易造成施工后起鼓、翘角弊病。将硬质纤维板浸水后,码垛堆起再使其自然湿透,而后晾干即可安装。在工地现场可采取隔天浸水，晚上晾干，第二天使用的方法。因硬质纤维板浸水时，四边易起毛，板的强度降低。为此，浸水后应注意轻拿轻放，尽量减少摩擦，可用钉直接钉固法，可用圆钉、扁头钉、木螺丝，也可用塑料托花及木压条压缝处理。

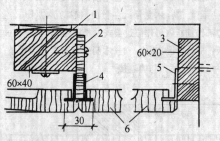

图 7-103　用天花板连接件固定饰面板
1—方木龙骨；2—天花板连接件；3—边龙骨；
4—双 T 型金属连接件；5—角铝；6—饰面板

用钉直接固定硬质纤维板时，钉距 80～120mm 为宜。采用塑料托花固定，为防止板面翘曲和空鼓，应在塑料托花之间沿板边等距离加钉固定。如使用木压条时，木条必须干燥，以防变形；压条用钉固定要拉通线，安装应平直，接口要严密。

2）软质纤维板的安装

软质纤维板可用圆钉直接钉在龙骨架上，装饰板的面积一般为 600mm×600mm。

（2）木丝板、刨花板、细木工板安装时，一般多用压条固定，其板与板间隙要求 3～5mm，如不采用压条固定而采用钉子固定时，最好采用半圆头木螺丝，并加垫圈，钉距 100～120mm，钉距应一致，纵横成线，以提高装饰效果。

（3）印刷木纹板安装，多采用钉子固定法，钉距不大于 120mm。为防止破坏板面装饰，钉子应与板面钉齐平，然后用与板面相同颜色的油漆涂饰。

（4）甘蔗板、麻屑板的安装，可用圆钉固定法，也可用压条或粘合法。

7.4.4　质量标准

（1）保证项目

1）罩面板安装必须牢固、无脱层、翘曲、拆裂、缺楞掉角等缺陷。

检验方法：观察、手扳检查。

2）主龙骨、次龙骨、间距龙骨等安装必须正确，连接牢固、无松动。

检验方法：观察、手扳检查。

（2）基本项目

1）罩面板表面应符合以下规定：

合格：表面平整、洁净。

优良：表面平整、洁净，颜色一致，无污染、麻点和锤印。

检验方法：观察检查。

2）罩面板的接缝或压条的质量应符合以下规定：

合格：接缝宽窄均匀、压条顺直，无翘曲。

优良：接缝宽窄一致、整齐；压条宽窄一致、平直，接缝严密。

检验方法：观察检查。

3）钢木骨架的吊杆、龙骨等外观质量应符合以下规定：

合格：有轻度弯曲，但不影响安装；木吊杆无劈裂。

优良：顺直、无弯曲、无变形；木吊杆无劈裂。

4）吊顶内的填充料应符合以下规定：

合格：用料干燥，铺设厚度符合要求。

优良：用料干燥，铺设厚度符合要求且均匀一致。

检验方法：观察检查或尺量检查。

7.4.5　允许偏差项目

罩面板及钢木骨架安装的允许偏差和检验方法应符合表 7-18 的规定。

项次	项目		允许偏差（mm）							检验方法
			胶合板	塑料板	纤维板	钙塑板	刨花板	木丝板	实木板	
1	罩面板	表面平整	2	2	3	3	4	4	3	用2m靠尺和楔形尺检查
2		立面垂直	3	3	4	4	4	4	4	用2m托线板
3		压条平直	3	3	3	2	3	3	3	拉5m线，不足5m拉通线检查
4		接缝平直	3	3	3	3	3	3	3	拉5m线，不足5m拉通线和尺量检查
5		接缝高低	0.5	1	1	1	/		1	用直尺和塞尺检查
6		压条间距	2	2	2	2	3		/	
7	钢木骨架	顶棚主筋（主龙骨）截面尺寸 方木	−3							尺量检查
		原木	−5							
8		吊杆、搁棚（次龙骨）间距龙骨等基层截面尺寸	−2							
9		起拱高度	短向跨度 $\frac{1}{200}$ ±10							拉线、尺量检查
10		顶棚四周水平线	±5							尺量或用水准仪检查

小　结

　　室内吊顶又称顶棚、天棚或天花，吊顶是采用悬吊方式形成的顶棚。我国古代建筑就有"斗四天花"、"覆斗形天花"等。近20多年来新型建筑装饰不断涌现，加之水、电、通风空调、消防等管线需要隐蔽在顶棚内，建筑隔热、隔音、防火、照明功能要求越来越高，所以顶棚的装饰愈发重要。

　　顶棚结构可分木吊顶与石吊顶两类，从承载能力分上人（检修）和不上人两类。

　　吊顶类型又分封闭式和敞开式。前者吊顶面与结构层之间形成基本闭合的空间，后者悬挂单体或组合体的构件装饰不形成闭合空间。

　　轻型灯具可固定在主龙骨或次骨龙骨上，重型灯具应按设计要求去处理。

　　龙骨安装完毕一定要进行隐蔽工程质量检查。检查的重点有三项：一是检查连接部位有无漏接、虚接的现象；二是检查龙骨形状有无翘曲和扭曲现象；三是对上人吊顶的龙骨荷载检查，对吊顶上设备检修孔周围及检修人员可能活动多的部位进行加载检查，重点是吊顶的刚度和强度，通常以加载后无明显翘曲、颤动为准。

　　面层的安装是装饰效果最终表现的所在，对板面的花样、花纹、色彩和色差尤其要精心处理，安装前要分别置放，安装时细心分辨、复查。同时要检查板面的尺寸和厚度，将不同尺寸误差的板材分别放置，以保证接缝平直。

习　题

1. 木龙骨吊顶由哪 3 个部分组成？各起什么作用？
2. 木龙骨吊顶基层施工工艺要点是什么？
3. 木龙骨吊顶中，暗灯槽施工中应注意哪些事项？
4. 常见迭级式吊顶的做法有哪些？
5. 如何保证木龙骨吊顶罩面板制作安装质量？

7.5 木隔断施工工艺

　　木隔断将建筑物内部空间进一步划分，为室内装饰施工的重要内容。木隔断使室内空间不仅在使用方面具有功能意义，同时对人们的视觉与心理引起美感。

　　木隔断有的制成木龙骨隔墙，有的制成装饰隔断，以适应日益复杂的建筑空间的需要。

7.5.1 木龙骨隔墙施工

　　木龙骨隔墙，因其操作工艺决定，它几乎全是干作业，故可以加快施工速度，且不受气候的影响。同时因其自重较轻，易造型，可与多种材料结合等优点，是装饰工程（特别是对防火要求不高的）中，常常采用的装饰手段。

　　（1）木龙骨隔墙的构造

　　木龙骨隔墙主要由上槛（沿顶龙骨）、下槛（沿地龙骨）、沿墙立筋、立筋（竖龙骨）、横龙骨、横斜撑等组成骨架，以各种人造板材或实木板为罩面层等组合，图7-104为木龙骨隔墙的构造示意。

　　（2）施工准备

　　1）现场要求

　　立体结构施工完毕并通过验收。

　　主体结构的墙、柱为砖砌时，应在隔墙交结处≤1000mm间距预埋防腐木砖；现浇混凝土楼板的顶，应按800～1000mm间距预埋 $\phi6$ 钢筋或埋件。

　　有踢脚座的，应根据设计要求砌筑，预留防腐木砖，且达到设计强度。

　　罩面板安装应在室内地面、墙面、顶棚粗装修完成，各预埋管线就位，并通过验收以后进行。

　　2）材料、工具准备

　　按设计要求对木龙骨的树种、规格备齐，并进行干燥、防腐、防火等处理，罩面板按设计要求选用。

　　木工装饰机具等设备，性能完好，调试正常，安装就位。

　　（3）工艺流程

　　弹线、找规矩→安装上槛（沿顶龙骨）、下槛（沿地龙骨）→安装靠墙立筋（靠墙龙

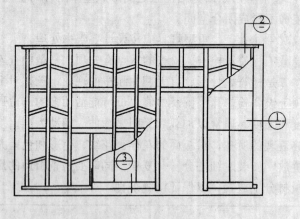
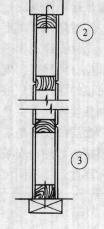
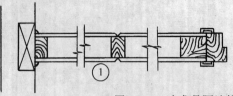

图 7-104　木龙骨隔墙构造

骨)→分格、画线→安装竖龙骨→弹线、安装横龙骨、斜撑→安装门、窗框→弹线、罩面、收口。

(4) 工艺要点

1) 弹线

楼地面或踢脚座上弹出隔墙下槛的边线,并用线锤吊点,将边线引到两端墙上,引到楼板或边梁的底部。根据所弹的线检查墙面上预埋木砖,楼板或过梁底部预留件的(钢筋或铅丝等)位置和数量是否符合要求,如不符合要求应及时修整或增设。

2) 安装上下槛

隔墙与砖墙连接时,上下槛长度应比净空尺寸长(因上下槛两端要埋入立墙120mm),下槛与地面或踢脚座木砖连接,上槛与各种预埋件连接,且应位置正确、连接牢固。

3) 安装靠墙立筋

按垂线安装靠墙龙骨,如墙体不垂直或不平整,可在钉接处用垫木调整,使其与地面垂直。

按设计要求或罩面板模数,在上下槛上分分格线,分格线应上下点在同一垂直线上。

4) 安装竖龙骨

竖龙骨按上述分格线为中点,与上下槛边缘平齐,要求钉接牢固。竖龙骨长度需要接长时,可用顶头对接方式,连接材料宽度不能超过龙骨宽度,长度一般不少于600mm,接头部位应上下差开,遇有与门窗框连接处,不得使用有接头的竖龙骨。

5) 弹线、安装横向龙骨

在竖龙骨上弹画出横龙骨的水平线,竖向间距在800～1200mm 之间,再按间距400～600mm 弹出横向斜撑的位置控制线。

先安装水平横龙骨,再安装斜撑,横斜撑的长度应大于两竖龙骨间距的实际尺寸,并将其两端按反方向稍锯成斜面,以便于楔紧和钉钉。

6) 安装门窗框

遇有门、窗框连接的竖龙骨和横龙骨应加大其截面或是双根并用,门窗框上方加设人字斜撑固定,所留门窗洞应比实际门、窗框大 10mm 左右的安装余量,且应方正。如门、窗框与隔墙同时安装施工,可不必留安装余量,门、窗框应与龙骨架牢固连接,并注意开启方向的正确。

7) 安装罩面板

按设计要求或已策划好的拼接要求弹线于竖、横龙骨上。罩面板按设定要求锯截,用钉胶或螺丝进行固定,一般钉距在 80～150mm 之间,罩面板应从下往上安装,内外两面的罩面板的接缝宜差开,以增加隔墙的整体性。清油罩面的隔墙,其胶合板应在铺钉前进行挑选,相邻面的木纹、色泽应相同或近似。生活电器等的底座,应装嵌牢固,其表面与罩面板的底面平齐。

罩面板常用的有胶合板规格是 1830mm×915mm×4mm、2440mm×1220mm×4mm(三夹板)或 1830mm × 915mm × 5mm、2135mm×915mm(五夹板)及其他人造板。

面板嵌在骨架内称为镶板式,钉胶在骨架之外称贴面式,图 7-105 为人造板镶、贴形式示意。

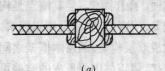

(a)

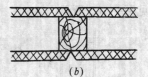

(b)

图 7-105 人造板镶贴形式示意
(a) 镶板式;*(b)* 贴面式

贴面式人造板要在竖龙骨上拼接缝,并留出 5～8mm 的缝隙,以便适应面板有微量伸缩的可能,缝隙可以参见图 7-106 所示。

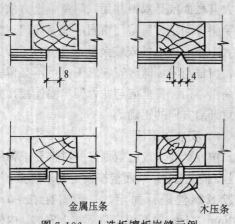

金属压条   木压条

图 7-106 人造板镶板嵌缝示例

7.5.2 组装拼合式木龙骨隔墙施工

组装拼合木龙骨隔墙的优点在于：市场上广泛出售的截面为 25cm×30cm 的成品木方龙骨，龙骨上带有凹槽，可在施工现场的地面进行纵横咬口拼装，组成方格框架，方格中至中的规格为 300mm×300mm 或 400mm×400mm。对于面积较小的隔墙，可一次拼装好木骨架后与墙体及顶、地固定；对于大面积的隔墙，则是将木龙骨架先作分片组装拼合，而后拼联安装。采用成品小型木龙骨作隔墙骨架省略了龙骨框架木方材料的加工制作过程，并且组装方便，操作简单，但其缺点是构造的隔墙体型较薄，往往不能满足使用要求。因此，常需要做成双层构架，两层木框架之间以方木横杆相连接，隔墙体内所形成的空腔可以暗穿管线及设置隔声保温层。小木方龙骨隔墙的双层构造参见图 7-107 所示。

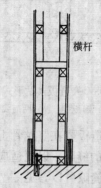

横杆

图 7-107 成品小型木龙骨的双层构架示意

194

（1）木骨架与建筑墙体的连接

根据现代室内隔墙施工的实际情况，在建筑主体结构内预埋木砖及埋件的越来越少，除土建工程与装饰工程统一施工，一般装饰工程的构造与主体结构连接固定都采用冲击电钻打孔，塞防腐木楔的做法。如图 7-108 所示。

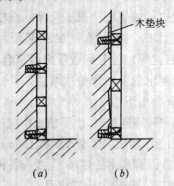

木垫块

（a）   （b）

图 7-108 木龙骨与墙体的连接
（a）平整墙面木楔圆钉固定法；
（b）不平整墙面加木垫块后的固定

（2）木骨架与地、楼面的连接

在打楼板或过梁孔时要注意，不得伤损结构中的钢筋，为此孔洞不要打得太深，一般在 40～50mm 左右。连接固定以先顶后地为序。龙骨架与地面之间的空隙可垫橡胶类或其它防腐材料，使骨架紧顶于地、楼面。

如遇吊顶与隔墙连接，可将骨架直接与吊顶连接，但要在吊顶上加设与隔墙相垂直的顶撑加以固定。木吊顶与木隔墙交接处如有空隙，应用垫木填实，但不得楔过紧，以免影响吊顶的起拱质量。

（3）木门窗框安装

由于组装拼合木龙骨隔墙的用材截面较小，所以一般应在门窗洞处增设较厚的多层夹板（可用 12～14mm 厚的胶合板）或 20mm 以上厚的优质实木板，其宽度≥两层龙骨架，一般不得拼接，可用钉、胶结合方法与龙骨架连接，再将门、窗框安装在加固板上，而门框的下端必须埋置于楼、地面内20～

40mm，门、窗框的立起，则应加大截面尺寸。另一种做法可在门窗框安置处加设 50mm 厚的实木冲顶龙骨，其上端用铁件、膨胀螺栓与顶部结构相连接，下端部埋入楼、地面 20～40mm 的方法，再安装门窗框。

（4）罩面板安装

组装拼合木龙骨隔墙的罩面板的安装方法与木龙骨隔墙相似，只是因为龙骨的截面较小，宜采用大面积整板铺钉，罩面板拼接处的双面龙骨架的方木横杆需要增设，以保证拼接处有足够的强度和刚度。

7.5.3 装饰木隔断

装饰木隔断形式、种类繁多，有移动式隔断，如可启闭的格扇，窗式的碧沙橱，典型的则是屏风；家俱式的书架、博古架；而作为"花罩"则更是我国建筑中最为流行的分隔空间的形式和不同时期文化艺术的体

现，图 7-109 为传统建筑室内隔断形式示例。

（1）木花格空透式隔断形式和构造

木花格空透隔断能增加室内空间的层次和深度，创造一种似隔非隔、似透非透、似断非断的感觉。

制作空透式隔断应选用质地优、防腐性能好，纹理通直等优质木板条，以图案造型为主，以求简洁大方，图 7-110 为木花格空透式隔断示例。图 7-111 为木花格隔断的示意和构造。

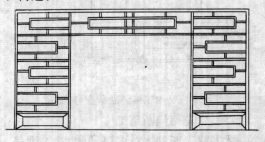

图 7-110　木花格空透式隔断示例

海棠锦地硬拐纹落地罩

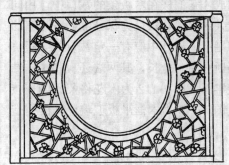

梅花冰纹月洞式落地罩

二龙戏珠天弯罩

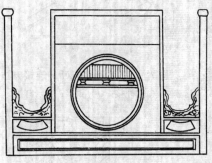

尺栏月洞窗太师壁

图 7-109　传统建筑室内隔断形式示例

195

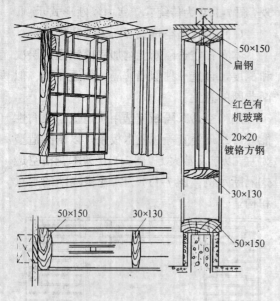

图 7-111　木花格隔断示意与构造

（2）木花格隔断施工

木花格隔断的木材多以硬质木、纹理美、不易变形的干燥木板为主，铺以少量花饰点缀。常用的花饰有金属或雕花玻璃或有机玻璃等制成，它们嵌在木板条的裁口中，用同质木线条封边、收口。为保证隔断有足够的强度和刚度，隔断中应有一定数量的条板贯穿于隔断全高、全长，其两端还应和主体结构连接牢固。图 7-112 为木花格隔断的连接方法。图 7-113 为木框平板玻璃隔断的构造示意。

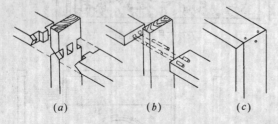

图 7-112　木花格隔断的连接方法
（a）榫接；（b）销接；（c）钉接

1）工艺流程

按设计要求选择合适的木材，通过下料→刨削→画线→凿孔→开榫→加工连接花饰件→组合拼装等工序制作而成。

2）工艺要点

在拟安装的墙、梁上预埋铁件或凿出凹槽，小面积的花格可一次制作完毕。然后再搬移至设定位置安装就位。竖向板式花格应将竖向构件（主构件）逐一安装到位，再将其他组合件安装在主构件上，安装时应保证主构件的垂直，与其它组合件安装位置准确，并随立板随装配花饰，最后封边收口。

7.5.4　木隔墙（断）的质量标准

（1）保证项目

1）木质隔墙（断）所用木材应符合设计要求，其含水率、木材缺陷和树种符合室内装修的用材规定。

2）其他辅材、配件的品种、等级、型号和花色均应符合设计和产品技术标准的规定。

3）木质隔墙（断）的构造、固定方法应符合设计规定，安装牢固，加胶榫结严密，不露明榫。活动隔断推拉灵活。

4）罩面板表面平整、边缘整齐，不应有污垢、裂纹、缺角、翘曲、起皮、色差和图案不完整等缺陷。

5）接触砖、石、混凝土的木龙骨和预埋木砖（木塞）等应作防腐处理。

6）胶粘剂应按罩面板的品种选用，胶合强度应达到设计要求。

（2）基本项目

1）罩面板表面质量符合以下规定：

合格：表面平整、洁净。

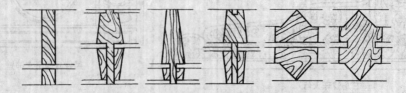

图 7-113　木框平板玻璃隔断的构造示意

优良：表面平整、洁净、颜色一致（或近似），无污染、反锈、麻点和锤印。

检验方法：观察检查。

2）罩面板的接缝或压条的质量应符合以下规定：

合格：接缝宽窄均匀；压条顺直、无翘曲。

优良：接缝宽窄一致，整齐；压条宽窄一致、平直、接缝严密。

检验方法：观察和尺量检查

3）隔断（木花格）制作质量应符合以下规定：

合格：制作尺寸正确；材料规格一致。

优良：制作尺寸正确、平直方正、光滑；材料规格一致；线条清秀、拐角方正交接严密。

检验方法：观察和尺量检查。

4）木质隔墙（断）骨架安装质量应符合以下规定：

合格：安装牢固、位置正确。

优良：安装牢固、位置正确、横平、竖直、接点无凹凸现象。

检验方法：观察、2m靠尺和手扳检查。

（3）允许偏差项目：木质隔墙（断）工程质量允许偏差项目见表7-19。

木质隔墙（断）罩面板工程质量允许偏差

表7-19

项次	项目	允许偏差（mm）		检 验 方 法
		胶合板	纤维板	
1	表面平整	2	3	用2m直尺和楔形塞尺检查
2	立面垂直	3	4	用2m托线板检查
3	接缝平直	3	3	拉5m线检查,不足5m拉通线检查
4	压条平直	3	3	和尺量检查
5	接缝高低	0.5	1	用直尺和楔形塞尺检查
6	压条间距	2	2	用尺检查

小　结

木隔断（墙）将室内空间进一步划分，隔到顶为隔墙，不到顶为隔断。它在功能上可提高平面利用率，增加使用面积，有的隔墙还有隔音隔热作用，同时还有装饰效果，给人以视觉和心理的影响。

其施工准备，应注意检查预埋木砖、钢筋和其他预埋件是否符合设计要求，若原结构未留预埋件，还应增设或补设。施工过程中，应重点检查（1）上下槛、主筋（立筋）、罩面板的材质、截面尺寸、长度、含水率是否符合规范标准；（2）复核对顶面、墙面、地面的弹线；（3）检查上下槛、两端立筋等埋入墙、地面部分是否经防腐处理；（4）确保骨架位置正确，连接牢固；（5）罩面板的材色、木纹要协调，图案应完整，自下而上逐块钉设，并且照明、弱电等专业施工要配合到位。此外，若要木隔墙满足保温隔音功能，应采用双层构造，即先钉单面基层板，然后边嵌填保温隔音填充料，边钉另面基层板；接缝要错开，使之不形成传热和传声通道。

习　题

1. 木隔断施工中的上、下槛安装有哪些要求？
2. 木隔断施工中竖龙骨与门窗框连接有哪些要求？
3. 木隔断施工中门窗框安装有哪些要求？
4. 常见的装饰木隔断有哪些？有何特点？
5. 如何保证木隔断面层制作、安装质量？

7.6 木家具制作

木装饰工程中，木家具的项目有相当大的部分是现场制作和安装的。

家具生产工业化的今天，现场制作家具的盛行，主要因素是它与传统标准家具相比，优点在于：可以结合现场实际特点和需要，针对具体空间、功能需要、尺寸大小及整体协调等进行配套设计和现场制作。对节约材料和缩短工期有重要意义。

现场制作家具可以表达业主的文化品位，性格爱好和审美意识，为人们的生活起居、工作学习、休息娱乐、贮存摆物而起着不同的功能作用。

7.6.1 家具制作

装饰木质家具因工程工期限制或因为协调配套，故制作方法一般采用板式结构和板框组分式结构为主；安装采用独立设置，与装饰构造连接和固定在原结构上三种方式。

（1）制作准备

1）室内湿作业全部结束，隔墙、吊顶、地板等项目的基层施工结束，并通过验收。

2）设计、施工、安装等图纸齐全，且通过现场实际复核，与原结构或装饰结构连接固定的各连接点的预埋件符合设计要求。

3）给排水、电器设备、管线、插座安装到位，并通过测试验收。

（2）材料准备

1）选料

选料应根据设计要求，按构造特点、规格、式样来备齐木材、板材和其他辅助材料。

木骨架应选用干燥（含水率控制在15%以下）、树种好、无腐朽、不易变形、纹理通直的合格木材。

如骨架用板材应选用有防潮能力、不脱胶、木质好的多层夹板或中、高密度防潮纤维板，或细木工板；并且，应选用胶合强、平整、厚度一致、尺寸准确、对角线相等的合格板材。

装饰面板，封口，压边条应选用材质优良、色泽相同（或近似）、木纹理美观、无损边缺角的优质三夹板、切面夹板、防火板；切面封边条、塑料或金属封口、压缝条要规格一致，厚薄一致，色彩一致，并与面板色泽和纹理相协调和配套。

选用高档次材料如柚木、花絮木、红木等，应请有经验的专业技术人员进行现场识别、鉴定和查验其材料分析报告单。

2）五金配件准备

用于框架组合的销栓、螺丝、连接件等应符合设计要求，并且有防锈、使用方便、牢固等优点的合格优质品。

门锁、合页、插销、碰珠、拉手等小五金除对质量要求外，还应根据装修档次对其材质、外型进行选择，如高档装修应选用不锈钢或全铜质材料，相配套的螺钉也应采用相同材质。

（3）配料

配料应根据家具结构与材料的使用方法进行安排，主要分为木方的选配和胶合板配料布置两个方面。

1）配料原则

无论木方或胶合板配料应根据设计要求，进行统筹安排，本着先配长料、后配短料；先配宽、后配窄；先配大面、再配背面的原则。规格尺寸相同的材料应统一配制，造型复杂如弧形、曲线形或不规则的构造要先放样、取样板，再合理套材。

2）保质、节约

在保证质量的前提下，合理利用其它构造项目的余料，并采用拼接、补贴、合理下锯、锯刨结合等措施，做到优材不劣用，大材不小用，提高材料的使用率，以节约材料，降低成本。

（4）刨削加工

对木材进行刨削（无论机械或手工刨

削），首先应识别木材的木纹方向，按顺纹进行刨削，先刨两个大面（或称基准面），后刨背面，相邻两面应成90°直角，再统一划线加工刨削其它两面。使用机械加工刨削时，特别是使用压刨机床，应经常检查所刨削的木材规格、尺寸是否符合要求。如因机械原因，要及时调整，要求所有刨削过四面的材料截面尺寸准确，平直规方，无戗槎，表面平整、通长顺直。

（5）画线

画线前认真看懂图纸，理解操作工艺，明确连接形式，熟知操作方法，所用画线工具要校验精确。画线要准确、清楚，并采用统一的画线符号（画线符号详见木工基础知识）。

（6）拼接

在室内家具制作中，采用实木板材较多，如台面板、料理台板、搁板、对开门等。常采用的拼缝结合形式有：

1）纯胶水拼接：用于强度不大的实板拼缝。如方凳面板，橱类旁板和搁板等，如图7-114所示。

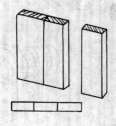

图7-114　纯胶水拼接

2）销钉式拼接：此方法加工较准确，一般用于橱门，旁板和要求较高的面板的接合，如图7-115所示。

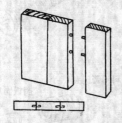

图7-115　销钉式拼接

3）高低缝拼接：用于橱门中缝、拼板门的门扇。如图7-116所示。

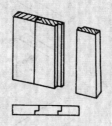

图7-116　高低缝拼接

（7）板式家具的连接方法和连接件

1）板式家具的连接方法

板式家具的连接方法较多，主要分为固定式结构连接与拆装式结构连接两种。

a. 固定式结构连接：通常用于安装后不再拆装的家具及室内固定装饰设置中的板式结构、其连接多是采用木螺钉、角钢连接件，圆钉及圆棒销等。常见的固定式结构连接方式见图7-117。

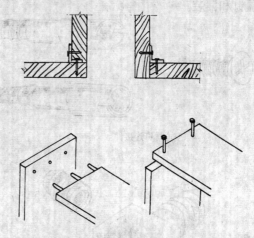

图7-117　板料的固定式结构连接

b. 拆装式结构连接：板材的连接多是采用一些专用的五金件。如空心螺钉连接件、三眼板连接件、圆柱定位连接件等。这类五金配件的安装，一般是埋入板料的端部，因此要求板的端部须有足够的厚度与强度。图7-118为拆装式结构连接方式示意。

2）可拆装五金连接件

常用的可拆装连接件如图7-119所示。

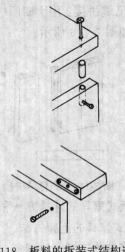

图 7-118　板料的拆装式结构连接

7.6.2　装饰木家具组装

木家具组装分部件组装和整体组装。操作中不可硬敲硬装就位。各种五金配件的安装位置应定位准确，安装紧密严实、方正牢靠，结合处不得崩茬歪扭、松动，不得缺件、漏钉和漏装。

（1）框架组装

1）木方框架组装

用木方组装家具的框架，一般是先装侧边框，后装底框和顶框，最后将边框、底框和顶框连接装配成整体框架。每种框架以榫结构钉接方式组装后，都需整行对角测量并核正其垂直度和水平度，合格后首先钉上板定位。

2）板式框架组装

板式家具的框架组装时，一般是先从横向板与竖直侧板开始连接。横向板与竖直板组组装连接完成后，进行检查和校正其方正度，然后再安装顶板和底板，最后安装背板参见图 7-120。板式家具对板件的基本要求是：在长、宽、厚三个方面应有准确的尺寸，板面平整光洁，能够承受一定的荷载重量，能够装置各种连接件而不会影响自身的强度。

（2）家具门扇的构造和安装形式

1）家具门扇常采用的有外框架式，内框

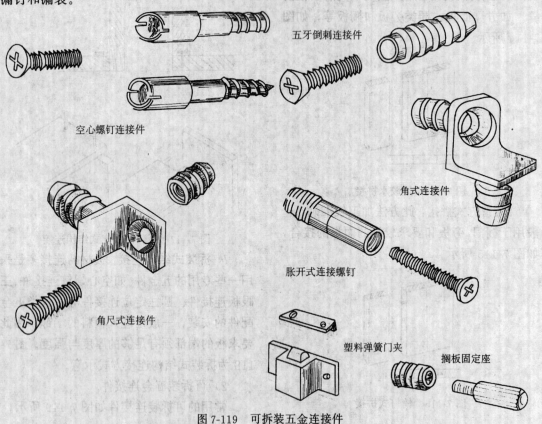

图 7-119　可拆装五金连接件

200

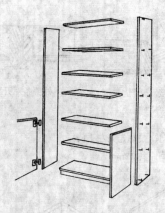

图 7-120　板式家具组装示意

架式和厚胶合板式三种构造类型。

a. 外框架式：

是先将门扇框架组合装配后再安装面板。见图 7-121。

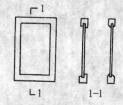

图 7-121　外框架式

b. 内框架式：即是将门扇框架组合后，在其双面蒙板，使框架内藏。四边刨平后用实板封边或用薄木皮粘贴封边，参见图 7-122。

c. 厚胶合板式：当家具门扇的高度小于800mm 时，可直接以厚胶合板锯割成块做门扇，修边后即可。如果门扇较高时，可用两张5～6mm 厚的胶合板粘贴在一起做门扇；也可在第一张板的四周和中间粘贴 3mm 厚的薄

胶合板条，再将第二张板粘贴复合其上。这样做可避免门扇的变形翘曲，参见图 7-123。

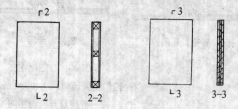

图 7-122　内框架式　　图 7-123　厚胶合板式

2）门扇安装形式

门与旁板接合形式如图 7-124 所示。

对开门接合形式如图 7-125 所示。

（3）搁板安装

根据承重能力大小，家具分层搁板安装可分为固定式和活动式两种。固定式是用钉和胶将搁板固定于家具的横档木方上；活动式是将搁板不加固定而平放在横档木方或分层定位销上，可自由调整搁板的摆置间隔。

（4）抽屉的装配

抽屉是家具构造中的重要部件，由于家具的种类和样式不同，抽屉的形状也常有差异。主要有平齐面板抽屉和盖板式抽屉两类。其中盖板式抽屉分为面板两侧长出、三边长出及四边长出等不同样式，但其区别主要是在面板上。

1）抽屉的组装

抽屉由面板、侧板、后板和底板结合而成。为使抽屉推拉顺滑，其后板、侧板和外

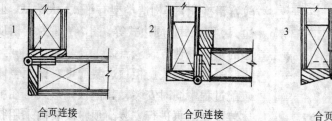
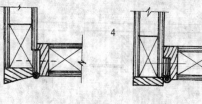

合页连接　　　　合页连接　　　　合页连接　　　　合页连接

图 7-124　门与旁板接合形式

1—合页连接能开启180°角。2—合页连接能开启180°角。

3—合页连接能开启大于90°角小于180°角。4—合页连接能开启90°角。

201

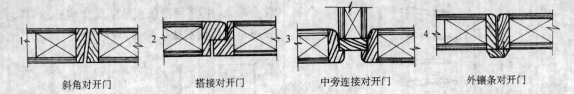

斜角对开门　　　　搭接对开门　　　　中旁连接对开门　　　　外镶条对开门

图 7-125　对开门接合形式

1—两门稍做倾斜，内相差 2mm，开时先开右手门，关时先关左手门。

2—搭接对开门说明同 1。3—无缝隙两门间距约 12mm。

4—无缝隙两门间距约 2mm。

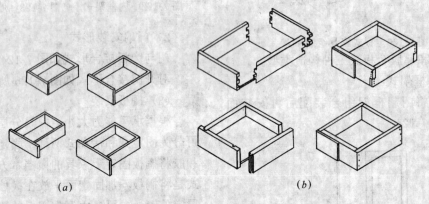

(a)　　　　　　　　　　　　(b)

图 7-126　家具抽屉的装配

(a) 抽屉的不同形式；(b) 抽屉的角部构造

外型的高度、宽度应小于框架留洞尺寸并小于面板。

抽屉的夹角结构，一般采用马牙榫或对开交接钉固的方法。见图 7-126。钉接的同时施胶粘结。其底板的安装是在面板、侧边组成基本结构之后，从后面的下边推入两侧边的槽内。最后装配抽屉的后板。

2）抽屉滑道的安装

抽屉的滑道有嵌槽式、滚轮式和底托式三种主要形式，见图 7-127。

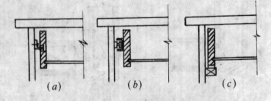

(a)　　　　　(b)　　　　　(c)

图 7-127　抽屉滑道的不同形式

(a) 嵌槽式；(b) 滚轮式；(c) 底托式

a. 嵌槽式：是在抽屉侧板的外侧开出通长凹槽、在家具内立面板上安装木角或缺角滑道，然后将抽屉侧板的槽口对准滑道端头推入。

b. 滚轮式：是在抽屉侧板外侧安装滑道槽在家具内立面板上安装滚轮条，然后将抽屉侧板的滑道槽对准滚轮条推入。

c. 底托式：为广泛应用形式，采用木方条或角钢安装在抽屉下面作滑道，将抽屉侧板底面涂蜂蜡用烙铁烤融，使抽屉拉滑自如。

（5）橱柜顶边的装配

由于橱柜的式样较多，其顶帽的形式比较富于变化，其构造类型有平式、大边式、小边式、凹凸式、周边式等，图 7-128 为橱柜顶边的不同处理方式。

一般的平式橱柜顶边装配可在橱柜整体装配过程中同时安装，其他顶帽形式可在主体装配完后再进行安装。顶帽安装内采用胶粘加钉接的固定方式。在钉合过程中，对于板的斜角端头，线条的接头，弯曲部位，应先按钉件的直径钻通孔眼后再用钉结合，以避免木料劈裂。

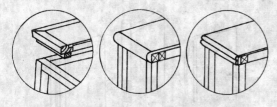

图 7-128　橱柜顶边的不同处理方式示例

（6）脚架的安装

现代家具的底脚多采用底框或不锈钢柱脚，图 7-129 为家具脚架的安装方式示意。

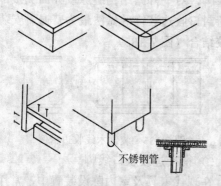

不锈钢管

图 7-129　家具脚架的安装方式

底框包脚结构在形式上分为旁板落地式和板框装配式两种。前者是在制作橱柜的框架时连底边一同制出，后者则是单独制作后再与橱柜主体进行连接固定。固定的方法是在连接面涂胶后用木螺钉或圆钉加固。

不锈钢柱脚有全柱脚和前柱后木两种方式，全柱脚是指家具底脚均采用不锈钢短柱；前柱后木是指家具的前面底脚采用不锈钢柱、而其后面是用木柱脚或木板脚支承。采用不锈钢柱脚的家具多是较低矮的家具，如长形布置的低柜及酒吧台等。不锈钢柱脚与橱柜体的连接方法是：先用一块厚木板与主体粘结并钉牢，连接处须是橱柜体的骨架部分，然后再用木螺钉把不锈钢法兰座固定在厚木板上，最后将不锈钢柱插入法兰座内并以螺钉定位。

（7）面板的安装

如果家具的表面作油漆涂饰，其框架的外封板一般即同时是面板；如果家具的表面是使用装饰细木夹板（如水曲柳夹板或柚木夹板等）进行饰面，或是用塑料板作贴面，那么家具框架外封板就是其饰面的基层板。饰面板与基层板之间多是采用胶粘贴合。细木夹板与基层板的粘贴常用白乳胶；塑料贴面板与基层板的粘合多是采用 309 胶或立时得胶。饰面板与基层粘合后，需在其侧边使用封边木条、木线、塑料条等材料进行封边收口，其原则是：凡直观的边部都应封堵严密和美观。如门扇的四个边、侧板的前沿和上下边、抽屉面板的上沿和左右两边、搁板的前缘等处。面板的安装方式见图 7-130，封边收口做法如图 7-131 所示。

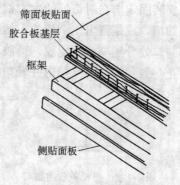

筛面板贴面

胶合板基层

框架

侧贴面板

图 7-130　家具面板的安装及贴面做法

（8）用线脚装饰家具

采用木质、塑料或金属线脚（线条）对家具进行装饰统一室内整体装饰风格的做法，是当前较广泛的一种装饰方式。其线脚的排布与图案造型形式，可以灵活多变，但也不宜过于繁琐。

1）边缘线脚

装饰于家具，固定配置的台面边缘及家具体与底脚交界处等部位，作为封边、收口和分界的装饰线条形式，使室内陈设的观面达到完善和完美。同时，通过较好的封边收口，可使板件内部不易受到外界的温度、湿度的较大影响而保持一定的稳定性。常用的材料有实木条塑料条、塑料带、铝合金条、薄木单片等。实木条、塑料条和铝合金条，是用于门的立边封口和台面的侧边封口；薄木单片和塑料带可用于各部位的侧边封口。

a. 实木封边收口：常用钉胶结合的方法，粘结剂可用立时得胶、白乳胶或309胶等。实木线脚安装于台面侧边的压口，收边形式见图7-131。

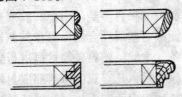

图7-131　台面侧边的实木线脚封口

b. 塑料条封边收口：一般是采用嵌槽加胶的方法进行固定。塑料封边条多为丁字形截面，安装固定前在封口处的木方框侧边开出一条凹槽，或是留出一个槽位，然后在塑料条和封口处分别刷涂万能胶，待胶面不沾手时，把塑料封口条推入槽内并轻敲使之粘结牢靠（图7-132）。

图7-132　塑料条收边封口

c. 铝合金条封边收口：铝合金封口条有L型和槽型两种，可用钉直接固定，见图7-133。

图7-133　铝合金收边封口

d. 薄木单片和塑料带封边收口：先用砂纸磨除封边处的木屑、胶迹等并清扫干净，在封口边刷涂一道稀甲醛作填缝封闭层，然后在封边薄木片或塑料带上涂万能胶，对齐边口贴放，用干净抹布擦净胶迹后再用熨斗烫压，固化后切除毛边和多余处即可。对于微薄木封边条也有的直接用白乳胶粘贴，对于硬质封边木片也可采用嵌装或胶加钉安装的方法。选用何种做法应根据现场情况和装饰

等级决定见图7-134。

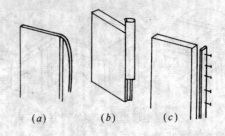

(a)　　　(b)　　　(c)

图7-134　薄木片、塑料带及微薄木皮封边

e. 装饰木线封边收口：采用凸圆或带槽木线脚，对些外露结构缝隙或界面交接部位进行封口收边装饰的做法最为普遍，安装时钉胶结合（图7-135）。

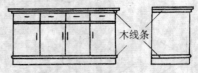

图7-135　装饰木线收边示例

2）衔接过渡收口线脚

在现代家具及室内陈设装置中，常用几种饰面材料进行面层装饰并在平面布置中存在着多样变化，在两种饰面材料之间或造型的转折变化部位采用衔接过渡的线脚处理，既起到遮盖缝隙及加工缺陷的作用，又能丰富造型和美化外观。其固定方法也用钉胶结合，钉位应在收口线的侧边或线脚的凹陷处，并将钉头冲入表面，其装饰形式见图7-136。

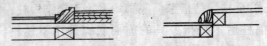

图7-136　衔接过渡收口形式示例

3）框形线脚

主要装饰于家具门扇面和抽屉面上，用线条组成方框形、方圆结合框形、曲线框形等多样图案形式。所使用的木线条不得有明显的缺陷。固定时以胶粘为主，以少量钉枪钉或小圆钉加固。如果木线脚上有凹槽线纹，应将小圆钉的钉帽敲扁顺槽缝钉入。框形线脚装饰的常见形式见图7-137。

4）平行线脚

图 7-137　装饰线脚的框形图案示例

用型材线条在家具看面上作平行排布，组成装饰图案，也是一种较常用的装饰方法，它可改变某些平面部位的单调感。平行线脚装饰的方式可以是水平的，也可以是竖向或斜向的；线条的间隔及其规格可以是平均的，也可以是有不同变化的，见图 7-138。

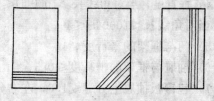

图 7-138　平行线脚装饰示例

（9）产品保护

家具制作过程中应该注意保护半成品，对刨削好的材料应分类堆放在干燥平整的台面上或有 200mm 以上平整垫层的地面。

连结好的框架应及时刨平整、及时组合成框架，暂时不组合的要水平或垂直放置，（不得翘曲和歪斜，以免变形）。组装拼合后应及时装钉背顶、底板，并用小木方临时固定以免变形。工程结束应及时油漆，暂时不油漆的应及时刷底油。待干燥后用软制材料包覆以免受潮，损伤污染和虫蛀。

操作中，不得抽烟和点燃明火；刨花木屑等易燃物要随做随清，严防火灾。人走锁门，做好与下道工序的交接手序。

7.6.3　质量保证措施

（1）质量通病及其对策

1）框板内木档间距错误

由于制作时未考虑旁板、底板、顶板、隔板、抽屉之间的装配关系，造成装配困难。因此，要认真熟习图纸，框架拼装完成经检查无误后方可粘贴面板。

2）罩面板、胶合板崩裂

由于操作或使用中的碰撞造成面板胶合面崩裂或撕开。因此，须在制作好的框架板侧面、门扇及抽屉等半成品四周及时封边收口。

3）门扇翘曲

由于木材含水率超过了规定数值，选料不当，制作质量低劣，框架放置不当，安装不合格等原因造成门扇变形。因此，须选用含水率低于平均含水率、变形小的木材，提高门扇制作质量（如眼要方正、榫要平整、榫肩方正，拼装得当），框架应按要求放置（水平或垂直，无歪斜），规范安装门扇等。

4）抽屉开启不灵

其主要原因是抽屉滑道安装不在同一水平面上，抽屉上下左右接合处的间隙过小或不均匀。因此，要严格控制抽屉滑道的宽度和平整度，确保抽屉上下左右接合处的间隙均匀。

5）封边收口粗糙

由于胶接处不严密，局部出现翘曲、空鼓、开裂、钉眼明显和转角交接不顺滑等原因造成封边收口粗糙现象。因此，要选用优质胶合剂，严格按规定操作（如待胶合时间、基面清砂等），压合要紧密、实在；选用合适的圆钉，钉帽砸扁程度应与钉径相同，钉冲要尖细，钉钉位置尽量避开平视位置；转角处拼接要仔细、且试接，待合格后再胶钉，确保封边收口精细美观。

（2）坚持操作工艺标准，保证制作质量

1）家具制作的综合性较强，必须明确责任负责制，并指定技术好、职业道德高的技、操人员进行操作。

2）认真研究家具制作安装中，功能区域的几何尺寸、节点大样、构造形式、绘制完整的施工图、制定周密的计划和切实措施。

3）技术交底要细致、完整，并根据操作人的合理建议完善工艺技术。

4）按规范要求对方材、板材、五金等检查验收，并专人、专库保管，建立收发制度，确保材料优质、合理使用。

5）坚持制作、安装标准，在框架制作、胶合面板、拼装组合、门扇、抽屉安装调试、封边收口等工序上设置质量控制点，同时注重质量通病的防治，层层把关，严禁不合格品进入下道工序。

6）家具制作安装完成后，应及时刷一遍干性底油，以防受污、变形。

7）以规范、标准为依据，在制作安装过程中，对抽查质量不合格者坚决返修，并要追究责任。

8）文明施工，做好半成品和成品的保护工作，做好与下道工序的交接手续，确保家具制作安装的质量。

7.6.4 木家具制作质量检验标准

（1）基本项目

1）各种人造板部件封边处理严密平直、美观，无脱胶缺陷。

检验方法：观察检查。

2）榫眼结合严密，胶合牢固，无断榫断料，表面平整，榫眼无撑裂。

检查方法：观察检查。

3）塞角、拦压条、滑道安装位置正确，直顺光滑。

检验方法：观察检查。

4）嵌板与槽配合适当，严密牢固。

检验方法：观察检查。

5）配件安装平实、完整、灵活、无崩茬，无漏钉、透钉、弯钉、倒钉和浮钉。

检验方法：观察、手摸检查。

6）贴面纹理、图案、颜色相近，左右对称，粘贴平实。

检验方法：观察检查。

7）产品外部拐角无硬拐，倒拐均匀顺直、

光滑、一致。

检验方法：观察手摸检查。

8）抽屉、门启闭灵活，回位正确。

检验方法：推、拉检查。

9）硬木家具实心面心板、山板、门心板的串带紧密，胶结牢固。

检验方法：观察检查。

（2）家具外观允许偏差尺寸（mm）

1）外形尺寸各边极限偏差±3；

2）板件翘曲度，当对角线长≥1400时≤2

当对角线长为700～1400时≤1

当对角线长<700时<0.5；

3）包镶件平整度0.1；

4）垂直度，当对角线长≥1000时≤1.5

当对角线长<1000时≤1；

5）门与框架的平行度≤1；

6）抽屉与框架的平行度≤0.5；

7）包镶板抽屉上分缝≤1.0，左右分缝≤0.5；

8）实板抽屉上分≤1.5，左右分缝≤1；

9）包镶开门上及左右分缝≤0.5，中及下分≤1.0；

10）抽屉拉出2/3时下垂度≤15，摆动度≤1.0。

检验方法：吊线、方尺、直尺、塞尺检查。

（3）家具配件安装允许偏差尺寸（mm）

1）拉手安装平直，位置偏差≤1.0；

2）锁底板偏斜≤1.0；

3）螺钉平整无毛刺，偏差≤1；

4）锁安装后外露≤1；

5）锁与锁孔配合不严处，最大空隙≤0.5；

6）底脚差地偏差≤1。

检验方法：观察、尺量检查。

（4）家具细部构造允许偏差尺寸（mm）

1）榫眼结合缝隙：外表≤0.2，内部0.5，超过以上允许值处总和，≤结构总结合处≤

15%；

2）搁板各边离缝：活动板≤2，固定板≤1.5；

3）顶板结合处每边离缝≤1.5；

4）薄木或塑料贴面鼓泡、透胶面积≤50mm²；

5）包镶部件，封边，围边脱胶长不超过

部件长度3%；

6）贴面、包镶部件外表压痕、凹陷、砂透面积不超过50mm²；

7）正视面刨痕面积≤200mm²，崩茬面积≤15mm²。

检验方法：观察、尺量检查。

小　结

本章家具制作不同于传统的标准家具制作，在实际施工中，操作人员应在保证质量的前提下，对现场环境、尺寸、造型及与各工种的交叉，协调作业中密切配合，并随时做好半成品和成品的保护工作，才能发挥现场制作家具的优点。

习　题

1. 现场制作家具有哪些优点？
2. 如何保证板式家具连接的质量？
3. 装饰家具组装分为几部分？
4. 家具制作过程中的半成品和成品如何保护？

7.7　装饰收口

装饰工程施工中，常遇到因构造的交接，施工缝、层次的分割和用材差异等情况，故在单项施工操作的收口必须精心处理。

采用衔接、过渡的方法将单项施工完善地收尾结束，叫做装饰收口，装饰收口不但能遮盖缺陷和缝隙，又能增加造型的协调、外观的完美，起到画龙点睛的作用。

装饰线可以用木材、金属及塑料等材料加工制成，它可以使装饰面层次更加丰富。衔接收口是显示工艺水平的至关重要的环节，它是利用各种材料来丰富装饰面造型及变化，增加装饰效果和装饰特色，使装饰面更完美的一种装饰工艺。

（1）衔接收口工序的部位

1）二级以上的迭层式吊顶各面之间的阴、阳角的收口、交圈；吊顶面与各通风、灯槽等设备之间的衔接收口；吊顶面层不同材料的分界造型的衔接收口；顶面层与立墙拆角处的衔接收口。

2）不同构造或相同构造的墙面的装饰面层之间的衔接收口；大型壁画、雕刻、喷绘镜面、玻璃等装饰件与墙、顶面之间的衔接收口；墙面电器、设备与墙柱面的衔接收口；墙柱面与门窗框、隔断、护墙、地板等之间的衔接收口。

3）固定配置，如吧台边面、橱柜边面与门扇等的交接封边收口。

总之，不同构造、层次、界面、材料凡不宜强行拼凑装饰和各种断切面，都应采用过渡衔接和封边收口工艺。

（2）衔接收口的材料和方式

1）材料

木线条、不锈钢线条、铝型材线条、铜质装饰线条、塑料线条、薄木切片、玻璃胶等。

2）衔接方式

明钉、暗销式连接；

胶粘、封贴式连接；

扣挂、卡压式连接。

（3）收口工艺要点

1）挑选装饰线条

木线条：应色泽一致、厚薄均匀，表面光滑、无麻点、无坑凹、无戗槎、无毛刺、顺直、不扭曲、无节疤、无腐朽的优质树种材料制成。

金属线条：应尺寸准确，表面光滑、无划痕碰印，且规格齐全、壁厚一致的成品。

塑料线条：应色泽一致、硬度一致、规格同一、无裂纹、无破损、棱楞整齐、壁厚一致的成品。

薄木切片：应木纹理俏丽，色泽一致、排列有序，无裂纹、无变色、无腐变、厚度近似的优质树种制品。

2）检查收口对缝处的基层面是否牢固，有无凹凸不平，封粘面是否整洁。对不符合要求的要进行加固、整修和清理，直至符合要求。

3）与基体材料相同，饰面色彩相同的木线条，可先进行收口，再与基体同时进行饰面。当装饰木线与基体材料不同，或不同饰面色彩时，可在基体饰面完成后，再单独进行收口操作。

4）各种线条，特别是金属装饰线，自身对口位置，应远离人的视平线，或处理于室内不显眼处。

5）木线条在条件允许时，应尽可能用粘贴连接方法固定。需要用钉钉固时，最好用钉枪钉固；若用圆钉，应选用不易生锈的铜质钉，或作过防锈处理的铁钉，且钉帽要砸扁，用尖钉顺木纹冲入1～2mm；钉钉的位置尽可能在木线条凹槽处或背离视线的一侧。参见图7-139。对于半圆木线条来说，位置低于1.5m者，钉可钉在木线中线的偏下部；位置高于1.7m者，应钉在木线中线偏上的部位。

6）金属装饰线安装，应尽量采用表面无钉的收口方法，如图7-140所示。即先依据金

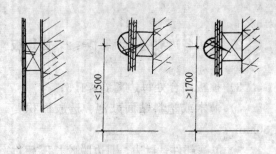

图7-139 装饰木线钉钉位置示意

属条槽的内径尺寸加工木材条，在收口位置上固定木衬条，然后在木衬条上涂强力型胶液，再在金属槽内涂上相同的胶液，再将金属条卡装在断面型状近似的木衬条上。装好的金属线条应有塑料胶带粘贴保护，待交工时随同做清洁时撕下来。如金属线自身带有扣接配件等，可先将扣接件固定后再将金属线条与扣接件扣合而成。

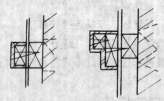

图7-140 金属装饰条装法

7）装饰线的拼接。木线的拼接，有直拼和角拼两种。直拼是将木装饰线接长，此时应将木线在对口处开成30°或45°角截面，加胶后拼接；角拼指木线拐角时的对接。此时应将木线锯成对应的转角角度的二分之一度数的截口。如转90°应将木线放在45°定角器上，用细锯截断，截口不得有毛边。两条角拼的线条截好后，在截口处涂胶，钉于收口处。对拼处不得有错位和离缝缺陷。

金属线条拼接，90°角位的拼接，应用45°角拼口，工具不得使用砂轮片切割，而应用钢锯条截断，截断后用什锦锉精心修理，不得损伤表面，不准有毛刺。

8）圆弧收口的做法。最常见的圆弧收口是截面为半圆的木线条，通常用开槽法来把木线弯曲成圆弧木线，即在线条背面用细锯间隔一定距离开出一条条细槽口弧度，开槽

间距可大些，槽口深度可浅一些。反之则开槽间距小一些，槽口可开深一些，通常开槽深度最大为木线厚度的$\frac{2}{5}$，间距最小为5mm。

金属线做圆弧收口。金属线做圆弧收口可采用金属管冷弯制作的方法。

9）收口线的交圈。所谓交圈即是指装饰线条的连贯性，规整性和协调性。

连贯：是要求收口线在转角、转折处能连接贯通、圆顺自然。不能断头、错位或线条宽窄不等、线型不一等，要求一种线型从头至尾封闭交圈。

规整：是指装饰线应线型分明，平整顺直，表面光滑、流畅、色调一致。

协调：指收口装饰线间隔宽度、位置、粗细比例适当有度，相互平行或垂直的应平行、垂直，色彩也应搭配适应。

（4）各种收口线的做法

1）墙面、柱面与顶面阴角线：墙面与顶面，柱面与顶面相交阴角线做法参见图7-141。

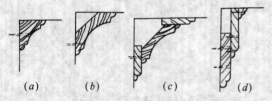

图7-141　阴角线收口做法示意

(a) 实心角线收口；(b) 斜位角线收口；

(c) 八字收口；(d) 阶梯式收口

2）吊顶面、墙面、柱面阴角线：二级吊顶顶面阳角，墙、柱面阳角线收口做法见图7-142。

3）过渡面及不同材质面交线：同一装饰面上过渡平面及采用不同装饰材料的相交线收口做法参见图7-143。

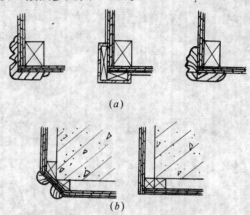

图7-142　吊顶面、墙、柱面阳角线收口做法

(a) 二级吊顶面阳角线（木线及金属线）；

(b) 墙面阳角、柱面阳角线收口

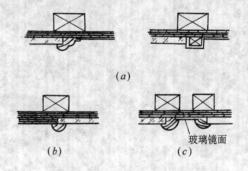

玻璃镜面

图7-143　过渡面及不同材质面交线收口做法

(a) 过渡收口；(b) 不同饰面材料收口；

(c) 既有过渡口，又是不同饰面材料收口

小　结

因衔接收口的材料与工艺多种多样，一般没有固定的模式和式样。本节只介绍了常见的收口方法，其质量检验标准应参照相关施工工艺的质量检验标准执行。

室内装饰行业中有句俗语："设计水平看效果，工艺水平看收口。"可见收口工艺在装饰施工中的重要性。认真做好装饰衔接收口，对施工人员来说，除了要有较高的操作技能和丰富的实践经验外，更应有良好的职业道德。

习　题

1. 什么叫衔接收口、封边收口？
2. 什么叫交圈？交圈的连贯性、规整性和协调性的含义是什么？
3. 衔接收口有哪些部位、材料和方式？

第8章 抹灰施工工艺

抹灰工程按所用材料和装饰效果的不同，可以分为一般抹灰、装饰抹灰及特种砂浆抹灰三种。装饰抹灰与一般抹灰之区别在于面层材料与工序操作不同。其特点是艺术效果鲜明、民族特色强烈。其主要作用是装饰建筑物内外墙、柱、梁、顶棚、地面等表面。装饰抹灰又可分为聚合物水泥砂浆抹灰、一般装饰抹灰、石碴类装饰抹灰等。

8.1 聚合物水泥砂浆抹灰

聚合物水泥砂浆是指在普通水泥砂浆中掺入适量的有机聚合物，以改善材性方面某些不足的砂浆。目前采用的有机聚合物有聚乙烯醇缩甲醛胶（107胶）、聚醋酸乙烯乳液等。107胶价格较低，应用较广。根据聚合物水泥砂浆饰面的作法，可分为喷涂、滚涂、弹涂。由于喷涂污染性大，已不提倡采用，本书只讲后两种工艺原理。

8.1.1 滚涂

滚涂是把聚合物水泥砂浆抹在墙面上，用滚子滚出花纹，再罩上一层憎水剂（例如甲基硅醇钠）形成的饰面层。

（1）特点

效率高（比涂刷提高2倍）、成本低、花饰多样、质感强烈、操作简单而又省力。与弹涂比较，它可以在施工时避免涂料飞溅、回弹。因此，滚涂是一种较理想的建筑装饰工艺。

（2）应用范围

滚涂饰面适用于一般民用与工业建筑物外墙装饰，也可用于内墙及顶棚。由于它需要的设备简单，不污染墙面和门窗，因而，对局部装饰更加适合，但一般只宜用于二层以上部位。

（3）构造

滚涂饰面的构造一般有四层：底层、中层、滚涂层、罩面层。其构造层次见图8-1所示。

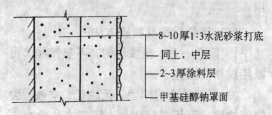

8~10厚1:3水泥砂浆打底
同上，中层
2~3厚涂料层
甲基硅醇钠罩面

图8-1 滚涂饰面构造

（4）工艺流程及工艺要点

1）工艺流程

基层清理→抹底灰→做灰饼→冲筋→抹中层灰→贴分格条→滚涂→罩面。

2）工艺要点

a. 抹底、中层砂浆灰时应用木抹子搓平、搓细，浇水湿润，用稀107胶粘贴分格条。

b. 滚涂时，由2人同时操作，一人在前涂抹砂浆，另一人拿滚子紧跟着滚涂，要求用力一致，上下左右滚动均匀，最后一遍滚子运行必须自上而下，从而形成一自然向下的流水坡度。

c. 可以采用干滚或者随滚随用滚筒沾水湿涂。

d. 滚完24h后，需喷甲基硅醇钠憎水剂一遍。

(5) 施工要求

1) 滚涂面层厚度、颜色、图案应符合设计要求。

2) 面层应做在已硬化、粗糙而平整的中层砂浆面上，涂抹前应洒水润湿。

3) 所用分格条应宽窄厚薄一致，粘贴在中层砂浆面上应横平竖直，交接严密，完工后应适时全部取出。

4) 所用彩色砂浆，应先统一配料，于拌均匀过筛后，方可加水搅拌。

5) 中层砂浆表面的裂缝和麻坑，应处理并清扫干净。

6) 滚涂厚度按花纹大小确定，并一次成活。

7) 每个间隔分块必须连续作业，不显接槎。

(6) 质量标准及检验方法

1) 颜色一致、花纹均匀，不显接槎。可以用观察法检查。

2) 层间结合应牢固，无脱层、空鼓、裂缝等缺陷。可用观察法和小锤轻击法检查。

3) 分格缝应横平竖直，棱角整齐，缝内平整光滑，其宽窄与深浅一致。可用观察法。

4) 允许偏差及检验方法，见表8-1。

滚涂饰面允许偏差及检验方法　　表8-1

项　　目	允许偏差（mm）	检验方法
表面平整	4	用2m靠尺和楔形塞尺检查
阴阳角垂直	4	用200mm方尺
立面垂直	5	用2m托线板
分格缝平直	3	用5m线检查

8.1.2 弹涂

弹涂，是指通过弹力器将不同色彩的聚合物水泥砂浆弹到中层砂浆或刮过腻子的混凝土面层上而形成装饰面层。

(1) 特点

操作简单，工效高，弹涂面层耐久性好，立面质感强，而且其面层凹凸起伏不大，不易积灰，可在一定程度上改善污染状况。

(2) 应用范围

适用于内、外墙面装饰。

(3) 构造

弹涂工艺形成的装饰面层包括底层、弹涂层、罩面层。其构造层次如图8-2所示。

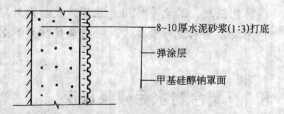

图8-2　弹涂饰面构造

(4) 工艺流程及工艺要点

1) 工艺流程

基层清理──打底灰──贴分格条──刷底色──弹色点──罩面。

2) 工艺要点

a. 底层用木抹子搓平，贴分格条。

b. 用长木柄毛刷涂一遍底色浆。

c. 把色浆放在筒形弹力器内，用手动或电动带动弹力棒将色浆甩出成直径1～3mm浆点弹涂于墙面。应弹两遍色点，第一遍色点覆盖面积为70%，使其不流淌，第二遍覆盖20%～30%。

d. 弹点时，按色浆分色，每人操作一种色浆，流水作业，几种色点要弹得均匀，相互衬托一致。

e. 弹点完成24h后，需喷聚乙烯醇缩丁醛或甲基硅醇钠憎水剂一遍。

(5) 施工要求

1) 弹涂层厚度、颜色、图案应符合设计要求。

2) 不做弹涂的部位，为防止玷污应采取措施。

3) 弹涂应分遍成活，每遍不宜太厚，不得流坠。面层厚度为2～3mm。

4）弹涂面层要求一致，花纹大小均匀，不显接槎。其余的同滚涂。

（6）质量标准及检验方法

1）外观颜色一致，色点清晰、均匀、不显接槎，无漏涂、透底、流坠、拉丝等缺陷。可以用观察法检查。

2）层间结合紧密、牢固，无脱层、空鼓、裂缝。可用观察法和小锤轻击法检查。

3）允许偏差及其检验方法，见表8-2。

弹涂饰面允许偏差及检验方法

表 8-2

项　　目	允许偏差（mm）	检验方法
表面平整	4	用2m 靠尺和楔形塞尺
阴阳角垂直	4	用200mm 方尺
立面垂直	5	用2m 托线板检查
阴阳角方正	4	用方尺和楔形塞尺
分格缝平直	3	用5m 线检查

小　　结

　　本节主要介绍了滚涂与弹涂的特点、应用范围、构造、施工工序及施工要点、施工规范以及质量标准和检验方法。其中，对构造、施工工序、施工要点应重点了解。

习　题

1. 滚涂与弹涂各有什么特点？

2. 滚涂与弹涂的运用范围是什么？

3. 滚涂与弹涂的构造层次是否一样？各是什么？

4. 滚涂施工程序是什么？

5. 滚涂施工，一般由几人配合施工？为什么最后一遍滚子运行必须自上而下？

6. 滚涂施工中，每个间隔分块必须连续作业，为什么？

7. 弹涂施工工序是什么？

8. 弹涂施工需弹几遍色点？

9. 弹涂面层一般为多厚？

10. 弹涂面层外观应满足什么要求？

8.2　一般装饰抹灰

　　一般装饰抹灰具有与一般抹灰的相同功能。本节主要介绍拉毛、扫毛、洒毛、拉条灰四种工艺的特点、运用范围、构造、施工工艺流程、施工要点、施工规范、质量标准及检验方法。

8.2.1　拉毛

　　拉毛是在水泥砂浆或者水泥混合砂浆抹灰中层上，抹上面层灰浆后，随即用拉毛工具将灰浆拉起波纹和斑点状毛头而做成装饰面层的工艺。根据拉毛的粗细与长短，拉毛面层可分为长粗毛、中等毛、短细毛三种。

　　（1）特点

　　拉毛工艺操作简单，纹理清晰，质感强烈；室内拉毛面层，具有吸音效果，而室外拉毛面层，却容易积灰尘。

　　（2）应用范围

　　拉毛面层一般适用于有音响要求的影剧院、会议室、大教室等室内墙饰面，也可用于外墙、阳台栏板等外饰面。但是，在风沙较大地区，不宜采用。

（3）构造

拉毛装饰面层，由三层构成：底层抹灰，中层砂浆，拉毛面层。其构造如图 8-3 所示。

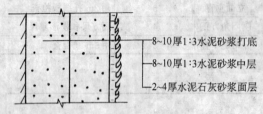

图 8-3 拉毛饰面构造

（4）工艺流程及要点

1）工艺流程

基层清理→抹底灰→做灰饼、冲筋→抹中层灰→贴分格条→抹面层灰同时拉毛→起条勾缝→养护。

2）工艺要点

a. 先将基层浇水湿透。

b. 用刷子拉毛时，应有两人配合。

c. 用铁抹子拉毛时，做到毛头大小均匀，分布适宜，颜色一致。

（5）施工要求

1）面层应做在已硬化、粗糙而平整的中层砂浆面上，涂抹前应洒水润湿。

2）涂抹面层时，应自上而下进行。涂抹的波纹应大小均匀，颜色一致，接槎平整。

3）表面花纹、斑点分布均匀，不显接槎。

4）在涂抹面层前，应检查中层砂浆表面的平整度。

（6）质量标准及检验方法

1）表面色泽均匀、质感一致，不得有爆灰、裂缝；

2）各抹灰层间结合必须牢固，无脱层、空鼓、露底；

3）分格缝应横平竖直，宽窄、深浅均匀一致，缝内光滑平整；

4）花纹、斑点分布均匀，不显接槎。以上方法均可用观察法检查。

214

5）允许偏差及其检验方法，见表 8-3。

拉毛饰面允许偏差及检验方法　　　表 8-3

项　　目	允许偏差(mm)	检验方法
表面平整	4	用 2m 靠尺与楔形塞尺
阴阳角垂直	4	用 2m 托线板
立面垂直	5	
阴阳角方正	4	用方尺和塞尺

8.2.2 扫毛

扫毛是在将水泥石灰砂浆抹在水泥砂浆底层上，然后用扫毛工具扫出条纹而形成装饰面层的工艺。

（1）特点

扫毛工序简单、施工方便、造价低廉，饰面美观大方，装饰效果好。如果涂上不同色彩的乳胶漆，其效果将更好。

（2）应用范围

扫毛饰面适用于宾馆、剧院、饭店等公共建筑物的内、外墙。

（3）构造

扫毛饰面仅由两层组成：底层水泥砂浆和扫毛面层。如图 8-4 所示。

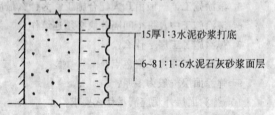

图 8-4 扫毛面层构造

（4）工艺流程及工艺要点

1）工艺流程

基层清理→打底灰→弹线分格、嵌分格条→抹面层灰同时扫毛→起条勾缝。

2）工艺要点

a. 在底子灰上按设计弹线放样、分格、嵌分格条，洒水湿润底子灰。

b. 抹面层砂浆，待稍收水后用竹丝扫帚扫出条纹、起出分格条。

c. 砂浆硬化后扫掉浮砂，面层基本干燥后，可另刷色浆。

（5）施工要求

1）花纹、斑点分布均匀，不显接槎。

2）涂抹的波纹应大小均匀，颜色一致，接槎平整。

3）分遍成活，每遍不宜太厚，不得流坠。

4）不做扫毛部位，为防止玷污，应采取措施。

（6）质量标准及检验方法

1）表面色泽均匀，质感一致，不得有爆灰、裂缝；

2）各抹灰层间结合必须牢固，无脱层、空鼓、露底；

3）分格缝应横平竖直，宽窄、深浅均匀一致，缝内平整光滑；

4）块与块界限明确，面层上下得有黑点，条纹粗细均匀。以上均可采用观察法检查。

5）允许偏差和检验方法同拉毛。

8.2.3 洒毛

洒毛是用毛柴帚把水泥砂浆洒在建筑物的表面，用铁抹子压平，形成凹凸起伏，美观大方的外墙装饰工艺。

（1）特点

洒毛抹灰形成的斑点均匀地分布在墙面上，似一朵朵云彩，自然而雅致。它凹凸起伏，立体感强，若用彩色油漆罩面，更为美观大方。而且，材料价格不贵，操作简单，易学易掌握。因此，该工艺省料，省人工，造价低，而造型美，是一种价廉物美的装饰工艺。

（2）应用范围

主要适用于医院、疗养所、办公楼、旅馆、餐厅、会议室、影剧院等建筑物外墙装饰，以及一些轻工、电子、仪表等厂的外墙。由于它比较容易积灰，因而在风沙较多、灰尘较大的地方较少采用。

（3）构造

洒毛饰面由两层构成：底层砂浆、面层洒浆。如图8-5所示。

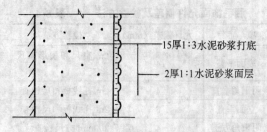

15厚1:3水泥砂浆打底

2厚1:1水泥砂浆面层

图8-5 洒毛面层构造

（4）工艺流程及工艺要点

1）工艺流程

基层清理──抹底灰──弹线、分格、嵌条──面层洒浆。

2）工艺要点

a. 洒水湿润底层，砂子过窗纱筛。

b. 用竹丝刷蘸罩面灰由上往下往底子灰上甩，然后用铁抹子轻轻压平。撒出的云朵须错乱有致，大小相称，空隙均匀。砂浆稠度以能粘在竹丝上，又能撒在墙面上不流淌为宜。

c. 底子灰须着色时，在未干底层上刷上颜色，再不均匀的甩上罩面灰（稠度要干一些），并用抹子轻轻压平，部分地露出带色底子灰。

（5）施工要求

1）花纹、斑点分布均匀，不显接槎。

2）在涂抹面层前，应检查其中层砂浆表面的平整度。

3）涂抹洒毛灰面层，宜自上而下进行。

（6）质量标准及其检验方法

1）层间结合必须牢固，不得有空鼓、裂缝等缺陷。可用小锤轻击检查。

2）分格线条平直、清晰，不得缺边和掉角。可用观察法检查。

3）云朵状花纹，斑点应分布均匀，大小适宜，自然和顺，不显接槎。可用手摸和观察法检查。

4）颜色一致，表面洁净。可用观察法。

5）允许偏差及其检验方法，见表8-4。

洒毛饰面允许偏差及检验方法　表 8-4

项　目	允许偏差（mm）	检验方法
表面平整	4	2m 直尺和楔形塞尺检查
阴阳角垂直	4	2m 托线板和尺检查
立面垂直	5	2m 托线板和尺检查
阴阳角方正	4	200mm 方尺检查
分格条平直	3	拉 5m 线检查

8.2.4 拉条灰

拉条灰是用拉条模子（如图8-6、图8-7所示）依一定顺序在墙面上拉出条纹的一种工艺。条灰形状有细条形、粗条形、半圆形、波形、梯形、长方形等，可依设计而变换形式。

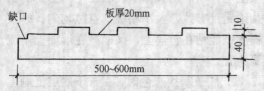

图 8-6　条形模子

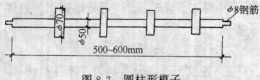

图 8-7　圆柱形模子

（1）特点

拉条灰形成的墙面具有音响效果好、线条清晰、美观大方、不易积灰、成本低等优点。

（2）应用范围

拉条灰常用在公共建筑物的门厅、会议室、观众厅等墙面装饰工程上。其效果图如图8-8、图8-9所示。

（3）构造

拉条灰主要由三层构成：底层砂浆，面层拉条灰，油漆罩面层。如图8-10所示。

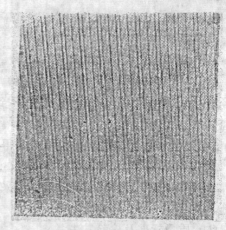

图 8-8　门厅拉条抹灰之一

图 8-9　门厅拉条抹灰之二

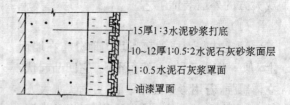

——15厚1:3水泥砂浆打底
——10~12厚1:0.5:2水泥石灰砂浆面层
——1:0.5水泥石灰浆罩面
——油漆罩面

图 8-10　拉条灰面层构造

（4）工艺流程及工艺要点

1）工艺流程

基层清理→抹底灰→弹线、分格、嵌条→抹面层灰→拉条→起条勾缝→抹罩面灰→上罩面油漆。

2）工艺要点

a. 打底、压平、冲筋、弹线、嵌条。打底砂浆达70%的强度时，浇水湿润。

b. 面层灰浆用铁抹子上墙，压实抹平，稍收水，然后用拉条模具上下拉模成形。

c. 拉好后，去掉分格条，再用小铁皮修补成形，次日用罩面灰涂抹一遍。

d. 待完全干燥后，上罩面漆一遍。

（5）施工要求

1）按墙面尺寸确定拉模宽度，弹线分竖格，粘贴拉模导轨应垂直平行，轨面平整。

2）拉条灰面层，应用水泥混合砂浆（掺细纸筋）涂抹，表面用细纸筋石灰揉光。

3）面层应按竖格连续作业，一次抹完。

4）拉条清晰顺直，深浅一致，表面光滑洁净，上下端头齐平。

（6）质量标准及检验方法

1）拉条灰在目前还没有统一的质量评定标准，一般要求达到通顺光滑、无节疤、无裂缝起壳。检验方法可用观察法与手摸法。

2）允许偏差及检验方法，见表 8-5。

拉条灰允许偏差及检验方法　　表 8-5

项　　目	允许偏差（mm）	检验方法
接缝条平直	±3	拉 5m 线检查
表面平整	±4	用 2m 直尺和楔形塞尺
阴阳角垂直	±4	用 2m 托线板和尺
立面垂直	±5	
阴阳角方正	±4	用 200mm 方尺

小　　结

本节讲述了拉毛、扫毛、洒毛、拉条灰四种工艺的特点、运用范围、构造、工艺流程、工艺要点、施工规范、质量标准及检验方法。对于构造、运用范围、特点、工艺流程应重点了解。

习　题

1. 拉毛的特点是什么？应用范围是什么？
2. 拉毛的构造层次是什么？工艺流程是怎样的？
3. 扫毛的特点及应用范围是什么？
4. 扫毛的构造如何？试写出工艺流程。
5. 洒毛的特点是什么？应用于什么地方？
6. 洒毛的构造与拉毛的构造有何不同？
7. 洒毛与扫毛在施工上主要区别是什么？
8. 拉条灰的特点是什么？应用于何处？
9. 拉条灰面层构造如何？
10. 哪几种工艺的吸声效果好？

8.3　石渣面装饰抹灰

石渣面装饰抹灰有水刷石、水磨石、干粘石。

8.3.1　水刷石

（1）特点

水刷石饰面具有天然质感、色泽，饰面坚固耐久、耐污染。但其操作技术要求高，湿作业较大，劳动条件差，费工费料。

（2）适用范围

水刷石一般多用于建筑物的外墙面、柱、阳台、勒脚、花台、雨篷等。

（3）构造

水刷石面层构造如图 8-11 所示。

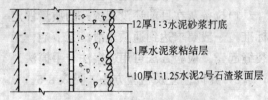

图 8-11 水刷石面层构造

（3）工艺流程及工艺要点

1）工艺流程

基层清理→抹底子灰→做灰饼冲筋→抹中层灰→弹线、分格、嵌条→抹结合层→抹面层石子浆→刷洗面层→起条勾缝→养护。

2）工艺要点

a. 分层打底后按设计要求弹线、分格、嵌条。

b. 抹水泥浆结合层一道，随即抹水泥石子浆，拍平压实，使表面均匀一致。

c. 刷洗面层，用刷子蘸水刷去面层水泥浆，使石子全部外露并洗刷干净。

d. 水刷石分层做法见表 8-6。

水刷石分层做法　　·　表 8-6

分层做法和砂浆品种		平均厚度(mm)
基本砖墙	底层：水泥砂浆或混合砂浆	5～7
	中层：水泥砂浆	5～7
	结合层：刮水灰比为 0.37～0.4 水泥浆一遍	1～2
	面层：水泥石子浆	8～10
混凝土墙	刮水灰比为 0.37～0.4 水泥浆一遍	1～2
	底层：水泥混合砂浆或水泥浆	5～7
	中层：水泥砂浆	5～7
	结合层：刮水灰比为 0.37～0.4 水泥浆一遍	1～2
	面层：水泥石子浆	8～11
加气混凝土墙	刷 107 胶水泥浆一遍	
	底层：水泥混合砂浆	7～9
	中层：水泥砂浆	5～7
	结合层：刮水灰比为 0.37～0.4 水泥浆一遍	1～2
	面层：水泥石子浆	8～10

注：面层石子按粒径 4mm（小八厘），6mm（中八厘）考虑

（5）施工要求

1）所用彩色石粒应洁净，统一配料，干拌均匀。

2）涂抹面层灰前，应在已浇水润湿的中层砂浆面上刮水泥浆（水灰比为 0.37～0.40）一遍，使面层与中层结合牢固。

3）水刷石面层必须分遍拍平压实，石子应分布均匀、紧密。凝结前应用清水自上而下洗刷，并采取措施防止玷污墙面。

4）水刷石面层要求石粒清晰，分布均匀，紧密平整，色泽一致，不得有掉粒和接槎痕迹。

（6）质量标准及检验方法

1）水刷石工艺要求墙面石粒清晰，分布均匀，紧密平整，色泽一致，无掉粒和接槎痕迹。

2）检验方法：一般用观察和手摸法检查。

3）允许偏差及检验方法，见表 8-7。

水刷石质量允许偏差及检验方法　　表 8-7

项　目	允许偏差(mm)	检验方法
表面平整	3	用 2m 靠尺和楔形塞尺
阴阳角垂直	4	用 2m 托线板
立面垂直	5	用 2m 托线板
墙裙、勒脚线上口平直	3	用 5m 线，不足 5m 拉通线和尺量
分格条（缝）平直	3	

8.3.2　水磨石

水磨石是由水泥石子浆经抹实压平并硬化后，磨光露出石渣并经补浆、细磨打蜡后而成。

（1）特点及用途

表面平整光滑、坚固耐久并具有天然石料的质感，主要用于公共建筑的地面、走廊、楼梯等。

（2）构造

现制水磨石饰面由三层构成，即底层、结合层、石子浆罩面层，如图 8-12 所示。

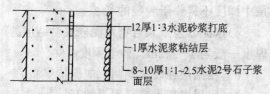

———12厚1:3水泥砂浆打底

———1厚水泥浆粘结层

———8~10厚1:1~2.5水泥2号石子浆面层

图 8-12　水磨石面层构造

（3）工艺流程及工艺要点

1）工艺流程

基层清理→抹底层→弹线嵌条→抹中层→抹粘结层一道→抹面层石子浆→打磨→上蜡。

2）工艺要点

a. 用水泥浆按要求粘铜条或玻璃条。

b. 罩面时，先刮水泥浆一遍，紧跟着抹水泥石子浆，用铁抹子抹平压实，厚度与铜条平，使石子大面积外露。

c. 罩面灰半凝固（1~2d）后，用磨石机磨光至露出铜条，石子均匀光滑，发亮为止，一般磨三遍成活。

d. 每次磨光后，用同色水泥浆填补砂眼，并把掉落石子处补平，24h 后浇水养护，第一遍完后隔 3~5d，同法磨第二遍，再隔 3~5d 磨第三遍，地面干后打蜡。

（4）施工要求

1）所用彩色石粒应洁净，统一配料，干拌均匀。

2）铺面层灰前，应在已浇水润湿的中层砂浆面上刮水泥浆一遍。

3）水磨石分格嵌条应在基层上镶嵌牢固，横平竖直，圆弧均匀，角度准确。

4）白色和浅色的美术水磨石面层，应采用白水泥。

5）面层宜分遍磨光，开磨前应经试磨，以石子不松动为准。

6）表面应用草酸清洗干净，晾干后立可打蜡。

7）水磨石面层要求平整、光滑、石子显露均匀，不得有砂眼、磨纹和漏磨处。分格条应位置准确，全部露出。

（5）质量标准及检验方法

1）各粉刷层间和粉刷层与基层之间必须粘结牢固，不得有空鼓和裂缝等缺陷。可用观察和用小锤子轻击法检查。

2）表面平整、光滑、颜色一致，石子显露均匀，不得有砂眼、磨纹、细毛流和漏磨等缺陷。可用观察法检查。

3）分格条横平竖直，圆弧均匀，角度准确全部露出，无断裂、弯曲，局部不露等缺陷。可用观察法检查。

4）泛水符合设计要求，可用泼水法检查。

5）允许偏差和检验方法：

现制水磨石的允许偏差及检验方法，见表 8-8。

现制水磨石允许偏差及检验方法　表 8-8

项　目	允许偏差(mm)	检验方法
表面平整	2	用 2m 直角尺和楔形塞尺
分格条平直	2	拉 5m 线
踢脚板上口平直	3	拉 5m 线

8.3.3　干粘石

干粘石饰面是在基层上用水泥砂浆打底，而后抹中层砂浆，再抹粘结砂浆，最后把石渣甩到墙面上，再用抹子轻轻压平拍实而成的饰面工艺。

（1）特点

该工艺操作简单，劳动强度及成本低，而且表面平整、石粒均匀、质感强烈、粘结牢固、棱角方正。

（2）应用范围

同水刷石。

（3）构造

由五层构成：底层、中层、水泥浆一道、粘结砂浆、石子罩面层，如图 8-13 所示。

（4）工艺流程

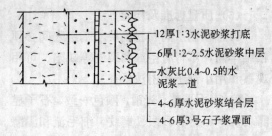

12厚1:3水泥砂浆打底

6厚1:2~2.5水泥砂浆中层

水灰比0.4~0.5的水泥浆一道

4~6厚水泥砂浆结合层

4~6厚3号石子浆罩面

图 8-13 干粘石面层构造

基层清理→打底灰→做灰饼冲筋→抹中层灰→弹线、分格、嵌条→抹粘结层砂浆→抹面层石子浆→起条勾缝→养护。

（5）工艺要点

1）打底后次日浇水湿润。

2）施工时应三人同时操作。

（6）施工要求

1）按要求弹线、分格。

2）中层砂浆表面应先用水湿润，并刷水泥浆（水灰比为 0.40～0.50）一遍，随即涂抹水泥砂浆结合层或聚合物水泥砂浆粘结层。

3）石粒粒径为 4～6mm，石粒嵌入砂浆层中深度不得小于粒径的 1/2。

4）水泥砂浆或聚合物水泥砂浆粘结层的厚度一般为 4～6mm，砂浆稠度≤80。

5）粘结层在硬化期间，应保持湿润。

6）房屋底层不宜采用干粘石。

（7）质量标准及检验方法

1）面层粘结牢固，不起壳、不开裂、不掉石子。

2）表面色泽一致、石粒均匀、线条清晰、棱角方正。

干粘石允许偏差及检验方法见表8-9。

干粘石允许偏差及其检验方法　　　　表 8-9

项　　　目	允许偏差（mm）	检验方法
墙面平整度	5	2m 直尺和楔形塞尺
墙面垂直度	5	2m 托线板
阴阳角垂直度	4	同上
阳角方正	3	20cm 方尺检查
1cm² 面积无石子	3 处	观察

小　　结

　　本节讲述了水刷石、水磨石、干粘石的特点、应用范围、构造、工艺流程、施工要点、质量标准及检验方法。其中，工艺流程、构造、特点、应用范围应重点了解。

习　题

1. 水刷石的特点及应用范围是什么？
2. 水刷石的构造是什么？其工艺流程是什么？
3. 水磨石的特点是什么？常用于什么场合？
4. 试述水磨石的工艺流程。
5. 干粘石的特点是什么？
6. 干粘石的构造层次是什么？

第9章 陶瓷面砖及石材饰面施工工艺

建筑饰面是房屋和构筑物表面的装饰和装修,根据其所处的部位不同可分为外墙饰面、内墙饰面和楼地面饰面;按用途可分为保护饰面、声学饰面和装饰饰面。

外墙饰面主要有两个方面的作用,一是保护墙体;二是装饰墙体。

内墙饰面主要有三个方面的作用,即保证室内的使用要求、装饰要求和保护墙体。

楼地面饰面的目的是为了保护楼板和地坪,保证使用条件和装饰室内。

外墙、内墙和楼地面饰面常用陶瓷面砖和石材来装饰,以满足建筑物装饰、使用功能的要求。

9.1 陶瓷面砖饰面施工

9.1.1 外墙贴面砖

(1) 构造做法

外墙贴面砖是在混凝土或砌体基层上抹水泥砂浆找平层,然后将素水泥浆抹在面砖背面贴在基层上,其构造做法如图9-1所示。

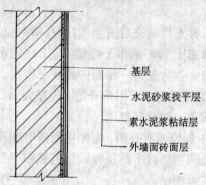

基层
水泥砂浆找平层
素水泥浆粘结层
外墙面砖面层

图9-1 外墙贴面砖构造做法

(2) 外墙贴面砖工艺流程

施工准备→选砖→基层清理→找平刮毛→划出皮数杆→弹线分格→做标志块→面砖铺贴→取分格条→勾缝→养护→最后清洁面层。

(3) 工艺要点

1) 用于铺贴的面砖品种、规格、图案、颜色一定要符合设计要求。

2) 底子灰抹后,养护1~2d 方可镶贴面砖。

3) 根据设计要求,统一弹线、分格、排砖。

4) 用面砖做灰饼。

镶贴时,在面砖背后刮满粘结浆,镶贴后用靠尺找平找方。

5) 分格缝用1:1水泥砂浆勾缝。

(4) 饰面砖镶贴施工规范

1) 饰面砖应表面平整光洁、边缘整齐;棱角不得损坏、质地坚固、尺寸、色泽一致,不得有暗痕和裂纹,吸水率不得大于10%,并应具有产品合格证。

2) 施工时所用的胶凝材料品种、配合比应符合设计要求,胶凝材料还应具有产品合格证。拌制砂浆的水应不含有害物质。

3) 镶贴饰面的基体,应具有足够的强度、刚度和稳定性。并应平整粗糙,对于光滑的基体或基层表面,镶贴前应处理(处理前先清除基体上的残留砂浆、尘土和油渍等)。不同的基层,其处理方法不同。对于砖墙基体,将基体用水湿润后,用1:3 水泥砂浆打底,木抹子搓平、划毛,隔天浇水养护。

4) 饰面砖镶贴前应先选砖预排,在同一

墙面上的横竖排列,不宜有一行以上的非整砖。非整砖行应排在次要部位或阴角处。

5)饰面砖的镶贴形式和接缝宽度应符合设计要求。如设计无要求时可做样板,以决定镶贴形式和接缝宽度。

6)饰面砖镶贴前应将砖的背面清理干净,并浸水 2h 以上,待表面晾干后方可使用。冬期施工宜在掺入 2‰盐的温水中浸泡 2h,晾干后用。

7)镶贴前必须找准标高,垫好底尺,确定水平位置及垂直竖向标志,挂线镶贴。做到表面平整,不显接茬,接缝平直,宽度符合设计要求。

8)镶贴时应自上而下进行,每段施工段施工时应自下而上进行,整间或独立部位宜一次完成。一次不能完成者,可将茬口留在施工缝或阴角处。

9)夏期施工时应防止暴晒;冬期施工,砂浆的使用温度不得低于 5℃,砂浆硬化前,应采取防冻措施。

10)饰面镶贴后,应采取保护措施。

(5)质量标准和允许偏差

面砖的品种、规格、颜色和图案应符合设计要求,表面不得有隐伤裂纹,不得缺棱掉角和严重翘曲。

面砖的基层应粘结牢固,不得有空鼓。

面砖应套割吻合,突出墙面的边缘厚薄应一致。

外墙贴面砖允许偏差见表 9-1。

贴面砖允许偏差表 表 9-1

项次	项 目	允许偏差 (mm)	检验方法
1	表面平整	2	用 2m 靠尺板和楔形塞尺检查
2	立面垂直	3	用 2m 托线板检查
3	阳角方正	2	用 20cm 方尺检查
4	分格条缝平直	3	拉 5m 长线检查,不足 5m 拉通线检查
5	接缝高低差	1	用 2m 靠尺板和楔形塞尺检查

9.1.2 内墙贴面砖

内墙面砖又称瓷砖或釉面砖,是用瓷土或优质陶土煅烧而成。面砖表面挂釉颜色稳定,经久不变,装饰的内墙、洁具具有卫生、易清洗和清新美观的效果。

(1)构造做法

内墙贴面砖是在基层上抹水泥砂浆找平层,并在面砖背面抹素水泥浆粘结层,然后再将其贴在找平层上。其构造做法同图 9-1。

(2)工艺流程

瓷砖镶贴常用施工方法有两种:一是采用水泥砂浆粘贴,二是采用胶粘剂粘贴。常用的胶粘剂有 TAM 型通用瓷砖胶粘剂等。

水泥砂浆粘贴内墙瓷砖工艺流程是:

施工准备─→选砖─→基层清理─→找平刮糙─→立皮数杆、弹线─→做标志块─→镶贴─→嵌缝─→清洁面层。

(3)工艺要点

1)按设计要求选砖,规格、颜色要求一致,无翘曲。基层应符合抹灰验收要求。

2)镶贴前要找好规矩,计算好纵横皮数和镶贴块数,划出皮数杆,弹出水平线,进行预排。

3)标志块做完后应上下挂直,横向拉平。

4)按已弹好的水平线摆好直尺,用水平尺检验,作为贴第一层面砖的水平依据。

5)镶贴时,从阳角开始,先贴大面,后贴阴阳角、凹槽等部位。

6)如墙面有孔洞,应先用面砖对准孔洞划好孔洞在面砖上的位置,用机械和手工进行加工再镶贴。

7)用与釉面砖相同颜色的水泥浆进行嵌缝。

(4)质量标准和允许偏差

面砖的品种、规格、颜色必须符合设计要求,并不得有裂纹、缺棱掉角等缺陷。

面砖与基层应粘结牢固,不应空鼓。突出砖面的管线、插座四周,面砖的裁割形状应与其吻合,突出墙面的边缘厚度应一致。面砖表面整洁,颜色均匀,缝隙平直。

镶贴内墙面砖的允许偏差见表9-2。

镶贴瓷砖允许偏差 表9-2

项次	项 目	允许偏差 (mm)	检 查 方 法
1	表面平整	2	用2m靠尺板和楔形塞尺检查
2	立面垂直度	2	用2m托线板检查
3	阳角方正	2	用20cm方尺检查
4	接缝高低差	0.5	
5	接缝平直	3	拉5m线检查
6	上口平直	2	拉5m线检查

9.1.3 陶瓷锦砖镶贴墙面

（1）特点和用途

陶瓷锦砖也称"马赛克",又叫"纸皮砖",是以优质瓷土烧制而成的片状小瓷砖拼成各种图案贴在纸上的饰面材料。有挂釉和不挂釉两种。其质地坚硬,经久耐用,色泽多样、耐酸、耐碱、耐火、耐磨、不渗水、抗压力强、吸水率小,在±20℃下无开裂现象。随着现代建筑装饰的发展,这种饰面砖的用途越来越广,除可用以铺贴墙面外,还可用以铺贴地面。

（2）构造做法

陶瓷锦砖镶贴墙面是先在基层上做水泥砂浆找平层并刮毛,然后在找平层上抹素水泥浆粘结层,将陶瓷锦砖贴在粘结层上。其构造做法如图9-2所示。

（3）工艺流程

目前陶瓷锦砖粘贴有两种类型:一是传统做法,即采用传统素水泥浆粘贴;另一类是采用胶粘剂粘贴,其方法有三种:一是参胶水泥浆粘贴;二是采用胶粘剂直接粘贴;三是在找平层上刷一层胶后用素水泥浆粘贴,以提高水泥浆的粘结力。其工艺流程如下:

基层清理→抹底灰→弹分版水平和垂

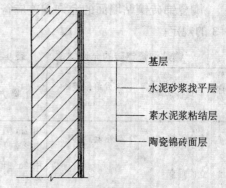

图9-2 陶瓷锦砖镶贴墙面构造做法

[基层 / 水泥砂浆找平层 / 素水泥浆粘结层 / 陶瓷锦砖面层]

直线→铺贴→揭纸→调缝→擦缝。

（4）工艺要点

1）施工前应按照设计图案要求及图纸尺寸,核实墙面实际尺寸,根据排砖模数和分格要求,绘制施工大样图,并加工好分格条。

2）内抹底灰养护好后,在其上弹水平线,在阴阳角、窗口处弹垂直线,以作为粘贴陶瓷锦砖的控制标准线。

3）镶贴时就整个墙面来说应从上往下贴,但对每一施工段（层）应从下向上粘贴,粘贴时缝子对齐,分格缝应横平竖直。

4）镶贴完后,要用木拍板靠放在已铺贴好的陶瓷锦砖面上,用小木锤轻轻敲击拍板,满敲一遍使其粘结牢固。

5）粘贴后48h,取出分格条,大缝用1∶1水泥砂浆勾缝,其他用素水泥浆擦缝。

（5）施工规范

与外墙面砖相同。

（6）质量标准和允许偏差

1）质量要求

a. 检查所用材料的品种、规格、颜色、图案及镶贴方法是否符合设计要求。

b. 镶贴的陶瓷锦砖缝隙不得歪斜,不得有缺棱掉角及空鼓等缺陷。

c. 陶瓷锦砖表面不得有变色、起碱、污点、砂浆流痕和显著的光泽受损。

d. 镶贴后的墙面应颜色均匀一致,花纹线条清晰整齐,深浅一致。

2）允许偏差

223

陶瓷锦砖镶贴墙面的允许偏差应符合表 9-3 的规定。

镶贴陶瓷锦砖的允许偏差　　表 9-3

序号	项目名称	允许偏差（mm）	检验方法
1	表面平整	室外 3、室内 2	用 2m 直尺和楔形塞尺检查
2	立面垂直	2	用 2m 托线板检查
3	阳角方正	2	用 20cm 方尺检查
4	接缝平直	2	5m 拉线检查，不足 5m 通线检查
5	墙裙上口平直	2	同　上
6	接缝高低	室外 1、室内 0.5	用直尺和楔形尺检查
7	接缝宽度	+0.5	用尺检查

9.1.4　陶瓷地面砖铺贴地面

（1）特点和用途

陶瓷地面砖是用瓷土加以添加剂经制模成型后燃结而成。陶瓷地面砖具有表面平整、质地坚硬、耐磨、耐压、耐酸碱、吸水率小、可擦洗、不褪色不变形等特点。色彩丰富，色调均匀，可拼出各种图案。它不仅适用于宾馆、影剧院、展览厅、商场、候车候机厅等公共场所，而且适用于家庭的地面装饰。

（2）种类、规格及性能

陶瓷地面砖有土红、黄、蓝、绿、棕斑、绿斑、灰黑斑等花色。分为无釉亚光、彩釉、抛光三大类。

陶瓷地面砖品种、规格及主要性能见表 9-4。

部分陶瓷铺地砖、墙地砖的品种、规格和特点　　表 9-4

品种名称	花色	规格（mm）			主要技术性能	主要特点
		正方形	长方形	六角		
各色地砖	有白、浅黄、深黄及其他色泽，有单色者也有带斑点者	150×150×(13,15,20)	150×75×(13,15,20)	115×100×10	冲击强度：6～8 次以上；吸水率(%) 各色地砖≥4 红地砖≥8	色调均匀，砖面平整，抗腐耐磨，大方美观，施工方便。图案地砖具有更好的装饰效果
红地砖（吸潮砖）	红色（有深、浅之分）	100×100×10				
图案地砖	各种颜色，各种图案					
防滑条（又名梯沿砖）	各种颜色，有单色及带斑点者		150×60×12			耐磨防滑，用于楼梯，台阶，站台等处，作防滑用
"嘉泰牌"高级墙地砖（天津产）	平面、麻面、防滑、无光、大理石釉、丝网印刷等多种系列	150×150×6，200×200×6，250×250×8，300×300×9，330×330×9 等	200×100×6，250×150×8		吸水率(%)：≤3 尺寸公差：±0.75 抗折强度：40MPa 耐腐蚀性：合格 抗冻性：合格	采用进口釉料生产，砖面的颜色一致性和釉面光洁度都达到国际先进水平

品种名称	花　色	规　格　(mm)			主　要　技术　性　能	主要特点
		正方形	长方形	六　角		
石湾彩釉墙地砖	各种颜色、图案，可随意配套	200×200×8 200×200×9 300×300×9	200×100×8 200×100×9 300×200×8 240×60×8		抗压强度： 196.2～245.3MPa 抗折强度： 34.34～39.24MPa 吸水率(%)小于10	强度高，抗风化，耐磨损，经久不裂，性能稳定，釉面色彩丰富。产品采用炻质原料配合多种氧化物经高温烧结而成
石湾麻石砖	仿天然石状，与汉白玉石相仿		400×200×10 (200×100×8) 200×100×10 (200×75×8) 200×75×10 (187×92×8) 187×92×10		抗折强度： 258.6MPa 抗折强度：27.1MPa 吸水率(%)小于1	适用于各种建筑物的墙地面，特别是满足耐磨与防滑要求
石湾彩胎砖（色胎光面砖）	具有花岗岩石色彩，柔和莹润，高雅华丽	200×200×8	200×63×8 100×50×8 150×50×8		抗折强度： 49.53MPa 吸水率(%) 0.142～0.542 抗冻、耐酸碱	是一种不施釉的胎色瓷质砖，适用于人流大的公共场所如大厦、酒店等地面
石湾劈开砖	红、白等多种色彩	150×150×13 190×190×13	240×50×13 240×115×13 194×94×13 194×52×13 194×30×13 240×52×13		吸水率(%)：小于8 抗折强度：21.1MPa 抗压强度：135.2MPa 耐腐蚀	颜色朴实大方，自然质感强。产品达到联邦德国同类产品标准
厦门劈离砖	红、黄等色	190×190×13	240×52×11 240×115×11 194×94×11 240×52×13 240×115×13 194×94×13 194×52×13		吸水率(%)： 深色小于6， 浅色小于3， 抗折强度：20MPa 硬度：无釉砖大于莫氏硬度6	质量达到DIN德国工业标准。颜色自然柔和，朴素高雅
石湾蚀刻装饰墙地砖	有凹凸效果，图案清晰有立体感	200×200×8	200×200×8 200×305×8 等			采用特殊印花材料，耐磨防滑。经鉴定，可与西欧同类产品相媲美，广泛适用于室内外墙地面

（3）构造做法

地面砖的铺贴是在基层上抹底灰找平刮毛，然后再铺结合层砂浆，最后铺地面砖，其构造作法如图 9-3。

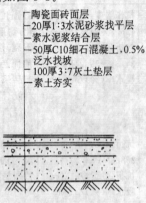

——陶瓷面砖面层
——20厚1:3水泥砂浆找平层
——素水泥浆结合层
——50厚C10细石混凝土，0.5%泛水找坡
——100厚3:7灰土垫层
——素土夯实

图 9-3 陶瓷面砖地面做法

（4）工艺流程

基层清理→贴灰饼、标筋→铺结合层砂浆→弹线→铺砖→压平拨缝→嵌缝→养护。

（5）工艺要点

1）清除基层表面的砂浆、油渍、垃圾，并用水冲洗干净晾干。

2）根据墙面水平基准线，弹出地面标高线。然后在房间四周做灰饼，并按灰饼标筋。

3）将基层浇水湿润后，在其上铺20mm 厚1:3的干硬性水泥砂浆，用刮尺刮平、搓毛。

4）根据设计要求，弹出控制线。在有伸缩缝处应弹出双线，缝宽要符合设计。

5）将选配好的面砖放入清水中浸泡2～3h，取出晾干备用。

6）铺砖前应在砖背面抹一层素水泥浆，将面砖按弹线铺贴平整密实。

7）铺贴完一个房间或段落后，按顺序拍实，拉通线拔缝调直，最后拍平。

8）铺完后2d，用1:1的水泥砂浆勾缝。

（6）质量标准和允许偏差

1）所用地面砖的品种、质量必须符合设计要求，面层与基层的粘结必须牢固、无空鼓。

2）表面质量要求及检查方法见表 9-5。

3）允许偏差和检验方法见表 9-6。

板块楼、地面面层的表面质量要求及检验方法　　表 9-5

项　　目		质　量　要　求	检验方法
板块面层的表面质量	合格	色泽均匀，板块无裂纹、掉角和缺楞等缺陷	观察检查
	优良	表面洁净，图案清晰，色泽一致，接缝均匀，周边顺直，板块无裂纹、掉角和缺楞等现象	

板块楼地面面层的允许偏差和检验方法　　表 9-6

项次	项　　目	允　许　偏　差　（mm）						检　验　方　法
		陶瓷锦砖、高级水磨石板	缸砖	普通水磨石板	大理石板	塑料板	劈离砖	
1	表面平整度	2	4	3	1	2	3	用2m靠尺和楔形塞尺检查
2	缝格平直	3	3	3	2	3	3	拉5m线，不足5m拉通线和尺量检查
3	接缝高低差	0.5	1.5	1	0.5	0.5	0.5	尺量和楔形塞尺检查
4	踢脚线上口平直	3	4	4	1	2	3	拉5m线，不足5m拉通线和尺量检查
5	板块间隙宽度不大于	2	2	2	1	—	—	尺量检查

9.1.5 陶瓷锦砖镶贴楼地面

（1）构造做法

陶瓷锦砖楼地面面层常见的构造做法如图9-4和图9-5所示。

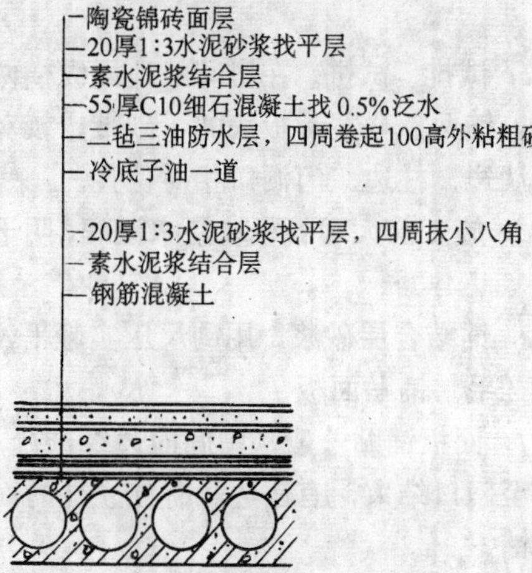

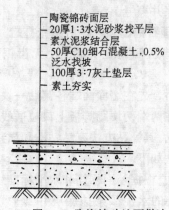

— 陶瓷锦砖面层
— 20厚1:3水泥砂浆找平层
— 素水泥浆结合层
— 55厚C10细石混凝土找0.5%泛水
— 二毡三油防水层，四周卷起100高外粘粗砂
— 冷底子油一道

— 20厚1:3水泥砂浆找平层，四周抹小八角
— 素水泥浆结合层
— 钢筋混凝土

图 9-4 陶瓷锦砖楼面做法

— 陶瓷锦砖面层
— 20厚1:3水泥砂浆找平层
— 素水泥浆结合层
— 50厚C10细石混凝土，0.5%泛水找坡
— 100厚3:7灰土垫层
— 素土夯实

图 9-5 陶瓷锦砖地面做法

（2）工艺流程

基层清理——贴分饼、标筋——铺结合层砂浆——弹线、分格——铺陶瓷锦砖——洒水——揭纸——拔缝——嵌缝——养护。

（3）工艺要点

1) 基层清洗干净、晾干。

2) 弹好地面标高线。

3) 基层浇水湿润，刷素水泥浆铺砂浆，用刮尺刮平，木抹子搓毛。

4) 铺贴时在要铺陶瓷锦砖范围内撒干水泥，洒水湿润，拉控制线按顺序进行铺贴。

5) 整个房间铺完后依次拍平拍实。

6) 用喷壶洒水浸湿纸面，15min后揭纸，然后用开刀将缝隙拨直。

7) 铺完后24h撒锯末养护4～5d。

（4）陶瓷锦砖地面工程施工允许偏差和检验方法见表9-6。

9.2 石材饰面施工

石材饰面施工主要介绍大理石板块地面、碎拼大理石地面和预制水磨石地面的铺贴。

9.2.1 大理石铺贴地面

（1）构造做法

大理石板块楼地面构造做法如图9-6和图9-7所示。

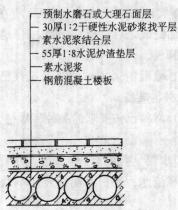

— 预制水磨石或大理石面层
— 30厚1:2干硬性水泥砂浆找平层
— 素水泥浆结合层
— 55厚1:8水泥炉渣垫层
— 素水泥浆
— 钢筋混凝土楼板

图 9-6 楼面构造做法示意

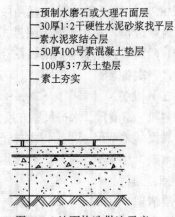

— 预制水磨石或大理石面层
— 30厚1:2干硬性水泥砂浆找平层
— 素水泥浆结合层
— 50厚100号素混凝土垫层
— 100厚3:7灰土垫层
— 素土夯实

图 9-7 地面构造做法示意

（2）施工工艺

1）施工准备

a. 现场准备

（a）大理石铺贴前，房间的沟槽、暗管已敷设完毕并验收合格。

（b）门框已抄平、吊直，并留出墙面粉刷厚度，固定牢固。

（c）设有坡度和地漏的地面，按流水坡度用水泥砂浆找坡。

（d）卫生间、浴室等易渗水部位，其防水层已施工，并经渗水试验不漏。

（e）选料已完成。凡有翘曲、歪斜、厚薄偏差过大以及裂缝、掉角等缺应于剔出。

（f）同一楼地面工程应采用同一厂家、同一批号的产品，不同品种的大理石板块材料不得混杂使用。

（g）大理石板块楼地面施工，应在顶棚、墙面饰面完成之后进行，先铺设楼、地面，后铺贴踢脚板。

（h）墙面＋500mm 水平基准线已弹好。

b. 材料准备

（a）材料已按要求的品种、规格、颜色到场。

（b）水泥　宜用 425 号硅酸盐水泥、普通水泥或矿渣水泥；白水泥标号应不低于 325号。

（c）砂　结合层宜用粗砂或中砂，使用前应过 5mm×5mm 孔筛。灌缝宜用中砂或细砂，用窗纱过筛，其含泥量不超过 3%。

（d）颜料　选用具有耐磨、耐光性的矿物颜料，一次备足。

c. 工具准备

切割机、钢卷尺、水平尺、方尺、墨斗、尼龙线靠尺、木刮尺、木锤、木抹子、铁铁子、喷水壶、小灰铲、棉纱、合金扁凿等。

2）工艺流程

基层清理→弹线→试排、试拼→扫浆→铺水泥砂浆结合层→铺板→灌缝、擦缝。

3）工艺要点

a. 检查楼、地面垫层的平整度，残余砂浆、油渍和垃圾应冲洗干净，如为光滑的钢筋混凝土楼地面应凿毛。

b. 在四周墙面上弹楼地面面层标高控制线。

c. 试排、试拼。在房间的地面纵横两个方向，铺两条略宽于板块的干砂带，校对板块与墙边、柱边、门洞口相对位置。

d. 施工前大理石板块浸水湿润，阴干码好。

e. 铺结合层砂浆，用刮尺压实赶平，木抹子搓毛。铺贴面板。

f. 面板铺贴一般从中间向边缘进行，最后退至门口结束，有镶边和有独立柱的面板应先铺。

g. 板块铺完养护两昼夜后在缝隙内灌入水泥色浆并擦缝。

h. 大理石铺砌 2～3d 后抛光打蜡。

i. 踢脚板阳角处一端，用无齿锯锯成45°角。

镶贴时，先在墙面两端各镶贴一块踢脚板，然后在两端两块踢脚板上口拉通线，逐块依次铺贴。其铺贴方法有粘贴法和灌浆法，其具体做法如下：

粘贴法。根据墙面标筋和水平标准线，用 1：2～2.5 的水泥砂浆抹底层并刮平划毛，待底层砂浆干硬后，将已润湿阴干的大理石（或预制水磨石）踢脚板背面抹上 2～3mm 厚水泥素浆进行粘贴，并用木锤敲击平整，且随时用水平尺及靠尺找平、找直。次日用与板面颜色相同的水泥浆擦缝。

灌缝法。将踢脚板临时固定在铺贴位置，用石膏将相邻两块踢脚板以及踢脚板与地面、墙面之间固定，然后用稠度为 100～150mm 的 1：2 水泥砂浆灌缝。并随时将溢出的砂浆擦拭干净。待灌入的水泥浆终凝后，把石膏铲除擦净，用与板面颜色相同的水泥浆擦缝。

9.2.2 碎拼大理石地面

碎拼大理石地面是采用不规则的大理石碎块经挑选后，不规则地铺设在水泥砂浆结合层上，并用水泥砂浆和水泥石粒浆填补块料间隙而成的一种板块型地面，如图9-8所示；其构造做法如图9-9所示。

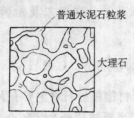

图 9-8　碎拼大理石面层

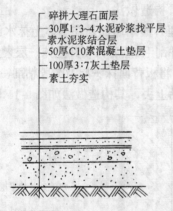

图 9-9　碎拼大理石地面构造做法

碎拼大理石地面的铺贴施工方法与大理石板块地面铺贴方法基本相似。碎拼大理石地面的缝隙，如为冰状块料时，可大可小，相互搭配，铺贴出各种图案。缝隙可用同色水泥色浆嵌抹；也可填入彩色水泥石粒浆，凸出地面2mm，然后用金刚石将凸缝抹平，面层磨光，再上蜡抛光。在具体镶贴时应注意以下几点：

(1) 镶拼后刮出缝内挤出的砂浆，缝底成方，检查碎拼大理石的平整度。

(2) 浇注石渣浆。在抹接缝处的水泥石渣浆前，应将缝内的积水和浮灰清扫干净，并刷水泥素浆一遍，随即浇注石渣浆。抹灰厚度要高出地面1～2mm。

(3) 压光。面层石渣浆铺设后，在面层均匀撒一层石渣，用钢抹子拍平压实，待表面出浆后，再用钢抹子压光，第二天开始养护。

(4) 磨光。将面层用金刚石磨光：第一遍用80～100号金刚石，第二遍用100～160号金刚石，第三遍用240～280号金刚石，第四遍用750号金刚石。

(5) 打蜡。在面层上薄薄涂一层蜡，稍干后用磨光机研磨，或用钉有细帆布（或麻布）的木块代替油石，装在磨石机上研磨，研磨光亮后，再涂蜡研磨一遍，直到光滑洁亮为止。

9.2.3 预制水磨石铺贴地面

(1) 构造做法

预制水磨石构造做法与大理石做法相同。

(2) 施工工艺

1) 施工准备

a. 现场准备

主体结构层强度、平整度已检查验收合格，且建设单位同意隐蔽。门框、水暖、电器管道及预埋件安装并检查验收合格。

b. 材料准备及要求

(a) 预制水磨石板：规格有305mm×305mm、400mm×400mm、500mm×500mm，厚25mm、35mm。表面色彩按设计要求选定。预制水磨石板必须角方、边直、面平，以保证铺贴质量。

水泥：425[#]或525[#]普通硅酸盐水泥，出厂半个月至3个月。

砂：干净中砂，含泥量不大于3%，并要求过筛。

砂浆配合比：找平层用1:3水泥砂浆；粘结层用1:1.5稠度为60～80mm的水泥砂浆。

c. 工具、机具准备

抹子、刮尺、靠尺、方尺、灰桶、喷壶、墨斗、水平尺、木锤、切割机、预制水磨石板铺浆模台等。

采用预制水磨石板铺浆模台，可代替一般手工操作。模台用于铺预制水磨石板底粘结层砂浆，能控制水磨石板加粘结层的总厚度，使之规格化，确保地面平整度。模台如图9-10所示，它由木台和钢模两部分组成，一张木台上配三个钢模，钢模三边固定，一边可拆装。

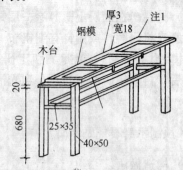

图 9-10 预制水磨石板铺浆模台示意
注：凹槽高度（25mm 厚板取 27，35mm 厚板取 37）
里边净长为水磨石板全长加 6。

2）工艺流程

基层清理—→弹线—→试铺—→铺预制水磨石板底粘结砂浆—→铺找平层粘结砂浆—→铺板—→校正—→嵌缝—→养护—→打蜡。

3）工艺要点

a. 清理基层上的浮灰、垃圾，并用水冲洗干净，然后抹水泥砂浆找平层搓毛。

b. 根据设计要求弹线排块。

c. 按图案纹理试铺并编号。

d. 将预制水磨石板放入模台的钢模中，底面向上，清除灰尘、垃圾，洒水湿润，铺上粘结砂浆，用木刮尺刮平，厚 5mm 左右，如选用厚度为 25mm 的预制水磨石板，模台控制板和砂浆总厚度应为 30mm。

e. 铺贴时，饰面板四角应同时下落，使其与砂浆平行接触。凡有柱的大厅，应先铺柱与柱之间的直线，然后再向两边铺贴。

f. 预制水磨石板铺好后，用木锤轻击板面，使其粘结牢固，铺好一排后拉通线检查是否平直。

g. 预制水磨石板铺好 2d 后，用水泥砂浆灌缝，其深度灌至缝深的 2/3，余下的 1/3 深度按要求的颜色用水泥色浆灌满，并嵌擦密实。

h. 嵌好缝的第二天铺上锯末浇水养护 3d，然后用磨石机打一遍蜡、擦亮。

（3）质量标准、允许偏差及检验方法

质量标准、允许偏差及检验方法见表 9-5、表 9-6。

9.2.4 墙面小规格石材镶贴

墙面石材镶贴的石材主要有大理石、花岗石板块。当板块边长小于 400mm 时称为小规格石材。

（1）构造做法

大理石镶贴墙面是在基体上抹水泥砂浆找平层并刮毛，然后再在其上抹一层素水泥浆粘结层，将板背面抹一层 107 胶粘剂，最后把大理石贴上去，其构造做法如图9-11所示。

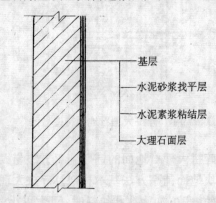

图 9-11 大理石镶贴墙面构造做法

（2）施工工艺

1）施工准备

a. 现场准备

检查、验收门窗、水暖、电气管道及预埋件安装位置是否符合设计要求。

检查主体结构的平整度和垂直度及强度是否符合设计要求，不符合者应立即返工。

b. 材料准备

大理石板块：大理石板块有大块与小块

之分。当边长大于 400mm 的板材为大块料；而边长小于 400mm 的板材为小块料。其规格尺寸应方正、表面平整光滑，不能有缺棱掉角、表面裂纹和污染变色等缺陷。

镶贴前，做好选料备料工作，根据设计图纸和镶贴排列的要求，提出大理石加工尺寸和数量。如遇特殊形状的板材，应绘制加工详图，并按使用部位编好号码，加工量要适当增加，主要考虑运输和施工时的损耗，委托加工时应留好样品，以便验货时对照。

用于室外装饰的板材，应挑选具有耐晒、耐风化、耐腐蚀性能的板材。

水泥：不低于 425 号普通水泥或矿渣硅酸盐水泥，并应备有少量擦缝用白水泥。

砂：宜用粗砂，使用时应过 5mm 筛子，含泥量不得大于 3%。

其他材料：熟石灰、细碎石、矿物性颜料、胶粘剂等。

c. 工具准备

电动切割机、细砂轮、水平尺、橡皮锤、靠尺板、钢卷尺、钢丝钳、尼龙线等。

2) 工艺流程

基层清理→抹底层灰→弹线分块→镶贴。

3) 工艺要点

a. 基层表面的灰尘、油污清理干净并浇水湿润，混凝土基层表面应凿毛。

b. 基层清理后用 1：2.5 水泥砂浆打底（厚度约为 10mm）、刮平、划毛。

c. 弹线：在地面上顺墙面弹出大理石板外轮廓线。接着弹出第一排大理石饰面板的标高线，第一层板的下沿线弹到墙上，如果有踢脚板，应先将踢脚板标高线弹出，然后再考虑面板的实际尺寸和缝隙。饰面板的分格与阳角的衔接如图 9-12 所示。

d. 在饰面板的背面均匀地抹上 2～3mm 厚的 107 胶水泥浆（107 胶胶水的掺量为水泥重量的 10%～15%）或环氧树脂水泥浆，也可采用 AH-03 胶粘剂，依据弹好的水

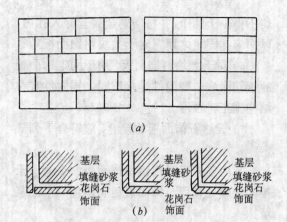

图 9-12 立面分块与阳角衔接示意图
(a) 立面分格；(b) 阳角剖面

平线，先镶贴墙面底层两端饰面板，然后再两端饰面板上口拉一道线，按编号依次镶贴；第一层镶贴完毕，进行第二层大理石镶贴，依此逐层向上镶贴，直到贴完，并随时用靠尺找平挂直。

(3) 饰面板镶贴（或安装）施工规范

1) 饰面板应表面平整、边缘整齐；棱角不得损坏，并应具有产品合格证。饰面板的品种、规格、图案、固定方法和砂浆种类，应符合设计要求。

2) 天然大理石、花岗石饰面板，表面不得有隐伤、风化等缺陷。不宜采用易褪色的材料包装。预制人造石饰面板，应表面平整，几何尺寸准确，面层石粒均匀、干净、颜色一致。

3) 饰面板应镶贴在粗糙平整的基体或基层上。基体应具有足够的强度、刚度和稳定性。对于光滑的基体，镶贴前应凿毛。

4) 饰面板镶贴应平整，接缝宽度应符合设计要求，并嵌填密实，以防渗水。镶贴变形缝处的饰面板留缝宽度，应符合设计要求。镶贴室外突出的檐口、腰线、窗口、雨篷等，必须有流水坡和滴水线（槽）。

5) 饰面板安装前，应按厂牌、品种、规格和颜色进行分类，并将侧面和背面清扫干净，修边打眼，每块板的上、下边打眼数量

均不得少于两个。并将防锈金属丝穿入孔内，以作绑扎固定之用（对于大块料饰面板）。

6）对于大块料饰面板，用于固定饰面板的钢筋网应与锚固件连接牢固。锚固件宜在结构施工时预埋。

7）天然石饰面板的接缝，应符合下列规定：

室内安装光面和镜面饰面板，接缝应干接，接缝处宜用与饰面板相同颜色的水泥浆填抹。

室外安装光面和镜面饰面板，接缝可干接或在水平缝中垫硬塑料板条。垫塑料板条时，应将压出部分保留，待砂浆硬化后，将塑料板条剔出，用水泥细砂浆勾缝。干接缝应用与饰面板相同颜色水泥浆填平。

粗磨面、麻面、条纹面、天然饰面板的接缝和勾缝应用水泥砂浆。勾缝深度应符合设计要求。

8）碎拼大理石饰面施工前，应进行试拼，宜先拼图案，后拼其它部位。拼缝应协调，不得有通缝，缝宽为5～20mm。

9）饰面板完工后，表面应清洗干净。光面和镜面的饰面板经清洗晾干后，方可抛光打蜡。

10）冬期饰面施工宜采用暖棚法，无条件搭设暖棚时，亦可采用冷作法施工。但应根据室外气温，在砂浆内掺入无氯盐抗冻剂，其掺量应根据试验确定，严禁砂浆在硬化前受冻。

11）夏期镶贴室外饰面板，应防止烈日暴晒；工程完工后，应采取保护措施。

（4）质量标准及允许偏差

1）质量要求

a. 大理石的品种、规格、颜色、图案应符合设计要求。

b. 大理石粘结牢固，无空鼓起壳，镶贴缝隙平直，无缺棱掉角、裂纹等缺陷。

c. 表面不得有变色、起碱、污点、砂浆流痕和光泽受损，突出的管线或支承物等部位，应套割吻合。

2）允许偏差

大理石饰面板允许偏差见表9-7。

大理石饰面允许偏差　　表9-7

项　目	允许偏差（mm）天然石、光、镜面	检验方法
表面平整	1	用2m直尺和楔形塞尺检查
立面垂直	2	用2m托线板检查
阳角方正	2	用200mm方尺检查
接缝平直	2	拉5m线检查，不足5m拉通线检查
墙裙上口平直	2	同上
接缝高低	0.3	用直尺和楔形尺检查
接缝宽度	0.5	用直尺检查

9.2.5　大理石饰面板挂贴

（1）构造做法

大理石挂贴施工有三种方法：即传统法（绑扎固定灌浆法）、楔固法、钢针式干挂法。

1）传统法安装大理石饰面板构造做法如图9-13所示。

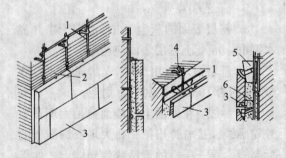

图9-13　大理石安装固定示意图
1—ϕ钢筋；2—铜丝；3—大理石；
4—基体；5—木楔；6—砂浆

2）楔固法安装大理石饰面板的构造做法如图9-14所示。

3）钢针式干挂法安装大理石饰面板的做法如图9-15所示。

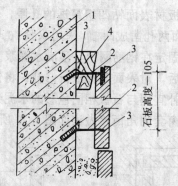

图 9-14 石板就位、固定示意图
1—基体；2—U 形钉；3—硬木小楔；4—大头木楔

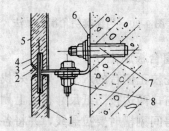

图 9-15 干挂安装示意图
1—玻纤布增强层；2—嵌缝；3—钢针；
4—长孔（充填环氧树脂胶粘剂）；5—石衬薄板；
6—L 型不锈钢固定件；7—膨胀螺栓；8—紧固螺栓

（2）施工工艺

1）工艺流程

a. 传统法工艺流程

基层清理——→弹线分块——→焊 φ6 钢筋网——→大理石饰面板修边打眼——→大理石饰面板安装——→临时固定——→灌浆——→清理——→嵌缝——→抛光。

b 楔固法工艺流程见图 9-16。

c. 钢针式干挂法工艺流程

基层清理——→板材钻孔——→贴玻纤布——→挂水平、垂直线——→底层板临时固定——→镶固定件——→插入钢针——→校正并临时固定——→最后固定——→清理——→抛光。

2）大理石饰面的细部处理

a. 墙面与踢脚板交接部位构造

墙面与踢脚板的交接，一般有两种方法：一种是踢脚板凸出墙面 10mm 左右，如图 9-17（a）所示；另一种是墙面凸出踢脚板 5mm 左右，如图 9-17（b）所示。比较好的做法是踢脚板凹进墙面。

大理石安装工艺流程（楔固法）

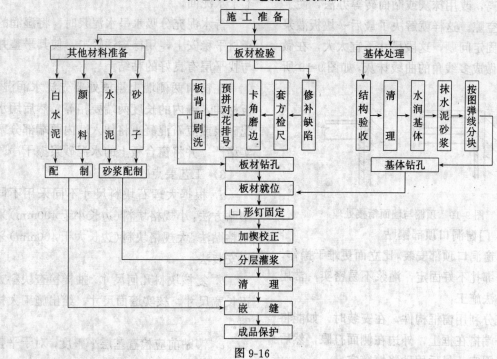

图 9-16

b. 墙面与地面交接部位构造

在墙面与地面的交接部位，宜采用踢脚板或饰面板材落在地面的饰面层上。这样，接缝比较隐蔽，若有间隙可用相同色彩的水泥浆封闭，其构造如图 9-18 所示。

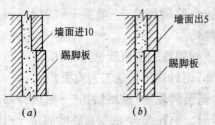

墙面进10
踢脚板
墙面出5
踢脚板
(a)　　　(b)

图 9-17　踢脚板构造

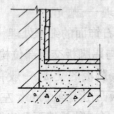

图 9-18　踢脚板与地面交接示意图

c. 墙面与顶棚交接部位构造

在贴饰面板材的墙面与顶棚之间，留出一段距离，改用抹灰或贴面砖等办法，使上部有段空隙。这样就解决了最后一块板灌浆与绑扎固定问题，这段尺寸不宜太大，在做法上可做成多线角的曲线抹灰，如图 9-19 所示。

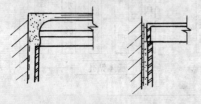

图 9-19　顶棚与墙面衔接处理

d. 门窗洞口顶部镶贴

门窗洞口顶部安装，比立面更难于操作，主要是绑扎不好固定，灌浆不易密实，常用以下方法施工：

充分利用窗框构件，在安装时，如能将板的一端搭在框上，外边在侧面打眼，然后与基层固定，最后用砂浆填密实。

在板材表面钻四组穿透的孔眼，每组 2 个，正面两孔凿成凹槽，采用双股 16 号铜丝穿过，固定在钢筋网上，灌满水泥浆。待砂浆凝结后，对表面凹槽进行修补，将铜丝盖住。修补宜用与石板相同色彩的水泥浆。

门窗套阴角衔接做法如图 9-20 所示。

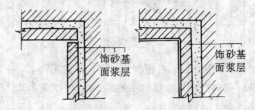

饰面浆层
砂基层
饰面浆层
砂基层

图 9-20　门窗套阴角衔接做法

e. 窗台板施工

首先校正窗台的水平，确定好找平层厚度。在窗口两边按图纸尺寸在墙上剔槽，多窗口的房间剔槽时要拉通线，并将各窗台找平。

清理窗台上的残余砂浆、杂物，并浇水润湿后，用 1：3 的干硬性水泥砂浆或豆石混凝土铺抹在窗台上，用刮尺刮平，均匀地撒上干水泥面。

待水泥充分吸水呈水泥浆时，将湿润的板材平稳安上，用橡皮锤轻击，使其平整并与找平层有良好的粘结。

在窗口两侧墙上剔槽处要先浇水润湿，板材伸入墙内的长度两端要相等，然后用水泥砂浆或豆石混凝土将伸入墙内两端部分塞实堵严，并将窗台板上的水泥砂浆擦干净。

3）工艺要点

a. 根据大理石块料尺寸不同采用不同镶贴方法：小规格块料（边长小于 400mm）采用粘贴法，大规格块料（边长大于 400mm）采用安装法。

b. 复核块料几何尺寸，抽样检查块料方正长宽尺寸，核实墙面尺寸，绘出施工大样图。

c. 镶贴前应检查基层平整度，对于平整度不符合要求的地方应即时处理。

d. 镶贴前应事先弹好水平线和垂直线、分格线。

e. 镶贴时，应随时检查板面垂直度、平整度及纵横缝平直，对不符合要求者应即时纠正。

f. 饰面板安装后，应临时固定，较大的板材应加支撑临时固定。安装门窗碳脸应起1％的拱。

g. 对于传统做法，安装后应注意每次灌浆高度。

h. 嵌缝完成后用棉丝将表面清理干净、抛光。

（3）施工要求

1）饰面板边缘整齐；棱角齐全，规格、图案应符合设计要求。

2）天然饰面表面不得有划痕，几何尺寸准确，颜色一致。

3）饰面板施工完毕后，表面平整、接缝宽度一致、缝隙严密。

4）镶贴的基体必须有足够的强度、刚度和稳定性。

5）夏季镶贴室外饰面板，应防止烈日暴晒，工程完工后，应采取保护措施。

允许偏差及检验方法见表9-8。

（4）质量标准

1）大理石的品种、规格、颜色、图案应符合设计要求。

2）大理石粘结牢固、无空鼓起壳、缝隙平直、无缺棱掉角、裂纹等缺陷。

3）表面不得有变色、起碱、污点、砂浆流痕。

9.2.6 花岗石饰面板挂贴

（1）构造做法

花岗石饰面板墙面挂贴的连接构造示意图如图9-21所示。

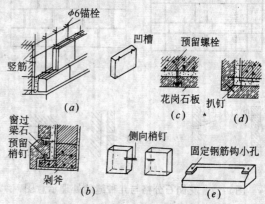

图9-21 花岗石安装连接示意图
（*a*）花岗石与墙体连接；（*b*）梢钉连接；（*c*）螺栓连接；（*d*）扒钉连接；（*e*）窗台板预留孔眼做法

大理石允许偏差和检验方法   表9-8

项次	项目		允许偏差 （mm）					检验方法
			天然石				人造石	
			光面	镜面	粗磨面	麻面	天然面	人造大理石	
1	表面平整		1	3			—	1	用2m靠尺和塞尺检查
2	立面垂直	室内	2	3			—	2	用2m托线板检查
		室外	3	6			—	3	
3	阳角方正		2	4			—	2	用方尺和楔形塞尺检查
4	接缝平直		2	4		5		2	拉5m线检查，不足5m拉通线检查
5	墙裙上口平直		2	4		4		2	
6	接缝高低		0.3	3			—	0.3	用直尺和塞尺检查
7	接缝宽度偏差		0.5	2			2	0.5	尺量检查

（2）施工工艺

1）工艺流程

基层清理→弹线分格→基层挂网→板材打眼→板材安装→灌缝→清理。

2）工艺要点

a. 清除基层上的残余砂浆、油渍、垃圾等杂物，并将基层表面凿毛，用水冲洗干净。

b. 挂贴前，先在墙（柱）面上进行弹线分格，常见的分格方法和缝的处理如图9-22所示。

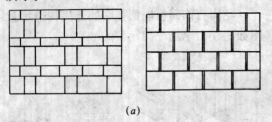

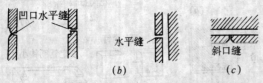

(b)   (c)

图9-22 花岗石分格与几种缝的处理示意图

c. 按照设计要求在基层面绑扎钢筋网，并与结构预埋件绑扎（或焊接）牢固。按分格的位置，用冲击电钻在基层上钻直径为6.5～8.5mm、深度≥60mm的孔，然后打入φ6～8mm的短钢筋，外露长度≥50mm，并弯成弯钩，并在同一水平线的插筋上水平放置钢筋，焊接牢固，如图9-23所示。

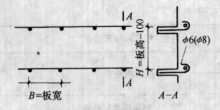

图9-23 挂钢筋网

d. 花岗石饰面板编号后，将板材侧面钻孔打眼。操作时应将板材固定在木架上，如图9-24所示。

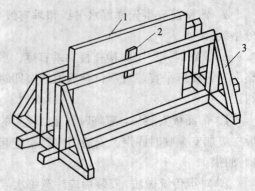

图9-24 木架

1—饰面板；2—大头木楔；3—木架

板材可钻直孔和斜孔，钻直孔的方法是用手提电钻钻头直对板材上端面钻两个孔，孔位距板材两端1/4处，孔径5mm、深15mm，孔位距板背面约8mm。如板的宽度大于60cm，板中间应再钻一孔。钻孔后用合金钢錾子朝板材背面的孔壁轻打剔凿，剔出4mm深的槽，以便固定不锈钢丝或铜丝，然后将板材翻转过来，用同样的方法钻孔剔槽，这叫打牛鼻子孔，如图9-25所示。

钻斜孔的方法是调整木架木楔，使板材与铅垂线成35°（钻出孔眼与板面成35°），便于电钻操作。斜孔也要在板材上下端面靠背面的孔壁，剔出深4mm的槽。如图9-25所示。

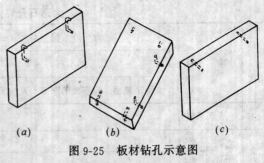

(a)   (b)   (c)

图9-25 板材钻孔示意图

(a)、(b) 牛鼻子孔；(c) 斜孔

e. 饰面板安装时，一般由下向上进行，每层由中间或一端开始。先将板材按弹线就位，然后使板材上端外仰，先把下口不锈钢丝或铜丝绑扎在横筋上，再绑扎板材上口不锈钢丝或铜丝，并用木楔垫稳。随后用靠尺板检查调整后，再系紧不锈钢丝或铜丝。

室外板材的安装应比室外地坪低50mm，以免露底。

花岗石饰面板材安装好后，先用水清洗缝隙并堵塞，然后用1：2.5水泥砂浆分层灌注，每层灌注高度150～200mm，并不得超过板材高度的1/3。灌注后应插捣密实，只有待下层砂浆初凝后，才能灌注上层砂浆。最后一层砂浆应只灌至板材上口水平线以下50

～100mm处，所留余量作为安装上层板材时灌浆的结合层。

花岗石板材安装后，如果在上层还需进行其它抹灰时，则应对饰面进行保护。

安装完毕后，清除板材上口余浆，并用棉纱将饰面擦净。

（3）施工规范、质量标准、允许偏差及检验方法，与大理石挂贴施工相同。

小　　结

建筑饰面是房屋和构筑物结构构件表面的装饰和装修。根据其用途不同可分为：保护饰面、声学饰面和装饰饰面。又根据其所处的部位不同分为：外墙饰面、内墙饰面和地面饰面。

陶瓷面砖饰面施工包括：外墙面砖施工、内墙面砖施工、陶瓷地面砖施工、陶瓷锦砖镶贴墙面、陶瓷锦砖镶贴地面。

应注意掌握每种陶瓷面砖饰面的特点、适用场合；并重点掌握每种陶瓷面砖饰面的构造做法、工艺流程、质量要求、检验方法及允许偏差。

用于饰面的石材主要有天然石和人造石两种。天然石材主要是大理石和花岗石；人造石主要有仿大理石、仿花岗石、预制水磨石等。

了解每种饰面石材的特点和用途。掌握每种饰面石材施工的构造、工艺、质量要求、允许偏差和检验方法。

习　题

1. 建筑饰面根据所处的位置不同，分为哪几种饰面？各有何作用？
2. 外墙面砖饰面应检查哪些质量？如何检查？
3. 铺贴釉面砖的工艺流程是怎样的？其工艺要点如何？应注意什么问题？如何检查其施工质量的优劣？
4. 陶瓷地面砖的构造做法是怎样的？它适用于哪些场合？
5. 陶瓷锦砖铺贴墙面及地面的施工工艺有何不同？
6. 饰面石材有哪些种类？各适合什么场合？
7. 饰面石材分镶贴和挂贴，它们各自的施工工艺有何不同？

第10章 油性涂料、水乳性涂料的施工工艺

涂料的施工工艺是指用涂料来进行装饰的工艺，它具有技术性和艺术性。如果按涂料的材质分，可分为油性涂料、水乳性涂料等。如果按施工工艺分，又可分为透明涂饰工艺、半透明涂饰工艺以及不透明涂饰工艺等。

10.1 油性涂料施工工艺

木材、金属、抹灰面等物面经过涂料涂饰，形成了一层涂料保护膜，达到了保护和装饰物面、满足使用要求的目的。涂料的主要作用是：使各种材料的物面与空气中的水分、有害气体及其他侵蚀物质隔离，起到一种"屏蔽"保护的作用；增加了物面的强度，以抵抗外界的冲击、摩擦，使之经久耐用；使物面光亮美观，便于清洗，保持整洁。

人们通常根据不同的涂饰对象、使用场所和功能要求，分别选用合适的涂料品种。一般涂料施涂工艺可分为清色漆（透明漆）施涂和混色漆（不透明漆）施涂两大类。

清色漆：多为清漆类，如酯胶清漆、酚醛清漆、醇酸清漆等。当施涂施工完毕后，仍能使木材基层透过覆盖的涂膜层显示出原有的天然纹理，而且更加清晰、丰润。在居室家具及饭店、宾馆的高级木装饰施工中采用较多。

混色漆：多应用在需要具有一定保护性能（耐酸、碱、日光及其它易腐蚀）的部位。如食堂的碗柜、教室的课桌、建筑物的门窗等，这种漆色不能显露木材原有天然的木纹。

清色漆和混色漆的施涂材料、工艺和装饰效果虽不同，但应用却很广泛。按传统的观点，凡属花纹美观的硬阔叶材（如水曲柳、黄婆罗、榆木、樟木、柚木等），多采用清色漆装饰；一般针叶材花纹平淡或有缺陷的木材，以及刨花板、纤维板等多采用掩盖木纹的混色漆装饰。

10.1.1 透明涂饰工艺

透明涂饰工艺是指木制品表面通过清漆的装饰，不仅保留木材的原有特征（棕眼、纹理、节疤等），而且还应用某些特定的工序使木材的纹理更加清晰，色泽更加鲜艳悦目。清漆涂饰工艺较色漆涂饰工艺有根本的区别，工序多而复杂，一般多在阔叶材或名贵木材贴面的家具上应用。

按木制品清漆涂饰工艺的过程，可划分为五个阶段，即表面处理、基础着色、涂层着色、清漆罩光、漆膜修整。在每个阶段中又有若干工序。按其选用材料和加工工艺的不同，又可分为普级、中级、高级三个类别。

（1）普级

在透明涂饰工艺范围内，一般用油脂漆、酚醛清漆、醇酸清漆、天然树脂清漆等性能较好的涂料，涂饰于家具表面，能保持木材的天然纹理，漆膜表面外观为原光（即不抛光）的涂饰过程称为普级家具涂饰工艺。

普级家具涂饰工艺一般适用于机关、学校、工厂等单位的办公用具和家庭用的普通家具。普级家具表面漆膜具有颜色基本均匀、附着力好、耐酸、耐碱等优点，但缺点是涂层干燥较慢、光滑度差。

（2）中级

随着科学技术的发展和人民生活水平的

不断提高,人们对家具的质量要求越来越高,不仅要求家具能实用,而且还要求具有一定的艺术欣赏价值。为此,家具的造型设计要美观大方、结构要合理,表面漆膜的外观要给人一种舒适、雅致、明快的感觉。

涂饰中级家具,常用硝基清漆、聚氨酯树脂清漆、丙烯酸树脂清漆、聚酯树脂清漆、天然树脂清漆等性能较好的涂料,涂饰后能使木材的自然纹理和特征清楚地显示出来。产品正视面的漆膜表面为抛光或显孔亚光,侧面与普级家具相同(表面漆膜为原光)。

采用这种涂饰工艺的家具,表面的漆膜具有纹理清晰、颜色均匀、色泽鲜明、平整光滑、光亮似镜等优点;而且漆膜还具有耐温、耐水、耐酸碱、耐磨、附着力好等理化性能。因此多用于家庭,旅馆的卧室和餐室套装家具表面的装饰。

我国家具行业中,中级家具表面的涂饰,在工艺设计、质量和操作方法等方面,都比普级家具的涂饰工艺要求高而且复杂。

(3) 高级

高级家具无论是造型设计、材质选择、结构形式、木加工,还是表面装饰等方面,都远远超过普、中级家具。其表面往往有各种雕刻花纹与镶嵌(如花、鸟、龙、凤、竹、叶等)的优美图案,充分体现我国劳动人民高超的工艺水平和独特的民族风格。高级家具在人们的生活中类似一件工艺美术品。

从高级家具的涂饰工艺角度来看,其使用的原材料虽然和中级家具相同,但它的工艺要求却比中级家具严格,漆膜的装饰质量也高。例如在传统的硝基清漆涂饰工艺中,对家具白坯的表面就要求刷涂和揩涂虫胶清漆,在涂层着色中又要进行剥色等。总之,不论采用哪种涂饰工艺,最终要求家具外观的漆膜能清晰地显露木材的天然纹理,色泽更为鲜艳悦目,而且要求外表涂饰部位的漆膜都进行抛光,或者填孔亚光(即封闭型亚光)。因此,高级家具的表面漆膜要求颜色均匀一致、木材纹理清晰、色泽鲜艳、立体感强、分色整齐分明、漆膜平整光滑、光亮似镜。漆膜的理化性能如耐温、耐水、耐酸碱、耐冷热循环等与中级家具相同,但耐磨度、附着力、光泽却要高于中级家具的标准。高级家具涂饰工艺多用于宾馆、会客厅、陈列室、卧室和餐厅等套装家具表面的装饰。

硝基清漆理平见光工艺

硝基清漆理平见光工艺是一种透明涂饰工艺,用它来涂饰木面不仅能保留木材原有的特征,而且能使它的纹理更加清晰、色泽鲜艳夺目。硝基清漆涂饰与色漆涂饰相比,工艺多而复杂,一般用于由阔叶树及名贵木材制作的家具及较高级的木装修上。

(1) 材料

老粉、化学浆糊、颜料(氧化铁黄、氧化铁红、哈巴粉、黄钠粉、黑纳粉)、硝基清漆、香蕉水、虫胶液、酒精、砂蜡、煤油、上光蜡、0 号、1 号、1½ 木砂纸、280～400 号水砂纸及肥皂。

(2) 工具

牛角刮翘、嵌刀、脚刀、腻子板、12～16 管羊毛排笔、绒布、棉花团、竹花或棉纱头、小楷羊毛笔、50mm 油漆刷、小塑料桶、抹布。

(3) 工艺流程

基层处理──虫胶清漆打底──嵌虫胶清漆腻子及打磨──润粉及打磨──施涂虫胶清漆──复补腻子及打磨──拼色、修色──施涂虫胶清漆及打磨──施涂硝基清漆二至四遍及打磨──揩涂硝基清漆及打磨──揩涂硝基清漆并理平见光──磨水砂纸──擦砂蜡、光蜡。

(4) 操作工艺要点

1) 基层处理:木制品本身的含水率不得超过 12%。木材面上常粘附着各种污染物,如胶迹、油迹、未刨净的墨线、铅笔线以及灰砂、灰尘、沥青等,应清除干净。这些物质若不清理干净,势必要影响颜色的均匀性、涂料的干燥度、涂膜的附着力和涂层的装饰性。然后进行打磨。打磨是非常重要的，打磨得光滑与不光滑、平整与不平整，直接影响到整个工件的施涂质量。木材面白坯如打磨得平整光滑，能使以后的每道工序顺利进行，既省工又省料；反之则会给后道工序带来麻烦，因为施涂后再要打磨平整光滑是困难的，往往造成涂层粗糙，颜色深暗，光泽暗淡等，以致浪费工料。

2）虫胶清漆打底：用虫胶清漆施涂一遍，应施涂均匀，不漏刷。

3）嵌虫胶清漆腻子及打磨：木材表面的虫眼、钉眼、细小裂纹以及木节等缺陷，用虫胶液、老粉、颜料调拌成的虫胶腻子嵌补，使得填嵌处与周围颜色一致，形成平整表面。腻子中的颜料，一般为氧化铁系列和混合型颜料，如氧化铁红、氧化铁黄、氧化铁黑和哈吧粉等。正确选用好这些颜料，是一项技术性较高的工作。加色要根据样板的颜色而定，一般与木材原色相似，略浅于原色为好，若木材色素深浅相差较大或多色时，必须调配深浅有别的多种腻子，使上色后腻子能与木材的色泽均匀一致。另外，腻子调配的好坏，取决于虫胶清漆的稠度，粘度大腻子干后坚硬，不易打磨，吸色力弱；粘度小腻子干后，松软不牢，吸色力强，两者都会给后道工序带来不利的影响。因此，调配腻子的虫胶清漆稀稠度要适中。

嵌补腻子干燥后，要用1号或1½号木砂纸打磨平整，并掸清灰尘。

4）润粉及打磨：润粉俗称润老粉，主要是在木材面上起填孔和着色的作用。润粉可分油粉和水粉两种。水粉操作方便，油粉对操作者的技术有一定的要求，若揩擦不均匀，颜色易发花。油粉着色力强，能一次性到位。润粉是将配制成的粉浆，用竹花或棉纱头浸透，然后再涂擦于物面上。涂擦时要均匀，首先是圈擦，将粉质用力揩擦于纹孔中；其次是顺着木纹方向直擦；再则用干净竹花或棉纱头将浮在木制品表面上的粉质擦干净；最

后将木线脚、花饰等部位的积粉用小脚刀剔除干净。

5）施涂虫胶清漆：施涂虫胶清漆的动作要快，排笔蘸漆不能过多，并要顺木纹一来一去刷匀，做到不漏刷、无流挂。

6）复补腻子及打磨：待第一遍虫胶清漆施涂干后，检查若有砂眼或洞缝，用虫胶腻子复补。复补腻子时应注意，嵌补面积不宜过大，干后用0号砂纸打磨，掸清灰尘。

7）拼色、修色：由于木材本身的色泽有深浅或者由于上色不均匀而造成底色发花现象，这就需要及时修色与拼色，应该调配含有着色颜料和染料的酒色，用毛笔和小排笔对色差和局部斑点进行修色并与大面色接近。然后再将面与面之间，条与条之间不同的颜色拼成一色，一般是将浅色拼成深色，这样比较容易，当然也可以深色往浅色拼，但在白木时就将深色漂染成浅色，否则由深往浅色拼会造成饰面混浊不清。

8）施涂虫胶清漆及打磨：拼色和修色后，待其干燥，施涂一遍虫胶清漆，施涂时应刷匀，无漏刷，无流挂等。干燥后用0号或1号旧砂纸打磨光滑并掸扫干净。

9）施涂硝基清漆2～4遍及打磨：先将厚稠的硝基清漆：香蕉水＝1∶1.5混合搅拌均匀后，用8～12管不脱毛的羊毛排笔施涂二至四遍。施涂时要注意，硝基清漆和香蕉水的渗透力很强，在一个地方多次重复回刷，容易把底层涂膜泡软而揭起，所以施涂时要待下层硝基清漆干透后进行。用排笔蘸漆后依次施涂，刷过算数，不得多次重复回刷。同时还要掌握漆的稠度，因为稠度大，则刷劲力大，容易揭起，因此硝基清漆与香蕉水的重量配合比以1∶（1.5～2）为宜。由于稀释剂挥发快，施涂时操作要迟速，并做到施涂均匀、无漏刷、流挂、裹楞、起泡等缺陷，也不能刷出高低不平的波浪形。总之施涂时要胆大心细，均匀平整，不遗漏。

每遍硝基清漆施涂的干燥时间，常温时

30～60min 能全部干燥。每遍施涂干燥后都要用 0 号旧木砂纸打磨，磨去涂膜表面的细小尘粒和排笔毛等。

10）揩涂硝基清漆及打磨：硝基清漆经过数遍施涂，从表面上看虽已有些平整光亮，但实际上却尚未干透，涂层中的稀料仍在继续挥发，经过实干后，表面会产生显眼，这种现象称为渗眼。这是因为硝基清漆的固体含量较低，只占 20% 左右，而 80% 左右的稀料则随空气挥发掉，在挥发的同时，漆液在木纹孔内随着干燥而收缩，形成渗眼。为了获得平整涂膜，消除渗眼现象，必须将硝基清漆用揩涂方法进行一次又一次的揩擦涂厚，直到棕眼内漆液饱满，干结后不渗眼为止。

揩涂硝基清漆是传统的手工操作，工具是纱布包棉花，俗称棉花球，用棉花球浸透漆液（漆液调配为厚稠的硝基清漆：香蕉水 ＝1∶（1～1.5）往物面揩涂。揩涂的方法是多样的，有横圈、直圈、绕圈、长圈和 8 字圈等。首先顺木纹揩涂，再横向圈，然后纵向圈揩涂，或者采用其他方法揩涂。总之，不论用什么方法，其目的是使漆液尽快地进入木纹管孔，达到饱满状态，使表面涂层平整。揩涂也要按一定规则依次进行，不能胡乱揩涂一通。揩涂时棉花团拖到哪里，眼睛就要看到哪里，防止棉花团压紧受力而使周围硝基清漆鼓起。当整个物面全部揩到，棕眼揩没，涂层饱满平整，理直化平，基本上好后，放置 2～3d 使其干燥，充分渗眼。然后用 280 号水砂纸垫软木加肥皂水打磨，将面上的粘附杂质和涂膜高处磨去，使涂膜初步平整，除去水迹，干燥后再进行揩涂。

11）揩涂硝基清漆并理平见光：揩涂第二操硝基清漆的稠度要比第一操时稀一些（硝基清漆：香蕉水为 1∶（1.5～2），此时不能采用横圈或 8 字圈的揩涂方法，而必须采用直圈拖法。首先可以分段直拖，拖至基本平整，再顺木纹通长直拖，并一拖到底。最后用棉花团蘸香蕉水压紧，顺木纹方向理顺

至理平见光。

12）磨水砂纸

先用清水将物面揩湿，涂上肥皂，用 400 号水砂纸包橡胶垫块顺木纹方向打磨，消除漆膜表面的高低不平，磨平棕眼，然后用清水洗净揩干，经过水砂纸打磨后的漆膜表面应是平整光滑，无亮光。

13）擦砂蜡、光蜡

a. 擦砂蜡

在砂蜡内加入少量煤油，调制成浆糊状，用干净棉纱或绒布蘸取砂蜡后顺木纹方向用力来回擦。物面上的蜡要尽量擦净，最好擦到漆面有些发热，面上的微小颗粒和纹路都擦平整。擦涂的面积由小到大，当表面出现光泽后，用干净棉纱将表面残余的砂蜡擦揩干净。但要注意不可长时间在局部擦涂，以免涂膜因过热软化而损坏。

b. 擦光蜡

用干净纱头将光蜡敷于物面上，要求全敷到，并且蜡要上薄、上均匀。然后用绒布揩擦，直到面上光亮如镜为止。此时整个物面木纹清晰，色泽鲜艳，精光锃亮。

（5）质量标准

施涂清漆表面的质量，应符合表 10-1 的规定。

清漆表面质量要求　　表 10-1

项次	项目	中级涂料（清漆）	高级涂料（清漆）
1	漏刷、脱皮、斑迹	不允许	不允许
2	木纹	棕眼刮平、木纹清楚	棕眼刮平、木纹清楚
3	光亮和光滑	光亮足、光滑	光亮柔和、光滑无挡手感
4	裹棱、流坠、皱皮	大面不允许，小面明显处不允许	不允许
5	颜色、刷纹	颜色基本一致，无刷纹	颜色一致，无刷纹
6	五金、玻璃等	洁净	洁净

注：1. 大面是门窗关闭后的里、外面。
　　2. 小面明显处是指门窗开启后，除大面外，视线能见到的部位。

10.1.2 色漆涂饰工艺

物体表面经色漆（如调合漆、酚醛色漆、硝基色漆等）涂饰后，能完全遮盖物体本身的色泽、纹理及病虫害等缺陷，其表面色泽即色漆漆膜的颜色。我们把这种遮盖物体表面的涂饰过程，称作色漆涂饰工艺。

色漆漆膜颜色均匀谐调，漆膜中的颜料能防止紫外线的渗透，其颜色常常模仿自然界中某些物体的色泽，如苹果绿色、湖绿色、天蓝色、奶白色、粉红色、银灰色等等。显然，色漆可以根据人们的使用要求来选择所需的色彩。如根据现代建筑条件和人们的兴趣，可将卧室家具涂饰成奶黄色或紫罗蓝色等。

色漆较多地用于涂饰木材面、金属面和抹灰面。色漆的涂饰工艺与清漆涂饰工艺相比并不复杂，但是我们不能以为简单地涂饰一层色漆，就可以达到预期的要求了。因为一层色漆不可能完全遮盖住物体表面。所以色漆的涂饰也要经过打底、砂磨、涂面漆、抛光等多道工序的操作。

木门窗铅油、调合漆的施涂（混色漆）

（1）材料

调合漆、铅油、熟桐油、虫胶漆、松香水、石膏粉、水等。

（2）工具

油漆刷、铲刀、钢皮批板、牛角翘、砂纸、铜笔筛、大小油桶、腻子板、合梯等。

（3）工艺流程

基层处理→施涂清油→打磨、嵌批腻子→打磨、复嵌腻子→打磨、施涂铅油→打磨、施涂面漆（浅色二遍，深色一遍）

（4）工艺要点

1）基层处理

对于新的木门窗，首先要用油灰刀将粘在上面的水泥、砂浆、胶液等脏物清除掉，然后用1½号砂纸打磨门窗的表面；留在门窗上的外露铁钉应拔去或将钉帽钉入基层物面不少于1mm。基层处理后应用掸灰刷将门窗

掸干净。

2）施涂清油

清油作为第一遍施涂的材料有四方面的作用：既能清刷掉门窗上的浮灰，又能使纤维发硬而便于打磨；能防止木材受潮湿而引起变形，起到良好的抗腐蚀作用；能增加面漆的附着能力及节约涂料；加快嵌批腻子的干燥速度。

3）打磨及嵌批腻子

腻子的嵌批必须等清油干燥后用1½号砂纸打磨并清理干净后才能进行。木门窗多采用石膏油腻子进行嵌批，用于门窗嵌批的腻子要求调得硬一些。

满批腻子可用牛角翘或薄钢皮批板进行操作，满批时常采用往返刮涂方法。满批及收刮腻子的钢皮批板宜固定一面使用，不宜两面均用；满批腻子时要养成批直线顺木纹的习惯，不可批成圆弧状；收刮腻子要干净，不可有多余腻子残留在物面上。

4）打磨这道工序看似简单，但其操作好坏将直接影响涂膜的外观质量。所以操作应仔细，打磨的方向要顺着木材的纹理，不得横向、斜向等乱纹打磨；对于楞角、装饰线等处要轻轻地打磨，否则很容易将该处的腻子全部磨掉而露白。打磨完毕后用掸灰刷掸清灰尘和垃圾。同时应该检查是否有遗留下的孔眼和因腻子干燥后凹陷的部分，并用较厚质的腻子进行复嵌。

5）打磨及施涂铅油

待复嵌腻子干燥后，用1号砂纸打磨复嵌处，并清理干净。铅油施涂方法与施涂清油相同，可使用同一把油漆刷，由于铅油中的油分只占总重量的10%～20%，掺入的溶剂又较多，挥发较快，所以铅油的流平性能差。在大面积的门板施涂中应采用"蘸油→开油→横油→理油"的施涂操作方法。

6）打磨及施涂面漆

在施涂面漆前还应对木门窗进行检查，看是否还有脏物存在，主要是水柏油或松香

油脂渗出，若有这种现象可用1：3虫胶清漆进行封底，否则，施涂面漆后，油脂还会渗露出来。

施涂面漆应采用施涂过清油、铅油的油漆刷，不要选用新油漆刷。事先应将油漆刷清洗一下，油漆刷的毛端不宜过长或过短，因刷毛过长会造成流坠及干燥后出现皱纹现象，而刷毛过短，由于毛端较硬，易产生刷痕或露底。所以应掌握施涂时的蘸油量，门窗的各个面都要仔细地施涂到。操作的方法和铅油相同，但要求要比施涂铅油高，尤其在施涂时不得中途起落刷子，以免留下刷痕、跳刷现象。

（5）质量标准

施涂溶剂型混色涂料表面的质量，应符合表10-2的规定。

溶剂型混色涂料表面质量要求

表 10-2

项次	项目	普通级涂料	中级涂料	高级涂料
1	脱皮、漏刷、反锈	不允许	不允许	不允许
2	透底、流坠、皱皮	大面不允许	大面和小面明显处不允许	不允许

续表

项次	项目	普通级涂料	中级涂料	高级涂料
3	光亮和光滑	光亮均匀一致	光亮光滑均匀一致	光亮足，光滑无挡手感
4	分色裹棱	大面不允许，小面允许偏差3mm	大面不允许，小面允许偏差2mm	不允许
5	装饰线、分色线平直（拉5m线检查，不足5m拉通线检查）	偏差不大于3mm	偏差不大于2mm	偏差不大于1mm
6	颜色、刷纹	颜色一致	颜色一致刷纹通顺	颜色一致，无刷纹
7	五金、玻璃等	洁净	洁净	洁净

注：1. 大面是门窗关闭后的里、外面。
2. 小面明显处是指门窗开启后，除大面外，视线能见到的部位。
3. 设备、管道喷、刷涂银粉涂料，涂膜应均匀一致，光亮足。
4. 施徐无光乳胶涂料，无光混色涂料，不检查光亮。

小　结

在透明涂饰工艺中，修色和拼色是一项较难掌握的技术，需要在不断的实践操作中去掌握。

对三开窗在没有脚手架和可靠平台的情况下，进行施涂色漆，对操作者如何先涂什么部位，后涂什么部位，要求非常明确，必须完全掌握。

习　题

1. 透明涂饰工艺中的家具涂饰中级含义是什么？

2. 硝基清漆理平见光工艺中的工艺流程是什么？

3. 简述抛光、打蜡有什么意义？

4. 在什么情况下用色漆进行涂饰？有什么意义？

5. 木门窗施涂铅油的操作顺序是什么？

6. 在大面积的门板上施涂铅油或调合漆一般采用什么操作方法？为什么？

10.2 水乳性涂料的施工工艺

室内水乳性涂料的施工是指在建筑物内墙、顶棚的抹灰层表面，经嵌批腻子和基层处理后，喷、刷、滚涂各种浆料或涂料。

室内一般常用的涂刷材料品种有石灰浆、大白浆、可赛银浆和106内墙涂料、803内墙涂料、聚醋酸乙烯乳胶漆、多彩内墙涂料、彩砂涂料等。

10.2.1 室内803内墙涂料的施工工艺

(1) 材料：老粉、石膏粉、化学浆糊、白胶、107胶水、803涂料、砂纸等。

(2) 工具：排笔、橡皮刮板、钢皮刮板、铲刀、腻子板、腻子桶、合梯、脚手板、掸灰刷、铜箩筛、刷浆桶等。

(3) 工艺流程

基层处理→刷清胶→嵌补洞缝→打磨→满批腻子2遍→复补腻子→打磨→涂刷803涂料2遍（或滚涂2遍）

(4) 工艺要点

1) 基层处理

新墙面，清除掉表层附着的浮灰和污道。旧涂料墙面铲刮掸酥松的旧涂膜。

2) 刷清胶

用107胶加水通刷一遍基层面，洞缝刷足，不遗漏。刷清胶的目的是增加基层的附着力，并能刷掉和封闭浮灰的作用，提高嵌批的速度。

3) 嵌补洞缝

先调拌硬一些的胶粉腻子，可适量加些石膏粉，用铲刀嵌补抹灰面上较大的缺陷。

4) 打磨

嵌补腻子后，墙表面往往有局部凸起和残存的腻子，用砂纸打磨平整，然后将粉尘清除干净。

5) 满批腻子

墙面满批的腻子一般采用胶粉腻子，批刮时，应注意来回往返批刮的次数不能过多，否则会将腻子翻起，表面形成卷曲现象，造成不平整。同时要防止腻子中混入砂子，刮板的刀口不能有缺口，否则会出现划痕。

6) 复补腻子

复补用的腻子要求调拌得细腻、软硬适中，复补后墙面应平整和光洁。

7) 打磨

待腻子干后打磨平整，打磨后应将表面粉尘清除干净。

8) 涂刷803涂料

涂料一般涂刷2遍，涂刷工具可用羊毛排笔或滚桶。用排笔涂刷一般墙面时，要求两人或多人同时上下配合，一人在上刷，另一人在下接刷，刷距应掌握在400～500mm左右。涂刷要均匀，搭接处无明显的接槎和刷纹。

(5) 质量标准

刷浆工程质量应符合表10-3的规定。

刷浆工程质量要求　　表10-3

项次	项　目	普通刷浆	中级刷浆	高级刷浆
1	掉粉、起皮	不允许	不允许	不允许
2	漏刷、透底	不允许	不允许	不允许
3	反碱、咬色	允许有少量	允许有轻微少量	不允许
4	喷点、刷纹	2m正视喷点均匀、刷纹通顺	1.5m正视喷点均匀，刷纹通顺	1m正视喷点均匀、刷纹通顺
5	流坠、疙瘩、溅沫	允许有少量	允许有轻微少量	不允许
6	颜色、砂眼		颜色一致，允许有轻微少量砂眼	颜色一致，无砂眼
7	装饰线、分色线平直（拉5m线检查，不足5m拉通线检查）		偏差不大于3mm	偏差不大于2mm
8	门窗、灯具等	洁净	洁净	洁净

10.2.2 室内乳胶漆的施工工艺

（1）材料

乳胶漆、老粉、石膏粉、化学浆糊、白胶、107胶水、砂纸等。

（2）工具

排笔、橡皮刮板、钢皮刮板或小铁板、铲刀、腻子板、腻子桶、合梯、脚手板、掸灰刷、铜箩筛、刷浆桶等。

（3）工艺流程

基层处理→涂刷清胶→嵌补腻子→满批腻子→打磨→涂刷或滚涂乳胶漆2遍。

（4）工艺要点

1）基层处理：用铲刀、砂纸铲除或打磨掉表面的灰砂、浮灰、污迹等。

2）涂刷清胶：如遇旧墙面或墙面基层较疏松，可用107胶加水刷一遍，其配合比为107胶：水＝1∶3，以增强附着力，提高嵌批腻子的施工效率。

3）嵌补腻子：先调拌硬一些的胶腻子（可适量加些石膏粉），将墙面较大的洞或裂缝补平，干燥后用1号或$1\frac{1}{2}$号砂纸打磨平整，并把粉尘清理干净。

4）满批腻子：用胶粉腻子满批2～3遍，直至平整。其批刮操作方法是先上后下，先左后右，在一般情况下可先用橡皮刮板批刮第一遍，然后用钢皮刮板批刮第二遍。批刮腻子方法同前述大白浆批刮腻子的方法。

5）刷涂（或滚涂）乳胶漆二遍：乳胶漆一般刷涂二遍，但如需要也可涂刷三遍。第一遍涂毕干燥后，即可涂刷第二遍。由于乳胶漆干燥迅速，大面积施工应上下多人合作，流水操作，从墙角一侧开始，逐渐刷向另一侧，互相衔接，以免出现排笔接印。操作动作要领与涂刷大白浆等涂料同，此外，也可用辊桶进行滚涂操作。

在涂刷中，如乳胶漆稠度过厚，则不宜刷匀，并容易出现流坠现象。这时可在乳胶漆中加入适量的清水，加水量要根据乳胶漆的质量来定，但最大加入量不能超过20％。否则，乳胶漆稠度过薄，影响遮盖力和粘结度，并容易透底、起粉。

（5）质量标准

施涂薄涂料表面的质量，应符合表10-4的规定。

薄涂料表面的质量要求　表10-4

项次	项目	普通级薄涂料	中级薄涂料	高级薄涂料
1	掉粉、起皮	不允许	不允许	不允许
2	漏刷、透底	不允许	不允许	不允许
3	反碱、咬色	允许少量	允许轻微少量	不允许
4	流坠、疙瘩	允许少量	允许轻微少量	不允许
5	颜色、刷纹	颜色一致	颜色一致，允许有轻微少量砂眼，刷纹通顺	颜色一致，无砂眼，无刷纹
6	装饰线、分色线平直（拉5m线检查，不足5m拉通线检查）	偏差不大于3mm	偏差不大于2mm	偏差不大于1mm
7	门窗、灯具等	洁净	洁净	洁净

10.2.3 多彩内墙涂料喷涂工艺

（1）材料

水包油型多彩面涂料、中涂料、底涂料、石膏粉、老粉、107胶水、白胶、熟桐油、防锈漆、白漆、白布或胶带纸、松香水、香蕉水、涂料产品配套专用稀释剂、铁砂布、抹布。

（2）工具

钢皮批刀或小铁板、铲刀、日本产WIDER-871-1型专用喷塑枪、小型空压机、排笔或滚筒、腻子板、腻子桶等。

（3）工艺流程

施工准备→基层处理→刷清胶→嵌

批腻子及打磨和复补腻子及打磨→施涂底涂料→施涂中涂料→遮盖→喷涂面涂料→清理、修正。

（4）工艺要点

1）施工准备

喷涂施工应在水电设施、门窗及基层抹灰完毕后，经检查无开裂、起壳和明显接槎，平整度误差＜2mm，阴阳角通顺无缺棱掉角，基层含水率控制在8％，pH值在9以下。

施工前应按设计选定的花纹色彩，试喷样板，经设计、建设单位认可。此外，要检查材料的生产日期，距使用期不大于6个月，方可用于施工。

底涂层可掺0～10％专用稀释剂；中涂层可掺10％～15％稀释剂；面涂层不宜掺稀释剂。冬天彩漆粘度太大，可在50°～60°的热水中隔水加温，以保证多彩涂料的流平性。涂料中多彩颗粒如有沉淀，应先摇动容器，然后用木棒轻缓搅动均匀，边搅边注意彩漆颗粒成形的变化，禁用搅拌器剧烈振动，以免破坏多彩涂料颗粒花型。

2）基层处理

多彩喷涂工艺对墙面基层的平整要求很高，因而宜用沥浆灰粉刷罩面，基层有凸凹的部位，须用基层原材料补平；墙面有空鼓、起壳现象，基层须返工处理；对基层表面的浮灰、灰砂、油污等一定要清理干净后才能施工。

在夹板和各类块材上喷涂，其基层处理应包括打砂纸（宜用1½号），在钉帽上点补红丹防锈漆干燥后点刷白漆，再用桐油石膏腻子嵌补洞、缝，用宽50mm的白布或胶带纸等粘贴缝，然后用油腻子或胶腻子嵌批，一般满批1～3遍，直至嵌批平整。

在金属表面上喷涂，其基层处理应先除锈，然后涂刷红丹防锈漆和白漆，如有缝隙也要用桐油石膏腻子嵌缝，用50mm胶带纸等粘贴缝，再用油腻子嵌批，直至平整。

3）刷清胶

为增加基层的附着力，提高嵌批腻子的速度，除去墙面上的浮灰，用107胶加水通刷一遍基层面，其配合比例为107胶∶水＝1∶3。

4）嵌批腻子及打磨和复补腻子及打磨

待清胶干透后再进行嵌批腻子这道工序。用于墙面满批的腻子，一般是选用胶老粉腻子，待腻子干透后用1½号木砂纸打磨。如基层表面还存在局部不平整及其它细小缺陷时，还应进行复补或满批腻子，嵌批后的基层表面要求平整、牢固。

5）施涂底涂料

底涂料可用排笔涂刷或用滚筒滚涂。底涂料在多彩内墙涂料工艺中主要起封住底层酸碱作用。涂刷时要均匀，防止漏刷。

6）施涂中涂料

中涂料在多彩内墙涂料工艺中为有色涂料，主要起着色、遮盖作用，一般施涂1～2遍。涂刷方法可刷涂或滚涂。中涂涂料在使用前要用木棒搅拌均匀，涂刷要均匀，色泽一致，没有刷痕、露底、漏刷现象，否则将影响面层的施涂效果。排笔每次蘸涂料后的刷距一般掌握在400mm左右，涂刷面积较大时，应采用多人相互交叉的涂刷方法。另外，采用滚筒滚涂时，中涂料不可太厚，如涂料太厚时可加适量的水进行稀释，滚涂后可用排笔理均匀，用排笔理过的饰面较细洁光滑。

7）遮盖

中涂料涂刷或滚涂干燥后，要做好喷面涂料的准备工作，把一些不需喷涂的地方用旧报纸遮盖好，并对喷涂所需的工具和机具进行检查，放置适当。

8）喷涂面涂料

面涂料系水包油型单组分涂料，具有彩色花纹和光泽，用专用喷枪喷面涂。施工前，先要试喷小面积做样板，经设计和用户认可，再进行大面积的喷涂。在喷涂转角处时，先将接近转角处的另一面墙用遮盖物遮挡100~200mm，待喷完后，将其遮盖，转至另外墙面喷涂。

9）清理、修正

喷涂完后，对操作区要进行清理，再检查质量情况，发现缺陷要及时修正、补喷。

（5）质量标准

多彩内墙喷涂质量应符合表10-5的规定。

多彩内墙喷涂质量要求　表10-5

项目	等级	中　级	高　级
饰面表面平整度	合格	正、斜视基本平整，饰面每10m²内轻微划（刷）痕不超过3处	500W灯光下正、斜视基本平整明显部位无轻微划（刷）痕
	优良	正、斜视平整，明显部位无轻微划（刷）痕	500W灯光下正、斜视平整饰面基本上无划（刷）痕
饰面色彩均匀度	合格	1.5m以内正视饰面喷点基本均匀	3m以内正视饰面喷点基本均匀
	优良	2.5m以内正视饰面喷点基本均匀	4m以内正视饰面喷点基本均匀
装饰线分色线平直度	合格	目测：基本顺直	目测：顺直
	优良	目测：顺直实测：5m内偏差≤8mm	目测：顺直实测：5m内偏差≤5mm
饰面喷点均匀度	合格	喷点基本均匀，无露底	喷点基本均匀，无露底
	优良	喷点均匀，无露底	喷点均匀，无露底
饰面光滑	合格	大面基本光滑，手摸无挡手感	侧视大面基本光滑，手摸无挡手感
	优良	大小面基本光滑，手摸无挡手感	侧视大小面基本光滑，手摸无挡手感
门窗、开关灯具洁净	合格	基本洁净	洁净
	优良	洁净	洁净

10.2.4　内墙彩砂喷涂工艺

（1）材料

彩砂涂料、底涂料、中涂料、107胶水、白水泥、老粉、石膏粉、防锈漆、白漆、铁砂布、抹布等。

（2）工具

手提式喷涂枪、空压机、钢皮批刀或小铁板、铲刀、排笔、滚筒、腻子板、腻子桶等。

（3）工艺流程

施工准备→基层处理→刷清胶→嵌批腻子及打磨→复补腻子及打磨→施涂底涂料→施涂中涂料→喷涂面层彩砂涂料。

（4）工艺要点

1）施工准备

喷彩砂涂料施工前首先应检查水电设施、门窗及基层抹灰是否完毕，其次是检查抹灰面的含水率是否控制在8%以内，pH值在9以下。施工前应试制小样，送设计和建设单位认可后才能施工。最后将彩砂涂料搅拌均匀。

2）基层处理

多彩喷涂工艺对墙面基层的平整要求很高，因而宜用沥浆灰粉刷罩面，基层有凸凹的部位，须用基层原材料补平；墙面有空鼓、起壳现象，基层须返工处理；对基层表面的浮灰、灰砂、油污等一定要清理干净后才能施工。

在夹板和各类块材上喷涂，其基层处理应包括打砂纸（宜用1½号），在钉帽上点补红丹防锈漆干燥后点刷白漆，再用桐油石膏腻子嵌补洞、缝，用宽50mm的白布或胶带纸等粘贴缝，然手用油腻子或胶腻子嵌批，一般满批1~3遍，直至嵌批平整。

在金属表面上喷涂，其基层处理应先除锈，然后涂刷红丹防锈漆和白漆，如有缝隙也要用桐油石膏腻子嵌缝，用50mm胶带纸等粘贴缝，再用油腻子或胶腻子嵌批，直至平整。

3）刷清胶

为增加基层的附着力，提高嵌批腻子的速度，除去墙面上的浮灰，用107胶加水通刷一遍基层面，其配合比例为107胶：水＝1：3。

4）嵌批腻子及打磨

待底胶干透后再进行嵌批腻子这道工序。用于墙嵌批的腻子，可以采用白水泥加107胶配制的腻子，该腻子较坚固。嵌补料拌得厚一些，而满批料可以薄一些。采用白水泥腻子对施工人员的技术有一定的要求，必须有熟练的嵌批功底，因为白水泥腻子干燥后很坚硬，磨砂纸很费力，尽量少磨或不磨，要求嵌批平整，白水泥腻子干透后，可以用胶老粉腻子进行浆光，目的是因为白水泥腻子几乎是没有磨过砂纸，难免有粗糙感，所以用胶老粉腻子薄薄地满刮一遍，达到光洁细腻之效果。

5）施涂底涂料、施涂中涂料、遮盖这几道工序皆与内墙涂料喷涂工艺相同。

6）喷涂面层彩砂涂料

彩砂涂料的品种有单组分和双组分，喷涂前必须搅拌均匀，并试小样经设计和用户认可再进行大面积的喷涂，彩砂涂料由硬质颗粒和胶质组成。用手提式喷枪均匀地喷涂在饰面上。喷出的饰面是具有质感强，吸音良好等效果。

7）清理、修整

喷涂完后，必须对操作区进行清理，再进行质量自我检查，发现缺陷应及时修整、补喷。

（5）质量标准

彩砂喷涂质量应符合表10-6的规定。

彩砂喷涂质量要求　　　　表10-6

项次	项目	等级	中级	高级
1	掉粉、起皮、泛碱、漏喷、透底	合格	无	无
		优良	无	无
2	饰面喷点疏密程度	合格	喷点基本均匀	喷点基本均匀
		优良	喷点均匀	喷点均匀
3	装饰线、分色线、垂直度	合格	目测：基本顺直	目测：顺直
		优良	目测：顺直，实测：5m内偏差≤8mm	目测：顺直、实测：5m内偏差≤5mm
4	门窗、灯具等	合格	基本洁净	门窗洁净，灯具等基本洁净
		优良	洁净	洁净

小　结

在水乳性涂料施工工艺中，必须认真掌握水性涂料工艺的每道工序。了解喷塑和喷砂施工工艺的全过程。熟悉水乳性涂料各种涂饰工艺的质量要求。

习　题

1. 刷浆工程的质量要求是什么？

2. 106内墙涂料的施工工艺要点是什么？

3. 乳胶漆有哪些特点？适用于涂饰什么场所？

4. 喷塑涂料的工艺流程是什么？

5. 喷塑涂料在夹板面上施涂，其基层应如何处理？

6. 喷砂涂料有什么优点？适合于什么场所涂饰？

第11章 裱糊饰面施工工艺

用墙纸进行室内装饰在我国有着悠久的历史，很久以前，我国人民就有贴窗花纸和用纸张、绢帛裱糊墙面的习俗。随着近代科技的进步和人民生活水平的提高，墙纸已成为建筑室内装饰的主要用材之一。

11.1 裱糊面常用材料和工具

在本节中主要介绍了常用壁纸和墙布的特点、适用范围以及技术要求，并介绍了常用的胶合剂和腻子，以及裱糊用的常用工具。

11.1.1 壁纸、墙布的分类、特点、适用范围及技术要求

贴墙材料品种繁多，有壁纸、墙布、天然材料、丝绸等。壁纸是目前国内外应用最为广泛的普通墙面装饰材料。功能方面除有良好的装饰功能外，还有吸声、隔热、防火、防菌、防霉、耐水等功能。目前我国生产的产品种类有聚乙烯塑料壁纸、玻璃纤维印花贴墙布、无纺贴墙布、装饰墙布、化纤装饰墙布等。

（1）纸基涂塑壁纸

纸基涂塑壁纸是以纸为基层，用高分子乳液涂布面层，经印花、压纹等工序制成的一种墙面装饰材料。

1）特点

a. 纸基涂塑壁纸防水耐磨，透气度良好，颜色、花型、质感丰富多采。

b. 纸基涂塑壁纸使用方便、操作简单、工期短、工效高、成本低。

2）用途

纸基涂塑壁纸适用于一般饭店、民用住宅等建筑内墙、天棚、梁、柱等贴面装饰。

3）性能

纸基涂塑壁纸的物理性能见表11-1。

纸基涂塑壁纸的物理性能　　表 11-1

项　　目	性　能　指　标
日晒牢度	一年内不褪色
刷洗牢度	表面可湿布擦洗
摩擦牢度	100 次以上表面不受损失
强度	纵横向拉力均大于 3kg
老化度	耐老化试验达 72h 以上，相当正常环境一年以上

4）规格

幅度：914.4mm、530mm 两种，卷长：15m/卷。

（2）聚氯乙烯塑料壁纸

聚氯乙烯塑料壁纸是以纸为基层，以聚氯乙烯塑料薄膜为面层，经过复合、印花、压花等工序而制成的一种贴面材料。

1）特点

a. 具有一定的伸缩性和耐裂强度，因此允许底层结构（如墙面、顶棚等）有一定程度的裂缝。

b. 可制成各色图案和丰富多彩的凹凸花纹，富有质感及艺术感，因此装饰效果较好。

c. 施工简单，而且还可以节约大量粉刷，因此可提高工效，缩短施工周期。

d. 强度好，经拉经拽，易于粘贴。陈旧后也易于更换。

e. 表面不吸水，可以用布擦。

2）用途

适用于各种建筑物的内墙、顶棚、梁柱等贴面装饰。

3) 性能、外观质量要求

聚氯乙烯塑料壁纸外观质量见表11-2。

聚氯乙烯塑料壁纸外观质量

表11-2

缺陷名称	一级品	二级品
色差	不允许有明显差异	允许有明显差异但不影响实用
褶子	不允许有	允许底纸有明显折印，但壁纸表面不允许有死褶
漏印或光面	不允许有	每卷允许有长度不超过1m的漏印或光面段三处
污染点	允许有目视不明显污染点	允许有目视明显污染点，但不允许密集
漏膜	不允许有	每卷允许有长度不超过0.5m的漏膜段三处
发泡	发泡与不发泡部位无明显界限	发泡与不发泡部位有较明显界线
套色精度	偏差不大于1mm	偏差不大于2mm
每卷接头数	允许3个，每段不少于2.7m	允许有接头6个，每段不得少于2.7m

聚氯乙烯塑料壁纸的物理性能见表11-3。

聚氯乙烯塑料壁纸物理性能

表11-3

项 目	一级品	二级品
施 工 性	不得有浮起和剥落	不得有浮起和剥落
褪色性（光老化试验）	20小时以上无变色褪色现象	20小时以上无明显变色褪色现象
耐磨性	干磨25次，湿磨2次，无明显掉色	干磨25次，湿磨2次，有轻微掉色
湿强度（N/1.5cm）	纵横向2.0以上	纵横向2.0以下

4) 常用规格

a. 幅度：960mm，卷长：50m/卷。

b. 幅度：530mm，卷长：10m/卷。

(3) 玻璃纤维墙布

玻璃纤维印花贴墙布是以中碱玻璃纤维布为基料，表面涂以耐磨树脂，印上彩色图案而制成的。

1) 特点

色彩鲜艳，花色繁多。室内使用不褪色、不老化。防火、耐潮性强，可用肥皂水洗刷。施工简单，粘贴方便。但对皮肤有一些刺激（搔痒）作用。

2) 用途

适用于宾馆、饭店、商店、展览馆、会议室、餐厅、居民住房等内墙面装饰。

3) 性能

玻璃纤维贴墙布国家统一企业标准见表11-4

玻璃纤维贴墙布国家统一企业标准

表11-4

项目名称		统一企业标准（W150）	项目名称		统一企业标准（W150）
厚纱支数（支数/股数）	经	42/2	密度（根/cm）	经	20±1
	纬	45/2		纬	16±1
单丝公称直径（μm）	经	8	断裂强度（kg/25×100mm）	经	65
	纬	8		纬	65
厚度（mm）		0.15±0.015			
宽度（cm）		91±1.5	含油率组织		斜纹
重量（g/m²）		155±15			

4) 常用规格

a. 幅度：840mm，卷长：50m/匹。

b. 幅度：880mm，卷长：50m/匹。

(4) 无纺贴墙布

无纺贴墙布是采用棉、麻等天然纤维或涤睛等合成纤维，经过无纺成型，上树脂、印制彩色花纹而成的一种贴面材料。

1) 特点

无纺墙布挺括，富有弹性，不易折断，纤维不易老化，对皮肤无刺激作用。色彩鲜艳、图案雅致、粘贴方便，具有一定的透气性和防潮性，可擦洗而不褪色。

2) 用途

适用于各种建筑物的室内墙面装饰，特别适用于高级宾馆、高级住宅等建筑物。

3）规格及技术指标

无纺贴墙布的规格及技术指标，见表11-5。

无纺贴墙布的产品规格及技术指标

表 11-5

名　称	规格(mm)	技术指标		
		重量(g/cm²)	强度(MPa)	粘贴牢度(kg/2.5cm)
涤纶无纺贴墙布	厚度0.12～0.18	75	2.0(平均)	0.55(粘贴在混合砂浆墙面上) 0.35(粘贴在油漆墙面上)
一麻无纺贴墙布	宽度850～900	100	1.4(平均)	0.20(粘贴在混合砂浆墙面上) 0.15(粘贴在油漆墙上)

注：表中"粘贴牢度"指标，多指用白胶和化学浆糊时的粘贴牢度。

（5）装饰墙布

装饰墙布是以纯棉平布经过技术处理后，印花、涂层制作而成。

1）特点

装饰墙布强度大、静电小、蠕变形小、无光、吸音、无毒、无味，对施工和用户均无害，花型色泽美观大方。

2）用途

可用于宾馆、饭店、公共建筑和较高级民用建筑中装饰。适用于基层为砂浆墙面、混凝土墙面、白灰墙面、石膏板、胶合板、纤维板等基层面的粘贴。

3）物理性能

装饰墙布的主要物理性能见表11-6。

装饰墙布的主要物理指标

表 11-6

项目名称	单　位	指　标	备　注
重量	g/cm²	115	
厚度	mm	0.35	
断裂强度	kg/5×20cm	纵向77 横向49	
断裂伸长率	%	纵向3 横向8	
冲击强度	kg	34.7	Y631型织物破裂试验机
耐磨	次	500	Y522型圆盘式织物耐磨机
静电效应	静电值(V) 半衰期(S)	184 1	感应式静电仪，室温19±1℃，相对湿度50±2%，放电电压5000V
色泽坚牢度	单洗褪色(级) 皂洗色(级) 干摩擦(级) 湿摩擦(级) 刷洗(级) 日晒(级)	3～4 4～5 4～5 4 3～4 7	

注：色泽坚牢度的测试与评级按印染棉布国家标准。

4）外观质量

装饰墙布外观质量见表11-7。

装饰墙布的外观质量　表 11-7

疵点名称	一等品	二等品	备　注
同批内色差	4级	3～4级	同一包(300m)内
左中右色差	4～5级	4级	指相对范围
前后色差	4级	3～4级	指同卷内
深浅不均匀	轻微	明显	严重为次品
折皱	不影响外观	轻微影响外观	明显影响外观为次品
花纹不符	轻微影响	明显影响	严重影响为次品
花纹印偏	1.5cm以内	3cm以内	
边疵	1.5cm以内	3cm以内	
豁边	1cm以内三只	2cm以内6只	
破洞	不透露胶面	轻微影响胶面	透露胶面为次品

疵点名称	一等品	二等品	备　注
色条色泽	不影响外观	轻微影响外观	明显影响为次品
油污水渍	不影响外观	轻微影响外观	明显影响为次品
破边	1cm 以内	2cm 以内	
幅宽	同卷内±不超过 1.5cm	同卷内±不超过 2cm	

注：1. 参考北京市经委标准处颁发的 Q/JC 3—501—82《聚氯乙烯塑料壁纸企业标准》结合 GB 111—432—78《印染棉布国家标准》。

2. 装饰墙布定为一等品、二等品，低于二等品的为次品。

3. 外观质量采用目测方法进行，眼与布面距离为 1m，色差检验采用 GB 250—82《印染棉布染色牢度褪色样卡评级》，色差检验时眼与布面距离为 550～600mm。

4. 检验车速不大于 25m/min。

11. 1. 2　胶粘剂和腻子

（1）胶粘剂的配制

粘贴墙纸用的胶粘剂在市场上有成品供应，但也可自行配制。自行配制的胶粘剂成本低，同时可以根据实际需要配制出适合粘贴物要求的胶合剂，提高粘贴质量。

1）用白胶、化学浆糊配制胶粘剂

按白胶：化学浆糊液＝5：15 的比例将二种材料混合均匀过滤即成。如果胶液太稠涂刷不开，可适量加水调稀。这种混合胶合剂适合粘贴较厚墙纸，如高泡塑面墙纸和无纺布墙布等。

2）用 107 胶、化学浆湖配制胶粘剂

按 107 胶：化学浆糊液＝10：5 的比例加适量的水拌合，过滤后备用。这种胶粘剂适用于粘贴"中泡"以下的薄型墙纸。

3）淀粉浆糊

用普通面粉或"白糊精"加水加热调成，用水量可根据需要自行控制。为了防止浆糊发霉，调制时可加入 5%的明矾（需用热水调化），浆糊胶粘剂在预制裱糊绸缎作底衬时

使用。

4）特种胶粘剂

有聚酯酸乙烯脂胶粘剂和以橡胶加氯丁烯橡胶为主要原料的高强度胶粘剂，适用于塑基型墙纸的粘贴。

5）BJ8504 粉末壁纸胶

适用于纸基塑料壁纸的粘贴。壁纸粘贴后不宜剥落，边角不宜翘起，不宜鼓泡等特性。

（2）常用的腻子

用于裱糊壁纸基层面的嵌批材料，一般采用胶老粉腻子或者是胶油老粉腻子。

11. 1. 3　裱糊施工常用工具

裱糊壁纸常用的工具有：工作台、钢直尺、线锤、活动裁纸刀、剪刀、塑料刮板、压缝压辊、150mm 绒毛滚筒、水桶、油漆刷、毛巾、钢皮批板或小铁板、嵌刀、合梯、脚手板等。

（1）工作台

工作台可选用可折叠的坚固木制台面，便于存放和保管，如图 11-1 所示。

规格：1800mm×660mm。

用途：壁纸裁切、涂胶、测量壁纸尺寸用。

保管：保持台面、边缘洁净没有浆糊。

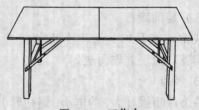

图 11-1　工作台

（2）钢直尺

金属制的直尺。

规格：有多种尺寸，裱糊壁纸以 1m 长为宜，如图 11-2 所示。

用途：与修整、裁剪工具配合，修整、裁切壁纸时作靠山用。

保管：保持钢直尺清洁、裁割壁纸时，难免会碰到胶合剂，应及时揩擦干净。

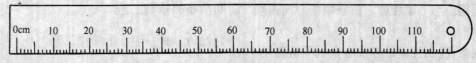

图 11-2　钢直尺

（3）线锤

金属制的线锤如图 11-3 所示。

规格：有多种规格，裱糊壁纸所采用的线锤以小号为宜。

用途：线锤主要用于吊垂直线用。

保管：线锤使用完毕后将线绳绕好，放置在干燥处，以防锈蚀。

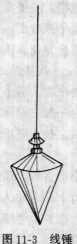

图 11-3　线锤

（4）活动裁纸刀

活动裁纸刀是壁纸裱糊施工中使用最多的工具，刀柄内装有可伸缩活动的刀片。刀片由优质钢制成，十分锋利，刀片前段呈斜角形，刀片表面有数条打印痕迹，刀角用钝后可沿此线折断。如图 11-4 所示。

图 11-4　活动裁纸刀

规格：依刀片的长度、宽度及厚度分大、中、小号。应根据裁切材料的强度选用。

用途：裁切中等或重型壁纸及无衬的乙烯基壁纸及壁纸在踢脚板、顶棚、画镜线及门窗周围固定后用于修整。裁切、修整时要用钢尺或刮板作依托裁切，裁切壁纸时要稳

而有力。

保管：刀片要保持清洁，并要经常更换，以免切割时扯坏或拉坏壁纸。

（5）剪刀

长刃剪刀外形与理发剪刀十分相似，如图 11-5 所示。

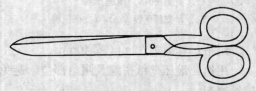

图 11-5　剪刀

规格：长度为 250mm 左右。

用途：适宜剪裁浸湿了的壁纸或重型的纤维衬、布衬的乙烯基壁纸及开关孔的掏孔等。

使用：裁剪时先用直尺划出印痕或用剪刀背沿踢脚板，顶棚的边缘划出印痕，将壁纸沿印痕折叠起来裁剪。

注意事项：不宜用剪刀修整壁纸两旁的白边。

保管：刀保持干净、锋利，不能用砂纸清理，以免磨损刃口。放置干燥、清洁处保存。

（6）塑料刮板

用硬质塑料或有机玻璃等材料制成，如图 11-6 所示。

图 11-6　塑料刮板

规格：（4～5）×100×150mm 左右。

用途：壁纸定位后，擀除气泡，压实壁纸。

适用：与毛刷相似，由条幅中心向四周撕刮。

注意：脆弱性壁纸和发泡壁纸不适宜用。

（7）压缝和阴角压辊

由陶瓷或硬塑料及支架和木柄制成，有单支框及双支框两种，如图 11-7 所示。

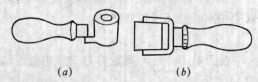

图 11-7　压缝压辊
(a) 单支框压辊；(b) 双支框压辊

规格：宽度为 30mm 或 40mm。

用途：滚压壁纸拼缝及阴角部位，避免壁纸翘起。

使用：

a. 滚压要在胶粘剂开始干燥时进行，沿拼缝从上向下或从下向上短距离快速滚压。

b. 滚压时如果胶粘剂没干透从缝中挤出，应停止滚压并擦去挤出的胶粘剂，待壁纸干燥到挤不出胶粘剂时再滚压。根据房间的环境状况一般要等壁纸粘贴 10～30min 后才滚压。

（8）150mm 绒毛滚筒

带有防水绒毛的涂料滚筒，见本书第 3 章。

用途：可代替浆糊刷滚涂胶液。

使用：要选择绒毛短而干净的滚筒。在墙上滚涂时应先将墙角贴脚板上口，画镜线下口，用油漆刷镶涂胶液。胶液不要滚的过薄。滚涂的顺序与使用浆湖刷相同。滚涂壁纸时要将壁纸对叠起来。

11.2　塑料壁纸、玻璃纤维墙布和无纺墙布的裱糊工艺

壁纸的种类很多，根据不同的材质，运用不同的胶粘剂、腻子以及施工工艺。在本节中主要介绍塑料壁纸、玻璃纤维墙布和无纺墙布的裱糊工艺。

11.2.1　塑料壁纸的裱糊工艺

（1）材料

胶老粉腻子、乳胶漆、聚醋酸乙烯酯乳胶、化学浆糊、塑料壁纸。

（2）材料要求

1）壁纸材料选购

壁纸选购要根据设计单位或使用单位所确定的样板进行选购，进料时应一次购齐，购买的数量应比实际裱贴面积多 2%～3%。至于购买壁纸的规格，主要根据裱糊的部位和操作者的技术水平来考虑。

大卷：较适合专业队伍裱贴面积较大的房间。因其幅宽，一次裱贴面积大，所以，工效快，但技术要求高，需多人协作操作。

中卷：适合一般中等面积房间，工效较大卷慢比小卷快，技术要求较高，需二人以上操作。

小卷：卷小重量轻，搬运方便，操作灵活。一卷 2～3kg，适合单人操作。较适用于家庭裱糊装饰。这种小卷壁纸也很适合自己动手来美化环境，因其卷小，裱糊操作简单方便。

2）胶粘剂选用

胶粘剂的种类很多，必须选用裱糊壁纸的胶粘剂。裱糊壁纸的常用胶粘剂见本章胶粘剂的配制。

胶粘剂选用应注意以下几点：

a. 宜用水溶性胶粘剂，用溶剂性的容易燃烧，并有刺激味和毒性，不利于施工。

b. 操作简便，经济合理，价格适中。

c. 在质量方面，应具有良好的粘结力和耐水性。因施工时墙面基层并不是完全干燥的，裱糊壁纸后基层所含水分会通过壁纸拼缝处逐渐向外蒸发。另外，在使用过程中为维护壁纸清洁需要擦洗，显然，在拼缝处难免会进入水分。胶粘剂在这种情况下，仍能保持相当的粘结力，而不会使壁纸产生剥落

现象。

d. 具有一定耐胀缩性,适应阳光、温度、湿度等变化因素引起的材料胀缩,不会产生开胶脱落现象。

e. 胶粘剂必须具有防霉作用,因霉菌的产生,可使纸与基层隔离和纸表面变色等不良后果。

(3) 施工工具

活动裁纸刀、塑料刮板、钢皮批刀或小铁板、铲刀、排笔、不锈钢直尺(100mm)、压边压辊、150mm绒毛滚筒、毛巾、水桶、线锤、剪刀、油漆刷、合梯等。

(4) 工艺流程

基层处理─→刷清胶─→嵌补打磨─→满刮腻子─→打磨─→刷底层涂料─→墙面弹线─→基层涂刷胶粘剂─→壁纸背面涂刷胶粘剂─→裱糊─→清理修整。

(5) 工艺要点

1) 墙纸存放要求

墙纸应平整清洁、图案清晰,运输和堆放时应平放,防止卷边折褶。聚醋酸乙烯乳液和107胶应该用非金属容器盛装。壁纸的裁割宜用直尺压边,裁纸刀要保持锋利才能保证纸边的平直。

2) 基层处理

处理好的基层应该平整光滑,阴阳角线平直、顺畅、无裂痕、崩角、无麻眼砂点,无缝隙,无浮尘和污物。

3) 底层涂刷涂料

被贴墙面涂刷一遍涂料,要求薄而均匀,墙面要细腻光洁,不得有漏刷,流淌等缺陷。

4) 墙面弹线

其目的是使墙纸粘贴后的花纹、图案、线条纵横连贯,在底层涂料刷完干燥后弹水平、垂直线,作为操作的依据和标准。

5) 裁纸与浸泡

壁纸上墙前应浸泡或刷清水一遍,使墙纸充分吸湿伸张。

6) 壁纸及墙面涂刷胶粘剂

壁纸和墙面均匀地刷胶粘剂一遍,厚薄均匀。胶粘剂不能刷得过多、过厚、堆起,以防溢出,弄脏壁纸。但也不能刷得过少,甚至刷不到位,造成起泡、脱壳、壁纸粘结不牢等现象。

7) 壁纸的粘贴

首先要垂直,然后对花纹拼缝,再用塑料刮板将壁纸刮平服。原则是先垂直面后水平面,先细部后大面。贴垂直面时先上而下,贴水平面时先高后低。

拼贴时,注意阳角千万不要有拼缝,壁纸必须至少包过阳角150mm。刮板由中间开始,向上向下挨顺序刮平、刮实。拼缝应拼严、拼密实,花纹图案应对齐。阴阳角处应注意胶粘剂的厚度,以保证牢固。多余的胶粘剂应顺操作方向刮挤出纸边,并及时用干净湿润的毛巾揩擦,保持纸面洁净。采用搭接拼缝时,在胶粘剂干到一定程度后,再用刀具裁割壁纸,揭去内层纸条,小心撕去饰面部分,然后用刮板将拼缝处刮压密实。用刀时,一次直落,力量要适当、均匀,不能停顿,以免出现刀痕搭口。同时尽量避免重复切割,以免搭口起丝影响美观。

8) 清理修整

整个粘贴面要进行一次全面检查,发现气泡可用注射针头或裁纸刀尖顺图案的边缘将墙纸刺破或割裂,排出空气。粘贴不牢的,可用针筒注入胶水,用干净湿毛巾将其压实,并擦去多余的胶液。墙纸边口脱胶处要及时用粘贴性强的胶液贴牢,最后用潮湿干净的毛巾将墙纸面上残存的胶液和污物揩擦干净(塑面类的墙纸)。

11.2.2 玻璃纤维墙布的裱糊工艺

(1) 材料

玻璃纤维墙布、胶油老粉腻子、白色铅油、松香水、聚醋酸乙烯乳液、化学浆糊、砂纸等。

(2) 工具

钢皮批刀或小铁板、铲刀、钢直尺、医用手术刀、剪刀、150mm 绒毛滚筒、排笔、塑料刮板、压边压辊、水桶、毛巾、线锤、油漆刷、铅笔、合梯等。

（3）工艺流程

基层处理→刷清漆→嵌批腻子→打磨→施涂铅油二度→打磨→基层涂刷胶粘剂→裱糊→擦净挤出的胶粘剂→清理修整。

（4）工艺要点

基本上与纸基塑料壁纸的裱糊操作要点相同，不同之处有如下几点：

1）玻璃纤维贴墙布的基料全部是玻璃纤维，不伸缩。裱糊前不需要预先用水湿润，墙布背面要保持干净，便于与基层粘结牢固。假如预先湿润，反而会使表面树脂涂层受湿而使墙布起皱，即使贴上墙后也难以平伏。

2）玻璃纤维墙布裱糊时，仅在基层表面涂刷胶合剂，墙布背面不必涂胶。这是因为玻璃纤维墙布本身吸湿性小，又有细小孔隙，如墙布背面涂胶，胶液会渗透出墙布，使表面出现胶迹，影响面层美观。

3）玻璃纤维墙布材质与纸基塑料壁纸不同，胶粘剂宜采用聚醋酸乙烯酯乳胶，以保证粘结强度。

4）玻璃纤维贴墙布裁切成段后，宜妥善存放，防止沾污和碰毛布边。

5）玻璃纤维墙布不伸缩，对花时，切忌横拉斜扯，如硬拉会使整幅墙布歪斜变形。

6）玻璃纤维墙布遮盖力差，所以必须刷二度同玻璃纤维墙布颜色接近的铅油。这样玻璃纤维墙布饰面不会有透底现象，并且色泽和谐。

11.2.3　无纺墙布的裱糊工艺

（1）材料

无纺墙布、乳胶漆、胶油老粉腻子、聚醋酸乙烯乳液、化学浆糊、砂纸等。

（2）工具

活动裁纸刀、塑料刮板、钢皮批刀或小铁板、铲刀、排笔、钢直尺（100mm）、压边压辊、150mm 绒毛滚筒、毛巾、水桶、线锤、剪刀、油漆刷、合梯等。

（3）工艺流程

基层处理→刷清漆→嵌批腻子→打磨→刷铅油二度→基层涂刷胶粘剂→裱糊→擦净挤出的胶粘剂→清理修整。

（4）工艺要点

1）基层处理

清除墙面砂浆、灰尘。油污痕迹应当用碱水洗净并用清水过洗干净。旧涂料墙面应该用铲刀将旧涂层铲刮干净，并刷清油（熟桐油∶松香水＝1∶3），将基层面通刷一遍，洞缝必须刷足。清油干燥后，用胶油老粉腻子嵌批，嵌料拌得厚一些，满刮墙面腻子2～3 遍。干燥后打磨平整光滑，刷二度铅油。

2）裁剪墙布

根据墙面高度，加放出100～150mm 的余量，应根据贴墙布花型图案整朵裁取，裁剪后的墙布应妥善堆放，以免布边损伤。

3）刷胶粘剂

粘贴墙布时用排笔将配好的胶粘剂涂刷在墙上，涂刷时必须涂刷均匀，稀稠适度。涂刷胶粘剂宽度比墙布门幅稍宽 20～30mm。

4）挂线

用吊线锤办法来保证第一张墙布与地面垂直。一般不以墙角作为标准，因为墙角不一定与地面垂直。

5）粘贴

将卷好的墙布自上而下粘贴，粘贴时除上边应留出 50mm 左右的墙布外，布上花纹图案上下左右对齐，不得错位，并用干净毛巾将墙布抹平揩实，用裁纸刀裁去多余部分。

11.3　裱糊饰面工程质量标准和检验方法

裱糊饰面工程质量标准和检验方法是根

据中华人民共和国行业标准《建筑装饰工程施工及验收规范》(JGJ 73—91)作为依据的，施工操作人员必须严格掌握。

11.3.1 裱糊饰面工程质量标准

（1）一般规定

1）适用于聚氯乙烯（以下简称PVC）塑料壁纸、复合壁纸、墙布等的室内裱糊工程的施工及验收。

2）裱糊工程基体或基层表面的质量应符合现行《装配式大板居住建筑结构设计和施工规程》、《大模板多层住宅结构设计与施工规程》、《木结构工程施工及验收规范》和以上规范中抹灰工程、隔断工程及吊顶工程的有关规定。

被糊的基层表面，颜色宜一致，对于遮盖力低的壁纸、墙布，基层表面颜色应一致。

3）裱糊工程基体或基层的含水率：混凝土和抹灰不得大于8%；木材制品不得大于12%。

4）湿度较大的房间和经常潮湿的墙体表面，如需做裱糊时，应采用有防水性能的壁纸和胶粘剂等材料。

5）裱糊前，应将突出基层表面的设备或附件卸下，钉帽应进入基层表面，并涂防锈涂料，钉眼用油性腻子填平。

6）裱湖工程基层涂抹的腻子，应坚实牢固，不得粉化、起皮和裂缝。

7）裱糊过程中和干燥前，应防止穿堂风劲吹和温度的突然变化。

8）冬期施工应在采暖条件下进行。

（2）材料质量要求

1）壁纸、墙布应整洁，图案清晰。PVC壁纸的质量应符合现行《聚氯乙烯壁纸》(GB 8945)的规定。

2）壁纸、墙布的图案、品种、色彩等应符合设计要求，并应附有产品合格证。

3）胶粘剂应按壁纸和墙布的品种选配，并应具有防霉、耐久等性能，如有防火要求则胶粘剂应具有耐高温不起层性能。

4）运输和贮存时，所有壁纸、墙布均不得日晒雨淋；压延壁纸和墙布应平放；发泡壁纸和复合壁纸则应竖放。

（3）壁纸、墙布裱糊

1）裱糊前，应将基体或基层表面的污垢、尘土清除干净，泛碱部位，宜使用9%的稀醋酸中和、清洗。不得有飞刺、麻点、砂粒和裂缝。阴阳角应顺直。

2）附着牢固、表面平整的旧溶剂型涂料墙面，裱糊前应打毛处理。

3）裱糊前，应以1∶1的107胶水溶液等作底胶涂刷基层。

4）裱糊前，应按壁纸、墙布的品种、图案、颜色、规格进行选配分类，拼花裁切，编号后平放待用。裱糊时按编号顺序粘贴。

5）裱糊的主要工序见表11-8。

裱 糊 的 主 要 工 序　　　　　　　　表 11-8

项次	工 序 名 称	抹灰面混凝土				石 膏 板 面				木 料 面			
		复合壁纸	PVC壁纸	墙布	带背胶壁纸	复合壁纸	PVC壁纸	墙布	带背胶壁纸	复合壁纸	PVC壁纸	墙布	带背胶壁纸
1	清扫基层、填补缝隙磨砂纸	+	+	+	+	+	+	+	+	+	+	+	+
2	接缝处糊条				+	+	+	+	+	+	+	+	+
3	找补腻子、磨砂纸				+	+	+	+	+	+	+	+	+
4	满刮腻子、磨平	+	+	+	+								
5	涂刷涂料一遍									+	+	+	+
6	涂刷底胶一遍	+	+	+		+	+	+		+	+	+	
7	墙面划准线	+	+	+	+	+	+	+	+	+	+	+	+
8	壁纸浸水润湿		+				+				+		
9	壁纸涂刷胶粘剂	+				+				+			
10	基层涂刷胶粘剂	+	+	+		+	+	+		+	+	+	

项次	工序名称	抹灰面混凝土				石膏板面				木料面			
		复合壁纸	PVC壁纸	墙布	带背胶壁纸	复合壁纸	PVC壁纸	墙布	带背胶壁纸	复合壁纸	PVC壁纸	墙布	带背胶壁纸
11	纸上墙、裱糊	+	+	+	+	+	+	+	+	+	+	+	+
12	拼缝、搭接、对花	+	+	+	+	+	+	+	+	+	+	+	+
13	赶压胶粘剂、气泡	+	+	+	+	+	+	+	+	+	+	+	+
14	裁边		+				+				+		
15	擦净挤出的胶液	+	+	+	+	+	+	+	+	+	+	+	+
16	清理修整	+	+	+	+	+	+	+	+	+	+	+	+

注: 1. 表中"+"号表示应进行的工序。

2. 不同材料的基层相接处应糊条。

3. 混凝土表面和抹灰表面必要时可增加满刮腻子遍数。

4. "裁边"工序，在使用宽为920mm、1000mm、1100mm等需重叠对花的PVC压延壁纸时进行。

6）在纸面石膏板上做裱糊时，板面应先用油性石膏腻子局部找平；在无纸面石膏板上做裱糊时，板面应先满刮一遍石膏腻子。

7）墙面应采用整幅裱糊，并统一预排对花拼缝。不足一幅的应裱糊在较暗或不明显的部位，阴角处接缝应搭接，阳角处不得有接缝，应包角压实。

8）对木料面的基层，裱糊壁纸前应先涂刷一层涂料，使其颜色与周围墙面颜色一致。

9）裱糊第一幅壁纸或墙布前，应弹垂直线，作为裱糊时的准线。裱糊顶棚时，也应在裱糊第一幅前先弹一条能起准线作用的直线。

10）在顶棚上裱糊壁纸，宜沿房间的长边方向裱糊。

11）裱糊PVC壁纸，应先将壁纸用水润湿数分钟。裱糊时，应在基层表面涂刷胶粘剂。

裱糊顶棚时，基层和壁纸背面均应涂刷胶粘剂。

12）裱糊复合壁纸严禁浸水，应先将壁纸背面涂刷胶粘剂，放置数分钟，裱糊时，基层表面也应涂刷胶粘剂。

13）裱糊墙布，应先将墙布背面清理干净。裱糊时，应在基层表面涂刷胶粘剂。

14）带背胶的壁纸，应在水中浸泡数分钟后裱糊。

裱糊顶棚时，带背胶的壁纸应涂刷一层稀释的胶粘剂。

15）对于需重叠对花的各类壁纸，应先裱糊对花，然后再用钢尺对齐裁下余边。裁切时，应一次切掉，不得重割。对于可直接对花的壁纸则不应剪裁。

16）除标明必须"正倒"交替粘贴的壁纸外，壁纸的粘贴均应按同一方向进行。

17）赶压气泡时，对于压延壁纸可用钢板刮刀刮平；对于发泡及复合壁纸则严禁使用钢板刮刀，只可用毛巾、海绵或毛刷赶平。

18）裱糊好的壁纸、墙布，压实后，应将挤出的胶粘剂及时擦净，表面不得有包泡、斑污等。

11.3.2 裱糊饰面工程质量检验法

1）裱糊工程完工并干燥后，方可验收。

检查数量，按有代表性的自然间（过道按10延长米，礼堂、厂房等大间可按两轴线为1间）抽查10%，但不得少于3间。

2）验收时，应检查材料品种、颜色、图案是否符合设计要求。

3）裱糊工程的质量应符合下列规定：

a. 壁纸、墙布必须粘贴牢固，表面色泽一致，不得有气泡、空鼓、裂缝、翘边、皱折和斑污，斜视时无胶痕；

b. 表面平整，无波纹起伏。壁纸、墙布与挂镜线、贴脸板和踢脚板紧接，不得有缝隙；

c. 各幅拼接横平竖直，拼接处花纹、图案吻合，不离缝，不搭接，距墙面 1.5m 处正视，不显拼缝；

d. 阴阳转角垂直，棱角分明，阴角处搭接顺光，阳角处无接缝；

e. 壁纸、墙布边缘平直整齐，不得有纸毛、飞刺；

f. 不得有漏贴、补贴和脱层等缺陷。

小　　结

　　学会辨别一般壁纸的外观质量，熟悉各种壁纸、墙布的特点、性能、用途、规格，熟悉了解裱糊工具的感观外形、规格、用途、适用范围、保管以及注意事项。掌握一般壁纸、墙布的裱糊工艺，着重掌握自行配制的胶粘剂和腻子的配合以及裱糊饰面工程质量标准和检验方法。

习　题

1. 如何辨别壁纸的外观质量？
2. 裱糊工具主要有哪些？
3. 裱糊壁纸的胶粘剂有哪几种？它们的配合比是如何？
4. 塑料壁纸的裱糊工艺要点是什么？
5. 壁纸、墙布的一般规定是什么？
6. 裱糊饰面工程质量检验方法是什么？

第12章 玻璃装饰施工工艺

玻璃是建筑工程的重要材料之一。它既可以透过光和热，又能阻挡风、雨、雪；既不会老化，又不会失去光泽。随着现代建筑发展需要，玻璃制品已由过去单纯作为采光和装饰材料，逐渐向着控制光线、调节热量、节约能源、减小噪声、降低建筑物自身重量、改善建筑环境、提高建筑艺术表现力等方面多功能发展。在建筑工程中，玻璃已逐渐发展成为一种重要的装饰材料。随着加工方法的改进，以及性能的提高和品种的发展，除用于建筑物门窗外，还逐渐代替砖、瓦、混凝土等建筑材料，多用于墙体和屋面。

在装饰工程中，常用的玻璃品种较多，除普通平板玻璃外，还有吸热玻璃、钢化玻璃、中空玻璃、镭射玻璃、彩色玻璃以及夹层玻璃、夹丝玻璃、磨光玻璃、磨砂玻璃等。玻璃工程，亦即是安装固定这些玻璃的施工。

12.1 厚玻璃装饰门施工工艺

在现代室内装饰工程中，经常用厚玻璃或特厚玻璃组成全玻璃装饰门。厚玻璃装饰门是指用 12mm 以上厚度的玻璃板，直接作门扇的无框玻璃门。

12.1.1 厚玻璃材料

厚玻璃具有无色、透明度高、内部质量好、加工精细、耐冲击、机械强度高等特点。厚玻璃适用于高级宾馆、影剧院、展览馆、酒楼、商场、银行门面及大门、玻璃隔断墙等。另外，也可用于橱窗、柜台、展台、吧台、大型玻璃展架，是一种高级装饰玻璃。厚玻璃的常用厚度为 12mm、15mm、18mm。其品种规格及用途，见表12-1。

特厚玻璃规格及用途　　表 12-1

品　种	规　格（mm）	用　途
特厚玻璃	3050×2140×12 3050×2140×15 3300×2140×15	用于门、橱窗、展台、柜台、各种玻璃隔架

12.1.2 结构形式

常见厚玻璃装饰门的构造及装饰门形式

如图 12-1 所示。这些装饰玻璃门一般都有活动部分和固定玻璃的部分所组合而成，其门

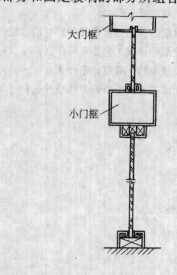

（a）

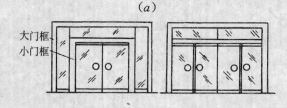

（b）

图 12-1　厚玻璃门形式及结构
(a) 厚玻璃门安装结构示意图；
(b) 厚玻璃装饰门形式

框部分通常用不锈钢、铜和铝合金饰面。

12.1.3 安装施工工艺

厚玻璃门的安装方法根据不同的装饰要求和装饰结构有所不同,但一些基本方法却是一致的。厚玻璃门安装一般分固定部分和活动门窗安装两个部分。

(1) 厚玻璃装饰门固定部分安装

厚玻璃的装饰门固定部分安装较简单,其工艺流程为:施工准备──玻璃安装──玻璃胶封口。

1) 施工准备

a. 地面饰面施工已完毕,门框的不锈钢或其他饰面已完成。

b. 不锈钢饰面的木底托已用木楔钉固定在地面上。

c. 厚玻璃已按设计要求裁割完毕,宽度要小于实际尺寸2~3mm,高度要小于3~5mm,四周已倒角,倒角宽度约2mm。并运到施工工地。

2) 玻璃安装

用玻璃吸盘器把厚玻璃插入门框顶部的限位槽内,然后放到底托上,在对好安装位置后加以定位。

3) 玻璃胶封口

限位槽与玻璃就位后的缝隙,六块玻璃之间的接缝,用玻璃胶进行封口处理。封口要求线条清晰,粗细均匀,光滑密封。

(2) 厚玻璃活动门窗安装

厚玻璃活动门扇安装工艺流程为:施工准备──门扇定位安装──安装玻璃拉手

1) 施工准备

a. 门扇安装前,地面地弹簧与门框顶面的定位销已安装完毕,两者已校在同一垂直轴线上。

b. 厚玻璃已倒角处理,安装门的把手孔洞已加工完毕。

2) 门扇定位

将厚玻璃放入门扇内,用定位销加以固定。

3) 安装玻璃门拉手。

按说明书要求安装门拉手。

(3) 质量标准

1) 厚玻璃的裁割尺寸必须准确。

2) 装厚玻璃门时,门扇上横档距门框横梁3~5mm,门扇下横档距地弹簧5~10mm。两扇厚玻璃门之间的缝隙为5mm左右。

3) 安装后的厚玻璃门表面洁净,不得有斑污、碰伤划痕,无胶液,倒角平顺整齐,涂膜完整。

4) 玻璃门的门缝宽度要均匀,弹簧的自动定位准确开启角度90°±1.5°,关闭时间6~10s。自动开关门滑轨平直,开关灵活适时,不夹人,不碰人,弹簧定位销与转轴的中心线必须在一个垂直线上。自动门的滑轨必须在一个平行线上,玻璃门的玻璃与固定横档插口之间的空隙要注满玻璃胶固定。

玻璃门的允许偏差与检验方法见表12-2。

玻璃门的允许偏差与检验方法

表12-2

项次	项　　目	允许偏差（mm）		检验方法
		弹簧玻璃门	自动推拉玻璃门	
1	门扇对角线长度差	1.5	1.5	尺量
2	门扇垂直度	2	1.5	用1m的托尺板
3	门扇高度宽度	±1.5	±1.5	尺量
4	门扇开启力	≤60N	—	弹簧秤量测
5	门扇框标高	≤3	≤2.5	水平尺量

小　　结

　　厚玻璃装饰门施工分厚玻璃装饰门固定部分安装和厚玻璃活动门扇安装两个部分。厚玻璃的裁切尺寸其宽度小于实际尺寸 2～3mm，高度尺寸要小于 3～5mm，以便进行调节。裁好厚玻璃，四周要进行倒角处理，倒角宽度约 2mm，四周的倒角要小心，防止崩边崩裂。注玻璃胶要从缝隙的端头开始，用力要均匀。

习　题

　　1. 厚玻璃装饰门使用的特点是什么？

　　2. 厚玻璃装饰门固定部分安装的施工准备工作有哪些？

　　3. 厚玻璃装饰门活动门扇安装玻璃拉手应注意什么？

12.2　玻璃镜安装施工工艺

　　以玻璃镜作为室内装饰是我国近年来在高级宾馆、超级商店和大型餐厅等建筑工程上一项具有扩大空间感和豪华感的装饰做法。这种玻璃镜的装饰适用于室内的墙面、柱子面、顶棚面和造型面的部位。装饰玻璃镜是采用高质量的平板玻璃、茶色平板玻璃为基材，在其表面经镀银工艺，再覆盖一层镀银，加涂一层底漆，最后涂上灰色面漆而制成。对于用在顶棚面的装饰玻璃，其基材最好使用安全平板玻璃。制成后的装饰玻璃镜应具有抗盐雾、抗湿热性能好，使用寿命长，同时还具有成像清晰逼真的特点。

12.2.1　材料

　　玻璃镜面安装材料有镜面材料、衬底材料和固定镜面材料。

　　(1) 镜面材料：主要有用浮法生产的平板玻璃制成的普通平镜、深浅不同的茶色镜、带有凹凸线角或花饰的单块特制镜等。使用高质量的平板玻璃或茶色平板玻璃通过镀膜而制成的玻璃镜，按其做法不同可分为正面镀膜镜面和背面镀膜镜面两种。凡使用平镜和茶镜的玻璃，可在现场按需要具体尺寸进行裁割。

　　(2) 衬底材料：用在主体结构与玻璃镜面之间。它的作用主要是为找平衬平和防潮防震。衬底的材料有木墙筋（龙骨），规格一般为 40×40 或 50×50 或 40×50 的方木，有胶合板或纤维板，有沥青和油毡等。

　　(3) 固定玻璃的材料：主要是用于固定玻璃以及起装饰作用。有螺钉、铁钉、玻璃胶、环氧树脂胶、盖口条（木材或铝合金金属材料）以及橡皮垫圈等。

12.2.2　主要的使用机具

　　工具有玻璃刀、玻璃钻、金刚石圆规机、圆规刀、玻璃吸盘、水平尺、托板尺、线锤、钢卷尺、靠尺、墨斗、玻璃胶筒以及螺丝刀等。小型机械主要是木工用的电动裁口机、电刨、电锯以及玻璃吸盘器等。工具中金刚石圆规机用于裁割 2～3mm 厚直径 200mm 以内的镜片。圆规刀用于裁割 3～6mm 直径 100～1000mm 之间的镜片。圆规刀、圆规机见图 12-2 所示。

12.2.3　工艺流程及安装要点

　　(1) 工艺流程

　　基层处理（钉木筋→铺钉衬板→按设计要求放大样→在衬板上弹安装线）→玻璃裁割→玻璃安装固定。

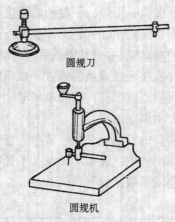

圆规刀

圆规机

图 12-2　圆规刀与圆规机示意图

(2) 安装要点

1) 顶棚顶面安装要点

顶棚顶面玻璃安装共有三种安装方法，即嵌压式、玻璃钉固定安装式和粘结与玻璃钉双重安装式，但不管什么办法安装均要注意下列二个方面：

基层处理：一般均为结构物下面吊龙骨钉板面基层，因此要求基层面要平整无空鼓或凹进等不平现象，特别是纸面石膏板基层，更要详细检查，用靠尺和塞尺应逐块核实。发现问题要即时修整并加以复查，办理验收手续。

放大样：玻璃分格分块或压条尺寸的确定应依据设计说明和顶棚面的形式与大小面积来进行，并且在吊龙骨时就已确定。对于定尺制作的玻璃镜，必须按设计图纸施工，不得更改。凡在现场裁割玻璃镜面的，可在现场确定，但布排玻璃镜片应从中心向外扩散，不整的放在外缘去处理。

2) 柱面、墙面玻璃镜安装要点

共有四项安装程序，即基层处理、牢钉立筋、铺钉衬板及镜面安装。简述如下：

a. 基层处理：根据设计要求，寻出砌筑墙体时按玻璃镜面的宽与高埋在墙体内的木砖位置，并在今后装镜位置的墙面上涂刷热沥青、其它防水涂料或贴油毡。要挂水平线和垂直线。立筋的间距也要均匀一致横平竖直，要用标准靠尺检查平整度，用线锤和拉通线的方法控制整体墙面的平直。

b. 铺钉衬板：采用厚度为 5mm 以上的胶合板，用 16mm 或 20mm 长的铁钉与墙立筋钉牢，钉头要进入板内。

c. 镜面安装：镜面安装包括镜面裁割、镜面钻孔和镜面固定等三项工作。前两项作为玻璃镜面安装固定前的准备工作。

玻璃镜面的裁割：玻璃镜面裁割的方法与普通平板玻璃裁割的方法完全相同。

玻璃镜面的钻孔：镜面钻孔前，需用塑料笔标出钻孔点，或用玻璃钻先钻一小孔以定孔位。钻孔位置一般均在玻璃镜的边角处。定位后将玻璃镜面平放钻孔。

d. 玻璃镜面的固定方法：镜面安装时的固定方法有：螺钉固定、嵌钉固定、粘结固定、托压固定和粘结支托固定等五种。

螺钉固定：螺钉固定的方式适用于约 1m² 以下的小面积镜面。固定材料可用 φ3～φ5mm 平头或圆头螺钉固定。

嵌钉固定：嵌钉固定是通过压条在玻璃镜角缝中用嵌钉钉于墙筋上压紧固定的方法。它适用于 1m² 以下小块镜面，柱子装饰镜面多用此法。

粘结固定：此方法是将玻璃镜面用环氧树脂或玻璃胶直接粘贴在木衬板上的一种方法。

托压固定：托压固定是靠压条和边框将玻璃镜面托压在墙上的木衬板上的一种方法，适用于大面积单块玻璃镜面，其面积在 20m² 左右。

粘结支托固定：这种方法适用于 3m² 左右大面积单块镜面，镜面荷载主要由下边的边框或砌体来承担，其他边框只起防止镜面外倾和装饰作用。

以上五种固定方法，凡采用前三种的还应在一个整体的墙面周边加框，起封闭端头（封口）和装饰作用。

(3) 施工中应注意的事项有：

一定要按设计图纸施工，选用的材料规格、品种、颜色应符合设计要求。

用于室内装饰的玻璃镜，如浴室、卫生间等易积水地方，应选用防水性能好，耐酸碱腐蚀质量高的镜子。

在同一墙面安装同色玻璃镜时，最好选用同一批产品，安装前还应挑选，以防颜色深浅不一，影响装饰效果。

对于单块面积较大的玻璃镜应固定在有重量承受能力、干燥、平整的墙面上。

冬期特别是在北方施工，从室外运入采暖房间的玻璃镜，应待其缓暖后再行裁割。玻璃镜应存放在干燥通风的地方，成箱的应立放，不可斜放或平放，散的单块玻璃镜可下垫二根方木斜立放。

安装后的镜面应平整、洁净、接缝顺直严密、突出一致、镜面不松动、不翘起、无裂纹掉角或水银花脸等残疵。

小　　结

玻璃镜安装材料有镜面材料、衬底材料和固定镜材料。玻璃镜按部位来分，又分顶棚顶面玻璃镜装饰、柱面、墙面镜装饰。不管是哪个部位装饰，都必须进行基层处理和放大样。顶棚顶面玻璃镜安装工序一般都为弹线、裁割玻璃和固定玻璃三步，而柱面、墙面玻璃镜安装，在基层处理后，还有立筋和铺钉衬板工序。

习　题

1. 在顶棚顶面玻璃镜安装中，嵌压式固定安装要点是什么？
2. 在顶棚顶面玻璃镜安装中，玻璃钉固定的安装要点是什么？
3. 在顶棚顶面玻璃镜安装中，胶粘接加玻璃钉双重固定安装要点是什么？
4. 柱面、墙面玻璃镜安装的要点有哪些？

12.3　玻璃屏风施工工艺

在较讲究的室内客厅，为了便于不受干扰地工作、休息、交谈，常着意设置玻璃屏风。玻璃屏风一般是以单层玻璃板，安装在框架上。常用的框架为木制架和不锈钢柱架。

12.3.1　屏风玻璃种类

用于屏风的玻璃，要求透光而不透明，并且具有较好的艺术装饰作用，同时要有一定的强度才不致因碰撞而破碎。

（1）玻璃种类

1）冰花玻璃

冰花玻璃是一种用平板玻璃经特殊处理形成自然的冰花纹理。它具有立体感强、花纹自然、质感柔和、透光而不透明、视感舒适的特点。

冰花玻璃可以用无色平板玻璃制造，也可用茶色、蓝色、绿色等彩色平板玻璃制造。冰花玻璃的装饰效果优于压花玻璃，给人以典雅清新之感，是一种新型的室内装饰玻璃。

2）印刷玻璃

印刷玻璃，是用特殊材料在普通平板玻璃上印刷出各种彩色图案花纹的玻璃。它是一种新型的装饰玻璃。这种玻璃的图案有线条形、花纹形、波浪形等多种。玻璃印刷图处不透光，空格处透光，因此形成了特有的装饰效果。

该种玻璃的最大尺寸为 2500mm×1800mm；最小尺寸为 150mm×150mm；常用厚度为 3、5、6mm。

3) 镀膜反光平板玻璃

镀膜反光平板玻璃，是在蓝色或紫色吸热玻璃表面用特殊工艺，使玻璃表面形成金属氧化膜，能像镜面一样反光。这种玻璃具有单向透视性，即在强光处看不见位于玻璃背面弱光处的物体。

这种玻璃规格随意，但常用厚度为5mm、6mm。

4) 磨砂玻璃

磨砂玻璃是采用普通平板玻璃，以硅砂、金刚砂、石棉石粉为研磨材料，加水研磨而成。这种玻璃具有透光而不透明的特点。由于光线通过磨砂玻璃后形成漫射，所以，磨砂玻璃还具有避免眩光刺眼的优点。

这种玻璃长度与普通透明玻璃相同，也可以定做，常用厚度 3mm、5mm、6mm。

12.3.2 屏风玻璃的安装方式与工艺流程

(1) 屏风玻璃的安装方式

屏风结构的特点是不到顶，因此常把单层玻璃板安装在木制架、金属方框架或不锈钢圆柱架上，组成玻璃屏风。玻璃板与基架相配有两种方式：一是档位法，另一是粘结法。

(2) 屏风玻璃的施工工序

检查框架的方正和尺寸→定位置线→玻璃安装固定。

12.3.3 屏风玻璃的安装要点

(1) 木基架与玻璃板的安装

1) 玻璃与基架木框的结合不能太紧密，玻璃放入木框后，在木框的上部和侧边应留有缝隙，该缝隙是为玻璃热胀冷缩用的。

2) 安装玻璃前，要检查玻璃的角是否方正，检查木框的尺寸是否正确，有否变形现象。并固定好玻璃板靠位线条，如图12-3所示。

(2) 玻璃与金属方框架的安装

1) 玻璃与金属方框架安装时，先要安装

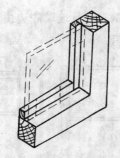

图 12-3　木框内玻璃安装方式

玻璃靠位线条，固定靠位线条通常是用自攻螺丝。

2) 根据金属框架的尺寸裁割玻璃，玻璃与框架的结合不能太紧密，应该按小于框架3～5mm 的尺寸裁割玻璃。

3) 安装玻璃前，应在框架下部的玻璃放置面上，涂一层厚 2mm 的玻璃胶，如图12-4所示。

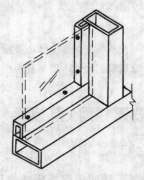

图 12-4　玻璃靠位线条及底边涂玻璃胶

4) 把玻璃放入框内，并在缝隙中注入玻璃胶，然后安装封边压条。

如果封边压条是金属槽条，而且为了表面美观不得直接用自攻螺丝固定时，可采用先在金属框上固定木条，然后在木条上涂环氧树脂胶（万能胶），把不锈钢槽条或铝合金槽条卡在木条上，以达到装饰目的。

(3) 玻璃板与不锈钢圆柱的安装

目前，采用不锈钢圆柱框的较多，玻璃板与其安装形式主要有两种：一种是玻璃板四周是不锈钢槽，其两边为圆柱，见图12-5(a)；另一种是玻璃板两侧是不锈钢槽与柱，上下是不锈钢管，且玻璃底边由不锈钢管托住，见图 12-5（b）。

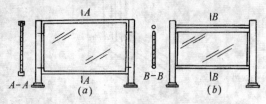

图 12-5 玻璃板与不锈钢圆柱的安装形式

（4）质量标准

1）玻璃的裁割按设计尺寸必须正确。

2）安装装饰玻璃板的骨架与结构连接牢固，排列均匀、整齐。

3）安装后的玻璃板应达到平整、清洁、接缝顺直、严密，不得有翘起、松动、裂纹、掉角。表面无碰伤划痕，倒角平顺整齐，涂膜完整。

小　　结

屏风玻璃一般是以单层玻璃板安装在框架上，而且不隔到房顶。装配的方式一般有两种，档位法和粘结法。

安装时，玻璃与木框不能四周边太紧密，玻璃与框架的上端与一侧面应保留一定的距离，木框架为 3mm，金属框架为 3～5mm，不锈钢框架一般在 4～6mm。

习　题

1. 基架与玻璃板安装前为什么要检查玻璃裁割是否方正？尺寸是否与设计要求相符？

2. 为什么玻璃的尺寸不能与基架框的尺寸相同，而应该略小些？

12.4　玻璃栏河（厚玻璃）安装工艺

玻璃栏河，也叫玻璃挡板或称玻璃扶手。它是采用大块的透明的安全玻璃，下边固定在挡板框架的基底或直接坐落在地面基座上，上边架设在不锈钢、铜质或木扶手上。大块玻璃的左右两个侧边有的镶嵌于挡板框架上，有的则玻璃与玻璃之间留出空隙用玻璃胶嵌缝，什么也不镶嵌。从主体效果看，通透、简洁、明快的玻璃板给人们一个爽快、舒适之感受。所以在现代的建筑工程中常常用于高级宾馆、超级商店或有名望的饭庄等的主要楼梯扶手和大厅大堂的走廊天井平台的挡板等部位。玻璃拦河按其种类分有镶嵌式、吊挂式、夹板式和全玻璃式四种。

12.4.1　玻璃栏河施工常用的材料

玻璃栏河施工常用的材料有玻璃、扶手框架材料、连接件及密封胶等。

（1）玻璃：所使用的玻璃，必须一律是安全玻璃，其中包括钢化玻璃、夹丝玻璃、夹层钢化玻璃和夹层夹丝玻璃等，尤其是前两种，可以说是使用作玻璃栏板的理想玻璃材料。但是选用玻璃的规格特别是厚度应遵循图纸要求或经设计计算，一般情况最薄需12mm。

（2）扶手和框架材料：扶手是玻璃栏河的收口，其材料的质量不仅对使用功能影响较大，而且对整个玻璃栏河的立面效果有举足轻重的作用，因此扶手的材质与造型，一般应同室内大厅设计相协调，当前经常使用的材料主要有不锈钢圆管、黄铜圆管和高级木料等。不锈钢圆管应选用 ϕ50～100mm 直径，表面需经抛光（包括一般抛光和镜面抛光）处理，管壁厚度应经计算。黄铜管扶手可做成圆形或矩形断面，其表面也需经电镀处理。采用木扶手时应选用材质好、纹理美观、变形极小的木材。

框架结构包括立柱、玻璃夹板、装饰板、玻璃包边条、吊链以及扶手等，除扶手以外的框架结构构件所用的材料，应与扶手用材相协调一致。

（3）其他材料：包括预埋铁件、地脚螺栓、连接件、五金件、橡胶密封件和硅酮密封胶等。

12.4.2 机具

主要机具有如下几种：电焊机、冲击钻、玻璃吸盘器、手电钻、扳手、榔头、水平尺、钢卷尺和线锤等。

12.4.3 工艺流程和施工要点

（1）施工条件

玻璃栏河施工前主体结构应完成，装饰也基本完成并达到有关验收标准。预埋件预留洞已按要求完成并经验收合格。安装所需的标高线（500mm 高施工用线）已引到明显部位，轴线已经引测标出。所需各种材料已运到现场并堆置在指定点。电源已引至到工作面上。大型设备试运转正常，也已安置在工作面上，小型机具已备齐。

（2）工艺流程

由于玻璃栏河种类和造型不同，其施工工序也略有差异，概括而言，施工工艺流程大致分有如下几道工序，详见框图12-6。

（3）施工要点

1）采用木扶手构造的玻璃栏河，其木扶手的材质，不但要好，而且纹理要美观，故常采用柚木、水曲柳、楸木、橡木、柳桉木等作为扶手材料。扶手两端要固定牢靠。木扶手与玻璃栏板的连接构造详见图12-7所示。

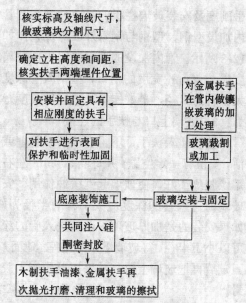

图 12-6　玻璃栏河施工工艺流程

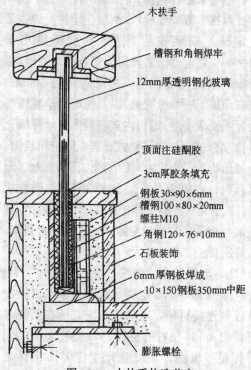

图 12-7　木扶手构造节点

2）采用金属圆管扶手玻璃栏河时，其金属圆管多数采用不锈钢扶手或铜管扶手。扶手一般是通长的，接长时必须采用焊接方法，在安装玻璃前要把焊口打磨修整成与原管外径圆度一致，并进行初步抛光。为了提高扶手刚度及安装玻璃栏板的需要，常在圆管管内加设型钢，型钢与钢管外表焊成整体如图12-8所示。管内加设的型钢要留出比玻璃厚度大3～5mm宽度的槽口，型钢入管深度要大于管的半径，最好能等于直径的长度。

3）玻璃上口与扶手的连接

玻璃插入扶手，不得直接接触管壁或铁活，要留有一定空隙，并每隔500mm左右应用橡胶垫垫好，使玻璃起到缓冲作用。安装玻璃时进入管的深度应大于管的半径为好。如果安装的是加厚玻璃，玻璃进入管的深度可以小于半径。待玻璃下口与基座（地面）也固定后再把玻璃上口与扶手用硅酮密封胶密封。

4）玻璃下口与基座（地面）连接

主要采用在基座（地面）结构件上下预埋件（包括钢板或螺栓），然后在埋件上焊铁活或螺栓上安装铁活，铁活高度不得小于100mm，通过铁活来预留出安装玻璃的槽口。当安装玻璃时要在槽口的下边每隔500mm左右预留下一块橡胶垫，以便使玻璃不直接与地面或铁活接触。槽口内玻璃两侧要填好填充料。玻璃安装固定后，要做好基座维护和装饰。一般做法是：外部为面砖、或大理石板材、金属板材，内填细石混凝土或砂浆或加强肋板等。基座完成混凝土养护达到设计强度后，在玻璃栏板下口与槽口空隙内注入硅酮密封胶，做好密封。如图12-8所示。

5）玻璃的两侧做法

a. 全玻璃式：也就是玻璃与玻璃之间没有任何连接材料，玻璃块与块之间在安装时宜留出8mm左右的空隙，以免玻璃块之间互相碰撞或因温度变化产生应力而损坏玻璃。玻璃的固定由上边的扶手和下边的地面通过与玻璃的连接来实现。如图12-9所示。

b. 镶嵌式：这种方式是通过玻璃两侧设置立柱，立柱两边开槽口、或与地面三面开槽，或与扶手三面开槽，把玻璃直接装入这两面或三面槽口，通过向槽口内注入玻璃胶

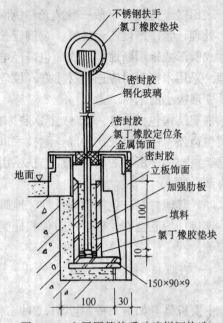

图 12-8　金属圆管扶手玻璃栏河构造

（标注：不锈钢扶手、氯丁橡胶垫块、密封胶、钢化玻璃、密封胶、氯丁橡胶定位条、金属饰面、密封胶、立板饰面、加强肋板、填料、氯丁橡胶垫块、地面、150×90×9、100、30、100、10）

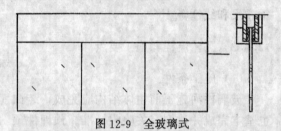

图 12-9　全玻璃式

进行固定。立柱不论采用什么材料，不锈钢管还是黄铜管，都是先在管材的两侧开槽，要求裁口要平整光滑，不得有高低不平或带有毛刺。如果采用木柱（极少）也最好采取开槽方法或裁口钉木条，通过胶带进行固定。如图12-10所示。

图 12-10　镶嵌式

c. 吊挂式：吊挂式主要指玻璃的重量通过扶手所设置的吊件来承受的一种形式。无论采用什么扶手都要在扶手的下边设置吊挂卡，卡子的数量一般按每块玻璃安装2个或3个考虑。为了使玻璃安装后保持稳定状态、

在玻璃下边或在靠下边的两个侧边还要与立柱或地面进行固定。采取在地面留槽，使玻璃入槽，或在立柱上焊接卡子把玻璃卡住，最后用玻璃胶注入槽口或卡口内，以便把玻璃固定牢。详见图12-11所示。

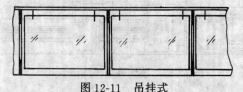

图12-11　吊挂式

d. 夹板式：夹板式是通过立柱上焊接的卡槽把玻璃卡住。金属柱上每根至少要设置两个或两个以上卡槽，卡槽与立柱焊好后要打磨光滑，手感或目测无焊痕。在一根立柱上的所有卡槽必须在一条垂线上，每条栏板所有立柱也必须确保垂直和顺直。每两个立柱间的卡槽应在一个垂直面上。安装玻璃时一定要玻璃入槽卡紧，但也要适当控制夹紧力，不得超过设计要求范围，避免因夹力过大而损坏玻璃。如图12-12所示。

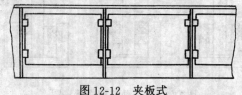

图12-12　夹板式

还有如在立管上焊通长横卡子，玻璃上下口全部入卡槽内，玻璃的两侧则与立柱留2～3mm空隙，用玻璃胶粘贴的方式等多种

形式，可任凭设计人设计，但一定要注意安全和美观。

12.4.4　玻璃栏河施工应注意的事项

扶手的端头与墙或柱连接时其埋件座须保证位置的准确。过长的扶手为保证其刚度应在中间加立柱。立柱下与地面连接可采用下预埋件或预下螺栓，这种方法应确保其准确。如采用膨胀螺栓连接方式则要通过弹墨线方法确定位置，总之要求立柱位置必须准确。在多层走廊部位的玻璃栏河立柱，为确保安全，立柱与地面连接的方式以采取前一种为好。

凡采用不锈钢管和全铜管做玻璃栏河扶手时，安装完后要及时对扶手表面进行保护，交工前对扶手上的油污和杂物进行清理和擦拭，之后要进行再次抛光。

安装玻璃前应检查玻璃板（钢化玻璃除外）的周边有无缺口边，若有应用磨角机或砂轮进行打磨，防止锋利的缺口边割伤人。

面积在1m²以上的玻璃栏板安装时宜使用玻璃吸盘。

大块玻璃安装时，为防止由于玻璃的热胀冷缩，在设计时应考虑玻璃板与边框要留有5mm的空隙，因此在玻璃裁割或定货时，还是在加工制作玻璃栏板的框柱或卡槽时要特别注意这一点，既不要遗漏也不要重复留量。

小　　结

玻璃栏河按其种类分有镶嵌式、吊挂式、夹板式和全玻璃式四种。所用的玻璃必须是安全玻璃，而且玻璃的周边必须打磨，防止锋利的缺口边割伤人。

木材式的扶手和金属圆管扶手安装的工序有差异，安装时严格按操作规程进行。

习　题

1. 玻璃栏河一般装饰在何部位？按种类分有哪几种？

2. 玻璃栏河的施工工艺流程如何？

3. 玻璃栏河的玻璃两侧有几种做法？各有什么特点？

4. 玻璃栏河施工应注意什么？

12.5 玻璃幕墙施工技术

幕墙是一种安装在建筑主体结构外侧的围护结构。它就像帷幕一样悬挂在建筑外墙上，成为一种新型墙体，同时成为建筑外墙的漂亮装饰。幕墙包括玻璃幕墙以及铝合金板幕墙、不锈钢板幕墙、搪瓷钢板幕墙、花岗石板幕墙等许多种类，玻璃幕墙只是其中的一种。玻璃幕墙的应用已有几十年历史，但初期使用规模较小，直到近 20 年来，由于玻璃、铝合金型材、硅酮密封胶和结构玻璃安装技术的发展，才推动了玻璃幕墙的使用。

玻璃幕墙工程作为建筑工程中的一个分项工程，它包括的主要工序有：结构连接件的预设及安装，纵横框体的安装，窗扇及玻璃的安装和密封清洁等。

12.5.1 玻璃幕墙的种类及构造特点

玻璃幕墙一般可分为普通玻璃幕墙、半隐框玻璃幕墙、全隐框玻璃幕墙和全玻璃幕墙，其中普通玻璃幕墙又常称为显框或明框玻璃幕墙。

(1) 普通玻璃幕墙

这种玻璃幕墙采用镶嵌槽夹持方式安装玻璃。在幕墙的正面可以看到暴露在外的安装玻璃并支撑传递幕墙所受各种荷载的纵横框体，所以又被称为显框或明框玻璃幕墙。普通玻璃幕墙根据铝合金框体上玻璃镶嵌槽的形成方式不同，又可分为整体镶嵌槽式、组合镶嵌槽式、混合镶嵌槽式等几种。

1) 整体镶嵌槽式（其基本断面如图12-13所示）是指安装玻璃的镶嵌槽与铝合金框体是一个整体，在铝合金框体材料生产挤压成型时就已成型。安装玻璃时只需将玻璃插入镶嵌槽内，定位后采用密封条或者密封胶填

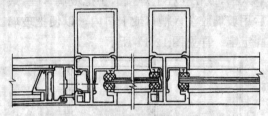

图 12-13　玻璃幕墙整体镶嵌式

入玻璃与槽壁间的空隙，将玻璃固定。采用密封条固定的安装方式常被称为干式装配；而用密封胶固定玻璃的装配方式则被称为湿式装配。这两种装配方式有时混合使用又称为混合装配法，也就是在放入玻璃之前先在安装方向的另一侧固定密封条，然后装入玻璃，安装方向一侧采用密封胶最后固定。三种装配方式的示意如图 12-14 所示。湿式装配的密封性能优于干式装配，且使用硅酮胶做密封胶时，其寿命也长于橡胶密封胶条。

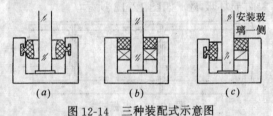

图 12-14　三种装配式示意图
(a) 干式装配；(b) 湿式装配；(c) 混合装配

2) 组合镶嵌式（基本断面如图 12-15 所示）是指镶嵌槽与铝合金框体是两部分组

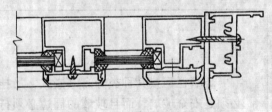

图 12-15　组合镶嵌式

成，有一个后固定的镶嵌槽外侧压板。安装玻璃时在压板一侧将玻璃平推装入，定位后将外侧压板用螺栓固定在杆件上，形成完整的镶嵌槽，然后再采用干式或湿式装配法固

定玻璃，最后在外侧压板之外再扣上外扣板作为装饰。

3) 普通玻璃幕墙的其他形式还有混合镶嵌式，也就是框体立梃用整体镶嵌式材料，横梁采用组合镶嵌式材料，安装玻璃可以左右插装，玻璃定位后用螺钉将压板固定到横梁上，扣上扣板形成完整的镶嵌槽，然后采用干式或湿式装配法固定玻璃。

（2）隐框玻璃幕墙

隐框玻璃幕墙分为全隐框玻璃幕墙和半隐框玻璃幕墙。所谓隐框，就是在幕墙正面没有幕墙结构体系的铝合金框料部分明露。玻璃幕墙采用结构玻璃装配方法安装玻璃。玻璃被用硅酮密封胶固定在铝合金框体的外部，由于隐框玻璃幕墙都是采用镀膜玻璃，玻璃是单向透视的，从幕墙外侧看不到处于幕墙玻璃内侧的结构体系的框料，所以称为隐框玻璃幕墙。

如果幕墙玻璃安装时两边采用镶嵌槽式装配（或立梃或横梁），而另两边采用结构玻璃装配，此时的幕墙或者横梁，或者立梃是明露的，这就是半隐框玻璃幕墙。

1) 整体式隐框玻璃幕墙

这是最早出现的一代隐框玻璃幕墙，这种幕墙的玻璃被硅酮密封胶直接固定粘结在幕墙铝合金结构体的框格上。安装玻璃时，需要采用辅助固定装置将玻璃定位固定在幕墙的框体上，然后打胶粘结。等到密封胶固化并能承受所定荷载时，才可以将辅助装置拆去。这种幕墙的安全性、可靠性较差，且更换玻璃极其困难，如今已很少在大面积的玻璃幕墙中使用。

2) 分离式隐框玻璃幕墙

分离式隐框玻璃幕墙是将玻璃用结构装配的方式先固定在一个副框上，使副框和玻璃形成一个结构组件，然后再采用螺栓固定方式将这个结构组件固定在主框体上。这种安装玻璃的方式又因结构玻璃组件在主框体上固定方法的不同而分为：内嵌式、外扣式、外挂内装固定式、外挂外装固定式等等。

（3）全玻璃幕墙

全玻璃幕墙是指幕墙的支撑框架与幕墙的平面材料均为玻璃的幕墙。由于所有材料均为玻璃，它的特点是视野几乎全无阻挡，完全透明。全玻璃幕墙一般使用于商店的橱窗和大厅的分隔，不宜用于高度过高的场所。当应用的空间宽度、高度都较大时，为了减少大片玻璃的厚度，则利用玻璃作框架体系，将玻璃框架固定在楼层楼板和顶棚上，用作大片玻璃幕的支撑点，以减少单片玻璃的厚度，降低造价。

这种玻璃幕墙的玻璃框体上下端用特制的金属件与建筑结构连接，而玻璃框与大块平面玻璃之间用硅酮密封胶连接，其连接方式分为后置式、骑缝式、平齐式等数种，见图 12-16。全玻璃幕墙一般只用于一个楼层内，有时也用于跨层分隔。当应用的高度较

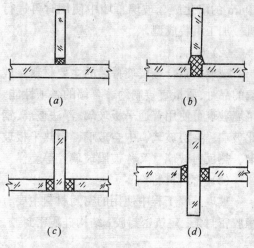

图 12-16　连接方式
（a）后置式；（b）骑缝式；
（c）平齐式；（d）突出式

低时，幕墙大块玻璃与玻璃翼上下均可用镶嵌槽安装。玻璃被固定安装在下部的镶嵌槽内，而在上部的镶嵌槽顶与玻璃之间需留出一定空间，如图 12-17，使玻璃有伸缩变形的余地。

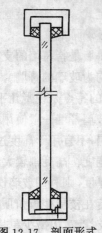

图 12-17　剖面形式

12.5.2　玻璃幕墙工程的主要材料

（1）铝合金型材

铝合金型材是铝合金玻璃幕墙的主材。现在使用的主要是 31 号锻铝（LD31）在高温下挤压成型快速冷却，然后经阳极氧化着色表面处理，在型材表面形成一层厚度不小于 $10\mu m$ 的氧化膜。玻璃幕墙中使用时再进行机械加工组装成型。

（2）玻璃

玻璃是铝合金玻璃幕墙的主要材料，玻璃的品种、质量直接制约着幕墙的各项性能。幕墙玻璃可使用普通平板玻璃、浮法玻璃、钢化玻璃、夹层玻璃、中空玻璃、吸热平板玻璃、热反射玻璃（又称镀膜玻璃）等。

（3）密封材料

玻璃幕墙工程中使用的密封材料主要有橡胶密封条；建筑密封胶；结构硅酮密封胶。

12.5.3　玻璃幕墙施工安装主要设备工具

（1）玻璃幕墙施工的主要工具——脚手架

幕墙施工一般均在建筑工程后期装修阶段，基本上不需用大型施工机具。在幕墙安装阶段最主要的工具，并且常常和其他工种穿插使用的是外脚手架。尤其在高层建筑外檐大面积玻璃幕墙的施工中，脚手架是制约

施工的关键环节。

（2）吊篮

吊篮可以说是高层建筑安装玻璃幕墙不可缺少的工具。即便在利用固定脚手架安装玻璃幕墙的情况下，最终也常常要利用少量吊篮架做最后的维护工作。见图 12-18 所示。

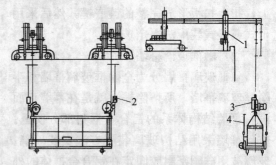

图 12-18　电动吊篮示意图

1—屋面机构；2—安全锁；

3—提升机；4—工作吊篮

（3）垂直起重机械

高层建筑外檐玻璃幕墙安装如果能有塔式起重机配合固然最好，但是一般幕墙安装已近工程施工后期，且玻璃幕墙安装中通常并无大型构件必须吊装，在安装元件式框架时提升钢、铝框架构件和在安装大块玻璃或结构玻璃组件时，可以使用起重量为 500kg 的小起重机，如图 12-19 所示意。

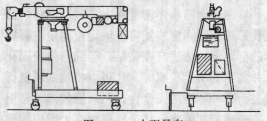

图 12-19　小型吊车

（4）电动真空吸盘

电动真空吸盘是专为起吊玻璃使用的一种专用机具，它由托架、电动机、真空泵、吸盘和操作开关等组成。电动吸盘使用时，附着在玻璃平面上的 3 个橡胶吸盘由真空泵将其抽成真空，使吸盘中形成负压，将玻璃紧紧吸住，由吊车将玻璃移动起吊，就位后再

起动电动机使橡胶吸盘充气，脱离玻璃。

（5）其他需要用到的设备及工具

其他在施工及制作中可能用到的工具、设备有：无齿锯、电焊机具、氧气切割设备、安全带、手动吸盘、冲击钻、手电钻、射钉枪。放线测量工具如经纬仪、水准仪、钢尺、线垂、墨斗等。

12.5.4　玻璃幕墙安装工艺与施工要点

（1）施工工艺流程

玻璃幕墙通常都是用在高层建筑的外檐，用以装饰建筑物外立面的一部分或全部，其安装工艺流程通常如下：

根据工艺流程可以把工作划分为三个阶段，即施工准备、施工安装、竣工验收。

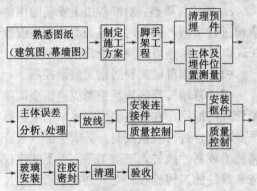

（2）施工准备阶段

施工准备阶段的主要工作包括：熟悉图纸，制定施工方案，准备脚手架，对幕墙安装的基体——建筑结构进行验收及测绘，同时要进行材料、工具、组件的预制。

1）熟悉图纸、制定施工方案

施工前必须充分熟悉与幕墙安装有关的建筑、结构图纸及幕墙设计图纸，以便确定正确的施工方法并及时提出为了施工和使用需对图纸进行的修改意见。

2）脚手架工程

具体要求已在前面有过介绍。

（3）施工安装阶段

1）放线

就是把经过调整的玻璃幕墙的分格轴线放在基体建筑上。用经纬仪测定一根竖向基准线，用水准仪在建筑外檐引出水平点，并弹出一根横向水平通线，作为横向基准线。

基准线确定后，就可以利用基准线用钢尺划分出玻璃幕墙的各个分格轴线。

2）检查预埋件和安装连接铁件

放线完成后，对各预埋件的准确位置应做逐一的检查，剔除水泥、混凝土灰渣。当个别预埋件位置偏差过大无法利用时，应根据设计要求，适当剔除混凝土，钻孔用膨胀螺栓补下铁件。

3）安装立柱与横梁

连接铁件准确安装就位后，可以安装立柱。立柱一般根据施工及运输条件，可以每层楼高为一整根或更长，长度可达 7.5m。安装时将已加工、钻孔后的立柱嵌入连接件角钢内，用不锈钢螺栓初步固定。根据控制通线对立柱进行复核，调整立柱的垂直、平整度，达到要求后再将螺栓最终扭紧固定。

4）普通玻璃幕墙的玻璃安装

玻璃安装前的裁割与磨边工序在此前已有专门介绍。普通铝合金玻璃幕墙在安装组成框格体系时，各框格上就已设置了玻璃镶嵌槽，玻璃将被安装在镶嵌槽里。

玻璃安装前应将表面尘土和污物擦拭干净。热反射玻璃安装应将镀膜面朝向室内，非镀膜面朝向室外。玻璃装入镶嵌槽，要保证玻璃与槽壁有一定的嵌入量，且玻璃与构件不得直接接触。玻璃四周与镶嵌槽底应保持一定空隙，每块玻璃下部应设不少于两块弹性定位垫块；垫块宽度应与槽宽相同，长度不应少于 100mm。玻璃安装就位后，在玻璃与槽壁间留有的空腔中嵌入橡胶条或注胶固定玻璃。

使用橡胶条时应按规定型号选用，镶嵌应平整，橡胶条长度宜比边框的内槽口长 1.5%～2%，其断口应留在四角。斜面断开后应拼成预定的设计角度，并应用胶粘剂粘结牢固后嵌入槽内。

5）隐框玻璃幕墙结构玻璃组件的制作

隐框玻璃幕墙的玻璃安装分为两道工序，第一是制作结构玻璃装配组件；第二是将结构玻璃组件安装到幕墙上去。

结构玻璃组件的制作是用结构密封胶把玻璃固定到金属副框上去的生产过程，这个过程分为如下几个步骤：

a. 检查金属框与玻璃质量，主要检查金属副框尺寸及制作质量，检查玻璃成品及裁割、磨边质量。

b. 净化，这是关键工序。隐框玻璃幕墙的破坏主要是粘结失效问题，所以隐框幕墙是否安全可靠取决于粘接的牢固可靠。而净化粘结基材是保证粘接质量的关键。

c. 定位、涂胶：结构玻璃装配组件的玻璃要求固定在铝质副框的规定位置上，这就要求使用特殊的夹具（一般情况下根据实际条件自制）帮助把玻璃放到副框上并使二者的基准线重合。玻璃一旦放到铝框上便被垫条上的不干胶粘住无法调整位置，因此必须一次投放定位成功。玻璃定位后，形成了以玻璃与铝框为侧壁、垫条为底的空腔，其间隙尺寸应与胶缝的宽厚尺寸相一致，见图12-20。涂胶时将规定的密封胶注入由玻璃、

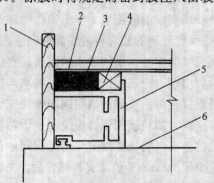

图 12-20　隐框玻璃组件的制作
1—挡板；2—玻璃；3—空腔；
4—垫条；5—副框；6—工作台

铝框和垫条组成的空腔中。涂胶应保持适当的速度，排出空腔内的空气防止形成空穴。同时应将胶中的气泡排出，保持胶缝饱满。一

个组件注胶完毕，应立即将胶压实刮平。

d. 养护：组件完成涂胶后应移至养护室进行养护。采用单组分密封胶的组件要求的养护环境为：

温　度：23℃±5℃

相对湿度：70％±5％

要求的养护时间为 7d 以上，7d 后将切开试验样品进行检查。胶体达到完全固化后，可将组件移至存放场所继续养护至 14～21d，使之完全粘结，才可用于安装。如果 7d 后检查发现尚未完全固化，则需在第二天继续检查，直至完全固化。如果涂胶后 14d 胶体仍未固化时，则本批组件应报废。

21d 后需对剥离试样进行剥离试验，检测剥离强度。

e. 清洁与质检：对准备用于安装的组件表面进行清洁，操作时用溶剂清洗应在胶缝 5cm 以外，防止溶剂渗入胶缝损坏粘结。

（4）玻璃幕墙工程的施工质量控制

玻璃幕墙工程的质量控制应遵循全面质量管理的原则，在每道工序完成后都应进行质量检测，进行质量控制。必须保证只有合格的半成品才能进入下道工序。而不能仅仅依靠最终的工程验收。尤其是在幕墙安装过程中，有些中间检查属于隐蔽工程验收，必须按照隐蔽工程验收的规则予以充分重视。幕墙施工过程中需进行检查的项目见表12-3。

幕墙施工检查项目　　表 12-3

工　序	检 查 项 目	检查依据及方法	
预埋件、锚固件	施工位置准确 是否牢固 有无防锈	图纸要求	尺量、目测
连接件的安装	加工精度 安装位置准确 安装牢固 防锈处理	图纸及规范要求	尺量及目测

工 序	检查项目	检查依据及方法	
构件安装	加工精度及材质 安装平整、垂直 螺栓、铆钉紧固状态 外观色泽、有无损伤 功能：泄水及密封	规 范 图 纸 样 板	尺量及目测
五金安装	位置正确 固定状态 外观	图 纸	目测、尺量
密封条及胶缝	胶条严密及外观 胶缝有无遗漏 胶缝外观，形状 胶质及粘结牢固	样板及 规 范	观察检查
清洁	清洗干净无遗漏无污染	规范要求	观察检查

幕墙安装过程中有些工序施工完毕后将被下道工序隐蔽遮盖，工程验收时已无法直接进行检查，因此必须在施工过程中随时进行隐蔽工程验收。隐蔽工程验收时，业主、监理和施工单位三方都应参加，共同签署隐蔽工程验收记录。玻璃幕墙工程施工过程中的隐蔽工程检查项目有：

a. 构件与主体结构连接节点的安装；

b. 幕墙四周，幕墙内表面与主体结构之间间隙节点的安装；

c. 幕墙伸缩缝、沉降缝、防震缝及墙面转角节点的安装；

d. 幕墙防雷接地节点的安装。

12.6 玻璃装饰过程的质量标准与检验方法

12.6.1 普通玻璃装饰工程的质量验收

普通玻璃工程是指根据《建筑装饰工程施工及验收规范》(JGJ 73—91)所规定的范围。适用于平板、吸热、热反射、中空、夹层、夹丝、磨砂、钢化、压花、彩色玻璃和

玻璃砖的安装和验收。玻璃幕墙的工程验收将在下节叙述。

玻璃工程的验收应根据《建筑装饰工程施工及验收规范》(JGJ 73—91)的标准执行。

检查项目、质量要求及检查方法归纳如表12-4。

玻璃工程安装质量要求及检验方法

表12-4

项	项 目	质 量 要 求	检验方法
1	玻璃安装的保证项目	玻璃裁割尺寸正确，安装平整、牢固、无松动现象	观察检查 轻敲检查
2	油灰填抹质量	底灰饱满，油灰与玻璃及裁口粘贴牢固，边缘与裁口齐平，四角成八字形，表面光滑，无裂缝、麻面和皱皮	观察检查
3	固定玻璃的钉子或钢丝卡	钉子及钢丝卡的数量符合规定，规格符合要求并不在油灰表面显露	观察检查
4	木压条镶钉安装	木压条与裁口边缘紧贴齐平，连接紧密，割角整齐，不露钉帽	观察检查
5	密封条安装	密封条与玻璃、玻璃槽口的接触紧密、平整，并不得露在玻璃槽口以外	观察检查
6	橡胶垫镶嵌安装	橡胶垫与裁口、玻璃及压条紧贴，并无露在压条以外	观察检查
7	密封膏填注	密封膏与玻璃、玻璃槽口边缘粘结牢固，接缝齐平	观察检查
8	玻璃砖安装	排列位置正确，均匀整齐，无移位、翘曲、松动，接缝均匀、平直、密实	观察检查
9	彩色压花玻璃拼装	颜色、图案符合设计要求，接缝吻合	观察检查
10	玻璃表面清洁	表面洁净，无油灰、浆水、油漆、涂料、密封膏等污染	观察检查

12.6.2 玻璃幕墙工程的质量验收

玻璃幕墙工程验收应根据建设部颁布的

《玻璃幕墙工程技术规范》(JGJ 102—96)的标准进行。

(1) 玻璃幕墙工程验收前应将其表面擦洗干净。

(2) 玻璃幕墙验收时应提交下列资料。

1) 设计图纸、文件，设计修改和材料代用文件；

2) 材料出厂质量证书，结构硅酮密封胶相容性试验报告及幕墙物理性能检验报告；

3) 预制构件出厂质量证书；

4) 隐蔽工程验收文件；

5) 施工安装自检记录。

(3) 玻璃幕墙观感检验应符合下列要求：

1) 明框幕墙框料应竖直横平，单元式幕墙的单元拼缝或隐框幕墙分格玻璃拼缝应竖直横平，缝宽应均匀，并符合设计要求；

2) 玻璃的品种、规格与色彩应与设计相符，整幅幕墙玻璃色泽应均匀，不应有析碱、发霉和镀膜脱落现象；

3) 玻璃的安装方向应正确；

4) 幕墙材料的色彩应与设计相符，并应均匀，铝合金料不应有脱膜现象；

5) 装饰压板表面应平整，不应有肉眼可察觉到的变形、波纹或局部压砸等缺陷；

6) 幕墙的上下边及侧边封口、沉降缝、伸缩缝、防震缝的处理及防雷体系应符合设计要求；

7) 幕墙隐蔽节点的遮封装修应整齐美观；

8) 幕墙不得渗漏。

(4) 玻璃幕墙工程抽样检验应符合下列要求：

1) 铝合金料及玻璃面不应有铝屑、毛刺、油斑或其他污垢；

2) 玻璃应安装或粘结牢固，橡胶条和密封胶应镶密实，填充平整；

3) 钢化玻璃表面不得有伤痕；

4) 每平方米玻璃的表面质量符合表12-5的规定：

每平方米玻璃表面质量　表 12-5

项　目	质　量
0.1～0.3mm 宽划伤痕	长度小于100mm，允许8条
擦　伤	不大于 500mm²

5) 一个分格铝合金料表面质量应符合表12-6 的规定：

一个分格铝合金料表面质量

表 12-6

项　目	质　量
擦伤和划伤深度	不大于氧化膜的 2 倍
擦伤面积（mm²）	不大于 500
划伤总长度（mm）	不大于 150
擦伤和划伤处数	不大于 4

注：一个分格铝合金料指该分格的四周框架构件。

6) 铝合金框架构件安装质量应符合表12-7 的规定：

铝合金构件安装质量　表 12-7

项　目		允许偏差	检查方法
幕墙垂直度	幕墙高度不大于 30m	10mm	激光仪或经纬仪
	幕墙高度大于 30mm，不大于 60m	15mm	
	幕墙高度大于 60m，不大于 90m	20mm	
	幕墙高度大于 90m	25mm	
	竖向构件直线度	3mm	3m 靠尺、塞尺
	横向构件水平度 不大于 2 000mm	2mm	水平仪
	大于 2 000mm	3mm	
同高度相邻两根横向构件高度差		1mm	钢板尺、塞尺
幕墙横向构件水平度	幅度不大于 35m	5mm	水平仪
	幅宽大于 35m	7mm	
分格框对角线差	对角线长不大于 2 000mm	3mm	3m 钢卷尺
	对角线长大于 2 000mm	3.5mm	

注：1. 1～5 项按抽样根数检查，6 项按抽样分格数检查；

2. 垂直于地面的幕墙，竖向构件垂直度包括幕墙平面内及平面外的检查；

3. 竖向直度度包括幕墙平面内及平面外的检查；

4. 在风力小于 4 级时测量检查。

7) 隐框玻璃幕墙的安装质量应符合表

12-8 的规定。

（5）玻璃幕墙工程抽样检验数量，每幅幕墙的竖向构件或竖向拼缝和横向构件或横向拼缝应各抽查 5%，并均不得少于 3 根；每幅幕墙分格应各抽查 5%，并不得少于 10 个，所抽检质量均应符合本规范 8.1.6 的规定。

注：1）抽样的样品，1 根竖向构件或竖向拼缝指该幅幕墙全高的 1 根构件或拼缝；1 根横向构件或横向拼缝指该幅幕墙全宽的 1 根构件或拼缝。

2）凡幕墙上的开启部分，其抽样检验的工程验收按现行行业标准《建筑装饰工程施工及验收规范》JGJ 73—91 的规定执行。

隐框玻璃幕墙的安装质量 表 12-8

项　目		允许偏差	检查方法
竖缝及墙面垂直度	幕墙高度不大于 30m	10mm	激光仪或经纬仪
	幕墙高度大于 30m 不大于 60m	15mm	
	幕墙高度大于 60m，不大于 90m	20mm	
	幕墙高度大于 90m	25mm	

续表

项　目	允许偏差	检查方法
幕墙平面度	3mm	3m 靠尺、钢板尺
竖缝直线度	3mm	3m 靠尺、钢板尺
横缝直线度	3mm	3m 靠尺、钢板尺
拼缝宽度（与设计值比）	2mm	卡尺

12.6.3 装饰玻璃镜（柱面、墙面、顶棚等）的质量验收

装饰玻璃镜的质量验收标准见表 12-9。

关于装饰玻璃镜中柱面、墙面玻璃镜和顶棚顶面玻璃镜的质量允许偏差和玻璃隔断质量允许偏差，其检查标准和质量偏差的控制可参照《建筑装饰工程施工及验收规范》（JGJ 73—91 有关章节中的条文和表中数据执行。

12.6.4 玻璃栏河的质量允许偏差

玻璃栏河的质量允许偏差可参照装饰玻璃镜中柱面，墙面一项的质量允许偏差执行。

装饰玻璃镜的质量验收　　　　　　表 12-9

项目及检验方法	检查项目允许偏差（mm）								
	表面平整		立面垂直		阳角方正	接缝平直	接缝高低	接缝宽度	压条平直	压条间距
	骨架	板面	骨架	板面						
玻璃镜墙柱面	1		2		2	2	0.3	0.5	—	—
玻璃镜顶棚	2					<1.5	1		3	2
玻璃隔墙	2	2	3	3		3	0.5		3	2
检验方法	2m 靠尺与楔形塞尺检查		2m 托缝板		200mm 方尺与楔尺	拉 5m 线，不足 5m 拉通线检查	用直尺和楔形塞尺检查	用尺检查	5m 通线，不足 5m 拉通线检查	用尺检查

277

第13章 金属制品装饰施工工艺

随着建筑装饰业的迅猛发展，金属材料以其特有的质地、力度与款式发挥了非凡的艺术魅力，赢得了越来越多的人的亲睐，得到了广泛的应用。从高层建筑的金属幕墙，铝合金门窗到围墙、栅栏、阳台、楼梯、入口、墙面、柱面等等，金属材料无所不在。金属材料具有轻盈、易加工、使用期长，以及多品种、多规格、系列化等特点。

为了适应金属装饰材料飞速发展的要求，本章选择了部分金属制品装饰的施工项目，在常用材料机具和施工工艺方面也作了一定程度的介绍。

13.1 金属龙骨吊顶施工工艺

金属龙骨吊顶一般采用轻金属龙骨。轻金属龙骨包括轻钢龙骨和铝合金龙骨两种、是以镀锌钢带、铝带、铝合金型材、薄壁冷轧退火卷带为原料，经冷弯或冲压而成的顶棚吊顶的龙骨支承材料。金属龙骨吊顶的饰面材料有金属和非金属两类，由于表面平整质感明快，线条美观，色彩柔和，连接光滑，既可同石材、玻璃幕墙、不锈钢镜面和铝合金门窗等相配匹，还可同多种色彩的内墙涂料或墙面装饰材料配合使用，因而被广泛地应用在各种场合的室内吊顶装饰上。

金属龙骨吊顶由三部分组成：即承重结构部分（预埋件、螺栓、型钢、吊杆、吊筋等）、基层龙骨部分（各种金属龙骨及配件）、面层部分（各种罩面板和装饰板材）。

13.1.1 轻钢龙骨吊顶的主要材料及技术要求

（1）吊顶的承重结构材料

轻钢龙骨吊顶常用的固结材料有直接固结于硬质基体上所采用的圆钉、铝铆钉、水泥钉、射钉、金属膨胀螺栓和基体预埋件，固结于轻钢龙骨或铝合金龙骨、面板的各种连件、自攻螺丝，固结于轻质基体（如加气混凝土）上的塑料膨胀螺栓以及连接吊杆、吊筋等。

承重结构部分的材料选用和配件连接方法必须符合设计意和承重要求。

（2）基层龙骨

吊顶轻钢龙骨按其截面形状分为 U 形，C 形和 L 形，如图 13-1 所示，按截面规格尺寸分为 D38（38 系列），D45（45 系列），D50（50 系列），D60（60 系列）。按承重功能分为承重龙骨（吊顶龙骨的主要受力构件），覆面龙骨（吊顶龙骨中固定饰面层的构件）和 L 型龙骨（通常为吊顶边部固定饰面板的龙骨，故亦为覆面龙骨）。

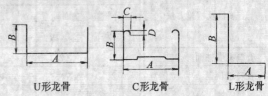

图 13-1　吊顶轻钢龙骨

U 形（或 C 形）龙骨又称主龙骨、大龙骨，在吊顶构造中承受整体自重或附加荷载；C 形龙骨又称次龙骨，中龙骨（当再有小规格 C 形覆面龙骨时），在一个吊顶平面上或同时作横撑龙骨（设于罩面板的接缝处），它既连接承载龙骨又是饰面板的连接固定骨架。按照国家标准的规定，其外观质量和尺寸允许偏差见表 13-1。图 13-1 中的尺寸 C 应不小于 5.0mm，尺寸 D 应不小于 3.0mm。

项　目			指　标		
			优等品	一等品	合格品
外观质量	腐蚀、损伤、黑斑、麻点		不允许	无较严重的腐蚀、损伤、麻点，面积不大于 1cm² 的黑斑每 1m 长度内不多于 5 处	
表面防锈	双面镀锌量（g/m²）		120	100	80
侧面和底面平直度（mm/1000mm）	承载龙骨和覆面龙骨	侧面和底面	1.0	1.5	2.0
角度允许偏差	成形角的最短边尺寸（mm）	10～18	±1°15′	±1°30′	±2°00′
		>18	±1°00′	±1°15′	±1°30′
尺寸允许偏差（mm）	长度 L		+30、−10		
	覆面龙骨断面尺寸	尺寸 A　A≤30	±1.0		
		A>30	±1.5		
		尺寸 B	±0.3	±0.4	±0.5
	其他龙骨断面尺寸	尺寸 A	±0.3	±0.4	±0.5
		尺寸 B　B≤30	±1.0		
		B>30	±1.5		

用于吊顶轻钢龙骨组合的配件，其主要品种名称、代号和用途见表13-2。

吊顶龙骨的主要配件　　表 13-2

名　称	代号	用　途	备　注
普通吊件	PD	承载龙骨与吊杆的连接	分重型与轻型，有多种类型和名称
弹簧吊件	TD		
压筋式挂件	YG	覆面龙骨与承载龙骨的勾挂连接	又称吊挂件
平板式挂件	PG		
承载龙骨连接件	CL	承载龙骨自身的接长	又称接长件、接插件

续表

名　称	代号	用　途	备　注
覆面龙骨连接件	FL	覆面龙骨自身的接长	又称接长件、接插件
挂插件	GC	覆面龙骨之间垂直相接时的连接	又称龙骨支托

目前各生产厂的吊顶轻钢龙骨产品一般自成体系，U、C 形龙骨的主、配件品种和规格不尽相同，下面我们介绍其中的一种类型，见表13-3。

U、C 形轻钢吊顶龙骨配套件　　　　表 13-3

	轻　型	中　型	重　型	
承载龙骨（主龙骨、大龙骨）	0.45kg/m	0.67kg/m	1.52kg/m	4.84kg/m
承载龙骨吊件	2厚	2厚	3厚	3厚

	轻　型	中　型	重　型
龙骨连接件（接插件）	14 120 27 1.2厚	14 130 42 1.2厚	120 28 φ6 30 60 30 28 1.2厚　　长圆孔20×10 93 200 38 3厚
覆面龙骨挂件	28 30 43　43 50 30 0.75厚	28 30 58　50 30 58 0.75厚	28 57(75) 74(112)　50 57(75) 74(112) 0.75厚
中龙骨（覆面龙骨）	7 14 19 50 0.5 0.4kg/m	龙骨连接件（接插件）	90 49 18　90 24 18 0.5厚
小龙骨（覆面龙骨）	7 14 19 25 0.5 0.3kg/m	覆面龙骨支托（连接件、挂插件）	49 8 28 12 17.5 20　24 8 28 12 17.5 20 0.5厚

（3）轻钢龙骨吊顶的面层材料

与轻钢吊顶龙骨配套使用的非金属饰面板主要类型有：纸面石膏板、矿棉板、雕花石膏板等，这里我们主要介绍纸面石膏板。

纸面石膏板用一、二级石膏加入适量纤维、粘结剂、缓凝剂、发泡剂经加工制成装饰板材。它材质洁白，美观大方，给人以清欣悦目之感，同时它还具有质量轻、强度高、防火、防震、隔热、阻燃、吸声、耐老化、变形小及可调节室内湿度等特点。在施工上加工性能好，可锯、可钉、可刨、可钻。专门用于顶棚的纸面石膏板，一般为 625mm×625mm×（9～20）mm，分光面和打孔两种。

可以直接搁置在倒 T 形方格龙骨上，用埋头或圆头螺丝拧在龙骨上，还可以在石膏板缝的背面加设一条压缝板，以提高其防火能力。也可使用长 2.40～3.00m、宽 1.20m 的大型纸面石膏条板作顶棚，用埋头螺丝安装好后，刷色、裱糊壁纸、墙布、加贴面层或做成各种立体的顶棚，制成竖向条形或格子形顶棚。

无纸面石膏板常在石膏内加纤维或某种添加剂，以增加其强度或某种性能。这种石膏板多为 500mm×500mm 方形，除光面、钻孔外，还常制成各种形式的凹凸花纹，市场供应较多。其安装方式与上述纸面方形石膏板类同。吊顶纸面石膏板的种类及规格见表13-4。

吊顶纸面石膏板的种类及规格　表13-4

种类		规　格			板边形状	应用范围	备注
		长(mm)	宽(mm)	厚(mm)			
天花板	素板	500	450			各类建筑室内吊顶	1200板仅限素板
	印花装饰板	600	500	9.5			
		900	600	12			
		1200					
无纸面石膏板		625	625		企口板	室内吊顶	

根据面层板接缝的构造形式不同，纸面石膏板有不同的棱边形式，如楔形边（代号PC）、直角边（代号PJ）、45°倒角边（代号PD）、半圆形边（代号PB）和圆形边（代号PY），见图13-2。

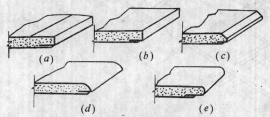

图13-2　纸面石膏板的棱边形式

(a) 楔形边；(b) 直角边；(c) 45°倒角边；

(d) 半圆形边；(e) 圆形边

（4）轻钢龙骨吊顶的构造

采用U、C形吊顶轻钢龙骨的主配件的组合如图13-3所示，组合又可以分为上人或不上人吊顶骨架两种，图13-4为上人吊顶的安装构造示例。吊顶骨架的承载能力要有龙骨的规格尺寸、龙骨的纵横排布间隔、吊杆的直径，吊件及挂件类型以及吊点间距等多方面的因素确定。

（5）轻钢龙骨吊顶的施工机具

轻金属龙骨及其罩面装饰板安装施工，常用的机具较多。常用的手工机具如木质材料作业的框具、单刃与双刃刀锯、夹背刀锯、测锯等锯割工具；有平刨、边刨、槽刨、线刨等刨削工具；还有画线工具及量具如划线笔、墨斗、量尺、角尺、水平尺、三角尺及线锤等。其他如锤子、斧子、剪刀、螺丝刀及起钉器等。常用机械有手电钻、电锤、砂轮机、自攻螺钉钻、射钉枪、电动剪、无齿锯、曲线锯、电圆锯、铆钉枪、电焊机、钢筋冷拔机等。

（6）金属吊顶施工准备及工艺流程

1）施工准备

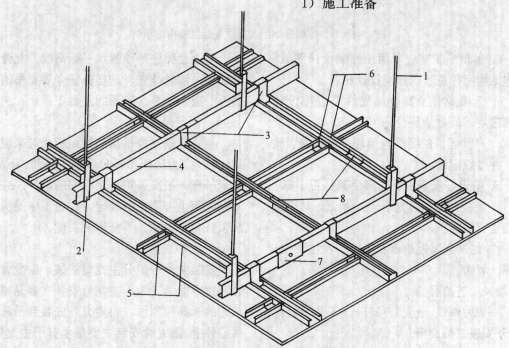

图13-3　U、C型吊顶轻钢龙骨的主、配件组合示意

1—吊杆；2—吊件；3—挂件；4—承载龙骨；

5—覆面龙骨；6—挂插件；7—承载龙骨连接件；8—覆面龙骨连接件

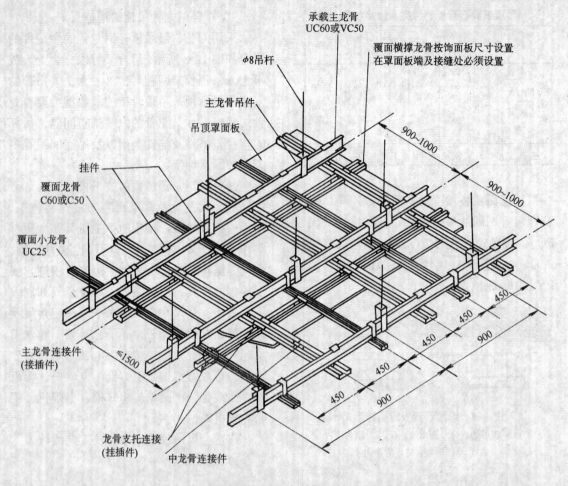

图 13-4　U、C 形轻钢上人吊顶龙骨组装构造示例

a. 吊顶施工前应对照顶棚的设计图纸，检查结构尺寸是否同建筑设计相符。

b. 金属龙骨及其全部配件是否按设计规格选用，其数量是否备用。

c. 有预埋件的要检查预埋件的数量、质量，并做好记录。

d. 搭设好安装吊顶的脚手架是否牢靠。

e. 要使用的机具是否经过测试，其安全性能是否可靠。

f. 龙骨金属板是否在运输中发生形变，损坏，卷角。

2）工艺流程

一般为弹线→安装吊杆→安装龙骨配件→安装装饰面板。

a. 弹线

主要是弹好吊顶的水平标高线，龙骨布置线和吊顶悬挂点，这是保证今后要吊的顶是否平稳、水平、牢固的重要工序。

b. 固定吊杆

金属轻钢龙骨吊顶的饰面板相对来说荷载比较大，为防止吊杆日后产生晃动、下沉，固定吊杆一般要采用一定粗细的吊杆，并且吊杆间距也有严格的规定，这道工序是保证吊顶日后不松动、不变形的关键。

c. 安装龙骨

安装龙骨一般分主龙骨安装，副龙骨安装和横撑龙骨安装。主龙骨安装主要是根据拉好的标高控制线，将主龙骨安装到吊杆的吊挂件上。副龙骨安装主要是垂直于主龙骨，在交叉点上用到龙骨挂件将其牢固的固定在主龙骨上。横撑龙骨安装主要是为安装饰面板用，其间距应根据实际使用的饰面板的规格尺寸而定。

龙骨的安装一般是从房间的一端依次安装到另一端，如有高低跨部分，先安装高跨，再安装低跨。对于检修口、通风口等部位，在安装龙骨时，应将尺寸及部位留出，在口的四周加封边横撑龙骨。

d. 安装饰面板

在安装饰面板前应先调整好龙骨、灯、电扇等设备的吊杆，并应布置完毕，吊顶内的通风，水电管道及上人吊顶内的人行或安全通道应安装完毕，消防管道安装并调试完毕，吊顶内的灯槽、斜撑、剪头撑等，应根据施工要求适当布置好。在此以后，根据不同饰面板的安装要求装配饰面板。

13.1.2 铝合金龙骨吊顶

铝合金龙骨吊顶，在现代建筑装饰中应用得十分广泛。其主要原因是重量轻，每平方米吊顶材料一般在 3kg 左右，安装方便，施工速度快，安装完毕即可达到装饰目的。铝合金吊顶是金属材料，不仅具有独特的质感，而且平、挺、线条刚劲而明快，这是其它材料所无法比拟的。而龙骨作为承重构件，同时又是固定板条的卡具，容易满足多功能的要求，如吸音、防火、装饰、色彩等，是其它类型吊顶所未有的。

（1）主要材料技术要求

1）铝合金吊顶龙骨材料

铝合金吊顶龙骨一般常用的多为 T 型，根据其罩面板安装方式不同，分龙骨外露和不外露两种。LT 型铝合金吊顶龙骨属于罩面板安装后龙骨底面外露的一种，这里主要介绍 LT 型铝合金吊顶龙骨。

LT 型铝合金吊顶龙骨由龙骨，横撑龙骨，边龙骨组成。如表 13-5 所示。

2）吊杆材料

铝合金龙骨的吊杆材料一般用 φ6mm 钢

LT 型铝合金龙骨零件			表 13-5
代号名称	简 图	重量（kg/件）	厚度（mm）
LT-23 龙骨		0.2	1.2
LT-23 横撑龙骨		0.135	1.2
LT-18 边龙骨		0.15	1.2

筋，以及可以伸缩的简易吊杆。这种吊杆为两根钢筋，用一个弹簧钢片连起来。如图 13-5 所示。当用力压缩弹簧片时，将弹簧钢片两端的孔中心重合，吊杆就可以伸缩自由。当松力后，弹簧片的孔中心错位，与吊杆产生剪力，将吊杆固定。这种吊顶方法属于不上人吊顶，仅是铝合金自重，伸缩杆即能满足安全的要求，而且又便于调平。

有的吊顶不采用伸缩吊杆，而是选用圆钢或角钢以适应吊顶上人检修时的集中荷载。

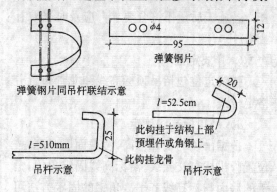

图 13-5 伸缩式吊杆配件

3）吊杆的固结材料

吊杆的固结材料一般用水泥钉或金属膨胀螺栓等多种方法，具体选用那种方法由设计确定。

4）饰面材料

铝合金龙骨吊顶的饰面材料一般有凹凸花纹半透明的塑料灯片、纸面石膏板、3mm的彩色图案的玻璃等，裁割的大小与主龙骨与横撑龙骨的间距有关。

（2）LT 型铝合金龙骨吊顶的安装

1）施工准备

a. 材料要求

（a）铝合金龙骨按设计要求选用，对进场的铝龙骨要先进行选材校正。

（b）固结材料

水泥钉和金属膨胀螺栓按设计要求选用。

b. 施工机具：冲击电钻、型材切割机、手电钻、手工铆钳等。

2）工艺流程

铝合金龙骨吊钉安装工艺流程如图 13-6 所示。

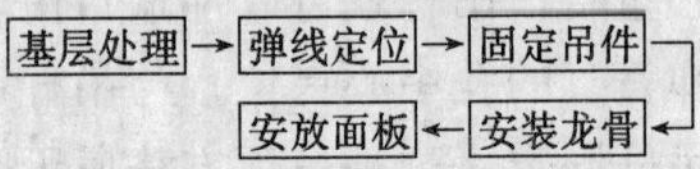

基层处理 → 弹线定位 → 固定吊件 →
安放面板 ← 安装龙骨 ←

图 13-6　铝合金龙骨吊顶安装工艺图

3）操作要点

a. 基层处理

在未安装前，应对屋顶（楼面）进行检查，若施工质量不符合要求，应及时采取补救措施。

b. 弹线定位

弹线定位包括吊顶标高线和龙骨布置分格定位线。

a）吊顶标高线确定

根据吊顶的设计标高,考虑面层厚度,按位置弹出标高交圈线。沿标高线固定角铝,角铝的底面与标高线齐平。角铝的固定方法可以水泥钉直接将其钉在墙柱面上。固定位置间隔为 400～600mm。

b）龙骨分格定位

需根据饰面板的尺寸和龙骨分格的布置。为了安装方便两龙骨中心线的间距尺寸

一般大于饰面板尺寸 2mm 左右。安装时控制龙骨的间隔需要用模规，模规可用刨光的木方或铝合金条来制作，模规的两端要求平整，尺寸准确，要与龙骨间隔一致。

c）龙骨分格布置

龙骨分格布置应尽量保证龙骨分格的均匀性和完整性，以保证吊顶有规整的装饰效果。由于室内的吊顶面积一般都不可能按龙骨分格尺寸正好等分。所以吊顶上会出现与标准分格尺寸不等的分格，称为收边分格。

d）收边分格的处理

收边分格方法有两种：

一种是把标准分格设置在吊顶中部，而分格收边在吊顶四周。另一种是将标准分格布置在人流活动量大或较显眼的部位，而把收边分格置于不被人注意的次要位置。不论是使用什么方法分格线应按比例在纸上画出吊顶面积，再按龙骨布置的原则在纸上对吊顶龙骨进行分格安排。确定好安排位置后,再将定位的位置画在墙面上。

c. 固定吊杆　铝合金龙骨吊顶的吊件,目前使用最多的是用膨胀螺钉或射钉固定角钢块，通过角钢块上的孔，将吊挂龙骨用的镀锌铁丝绑牢在吊件上。镀锌铁丝不能太细，如使用双股，可用 18 号铁丝，如用单股，使用不宜小于 14 号铁丝。

d. 安装龙骨

a）安装顺序

铝合金龙骨一般有主龙骨与次（中）龙骨之分。安装时先将各条主龙骨吊起后，在稍高于标高线的位置上临时固定，如吊顶面积较大，可分成几个部分吊装。然后在主龙骨之间安装次（中）龙骨，也就是横撑龙骨。横撑龙骨截取应使用模规来测量长度。安装时也应用模规来测量龙骨间距。

b）安装方法

主龙骨与横撑龙骨的连接方式通常有三种：

第一种是在主要龙骨上部开半槽，在次

龙骨的下部开出半槽，并在主龙骨半槽两侧各打出一个 ϕ3mm 的圆孔如图 13-7。安装时将主,次龙骨半槽上接起来，然后用 22 号细铁丝穿过主龙骨上的小孔，把次龙骨扎紧在主龙骨上。注意龙骨上的开槽间隔尺寸必须与龙骨架分格尺寸一致。安装方法如图 13-8。

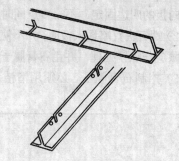

图 13-7　主次龙骨开槽方法

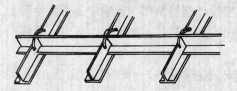

图 13-8　龙骨安装方法（一）

第二种是在分段截开的次龙骨上用铁皮剪出连接耳，在连接耳上打孔，通常打 ϕ4.2 的孔可用 ϕ4 铝铆钉固定或打 ϕ3.8 的孔用 M4 自攻螺固定。连接耳形式如图 13-9 所示。安装时将连接耳弯成 90° 直角，在主龙骨上打出相同直径的小孔，再用自攻螺钉或铝芯铆钉将次龙骨固定在主龙骨上，安装形式如图 13-10 所示。

图 13-9　次龙骨连接耳做法

第三种是在主龙骨上打出长方孔，两长方孔的间隔距离为分格尺寸。安装前用铁皮

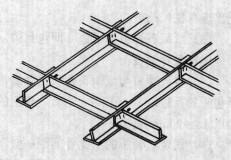

图 13-10　龙骨安装方法（二）

剪剪出中（次）龙骨上的连接耳。安装次龙骨时只要将次龙骨上的连接耳插入主龙骨上长方孔，再弯成 90 度即可。每个长方孔内可插入两个连接耳。安装形式见图 13-11 所示。

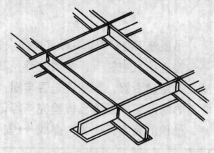

图 13-11　龙骨安装形式（三）

e. 安放面板

安放成品面板前，先检查纵横龙骨位置是否正确，再将成品面板搁置在龙骨上，使之符合设计要求。

13.1.3　质量要求

（1）吊筋平直，不得有弯曲的现象。吊筋、扁钢、角钢及埋件等铁件，以及吊杆接长的焊接处,均应涂刷防锈漆不少于 2 道，螺丝处应刷润滑油；

（2）吊顶四周应在设计标高平面上，四周允许偏差 $\leqslant \pm 5$mm，吊顶平整度用 2m 直尺检查不应超过 $^{+3}_0$mm，直观检查吊顶无下垂感；

（3）龙骨接长时采用配套连接件，连接件与龙骨连接应紧密，接缝不应超过 2mm，不允许有过大的缝隙和松动现象。上人吊顶龙骨安装后，其刚度应符合设计要求；

（4）板材应在自由状态下进行固定，防

止出现弯棱、凸鼓；

（5）纸面石膏板的长边（即包封边）应沿纵向次龙骨铺设；

（6）自攻螺钉与纸面石膏板边距离：面纸包封的板边以 10～15mm 为宜，切割的板边以 15～20mm 为宜；

（7）固定石膏板的次龙骨间距一般不应大于 600mm，在南方潮湿地区，间距应适当减小，以 300mm 为宜；

（8）钉距以 150～170mm 为宜，螺钉应与板面垂直，弯曲、变形的螺钉应剔除，并

在相隔 50mm 的部位另安螺钉；

（9）安装双层石膏板时，面层板与基层板的接缝应错开，不得在同一根龙骨上接缝；

（10）石膏板的接缝，应按设计要求进行板缝处理；

（11）纸面石膏板与龙骨固定，应从一块板的中间向板的四边固定，不得多点同时作业；

（12）螺钉头宜略埋入板面，并不使纸面破损。钉眼应作除锈处理，并用石膏腻子抹平；

（13）拌制石膏腻子，必须用清洁水和清洁容器。

小　　结

吊顶施工前必须认真做好检查、校对工作，这是保证吊顶施工质量的一个重要工作。

检查项目主要有：金属龙骨及其配件是否按设计规格制作，运输中是否发生形变，数量是否够，预埋件是否牢固；还要查看相关施工项目，如水电、管道、通风管道等隐蔽工程是否已检验完毕等记录。

吊顶的施工工序为：弹线→安装吊杆→安装龙骨配件→安装装饰面板。

习　题

1. 检查轻钢龙骨的外观质量和尺寸主要有哪些项目，其技术指标为多少？
2. 什么是安装膨胀螺栓时的"孔崩"现象？它是怎样造成的？
3. 金属吊顶前要做哪些检查工作？
4. 金属吊顶的施工顺序有哪些？它们的主要内容是什么？
5. 铝合金吊顶 LT 型龙骨上人与不上人在材料选择上有哪些差异？
6. 铝合金吊顶的操作要点有哪些？

13.2 轻钢龙骨石膏板隔墙施工工艺

以传统的砌砖作为内隔墙，墙体较重，墙面需做粉刷，手工湿作业量大，不仅施工周期长，而且建筑垃圾多，因此在装饰施工中采用轻质隔墙较多，它是机械化施工程度较高的一种干作业墙体。这种新型的隔墙墙体结构具有施工速度快、成本低、劳动强度小、装饰美观以及防火、隔声性好等特点，因此，它也是当前国内应用最为广泛的室内隔墙。

它的施工方法不同于使用传统材料的施工方法，故在施工过程中必须掌握其施工技术，合理使用原材料，正确使用施工机具，以达到高效率、高质量的目的。

金属龙骨隔墙施工由于采用的龙骨材质和饰面材料不同，因而施工要求也不同，但其基本的操作顺序有类同之处。下面简要叙述在装饰施工中使用较多的轻钢龙骨石膏板隔墙施工工艺。

轻钢龙骨石膏板隔墙是在固定的轻钢龙骨两侧安装石膏装饰面板，组成既起到房间的隔断又起到隔音、中间空心的轻质非承重

墙体。

轻钢龙骨一般由沿顶、沿地龙骨与沿墙、沿柱龙骨构成隔墙边框，中间立竖向龙骨（承重龙骨）。竖向龙骨间距根据石膏板宽度而定。见图13-12，轻钢龙骨两侧安装石膏板。

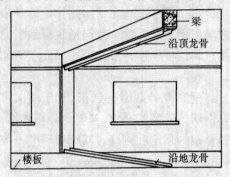

图13-12　沿顶沿地龙骨的铺设示意
（根据设计图纸要求，将沿地、沿顶龙骨准确地固定在混凝土楼板上。固定龙骨之射钉间距水平方向最大800mm，垂直方向最大100mm）

13.2.1　轻钢龙骨石膏板隔墙

施工常用的材料

轻钢龙骨石膏板隔墙施工主要的材料有轻钢龙骨、纸面石膏纸、膨胀螺栓、107胶、穿孔纸带和玻璃纤维接缝带、KF80嵌缝腻子或石膏腻子、自攻螺丝等。下面将主要材料技术性能和技术要求简述如下：

（1）轻钢龙骨材料

隔墙轻钢龙骨，或称墙体轻钢龙骨，是以厚度为0.5～1.5mm的镀锌钢带，薄壁冷轧退火卷带或彩色喷塑钢带为原料，经龙骨机辊压而成的轻质隔墙（或建筑围护和装饰外墙）骨架支承材料。按其截面形状的区别，可分为两种，即C型和U型；按其使用功能区分，有横龙骨、竖龙骨、通贯龙骨和加强龙骨四种；按其规格尺寸的不同来区分，主要有四个系列，即Q50（50系列）、Q75（75系列）、Q100（100系列）、Q150（150系列）。其龙骨主件的截面形状和规格尺寸见表13-6，其主要配件见表13-7，龙骨外观和质量见表13-8。

墙体轻钢龙骨主件的形式与规格　　　　　表13-6

名称	横截面形状		规格尺寸（mm）						
	类型	简图	Q50		Q75		Q100		Q150	
			尺寸A	尺寸B	尺寸A	尺寸B	尺寸A	尺寸B	尺寸A	尺寸B
横龙骨	U型		52（50）	40	77（75）	40	102（100）	40	152（150）	40
竖龙骨	C型		50	（45）50	75	（45）50	100	（45）50	150	（45）50
通贯龙骨	U型		20	12	38	12	38	12	38	12
加强龙骨	C型		47.8	35（40）	62	35（40）	72.8（75）	35（40）	97.8	35

隔墙轻钢龙骨主要配件　表 13-7

名称	代号	形状	用途	材料厚度 (mm)
支撑卡	ZC		在覆面板材与龙骨固定时，起辅助支撑竖龙骨的作用	0.7
卡托	KT		用于竖龙骨开口面与横撑（通贯）龙骨之间的连接	0.7
角托	JT		用于竖龙骨背面与横撑（通贯）龙骨之间的连接	0.8
通贯龙骨连接件	TL		用于通贯龙骨的接长	1.0

龙骨外观和质量要求　表 13-8

项　目	指标
边渡角及钝边裂口和毛刺	不允许有
不平度 (mm/m)　底面	≥1.5
侧面	≥1
弯曲度 (mm/m)	不超过1
扭曲度 (min)	不超过0.2
底侧两面不垂直度	≥10

1) 横龙骨截面呈 U 形，在墙体轻钢骨架中主要作沿顶、沿地龙骨，多是与建筑的楼板及地楼面结构相连接，相当于龙骨框架的上下轨槽，与 C 形竖龙骨配合使用。其钢板厚度一般为 0.63mm，重 0.63～1.12kg/m。

2) 竖龙骨截面呈 C 形，用作墙体骨架垂直方向支承，其两端分别与沿顶沿地横龙骨连接。其钢板厚度一般为 0.63mm，重 0.81～1.30kg/m。

3) 通贯龙骨截面呈 U 形，用于横向贯穿于轻钢墙体骨架的全宽，与竖龙骨相连接，以增加骨架的强度和刚度。其钢板厚度一般为 0.63mm，重 0.37～0.57kg/m。

4) 加强龙骨，又称扣盒子龙骨，其截面呈不对称 C 形。可单独作竖龙骨使用，也可两件相扣组合使用，以增加刚度。钢板厚 0.63mm，重 0.62～0.87kg/m。

（2）隔墙纸面石膏板材料

隔墙用的纸面石膏材料一般有普通纸面石膏板、防火纸面石膏板、防水纸面石膏板、石膏复合板、装饰板等，不同的纸面石膏板板边形式也不相同，见表 13-9。

隔墙纸面石膏装饰板的种类及规格　表 13-9

种类		规格			板边形状	应用范围	备注
		长 (mm)	宽 (mm)	厚 (mm)			
普通纸面石膏板		2400		9.5 12 15 18 25	半圆形边 楔形边直 角边 45°倒 角边	建筑物围护墙，内隔墙，吊顶	石膏板长度可根据用户要求截为任意长度
防火纸面石膏板		2700 3000	900 1200			建筑中有防火要求的部位及钢木结构耐火护面	
防水纸面石膏板		3300		9.5 12	9.5 12	外墙衬板，卫生间，厨房等房间瓷砖墙面衬板	
石膏复合板	石膏龙骨复合板	2400 2700 3000 3300	900 1200	50 92		建筑物内隔墙保温墙面装修浮筑干地板	
	石膏复合地板	2000	600	30（无保温层） 50～60（有保温层）			
	石膏板聚苯泡沫复合板	1200	1200	9.5＋20～30			

288

种类		规格			板边形状	应用范围	备注
		长（mm）	宽（mm）	厚（mm）			
石膏装饰板		2500	1200	9.5	直角边	板面粘贴PVC等装饰面层可一次完成装修工序	
				12			
				15			
吸声板	圆孔型	600	600	9.5		用于影剧院、餐厅、展厅、电话间、旅游建筑等有吸音要求的地方	孔径6mm，孔距18mm，开孔率8.7%
			1200				
	长孔型		600	12			孔长70mm，孔距13mm，孔宽2mm，开孔率5.5%

（3）常用的固结材料

除一般用的圆钉、扁头钉、家具钉及普通木螺钉等钉件之外，当前较多采用的还有固结于硬质基体（混凝土或砖等）的水泥钉、射钉和金属胀铆螺栓；固结于轻钢或铝合金等金属型材的自攻螺钉和抽芯铆钉等；固结于轻质材料基体（如加气混凝土等）的塑料胀铆螺栓等。

13.2.2 材料的估算

纸面石膏板及辅助材料估算见表13-10。

13.2.3 轻质隔墙的限制高度

轻质隔墙有限制高度，它是根据轻钢龙骨的断面、刚度和龙骨间距、墙体厚度、石膏板层数等方面的因素而定。隔墙限制高度参考值见表13-11和表13-12。

纸面石膏板及辅助材料估算表 表13-10

材料名称	单排龙骨两侧单层石膏板（每平方米墙体）
纸面石膏板（m）	2
自攻螺丝M4×25（个）	30
穿孔纸带（m）	2.6
密封膏（cm³）	160
密封条（泡沫塑料条）（m）	2.6
嵌缝石膏腻子kg	0.8

隔墙限制高度有关数值 表13-11

	竖龙骨规格（mm）	墙体厚度（mm）	石膏板厚度（mm）	隔墙最大高度（m）		备注
				A	B	
单排龙骨单层石膏板隔墙	50×50×0.63	74	12	3.00	2.75	1. 适用于住宅、旅馆、办公室、病房及这些建筑的走廊 2. 适用于会议室、教室、展览厅、商店等
	75×50×0.63	100	12	4.00	3.50	
	100×50×0.63	125	12	4.50	4.00	
	150×50×0.63	175	12	5.50	5.00	
双排龙骨双层石膏板隔墙	50×50×0.63	100	2×12	3.25	2.75	
	75×50×0.63	125	2×12	4.25	3.75	
	100×50×0.63	150	2×12	5.00	4.50	
	150×50×0.63	200	2×12	6.00	5.50	

注：此表所列数据是竖龙骨间距为600mm的限制高度，当龙骨间距缩小时，墙高度可增加。

隔墙限制高度有关数值		表 13-12
龙骨间距 （mm）	单层石膏板墙高 （m）	双层石膏板墙高 （m）
300	5.30	5.90
450	4.90	5.50
600	4.30	4.80

13.2.4 轻钢龙骨纸面石膏板隔墙安装的工艺流程

轻钢龙骨纸面石膏板隔墙安装的工艺流程为：

放墙位线→修整电管→门樘脚处凿 20mm 深安装沿边龙骨→安装竖向龙骨及门框处双榀龙骨，并用卡托固定→安装门口→敷设隔墙中暗管、电线和电线铁盆并焊牢→检查、整修龙骨→安装墙的一面石膏板，用自攻螺钉固定，使用 KF80 腻子嵌缝→设置水、暖、电器等管线→验收墙内各类管线→安装墙的另一面石膏板，嵌缝→阳角部位设置金属护角→当设计为双面双层石膏板时，用 SG791 胶或自攻螺钉固定第二层石膏板，施工时应与第一层错缝，嵌缝→用穿孔纸带封闭并用腻子将纸带封闭，批平和满批至接缝处无凹凸，色泽基本一致→阴、阳角修饰→砂纸磨平→贴墙纸或刷涂料→安装踢脚线。

13.2.5 纸面石膏板隔墙施工质量标准及检验方法

（1）石膏龙骨或复合石膏板与主体之间要联结牢固；

（2）门框与墙板或龙骨应联结牢固；

（3）石膏板接缝应采取有效的抗裂措施；

（4）板材安装允许偏差和检验方法见表 13-13。

板材安装允许偏差和检验方法		表 13-13	
项次	项　目	允许偏差 （mm）	检验方法
1	表面平整	4	用 2m 直尺和嵌楔形塞尺检查
2	立面垂直	5	用 2m 托线板和尺检查
3	阴阳角垂直	6	用 20cm 方尺检查

13.2.6 轻钢龙骨石膏板隔墙质量验收及评分标准

轻钢龙骨石膏板隔墙工程实际上是轻钢龙骨安装工程与石膏板安装工程的复合工程，前者又是整个工程上的隐蔽工程，所以质量验收及评分标准分二个阶段实施。

（1）轻钢龙骨安装质量要求及评分标准见表 13-14。

轻钢龙骨安装质量要求		表 13-14
序号	部位	质　量　要　求
1	基体质量	符合国家标准
2	弹线	按龙骨宽度净线单线清楚，位置正确
3	沿顶、沿地龙骨	平直
4	边框龙骨	端部固定，固定点间距<1m，并牢固
5	密封	边框龙骨与基体安装密封符合设计要求
6	竖向龙骨	垂直、间距符合设计要求
7	罩面接缝	位置不在沿顶沿地龙骨上，加横撑龙骨
8	门角位置	使用附加龙骨，安装符合设计要求

（2）纸面石膏板安装质量验收及评分标准见表 13-15。

纸面石膏板安装 质量要求及评分标准（平面） 表 13-15		
序号	部位	质　量　要　求
1	铺设方向	竖向，长边接缝居在竖龙骨上
2	错缝	龙骨两侧石膏板错缝安装
3	自攻螺丝间距	石膏板周边螺钉间距不大于 200mm 中间部分螺钉间距不大于 300mm 螺钉与板边缘的距离在 10～16mm 之间
4	钉眼	略埋入板内，不损坏纸面，并用石膏腻子抹平
5	接缝	平整，无凹凸
6	槽口	隔断端部的石膏板与周围的墙或柱。面有 3mm 槽口，并嵌缝膏密实
7	阴阳角	阴角处腻子嵌满阳角处做好护角

习 题

1. 轻钢龙骨隔墙的主体材料有哪些？
2. 轻钢龙骨纸面石膏板隔墙的施工工序怎样？
3. 轻钢龙骨纸面石膏板隔墙施工时应注意什么？

13.3 铝合金门窗施工工艺

　　装饰工程中，使用铝型材制作门、窗较为普遍。铝合金门窗是将经过表面处理的型材，通过下料、打孔、铣槽、攻丝、制窗等加工工艺而制成的门窗框料构件，然后再与连接件、密封件、开闭五金件一起组合装配而成。尽管铝合金门窗的大小尺寸及式样有所不同，但同类铝型材门窗所采用的施工方法却相似。我国的铝合金门窗生产起点较高，发展较快，目前已有平开铝合金窗、推拉铝合金窗、平开铝合金门、推拉铝合金门等几十种系列投入建材市场。

13.3.1 铝合金门窗的特点

　　铝合金门窗与普通木门窗、钢门窗相比，具有明显的优点，其主要特点是：

　　(1) 轻质、高强。由于门窗框的断面是空腹薄壁组合断面，这种断面利于使用并因空腹而减轻了铝合金型材重量，铝合金门窗较钢门窗轻 50% 左右。在断面尺寸较大，且重量较轻的情况下，其截面却有较高的抗弯刚度。

　　(2) 密闭性能好。密闭性能为门窗的重要性能指标，铝合金门窗较之普通木门窗和钢门窗，其气密性、水密性和隔音性能均佳。

铝合金窗本身，其推拉窗比平开窗的密闭性稍差，故此推拉窗在构造上加设了尼龙毛条，以增强其密闭性能，达到 1500～3600Pa，气密性为 2.0～0.5m³/mn（10Pa 压差），水密性为 150～500Pa，隔声性为 25～35dB。

　　(3) 变形小。一是因为型材本身的刚度好；二是由于其制作过程中采用冷连接。横竖杆件之间和五金配件的安装均是采用螺丝、螺栓或铝钉，通过铝角或其他类型的连接件，使框、扇杆件连成一个整体。这种冷连接同钢门窗的电焊连接相比，可以避免在焊接过程中因受热不均而产生的变形现象，从而确保制作精度。

　　(4) 立面美观。一是造型美观门窗面积大，使建筑物立面效果简洁明亮并增加了虚实对比，富有层次感；二是色调美观。其门窗框料经过氧化着色处理，可具银白色、古铜色、暗红色、黑色等色调或带色的花纹，外观华丽雅致而色泽牢固，无需再涂漆和进行表面处理。

　　(5) 便于工业化生产。其框料型材加工、配套零件及密封件购制作与门窗装配试验等，均可在工厂内进行大批量工业化生产，有利于实现门窗设计标准化，产品系列化及零配件通用化。

同时，铝合金门窗的现场安装工作量较小，可提高施工速度。特别是对于高层建筑、高档次的装饰工程，如果从装饰效果、空调运行及年久维修等方面综合权衡，铝合金门窗的使用价值是优于其他种类的门窗的。

13.3.2 铝合金门窗常用材料

（1）铝合金型材

门窗铝合金型材采用铝、镁、硅系合金经机械挤压成型。挤压过程空气快速冷却，保证了型材的机械性能。

铝合金型材常用截面尺寸有许多系列，见表 13-16 所示。

铝合金型材常用截
面尺寸系列代号（单位：mm）

表 13-16

代 号	型材截面系列
38	38 系列（框料截面宽度 38）
42	42 系列（框料截面宽度 42）
50	50 系列（框料截面宽度 50）
60	60 系列（框料截面宽度 60）
70	70 系列（框料截面宽度 70）
80	80 系列（框料截面宽度 80）
90	90 系列（框料截面宽度 90）
100	100 系列（框料截面宽度 100）

根据国家建筑标准常用铝合金型材表面镀膜厚度在 6～30（μ）之间，壁厚 0.6～5.0 不等。92SJ713、92SJ606、92SJ712、92SJ605 分别对推拉铝合金窗、推拉铝合金门、平开铝合金窗、平开铝合金门的型材规格与安装要求作了规定。由于不同地区，不同环境，不同建筑构造选择型材的要求不同，因此铝合金型材的规格众多。现介绍窗型截面示意图（图 13-13），90 系列和 70 系列型材示意图（图 13-14、图 13-15）。在选料时门窗料的板壁厚度应合理，一般建筑中所用的窗料板壁厚度不宜小于 1.2mm，门的断面板壁厚度不宜小于 2mm。

（2）铝合金门窗配件

铝合金门窗配件很多，但主要有滑轮架、滑轮、锁扣、自攻螺丝、密封条等，现将主要配件的材质介绍如下，见表 13-17 所示。

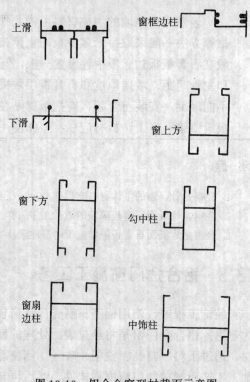

图 13-13　铝合金窗型材截面示意图

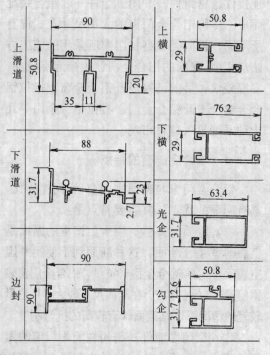

图 13-14　90 系列型材示意图

292

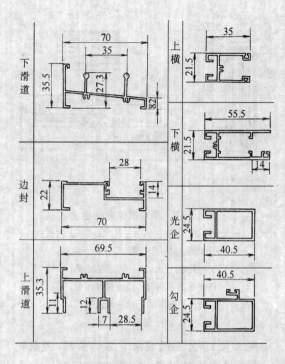

图 13-15　70 系列型材示意图

铝合金门窗常用五金件，非金属附件及材料材质要求

表 13-17

附件及材料	材质	牌号及标准代号
滑轮壳体、锁扣、自攻螺丝	不锈钢	GB-1220，GB-3230，GB-4237，GB-4232，GB-4226，GB-4230，GB-4239
锁、暗插销、窗掣	铸造锌合金	GB-9302
滑轮、合页垫圈	尼龙	GB-9304
密封条、玻璃嵌条	软质聚氯乙烯树脂聚合体	GB-10712
推拉窗密封条	聚丙烯毛条	GB-5574
气密、水密封件	高压聚乙烯	GB-5574
密封条	聚丁橡胶	4172（HG-6-407-79）
型材连接、玻璃镶嵌条	硅酮胶	JC-485

　　铝合金门窗组装过程中所使用的螺丝，宜用不锈钢螺丝。镀锌螺丝因锌表面易被破坏，所以，使用不久便被锈蚀。

13.3.3　铝合金门窗种类

　　铝合金门窗种类：

　　（1）铝合金门按其结构与开闭方式可分为：推拉窗（门）、平开窗（门）、固定窗、悬挂窗、回转窗（门）、百叶窗、纱窗等。

　　推拉窗，是窗扇可沿左右方向推拉启闭的窗；平开窗，是窗扇绕合页旋转启闭的窗；固定窗，是固定不开启的窗；百叶窗则是用铝合金页片组成的,用于通风或遮阳的窗子。门亦如此。表 13-18 是推拉窗、平开窗、摆动门的示意图及用材量。

推拉窗、平开窗、摆动门的示意图及用材　　表 13-18

种类	形式及代表规格	每类占比例（%）	每樘门窗单重（kg）	每樘门窗构件数（个）	每樘门窗所用型材（kg）	每平方米用铝（kg/m²）
推拉窗	*H=2100 W=2100*	60	21.04	18	23.91	4.5～8.0
平开窗	*H=2100 W=1500*	35	18.41	30	20.93	8～12
摆动门	*H=2700 W=1800*	5	30.81	32	35.1	

　　（2）按所用型材分，铝合金窗的种类有：38 系列至 60 系列平开窗；55 系列、60 系列、70 系列、90 系列推拉窗；各系列固定窗；各系列旋转窗。铝合金门的种类有：铝合金 90 系列、100 系列地弹簧门；铝合金 100 系列自动门；铝合金 42-90 系列平开门；铝合金 70、

90、100系列推拉门；铝合金42-90系列折叠门等。图13-16是90系列两扇推拉窗示意图。

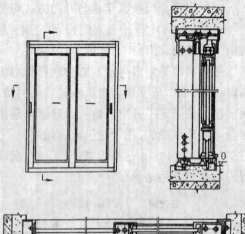

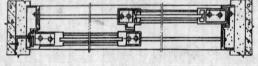

图13-16　90系列两扇推拉门

铝合金门窗类型及其代号见表13-19所示。

铝合金门类型及其代号　　表13-19.1

序号	类型	代号	序号	类型	代号
1	平开门	PLM	4	带纱扇推拉门	STLM
2	带纱扇平开门	SPLM	5	地弹簧门	LDHM
3	推拉门	TLM	6	固定门	GLM

铝合金窗类型及其代号　　表13-19.2

序号	类型	代号	序号	类型	代号
7	平开窗	PLC	12	下悬窗	CLC
8	带纱扇平开窗	SPLC	13	立转窗	LLC
9	滑轴平开窗	MPLC	14	推拉窗	TLC
10	固定窗	GLC	15	带纱扇推拉窗	STLC
11	上悬窗	SLC			

13.3.4　铝合金门窗构造

铝合金门窗的种类繁多，在这里以双扇推拉窗为例介绍其构造。见图13-17所示。

它由固定件和活动件两部分构成：上框1、下框2、两侧外框3和4组合成固定部分与墙体连接。上内框5、下内框6、侧面框7、

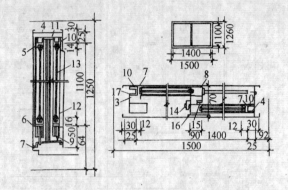

图13-17　双扇推拉窗的构造

1—上框；2—下框；3、4—外框；5—上内框；
6—下内框；7—侧面框；8、16—中框；
9—滚轮；10、15—尼龙密封条；
11—尼龙圆头钉；12—橡胶压条；
13—平板玻璃；14—开闭锁；
17—塑料垫块

中框8及16分别组成两个活动窗扇，经滚轮9在下外框轨道上滑动，使窗扇开闭。14为开闭锁。

活动窗扇内用橡胶压条12安装平板玻璃13，窗扇四周都有尼龙密封条10和15与固定框保持密封，并使金属框料之间不直接接触。尼龙圆头钉11用于窗扇导向，塑料垫块17使窗在闭合时定位。

其他铝合金门窗的结构也都是大同小异，都是由窗框和窗扇两部分组成。铝合金门窗安装的附属结构还有连接件，通常由镀锌钢板制成，其一端与门窗框连接，另一端与墙体连接。有的门窗孔洞在墙体上还设有埋件，由钢板和锚筋组成，土建施工时埋入墙体。施工时，将门窗的连接件与预埋件焊接到一起，用以固定门窗框。

13.3.5　铝合金门窗材料的估算

铝合金门材料估算见表13-20、表13-21。

铝合金推拉窗材料估算见表13-22、表13-23。

铝合金平开窗材料估算见表13-24、表13-25。

系列铝合金门主材料用量参考表　　表 13-20

主材料项目	铝合金地弹簧门		
	单扇	双扇	四扇
	(950mm× 2075mm)	(1750mm ×2075mm)	(3250mm× 2375mm)
门框铝型材（kg）	4.5	5.2	10.1
门扇铝型材（kg）	5.2	10	18.5
压边铝槽（kg）	0.8	1.6	3.1
5mm 玻璃（m²）	1.8	3.6	7
地弹簧（只）	1	2	4

系列铝合金门辅助材料用量参考表　　表 13-21

序号	主材料项目	铝合金地弹簧门		
		单扇	双扇	四扇
		(950mm× 2075mm)	(1750mm ×2075mm)	(3250mm× 2375mm)
1	自攻螺钉（个）	20	28	40
2	镀锌铁脚（个）	8	8	12
3	射钉或膨胀螺栓（个）	8	8	12
4	毛条（m）		4	16
5	玻璃胶（支）	0.5	1	2
6	拉杆螺栓（只）	4	8	16
7	拉手（对）	1	2	4
8	门锁（把）	1	1	2
9	门插（副）	1	2	4
10	保护胶纸（卷）	0.5	0.8	1.5

90 系列推拉窗主材料用量表　　表 13-22

主材料项目	铝合金推拉窗					
	双扇 (1450mm ×1450mm)	带固定窗双扇 (1450mm ×1750mm)	三扇 (2950mm ×1450mm)	带固定窗三扇 (2950mm ×1750mm)	四扇 (2950mm ×1450mm)	带固定窗四扇 (2950mm ×1750mm)
窗顶滑槽型材（kg）	1.7	1.7	3.3	3.3	3.3	3.3
窗底滑槽型材（kg）	1.3	1.3	2.7	2.7	2.7	2.7
窗边框型材（kg）	2.3	5.8	2.3	9.4	4.5	9.4
窗扇型材（kg）	6.5	6.6	9.6	9.6	12.8	1.2
铝压条（kg）	—	0.6	—	0.9	—	0.9
玻璃（m²）	1.95	2.4	4.5	5.1	4.5	5.1

90 系列推拉窗辅助材料用量表　　表 13-23

序号	辅助材料项目	双扇	三扇	四扇
1	自攻螺钉（只）	35	50	80
2	镀锌铁脚（只）	8	10	10
3	射钉或膨胀螺栓（只）	8	10	10
4	毛条（m）	6	10	13
5	封边橡胶条（m）	9	15	19
6	玻璃胶（支）	1	1	1
7	内锁销（把）	2	3	4
8	内拉手（把）	2	3	4
9	导轨轮（只）	4	6	6

38 系列铝合金平开窗主材料用量　　表 13-24

主材料项目	铝合金平开窗（mm）			
	单扇 (550mm× 1150mm)	带上固定窗单扇 (550mm× 1450mm)	双扇 (1150mm × 1150mm)	带顶窗双扇 (1150mm × 1550mm)
窗框型材（kg）	1.7	2.2	3.4	5.2
窗扇型材（kg）	1.7	1.7	3.5	4.8
铝压条（kg）	0.7	0.9	1.4	2.1
玻璃（m²）	0.6	0.8	1.2	1.7

38 系列铝合金平开窗
辅助材料用量　　表 13-25

序号	辅助材料项目	单扇	带上固定窗单扇	双窗	带顶窗双扇
1	镀锌自攻螺钉（只）	48	48	60	70
2	镀锌铁脚（只）	4	4	4	6
3	射钉或膨胀螺栓（只）	4	4	4	6
4	玻璃胶（支）	0.5	0.5	0.5	0.5
5	拉手（副）	1	1	2	3
6	窗铰链（副）	2	2	4	5
7	联动窗扇定位件（副）	1	1	2	3
8	封边橡胶条（m）	3.5	3.5	7	11

13.3.6　铝合金门窗制作工具

铝合金门窗安装施工所使用的机具很多，主要有型材切割机、手电钻、冲击电钻、拉铆枪、电动螺丝刀、小型钻铣床、组装工作台、注胶枪、水平尺等。

13.3.7　铝合金门窗工艺流程

（1）铝合金门窗制作工艺流程
断料→钻孔→组装→保护或包装。

1）断料
断料主要使用切割设备。切割的设备很多，但不论采用何种设备切割，切割的精度应保证，否则组装的方正受到影响。特别是切割具有一定角度的斜面时，更应引起十分注意。如平开窗的横竖杆件，采用的是 45℃角对接，如若切割的角度不准确，组装的方框方正定会受到影响。

方正是铝合金门、窗制作的重要质量指标，因为只有方正，才能保证开启灵活，关闭严密，方正常用对角线差控制。

断料时要注意同批料一次下齐，并要求氧化膜色彩一致。

如果在施工现场用小型切割机，宜选用小型台锯。如果用手提式电锯，宜将手提式电锯固定，然后配上加工切割的工作台。因为只有切割的工作台，切割的尺寸才便于控制。

推拉门、窗下料采用直角切割，平开门、窗采用 45°角斜切。至于其他类型采用哪种形式，应根据拼装方式决定。

2）钻孔
由于门、窗的组装采用螺丝连结，所以，不论是横竖杆件的组装，还是配件的固定，均需要钻孔。

型材杆件钻孔，批量生产宜使用小型台钻，如目前用得较多的是 13mm 的台钻。手枪式电钻，操作灵活，携带方便，在钻孔操作中，使用也较普遍。

安装拉锁，在工厂多用插床。在现场由于设备的限制，往往是先钻孔，然后再用手锯切割，最后再用挫刀修平。

钻孔位置要准确，不可在型材表面反复更改钻孔。

3）组装
根据门、窗的类型，有不同的组装方式。常用的有：45°角对接、直角对接、垂直插接三种，如图 13-18 所示。

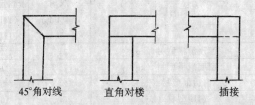

45°角对线　　直角对楼　　插接

图 13-18　对接形式示意

横竖杆件的固定，一般均是采用连接件或铝角，用螺丝、螺栓、铝拉钉固定。如平开窗在 45°角对接处，型材的内部加设铝角，然后用撞角的办法将横竖杆件连成整体。所谓撞角，实质上是用专用的工具，利用铝材较软的特点，在型材的表面，冲成几个较深的毛刺，使型材与铝角连结。

推拉窗框横竖杆件连结，属于临时固定性质，窗框一旦固定在结构上，其连结的作用也就消失。所以，连结件采用塑料件连结，用长螺丝通过连结件将横竖杆连在一起。

门窗的配件均是成品，所以，安装时按正确位置固定即可。各种密封条，也是工厂的成品，组装时，按照需要穿进去，或者压进去便可。如推拉窗的尼龙毛条，平开窗的橡胶压条，均属此种情况。

组装所使用的螺丝，宜用不锈钢螺丝。

4）保护与包装

门、窗组装完毕，应对其进行保护。目前常用的办法是在组装完毕后，用塑料胶纸将所有的型材表面包起来。也可用厚一些的塑料薄膜将型材外包。这样做的主要目的是防止型材表面受损。因为窗框、扇安装完毕，往往土建施工正在进行，操作中不慎丢落的水泥砂浆，如若不及时清理，待固结后再清理，型材的氧化膜会受到破坏。

如果加工完毕的门、窗，需运输或托运，还应对门、窗进行包装。包装前，质检部门按设计要求及有关规定进行逐件检查，合格后，签发出厂合格证，才能包装。并将产品的型号、规格、数量，用颜色笔标在型材表面。

另外，近年来各生产厂家，将门窗制作工序从现场移到车间，采用专门模具进行冲、钻、铣等机械加工，大大提高了制作质量，使气密性、水密性指标和外型尺寸等方面上了一个新台阶。

（2）铝合金门窗工艺流程

1）放线

门、窗框洞口一般均是在结构施工期间，按设计的尺寸留出。门、窗框加工的尺寸应比洞口尺寸略小，窗框与结构之间的间隙，应视不同的饰面材料而定。如果内外墙均是抹灰，考虑到抹灰层的厚度，一般情况下都是2cm左右，那么，窗框的实际外缘尺寸每一侧小2cm，如果饰面层是大理石，花岗石一类的板材，其镶贴的构造做法厚度多在5cm左右，那么，门、窗框的外缘尺寸应比洞口尺寸每一侧小5cm左右。总之，饰面层在与窗、门框垂直相交处，其交接处应该使饰面层与门、窗框的边缘正好吻合，而不应该让饰面层盖住门、窗框。具体构造如图13-19所示。

放线时，应注意以下几个方面：

a. 同一立面的门窗的水平及垂直方向应该做到整齐一致。这样，应先检查预留洞口的偏差。对于尺寸偏差较大的部位，应及

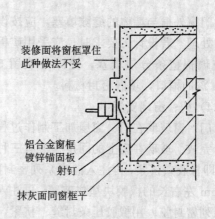

图13-19　饰面层与窗框相交处构造

时提请有关单位，并采取妥善措施处理。

b. 在洞口弹出门、窗位置线，门、窗可以立于墙的中心线部位，也可将门、窗立于内侧，使门、窗框表面与饰面平。不过，将门、窗立于洞口中心线的做法用得较多，因为这样便于室内装饰收口处理。特别是有内窗台板时，这样处理更好。

c. 对于门，除了上面提到的确定位置外，还要特别注意室内地面的标高。地弹簧的表面，应该与室内地面饰面标高一致。

2）固定门、窗框

按照弹线位置，先将门、窗框临时用木楔固定，待检查立面垂直，左右间隙、上下位置符合要求后，再用射钉将镀锌锚固板固定在结构上。镀锌锚固板是铝合金门、窗框固定的连结件。锚固板的一端固定在门、窗框的外侧，另一端用射钉枪固定在密实的基体上。锚固板的形状如图13-20所示。

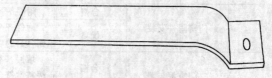

图13-20　锚固板示意（厚度1.5mm，长度可根据需要加工）

锚固板与固定件，不得有松动现象。射钉选择要合理。锚固板的间距应不大于500mm。如果有条件，其方向宜内、外交错布置。

3）填缝

门窗外框与墙体的缝隙填塞，应按设计要求处理。若设计无要求时，应采用矿棉条或玻璃棉毡条分层填塞，缝隙外表留 5～8mm 深的槽口，填嵌密封材料。

4）门、窗扇安装

门、窗玻璃在门、窗扇加工制作过程中同步完成。玻璃在扇上的固定一般有三种方法，即橡胶条挤紧，再注入硅酮系列密封胶；用 1cm 左右长的橡胶块垫住玻璃，再注入硅酮系列密封胶；用橡胶压条封缝、挤紧，表面不再注胶。

门、窗扇的安装时间，应符合土建的进度要求，安装前应检查门、窗框是否有变形情况，滑道清理，门的上、下两个转动部分是否同在一轴线上等。门、窗扇安装主要是将扇就位，调试开启灵活、密封、锁头等功能达到设计要求。

5）清理

铝合金门、窗交工前，应将型材表面的塑料胶纸撕掉。如果发现塑料胶纸在型材表面留有胶痕，可用香蕉水清理干净，玻璃应进行擦洗，对浮灰或其他杂物，应全部清理干净。

至此，铝合金门、窗的安装操作全部完成。

13.3.8 铝合金门窗质量要求

（1）铝合金门窗及其附件质量必须符合设计要求和有关标准规定。

（2）铝合金门窗安装位置、开启方向，必须符合设计要求。

（3）铝合金门窗安装必须牢固，预埋件的数量、位置、埋设连接方法必须符合设计要求。

（4）铝合金门窗框与非不锈钢紧固件接触面之间必须做防护处理，严禁用水泥浆作门窗框与墙体间的填塞材料。

（5）铝合金门窗安装质量要求及检验方法见表 13-26。

（6）铝合金门窗安装允许偏差、限值和检验方法见表 13-27。

铝合金门窗安装质量要求及检验方法　　　　表 13-26

项次	项目	质量等级	质量要求	检验方法
1	平开门窗扇	合格	关闭严密，间隙基本均匀，开关灵活	观察和开闭检查
		优良	关闭严密，间隙均匀，开关灵活	
2	推拉门窗扇	合格	关闭严密，间隙基本均匀，扇与框搭接量不小于设计要求的 80%	观察和用深度尺检查
		优良	关闭严密，间隙均匀，扇与框搭接量符合设计要求	
3	弹簧门扇	合格	自动定位准确，开启角度为 90°±3°，关闭时间在 3～15s 范围之内	用秒表、角度尺检查
		优良	自动定位准确，开启角度为 90°±1.5°，关闭时间 6～10s 范围之内	
4	门窗附件安装	合格	附件齐全，安装牢固，灵活适用，达到各自的功能	观察、手扳和尺量检查
		优良	附件齐全，安装位置正确、牢固，灵活适用，达到各自的功能，端正美观	
5	门窗框与墙体间缝隙填嵌	合格	填嵌基本饱满密实，表面平整，填塞材料、方法基本符合设计要求	观察检查
		优良	填嵌饱满密实，表面平整，光滑、无裂缝，填塞材料，方法符合设计要求	
6	门窗外观	合格	表面洁净，无明显划痕，碰伤，基本无锈蚀，涂胶表面基本光滑，无气孔	观察检查
		优良	表面洁净，无划痕，碰伤，无锈蚀；涂胶表面光滑，平整，厚度均匀，无气孔	
7	密封质量	合格	关闭后各配合处无明显缝隙，不透气、透光	观察检查
		优良	关闭后各配合处无缝隙，不透气、透光	

铝合金门窗安装允许偏差、限值和检验方法见表　　　　表 13-27

项次	项 目		允许偏差(mm)	检验方法
1	门窗框两对角线长度差	≤2000mm	2	用钢卷尺检查，量里角
		＞2000mm	3	
2	平开窗	窗扇与框搭接宽度差	1	用深度尺或钢板尺检查
3		同樘门窗相邻扇的横端角高度差	2	用拉线和钢板尺检查
4	推拉窗	门窗扇开启力限值 扇面积≤1.5m²	≤40N	用100N弹簧秤钩住拉手处，启闭5次，取平均值
5		扇面积＞1.5m²	≤60N	
6	弹簧门扇	门窗扇与框或相邻扇立边平行度	2	
		门扇对口缝或扇与框之间立、横缝留缝限值	2～4	用楔形塞尺检查
7		门扇与地面间隙留缝限值	2～7	
8		门扇对口缝关闭时平整	2	用深度尺检查
9	门窗框（含拼樘料）正、侧面的垂直度		2	用1m托线板检查
10	门窗框（含拼樘料）的水平度		1.5	用1m水平尺和楔形塞尺检查
11	门窗横框标高		5	用钢板尺检查与基准线比较
12	双层门窗内外框（含拼樘料）中心距		4	用钢板尺检查

小　结

92SJ713、92SJ6106、92SJ712、92SJ605 分别是推拉铝合金窗、推拉铝合金门、平开铝合金窗、平开铝合金门型材规格国家建筑标准。虽然铝合金门、窗的制作形状与规格不同，但工艺流程基本为断料→钻孔→组装→半成品、成品保管，而安装工艺流程一般也为放线→固定→填缝→门、窗安装→清理。

门、窗铝合金型材的材料核算方法一般用每平方米多少重量的方法计算，在核算中还应注意损耗量。

断料、钻孔的精度将直接影响安装的质量，尤其是门、窗的方正。

门、窗制作完毕与门、窗框的安装中要注意半成品、成品的保护。

习　题

1. 铝合金门窗制作的工艺流程怎样？断料施工中要注意些什么？
2. 为什么划线、钻孔的准确性对铝合金门窗的安装，尤其是方法十分重复？
3. 铝合金门窗安装工艺流程怎样？在放线中要注意些什么？

13.4　不锈钢板饰面施工工艺

不锈钢饰面顾名思义就是用不锈钢板作装饰面材料进行装饰。不锈钢装饰工程具有以下几个特点：第一，不锈钢装饰件具有华丽的金属光泽和明快的质感；第二，不锈钢装饰产品比铝合金等金属产品的耐腐蚀性强，具有不易锈蚀的特点，因此可较长时间的保持初始装饰效果；第三，不锈钢装饰产品具有较高的强度和硬度，因此，在施工和使用过程中不易发生变形；第四，由于不锈钢经抛光后具有如同镜面的效果，尤其是通过不锈钢镜面的反射作用，可取得与周围环境中的各种色彩、景物交相辉映的效果；第五，利用不锈钢镜面具有很强的反射光线的能力，在灯光的配合下，可形成晶莹明亮的高光部分，从而有助于形成空间环境中的艺术中心点。

13.4.1　不锈钢板饰面工程中常用材料

（1）不锈钢板

不锈钢是指在钢中加入以铬为主元素（一般含量在12%以上）的钢材。且形成钝化状态，具有不锈钢性的钢材。通常根据不锈钢的成分又分为高铬型和高铬镍型两类。根据不锈钢在高温淬火处理后的反应和微观组织又分为三类：即淬火后硬化的马氏体系和淬火后不硬化的铁素体系，及高铬镍型不锈钢所具有的奥氏体系组织。这三类不锈钢在性能和成分上的区别，见表13-28。

三类不锈钢性能差异表　　表13-28

分类	大致化学成分（%）			淬硬性	耐腐蚀性	加工性	可焊性	磁性
	Cr	Ni	C					
马氏体系	11～15	—	1.20以下	有	可	可	不可	有
铁素体系	16～27	—	0.35以下	无	佳	尚佳	尚可	有
奥氏体系	16以上	7以上	0.25以下	无	优	优	优	无

从表13.4-1中可知，不锈钢的主要性能是具有良好的耐腐蚀性，加工性和可焊性。目前用于建筑装饰方面的不锈钢主要有以下一些品种：0Cr13、0Cr17Ti、0Cr18/0Cr18Ni9、Cr18Ni18、1Cr18Ni9Ti、Cr18Mn8Ni5、1Cr17Mo2Ti，在建筑装饰中常用的是Cr18Ni8、0Cr17Ti、1Cr17Mo2Ti，又以不锈钢管和不锈钢板为主，如不锈钢包柱就用厚度2mm以下的板材。

（2）金属粘接剂

用于金属装饰中的粘结剂有很多种，在这里简单介绍四种常用金属粘接剂。

1）914室温快速胶粘剂

系双组分环氧胶，该胶粘结强度高，耐热、耐水、耐油、耐冷热冲击，而且固化速度快（粘结后室温3～5h），使用方便。用于金属、陶瓷、玻璃、木材、橡胶等材料的粘结，也可用于60℃条件下金属和非金属部件的小面积快速粘结修复。两组分配合比：6：1（重量比），5：1（体积比）。粘结最好在20℃以上进行，每次配胶最好在5分钟内用完。不宜做大面积粘结。

2）KH-50胶

本胶具有不需加压、加热、不耐加固化剂，而且固化速度快等特点，抗拉强度＞25MPa。适用常温下快速粘结钢、铜、铝、橡胶、工程塑料、陶瓷、木材、水泥等。室温下静放10～30min即可粘牢，一般需24～48h方可达到强度高峰。

3）502胶

其性能和用途基本与501胶相同，但耐介质性比501胶好，固化速度比501胶稍慢，储存期比501胶更短，性脆，也不耐水，不耐湿热。耐热不大于100℃。适于常温下快速粘结钢、铜、铝、橡胶、工程塑料、陶瓷、木材、水泥等。用胶不宜过多，以表面湿润为准。粘结时要迅速定位，用物施压，在几秒至几分钟即可粘牢。

4）XH-502瞬间胶

本品系以2-氰基丙烯酸乙脂为主要成分，该胶固化速度快、适用范围广、使用方便、粘结力强，室温下几秒至几分钟即可交付使用。适于常温下快速粘结钢、铜、铝、橡胶、工程塑料、陶瓷、木材、水泥等。不适用聚四氟乙烯塑料，不宜在酸、碱、水中长期使用。适用温度50～70℃。

（3）不锈钢用焊接材料

在不锈钢的焊接中，应选用与母材成分相对应的不锈钢焊条。如铬不锈钢焊条G202、G307等；奥氏体不锈钢焊条A232、A407等。

13.4.2　不锈钢板饰面施工常用施工机具

不锈钢工程中常用施工机具有：电剪刀、冲击电钻、电动抛光机、电圆锯、曲线锯、电钻、亚弧、电焊机，还有其他手用工具，如木锯、斧子、锤子、钢锯等。

13.4.3　与不锈钢板饰面施工相关的工艺❶

（1）不锈钢板的焊接

---

❶　此部分为课外阅读内容。

不锈钢在受到焊接加热时容易产生冶金方面的变化而导致焊接接头区恶化，并且在焊接时极易产生热裂缝，因此要掌握各种不锈钢的性能，选择正确的焊接方法。下面简单介绍一下各类不锈钢板在焊接时所存在的问题。

马氏体系不锈钢在焊接方面所存在的问题，主要有两个方面：一是焊缝热影响区的硬化；二是由于扩散性氢的作用所引起的滞后裂缝。滞后裂缝，一般是指在焊接施工完成之后，经过数天才出现的一种裂缝，这种裂缝的位置，一般与焊缝金属成直角。

铁素体系的不锈钢，因为没有淬硬性，所以焊缝的热影响区几乎不发生硬化现象。但另一方面，由于铁素体系不锈钢在被加热到熔点附近时会出现热影响区晶粒粗化现象，其结果，是使钢材在常温下的塑性、韧性均发生下降。

奥氏体系的不锈钢焊接所存在的问题，主要是焊缝金属的热裂缝，焊接热影响区晶界上铬的碳化物的析出以及焊接残余应力等等。不锈钢焊接方法的选择见表13-30。

不锈钢焊接，很少采用搭接的方式，通常均采用对接。一般情况下，对板厚小于1.2mm的不锈钢板的焊接，可以采用平口焊接；对板厚不小于1.2mm的不锈钢板的焊接，宜采用V形坡口焊缝；当板厚大于6mm时，往往还需采用X形焊缝。

（2）表面处理技术与工艺

1）研磨：研磨可以除去材料表面的毛刺、砂眼、气泡、焊疤、划痕、腐蚀痕、氧化皮以及各种宏观缺陷，以提高表面的平整度，降低粗糙度，保证金属装饰工程质量。研磨是在粘有磨料的磨轮上进行的，所用的磨轮是以骨胶或皮胶为粘结剂，粘结各种磨料。

2）抛光：抛光包括机械抛光、化学抛光、电化学抛光三种方式。机械抛光：有色金属及其合金经研磨后有时还要进行机械抛光，以进一步降低粗糙度，增强镀覆层的光泽和外观质量。化学抛光：金属制品表面在特定的条件下所进行的化学浸蚀过程，从而获得平滑光亮的表面。电化学抛光：金属制品表面进行阳极电化学浸蚀的过程，从而获得镜面般光亮平滑的表面。

3）除油：采用有机剂、化学、低温、电化学、超声波等多种方法，都可将不锈钢板面的油污彻底清除。

4）除锈：采用机械、化学及电化学等方法，都可除去表面的锈层。

（3）粘合操作技术

如何使用粘接剂把装饰面层和装饰基体可靠的粘接在一起，通常采用的操作程序是：

粘前技术准备──→胶粘剂配制、涂抹──→装配粘合──→压紧固化──→表层清洁交工

不锈钢焊接方法的选择   表13-29

分类	焊接方法	马氏体系 Cr 钢	铁素体系 高 Cr 钢	奥氏体系 Cr-Ni 钢	大概适用板厚（mm）
熔化焊	手工电弧焊	B-C	B	A-B	i>0.8
	埋弧焊	B	B	B	i>6
	气焊	C	C	B	i>1
	钨极惰性气体保护焊	B	B	A	0.5～3
	金属极惰性气体保护焊	B	B	A	i>3
	钎焊	C	C	B	—
接触焊	点焊	B	A	A	0.15～3
	缝焊	C	B	A	0.15～3

注：A─最合适；B─较合适；C─难以焊接，很少应用。

1）粘前技术准备：

a. 认真全面检查装饰基体的施工质量符合设计要求，粘接面已经清洁，干湿适宜；

b. 选择好适宜的胶粘剂，已按工程量购货进场；

c. 装饰面层已加工完成，粘接面清洁符合粘接要求，并在装饰基体上试装配，吻合严密；

d. 装配后的压紧固化方案已经确定，使用材料已经进场；

e. 脚手架，劳动力，工机具已准备或落实。

2）胶粘剂配制、涂抹：

胶粘剂涂抹使用前，仔细阅读胶粘剂的使用说明书，按照说明书的要求进行操作。

通常涂胶的方法有：刷涂法、喷涂法和刮涂法。涂刷胶后有立即粘合也有晾置陈放后再粘合二种方法。

3）装配粘合

胶粘剂涂后适时进行粘合，粘合时注意施工顺序、控制线的控制和接缝等细部的处理。

4）压紧固化

胶粘剂从涂刷到完全固化之前，需要一定的压紧力、温度和时间，即固化条件。因此，为保证粘结质量，创造固化条件，尤为重要，通常温度和时间比较容易满足要求，而压紧方法常有杠杆重锤压紧、弹簧夹压紧、多块重物压紧、砂袋压紧、气袋垫、弹簧垫、钉压紧、螺旋夹压紧、板材类叠层压紧等等，在施工时根据实用情况选用。

13.4.4 不锈钢板包柱

（1）不锈钢板包柱施工工艺流程

柱体成型──→柱面修整──→不锈钢板滚圆──→不锈钢板定位安装──→焊接──→打磨修光

1）柱体成型：这是指必须改变原柱体的形状进行不锈钢板包柱的施工项目，如原柱体是方柱体，现需改成圆柱体进行不锈钢板包柱装饰，这时就必须在原方柱体上制作木骨架或钢骨架，使方柱成为圆柱。见图13-21。

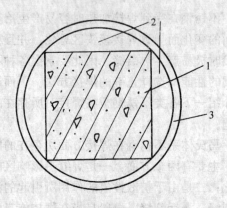

图13-21 方柱改成圆柱示意图
1—原方柱；2—后制作木骨架或钢骨架；
3—覆面三夹板

2）柱面修整：在饰面不锈钢板安装之前，应对柱面进行修整，以防止由于柱面缺陷而导致不锈钢板的变形，同时，柱面的不圆，不垂直及不平整，也很容易使饰面不锈钢的接缝处间隙不均而造成焊接困难。

3）不锈钢板的滚圆：是将不锈钢板加工成所需要的圆筒形状，是不锈钢包柱施工的重要环节，通常在加工厂机械滚圆。

4）不锈钢板的定位安装：滚圆加工后的不锈钢板与圆柱体包覆就位时，其拼联接缝之处应与预设的施焊垫板位置相对应。安装时注意调整缝隙的大小，其间隙应符合焊接的规范要求（0~1.0mm），并须保持均匀一致；焊缝两侧板面不应出现高低差。

5）焊接操作：为了保证不锈钢板的附着性和耐腐蚀性不受损失，避免其对碳的吸收或在焊缝过程中混入杂质，应在施焊前对焊缝区进行脱脂去污处理。其焊接方法以手工电弧焊和气焊为宜。

6）打磨修光：由于施焊，不锈钢板包柱饰面的拼缝处会不平整，而且粘附有一定量的熔渣，为此，须使用适当方法将其修平和清洁。在一般情况下，当焊缝表面并无太明显凹痕或凸出粗粒焊珠时，可直接进行抛光。当表面有较大凹凸渣滓时，应使用砂轮机磨平而后换上抛轮作抛光处理。应将焊缝区加工成洁净光滑的表面，以焊缝痕迹不很显露为佳。

剪裁要精确，对缝要严密，以免影响装饰效果。

13.4.5 不锈钢门套施工

不锈钢门及门套的施工工艺比较简单，原因是不锈钢板的围弯工作由机械来完成，或生产厂家的定型产品，而且只采用对接粘牢的方法，不采用焊接法，所以它的施工工序较为简单。

门框的整修──→与门框形合的不锈钢板粘结──→门套表面整修

由于定形的不锈钢板门套精确度很高，因此在施工中必须注意：

(1) 衬板（框）在制作过程中一定要精确，尤其是转角处；

(2) 在粘结前，衬板（框）的表面一定要进行处理，尤其是钢骨架，要进行打磨，保证粘结质量及装饰效果；

(3) 不锈钢门及门框的装饰中，板间接缝通常只采用对接粘牢法，不采用焊接法，故板

13.4.6 质量标准

柱体龙骨安装完毕，应全面校正，并检查横、竖龙骨及支撑连接是否牢靠。安装好的骨架，用手摇动牢固可靠。

选用的不锈钢罩面板，应光亮如镜，安装后不得有明显的划痕，更不允许有凹凸现象存在。其几何形状应符合表13-30的要求，板面不得有任何污染和锤伤等缺陷。接缝要均匀一致，收口部位应整齐美观。其允许偏差见表13-30。

不锈钢包柱施工工程允许偏差

表 13-30

序号	项目	允许偏差	检验方法（要求）
1	表面光滑平整		不得有明显滑痕及凹凸现象
2	接缝平直		
3	不圆度	±3mm	用吊垂线检查
4	歪斜度	3mm/3m 6mm/6m	用吊垂线检查，一周设四点

小　结

不同性能的不锈钢板使用的焊接材料不同，不同性能的不锈钢板的焊接方法也不同，因此要注意不锈钢板的性能；不锈钢的焊接很少采用搭接的方式，通常采用对接法；不同厚度的不锈钢板采用不同的焊接方法；为防止奥氏体系不锈钢焊接时严重的变形，要对焊接的次序加以合理的安排；同时为防止焊接时在局部范围内聚集的热量过高，要采取散热的办法；不锈钢表面预处理一般有研磨、抛光、除油和除锈；不同表面的粘合操作要作不同的基面处理，这是保证粘合质量的关键；要注意不同胶粘剂固化或成膜条件，保证粘合的质量。

习　题

1. 不锈钢按成分分有哪两种类型，按高温淬火与微观组织分又分几种类别？
2. 为什么要注意电焊条的合理选用？
3. 为什么要注意不锈钢焊接方法的选择？
4. 平口、V形和X形的焊接各适用的不锈钢板的厚度为多少？
5. 如何防止焊接变形？
6. 不锈钢板表面预处理有哪几种？
7. 粘合操作施工工序是什么？
8. 不锈钢板包柱的施工工序是什么？
9. 为什么不锈钢门套在粘结前必须认真清理装饰面的基面？

13.5 金属制品装饰施工电（气）动机具

装饰机具是保证施工质量，提高工作效率的重要手段。它的品种繁多，功能十分广泛。小型机具一般可分为电动工具类和风动工具类。

电动工具类是运用小容量电动机或电磁铁通过传动机构驱动工作的一种手持或携带式的机械工具。它具有结构轻巧，携带方便，劳动生产率高的特点。

电动工具的基本品种按用途和电气安全保护方法可分为三类。Ⅰ类电动工具是普通型绝缘电动工具，其额定电压超过50V，绝缘结构中多数单位只有工作绝缘，如果绝缘损坏了，操作者即有触电的危险。Ⅱ类电动工具是双重绝缘电动工具。Ⅲ类电动工具，即低电压电动工具。Ⅱ类和Ⅲ类工具不应该接地或接零位置。

风动工具是利用马达把压缩气体能变为机械能的一种动力机械工具，它的品种较多，使用面广。

风动工具突出的特点是：重量轻、体积小、功率大。它制造简单，结构牢固，不怕碰撞。风动工具超负荷工作直到停机，不会损坏工具或烧掉电线。压缩空气系统固有的安全性相当大，不存在短路的危险。下面介绍几种金属装饰工具中常用的机具。

13.5.1 电动工具

（1）电钻

电钻是用来对金属、塑料、其他材料或工件进行钻孔的电动工具。

（2）电动冲击钻

电动冲击钻是可调节式旋转带冲击的特种电钻，用来对钢制品和混凝土、砖墙进行钻孔。

（3）电动角向钻磨机

角向钻磨机是一种供钻孔和磨削两用的电动工具。

（4）电剪刀

电剪刀是裁剪钢板以及其他金属板材的电动工具。电动剪刀的形状见图13-22。

图 13-22 电动剪刀

（5）电（气）动螺丝刀

电（气）动螺丝刀——是拧固螺钉的常用电（气）动工具，可拧螺钉M5～M8。气动螺丝刀适用于一字头、十字头、六角头螺栓螺母的拧紧及拆卸。充电式电钻螺丝刀既能钻孔又兼具拧固螺钉功能，只需调换钻头与螺丝刀头，并附有专用快速充电器，充电时间只用1～1.5h。见图13-23。

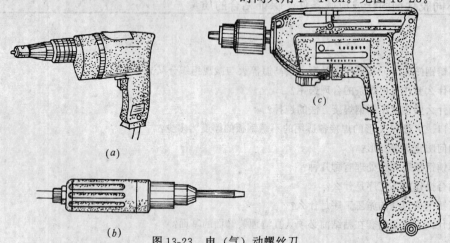

图 13-23 电（气）动螺丝刀
(a) 电动螺丝刀；(b) 气动螺丝刀；(c) 充电式电钻—螺丝刀

（6）型材切割机

型材切割机主要用于切割金属型材。它是根据砂轮磨损原理，利用高速旋转的薄片砂轮进行切割，也可改换合金锯片切割木材、硬质塑料等，在建筑装饰施工中，多用于金属内外墙板、铝合金门窗安装、吊顶等工程中。

型材切割机由电动机、切割动力头、变速机构、可转夹钳、砂轮片等部件组成。现在国内装饰工程中所用切割机多为国产的和日本产的，如J3G-400型、J3GS-300型，其形状见图13-24、图13-25。

图 13-24　J3G-400 型
型材切割机

图 13-25　J3GS-300 型
型材切割机

使用注意事项：使用前应检查切割机各部位是否紧固，检查绝缘电阻、电缆线以及电源额定电压是否与铭牌要求相符，电源电压不宜超过额定电压的10%；选择砂轮布和木工圆锯片，规格应与铭牌要求相符，以免电机超载；使用时，要将被切割件装在可转夹锥上，开动电机，用手柄撤下动力头，即

可切割型材，夹钳与砂轮片应根据实际需要调整角度；切割机开动后，应首先注意砂轮片旋转方向是否与防护罩上标出的方向一致，如不一致，应立即停车，调换插头中两支电源线；操作时不能用力按手柄，以免电机过载或砂轮片崩裂。操作人员可握手柄开关，身体应倾向一旁，因有时紧固夹钳螺丝松动，导致型材弯起，切割机切割碎屑过大飞出保护罩，容易伤人。使用中如发现机器有异常杂音、型材或砂轮跳动过大等应立即停机，检修后方可使用。

（7）电动曲线锯

曲线锯可按照各种要求锯割曲线和直线的板材，更换不同的锯条，可以切割金属、木材、塑料、橡胶、皮革等。锯条的锯割是直线的往复运动，能锯割形状复杂并带有较小曲率半径的几何图形的板材形状。其中粗齿锯条适用于锯割木材，中齿锯条适用于锯割有色金属板材、层压板，细齿锯条适用锯割钢板。它具有体积小、重量轻、操作灵巧、安全可靠等特点。是建筑装修工程的理想锯割工具，其形状见图13-26。

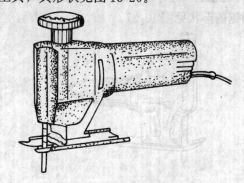

图 13-26　电动曲线锯

操作注意事项：为取得良好的锯割效果，锯割前应根据被加工件的材料选取不同齿距的锯条，若在锯割薄板时发现工件有反跳现象，表明选用锯条齿距太大，应调换细齿锯条；锯条应锋利，并装紧在刀杆上；锯割时向前推力不能过猛，转角半径不宜小于50mm。若卡住应立刻切断电源，退出锯条，

再进行锯割；在锯割时不能将曲线锯任意提起，以防锯条受到撞击而折断或损伤锯条。但可以断续地开动曲线锯，以便认准锯割线路，保证锯割质量；应随时注意保护机具，经常加注润滑油，使用过程中发现不正常的声响、火花、外壳过热、不运转或运转过慢时，应立即停锯，检查和修好后方可使用。

（8）电动角向磨光机

电动角向磨光机，是供磨削用的电动工具，由于其砂轮轴线与电机轴线成直角，所以特别适用于位置受限制不便用普通磨光机的场合。

13.5.2 风动工具

（1）风动锯

风动锯采用旋转式节流阀，为了减少导杆上下高速运动带来的振动，前部设计有平衡装置。当压缩空气经节流阀进入滑片或风马达，使转子旋转，经一级齿轮减速，由曲轴机构带动导杆下端的锯条作直线高速往复运动，进行锯割作业。它适用于对铝合金、塑料、橡胶、木材等板材的直线和曲线锯割。风动锯的形状见图13-27。

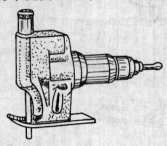

图 13-27　风动锯

（2）风动冲击锤

风动冲击锤是直接利用有压气体作为介质，通过气动元件和调节阀控制冲击气缸和旋转风马达，实现机械冲击往复运动和旋转运动。主要与硬质合金冲击钻头或自钻式膨胀螺栓配合使用，在混凝土、砖石结构上进行钻孔，以便安装膨胀螺栓。风动冲击锤的形状见图13-28。

图 13-28　风动冲击锤

（3）风动打钉枪

风动打钉枪是采用气动冲击气缸，往复推动活塞杆，实现机械冲击。

（4）风动拉铆枪

风马达经过风压后，会产生拉力，达到铆接的要求。使用时只要接通风管，配备适应铆钉规格的夹头，把特制的铝铆钉杆插入夹头内，然后插入预制的需要铆接的孔内，揿动扳钮，即能拉铆。速度快、功效高。风动拉铆枪的形状见图13-29、图13-30。

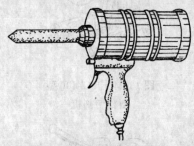

图 13-29　风动拉铆枪（FLM-1 型）

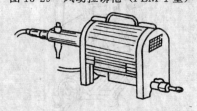

图 13-30　风动增压式
拉铆枪（FZLM-1 型）

（5）射钉枪

射钉枪是装饰工程施工中常用工具，它与射钉和射钉弹共同使用。由枪机击发射钉弹，以弹内燃料的能量，将各种射钉直接打入混凝土或砖砌体材料中去。

使用时注意事项：使用时先装钉后装弹；使用前要认真检查枪的完好程度，操作者应经过使用培训；射击时，将射钉枪垂直压紧在基体表面上，扣动扳机，射击的基体必须稳固坚实，并且有抵抗射击冲力的刚度。扣动扳机后如发现子弹不发火，应再次按于基体上扣动扳机，如仍不发火，应仍保持原射击位置数秒后，再拉伸枪管换子弹；装钉后，或换子弹时，严禁枪对人。

13.6 金属装饰工程质量标准与检验方法

13.6.1 轻金属龙骨及其吊顶施工的质量要求

（1）各种龙骨的规格、配件情况、安装后的承重能力及装配方法等，应准确参照各生产厂的产品说明。对于轻金属吊顶龙骨的外观要求，除国家标准 GB 11981—89 对于 U、C 型轻钢吊顶龙骨的有关规定外，可参照表 13-31；各种龙骨的尺寸允许偏差，可参照表 13-32，以及其他相关标准。

（2）吊筋应平直、不得有弯曲现象。吊筋、扁钢、角钢及埋件等铁件，以及吊杆接长的焊接处，均应涂刷防锈漆不少于 2 道，螺丝处应刷润滑油。

龙骨的外观要求　表 13-31

项　　目	指　　标
龙骨外形	光滑平直
各平面平面度（mm）	每米允许偏差 2
轴线度（mm）	每米允许偏差 3
过渡角裂口和毛刺	不许有
涂防锈漆或镀锌、喷漆表面流漆、气泡	不许有
镀锌连接件黑斑、麻点、起皮、起瘤、脱落	不许有

（3）吊顶四周应在设计标高平面上，四周允许偏差 ≤±5mm。吊顶平整度用 2m 直尺检查不应超过 $^{+3}_{-6}$mm；直观检查吊顶无下垂感。

（4）龙骨接长时采用配套连接件，连接件与龙骨连接应紧密，接缝不应超过 2mm，不允许有过大的缝隙和松动现象。上人吊顶龙骨安装后，其刚度应符合设计要求。

13.6.2 饰面石膏板装饰施工工程的质量要求

饰面石膏板施工工程的质量要求见表 13-33 所示。

各种龙骨的尺寸允许偏差　表 13-32

品　种	B（宽度）（mm）			H（高度）（mm）		
	基本尺寸	极限偏差		基本尺寸	极限偏差	
		优质产品	合格产品		优质产品	合格产品
UC50 TC50 主龙骨	15	±1		50	±0.6	＋0.95
UC38 TC38 主龙骨	13	±1		38	±0.31	±0.5
L35 异形龙骨	15	±1		35	±0.5	±0.8
U50 龙骨	50	＋0.62 0	±1 0			
U25 龙骨	25	＋0.52 0	＋0.84 0	20		
T23 龙骨及横撑龙骨	2			38	±0.5	±0.8

饰面石膏板施工工程的质量要求

表 13-33

项次	项目	允许偏差（mm）				检验方法
		石膏装饰板	纸面石膏板	穿孔吸声石膏板	嵌装式装饰石膏板	
1	表面平整	3	3		3	用 2m 靠尺和楔形塞尺检查，观感平整
2	接缝平直	3	3		3	拉 5m 线检查，不足 5m 拉通线检查
3	压条平直	3	3		3	拉 5m 线检查，不足 5m 拉通线检查
4	接缝高低	1	1		1	用直尺和楔形塞尺检查
5	压条间距	2	2		2	用尺检查

13.6.3 铝合金板装饰施工工程的质量要求

（1）金属装饰板材（包括金属条板、金属方板和金属格栅）表面应平整、洁净，不得有污染、折断、缺棱掉角等缺陷，规格和颜色一致。

（2）板面与骨架的固定必须牢固，不得松动。

（3）接缝宽窄一致，嵌填密实。

（4）安装铝合金板材所用的铁制锚固件和连接件应作防锈处理。

金属装饰板吊顶工程质量验收标准见表 13-34。

13.6.4 铝合金门窗安装施工工程的质量要求

（1）铝合金门窗及其附件质量必须符合设计要求和有关标准的规定。

（2）铝合金门窗安装的位置、开启方向，必须符合设计要求。

（3）铝合金门窗安装必须牢固，预埋件的数量、位置、埋设连接方法必须符合设计要求。

（4）铝合金门窗框与非不锈钢紧固件接触面之间必须做防腐处理；严禁用水泥砂浆作门窗框与墙体间的填塞材料。

（5）铝合金门窗安装质量要求及检验方法见表 13-35。

金属装饰板吊顶工程质量验收标准　　　　表 13-34

项次	项目	允许偏差（mm）			检验方法
		铝合金板	压型钢板	不锈钢板	
1	表面平整	3	3	1	用 2m 靠尺和楔形塞尺检查
2	表面垂直	2	2	2	用 2m 托线板检查
3	接缝平直	0.5	1	0.5	用 5m 拉线检查，不足 5m 拉通线检查
4	压条平直	3	3	1	用 5m 拉线检查，不足 5m 拉通线检查
5	接缝高低	1	1	0.1	用直尺和楔形塞尺检查
6	压条间距	2	2	2	用尺检查

铝合金门窗安装质量要求和检验方法　　　　表 13-35

序号	项目	质量等级	质量要求	检验方法
1	平开门窗扇	合格	关闭严密，间隙基本均匀，开关灵活	观察和开闭检查
		优良	关闭严密，间隙均匀，开关灵活	
2	推拉门窗扇	合格	关闭严密，间隙基本均匀，扇与框搭接量不小于设计要求的 80%	观察和用深度尺检查
		优良	关闭严密，间隙均匀，扇与框搭接量符合设计要求	

序号	项目	质量等级	质量要求	检验方法
3	弹簧门扇	合格	自动定位准确,开启角度为90°±3°,关闭时间在3~15s范围之内	用秒表、角度尺检查
		优良	自动定位准确,开启角度为90°±1.5°,关闭时间6~10s范围之内	
4	门窗附件安装	合格	附件齐全,安装牢固,灵活适用,达到各自的功能	观察、手扳和尺量检查
		优良	附件齐全,安装位置正确、牢固,灵活适用,达到各自的功能,端正美观	
5	门窗框与墙体间缝隙填嵌	合格	填嵌基本饱满密实,表面平整,填塞材料、方法基本符合设计要求	观察检查
		优良	填嵌饱满密实,表面平整、光滑、无裂缝,填塞材料,方法符合设计要求	
6	门窗外观	合格	表面洁净,无明显划痕,碰伤,基本无锈蚀;涂胶表面基本光滑,无气孔	观察检查
		优良	表面洁净,无划痕,碰伤,无锈蚀;涂胶表面光滑,平整,厚度均匀,无气孔	
7	密封质量	合格	关闭后各配合处无明显缝隙,不透气、透光	观察检查
		优良	关闭后各配合处无缝隙,不透气、透光	

第14章 其他装饰施工工艺与构造

在现代装饰施工中，还常常使用石膏、地毯及某些新型复合材料，有些项目是综合采用多种材料进行混合施工。本书将上述内容归为"其他装饰施工工艺与构造"，以便与前述分类有所区别。

14.1 其他地面装饰施工工艺

其他地面装饰，主要讲述塑料地板，活动地板和装饰纸涂塑地面。

14.1.1 塑料地板

塑料地板具有耐磨、隔热、隔声、防潮、色彩丰富和施工方便、维修简单、价格便宜、装饰效果好等优点。较多用于工业和民用建筑地面装饰。

(1) 塑料地板的种类

塑料地板的种类很多，按材料性质可分为硬质、半硬质和弹性塑料地板。产品按外型又分为块状塑料地板和卷状塑料地板。

1) 聚氯乙烯塑料地板（简称PVC）：它具有色彩丰富、装饰性强、耐湿性好、抗荷载性好、有使用耐久性等优点，其突出性能是耐磨性能好。

2) 氯化聚乙烯卷材地板（简称CPE）：它除了具有聚氯乙烯塑料地板的基本特性外，其耐磨性能和延伸率明显优于聚氯乙烯塑料地板。

3) 石棉塑料地板：它是用聚氯乙烯共聚树脂与石棉、其他配合剂、颜料等混合，经塑化压延成片，冲模而成。

塑料地板的性质在很大程度上取决于组成材料。一般来讲，树脂掺量越多，其耐磨性越强。

常用聚氯乙烯塑料地板的分类见表14-1，其品种规格及用途见表14-2。

聚氯乙烯塑料地板分类　　　表 14-1

序号	种	类	制 成
1	半硬质聚氯乙烯块材	聚氯乙烯塑料地板块	以聚氯乙烯树脂为主要原料，加粘合剂制成
		石棉、塑料地板块石英	由聚氯乙烯树脂、矿物颜料、石棉、石英等矿物填料、增塑剂配制而成
		复层塑料地板块	由底层、印刷层、贴膜面层组成
2	软质聚氯乙烯地卷材	均质单层地卷材	
		印花聚氯乙烯地卷材	由面层透明膜，中间由印花层和底层组成
3	弹性聚氯乙烯地板	卷材	由透明面层（耐磨塑料）、印刷层、发泡层和软垫层（玻璃棉、合成纤维毡）、经热压制成
		块材	当透明层为硬质时可制成块材

聚氯乙烯塑料地板品种规格及用途

表 14-2

品 种	规 格 （mm）	适用范围及性能
聚氯乙烯塑料地板块	300×300×1.2 600×900×1~2	办公室、图书室、试验室、精密防尘车间、住宅等室内地面（同下）

品　种	规　格　(mm)		适用范围及性能
石棉（石英）塑料地板块	普通	304.8×304.8×1.5 304.8×304.8×2	办公室、旅馆、学校、图书室、住宅、医院、超静车间、仪表机房、实验室等室内地面 （耐凹陷、耐磨、耐烟头、耐刻划、但脚感较硬）
	抗静电	250×500×1.2 230×230×1.2 304.8×304.8×1.5	
复层块地板	300×300×0.2 （面层厚）		住宅地面 （耐磨、耐凹陷、耐烟头、耐刻划、脚感均中等密度不高）
软质聚氯乙烯卷材	长 20～25m 宽 1.0～1.5m 或 1.5～1.8m 厚 0.8～1.2mm		
弹性聚氯乙烯地板	卷材： 长：20～25m 宽：0.9～2.0m 厚：1.0～2.0mm		高级建筑、精密防尘车间、实验室、图书馆、饭店、宾馆、住宅地面（较柔软、脚感舒适、但耐凹陷、耐烟头差）
	块材 305×305×1.2～1.5		

（2）塑料地板常用胶粘剂

塑料地板胶粘剂的种类和性质各不相同，应根据地板材料按使用说明而选用相适应的胶粘剂，特殊的塑料地板有专门配套的胶粘剂。

常用胶粘剂名称及其特点见表 14-3。

塑料地板常用粘结剂　表 14-3

类　别	名　称	主要性能和特点
乙烯类胶粘剂	聚醋酸乙烯乳胶	1. 无毒、无味、耐老化、耐油，胶结强度高价格便宜 2. 初粘结强度小

类　别	名　称	主要性能和特点
氯丁橡胶型胶粘剂	XY-401 胶、404 胶、FN-303 胶、熊猫牌 202 胶、XY-409 胶	1. 粘结强度高，初粘结强度大 2. 施工中须采用有机溶剂（苯或汽油等） 3. 有一定毒性，对人体刺激性较大，施工中应加强通风，价格较贵
环氧树脂胶	熊猫牌 717 胶 HN-302 胶	1. 粘结强度高，并具有一定的耐水、耐碱、耐油性能 2. 有一定毒性，固化后脆性较大，初粘结强度不高，价格较贵
聚胺酯-聚异氰酸脂胶	熊猫牌 404 胶、405 胶 101 胶（乌利当）JQ-1、2 胶	1. 粘结强度较高，胶膜韧性好，耐水、耐油、耐老化好，成本较低 2. 有一定毒性，施工时应注意通风 3. 101 胶耐热性较差，固化速度慢，固化前对环境温、湿度较敏感

（3）塑料地板施工工艺

1）施工条件

塑料地板铺设应在土建、电器、管道、设备、墙面装饰工程均已完成并检验合格后，方可进场施工。

在混凝土，水泥砂浆基层上铺贴塑料地板，其基层的质量应满足表 14-4 的要求。

塑料地面对水泥砂浆或混凝土基层质量要求　表 14-4

项目	强度(MPa)	表面起砂	表面起皮起灰	空鼓	平整宽(mm)	表面光洁度	裂缝	阴、阳角方正	与墙、柱边的直角度	清洁	含水率(%)
质量要求	水泥砂浆：15.0 混凝土：20.0	无	无	无	2m 靠尺塞尺检查不大于2	手摸无粗糙感	无	用方尺检查应合格	合格	无油渍，无灰尘砂粒	不大于 8，用刀刻划出白道

注：施工时室内相对湿度不应大于 80%。

2）工艺流程

基层清理→分格弹线→裁切试铺→刮胶→铺贴→清理→养护。

3）工艺要点

基层清理：基层不得有砂粒、灰尘等杂物。

分格弹线：根据设计要求，房间形状和地板块的外形尺寸，在合格的基层表面上进行分格弹线。塑料地板铺贴一般采用直角图案和斜角图案，如图14-1。

图14-1 塑料地板弹分格线
(a) 十字形；(b) 对角线形；(c) T形

对于两个相邻房间，颜色不同的地板，其分格线应设在门扇中线，使门口地板对称。

裁切试铺：按定位线，依设计图案预摆地板块以确定镶边材料的尺寸，也可按镶边实际空隙裁割料。

刮胶：要用凿形刮胶板满刮，刮匀。然后用手触胶面不粘手时即可铺贴（常温下刮胶后5～15min），基层和塑料地板背面要同时涂胶。

铺贴：铺贴从十字中心线或对角线中心开始，逐排进行。T形可以从一端向另一端铺贴。

清理：铺贴中随时用纱头擦净被挤出板块内的余胶，铺贴完毕，用溶剂全面擦试干净。

养护：至少在3d内不得上人行走，避免沾污或用水清洗表面。

（4）塑料地板铺贴质量标准与检验方法

1）保证项目：

塑料地板的板块或卷材其板面平整光滑、无裂纹、厚度一致、颜色一致；材质、色彩、粘结料品种应符合设计要求，面层与粘接料应配套。检验方法为观察检查，同时检查产品合格证，并抽样检验。

2）基本项目：

面层与基层采用粘接法时，粘接必须牢固，不翘边，不脱胶。检验方法为目测、手摸和脚踩检查。

表面层洁净、图案清晰端正、色泽一致，接缝严密均匀，周边顺直，拼缝处的图案、花纹吻合，无胶痕，与墙边交接严密。检验方法为目测检查。

踢脚线粘贴表面洁净，接缝平整均匀，高度一致，粘贴牢固。检验方法为目测和手摸检查。

地面镶边用料其尺寸符合设计要求，边角整齐、光滑。检查方法为目测检查。

塑料地板地面面层允许偏差及检验方法见表14-5。

塑料地板地面面层允许偏差及检验方法

表14-5

项次	项 目	允许偏差(mm)	检验方法
1	表面平整度	2	用2m靠尺和楔形塞尺检查
2	缝格平直	1	拉5m线，不足5m拉通线和尺量检查
3	踢脚线上口平直	2	
4	接缝高低差	0.5	尺量和楔形塞尺检查

注：允许偏差项目随机抽检总数的20%。

14.1.2 活动地板

活动地板，又称装配式地板，由面板块、桁条（搁栅）可调节支架等几部分，组合拼装成架空地面，如图14-2所示。它可分普通型和防静电型两种。防静电活动地板的面板块经过防静电处理。

地板与楼（地）面基层之间的高度，一般有250～1000mm。架空空间可敷设各种电缆、管线、空调风道、通风口等。

（1）特点

活动地板，具有重量轻、强度大、表面光洁、平整、装饰性强；防火、防虫、防鼠、

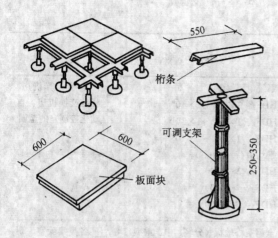

图 14-2　活动地板构造示意

耐腐蚀；可预制，安装拆卸方便，有的还有防静电功能等特点。

（2）用途

活动地板适用于计算机房，仪器仪表工作室，自动化办公室，微波通讯机房及军事系统工作室等。

（3）构造

活动地板块的构造如图 14-3 所示。

支架一般用钢丝杆、铝合金、铸铁或优质冷轧钢板等制成。

桁条一般用角钢、镀锌钢板、优质冷轧钢板等制成。

面板一般用特别的刨花板为基材，表面以导电装饰板和底层用镀锌钢板经胶粘结组合而成的板块；也有底层用铝合金板，中间由玻璃钢浇制成空心夹层。防静电活动地板其表面由聚酯树脂加抗静电剂填料制成的抗静电面层。除了密封垫条用导电橡胶条外，交接部位也采用导电胶粘结。

（4）常用活动地板的技术性能和规格见表 14-6。

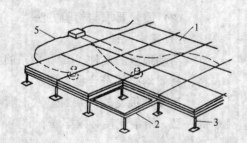
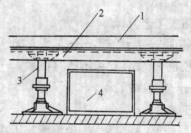

图 14-3　活动地板的构造组成
1—面板块；2—行条；3—支架；4—管道；5—电线

活动地板的规格和技术性能　　　　表 14-6

名　称	特　点	规　格 (mm)	技　术　性　能	适用范围
HDZ 型抗静电活动地板（航空航天工业部保定螺旋浆制造厂）	具有抗静电和机械性能优良，互换性好、防潮、阻燃、防腐、脚感舒适及地板间密封性好等特点	$500 \times 500 \times 32$ $600 \times 600 \times 32$ 支架高度：150～350，亦可按用户要求加工	板面不平度 (mm)：<0.3 相邻边不垂直度 (mm)：<0.3 系统电阻值，(Ω)：$1 \times 10^5 \sim 1 \times 10^3$ 静电起电电压 (V)：<10 半衰期 (s)：<0.5 均布载荷 (N/m^2)：>39200 集中荷载 (N)：9800 中心加载 2940N 时挠曲量 (mm)：<2	电子计算机房、程控机房、通讯枢纽、军事指挥设施、实验室等地面

名　称	特　点	规　格 (mm)	技 术 性 能	适用范围
HOF 型抗静电复合活动地板(北京海淀长城计算机机房设备厂)	具有优良的电性能、机械性能；在承载、抗静电、防尘、防潮、抗变型等方面处于国内同类产品的先进水平	HDF_1：($240N/m^2$) $500×500×30$ HDF_2：($240N/m^2$) $600×600×30$ HDF_3：($240N/m^2$) $600×600×30$ 支架螺杆长：$150～300$	系统电阻(Ω)： HDF_1：$1×10^5～1×10^9$ HDF_2：$1×10^5～1×10^{10}$ HDF_3：$1×10^5～1×10^9$ 平均载荷(N/m^2)： HDF_1：>12000 HDF_2：>10000 HDF_3：>10000	电子计算机房、程控交换机房、自动化控制室的地面
"沈通牌" HD 系列抗静电全钢通路地板(沈阳飞机制造公司沈阳通路地板)	具有高强度、高质量、防火性能好等特点	$600×600×35.5$ $609.6×609.6×35.5$	全钢空心地板(分轻、中、重型)均布载荷：分别为 40000、51000、63000(N/m^2) 电阻阻值(Ω)：分别为 $5×10^5～2×10^{10}$(地板粘贴抗静电表面板) 地板安装高度(mm)：$150～700$ 质量标准：符合美国 CISCA 及英国 MOB 国际建筑设计标准	各类实验室、现代化办公室、电子计算机房、电视发射台、通讯枢纽、军事指挥系统。管线敷设集中，有防尘、防静电、防火要求的场所

(5) 施工工艺流程

基层处理→弹线定位→安装支架→拉水平线校正→安装支撑桁条（横梁）→管线安装→安装面板。

(6) 工艺要点

1) 基层处理：基层杂物、尘埃清扫干净，找平、刮腻，刷防尘漆二道。

2) 弹线：依据设计要求和面板的实际尺寸在地面上弹出网格墨线。

3) 安放支架：在地面所弹方格网的十字交叉处安放支座，并固定牢固。

4) 拉水平线调整：以墙面的标高线为依据，拉水平道线，调整支架高度，使所有支架在同一水平面上。

5) 安装桁条（横梁）：将桁条放在两支座顶面，用螺栓或定位销与支座顶面固定。

6) 安装管线：将设备所需的管道和导线在板下按要求铺设完毕，并验收合格。

7) 安装面板：在桁条上按面层板的尺寸弹出分格线，按线安装活动地板，并调整板块的缝隙，使之顺直。

(7) 质量要求与检验方法

1) 基本保证：

活动地板的支柱（架），桁条的型号、规格、材质均必须符合设计要求。

活动地板支柱（架）位置正确，顶部标高一致，桁条连接必须牢固、平直，无松动、变形。

板块面层必须铺贴牢固，无松动，无空鼓（脱胶）。

2) 活动地板的质量要求和检验方法，见表 14-7。

活动地板质量要求和检验方法

表 14-7

项次	项　目		质 量 要 求	检验方法
1	板块面层表面质量	合格	色泽均匀，粘、钉基本严密，板块无裂纹、掉角、缺楞等缺陷	观察检查
		优良	图案清晰，色泽一致，周边顺直，粘、钉严密，板块无裂纹、掉角和缺楞	

项次	项目		质量要求	检验方法
2	接缝质量	合格	接缝均匀、无明显高差	观察检查
		优良	接缝均匀一致，无明显高差，表面洁净，粘结面层无溢胶	
3	踢脚线铺设	合格	接缝基本严密	观察检查
		优良	接缝严密，表面光洁，高度和出墙厚度一致	

3）活动地板安装允许偏差与检验方法，见表14-8。

活动地板支柱（架）面层
允许偏差和检验方法   表 14-8

项次	项目	允许偏差(mm)	检验方法
1	支柱（架）顶面标高	±4	用水平仪检查
2	板面平整度	2	用2m靠尺和楔形塞尺检查
3	板面拼缝平直	3	拉5m线，不足5m拉通线和尺量检查
4	板面缝隙宽度不大于	0.2	尺量检查
5	踢脚线上口平直	3	拉5m线，不足5m拉通线和尺量检查

14.1.3 装饰纸涂塑地面

装饰纸涂塑地面是在水泥地面基层上粘贴一层装饰纸，再在纸面上涂罩几遍透明耐磨涂料而成。

（1）特点

装饰纸涂塑地面，光洁美观、耐磨、色泽明亮，仿木纹图案，有真木地板的感觉，具有造价低廉、施工方便等优点。

（2）用途

装饰纸涂塑地面多用于住宅、办公楼等新建筑室内地面装饰，也可用于室内旧水泥地面的改造。

（3）技术性能

装饰纸涂塑地面的技术性能见表14-9。

装饰纸涂塑地面的技术性能   表 14-9

技术性质	技术指标
耐水性	浸水72h无异常
耐碱性	浸入饱和氢氧化钙溶液72h无异常
耐磨性	<0.004g
光泽度	<80°

（4）装饰纸涂塑地面常用材料

木纹纸：常用规格为1030mm×750mm，1200mm×900mm。

"确保时"防水涂料：地面防水材料。使用时按涂料：水＝1：0.7的配合比拌合，搅拌5～10分钟即可涂刷（施工中也曾经常搅拌以免沉淀）。

聚氨酯油漆：也可用于进行地面防水处理。

基层腻子：用于基层打底找平。配合比为107胶：水泥（375#普通硅酸盐）＝16：100（重量比）。

粘结剂：用于粘贴木纹纸。配合比为羧甲基纤维素（3%溶液）：107胶＝100：30。

涂塑层涂料：用于涂刷木纹纸表面，主要起保护纸面，增强面层的耐磨性的作用。底层用乙丁涂料，面层用氨甲涂料。

清洗材料：工业酒精、二甲苯、烧碱等。

（5）工艺流程

清理基层→刮107胶水泥腻子→涂刷防水涂料→裁纸→粘贴木纹纸→涂刷底层涂料→涂刷面层涂料→成品保护

（6）工艺要点

1）基层处理：清理水泥地面，铲除落地灰，再刮107胶水泥腻子，用钢皮刮板或硬塑料刮板将地面满刮1～2遍。刮完腻子24h后，清水养护3～4d，待水泥腻子具有一定强度后用砂布打磨，磨平、磨光，打扫干净。水泥地面处理后的质量要求参见表14-4。

刷防水涂料：为了防止地面回潮而影响涂塑贴纸的质量，用聚胺脂油漆或"确保时"防水涂料满刷1～2遍。

2) 裁纸：根据房间尺寸，木纹纸的规格，预先裁好木纹纸编号备用。

3) 粘贴木纹纸：先把纸在水中浸泡3～4分钟，待润湿充分，取出晾至表面无明水，将胶粘剂同时涂刷在地面上和木纹纸的背面，涂刷一张，粘贴一张，随刷随贴。

用拼接的方法对好花纹，尽量不搭接。贴纸后用塑料片刮平，赶出气泡和多余胶液，同时用抹布擦净纸表面余胶。

4) 涂刷面层涂料：待贴好的纸干后（约12h），先涂刷乙丁涂料，需刷3遍，3遍间隔1～2h，待乙丁涂料干后（约4h），再涂刷氨甲涂料1～2遍。

(7) 装饰纸涂塑地面质量标准与检验方法。

1) 表面平整、光滑、无皱纹。

2) 装饰纸粘贴牢固不得翘边、鼓泡。

3) 接缝严密，装饰纸拼接花纹吻合。

检查方法：目测。

小　　结

地面装饰除了常见的木地板和地砖铺贴外，还有应特殊需要而产生的活动地板，铺贴方便、价格低廉的塑料地板和装饰纸涂塑地面等。

随着现代科技和生产的发展，一些专业部门需要对室内众多管线进行隐蔽，并能随时进行调整；一些电子设备需对静电有所防护，这样对地面装饰也就提出了更新更高的要求，而产生了普通型活动地板和防静电型活动地板。塑料地板、装饰纸涂塑地面，也是随着近代石油化工的发展而产生的新型地面装饰，它们由于铺贴方便、价格低廉，适用于一般性的或临时性的地面装饰。

习　题

1. 何谓其它地面装饰？试例举出三种其它地面装饰。

2. 防静电活动地板与普通活动地板有什么不同？

3. 活动地板由哪几部分组成？是架铺还是实铺？一般高度是多少？

4. 塑料地板分哪两种类型？铺贴的工序是哪些？

14.2 地毯的铺设施工工艺

地毯具有吸音、保温、隔热、柔软舒适等特点，又给人以华丽、高雅的感觉。地毯有缓冲作用，能减低噪声、防止滑倒、减轻碰撞并步履舒适。随着化纤地毯的研究和生产，地毯正逐步走入千家万户，已成为一种被广泛应用的地面装饰材料。

14.2.1 地毯的种类

(1) 按地毯材料分类

地毯根据其面层材料的不同可分为以下几种：纯毛地毯、混纺地毯、化纤地毯、剑麻地毯、塑料地毯等。

1) 纯毛地毯：以粗绵羊毛为主要原料。

2) 混纺地毯：以绵羊毛和合成纤维为原料。如80％毛＋20％尼龙纤维，或85％羊毛加15％绵纶。

3) 化纤地毯：使用涤纶、丙纶、腈纶、锦纶等化纤材料。

4) 塑料地毯：以聚氯乙烯树脂加增塑剂等多种辅助材料，经加工塑制而成。

5) 剑麻地毯：以天然剑麻纤维为原材料，经染色、纺织、编织等工序加工而成。

(2) 按编织工艺分类

根据其编织的方法可分以下几类：手工编织地毯、无纺地毯、簇绒地毯等。

1）手工编织地毯：经线与纬线通过手工打结编织而成。

2）无纺地毯：将毛缝或粘接在麻质的衬底上，线毛无经纬之分。

3）簇绒地毯：由专用的簇绒机用一排往复式针带动毛线穿过地毯第一层衬底而成，织出的毛圈绒不割开，称为圈绒地毯，如图14-4。生产时把毛圈绒割断的，称为平绒地毯，部分毛圈绒头割断，部分毛圈绒不割断的称为平圈割绒地毯，如图14-5所示。

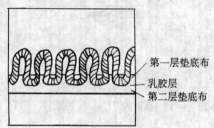

图14-4 圈绒地毯示意图

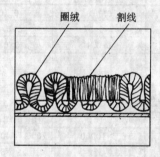

图14-5 平圈割绒地毯示意图

（3）按地毯等级分类

1）轻度家用级：适用于利用率不高的房间或展示台装饰用。

2）中度家用或轻度专业使用级：适用于餐厅或卧室等。

3）一般家用或中度专业使用级：适用于家庭的起居室、楼梯、走道；宾馆饭店的会客厅等。

4）重度家用或一般专业使用级：供家庭重度磨损的场所，如家庭健身房等；供宾馆饭店的小会议室等。

5）重度专业使用级：适用于公共场所，如宾馆饭店的大厅、大会议室、走道等。

14.2.2 地毯的特点

各种不同材质制成的地毯，由于材质的不同，决定它具有不同的特点。

（1）纯羊毛地毯：具有弹力大、拉力强、不易变形、抗老化、抗静电、耐燃烧、耐磨、耐热、易清洗、光泽足、脚感柔软、色彩鲜艳、图案优美、富丽堂皇，但存在价格昂贵，易被虫蛀等缺点。

（2）混纺地毯：具有耐磨性好（比羊毛地毯高出5倍），不怕虫蛀、不发霉、吸湿性能低、易清洗。但也存在易变形、吸尘、不易清扫、遇火部位易溶解，在干热环境下易产生静电等缺点。

（3）化纤地毯：具有质轻、耐磨、色彩鲜艳、脚感舒适、富有弹性、步履轻便、铺设简单、价格较低，但也同时存在同混纺地毯同样的缺点。

（4）塑料地毯：具有质地柔软、色彩鲜艳、舒适耐用、自熄不燃、清洗方便等优点。但也存在吸尘、不易清扫等缺点。

（5）剑麻地毯：具有耐酸碱、耐磨、尺寸稳定、无静电等特点。它的价格比羊毛地毯低，但弹性较差。

14.2.3 地毯的性能

（1）剥离强度：剥离强度是衡量地毯面层与背衬复合强度的一项性能指标，也是衡量地毯复合后的耐水性指标。

（2）粘合力：粘合力是衡量地毯绒毛固着于背衬上的牢度指标。

（3）耐磨性：地毯耐磨程度的数据，是地毯使用耐久程度的依据。

（4）回弹性：衡量地毯面层的强性，即地毯在动力荷载作用下，其厚度的损失的百分率。

（5）静电：衡量地毯的带电和放电情况，静电的大小与纤维本身的导电性有关。一般情况下，化纤材料自身导电性差，如不经过防静电处理，所制成的地毯带静电较羊毛毯多。静电大的缺点是：易吸尘、不易清扫。

（6）老化性：老化性是衡量地毯经过一般时间光照和接触空气中的氧气后，化学纤维老化的程度。

（7）耐燃性：凡在单位燃烧时间内（12min），燃烧的直径不大于规定的尺寸为合格（180mm）。

（8）耐菌化：地毯作为地面覆盖物，在使用过程中，易被虫、菌所侵蚀且发生霉烂变化。凡能经受8种常见的霉菌和5种常见的细菌的侵蚀而不是菌和霉变的均为合格。

目前我国采用簇绒法和机织法制成的化纤地毯的性能指标见表14-10。

14.2.4 地毯铺贴的常用工具

地毯铺贴的基本工具有裁毯刀、地毯撑子、扁铲、墩拐等基本工具。

（1）裁毯刀：有手推剪刀、手握剪刀两种。前者用于铺设操作时的少量裁切，后者用于施工前的大批量下料，如图14-6。

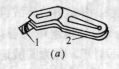

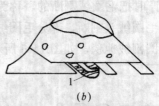

图 14-6　裁毯刀

(a) 手握式裁刀；(b) 手推裁刀

1—活动式刀片；2—手把

<h3 style="text-align:center">化纤地毯性能指标　　　　　　　　　　　　表 14-10</h3>

性 能 指 标			簇绒法丙纶				族绒法腈纶				机织法丙纶				机织法腈纶			
剥离强度（横向）	干（MPa）		0.11				0.112				0.118				0.107			
	湿$_1$（MPa）		>0.07				>0.07				>0.07				>0.07			
	湿$_2$（MPa）		>0.1				>0.1				>0.1				>0.1			
粘 合 力 （N）		无背衬	5.6															
		麻布背衬	63.7															
		丙、腈纶（丙纶扁丝初级背衬麻布次级背衬）				49.0												
耐磨性	绒毛高度（mm）		丙、腈纶	7							10				10	8	6	
	耐磨次数（次）			5800							>10000				7000	6400	6000	
回弹性	厚度损失百分率（%）	500次碰撞后	37				23				37				23			
		1000次撞后	43				25				43				25			
		1500次碰撞后	43				27				43				27			
		2000次碰撞后	44				26				44				26			
表面电阻及静电压	麻布背衬	表面电阻（Ω）	$5.8×10^{11}$				$5.45×10^2$				$5.8×10^{11}$				$5.45×10^2$			
		静电压（V）	+60				+16↓+4				+60				+16↓+4			
	丙、腈纶麻布背衬	表面电阻（Ω）	$8.5×10^9$								$8.5×10^9$							
		静电压（V）	—15								—15							
光照老化后耐磨次数	紫外光照时间（h）		0	100	312	500					0	100	312	500				
	毛高（mm）		8								8							
	耐磨次数（次）		3400	3155	2852	2632					3400	3155	2852	2632				
光照老化后碰撞厚度损失			紫外光照时间（h）								紫外光照时间（h）							
			0	100	312	500					0	100	312	500				
	厚度损失百分率（%）	500次碰撞后	32	28	38	29					32	28	38	29				
		1000次碰撞后	36	31	43	35					36	31	43	35				
		1500次碰撞后	39	36	45	38					39	36	45	38				
		2000次碰撞后	41	27	47	41					41	27	47	41				
耐热性	燃烧时间（s）		626								143				108			
	燃烧面积及形状		直径 3.6cm 之圆								直径 2.4cm 之圆				直径 3cm×2cm 之椭圆			

注：↓ 表示有放电现象，在2s内电压值的变化。单一值表示无放电现象。

（2）地毯撑子：用于地毯的拉伸，有大撑子及小撑子两种，如图 14-7 所示。大撑子用于房间内大面积地毯的铺设，操作时通过可任意调整伸缩的撑杆和撑脚，以适应房间的尺寸，把撑脚顶住对面墙或柱体，撑子前部扒齿部抓紧地毯，用力压动撑子压把，就可把地毯张拉平整。

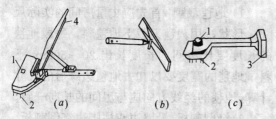

图 14-7　地毯撑子
(a) 大撑子撑头；(b) 大撑子承脚；(c) 小撑子；
1—扒齿调节钮；2—扒齿；
3—空气橡胶垫；4—木杠压把

小撑子用于墙角和操作面狭窄处，操作者用膝盖顶住撑子尾部的橡胶垫，用两手操作。地毯撑子的扒齿可调节长短，以适应不同厚度的地毯材料，不用时应将扒齿收回以免划伤地毯或人。

（3）扁铲：主要用于墙角处或踏脚板下的地毯掩边，如图 14-8 所示。

扁铲　　　　墩拐

图 14-8　扁铲、墩拐

（4）墩拐：地毯固定在倒刺板上，如遇到移动地毯时，就不能用榔头将倒刺砸倒，这时就可以用墩拐垫起地毯，如图 14-8 所示。

（5）其他工具：用于缝合的尖嘴钳子、熨斗、地毯修边器、直尺、米尺、粉线袋、手枪式电钻、冲击电钻、调胶容器、搪刀、修茸电铲等。

14.2.5　地毯铺贴的辅助材料

（1）地毯垫层

1）橡胶波垫或人造橡胶泡沫垫。厚度应小于 10mm，表面密度应大于 $0.14/m^3$。

2）毛麻毯垫，厚度应小于 10mm，每平方米的重量应在 $1.4\sim1.9kg$ 为宜。

适当的地毯垫层对达到令人满意的铺设效果和延长地毯的使用寿命起着关键的作用。地毯垫层太软、太酥松、密度不均匀，如有气泡或厚薄不一，可能导致地毯起皱、鼓包及开缝。

（2）胶粘剂

地毯用胶主要用于粘结本身带有泡沫橡胶背衬的地毯。

1）聚醋酸乙烯胶粘剂：以醋酸乙烯聚合物乳液为基料配制而成，具有粘结强度高、无毒、无味、快干、耐老化等特性，并具有使用简便、施工安全、存放稳定的优点。

2）合成橡胶胶粘剂：以氯丁橡胶为基料掺以其它树脂、增稠剂和填料配制而成，具有初始粘结强度高、耐水性好、无毒、无味、不燃等优点。

在每一大类中尚有很多不同品种。实际选用时宜参照地毯厂商的建议，采用与地毯背衬材料相适应的粘结剂。

（3）地毯接缝带：现采用的基本上都是热熔式地毯接缝带，它宽 150mm，带上涂有一层热熔胶（如 CH-1）。

（4）倒刺板、收口条

1）收口条：两种不同材质的地面相接部位，要加设收口条或分格条。加设收口条的目的是为了固定地毯，另外也可防止地毯毛边外露，现常用"L"型铝合金收口条，对于室内走廊地面的分格处，最好用铝合金倒刺收口条，如图 14-9 所示。

2）铝合金门口压条：门口压条是厚度为 2mm 左右的铝合金型材，其形状如图 14-10 所示。

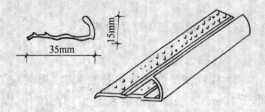

图 14-9　铝合金 "L" 型倒刺收口条

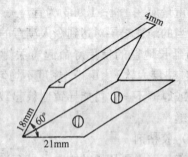

图 14-10　铝合金门口压条

3）倒刺板：在宽 25mm 左右的薄板上，排列有两排朝天的斜钉，如图 14-11 所示。倒刺板的作用是，用于房间柱根部或大厅四周墙脚地毯的固定。

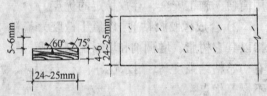

图 14-11　木倒刺板示意图

14.2.6　地毯的铺设施工

（1）作业条件

1）地毯铺设应在所有土建工程、水电安装工程及其他装饰工程完工并清扫干净后进行。

2）地面不得有空鼓或宽度大于 1mm 的裂缝及凹坑，如有上述缺陷，必须提前用水泥修补；地面不能有隆起的背和包，如发现有隆起处，应提前剔除或打磨平整。

3）地面必须清洁、无尘、无油垢、无油漆或蜡，若有油垢宜用丙酮或松节油擦净。

4）地面含水率应小于 8%。

5）木地板上铺地毯，应检查有无松动的木板块及有无突出的钉头，必要时应作加固或更换。

6）铺设地毯的房间四周墙，柱根部已安装好踢脚板，踢脚板下缘与地面之间的空隙大约 8mm 或比地毯厚度大 2～3mm。

（2）工艺流程

地毯裁割──→钉倒刺板──→铺垫层──→接缝──→固定──→收边──→修整──→清扫

（3）工艺要点

1）地毯裁割：首先应丈量房间的实际尺寸、形状，用裁毯刀裁下地毯料，每段地毯的长度要比房间的长度长出 20～50mm 下料，地毯的宽度要以扣去地毯边缘后的尺寸计算，地毯的经线方向应与房间的长向一致。

2）钉倒刺板：沿墙边或柱脚边钉倒刺板，倒刺板距离踢脚板约 8～10mm。大面积厅、堂地毯，最好钉双排倒刺板。

3）铺垫层：根据倒刺板之间的净间距下料并摆放平整，不得起皱；垫层接缝要与地毯接缝错开一定距离（大于 150mm）。

4）地毯拼缝：需拼缝时，要注意两边地毯的编织方向应一致（也称经纬一致）。

纯毛地毯一般采用缝接的方法。

麻布衬底的化纤地毯多采用粘接法，即将地毯胶刮在麻布上，然后将地毯对接粘平。

胶带接缝法以其简便、快速、高效的优点而得到广泛的应用。

5）张平（也称拉平）：地毯就位后，应先固定一边，并把地毯的毛边塞入踢脚板下的空隙内，然后用地毯撑子，从一个方向向另一个边逐步推移，使地毯拉平拉直，最后固定在倒刺板上。多余的地毯应割除掉。

地毯在门口的处理方法是用铝合金倒刺收口条固定。

6）修整、清理：铺设工作完成后，把边角料和掉下的绒毛纤维清扫干净，并用吸尘器将地毯全面清理一遍。

14.2.7　楼梯地毯的铺设

（1）楼梯地毯的固定方法

1）压杆固定：如图 14-12。

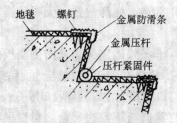

图 14-12 压杆固定

2）粘结固定：如图 14-13。

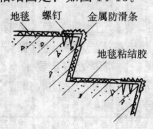

图 14-13 粘结固定

3）卡条（倒刺板）固定：如图 14-14。

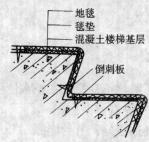

图 14-14 卡条（倒刺板）固定

（2）压杆固定楼梯地毯的铺设程序及要求

1）埋设压杆时应在每级踏步的阴角各设两个紧固件，以楼梯宽度的中心线对称埋设。紧固件圆孔孔壁离楼梯踏面和踢面的距离相等，并略小于地毯厚度。

2）按每级踏步的踏面、踢面实量宽度之和裁出地毯长度，如考虑更换磨损部位，可适当预留一定长度。

3）由上至下逐级铺设地毯，顶级地毯端部用压条钉于平台上，以每级踏步紧固件位置，在地毯上切开小口，让压杆紧固件能从中伸出，然后将金属压杆穿入紧固件圆孔，拧紧调节螺丝。

4）须安装金属防滑条的楼梯，在地毯固定好后，用膨胀螺丝（或塑料胀管）将金属防滑条

固定在踏步阳角边缘，钉距150～300mm。

（3）粘结固定式楼梯地毯铺设程序及要求

1）按实量尺寸裁割地毯。

2）一律采用满刮胶粘结。

3）自上而下用胶抹子把粘结剂刮在楼梯的踏面和踢面上，适当凉置后即将地毯粘上，然后用扁铲撑压，把地毯撑平、压实。

4）要逐级刮胶，逐级铺设，避免大段刮胶后再铺地毯时无处落脚。

5）如须要装金属防滑条，用压杆固定式。

6）铺贴后24小时内禁止人员走动。

（4）卡条固定式楼梯地毯的铺设。

1）施工工序

固定倒刺板卡条──→裁切地毯──→铺设──→清理

2）施工要求

将倒刺板钉在楼梯踏面和踢面之间阴角的两边，两条倒刺板之间留15mm的间隙，如图14-15所示。倒刺板上的朝天钉倾向阳角。

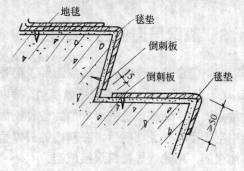

图 14-15 倒刺板与毯垫位置

毯垫应覆盖楼梯踏面，并包住阳角，盖在踏步踢面的宽度不应小于50mm，如图14-15所示。

地毯按每级踏步踏面与踢面宽度之和加适当预留长度下料。

顶级地毯端部同压条钉在平台上，然后自上而下逐级铺设。每级踏步阴角处，用扁铲将地毯绷紧后压入两条倒刺板间的缝隙内。

14.2.8 地毯铺设的质量标准

（1）地毯的品种、规格、色泽、图案应

符合设计要求，材质应符合现行有关材料标准和产品说明书的规定。

（2）地毯表面应平整、洁净、无松驰、起鼓、皱折、翘边等缺陷。

（3）地毯接缝应牢固、严密、无离缝、无明显接搓。

（4）颜色、光泽一致，无明显错花、错格现象。

（5）卡条式固定的地毯与倒刺板嵌挂牢固、整齐，粘结式固定的地毯与地面粘结牢固、平整，门口或其他收口处应收口顺直、严实。

（6）踢脚板下塞边严密，封口平整。

小　　结

　　地毯铺设施工看似较为简单，但通过本章节的介绍，要真正达到规范验收标准，首先要选用合格的地毯和衬垫。施工中正确使用工具，严格按工艺流程进行操作，才能确保不出现卷边、翻起、表面不平、打皱和鼓包等现象。拼缝处一定要平整、密实，重视收口和交接处的处理，为了使其顺直，视不同部位选择合适的收口或交接材料。最后还要将地毯的绒毛理顺，并保证表面无油污及杂物。

习　题

1. 地毯按材质、编织工艺和等级各分为几种？
2. 常用的地毯铺设工具有哪些？
3. 地毯铺设的工艺要点是什么？
4. 简述压杆固定楼梯地毯的铺设程序和要求？
5. 如何检验地毯的铺设质量标准？

14.3　塑钢门窗的施工工艺

　　塑钢门窗是以改性硬质聚氯乙烯（简称VPVC）为基料，以轻质碳酸钙做填料，掺以少量添加剂，经挤出机挤出成型为各种断面的中空异型材，经切割后，在其内腔衬以型钢加强筋，用热熔焊接机焊接成型。

14.3.1　塑钢门窗的特性

　　（1）强度高、耐冲击

　　塑钢异型材料采用特殊的耐冲击配方和精心设计的横截面，在 $-10℃$、1M 高，1kg 落锤试验下不破裂，所制成的门窗能耐风压 $100\sim350\text{kg/m}^2$。符合《建筑结构荷载规范》的规定，可适用于各类建筑物使用。

　　（2）耐久性佳

　　配方内添加紫外线吸收剂和低温耐冲击改性剂，可在 $-40℃$ 至 $70℃$ 之间任何气候下使用，经受烈日、暴雨、风雪、干燥、潮湿之侵袭而不脆化不变质，在正常使用下其寿命可达 50 年左右。

　　（3）隔热性好、节约能源

　　塑钢门窗材质的导热系数为 0.16w/m·K，相当于铝材的 $1/1250$，钢材的 $1/360$。窗框异型材为多腔室中空结构，使热传导率大大降低。故相同面积、相同玻璃层数的塑钢窗的隔热效果优于铝、钢窗，并可节省能源消耗 30% 左右，为最佳节能之窗材。

　　（4）耐腐蚀性强

　　改进 UPVC 型材不受任何酸碱物质侵蚀，也不受废气、盐份的影响，具有优良的耐腐蚀性，可应用于各种需抗腐蚀的场合。

　　（5）气密、水密性佳

　　塑钢门窗框的各接缝处搭接紧密，且均装有耐久性的弹性密缝条或阻风板，能隔绝空气渗透和雨水渗漏，密封性能优良。

　　（6）隔音性佳

　　塑钢门窗的异型材是中空的。窗框各接缝处搭接紧密且均装有弹性密缝条，隔音性能优良，隔音效果可达 30dB。

（7）具有阻燃性

塑钢门窗之材料具备阻燃性能，不自燃、不助燃、离火自熄，使用安全性高，符合防火要求。

（8）电绝缘性

塑钢门窗之材料电阻率高于 $10\sim15\Omega\cdot cm$，为优良电绝缘体，使用安全性高。

（9）热膨胀低，尺寸稳定性好

塑钢门窗型材的线膨胀系数为 $5\times10^{-5}/$度，在 15℃ 气温下安装的塑钢门窗，其冬夏温差约为 ±30℃，所以最大伸缩量为 $1.5\sim1.7$mm/M。

（10）外观精致，保养容易

塑钢门窗型材表面细密光滑、色样繁多，装配门窗采用熔接方法，外表绝无缝隙和凹凸不平。整体门窗造型美观豪华、高雅气派，可与各档次建筑物相协调。型材色质内外一致，无需油漆着色及维修保养，一劳永逸。

（11）塑钢窗功能指标

见表 14-11。

14.3.2 塑钢门窗的用途

塑钢门窗适用于宾馆、饭店、医院、办公楼、化工、电子及民用建筑。

塑钢窗功能指标　　表 14-11

序号	指标名称	单位	窗系列	可达到指标	级别	测试标准及单位
1	抗风压强度	kg/m²(pa)	45	＞150（1500）	5	GB 7106—86 中国建筑科学研究院物理所
			60	≥350（3500）	1	
			85	≥300（3000）	2	
2	防空气渗透性	m³/m·h	45	≤0.5	1	GB 7107—86 中国建筑科学研究院物理所
			60	≤0.5	1	
			85	≤2.5	3	
3	防雨水渗漏性	kg/m²(Pa)	45	≥35（350）	2	GB 7108—86 中国建筑科学研究院物理所
			60	≥50（500）	1	
			85	≥25（250）	3	
4	隔声量	dB		26～31	4	GB 8485—87 中国建筑科学研究院物理所

14.3.3 塑钢门窗的类型

（1）按开闭方式的不同可分为：推拉门窗、平开门窗、固定窗、悬挂窗等。

（2）按型材截面宽的不同可分为：45 系列、53 系列、60 系列、70 系列、85 系列等。

14.3.4 塑钢门窗的常用材料

（1）塑钢门窗型材的截面，见图 14-16。

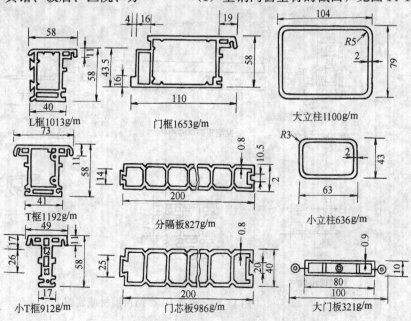

L框1013g/m　门框1653g/m　大立柱1100g/m

T框1192g/m　分隔板827g/m　小立柱636g/m

小T框912g/m　门芯板986g/m　大门板321g/m

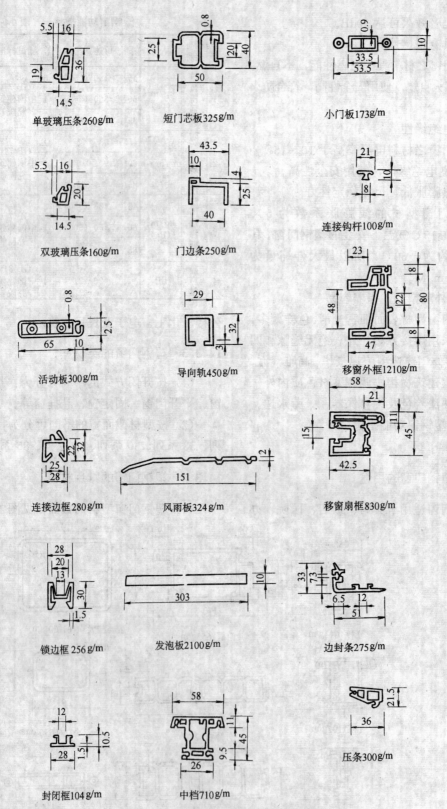

单玻璃压条 260g/m

短门芯板 325g/m

小门板 173g/m

双玻璃压条 160g/m

门边条 250g/m

连接钩杆 100g/m

活动板 300g/m

导向轨 450g/m

移窗外框 1210g/m

连接边框 280g/m

风雨板 324g/m

移窗扇框 830g/m

锁边框 256g/m

发泡板 2100g/m

边封条 275g/m

封闭框 104g/m

中档 710g/m

压条 300g/m

图 14-16　硬质 PVC 门窗型材截面图

（2）塑钢门窗加强筋截面，见图14-17。

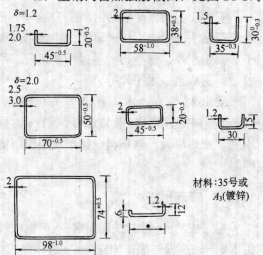

图14-17　硬质PVC门窗金属加强筋图

（3）塑钢门窗性能指标，见表14-12。

塑钢门窗型材性能指标　　表14-12

序号	项目	单位	要求指标	可达到指标	测试标准
1	外观		表面光洁，颜色均匀，无气泡和裂纹	表面光洁，颜色均匀，无气泡和裂纹	GB 8814—88
2	平直度≤	mm/m	2	2	GB 8814—88
3	单位长度质量	kg/m	不小于规定值5%	3%	GB 8814—88
4	低温落锤冲击−10℃ 4h 破裂个数≤		1	1	GB 8814—88
5	加热后尺寸变化率，不大于	%	2.5	2.5	GB 8814—88
6	加热后状态，150℃，30min		无气泡、裂纹和麻点	无气泡、裂纹和麻点	GB 8814—88
7	硬度(HD)		77~80	85	GB 2411—88
8	拉伸强度	MPa	36.8	40.1	GB 1040—79

续表

序号	项目	单位	要求指标	可达到指标	测试标准
9	弯曲弹性模量>	MPa	1961	2000	GB 9341—88
10	维卡软化点	℃	83	85	GB 1633 (B法)
11	简支梁缺口冲击强度 23℃	kJ/m²	12.7	30	GB 1043—79
12	焊角强度 ≥	N	3000	3000	GB 11793.3—89

（4）塑钢门窗安装用铁卡，见图14-18。

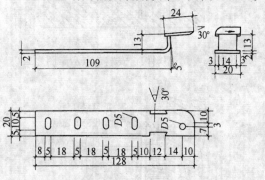

图14-18　塑钢门窗安装用铁卡

14.3.5　塑钢门窗安装的准备

（1）塑钢门窗安装的节点见图14-19、图14-20、图14-21。

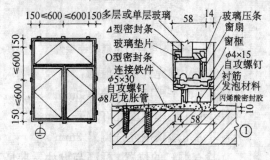

图14-19　塑料门窗安装节点示意图之一

（2）门窗洞口的准备要求

1）依据设计图纸的要求，检查门窗洞口尺寸，一般应满足下面要求：

门洞口宽度＝门框宽＋50mm

门洞口高度＝门框高＋20mm

窗洞口宽度＝窗框宽＋40mm

窗洞口高度＝窗框高＋40mm

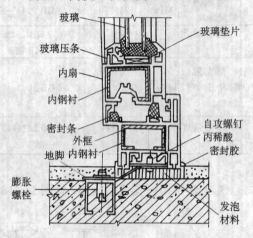

图 14-20　塑料门窗安装节点示意图之二

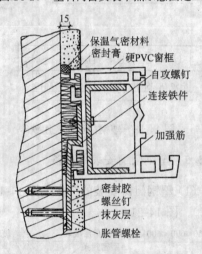

图 14-21　塑料门窗框装连接件

洞口尺寸的允许偏差值为：

洞口表面平整度允许偏差 3mm

洞口正、侧垂直度允许偏差 3mm

洞口对角线长度允许偏差 3mm

2）检查洞口的位置、标高与设计要求是否相符。

3）检查洞口内预埋大砖的位置、数量是否准确。

4）按图纸设计要求弹好门窗安装位置线。

（3）安装工具与材料

安装工具有：冲击电钻、射钉枪、ϕ8mm 合金钢钻头、ϕ8×120mm 顶管、鸭嘴榔头、扁平铲、钢卷尺、螺丝刀、手锤、挂线板、吊线锤、灰线包、水平尺等。

安装材料有：木螺丝、平头机螺丝、ϕ8mm 塑料胀管螺栓、自攻螺钉、钢钉、对拔木楔、密封滑膏、软填料、抹布及塑料门窗和附件。

14.3.6　安装程序

检查成品→框与铁脚固定→门窗框就位固定→铁脚与墙体固定→塞缝→安装五金配件→安装玻璃。

14.3.7　安装施工要点

（1）检查成品：塑料门窗目前主要由型材厂家制作组装。门窗的成品要求应符合表 14-13 的要求。

塑钢门窗组装质量允许尺寸公差（单位：mm）

表 14-13

序号	允许偏差 质量等级 项目		优等品	一等品	二等品	测试标准
1	门、窗框扇外形尺寸（高度与宽度）	300～900	±1.5	±1.5	±2.0	
		901～1500	±1.5	±2.0	±2.5	
		1501～2000	±2.0	±2.5	±3.0	
		＞2000	±2.5	±3.0	±4.0	
2	门窗对角线长度	＜1000	2.0	3.0	3.5	
		1000～2000	3.0	3.5	4.0	
		＞2000	4.0	5.0	6.0	
3	门窗框、扇相邻构件装配间隙		≤0.3	≤0.4	≤0.5	GB 12003 —89
4	两相邻构件焊接处同一平面高低差		≤0.5	≤0.6	≤0.8	
5	门窗框、扇装配铰链缝隙		±1.0	±1.5	±2.0	
6	门窗框、扇四周搭接宽度		±1.0	±1.5	±2.0	
7	窗扇玻璃等分格		±2.0			

（2）门窗框就位前，先用 $\phi4\times15mm$ 自攻螺钉把铁脚固定在框背面的燕尾槽内，如图 14-22。

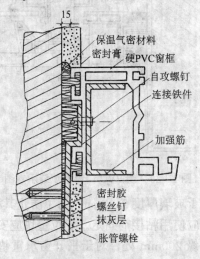

图 14-22　塑料门窗框与铁脚固定

（3）门窗框就位固定片的位置应距离窗角、中竖框、中横框 150～200mm，固定片之间的间距应小于或等于 600mm，如图 14-23。不得将固定片直接装在中横框、中竖框的档头上。

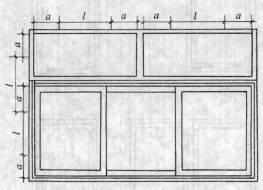

图 14-23　固定片安装位置
a—端头（或中框）距固定片的距离；
l—固定片之间的间距

当窗框装入洞口时，其上下框中线应与洞口中线对齐；窗的上下框四角及中横框的对称位置应用木楔或垫块塞紧作临时固定；当下框长度大于 0.9m 时，其中央也应用木楔或垫块塞紧，临时固定见图 14-24。然后应按设计

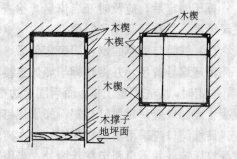

图 14-24　塑料门窗框安装示意图

图纸确定窗框在洞口墙体厚度方面的安装位置，并调整窗框的垂直度、水平度及直角度，其允许偏差应符合表 14-14 的规定。

门窗安装的允许偏差　　表 14-14

项　　目		允许偏差(mm)	检验方法
门窗框两对角线长度差	≤2000mm	±3.0	用 3m 钢卷尺检查，量内角
	>2000mm	±5.0	
门窗框（含拼樘料）正、侧面的垂直度	≤2000mm	±2.0	用线坠、水平靠尺检查
	>2000mm	±3.0	
门窗框（含拼樘料）的水平度	≤2000mm	±2.0	用水平靠尺检查
	>2000mm　平开门（窗）及推拉窗	±3.0	
	推拉门	±2.5	
门窗下横框的标高		±5.0	用钢板尺检查，与基准线比较
双层门窗内外框、框（含拼樘料）中心距		±4.0	用钢板尺检查
门窗竖向偏离中心		±5.0	用线坠、钢板尺检查
平开门窗	门扇与框搭接宽度	±2.5	用深度尺或钢板尺检查
	同樘门窗相邻扇的横角高度差	±2.0	用拉线或钢板尺检查
	门窗框铰链部位的配合间隔 c	+2.0 -1.0	用楔形塞尺检查
推拉门窗	门扇与框搭接宽度	+1.5 -3.5	用深度尺或钢板尺检查
	门窗扇与框或相邻扇立边平行度	±2.0	用 1m 钢板尺检查

框子固定后,应及时开启窗扇,检查开关灵活度,如有问题须及时调整。

(4) 铁脚与墙体固定:门窗定位后,取下门窗扇编号备用,并将铁脚与墙体连接固定,固定时,应先固定上框,而后固定边框。混凝土墙洞口应采用射钉或塑料膨胀螺钉固定;砖墙洞口应采用塑料膨胀螺钉、木砖或水泥钉固定,并不得固定在砖缝处;当需要装窗台板时,应按设计要求将其插入下框,如图14-25。并应使窗台板与下边框结合紧密,其安装的水平精度应与窗框一致。

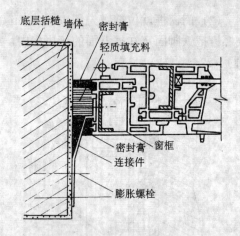

图 14-26 硬 PVC 门窗框填缝示意图

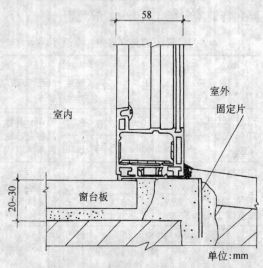

图 14-25 窗下框与墙体的固定

(5) 塞缝:窗框与洞口之间的伸缩缝内腔应采用闭孔泡沫塑料、发泡聚苯乙烯等弹性材料分层填塞,填塞不宜过紧。对于保温、隔声等级要求较高的工程,应采用相应的隔热、隔声材料填塞。填塞后,撤掉临时固定用木楔或垫块,其空隙也应采用闭孔弹性材料填塞,如图14-26。

(6) 安装五金:安装五金配件时,必须先在框扇上钻孔,再用自攻螺丝拧入。整体门扇插入门框上铰链中,按门锁说明书装上球型门锁。

(7) 安装玻璃:玻璃不得与玻璃槽直接接触,应在玻璃四边垫上不同厚度的垫块,其垫块位置宜按图14-27放置。垫块的安装必

须大于玻璃厚度2~3mm,为了防止其移位,垫块应使用粘接剂固定。定位垫块应安放在距边缘200mm处,对于平开窗承重垫块应安放在铰链一侧,距玻璃边缘50~60mm处。垫块一般长为50~60mm,厚为3~4mm,宽度视玻璃厚度和异型材槽宽确定。

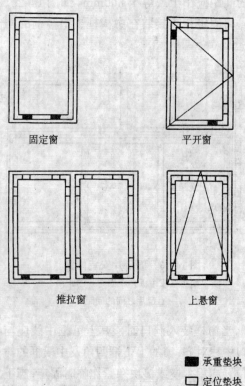

■ 承重垫块
□ 定位垫块

图 14-27 承重垫块和定位垫块的布置

玻璃的尺寸应比窗扇内沟槽尺寸小 8～10mm。

玻璃垫块的材料采用硬质 PVC 塑料或邵氏硬度 D 为 70～90 的橡胶块。

14.3.8　施工注意事项

（1）施工现场成品及辅助材料应堆放整齐、平稳，并应采取防火等安全措施。

（2）安装门窗、玻璃或擦试玻璃时，严禁用手攀窗框、窗扇和窗撑；操作时，应系好安全带，严禁把安全带挂在窗撑上。

（3）应经常检查电动工具有无漏电现象，当使用射钉枪时应采取安全保护措施。

（4）劳动保护、防火防毒等的施工安全技术，应按国家现行标准《建筑施工高处作业安全技术规范》（JGJ 80）执行。

14.3.9　成品保护

门框扇安装后应暂时取下门扇，编号单独保管。门窗洞口粉刷时，应将门窗表面贴纸保护；粉刷时如框扇沾上水泥浆，应立即用软料抹洗干净，切勿使用金属工具擦刮；粉刷完毕，及时清除玻璃槽口内的渣灰。

14.3.10　质量要求与检验方法

塑钢门窗安装的质量要求及检验方法见表 14-15。

塑料门窗安装质量要求和检验方法

表 14-15

项　目	质量要求	检验方法
门窗表面	洁净、平整、光滑、大面无划痕、碰伤，型材无开焊断裂	观察
五金件	齐全、位置正确、安装牢固、使用灵活、达到各自的使用功能	观察、量尺
玻璃密封条	密封条与玻璃及玻璃槽口的接触应平整，不得卷边、脱槽	观察
密封质量	门窗关闭时，扇与框间无明显缝隙，密封面上的密封条应处于压缩状态	观察

续表

项　目		质量要求	检验方法
玻璃	单玻	安装好的玻璃不得直接接触型材，玻璃应平整、安装牢固、不应有松动现象，表面应洁净，单面镀膜玻璃的镀膜层应朝向室内	观察
	双玻	安装好的玻璃应平整、安装牢固、不得有松动现象，内外表面均应洁净，玻璃夹层内不得有灰尘和水气，双玻隔条不得翘起，单面镀膜玻璃应在最外层，镀膜层应朝向室内	观察
压条		带密封条的压条必须与玻璃全部贴紧，压条与型材的接缝处应无明显缝隙，接头缝隙应≤1mm	观察
拼樘料		应与窗框连接紧密，不得松动，螺钉间距应≤600mm，内衬增强型钢两端均应与洞口固定牢靠，拼樘料与窗框间应用嵌缝膏密封	观察
开关部件	平开门窗扇	关闭严密，搭接量均匀、开关灵活、密封条不得脱槽。开关力：平铰链应≤80N，30N≤滑撑铰链应≤80N	观察，弹簧称
	推拉门窗扇	关闭严密，扇与框搭接量符合设计要求，开关力应≤100N	观察，深度尺，弹簧称
	旋转窗	关闭严密，间隙基本均匀，开关灵活	观察
框与墙体连接		门窗框应横平竖直、高低一致，固定片安装位置应正确，间距应≤600mm。框与墙体应连接牢固，缝隙内应用弹性材料填嵌饱满，表面用嵌缝膏密封，无裂缝。填塞材料与方法等应符合本规程4.2.10和4.2.11的要求	观察
排水孔		畅通，位置正确	观察

塑钢门窗安装的允许偏差及检验方法见前表 14-14。

14.3.11　塑钢门窗质量通病及防治措施

（1）门窗框松动：

1）先在门窗外框上按设计规定位置钻孔，用金丝自攻螺丝把镀锌连接件紧固。

2）用电锤在门窗洞口的墙体上打孔，装入尼龙胀管，门窗安装后，用木螺丝将镀锌连接件固定在胀管内。

3）单砖或轻质墙砌筑时，应砌入混凝土砖，使镀锌连接件与混凝土砖能连接牢固。

（2）门窗框安装后变形

1）门窗框与洞口间隙填塞软质料时，不应填得过紧，以免门窗框受挤压变形。

2）不得在门窗上铺搭脚手架，搁支脚手杆或悬挂物件。

（3）表面沾污

1）安装前先做内外粉刷。

2）粉窗台板和窗套时，应在门窗框上粘纸条保护。

3）刷浆时，用塑料薄膜复盖门窗或取下门窗扇，编号单独保管。

小　　结

塑钢是新型复合材料，塑钢门窗无论在轻度、耐冲击、耐久性、隔音隔热、气密水密性以及外观精致等方面均优于铝合金门窗。塑钢门窗的安装应严格按照施工工艺程序进行，防止门窗框松动和门窗变形。

习　题

1．塑钢门窗在哪些方面优于铝合金门窗？

2．塑钢门窗的安装程序是什么？

3．塑钢门窗的施工要点是什么？

4．塑钢门窗的安装在质量上要注意什么？如何防止质量问题？

14.4　室内固定配饰体施工工艺

室内固定配饰体，包括迎宾咨询台、展示台柜、酒吧台、服务台，以及邮电、证券所、银行的工作台等等。此类设置通常处于较为显目的空间位置，所以可视为装饰工程的“窗口”项目。为此，室内固定配饰体要求无论远视、近观均需要美观、精致、质感优良。

室内固定配饰体通常由木结构、钢结构、砖、混凝土结构，以及玻璃、石板材、金属管件或型材等组合而成，通称为混合结构。混合结构施工较为复杂。要想充分体现室内配饰体的“窗口”作用，就必须有正确的施工工艺和合理的施工操作，才能保证其艺术和技术质量的完善。

14.4.1　室内混合结构配饰体施工工艺

（1）组合与连接方式

1）混合结构的组合形式

常以钢架结构、砖或混凝土结构为设置体的基础骨架，以保证其稳固牢靠。

用木结构或厚玻璃结构等组成台、架的功能使用部分。

用天然石材装饰板或木质装饰板作此类设置的饰面部分。

用不锈钢或黄铜的管、槽、条及木质装饰线条，组成其装饰点缀部分。

2）混合结构间的连接方式

钢骨架与木结构的连接采用螺钉；砖、混凝土结构与木结构的连接采用预埋件方式。

钢骨架与石板饰面的连接采用钢丝网抹灰方式进行镶贴；木结构与石板饰面的连接采

用环氧树脂胶或玻璃胶等粘合材料进行粘接。

厚玻璃结构的组合采用卡脚、扣件或玻璃胶固定。

不锈钢和黄铜管架采用脚座及螺丝固定，装饰线条材料采用粘卡与钉接固定。

（2）施工准备

1）现场准备

室内湿作业基本结束，各相关连的施工项目粗装修结束。

该设置体配套的照明、电器、通讯等管线和设备埋设到位并通过测试验收。

2）材料准备

按设计要求，对钢、木、石、玻璃、金属管型材以及其他辅助用材的规格、型号、色泽、质量、数量、配件等进行检查、验收，并按施工顺序、分类妥善保管和发放。

3）机具准备

按施工需要除准备好常用的装饰机具外，对特殊的加工机具如电弧焊机、小型混凝土震动器、弯管机等，应安装调试，保证其性能完好、运作正常。

（3）一般工艺程序

阅读施工图→定位弹线→基础骨架施工、管线埋设→混合结构连接→面层连接、管型材基座埋设→管线插口基座安装→饰面衔接、收口。

（4）施工要点

1）弹线定位

按照设计图在原结构上（如地面和墙面）将配饰体的位置、宽度、长度和高度确定下来，检查现场是否符合设计位置和尺寸的要求，检查该设置体与其它关连的装饰项目之间有无位置、尺寸协调等差异或冲突，并注意相互在功能操作上有无影响，以防发生今后实际使用中相互影响的不合理现象。

2）基础骨架施工

a. 钢骨架：悬挑结构较长的台、架，一般多采用钢骨架。钢骨架多采用角钢焊制，先焊成框架，再定位安装固定。骨架的固定一般采用胀铆螺栓直接固定，或与预埋件焊接固定。安装的钢骨架应横平竖直，面部平整，装设稳定牢固，并涂刷防锈漆两遍。

如钢骨架与木饰面结合，应在钢骨架与木饰面连接部位打好相应的孔洞以便用螺栓固定木饰面的基层木构件（木条骨架或厚胶合板），以保证钢骨架与木饰面连接稳妥和方便牢固。

如钢骨架与石板饰面结合，则需在钢骨架上的有关对应部位焊敷钢丝网抹灰并预埋铜丝或不锈钢钩，以便粘接和绑扎石板饰面。钢骨架的混合结构设置体可参见图14-28所示。

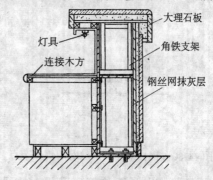

图 14-28　钢骨架混合结构示例

b. 混凝土或砖砌骨架：采用混凝土或砌砖作设置体基础骨架时，可在其面层直接镶贴大理石或花岗岩石材饰面板；如与木结构结合，应在相关结合部位预埋防腐木砖块，并用素水泥浆将木砖块面抹平整，使木砖块面与骨架面平齐。如有金属管件需在其侧面与之连接时，也应预埋连接件或将金属管事先直接埋入骨架中。混凝土基础骨架的混合结构设置体可参见图14-29所示。

3）混合结构的连接节点

a. 钢骨架焊敷钢丝网：应先在骨架面上焊牢1～2条8号粗铁丝，再将钢丝网焊在8号铁丝上，这样可防止钢丝网与钢骨架因截面面积相差过大，承受热量能力悬殊而造成直接焊接的困难，甚至将钢丝网焊出熔洞。加设8号粗铁丝的钢骨架焊敷钢丝网的焊接节点参见图14-30。

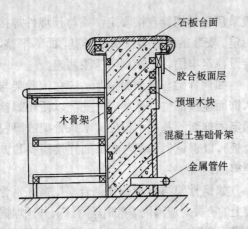

图 14-29　混凝土骨架混合结构示例

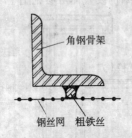

图 14-30　钢骨架焊敷钢丝网的焊接节点

b. 钢骨架与地面连接：采用 M10 胀铆螺栓和射钉固定方法，可参见图 14-31 所示。

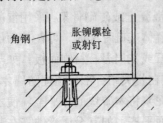

图 14-31　钢骨架与地面的连接固定节点

c. 混凝土骨架与木结构连接：在混凝土骨架内预埋防腐木砖，木砖一般呈梯型截面，其面积不得小于 40mm×400mm，厚度不得小于 30mm。木板、木方或厚胶合板与预埋木砖用螺丝固定。台柜、架类的功能性木结构件可单独制作，然后用螺丝钉以背面或隐蔽处与木砖连接固定。混凝土基础骨架与木结构的连接节点参见图 14-32。

d. 钢骨架与木结构的连接：在钢骨架上

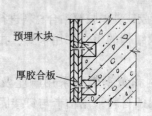

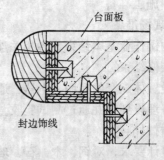

图 14-32　混凝土基础骨架与木结构的连接节点

使用平头螺栓固定木方或厚木质板作为衔接过渡，再将其它木结构与钢骨架连接，为施工方便，应注意平头螺丝要沉入木料表面。钢骨架与木结构的连接节点，参见图 14-33 所示。

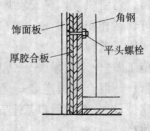

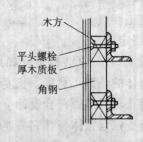

图 14-33　钢骨架与木结构的连接节点

4）石板材与木结构的粘结

a. 胶贴剂的使用：一般多采用环氧树脂胶粘剂。其性能较全面，粘结强度高，具有良好的机械性能，耐腐蚀、耐酸碱、耐油、耐水。常用于酒吧台、配料台、操作台等室内

固定设置的木结构与石板材的粘结，同时也可用于木结构与不锈钢板的粘结。常用的牌号有 E-44（6010）、E-51（618）、E-42（634）。调配环氧树脂胶料时，需加入8%左右的乙二胺固化剂和3%～5%二丁脂稳定剂，并要混合搅拌均匀后方可使用。

b. 选板：粘结前需先选石板，将同一厚度、同一花色的石板选出待用。因为胶合剂连接层的厚度有限，若石板的厚度差别较大将会给贴结增加调平的困难。

c. 粘贴操作：铺贴前首先应对木台面进行检测，检查出其面有无高低不平现象，如有应尽量进行修整，如有泛水的应按设计要求修整好坡度，再将石板放在木台面上进行调铺，观察石板材的拼接缝、色泽、花纹等是否符合要求，如不符合要求可调整，修整直至符合要求后进行编号，并擦净胶结面待用。

铺粘时将木基面擦净，按照试铺时所策划和编排的顺序将木基面和相应位置的石板胶结面分别均匀涂刷环氧树脂胶，待双面干燥后一次性铺设到位。

5）管型材料的安装

a. 管型材料与台面连接：设置于台面的不锈钢管、镜面铜管，是既有使用功能又具装饰效果的金属管材，通常用法兰盘基座进行连接固定。在木质台面上可直接用螺丝钉将法兰盘基座固定在台面，再将金属管柱插入法兰盘基座内，用止动螺丝锁定。在石板台面面上固定法兰盘基座时，需在石板台面规定的位置打孔埋入防腐木塞，然后用螺丝钉将法兰盘基座固定于木塞处。具体操作方法为先将法兰盘按要求放置台面的设定位置，用手电钻钻出基座孔的位置于石板台面上（即定点），再用冲击电钻打出 ϕ10mm、深度不小于 30mm 的孔洞，再塞入防腐木塞或尼龙胀管，便可安装固定法兰盘基座。采用冲击电钻打孔的方法要注意打孔的位置不得过于靠近石板材的边缘，以免出现石板材开

裂或崩损现象。管型材与台面的连接固定可参见图 14-34 所示。

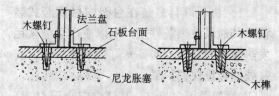

图 14-34　管型材与台面的连接固定

b. 管型材料与台立面连接：这种悬臂安装的金属管一般分为受力管和不受力管两种。不受力的纯装饰不锈钢或铜管等金属饰件，可用法兰盘与螺丝钉直接安装于台立面。对于有受力情况的管型材料，其安装固定一般都采用埋入式。骨架为混凝土时，可将一截普通钢管（其外径与装饰管内径相配合）埋入混凝土中，待安装时即可将装饰管套于预埋管上，在装饰面上以法兰盘封口并以螺丝钉将两种管件固定。如果装饰管受力不大时，亦可采用木质或塑料拉管取代普通钢管作预埋，装饰管材安装如上述。

骨架为钢架时，即将普通钢管段先与角钢骨架焊接，以保证伸入装饰管内 80～100mm，其它安装方法如上述。台立面安装金属装饰管的连接固定方法，可参见图 14-35。

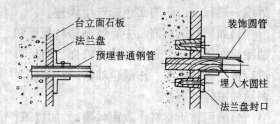

图 14-35　管型材与台立面的连接固定

14.4.2　室内混合结构固定配饰体施工的注意事项和质量要求

（1）电器安装的注意事项

在服务台、酒吧台、操作台柜等固定配饰体设置中，若需要安装照明灯具、装饰灯具或特定电器，就必须安装相应的电源插座

以便使用。为保证用电安全和防火安全，在安装电器时应符合以下要求。

1）由于灯具多是在台架内做隐蔽式装设，其通风散热条件差，所以应尽可能采用发热量少的灯具。如日光灯、节能灯等，安装处应加设铁壳护罩。

2）如采用白炽灯，其灯泡应小于60W，并设有管形金属灯罩。

3）电源线路应使用铁管保护，并应减少电线接头。如有接头须采用铁制接线盒，电源线路的走线应隐蔽。

4）电源插座开关应侧向安装于配饰体上，并远离有水或带水操作的位置。电源插头、开关不可水平安装在配饰体上，以免有水漏进插座酿成事故。

（2）配饰体的饰面程序

由几种不同材料进行饰面的室内固定配饰体，应注意饰面安装程序的合理安排，它关系到装饰的整体性和最终的装饰质量。通常的要求如下：

1）先进行石板类材料的镶贴。

2）石板类饰面完成后再进行金属类材料的饰面或玻璃镜的镶贴。

3）木结构的装饰座在各木构件连接组合后统一进行，以防饰面色彩产生误差。

4）如果木结构饰面中有镶贴塑料板面和油漆涂饰项目，应先进行油漆饰面，而后再进行板块镶贴操作。作混色油漆时，须一次调足油漆的需用量。

5）采用软质材料作表面包覆时，如皮革、人造革和丝绒布等饰面，应安排在其它饰面完工后进行。

6）各饰面完成后，进行衔接对缝的收口处理工作。

（3）质量要求

1）综合要求

室内固定配饰体施工项目的工程量虽然不是很大，但是由于其所处的空间位置和特殊的要求不同，往往对该项目的艺术形式、构造方法和工艺处理等都与其它室内装饰有所区别。因有着"龙头"项目的意义，所以对其质量的要求除与其它单项同类材料施工质量要求相同外（如石板材镶贴、木质材料装饰等各单项施工质量标准），还应根据其所起的作用、设置的空间位置、体积、功能等方面的综合条件进行质量的验收，力求该项目尽善尽美。

2）基本要求

混合结构的室内固定配饰体应有足够的连接牢固性和稳定性。多种材料连接施工中要尽量使用配套定型的连接件和选用先进的加工机具以保证其足够的刚性和强度，并达到过渡、衔接自然妥贴。

尽量满足该设置的防火、防腐、耐用、耐烫和操作使用方便，以利提高其使用寿命，做到既经济又实用。

混合结构的室内固定配饰体应在造型、质感和色彩等各方面精心处理，以满足装饰美化的要求并与整体装饰风格和谐统一；又能刻意突出其特点和气氛，既要庄重大方，又要富丽豪华，起着突出显目的效果。

小　结

室内固定配饰体，如酒吧台、服务台、展示台柜等，是常因有特殊需要而设置的固定物体；在室内位置上醒目，在装饰上我们应注意它的"窗口"作用，在结构上它们往往不是单一的，而是由多种结构组合而成。在制作时应保证骨架稳固，饰面明净豪华，多种结构的连接牢靠，使用方便。

1. 什么叫室内固定配饰体，它们在功能上和结构上有什么特点？

2. 固定配饰体往往由多种结构组合而成，连接很重要，请说明砖混结构与木结构，钢骨架与石板材，分别怎样连接？

14.5　石膏装饰件安装工艺

石膏装饰件是由石膏粉、玻璃纤维、石膏增强剂，经模注工艺生产而成。

（1）特点

石膏装饰件，花纹清晰美观，立体感强，装饰效果好，具有防火、永不变形的优点。装饰件可钉、可刨、可锯，装饰施工较容易。

（2）适用范围

石膏装饰件用途广泛，可做顶棚顶角线（与角花、灯圈配合使用），也可做墙面装饰线条。装饰部位及线角名称见图14-36。

（3）石膏装饰件的分类

1）顶角线

石膏顶角线（也称为阴角位线）有多层的线条和丰富的浮雕图案，烘托室内装饰气氛，主要用于吊顶（平顶）与墙面分界处，以及多级顶棚吊顶的阴角部位和悬檐吊顶的檐口处，常见规格品种见图14-37。

2）石膏线脚（也称花线）

石膏镶边线脚与木质花线的内角线和镶边线相似，主要作为墙面、顶面框架的边线处理，常见规格、品种见图14-38。

3）装饰花盘（也称灯圈）

装饰花盘有两种：一种是配衬点缀用的小花盘；一种是吊灯顶座的大花盘，直径在200mm以上，如图14-39。

4）角花

角花有两种，一种是与檐口装饰线条配套，用于吊顶多种造型的部位；另一种是与石膏小线条相配套，用于吊顶平面或墙平面的造型，见图14-40。

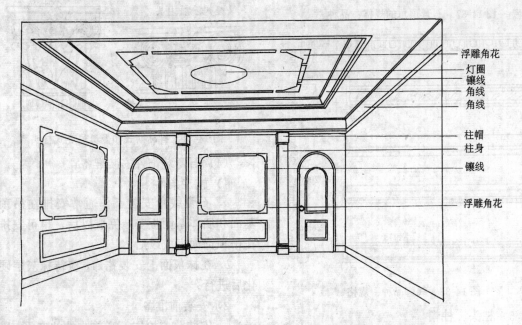

浮雕角花
灯圈
镶线
角线
角线
柱帽
柱身
镶线
浮雕角花

图14-36　石膏装饰件装饰部位及名称

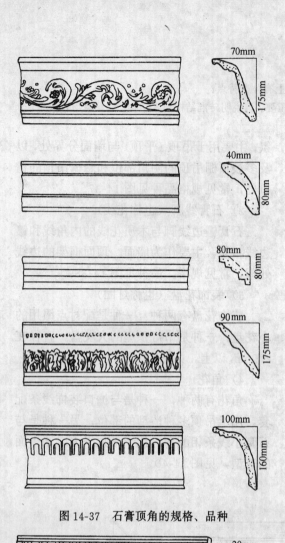

图 14-37 石膏顶角的规格、品种

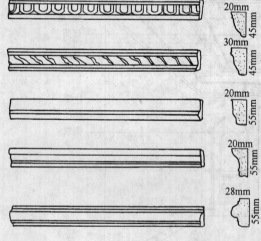

图 14-38 线脚品种、规格

5）柱头、柱帽

石膏柱头、柱帽、柱身是装饰柱子或装

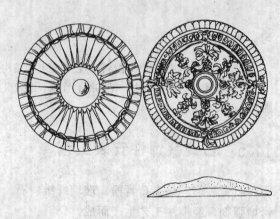

图 14-39 装饰花盘

图 14-40 装饰角花

修假柱的配套装饰件。可以是圆柱，也可以作半圆柱，式样见图 14-41。

爱奥尼克式柱头  科林斯式柱头

图 14-41 科林斯式和爱奥尼克式柱头

（4）石膏装饰件安装准备

1）施工条件

a. 石膏线角安装工作通常安排在吊顶基面和墙体基面板安装完成以后，也可安排在吊顶饰面完成以后。

b. 在抹灰面上安装花饰，应待抹灰层硬化后进行。

2）安装前准备

a. 安装前应检查石膏装饰件的型号、尺寸、数量、厚度和表面平整度，是否符合设计要求，不符合要求的应及时修整或换掉。

b. 弹出花饰安装的限位线。安装顶角线时，应在楼板和墙面四周弹线找平、找正，以保证纵横平直。

c. 如装饰件较重时，应在墙面和顶棚面预先用冲击钻打洞，埋设木砖或尼龙胀管，间距为 400mm 左右。

d. 主要工具：冲击电钻、手枪钻、墨斗、卷尺、水准管等。

（5）石膏装饰件安装

1）顶角线安装（也称顶棚阴角线）：

a. 安装前对所装基层面进行清扫，不得有灰尘、油迹，如表面起壳应清除、补平。

b. 根据顶角线的宽，在墙面弹出限位线。

c. 调制石膏胶粘剂：常用石膏胶粘剂配合比（重量比）为，半水石膏：107 胶：2% 甲基纤维素＝100：35：35。

d. 刷石膏胶粘剂：在顶角线花饰的背部边缘和其他顶角线的接缝处刷石膏胶粘剂。

e. 根据墙面的墨线把顶角线平稳地贴在天棚和墙上，如线角较大时，可用木方或竹片临时固定。如顶角线接触面为木质材料则需用镀锌螺钉或铜螺丝固定，如图 14-42。

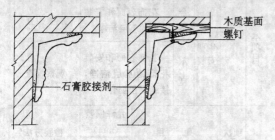

图 14-42　顶角线的固定方法

2）檐口位顶角线的安装

檐口位是指吊顶天花造型的悬出部位，该部位安装顶角线与顶棚阴角线安装的不同之处是：在角位安装可将石膏线板的两侧固定在角位的两个面上，而在檐口安装却只有一个面可固定（见图 14-43）。如顶角线平贴安装时，用螺钉直接将其固定即可。如需成

一定角度安装就需要加辅助支点的方法。

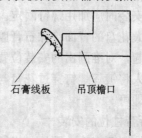

图 14-43　石膏线条在檐口安装形式

辅助支点是按石膏线板的安装角度，用 15mm 厚木夹板开出，再将辅助支点固定在天花檐口上（见图 14-44）。檐口上每个辅助支点的间距为 300mm 或 400mm，两石膏线板对口处必须有两个辅助支点，以保证对口处的对接固定。同时，各辅助支点的固定位一定要在同一水平上，当辅助支点固定后，即可将石膏线板固定在辅助支点上（见图 14-45）。为使石膏线板更加稳固，还可在线板与檐口之间灌入一些石膏粘粉浆，待浆液干后连接就更稳固了。

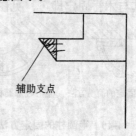

图 14-44　安装辅助支点

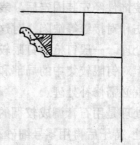

图 14-45　在辅助支点处固定石膏线板

3）石膏花盘（也称灯圈）的安装

安装时，先画出花盘的安装位置，小花

盘可直接用石膏胶粘剂固定在基层上。大花盘较重，安装时应加用螺钉固定。

先在大花盘的背面涂抹石膏胶粘剂，将大花盘托起，对准画出的安装位置，将其按住，另一人将镀锌螺钉穿过花盘与基层中的木砖连接即可。

4）石膏柱位的安装

石膏柱主要有：全圆柱、半圆柱、半方柱。柱位安装主要保证柱身垂直与柱位稳定。

由于石膏柱也是脆性材料，并且怕潮湿，所以安装石膏柱需有基座，也就是说石膏柱安装于基座上。

全圆柱安装时，应先做垂直吊线，以确定柱的位置是否垂直，然后再分别在圆柱的上下两部位用电钻打料孔进行固定，最后在上下两部位固定限位木线条或其它限位材料。半圆柱和半方柱，一般都是空心体。安装前应按石膏半圆和半方柱内径的尺寸和形状做木衬，并固定在墙面的安装位置上，安装时将石膏半圆柱或半方柱卡在木衬上，再用螺钉把其与木衬固定即可，见图14-46。

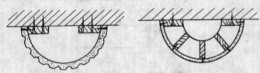

空心柱与墙面固定的简易方法　　空心柱加筋板的固定方式

图14-46　半圆柱的固定方法

（6）石膏装饰件安装后的修饰

石膏装饰件经安装固定后，表面会留下钉眼，碰伤和对接缝等缺陷。对这些缺陷应分别进行处理。一般钉枪的钉眼较小，可不作处理，但对钉眼较集中的局部和用普通铁钉的钉眼就必需修补处理。

修补处理是用石膏调成较稠的浆液，批抹在缺陷处，待干后再用零号细砂布打磨平。如浮雕花纹处有明显的损伤，就需用小钢锯片细致地修补，待干后再用零号砂布打磨。

待修补工作完成后，便可进行饰面工作。石膏装饰件的饰面通常采用乳胶漆，刷乳胶漆时，先将乳胶漆加一半的水稀释，再用毛刷涂刷2～3遍成活。

（7）施工注意事项

1）石膏胶粘剂凝固时间短促，初凝时间不小于6min，终凝时间不大于30min，应随配随用。

2）石膏装饰件一般强度不高，故在操作中应轻拿轻放。

3）装饰件接缝处的花纹应相互连接对齐，不可错乱，特别是合角拼缝和花饰表面。

4）安装后，花饰应清洁、皓白、不得有麻孔、裂纹或残缺不全等。

（8）石膏装饰工程的质量标准与检验方法，见表14-16。

花饰工程质量标准和检验方法

表14-16

保证项目	项次	项目			检验方法
	1	花饰的品种、规格、图案和安装方法必须符合设计要求			观察检查
	2	花饰安装必须牢固、无裂缝、翘曲和缺棱掉角等缺陷			观察、手轻摇检查
基本项目	项次	项目	等级	质量要求	检验方法
	1	花饰安装	合格	花饰表面和安装花饰的基层洁净	观察检查
			优良	花饰表面和安装花饰的基层洁净，接缝严密吻合	观察检查
允许偏差项目	项次	项目		允许偏差（mm）	检验方法
				室内 / 室外	
	1	条形花饰的水平和垂直	1m	1 / 2	拉线、尺量和用托线板检查
			全长	3 / 6	
	2	单独花饰中心线位置偏移		10 / 15	纵横拉线和尺量检查

338

小　结

用石膏装饰件装饰，洁白高雅，花纹繁多，立体感强，有各种类型和尺寸的预制件可供选择。安装时可粘贴，可钉锯，安装方便，实为价廉物美的装饰选择。石膏装饰件的选择应视环境而定类型、花纹和尺寸。安装时要先弹限位线、试拼，再粘贴或钉结，最后用石膏浆液嵌缝和修补。

习　题

1. 石膏装饰件装饰特点是什么？
2. 石膏装饰件有哪些类型？
3. 安装石膏饰件的工序有哪些？

第15章 装饰工程防火施工要求

建设部于1995年批准颁布《建筑内部装修设计防火规范》（GB 50222—95，以下简称《防火规范》）。凡从事建筑装饰工程设计与施工的人员都应学习和严格执行该"防火规范"，因为在建筑内部装修中，确实存在亟待解决的问题。

在安全防火方面，建筑内部装修中存在的问题，主要有以下几点：

（1）建筑的美观性和安全性之间的矛盾。建筑装饰要想达到美观、高雅，难免选用大量可燃或易燃材料，而从防火安全角度出发，则希望大量使用不燃和难燃材料。这两者的矛盾必须统筹兼顾于《防火规范》之中，而不能恣意强调装饰效果，忽视防火安全。

（2）有些建筑内部装饰的随意性很大。与宾馆等大型公共建筑不同，一般的办公、居住等内装修随意性很大，几乎在原始设计中无法预见，这就要求进行该类建筑内装修的设计和施工人员，严格按照《防火规范》控制内装修的设计和施工。

（3）装饰材料本身的问题。我国现有装饰材料的品种很多，其中有的生产部门并不注意产品是否有阻燃性，尤其过去在没有具体的规范对它的防火等级作出要求的情况下，管理上的随意性很大。对此，我们必需有防范意识，提高学习和执行《防火规范》重要性的认识。

15.1 装饰材料的分类及其燃烧性能等级

《防火规范》对装饰材料按其使用部位和功能分为七类：顶棚装修材料、墙面装修材料、地面装修材料、隔断装修材料、固定家具、装饰织物和其他装修材料。

其中装饰织物系指窗帘、帷幕、床罩、家具包布等；其他装饰材料系指楼梯扶手、挂镜线、踢脚板、窗帘盒、暖气罩等。

《防火规范》对装修材料按其燃烧性能划分为四级，即不燃性材料、难燃性材料、可燃性材料、易燃性材料四级，并分别用A、B_1、B_2、B_3表示，详见表15-1装饰材料燃烧性能等级。

《防火规范》第2.0.3条规定，装修材料的燃烧性能等级，由专业检测机构检测确定，B_3装修材料可不进行检测。

装修材料燃烧性能等级　　表15-1

等　　　级	装修材料燃烧性能
A	不燃性
B_1	难燃性
B_2	可燃性
B_3	易燃性

为了便于在装修工程中正确地选用材料，《防火规范》有"附录B 常用建筑内部装修材料燃烧性能等级划分举例"表，可供参考。详见表15-2所示。

常用建筑内部装修材料燃烧性能等级划分举例　　表15-2

材料类别	级别	材料举例
各部位材料	A	花岗石、大理石、水磨石、水泥制品、混凝土制品、石膏板、石灰制品、粘土制品、玻璃、瓷砖、马赛克、钢铁、铝、铜合金等

续表

材料类别	级别	材料举例
顶棚材料	B₁	纸面石膏板、纤维石膏板、水泥刨花板、矿棉装饰吸声板、玻璃棉装饰吸声板、珍珠岩装饰吸声板、难燃胶合板、难燃中密度纤维板、岩棉装饰板、难燃木材、铝箔复合材料、难燃酚醛胶合板、铝箔玻璃钢复合材料等
墙面材料	B₁	纸面石膏板、纤维石膏板、水泥刨花板、矿棉板、玻璃棉板、珍珠岩板、难燃胶合板、难燃中密度纤维板、防火塑料装饰板、难燃双面刨花板、多彩涂料、难燃墙纸、难燃墙布、难燃仿花岗岩装饰板、氯氧镁水泥装配式墙板、难燃玻璃钢平板、PVC塑料护墙板、轻质高强复合墙板、阻燃模压木质复合板材、彩色阻燃人造板、难燃玻璃钢等
墙面材料	B₂	各类天然木材、木制人造板、竹材、纸制装饰板、装饰微薄木贴面板、印刷木纹人造板、塑料贴面装饰板、聚酯装饰板、复塑装饰板、塑纤板、胶合板、塑料壁纸、无纺贴墙布、墙布、复合壁纸、天然材料壁纸、人造革等
地面材料	B₁	硬PVC塑料地板、水泥刨花板、水泥木丝板、氯丁橡胶地板等
地面材料	B₂	半硬质PVC塑料地板、PVC卷材地板、木地板、氯纶地毯等

续表

材料类别	级别	材料举例
装饰织物	B₁	经阻燃处理的各类难燃织物等
装饰织物	B₂	纯毛装饰布、纯麻装饰布、经阻燃处理的其它织物等
其它装饰材料	B₁	聚氯乙烯塑料、酚醛塑料、聚碳酸酯塑料、聚四氟乙烯塑料、三聚氰胺、脲醛塑料、硅树脂塑料装饰型材、经阻燃处理的各类织物等，另见顶棚材料和墙面材料内的有关材料
其它装饰材料	B₂	经阻燃处理的聚乙烯、聚丙烯、聚氨酯、聚苯乙烯、玻璃钢、化纤织物、木制品等

15.2 对建筑内部各部位装修材料的燃烧性能等级的规定

《防火规范》对单层、多层、高层及地下民用建筑和工业厂房内部各部位装修材料的燃烧性能等级作了规定。例如《防火规范》第3.2.1条对单层、多层民用建筑内部各部位装饰材料的燃烧性能等级，作了不应低于下面表15-3的规定。

单层、多层建筑内部各部位装修材料的燃烧性能等级　　表15-3

建筑物及场所	建筑规模、性质	装修材料燃烧性能等级							
		顶棚	墙面	地面	隔断	固定家具	装饰织物		其他装饰材料
							窗帘	帷幕	
候机楼的候机大厅、商店、餐厅、贵宾候机室、售票厅等	建筑面积＞10000m² 的候机楼	A	A	B₁	B₁	B₁	B₁		B₁
	建筑面积≤10000m² 的候机楼	A	B₁	B₁	B₁	B₂	B₂		B₂
汽车站、火车站、轮船客运站的候车（船）室、餐厅、商场等	建筑面积＞10000m² 的车站、码头	A	A	B₁	B₁	B₁	B₂		B₁
	建筑面积≤10000m² 的车站、码头	B₁	B₁	B₁	B₂	B₂	B₂		B₂
影院、会堂、礼堂、剧院、音乐厅	＞800 座位	A	A	B₁	B₁	B₁	B₁	B₁	B₁
	≤800 座位	A	B₁	B₁	B₁	B₂	B₁	B₁	B₂

建筑物及场所	建筑规模、性质	装修材料燃烧性能等级							
		顶棚	墙面	地面	隔断	固定家具	装饰织物		其他装饰材料
							窗帘	帷幕	
体育馆	＞3000 座位	A	A	B_1	B_1	B_1	B_1	B_1	B_2
	≤3000 座位	A	B_1	B_1	B_1	B_2	B_2	B_1	B_2
商场营业厅	每层建筑面积＞3000m² 或总建筑面积＞9000m² 的营业厅	A	B_1	A	A	B_1	B_1		B_2
	每层建筑面积 1000～3000m² 或总建筑面积为 3000～9000m² 的营业厅	A	B_1	B_1	B_1	B_1	B_1		
	每层建筑面积＜1000m² 或总建筑面积＜3000m² 营业厅	B_1	B_1	B_1	B_2	B_2	B_2		
饭店、旅馆的客房及公共活动用房	设有中央空调系统的饭店、旅馆	A	B_1	B_1	B_1	B_2	B_2		
	其他饭店、旅馆	B_1	B_1	B_2	B_2	B_2	B_2		
歌舞厅、餐馆等娱乐、餐饮建筑	营业面积＞100m²	A	B_1	B_1	B_1	B_1	B_1		B_2
	营业面积≤100m²	B_1	B_1	B_1	B_2	B_2	B_2		B_2
幼儿园、托儿所、医院病房楼、疗养院、养老院		A	B_1	B_1	B_1	B_2	B_1		B_2
纪念馆、展览馆、博物馆、图书馆、档案馆、资料馆等	国家级、省级	A	B_1	B_1	B_1	B_2	B_1		B_2
	省级以下	B_1	B_1	B_2	B_2	B_2	B_2		B_2
办公楼、综合楼	设有中央空调系统的办公楼、综合楼	A	B_1	B_1	B_1	B_2	B_2		B_2
	其他办公楼、综合楼	B_1	B_1	B_2	B_2	B_2			
住宅	高级住宅	B_1	B_1	B_1	B_1	B_2	B_2		B_2
	普通住宅	B_1	B_2	B_2	B_2	B_2			

15.3 建筑内部装修防火的基本原则和应注意的问题

（1）基本原则

1）对重要的建筑比一般的建筑要求严，对地下建筑比地上建筑要求严。

2）对建筑防火的重要部位的要求比一般建筑部位要求严，前者如公共活动区、楼梯、走廊、危险物多的区域。

3）对顶棚的要求严于墙面，对墙面的要求严于地面。对悬挂物（如窗帘、幕布等）的要求严于粘贴在基材上的物体（墙纸、墙布等）。

4）对一部附加了消防设备的建筑物，内装修防火等级可适当降低。

（2）应注意问题：

1）在室内装修设计中，要求耐火程度高低的顺序应依次是：顶棚、墙面、家具、地面铺设材料。

2）在用于人员撤离和避难部位的装修材料，最好是不燃或难燃品，并且发烟量要小。

3）在公共聚集的较大空间中，应考虑用经过阻燃处理的窗帘、幕布、座套等。

4）当隔音、隔热或其他绝缘材料直接与空气接触时，这些材料应当是难燃的。

5）在必须较大面积使用可燃材料时，一定要设置自动灭火系统。

6）应禁止在通道上设置挂毯、幕布、门帘等。

7）对内装修材料和设施，应建立经常性的防火检查制度，以便可以对那些防火性能已失效的材料及时进行更换。

（3）装饰施工防火对策举例：

1）墙面装修应特别注意 1.2m 以上部分。（因为，据火场调查统计，顶棚及墙壁上方烧毁程度最严重，而浓烟熏焦的痕迹大致距地面 1m 左右。）

2）墙面应将耐燃性较好的装饰材料置于外层，若壁纸贴在石膏板上，装饰层厚度不要超过 1mm。

3）室内押条、踢脚板、扶手、栏杆等，若用木材、塑胶等可燃材料，其用量最好不超过顶棚、墙面面积的 $\frac{1}{10}$。

4）壁纸粘贴施工，应将原有壁纸铲除。

5）墙面应避免使用泡沫塑胶及织物材料。

6）应选择材料厚度较厚，难燃性能较优的装饰材料。

7）隔墙或墙面装饰若加垫条、托木等，其内部或表面最好使用不燃材料，如玻璃棉等填充。

8）木板应用防火涂料处理。

9）应使用防火胶料粘合材料。

10）地面应尽量避免使用易燃纤维制成的地毯或易燃塑胶地砖类，尤其不可用于走廊及通往逃生通道的地面。

11）当采用木质板材作墙面装饰时，其护墙板高度不应高于室内地面 1.2m；当设有火灾自动报警和固定式自动灭火设施时，其墙内装饰高度不受限制。

12）装饰夹层内（含顶棚内）敷设电线应穿管布置；在可燃材料夹层内布电线时，应用金属管布置；在非燃烧或难燃烧材料夹层内布电线时，可采用穿硬质阻燃型 PVC 管布置。

13）建筑室内装饰不应破坏建筑内部的防火、防烟分隔、安全疏散和原有火灾自动报警、固定自动灭火等消防设施。

14）室内变形缝（包括沉降缝、伸缩缝、抗震缝）及其表面装饰材料应采用非燃烧材料。

15）装饰材料与隔墙、电梯井、管道井等处相连的孔洞，在装饰前应采用非燃烧材料将其严密填塞。

16）建筑室内的蒸汽管道、散热器、烟囱等与可燃装饰材料应保持不小于 10cm 的间距，或采用非燃烧材料作隔热处理。

17）防火门不得为推拉门。

18）应急照明灯的位置、数量和间距等应按火灾发生后断电情况下的需要而合理布设。

19）防火设备的安装调试应由消防专业单位施工。

以上建筑装饰施工防火对策仅为举例。我们还应进一步学习和熟悉国家和地区有关的防火规范和规定，并全面严格遵守上述规范和规定。

小　结

装饰工程防火施工，必须贯彻"预防为主、消防结合"的方针，保障建筑内部装修的消防安全，防止和减少建筑物火灾的危害。首先要提高消防意识，严格遵守国家和地区的防火规范，消除视消防措施和防火施工要求为"额外负担"的错误观点，千万不要违反防火规范而随心所欲，掉以轻心地施工。要了解和学习国家和地区的防火规范，从而熟悉装饰材料的分类及其燃烧性能等级，熟悉建筑内部各部位装饰材料的燃烧性能等级的规定，遵守建筑内部装修防火的基本原则，重视装饰施工防火应注意问题和防火对策。

习 题

1. 装饰材料按其使用部位和功能可分为哪七类？

2. 装饰材料按其燃烧性能划分为哪四级？

3. 在室内装修中，要求耐火程度高低的顺序是什么？（即试将下列几项依次排顺序：顶棚、墙面、家具、地面铺设材料。）

4. 按小组讨论形式列举装饰施工防火对策，并分析所采取对策的原因。

第三篇

美学基础与应用常识

有人曾说:"20 世纪是艺术的世纪,21 世纪则是设计的世纪。"时代要求设计师不仅具备专业的科技知识技能,还应兼备丰富的人文、社会素养,对造型的高度敏感性和较深的艺术审美素养。

设计有五要素:材料、技术、构造、功能、美观。在设计作品中,很容易流露出设计者本人的思想观念和审美趣味,而观念陈旧保守、审美力弱、审美趣味低下的设计者或作品定遭淘汰。设计师固然需要较高的科技水平,同时也需要一定广度和深度的美学知识,才能跟上和把握现代造型的特点和潮流。

美学知识不同于一般的美术、绘画。后者技法性较强,是辅助实现设计目的的有力工具。当然,持之以恒的绘画练习会非常有助于审美能力的培养,因为绘画中也涉及到构图、均衡、比例、线条、色彩等一些形式美的要素,许多著名的建筑师同时也是大画家,总之绘画中的审美,感性的、意念性的东西较多,而我们在"美学基础知识"中,主体内容基本不牵扯任何美术技法,它比较系统地阐述了有关现代美学的基本规律,形式美的基本法则,由于其所具有的普遍性,几乎能够适用于一切有关造型的行业或艺术。以建筑与雕塑做比较,就形态要素而言,都有点、线、面、体、质感、色彩;就形式美规律来看,都包含对称与均衡、对比与统一、节奏与韵律等等。虽比较抽象,但若对照实物,则不难发现其中的奥妙。因此,对于从事造型艺术的人来说,掌握一定的美学知识是极为必要的。

总之,室内装饰行业具有边缘学科的特点,专业交叉性强,远非一、二门知识能够解决问题,需要广泛多向的知识结构。

第16章　美学基础与应用常识

到底什么是美学的法则？有没有这样一些法则呢？我们时常觉得一些东西好看，而另一些则不好看，可又说不出为什么，这说明我们只是从感性出发来看待事物，对美的认识还没有上升到理性的高度。当我们从理性上认识且掌握了这些美学规律与法则之后，我们就能驾驭它们，使我们从被动的美的欣赏者、接受者，一跃而成为美的创造者。

16.1　对称与均衡

16.1.1　对称

在基本的造形能力中，平衡的感觉非常重要，平衡感觉正是构造图形所需的基本能力。

平衡感觉对设计者的重要性是无法估计的。对称的形式易于理解，如餐具等日常用品多为对称造形，我们的身体，便是一个对称的构成，至于多数的昆虫、鸟类、鱼类、贝类、其他动物、花卉、种子、叶子、矿物、雪花结晶的著名结构等等，乃至其构成物质的分子、原子本身，其具有对称构造者也不计其数。既然自然界充满着对称造形，至于人造物中，以对称为主体的东西也不胜枚举，例如食、衣、住中，早已常见对称之形，特别是其中的"住"，不论内部或外观，都充满着对称造形。又如"住"中之物——家具、家具以外的器物造形、文具造形，都常见到对称造形。至于"行"中的交通工具——汽车、飞机、轮船等大部分也被制成对称形态。我们人类生活在对称的各种形态之中，不论是大自然的或是人造的，都深深感受到舒适和愉快。

对称就是一种绝对的均衡——静态均衡，它将等同的要素以一个点为中心，或以一条线、几条线为轴均衡地布置，是造形要素中一种较为普通的组合方式。对称形式缺少变化和动感，但适宜于庄重、具有纪念性的场合，具有整齐、稳定、明晰的表情，一般说来，呈平衡的、均齐的或单纯几何形状的结构，总具有静态的特征。

利用对称手法，可以唤起人们神圣、完美、纪律、秩序、壮丽、高尚、权力和纪念性等感觉。总之，对称容易吸引人的注意力使视线停留在其中心部位，它的安定感、统一感和静态感觉比较强，可以用于突出主体、加强重点、给人以庄重或宁静的感觉，所以一些重要的场所大都采用对称形式。对称的组织方法有平移、反射、回转与扩大四种，将这四种基本形式相互结合可发展出多种形式。

(1) 平行移动（平移）

称为"并进"，这是最简单的对称形式组织方法。形不改变方向，保持原状，单单移动位置，十分明确而井然有序。如图 16-1。

(2) 回转

对称图形的"回转"方式就是在同一平面所作的回转。花瓣的排列多半兼有"回转"与"镜照"的双重操作。

关于同一平面上之回转，这里列有 2 种例子，它们都是以 90 度、180 度来回转的图形（图16-2、图16-3）。

（3）反射

如同照镜子一般，可产生左右对称，无数的动物几乎都具有此种对称性，又如植物或果实亦复如此。

人类长久以来对于这种对称结构常怀着严肃的神秘感情，并将之视为形的秩序根源。

（4）扩大

就是形的"扩大或缩小"，它使对称结构的种类增多，这种对称结构具有动力之感。图16-4。

另外，这几种对称形式也可以同时混合使用。前面提到的"平行移动"、"回转"、"反射"、"扩大"如果混合使用的话，将可产生新的对称。如图16-5。

在造型活动中，若古板地恪守"对称"条件，那所有的形态都应趋向于金字塔，于是造形就缺了它应有的意义，生活与工作亦将变得枯燥乏味。

16.1.2 均衡

均衡是处理形式重量感的手段，物体在组合中各部分吸引人们注意的程度有轻有重，处理这种轻重关系使其达到视觉上的安定就能得到均衡的效果。

形体的均衡感往往只取决于外形所产生的重量感，即从形的体量关系出发的视觉力，而不是从零部件的实际重量出发的重力。视觉力的平衡要素有相互联系的两个方面：度量（辨别纯粹形大小的量）和份量（关于色要素的计量）。同质同形等量的两个形体，均衡点放在中间，在度量上是平衡的，但如果对其中的一个照射强亮光，另一个处在阴影中，则立即就失去了视觉力的平衡，这是份量感在起作用。所以造形中的平衡应该就形状、色彩、肌理等全面权衡。

处于地球引力场内的一切物体，都摆脱不了地球引力——重力的影响，人类的建筑活动从某种意义上讲就是与重力作斗争的产物。古代埃及的金字塔，以艰苦代价把一块巨石叠放在另一块巨石之上，从而建造起高达146.5m的方尖锥形石塔。迄今所保留下来的这些建筑遗迹，从某种意义上讲，可以把它看成是人类战胜重力的记功碑。

存在决定意识，也决定着人们的审美观念。在古代，人们崇拜重力，并从与重力作斗争的实践中逐渐地形成了一整套与重力有联系的审美观念，这就是均衡与稳定。

重量感是人体的动力知觉，可能来自不对称脑子的组织受到刺激输入的影响。人的大脑在不对称的视觉环境中是能够看出平衡的，我国传统惯用的"秤"与现代的"磅秤"正是这种视觉上非对称与对称均衡最为常见的现象。一个失去平衡的形如同失去平衡的"秤"一样，人们是不愿意接受的，因为平衡是人能够在地球上立足的基本前题，也是形的处理时最明显的秩序。物体的重量是地球引力向下拉物体的力，是一种物理的力，而视觉的重量感是指物体与人之间形成的拉力，是一种心理的力。物体间要素的差异能形成不同重量感，如体积大小的差别、形状的差异、位置的不同、肌理、色彩、装饰的区别等。高的、大的体积比矮的、小的体形显得重些；远离中心的物体比离中心近的同样物体感觉重；深色的、暖色的、纯色的物体比浅色的、冷色的、中性色物体显得重；粗的表面显得比细的表面要重；规则、紧凑的形状显得比松散的形状要重，竖的方向比其他方向显得重；装饰多的比装饰少的表面显得要重。

均衡可以说是由重力所创造的形式美法则，因为环境中相对静止的物体都必须以一种均衡的状态存在，久而久之，均衡不仅成为保持稳定的力学需要，而且成为人们审美的需要。每一位具有基本力学知识的读者都知道，两个同样重量的物体，支点位于杠杆的中心可以达到力矩的平衡。如果两个物体重量不等，较重的物体要比较轻物体靠近支点才能达成力的平衡。当然，就环境形式而言，它所称的均衡与力学的均衡有区别，人们不可能去称量一幢建筑物的重量。但是人们可以通过视觉感受环境要素的形体、色彩、肌理，进而根据一定的心理经验获得重量感，从这一意义上来讲，形式上的均衡与力学上的均衡又有很多相通之处。两个相同的要素以其对称轴为"支点"，可以达成视觉上的平衡；而两个不同的要素，形体较大、色彩暗而冷、质地较粗糙的一方离"支点"要近一些，另一方要远一些才能生成均衡感（图16-6）。前者我们称之为静态均衡，即对称，而后者称之为动态均衡。相比之下，前者性格严谨、庄重；后者表情灵活、明快，富有动感。

随着技术的发展，现代建筑师经常运用均衡来创造一些大胆的形态，如：运用底层架空的形式，把巨大的体量支撑在细细的柱子上；或者索性采用上大下小的形式，干脆把金字塔倒转过来。人的审美观念总是和一定的技术条件相联系着。在古代，由于采用砖石结构的方法来建筑，因而理所当然地应当遵循金字塔式的稳定原则。可是今天，由于技术的发展和进步，则没有必要为传统的观念所羁绊。例如采用底层架空的形式，这不仅不违反力学的规律性，而且也不会产生不安全或不稳定的感觉，相反，人们会从中得到有趣的新奇感（图16-7）。

尽管对称的形式天然就是均衡的，但是人们并不满足于这一种形式，而且还要用不对称的形式来保持均衡。不对称形式的均衡虽然相互之间的制约关系不象对称形式那样明显、严格，但要保持均衡的本身也就是一种制约关系。而且与对称形式的均衡相比较，不对称形式的均衡显然要轻巧活泼得多。格罗庇乌斯曾强调："现代结构方法越来越大胆的轻巧感，已经消除了与砖石结构的厚墙和粗大基础分不开的厚重感对人的压抑作用。随着它的消失，古来难于摆脱的虚有其表的

中轴线对称形式，正在让位于自由不对称组合的生动有韵律的均衡形式"。总之，在"均衡"造形中所产生的紧张感是使人感觉到美的关键，对这种紧张感的重视应该可以说是现代造形的特征之一。

16.2　比例与比率

造形上所谓的比例乃是量（长度、面积等）的比率。例如此处如有一个矩形（长方形）时，其长与宽的比率便是该矩形的比例，这时显示比率的数字越大的话，便意味着越加细长的矩形，比率近乎1的话，则又成了近乎正方形的矩形。就人的外貌而言，如果说"那个人的比例很好"时，那个比例指头部与身长的比率，或身体的肥瘦（肥胖的程度）与身高的比率都给人以优美之感。

这里举一个例子来说明比率的作用：为了使8～10岁的儿童能够生动体会比率效果的相对性，造型教育家伊顿给他们布置以下的作业："将你们的手放在一张图画纸上，用铅笔勾出轮廓来，除了手之外，再按实物大小，画一个苹果，一只李子，两颗樱桃，两粒葡萄干，和——在手上——一只苍蝇。"孩子们毫不费力地就找到了正确的比例，因为他们对此已有所体验了。"现在照这样子，画一头大象！"他说。孩子们异口同声地回答："这是不可能的，因为纸太小了。""画大象不可能吗？"他问。孩子们认为必须换张纸。他们换了张新纸，他继续讲："画一头老的、很大的象，——再加上一头小象和一位牧象人——他把手伸向象，——手上有一个苹果——苹果上有一只苍蝇！""但这也不可能"，孩子们嚷道。"好吧，画另外一头大象，要画得它看起来很大，旁边画一个小牧象人。你们明白了吗？牧象人的小使得象看起来更大。"

因此，比率就是指在整体效果中蕴含着的各个局部之间大小的数字比值。

任何物体，不论呈何种形状，都必然存在着三个方向——长、宽、高——的度量，比例所研究的就是这三个方向度量之间的关系问题。所谓推敲比例，就是指通过反复比较而寻求出这三者之间最理想的比率关系。

一切造型艺术，都存在着比例是否和谐的问题，和谐的比例可以引起人的美感。公元前6世纪，希腊曾有一个哲学流派——毕达哥拉斯学派，在当时，人们对于客观外界的认识还处于蒙昧状态的情况下，就有这样一种企图：即在自然界众多的现象中找出统率一切的原则或因素。在这个学派看来，万物最基本的因素是数，数的原则统治着宇宙中一切现象。他们不仅用这个原则来观察宇宙万物，而且还进一步用来探索美学中存在的各种现象。他们认为美就是和谐，并首先从数学和声学的观点出发去研究音乐节奏的和谐，认为音乐节奏的和谐是由高低、长短、强弱各种不同音调按照一定数量上的比例组成的。毕达哥拉斯学派还把音乐中和谐的道理推广到建筑、雕刻等造形艺术中去，探求什么样的数量比例关系才能产生美的效果，著名的"黄金分割"就是由这个学派提出来的。

这个学派企图用简单的数的概念统率在质上千差万别的宇宙万物的想法，显然是片面的和形而上学的，但是把范围缩小到建筑艺术，看来还是不为过分的。在建筑中，无论是要素本身，还是各要素之间或要素与整体之间，无不保持着某种确定的数的制约关系。这种制约关系当中的任何一处，如果超出了和谐所允许的限度，就会导致整体上的不协调。在建筑设计实践中，无论是整体或局部，都存在着大小是否适当？高低是否适当？长短是否适当？宽窄是否适当？厚薄是否适当等一系列数量之间的关系问题。如果说这些关系都恰到好处，那就意味着具有良好的比例关系，而只有这样才达到和谐并产生美的效果。

然而，怎样才能获得美的比例呢？从古至今，曾有许多人不惜耗费巨大的精力去探索构成良好比例的因素，但得出的结论却是众说纷纭的。一种看法是：只有简单而合乎模数的比例关系才能易于被人们所辨认，所以它往往是富有效果的。从这一点出发，进一步认定象圆、正方形、正三角形等具有确定数量之间制约关系的几何图形，可以用来当作判断比例关系的标准和尺度。至于长方形，其周边可以有种种的比率而仍不失为长方形。究竟哪一种比率的长方形可以被认为是最理想比例的长方形呢？经过长期的研究、探索、比较，终于发现其比率应是1：1.618，这就是著名的"黄金分割"，亦称"黄金比"。

16.2.1　黄金比

希腊人自古以来便在研究比例，其中尤以黄金比最为有名。雅典帕特侬神殿屋顶的高度与屋梁的长度便具有黄金比，米罗的维纳斯雕像的比例中亦含有黄金比。近代的绘画，黄金比亦屡见不鲜。黄金比之所以令人有神圣之感，乃因黄金比是个含有无理数在内的数字，如果取至小数点以下第三位时，则为1.618，亦即它是一个极复杂、极难计算的数字，但在几何学上却是简单可以求得的优美比例。

古希腊的毕达哥拉斯学派是从事物的形式中去寻找美的最早代表。他们认为形式各部分之间的对称、和谐和适当的比例就是美。后人提出"黄金分割律"为美，就是把一条直线分为大小两段，大段与小段的比，等于全段与大段的比，这种比值为1比1.618。也有人认为圆形是最美的形体，在建筑立面和平面中去寻求一个又一个的圆的要素。从事物中固然能寻求到符合视觉生理的现象，但把它绝对化，难免使人感到近乎智力测验，这样会约束各种不同内容所需要的不同形式（图16-8）。

还有一种看法是：若干毗邻的长方形，如

果它们的对角线互相垂直或平行（这就是说它们都是具有相同比率的相似形），一般可以产生和谐的效果（图16-9）。

16.2.2 现代著名的建筑师勒·柯布西耶把比例和人体尺度结合在一起，并提出一种独特的"模度"体系。他的研究结果是：假定人体高度为1.83m；举手后指尖距地面为2.26m，肚脐至地面高度为1.13m，这三个基本尺寸的关系是：肚脐高度是指尖高度的一半；由指尖到头顶的距离为432cm，由头顶到肚脐的距离为698cm，两者之商为698÷432＝1.615，再由肚脐至地面距离1130cm除以698得1.618，恰巧，这两个数字一个接近、另一个正等于黄金比率。利用这样一些基本尺寸，由不断地黄金分割而得到两个系列的数字，一个称红尺，另一个称蓝尺，然后再用这些尺寸来划分网格，这样就可以形成一系列长宽比率不同的矩形。由于这些矩形都因黄金分割而保持着一定的制约关系，因而相互间必然包含着和谐的因素（图16-10）。

除了纯理论的探讨外，自古以来还有许多建筑家曾以各种不同的方法来分析研究建筑中的比例问题。其中最流行的一种看法是：建筑物的整体，特别是它的外轮廓线，以及内部各主要分割线的控制点，凡是符合于圆、正三角形、正方形等具有简单而又具定比率的几何图形，就可能由于具有几何制约关系而产生完整、统一、和谐的比例效果。根据这种观点，他们运用几何分析的方法来证明历史上某些著名建筑，凡是符合于上述条件的均因具有良好的比例而使人感到完整统一。

几何分析法虽然有牵强附会的一面，但其中也包含着一些合理的因素。例如像若干个矩形，如对角线互相平行或垂直，由于同是相似形而可以达到和谐的道理，则是十分浅显而易于被人们所理解的。直到近代，勒·柯布西耶还经常利用这种方法来调节门窗与墙面、局部与整体之间的比例关系，并借

此而收到良好的效果。

另外，功能对于比例的影响也是不容忽视的。譬如房间的长、宽、高三者尺寸，基本上都是根据功能决定的，而这种尺寸正决定着空间的比例和形状。在推敲空间比例时，如果违反了功能要求，把该方的房间拉得过长，或把该长的房间压得过方，这不仅会造成不适用，而且也不会引起人的美感。这是因为美不是事物的一种绝对属性，美不能离开目的性，造形的整体以及它的每一个局部，都应当根据功能的效用、材料结构的性能以及美学的法则而赋予合适的大小和尺寸。

在设计过程中首先应该处理好整体的比例关系。如建筑物就是从体量组合入手来推断各基本体量长、宽、高三者的比例关系以及各体量之间的比例关系。然而，体量是内部空间的反映，而内部空间的大小和形状又和功能有密切的联系，为此，要想使建筑物的基本体量具有良好的比例关系，就不能撇开功能而单纯从形式去考虑问题。那么这是不是说建筑基本体量的比例关系会受到功能的制约呢？诚然，它确实受到功能的制约，例如某些大空间建筑如体育馆、影剧院等，它的基本体量就是内部空间的直接反映，而内部空间的长度、宽度、高度为适应一定的功能要求都具有比较确定的尺寸，这就是说其比例关系已从大体上被固定了下来，此时，设计者是不能随心所欲地变更这种比例关系的，然而却可以利用空间组合的灵活性来调节基本体量的比例关系。

除材料、结构、功能会影响比例外，不同民族由于文化传统的不同，在长期历史发展的过程中，往往也会以其所创造的独特的比例形式，而赋予建筑以独特的风格。

总之，构成良好比例的因素是极其复杂的，它既有绝对的一面，又有相对的一面，企图找到一个放在任何地方都适合的、绝对美的比例，事实上是办不到的。

16.3　节奏与韵律

16.3.1　韵律

韵律是指静态形式在视觉上所引起的律动效果。

韵律本来是用来表明音乐和诗歌中音调的起伏和节奏感的，以往一些美学家多认为诗和音乐的起源是和人类本能地爱好节奏与和谐有着密切的联系。亚里斯多德认为：爱好节奏和谐之类的美的形式是人类生来就有的自然倾向。

自然界中许多事物或现象，往往由于有规律的重复出现或有秩序的变化，也可以激发人们的美感。例如把一颗石子投入水中，就会激起一圈圈的波纹由中心向四处扩散，这就是一种富有韵律感的自然现象。

除自然现象外，其它如人工的编织物，由于沿经纬两个方向互相交错、穿插，一隐一显，也同样会给人以某种韵律感。

对于上述的各种事物或现象，人们有意识地加以模仿和运用，从而创造出各种以具有条理性、重复性和连续性为特征的美的形式——韵律美。见图16-11、图16-12。

韵律的表现是表达动能感觉的造形方法之一。

韵律的本质乃是反复，在同一个要素反复出现的时候，正如心脏的鼓动一般，会形成运动的感觉，使画面充满着生机。在一些零乱散漫的东西中加上韵律感时，将会产生一种秩序感，并由此种秩序的感觉与动势之中萌生了生命感。反过来说，过度整齐僵硬的东西如果重组为韵律化的结构时，它的组织便趋于有机化，同时亦带生命感。

对于音乐来说，利用时间的间隔来使声音的强弱或高低呈现规则化的反复，从而造成韵律；对于诗来说，由于具有押韵，或由于语言声韵的内在秩序，遂表现了韵律之感。

对于造形来说，由造形要素的反复出现而造成了韵律。

16.3.2　节奏

如同音乐的和音，特征的重复、点的调和、线、面、块、体形、比例，质地和色彩的反复，都存在着节奏。所谓"节奏"，就象音乐节拍一样以其本身作特定的规律性的可高可低、可强可弱、可长可短的重复运动。但它也存在于不规则的连续的自由流动的运动中。伟大的力量蕴藏于任何有节奏的东西里。海水涨潮落潮的节奏给陆地的海岸线带来韵律性变化；非洲原始部落形式单纯的舞蹈节奏，昼夜不停，将人们带入一种狂热欢悦的忘我境界；年青人喜欢沉迷于爵士音乐和舞蹈的节奏。

可举一个例子：一位雕塑家在制作两尊大于真人的女性雕像。第一尊雕像完成后，雕塑家十分满意。可是，他在第二座雕像上花费了几周时间，效果仍然很不理想。塑造第一尊雕像时，他受一种内心紧张情绪的影响，以高度集中的精神创作，以富于节奏感的流畅造型塑造出很有说服力的作品。第二尊雕像的制作失败了，因为雕塑家在进行创作时，身心都已疲惫不堪，因而很难把精力集中在作品上。他只是想竭力靠他的意志和技能来达到唯有用敏锐的灵感和自由舒畅的韵律感才能达到的目的。

节奏在造型中主要是通过形、色彩或肌理的反复重叠、连续而有规律的变化来体现的。要素的交替重叠、有规律的变化能够引导人的视觉运动方向，控制视觉感受的规律变化，给人的心理造成一定节奏感受，进而产生一定的情感活动。造型要素的重复、渐变、突变可以给人以明快的节奏感。

（1）重复

从理论上讲，具有共同视觉特征（尺寸、形状、色彩、肌理）的要素有规律地接近或连接，就可以产生节奏感。在设计中我们常常利用这种相同或相近要素的重复出现来求得环境整体形象的统一。环境中，由于相同或相近的功能要求、结构施工技术、建造材料和人们的审美意向等原因，重复的形式是非常多见的。见图16-13。

重复的特点是具有一种井然有序的静态节奏。

（2）渐变

渐变就是指要素形象的连续近似。它富有动感、力度感和抒情意味。我们在设计中常常用它作为一种在不同要素之间求得统一的手段，要素的大小、方圆、明暗、冷暖之间都可用渐变的手法求得统一。见图16-14。

渐变节奏与重复节奏相比具有较强的动感。

（3）突变

突变就是在重复或渐变的要素中突然出现不规则要素或不规则的组合关系，以强调变化和突出重点。当人们发现要素具有相同或近似之处，要素之间的关系也体现出某种韵律时，会顺理成章地推测出下一个要素的特征和组合关系，而恰在此时出现了突变，情况与想像不一致，人们就会感到新奇、惊愕，注意力变得集中，环境审美信息也就易于被人们接收，见图16-15。当然，这种突变必须是在意料之外、情理之中。发生突变的要素不仅不能与周围要素格格不入，相反必须有足够的近似，而只是在形式的个别属性方面有特殊之处，才能够与其他要素建立和谐而统一的关系。

16.4 对比与调和

16.4.1 对比

人的视觉之所以能识别千变万化的形态，都要依靠对比关系的存在。如将一块图形用白颜料涂在同等白色的底子上，就看不清所画的形是什么样子了。

对比包含着相互对立、相互抗争以及变化等等因素，这些因素能引起视觉的注目并进而使神经感到振奋。

在视觉设计中，线、方向、形状、空间距离、材料肌理、明暗以及色彩等方面的美的对比，都能使视觉兴奋，将这种兴奋感应用在造成对比或变化的效果时，就能引起观察者的兴趣。

所谓对比乃使性质相反的要素产生对比，进而达到紧张感的目的，所谓"具有相反性质的要素"有时是指形态，有时是指色彩或质感，甚至是指大小或配置的情况。虽然不能一概而论，但是把异质要素组合起来，造成极端异质的状况，并以某些方法在多种的造形要素之间造成差异极大的对比效果乃其目标所在。由于异质要素的使用，乃造成了强烈的紧张之感，这种对比的效果是给人带来愉快感受的根源。

所谓对比，是指要素之间具有相异关系和相反的性格。对比具有很强的视觉冲击力，易于使人产生兴奋效应。对比可以是多方面的。

（1）尺寸的对比

要素可以因它的尺寸在构图中独具一格而与其他要素形成对比。

（2）形状的对比

要素之间明显的形状差别可以产生强烈的对比。见图16-16。

（3）色彩的对比

要素色彩明度、彩度、色相的变化也可以产生对比效果。见图16-17。

（4）位置的对比

相同要素由于所处位置的重要程度不同，也会出现对比效果。见图16-18。

（5）肌理的对比

要素表面粗糙还是细致，柔软还是坚硬，温暖还是冰冷，都会构成一种对比关系。

16.4.2 调和

不是一切对比都令人感到悦目的,对比应建立在恰当的秩序上,才能避免陷于混乱。

秩序要求统一。在人类生存的各个方面,人们都在寻求统一,这是人类永恒的愿望,在视觉表现方面,则意味着将对比置于美的秩序之中,这就是我们常常谈到的和谐。没有对比存在的一致,并不是统一的含义,统一永远包含着对立的因素。

在调和统一的关系中,通常要讲究调性,即主调的存在。许多对立因素同时出现,就会引起各种情感上的冲突,如果使某种对立的因素居优势,这些冲突就得到解决,从而获得统一的效果。

在处理对比与统一的关系中,如果主调不占优势或受到破坏,我们就会从视觉到心理上感觉混乱,导致破碎的局面。一种优柔寡断、烦躁不安、可怕的或无力的效果就会发生了。

因此说,对比由于具有极大的刺激性,无疑地是导致愉悦感的重要因素。但是各种造形要素如果全是零零散散地各自为政的话,那么整体看来,便无法获致高层次的美感。此时,画面便需要某种足以统一全局的东西。"变化"与"统一"保持有机化,呈现充满生机的状况才能获得高层次的审美快感,美学上所谓的"多样的统一"便是指这件事而言。

对比包括要素之间显著的差异;其中也包括不显著的差异,就形式美而言,这两者都是不可缺少的,强对比可以借彼此之间的烘托陪衬来突出各自的特点以求得变化;弱对比则可以借相互之间的共同性以求得和谐。没有对比会使人感到单调,过分地强调对比以至失去了相互之间的协调一致性,则可能造成混乱,只有把这两者巧妙地结合在一起,才能达到既有变化又和谐一致,既多样又统一。

强对比和弱对比是相对的,何种程度的差异表现为强对比?何种程度的差异表现为弱对比,这之间没有一条明确的界线,也不能用简单的数学关系来说明。例如一列由小到大连续变化的要素,相邻者之间由于变化甚微,可以保持连续性,则表现为一种微差关系。如果从中抽去若干要素,将会使连续性中断,凡是连续性中断的地方,就会产生引人注目的突变,这种突变则表现为一种强对比的关系。突变的程序愈大,对比就愈强烈。

对比和微差只限于同一性质的差异之间,如大与小、直与曲、虚与实以及不同形状、不同色调、不同质地……等。在造形设计领域中,无论是整体还是局部,为了求得统一和变化,都离不开对比与微差手法的运用。

在由若干要素组成的整体中,每一要素在整体中所占的比重和所处的地位,将会影响到整体的统一性。倘使所有要素都竞相突出自己,或者都处于同等重要的地位,不分主次,这些都会削弱整体的完整统一性。见图16-19。

在漫长的历史中,人们对形式美的规律的认识不断得到深化。人们发现,美的规律是客观存在的,是不以人的意志为转移的,它不能随心创造,也不能任意违背。形式美的规律具有丰富的内容,随时代、社会、场合的不同而变化,而不是单一的、绝对的、永恒不变的。它有客观标准,又有多样的表现。

小 结

本章着重地讨论了形式美的规律以及与形式美有关联的若干基本范畴——对称、均衡、韵律、比例、对比等。这些东西对于造形设计来讲，只能为我们提供一些规矩，而不能代替我们的创作。它有一点象语言文学中的文法，借助于它可以使句子通顺而不犯错误，但不能认为只要句子通顺就自然地具有了艺术表现力。过去人们常常有一种模糊的概念，即把形式美和艺术性看成为一回事，这显然是不正确的。形式美只限于抽象形式本身外在的联系，即使达到了多样统一，也还是不能传情的，而艺术作品最起码的标志就是通过艺术形象来唤起人的思想感情上的共鸣，所谓"触物为情"或"寓情于景"就是这个意思。

任何艺术创作都十分强调立意，所谓"意"，就是这里所说的信息。创作之前如果根本没有一个艺术意图，就等于没有发出信息，试问没有信息拿什么去感染群众呢？当然，有了正确、高尚的艺术意图之后，还有待于选择表现形式（形式美规律）。这里则要求有熟练的技巧和素养，否则还是无法把意图化为具体的形象的。此外，还要考虑到社会上大多数群众的欣赏能力，如果脱离了群众的接受能力，即使发出了信息，也是不会引起共鸣的。

应当明确的是：形式美和艺术性是两个不同的范畴。在造形中，凡是具有艺术性的作品都必须要符合于形式美的规律，反之，凡是符合于形式美规律的作品却不一定具有艺术性。形式美与艺术性之间的差别就在于前者对现实的审美关系只限于物体外部形式本身是否符合与形式美有关的法则，而后者则要求通过自身的艺术形象表现一定的思想内容，或者换句话说：就是要灌注生气于外在形式以意蕴。当然，这两种形式并不是截然对立的，而是互相联系的，这种联系使得建筑有可能从前一种形式过渡到后一种形式，因而在实际中很难在它们之间划分出明确的界线。

习 题

1. 简述"对称"的特征，并设计以下图形：*a.* 平移对称。*b.* 反射对称。*c.* 回转对称。*d.* 扩大对称。
2. 简述"均衡"的特征，并设计一副充满紧张感与动势的均衡图形。（用色黑白。）
3. 简述比例与比率的概念。试用黄金分割比率来制做一幅几何美术图案。（要求：用色黑与白）
4. 分别设计绘制一幅节奏感和韵律感的图形（要求：用色黑与白）。
5. 如何认识对比与调和是一个不可分割的统一体？

第17章 室内造型基础

人的一生，绝大部分时间是在室内度过的，因此，人们设计创造的室内环境，必然会直接关系到室内生活、生产活动的质量，关系到人们的安全、健康、效率、舒适等等。室内环境的创造，应该把保障安全和有利于人们的身心健康作为室内设计的首要前提。人们对于室内环境除了有使用安排、冷暖光照等物质功能方面的要求之外，还常有与建筑物的类型、性格相适应的室内环境氛围、风格文脉等精神功能方面的要求。

室内设计，就是在建筑物内进行室内空间的规划、布局与设计。这些在物质上的安排要满足我们对遮蔽防护的要求；它们影响到我们活动的形式，并为之安排一个表演舞台；它们充实我们的抱负，表达出伴随着我们活动的意愿；影响着我们的外观、气质与个性。所以，室内设计的目的，乃是对室内空间进行功能的改进，在美学方面加以丰富，以及在心理上给予提高。同时，室内设计是一个完整的系统。室内环境设计、装饰设计、装饰陈设设计组成系统中互为依存、不可分割的三大体系。

17.1 室内造型法则

17.1.1 室内造型的类别

(1) 室内设计的主要内容

现代室内设计涉及的面很广，但是设计的主要内容可以归纳为以下三个方面，这些方面的内容，相互之间又有一定的内在联系。

1) 室内空间组织和界面处理

室内设计的空间组织，包括平面布置，首先需要对原有建筑设计的意图充分理解，对建筑物的总体布局、功能分析、人流动向以及结构体系等有深入的了解，在室内设计时对室内空间和平面布置予以完善、调整或再创造。由于现代社会生活的节奏加快，建筑功能发展或变换，也需要对室内空间进行改造或重新组织，这在当前对各类建筑的更新改建任务中是最为常见的。室内空间组织和平面布置，也必须包括对室内空间各界面围合方式的设计。

2) 室内光照、色彩设计和材质选用

正是由于有了光，才使人眼能够分清不同的建筑形体和细部。光照是人们对外界视觉感受的前提。

室内光照是指室内环境的天然采光和人工照明，光照除了能满足正常的工作生活环境的采光、照明要求外，光照和光影效果还能有效地起到烘托室内环境气氛的作用。

色彩是室内设计中最为生动、最为活跃的因素，室内色彩往往给人们留下室内环境的第一印象。色彩最具表现力，通过人们的视觉感受产生的生理、心理和类似物理的效应，形成丰富的联系、深刻的寓意和象征。

材料质地的选用，是室内设计中直接关系到实用效果和经济效益的重要环节，巧于用材是室内设计中的一大学问，饰面材料的选用，同时具有满足使用功能和人们身心感受这两方面的要求。材料质地的选用，是室内设计中直接关系到实用效果和经济效益的重要环节，例如坚硬、平整的花岗石地面，光滑、精巧的镜面饰面，轻柔、细软的室内纺织品，以及自然、亲切的木质面材等等。室内设计毕竟不能停留于一幅彩稿，设计中的形、色，最终必须和所选"载体"——材质，这一物质构成相统一。在光照下，室内的形、色、质融为一体，赋予人们以综合的视觉心理感受。

　　3）室内内含物——家具、陈设、灯具、绿化等——的设计和选用

　　家具、陈设、灯具、绿化等室内设计的内容，相对地可以脱离界面布置于室内空间里（固定家具、嵌入灯具及壁画等与界面组合）。在室内环境中，实用和观赏的作用都极为突出，通常它们都处于视觉中显著的位置，家具还直接与人体相接触，感受距离最为接近。家具、陈设、灯具、绿化等对烘托室内环境气氛，形成室内设计风格等方面起到举足轻重的作用。

　　室内绿化在现代室内设计中具有不能代替的特殊作用。室内绿化具有改善室内小气候和吸附粉尘的功能，更为主要的是，室内绿化使室内环境生机勃勃，带来自然气息，令人赏心悦目，起到柔化室内人工环境，在高节奏的现代社会生活中具有协调人们心理使之平衡的作用。室内绿化还具有表现力，通过人们的视觉感受产生的生理、心理和类似物理的效应，形成丰富的联想、深刻的寓意和象征。

　　光和色不能分离，除了色光以外，色彩还必须依附于界面、家具、室内织物、绿化等物体。室内色彩设计需要根据建筑物的性格、室内使用性质、工作活动特点、停留时间长短等因素，确定室内主色调，选择适当的色彩配置。

　　（2）室内造型的类别

　　室内设计和建筑设计类同，从大的类别来分可分为：

　　1）居住建筑室内设计；

　　2）公共建筑室内设计；

　　3）工业建筑室内设计；

　　4）农业建筑室内设计。

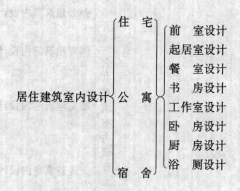

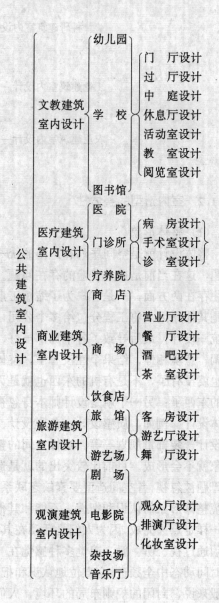

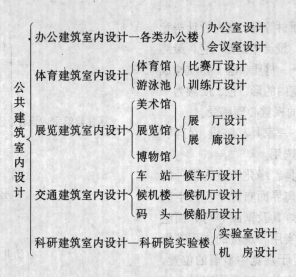

公共建筑室内设计

- 办公建筑室内设计—各类办公楼{办公室设计 / 会议室设计}
- 体育建筑室内设计{体育馆 / 游泳池}{比赛厅设计 / 训练厅设计}
- 展览建筑室内设计{美术馆 / 展览馆 / 博物馆}{展　厅设计 / 展　廊设计}
- 交通建筑室内设计{车　站—候车厅设计 / 候机楼—候机厅设计 / 码　头—候船厅设计}
- 科研建筑室内设计—科研院实验楼{实验室设计 / 机　房设计}

工业建筑室内设计—各类厂房{车　间设计 / 生活间设计}

农业建筑室内设计—各类农业生产用房{种植暖房设计 / 饲　养　房设计}

17. 1. 2　室内造型的整体性

（1）整体形象

整体设计就是空间序列和造型的统一性问题，这在当前是极其普遍的存在问题。它往往存在两方面，一是客户为了缩短工期或者是其他原因，将工程分包给多个公司，又不统一设计，最后导致了各个局部虽好，但情调、意境相悖，结果个性没有了，整体关系也就没有了，不是有机的东西也就是无生命的东西了；另一个就是设计师本身忽视了整体设计。例如，质感设计、色彩设计、造型设计、装饰量规划等等。这样空间的整体印象就不会形成。目前比较突出的就是造型的母题被忽视，各空间造型要素缺乏联系。对环境整体形象的认识和把握，不能和其他艺术一样定点去完成，因为人们是活动在其内，必须通过视、听、触、嗅觉多种感觉在一定的时间动态中全频道、全方位地认识和把握。一般来说，封闭的规则布局的环境，人们比较容易把握其整体的形象。它的空间构图完整、对称、肯定、趋于静止安定，给人平稳、安逸、端庄、肃穆的空间气氛。而一些开敞的自由布局空间的构图，趋向于流动和延伸，给人以开朗、亲切、轻快、活泼的空间气氛。环境的整体形象的创造，更多地要注意空间之间的连续性、和谐性，做到时空连续，给人完整的印象。

室内设计的观念，应强调多形式要素浑然一体的整合感觉，力求所有的细部和界面都融合在整体空间的效果中。而不求片段的精彩，不求新异的视觉刺激，不求主次轻重的对比。如果将某设计的两个片段和立面单独来审视，此设计只能让人感觉平平淡淡，而从整体看，才能发现它所追求的是设计要素间的和谐、连贯、共生。要使完成后的空间，让人身在其中，在下意识间感受设计之美，却不知美缘何来。

信息的80％来源视觉，如何取得良好的视觉效果，是室内设计成败的关键因素。这需要设计师以一个艺术家的姿态全身心地投入到设计对象之中，并以一种贯彻始终的设计观念为基础，在整体意识中把握每一形式要素的视觉效果，并将其融汇于功能、技术之中。

（2）秩序感

人的每一项活动都是在时空中体现出一系列的过程，静止只是相对和暂时的，这种活动过程都有一定规律性或称行为模式。例如看电影，先要了解电影广告，进而去买票，然后在电影开演前略加休息或做其他准备活动（买小吃、上厕所等），最后观看（这时就相对静止）。看毕后由后门或旁门疏散，看电影这个活动就基本结束。而建筑物的空间设计一般也就按这样的序列来安排：

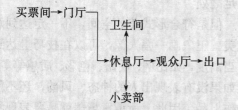

所谓室内空间的序列，是指室内空间环境中先后活动的顺序关系。室内空间布局的序列包括各个空间顺序、流线及方向等因素，每个因素的组合都必须根据室内空间中实用功能和审美功能的要求精心地设计。在室内设计中，合乎逻辑的空间序列是一个连续和谐的整体，它能引导观者的步履，从一个空间有条不紊地进入另一个空间，提示观者先看什么，再看什么。一个逻辑混乱、杂乱无章的空间布局，不但不能指示观者前进的方向和给人以空间美的享受，而且可能导致观者陷入"迷宫"，令人迷惑不解，晕头转向，烦躁不安。因此，室内空间的序列设计是建筑设计师和室内设计师必须研究的重要课题。

室内空间的序列设计犹如音乐谱曲或文学创作，也是有一定的创作程序的。首先是序幕的设计，要求对观者具有吸引力和冲击力；第二，空间环境内容的展开，即空间序列设计的叙述部分，它起着引导、启示、激发观者审美情绪和动机的功能，通过引人入胜的各个空间，将观者审美欲望徐徐引向高潮；第三，空间环境高潮的设计，即空间序列中主体空间的视觉中心部分，要能使观者通过空间艺术的感染，产生最佳的审美心境；第四，空间序列的尾声，即空间序列由高潮回复转入平静，使观者在审美心理得到满足以后，完成视觉审美心理的回归，令人反复回味。见彩图1。

空间序列必须具有整体连续性。构成空间序列的每一个局部序列都不应孤立地出现，而应建立起彼此不可分割的、和谐的整体关系，并合乎人们视觉心理的逻辑。如：住宅空间由客厅、起居室、卧房、书房、餐厅、厨房、浴厕等空间组成，每一个空间序列无论在实用功能上还是审美功能上，都必须根据纵横上下的关系，进行总体的构想和布局，从而创造一个前后呼应、节奏明快、韵律丰富、色彩协调、声光配合的空间序列，具有高度的整体感。

（3）重点处理

在环境空间中，由于功能的要求，常常要强调或明确某个部分而形成中心，从而达到突出重点，烘托主题进而得到整体感强的目的。如会议厅的主席台、广场绿地上的雕塑、商店门面等，常常要采取重点处理的构图手段，一般常用手法是集中与反衬。

集中是利用环境自身的结构，如有规律的天花的走向，导向清楚的地面的图案，明确高差的地坪，按设计的意图向某个方向集结，都可以形成一个明确的中心。如广场中心放射状的铺地，加上抬高的地坪和高耸的雕像，重点的地位就可以确立，会议厅跌级的天花，渐收的墙面，明确朝向的座位，加上层层帷幕鲜明的色调，舞台成为空间的重点位置。见彩图2。

反衬是利用环境、构件的形状、大小、明暗、色调、虚实等的渐变和对比，使环境主题突出，有时有意简化其他部分，加强重点部分亦可以达到很好的反衬效果。如一个商店门面与隔邻的商店门面在色调上拉开距离，在造型上与众不同，在材料上高度反差就可能成为视觉的焦点而引人注目。反之，周围的门面都是用反光的材料如玻镜面、铝合金，而这个门面只用原木杉板一种质材，反而显得独特，而新颖出众。

17.1.3 室内造型的意念与情感

哪些人使用情感内容？情感内容广泛应用于所有的造型艺术形式。服装设计师、工业设计人员、建筑设计师、内部装饰设计师，以及大多数画室艺术家和工匠等，都依靠情感内容来引起反应。这些艺术家们将情感内容结合进他们的视觉艺术中，使作品具有奇异的传达功能。例如，包装设计师在大多数以直观方式交流思想的作品中运用情感内容，而成千上万的人就因为这些内容购买带有这种包装的产品。

在造型视觉艺术中，情感内容是最为风行的一种内容，这主要是因为只有情感内容才是大家一致认可的。正如在音乐这个范畴中，大多数人对乐理、结构、管弦乐等高深的专业知识是不懂的，因而除情感内容外，人们不可能对别的内容产生什么反应，在视觉艺术方面，除艺术家外，也很少有人拥有美术方面的专业知识，然而人们却照样可以欣赏和感受。

情感意味设计是室内设计中体现环境特色的重要手段。

室内设计作为一门设计艺术，不能简单地满足纯功能上的要求，更需要传达人们的某种信息，它是物质与精神的统一体。这些信息为人们与室内空间之间架起了一座桥梁，把物理的、生理的、心理的、精神的这些不同领域的现象巧妙地连为一体，构成了科学和艺术高度融合的结晶。

人生活在充满意味的世界里，体验意味是人类的原始需求和心灵本能。那么作为室内空间，人类的体验意味也经常以主题的象征性为手段的，通过某种主题的象征性，把不可知的变为可知的，把埋藏于心理深层的变为可见的，将无形的变为有形的，把模糊的不可捉摸的概念、含义、感情具体化出来。

(1) 室内空间意境的创造

装饰建筑美，不论其内部或外部均可概括为形式美和意境美两个主要方面。

空间的形式美的规律如平常所说的构图原则或构图规律，如对比、韵律、节奏、比例、尺度、均衡、重点等等，这无疑是在创造建筑形象美时必不可少的手段。许多不够完美的作品，总可以在这些规律中找出某些不足之处。

但是符合形式美的空间，不一定达到意境美。正象画一幅人像，可以在技巧上达到相当高度，如比例、明暗、色彩、质感等等，但如果没有表现出人的神态、风韵，还不能算作上品。因此，所谓意境美就是要表现特定场合下的特殊性格，太和殿的"威严"，朗香教堂的"神秘"，意大利佛罗伦萨大看台的"力量"，流水别墅的"幽雅"都表现出建筑的性格特点，达到了具有感染强烈的意境效果，是空间艺术表现的典范。由此可见，形式美只能解决一般问题，意境美才能解决特殊问题；形式美只涉及问题的表象，意境美才深入到问题的本质；形式美只抓住了人的视觉，意境美才抓住了人的心灵。掌握建筑的性格特点和设计的主题思想，通过室内的一切条件，如室内空间、色彩、照明、家具陈设、绿化等等，去创造具有一定气氛、情调、神韵、气势……的意境美，是室内建筑形象创作的主要任务。

在创造意境美时，还应注意时代的、民族的、地方的风格的表现，对住宅来说还应注意住户个人风格的表现。

意境创造要抓住人的心灵，要了解和掌握人的心理状态和心理活动规律。

(2) 室内造型中"体"、"势"的表情与

意味

当我们投入一个室内环境时，我们视觉上首先感知到的是色彩、线条、空间等要素构成的"纯形式"。

当室内环境中各种构成因素展示的力度与形式变化关系与我们的某种内在情感模式相"符合"时，我们便体会到诸如温馨、雅静、欢快等不同的情感。

势是体制物化的形式，因为对每个人而言，形式本身都带着产生某种情绪的信息。因为人们的各种感觉官能诸如视觉、听觉、触觉、味觉、嗅觉以至于运动觉等等，是完全可以随同具体的人当时的心理状况乃至本人平时的生活经验彼此打通和移借的。这就是形成通感现象的心理基础，或叫心理素能。例如人们觉得自己在大空间里扩大、在小空间里缩小，看到支承的柱子，似乎身体上就感到了那不堪负担的压力。这些效果可以大致归纳如下：

1) 体量和容积的表情

大——壮观、敬畏。

小——个性、亲切。

2) 重量和支承的表情

重量——永恒、权力、庄严。

支承——轻易、优雅、平静。

3) 复杂和简单的表情

简单——安稳、有力。

复杂——振奋、紧迫。

4) 线条和韵律的表情（见彩图3）

水平线——平静、松缓；大量使用则肃穆庄严。

垂直线——进取、超越；大量重复则有悠闲感。

曲线——优雅、轻快、闲适、宁静；曲线的中断产生激动。

中国传统室内空间都是规则方整的格局，形成封闭空间，气势聚而不散。规律森严中寻自由灵活，千篇一律中寻千变万化。中国人的审美观念和哲学思想，决定了中国古建筑的室内空间节奏偏重于含蓄、平缓、深沉、连贯、流畅，很少有大起大落。平缓的空间节奏中蕴藏着传统的哲理。人们常说："每临大事有静气"，"功到深处气意平"，平与静是人们所推崇的。所以中国建筑乐而不狂，哀而不怨。《画继》中，邓椿感叹说："世徒知人有神，而不知物之有神"。意境是艺术作品透过外在形式而显露出的灵魂。

一片落叶栖息着萧索的秋天，一滴露珠反映出太阳的光辉，一瞥颤抖的顾盼容纳万缕情思，一个构思精巧的空间给人以丰富的想象。

17.2 室内造型与空间效果的关系

现代建筑设计重空间，古典建筑设计重立面，这是两者设计手法的主要区别之一。衡量建筑现代化变革的观念之一，就是重视或不重视室内空间设计。

在建筑中，空间并非只是单纯的空间，它作为人类生活的场所，是为满足生活上的要求有意识创造的空间，而不是简单沿结构体作隔断而封闭成的"盒子"。在人类生活的要求上，为了满足目的和功能，为了在精神上给予舒适与安乐，对室内空间的要求也是多种多样的。

在技术上，本世纪以来，工程结构从经验上升到科学，结构形式尽量发挥建筑材料特性，把受弯曲构件变成受拉受压，从而出现净空达百米的悬索、网架、薄壳等空间结构，大厦采用桁架式楼层，平面从密集的承重柱式墙体中解脱出来，获得具有数十米跨的大楼面，室内空间的创造也因此获得前所未有的充分自由。

创造一个适合人类生存的室内空间，是室内设计的动的主要目的和基本内容。无论在生产过程或生活活动中，室内空间与人之间的关系更为直接、更为贴切、更为亲密。正如布鲁诺·赛维所说："尽管有其他艺术为建筑增色，但只有内部空间，这个围绕和包围我们的空间才是评价建筑的基础，是它决定了建筑物审美价值的肯定与否定。"

17.2.1 室内造型与空间调节关系

(1) 空间印象的形成

尽管包围我们的空间支配着我们的全部行动，但空间自身并不成为我们意识的中心。因为我们的视觉只正确地作用于实在的物体，对物与物的空隙空间连看也不看。比如在认为狭小的室内摆上家具后，显得令人意外地大。再者，空隙的空间往往只因周围移动，才像灯亮一样地浮现。空间虽不能单靠触、看或开洞等直接感触，却宛如时间只能作为事件与事件之间的过程来经验一样，依靠物与物之间的行程经验来感知。

人的视线本来就对物体比较注意，只有在特别想观察时才会注意到周围的空间和空虚。例如人们通常注意的仅是那些空间的围墙装修得华丽还是朴素，而空间环境则是在不知不觉的体验中由潜意识的知觉所捕捉的。空间环境虽不是有意识注意的对象，却时时刻刻围绕着人们，始终在人们的视觉中，并与绘画、雕刻一样影响着人们的精神。因此，为使空虚空间被感知为有意义，就得"计白当黑"，既要借助于形体又要创造出超越形体的空虚形象来。例如：当一把椅子被放在一个房间中时，椅子不仅占据了空间，它也在它自己和四周包容物之间建立起一种空间关系。我们应该看到比一把椅子更多的东西。我们还要意识到椅子填充了一部分虚体之后，环绕椅子的空间形态。

实体主要是占有空间，但也作为"间"限定空间。所以"间"实际上是聚气使之显形的具体构造，也可以说是空间形态的表现形式。只有气的聚散显隐，才是空间形态的本质。不过，"间"的条件不同，气的聚散显隐状况亦不相同。一般说来，面是最主要的空间限定实体（因为空间力像是从宇宙空间中分隔出来的，而只有面最具分隔作用），其次是线的排列（包括纵横线交织的网格），它也可以表现出面的限定效果，然而其限定程度弱于实面。简单的线和块的限定，只成为注意力集中的焦点并不分隔空间。但无论哪种限定都使气之聚散显隐发生变化，并被置身其中的人感受为各种境界。比如室内顶棚上吊一花灯，即使在白天也将成为众人瞩目的中心，使室内空间的意义顿然不同。再如草地上铺一块塑料布，塑料布上方就成为一个野餐的场所；同样是一块塑料布，如果做成雨伞，在雨天撑起来，伞与地面间就形成一个避雨的小天地。

(2) 室内造型与空间调节关系

在建筑设计中即使高明的建筑师，出于综合考虑，也难免在室内空间出现一些比例、尺度、形状等方面不理想的地方。这就给室内设计师提出一个课题，首先要对空间进行调节。这里包括对建筑界面的实质性调节和视觉感观的非实质性调节手段。目前有些设计者忽视了这个阶段，只是消极地对既定空间进行涂脂抹粉，认为对六个界面的装修就是环境设计，这样是出不了高明设计的。可以说空间调节好了，装饰设计差些也基本上成功了；相反地装修再好，空间没有进行调节就是基本上失败了。

1）室内空间与建筑结构的关系（见图17-4）

建筑空间的形成与结构、材料有着不可分割的联系，空间的形状、尺度、比例以及室内装饰效果，很大程度上取决于结构组织形式及其所使用的材料质地，把建筑造型与结构造型统一起来的观点，愈来愈被广大建筑师所接受。艺术和技术相结合产生的室内空间形象，正是反映了建筑空间艺术的本质，是其他艺术所无法代替的。例如奈尔维设计的罗马奥林匹克体育馆，由预制菱形受力构件所组成的圆顶，形如美丽的葵花，具有十分动人的韵律感和完满感,充分显示工程师的高度智慧,是技术和艺术的结晶。我国传统的木构架,在创造室内空间的艺术效果时,也有辉煌的成就,并为中外所共知。

由上可知,建筑空间装饰的创新和变化,首先要在结构造型的创新和变化中去寻找美的规律,建筑空间的形状、大小的变化,应和相应的结构系统取得协调一致。要充分利用结构造型美来作为空间形象构思的基础,把艺术融化于技术之中。这就要求设计师必须具备必要的结构知识,熟悉和掌握现有的结构体系,并对结构从总体至局部,具有敏锐的、科学的和艺术的综合分析。

2) 室内空间与室内造型的关系

空间中较重大的结构改动需要专业工程师、建筑师和施工人员的协助;然而室内空间的修饰和改善,并不必定作出结构的变动。

结构的变动是改变空间的物质边界;非结构的改动则是基于我们如何去感受、使用和栖居于空间。这正是我们进入室内设计自由王国的关键之处。

空间是以我们的躯体活动来感受的。为了能自由地活动,我们经常对障碍作出反应,谁都不自愿去受束缚或囚禁,在积极的空间中感到愉悦。建筑落成以后,其内部空间是被确定了的。室内设计效果的不同,人们对其感受也不相同。出于这一原因,一个大厅既可处理成气魄豪华,又可能变成空空荡荡;一个房间既可设计得紧凑舒适,也可安排得闭塞拥挤。设计在很大程度上决定了人们对此内空间的感受。任何形体都是由不同的线、面、体所组成。因此,室内空间形成主要决定于界面形状及其构成方式。有些空间直接利用上述基本的几何形体,更多的情况是,进行一定的组合和变化,使得空间构成形式丰富多彩。

如利用家具的组合来改变空间(见彩图5)。

单一的家具在室内如一件物体,是一个所有方向能观赏的"图形"。只有把两件以上家具组合时,室内空间才会变得灵活、变化、有趣。有虚拟空间、亲切空间、围合空间……等各种空间。因此家具配置中也更要重视家具的比例、尺度及各种组合状态的构成。

3) 分隔与联系

封闭式的空间环境划分和联系比较明确、简单,以墙为分隔,以门窗来联系。开敞式的室内环境,分隔和联合的方式就极为丰富了,有的用列柱,有的用台阶。花坛栏杆、屏风、水池都可以划分环境的空间层次,联系环境的空间气韵。根据功能不同的需要创造出似隔非隔,若隐若现;又隔又透,范围分明的环境空间来,如餐厅里为了突出主宴台,抬高地坪,加上栏杆,既实现了空间分隔,又与餐厅空间环境相互联系。庭院中一堵白墙开了一系列的景窗,内外两个空间环境,相互渗透,使之境内有景,景境相连,内外交融,相得益彰。

如某展厅的内墙分隔。为满足参观者的心理需要,大量使用自由空间,并采取多种组合方式,进行自然人流疏散,使参观者处于丰富多变的艺术世界中。墙面自然简洁,不与展品相抵触。柔和的照明提高了艺术品的情趣,创造了独特的空间感觉。各种参观线路有机贯通,为空间注入盎然生气。如彩图6。

17.2.2 室内造型与空间气氛关系

一束照出石头纹理、顶棚板质感和入墙式家具凸凹的顶光,把空间渲染得富于神奇和肃穆;一盏放在地板上的灯可以使室内产生一种幽灵般的气氛。

人们置身在空间中,看到的多是实在物体的形,只是在不知不觉中才感受空间。所以,实体是创造形态,空间则是借助于实体形态而创造氛围、境界。境界的产生是在实际空间中出现了诗与画之幻境。它需要观赏者的主观参与。

哥特式大教堂的内部空间多有起筋或刻

出沟漕的石柱群，它把力线如静脉般地浮现出来，像是希求上苍、伸向空中的树丛那样笔直地上升，在高高的天棚上跃动着"交叉穹隆"的缘线。更有透过色玻璃降下来的色光，像夜空中闪烁的星斗，神圣的乐音震人心扉地充满堂内。这里有一种抵抗重力的紧迫美、精巧的构成美，它超越石头的属性，体现了缥渺的神国，象征着一个精神世界。谁也不能否认，它充满着难以用语言表达，用文字描绘的浓厚的宗教气氛，这证明了一条规律：要表现心底活动，必须依靠象征性。人类存在有规则而富于条理的表层心理和充满官能与无条理的深层心理这两个领域。因此，表现人类意识的空间也分为无机的、抽象的、充满了严格理性的空间，与有机的、浪漫的、充满了人情味的感性空间，它们反复交替地出现在历史上。

了解不同空间形态的表情，是创造室内空间气氛的重要手段。

(1) 线

不同的空间形态具有不同的性格特征，方圆等严谨规整的几何形空间，给人以端正、平稳、肃穆和庄重的感觉；不规则的空间形态给人随意、自然、流畅的氛围；封闭式空间是内向、肯定、隔世、静谧的写照；开敞式空间则给人自由、流动和爽朗的气氛。大空间令人有开阔宏伟之感；尖耸的空间具有神秘威严的因素；低矮的空间则往往使人倍感亲切和温馨。

任何物体都可以找出它的线条组成，以及它所表现的主要倾向。在室内设计中，虽然多数设计是由许多线条组成的，但经常是一种线条占优势，并对设计的性格表现起到关键的作用。我们观察物体时，总是要受到线条的驱使，并根据线条的不同形式，使我们获得某些联想和某种感觉，并引起感情上的反应。在希望室内创造一定的主题、情调气氛时，记住这一点是很重要的。

线条有两类，直线和曲线，它们反映出不同的效果。直线又有垂直线、水平线和斜线。

1) 垂直线。因其垂直向上，表示刚强有力，具有严肃的或者是刻板的男性的效果、垂直线使人有助于觉得房间较高，结合当前居室层高偏低的情况，利用垂直线造成房间较高的感觉是恰当的。

2) 水平线。包括接近水平的横斜线，使人觉得宁静和轻松，它有助于增加房间的宽度和引起随和、平静的感觉。水平线常常由室内的桌凳、沙发、床而形成的，或者由于某些家具陈设处于统一水平高度而形成的水平线，使空间具有开阔和完整的感觉。

3) 斜线。斜线最难用，它们好似嵌入空间中活动的一些线，因此它们很可能促使眼睛随其移动。锯齿形设计是二条斜线的相会，运动从而停止。但连续的锯齿形，具有类似波浪起伏式的前进状态。

4) 曲线。曲线的变化几乎是无限的，由于曲线的形成是不断改变方位，因此富有动感。不同的曲线表现出不同的情绪和思想，圆的或任何丰满的动人的曲线，给人以轻快柔和的感觉，这种曲线在室内的家具、灯具、花纹织物、陈设品等中，都可以找到。

当然，强调一种线型有助于主题的体现。譬如，一个房间要想松弛、宁静，水平线应占统治地位。家具的形式在室内具有主要地位，某些家具可以全部用直线组成，而另一些家具则可以用直线和曲线相结合组成。此外，织物图案也可以用来强调线条，如条纹、方格花纹和各种几何形状花纹。有时一个房间的气氛可因非常简单的、重要的线条的改变而发生变化，使整个室内大大改观。人们常用垂悬于窗上的织物、装饰性的窗帘钩，去形成优美的曲线。采用蛋形、鼓形、铃形的灯罩也能造成十分别致的效果。不过，在一个房间中仅有一种形式是很少的，大多数室内表现为各种形式的综合，如曲线形的灯罩，直线构成的沙发，矩形的地毯，斜角顶棚或楼梯。

（2）面

直面——一般是单纯的，有舒畅的表情，适于表现造型的简洁性。

垂直面：具有严重、紧张感等，是意志的表现。

水平面：使人感到安静、稳定、扩展。

斜面：是动的，不安定。在空间中给予强烈的刺激。

三角形：若底边很大则富于安定感，给予不动的感受。正三角形最为集中，顶点朝下极不安定。

四角形：端正，特别是正方形，与严格相反，有不舒畅感。

多角形：有丰富感，边的数量越多，曲线性越强。

曲面——具有温和、柔软、流动的表情。

几何性曲面：是理性的、规则的。根据面中含有直线或曲线的数量不同而具有各种表情。

自由曲面：奔放。具有丰富的表情。通过处理手法可以产生有趣的变化。

（3）空间

空间形状有着自身的表情：不同的空间形状能产生不同的方向感和空间效果。一般说来，直面限定的空间形状表情严肃，曲面限定的空间形状表情生动。

直方体空间——若空间的高、宽、深相等，则具有匀质的围合性和一种向心的指向感。给人以严谨、庄重、静态的感觉。窄而高的空间使人产生上升感，因为四面转角对称、清晰，所以又具有稳定感，利用它可以获得崇高、雄伟自豪的艺术感染力。水平的矩形空间由于长边的方向性较强，所以给人以舒展感；沿长轴方向有使人向前的感觉，可以造成一种无限深远的气氛，并诱导人们产生一种期待和寻求的情绪；沿短轴方向有朝侧向展延的感觉，能够造成一种开敞、阔大的气氛，但处理不当也能产生压抑感。

角锥形空间——各斜面具有向顶端延伸并逐渐消失的特点，从而使空间具有上升感和更强烈的庇护感，如窝棚。

圆柱形空间——四周距离轴心均等，有高度的向心性，给人一种团聚的感觉。

球形空间——各部分都匀质地围绕着空间中心，令人产生强烈的封闭感和空间压缩感，有内聚之收敛性。如载人卫星的内部空间。

三角形空间——有强烈的方向性。围成空间的面越少，视觉的水平转换越强烈，也就越容易产生突变感。从角端向对面看去有扩张感。反之，有急剧的收缩感。

环形、弧形或螺旋形空间——有明显的流动指向性、期待感和不安全感。

17.2.3 室内造型与室内照明的关系

在室内氛围的营造中，光是最具表现力的角色，我们在设计中，将它作为渲染气氛的主要手段。通过光的投射、强调、映衬、明暗对比等手法，或实、或虚来表现体量、空间和质感，强调或柔化了空间塑造和材质对比所产生的效果，用光与色彩、光与空间结构相结合产生新的韵律感和节奏感。无论是公共场所或是家庭，光的作用影响到每一个人，室内照明设计就是利用光的一切特性，去创造所需要的光的环境，通过照明充分发挥其艺术作用，并表现在以下四个方面：

（1）灯光创造气氛（见彩图7）

光的亮度和色彩是决定气氛的主要因素。我们知道光的刺激能影响人的情绪，一般说来，亮的房间比暗的房间更为刺激，但是这种刺激必须和空间所应具有的气氛相适应。适度的愉悦的光能激发和鼓舞人心，而柔弱的光令人轻松而心旷神怡。光的亮度也会对人心理产生影响，有人认为对于加强私密性的谈话区照明可以将亮度减少到功能强度的1/5。光线弱的灯和位置布置得较低的灯，使周围造成较暗的阴影，顶棚显得较低，使房间似乎更亲切。

灯光造型还能带来节日气氛，现代家庭也常用一些红绿的装饰灯来点缀起居室、餐厅、以增加欢乐的气氛。不同色彩的透明或半透明材料,在增加室内光色上可以发挥很大的作用,在国外某些餐厅既无整体照明,也无桌上吊灯,只用柔弱的星星点点的烛光照明来渲染气氛。

由于色彩随着光源的变化而不同,许多色调在白天阳光照耀下,显得光彩夺目,但日暮以后,如果没有适当的照明,就可能变得暗淡无光。因此,德国巴斯鲁大学心理学教授马克思·露西雅谈到利用照明时说:"与其利用色彩来创造气氛,不如利用不同程度的照明,效果会更理想。"

（2）加强空间感和立体感（见彩图8）

空间的不同效果,可以通过光的作用充分表现出来。实验证明,室内空间的开敞性与光的亮度成正比,亮的房间感觉要大一点,暗的房间感觉要小一点,充满房间的无形的漫射光,也使空间有无限的感觉,而直接光能加强物体的阴影,光影相对比,能加强空间的立体感。图17-8以光源照亮粗糙墙面,使墙面质感更为加强,通过不同光的特性和室内亮度的不同分布,使室内空间显得比用单一性质的光更有生气。

可以利用光的作用,来加强希望注意的地方,如趣味中心;也可以用来削弱不希望被注意的次要地方,从而进一步使空间得到完善和净化。许多商店为了突出新产品,在那里用亮度较高的重点照明,而相应地削弱次要的部位,获得良好的照明艺术效果。照明也可以使空间变得实和虚,许多台阶照明及家具的底部照明,使物体和地面"脱离",形成悬浮的效果,而使空间显得空透、轻盈。

（3）满足使用功能

室内空间由于尺度不同,功能各异,按照功能要求来组织空间时,一般有大小、层次、过渡、敞开、闭合、灵活处理等方式,但是任何方式的室内空间都要求一定的明视条件,除了天然光而外,人工光（灯光）能够以其光通量、照度、亮度等光度量提供这种条件,从而满足视觉功效,提高工作效率。

在大型公共建筑中,如办公建筑、旅馆建筑等,即使在白昼也使用灯光作为常时辅助照明。又如影剧院建筑、商业建筑及其他娱乐性建筑,特别要利用灯光美化室内环境,以便取得装饰效果。由此可见,灯光的功能范围是非常广阔的。

（4）成为室内构图要素

室内空间中在各部位设置的灯光,也和建筑构件和配件一样,成为室内的一项构图要素,起着由灯光构图的作用,表现出装饰效果。

所谓灯光构图就是利用人工光源的颜色和显色性、灯具的艺术处理、灯光布置方式的图案化来取得装饰效果。特别是灯光的光辉和颜色具有引人注目的表现力,能够控制整个室内空间的光环境,创造出相应的环境气氛。

灯具不仅起着透光、控光、保证照明的作用,而且成为室内空间的装饰品,因此它们的造型、尺度、比例、材质以及布置等,都应该适应于建筑构件和配件的构图,两方面相互呼应配合。

小   结

在建筑师所提供的方盒子内部空间被进行整体设计时,既包括了界面的分割、穿插、交切,也包括了在种种界面上装饰并通过装饰形成新的界面。在同样一个六面体中,视觉空间所被目及的主要内容都包蕴于人的心理作用之中。因此,装饰艺术手法设计得不一样就可以出现完全不同的心理空间效应。

室内装饰设计首先做到的应该是按照实用、经济、美观的原则,恰如其分地处理好形体与空间、整体与局部的关系,而使之符合于对称与均衡、比例与比率、节奏与韵律、均衡与稳定……等形式美的法则,其次才是其设计作品的艺术表现力。与绘画等纯艺术创作形式不同,绘画是画家运用颜料等媒质,可以直接在画纸上挥洒胸臆,而对室内设计而言,室内造型艺术虽然也能反映生活,但却不能再现生活。由于它的表现手段不能脱离具有一定使用要求的空间、体量,因而一般说来,它只能运用一些比较抽象的几何体形,运用线、面、体各部分的比例,均衡、对称、色彩、质感、韵律……等的统一和变化而获得一定的艺术气氛——诸如庄严、雄伟、明朗、幽雅、忧郁、沉闷、神秘、恐怖、亲切、宁静……等,这就是其不同于其它艺术的地方。

并非所有的室内设计都可以达到艺术创造的高度,但凡是供人使用的室内空间都不应当以此为借口而不考虑人们对它提出的起码的精神感受方面的要求。在进行室内设计时,设计师应当怎样来确立自己的艺术意图呢?是希望给人以亲切、宁静、幽雅的感受?抑或给人以庄严、雄伟的感受?这个问题也不是由设计者随心所欲而决定的。在室内设计中,物质功能和精神要求这两者虽然性质不同,但却又是密切联系和不可分割的,具体地讲就是精神要求必须与功能性质相适应。例如住宅,为了适合于人们的生活和休息,应当尽量地把它处理得朴素一些,以期造成一种亲切、宁静的感觉;而纪念性建筑如博物馆、纪念堂等,则力求造成一种庄严、肃穆的气氛。如果使艺术意图与室内设计的功能性质相矛盾,或者不加区别地把一切设计都铸入到一种模式中去,这样做的结果势必要抹煞各自不同的性格特征,从而导致设计形式的千篇一律。

习 题

1. 室内造型设计的整体性包括哪几方面?
2. 举例论述某室内空间的情感与意味(如教堂、某古建筑、或你所认识的某现代室内空间)。
3. 论述室内造型与空间调节的关系。
4. 举例论述不同空间形状的表情。
5. 室内照明的功能有哪些?

第18章 色彩基础与运用

本章内容概述：色彩，它不是一个抽象的概念，它和室内每一物体的材料、质地紧密地联系在一起。人们常常有这个概念，在绿色的田野里，即使在很远的地方，也能很容易发现穿红色服装的人，虽然还不能辨别是男是女，是老是少，但也充分说明色彩具有强烈的信号，起到第一印象的观感作用。当我们在打扮得五彩缤纷的大厅里联欢时，会倍增欢乐并充满节日的气氛，我们在游山玩水的时候，若不巧遇上阴天，面对阴暗灰淡的景色会觉得扫兴。这些都表明，色彩能支配人的感情，并且我们证实，对色彩的喜爱是一种最具大众化的审美意识。

色彩能随着时间的不同而发生变化，微妙地改变着周围的景色，如在清晨、中午、傍晚、月夜，景色都很迷人，主要是因光色的不同而各具特色。一年四季不同的自然景观，丰富着人们的生活。色彩的这些特点，很快地吸引了人们的注意，并运用到室内设计中来。

在视觉艺术中，直接影响效果的因素从大的方面讲无非有三个方面：即形、色、质。在室内设计中，形所联系的是空间与体量的配置，而色与质仅涉及到表面的处理。设计者往往把主要精力集中于形的推敲研究，而只是在形已大体确定之后，才匆忙地决定色与质的处理，因而有许多建筑都是由于对这个问题的重视不够，致使效果受到不同程度的影响。

对于室内色彩的处理，似乎可以把强调调和与强调对比看成是两种互相对立的倾向。西方古典建筑，由于采用砖石结构，色彩较朴素淡雅，所强调的是调和；我国古典建筑，由于采用木构架和琉璃屋顶，色彩富丽堂皇，所强调的则是对比。对比可以使人感到兴奋，但过分的对比也会使人感到刺激。人们一般习惯于色彩的调和，但过分的调和则会使人感到单调乏味。如何掌握好色彩对比或色彩调和的"度"是控制室内空间色彩的关键，因此，必须首先理解有关色彩的基本知识。

18.1 色彩基本理论

18.1.1 色彩的定义和分类

（1）色彩的产生

在黑暗中，我们看不到周围景物的形状和色彩，这是因为没有光线。如果在光线很好的情况下，有人却看不清色彩，这或是因为视觉器官不正常（例如色盲），或是眼睛过度疲劳的缘故。在同一种光线条件下，我们会看到同一种景物具有各种不同的颜色，这是因为物体的表面具有不同的吸收光与反射光的能力，反射光不同，眼睛就会看到不同的色彩。因此，色彩的发生，是光对人的视觉和大脑发生作用的结果，是一种视知觉。

由此看来，需要经过光——眼——神经的过程才能见到色彩。

光进入视觉通过以下三种形式：

1）光源光。光源发出的色光直接进入视觉，像霓虹灯、饰灯、烛灯等的光线都可以直接进入视觉。

2）透射光。光源光穿过透明或半透明物体后再进入视觉的光线，称为透射光。透射光的亮度和颜色取决于入射光穿过被透射物体之后所达到的光的透射率及波长特征。

3) 反射光。反射光是光进入眼睛的最普遍的形式，在有光线照射的情况下，眼睛能看到任何物体都是由于该物体反射光进入视觉所致。

光线进入视网膜以前的过程，属于物理作用；继此之后在视网膜上发生化学作用而引起生理的兴奋，当这种兴奋的刺激经神经传递到大脑，与整体思维相融合，就会形成关于色彩的复杂意识。它不仅引起人们对色彩的心理反映，还涉及到色彩的美学意识。

（2）色彩的分类

色彩分为无彩色与有彩色两大范畴。

当投照光、反射光与透过光在视知觉中并未显出某种单色光的特征时，我们所看到就是无彩色，即白、黑、灰色。相反，如果视觉能感受到某种单色光的特征，我们所看到的就是有彩色。即：赤、橙、黄、绿、青、蓝、紫。

无彩色不仅可以从物理学的角度得到科学的解释，而且在视知觉和心理反映上与有彩色一样具有同样重要的意义。因此，无彩色属于色彩体系的一部分，与有彩色形成了相互区别而不可分割的完整体系。

18.1.2 色彩的三要素

色彩具有三种属性，或称色彩三要素，即色相、明度和彩度，这三者在任何一个物体上是同时显示出来的，不可分离的。

（1）色相

说明色彩所呈现的相貌，如红、橙、黄、绿等色，色彩之所以不同，决定于光波波长的长短，通常以循环的色相环表示（如彩图9）。

（2）明度

表明色彩的明暗程度。决定于光波之波幅，波幅愈大，亮度也愈大，但和波长也有关系。通常从黑到白分成若干阶段作为衡量的尺度，接近白色的明度高，接近黑色的明度低。

（3）纯度

即色彩的强弱程度，或色彩的纯净饱和程度。因此，有时也称为色彩的彩度或饱和度。它决定于所含波长的单一性还是复合性。单一波长的颜色彩度大，色彩鲜明；混入其他波长时彩度就减低。在同一色相中，把彩度最高的色称该色的纯色，色相环一般均用纯色表示。

18.1.3 色彩的混合与补色

（1）原色

红黄青称为三原色，因为这三种颜色在感觉上不能再分割，也不能用其他颜色来调配。蓝不是原色，因为蓝就是青紫，蓝里有红的成分，而其他色彩不能调制成青色，因此青才是原色。

（2）间色

或称二次色，由两种原色调制成的。

即红＋黄＝橙，红＋青＝紫，黄＋青＝绿。

（3）复色

由两种间色调制成的称为复色。

即橙＋紫＝橙紫，橙＋绿＝橙绿，紫＋绿＝紫绿。

（4）补色

在三原色中，其中两种原色调制成的色（间色）与另一原色，互称为补色或对比色，即红与绿、黄与紫、青与橙。

这里应说明的是颜料的混合称减色混合，而光混合称加色混合，因为光混合是不同波长的重叠，每一种色光本身的波长并未消失。三原色的颜色混合成黑色，光色混合成白色。黄色光＋青色光＝灰色或白色，黄颜料＋青颜料＝绿色。此外，纯色加白色称为清色，纯色加黑色称为暗色，纯色加灰色称为浊色。

18.1.4 色彩的个性与感觉

（1）色彩的物理效应

色彩对人引起的视觉效果还反应在物理性质方面，如冷暖、远近、轻重、大小等，这不但是由于物体本身对光的吸收和反射不同的结果，而且还存在着物体间的相互作用的关系所形成的错觉，色彩的物理作用在室内设计中可以大显身手。

1）温度感（见彩图 10）

在色彩学中，把不同色相的色彩分为热色、冷色和温色，从红紫、红、橙、黄到黄绿色称为热色，以橙色最热。从青紫、青至青绿色称冷色，以青色为最冷。紫色是红（热色）与青色（冷色）混合而成，绿色是黄（热色）与青（冷色）混合而成，因此是温色。这和人类长期的感觉经验是一致的，如红色、黄色，让人似看到太阳、火、炼钢炉等，感觉热；而青色、绿色，让人似看到江河湖海、绿色的田野、森林，感觉凉爽。但是色彩的冷暖既有绝对性，也有相对性，愈靠近橙色，色感愈热，愈靠近青色，色感愈冷。如红比红橙较冷，红比紫较热，但不能说红是冷色。

2）距离感（见彩图 11）

色彩可以使人感觉进退、凹凸、远近的不同，一般暖色系和明度高的色彩具有前进、凸出、接近的效果，而冷色系和明度较低的色彩则具有后退、凹进、远离的效果。室内设计中常利用色彩的这些特点去改变空间的大小和高低。

3）重量感

色彩的重量感主要取决于明度和纯度，明度和纯度高的显得轻，如桃红、浅黄色。在室内设计的构图中常以此达到平衡和稳定的需要，以及表现性格的需要如轻飘、庄重等。彩图 12 中，地面明度纯度低，显得重；墙体明度高，显得轻。

4）尺度感

色彩对物体大小的作用，包括色相和明度两个因素。暖色和明度高的色彩具有扩散作用，因此物体显得大。而冷色和暗色则具有内聚作用，因此物体显得小。不同的明度

和冷暖有时也通过对比作用显示出来，室内不同家具、物体的大小和整个室内空间的色彩处理有密切的关系，可以利用色彩来改变物体的尺度、体积和空间感，使室内各部分之间关系更为协调。例如某书房采用深色地面及深色书架作背景，加强了空间的内聚作用，空间不觉空旷，视觉相对集中。

（2）色彩的心理效应

色彩本是没有灵魂的，它只是一种物理现象，但人们却能够感受到色彩的情感，这是因为人们长期生活在一个色彩的世界中，积累着许多视觉经验，一旦知觉经验与外来色彩刺激发生一定的呼应时，就会在人的心理上引出某种情绪。

例如，草绿色与黄色或粉红色搭配，就象草原周围盛开着黄色、粉红色的野花（如彩图 13）。

无论有彩色的色还是无彩色的色，都有自己的表情特征。每一种色相，当它的纯度或明度发生变化，或者处于不同的颜色搭配关系时，颜色的表情也就随之改变了。因此，要想说出各种颜色的表情特征，就像要说出世界上每个人的性格特征那样困难，然而对典型的性格作些描述，总还是有趣并可能的。

红色：红色是强有力的色彩。心理学家的科学实验表明，红色能够使肌肉的机能和血液循环加强。这恰好符合颜色心理的效果：相当于长波振动的暖色能引起兴奋的感觉。红色是热烈、冲动的色彩，革命的旗帜使用红色可以唤起人民的斗志。中国人用红色来表达喜庆。

橙色：橙色的波长仅次于红色，因此它也具有长波长导致的特征：使脉搏加速。并有温度升高的感受。橙色是十分欢快活泼的光辉色彩，是暖色系中最温暖的色，它使我们联想到金色的秋天，丰硕的果实，因此是一种富足的、快乐而幸福的颜色。

黄色：黄色是亮度最高的色，在高明度下能保持很强的纯度。黄色的灿烂、辉煌，有

着太阳般的光辉，因此象征着照亮黑暗的智慧之光；黄色有着金色的光芒，因此又象征着财富和权力，它是骄傲的色彩。

绿色：鲜艳的绿色非常美丽、优雅，特别是用现代化学技术创造的最纯的绿色，是很漂亮的色。绿色很宽容、大度，无论蓝色或黄色渗入，仍旧十分美丽。

蓝色：蓝色是博大的色彩，天空和大海这最辽阔的景色都呈蔚蓝色。无论深蓝色还是淡蓝色，都会使我们联想到无垠的宇宙或流动的大气。因此，蓝色也是永恒的象征。蓝色是最冷的色，使人联想到冰川上的蓝色投影。

紫色：波长最短的可见光波是紫色波。通常，我们会觉得有很多紫色，因为红色加少许蓝色或蓝色加少许红色都会明显地呈紫味。所以很难确定标准的紫色。

18.2 建筑装饰用色的基本法则

室内色彩设计的根本问题是配色问题，这是室内色彩效果优劣的关键，孤立的颜色无所谓美或不美。就这个意义上说，任何颜色都没有高低贵贱之分，只有不恰当的配色，而没有不可用之颜色。色彩效果取决于不同颜色之间的相互关系，同一颜色在不同的背景条件下，其色彩效果可以迥然不同，这是色彩所特有的敏感性和依存性，因此如何处理好色彩之间的协调关系，就成为配色的关键问题。

18.2.1 色彩的倾向与调子

调子，是对一种色彩结构的整体印象。在作曲中，也讲调性，即调式特征。在调式中，各音对主音的倾向性，以及各音间的相互关系决定调式的特征。考虑色彩倾向时，无疑也需要对色彩的调子做一个大体的设想。

色彩的调子主要由以下几个因素决定：

(1) 明度基调（见彩图14）

色彩的明暗基调是指一个色彩结构的明暗及其明度对比关系的特征，在设计中，整体的色彩是暗的，还是亮的；是明度对比强烈的，还是明度对比柔和的，这种明暗关系的特征，将为这个设计的色彩效果奠定基础。

按照孟谢尔确立的明度色阶表，可将色彩的明度划分成10个等级。凡明度在零度至三度之间的色彩划为低调色。

色彩明度对比的强弱可以这样划分：

按照从零到十的明度色阶表，三度差以内的对比为明度弱对比。三至五度差以内的为明度中间对比，五度差以上的为明度强对比。

如果画面上面积最大并能起主导作用的色彩为高调色，同时又存在着强明度差，这样的明度基调可以称为高长调。以此方法类推，可以大致划为10种明暗基调。

低长调：暗色调含强明度对比。色彩效果清晰、激烈、不安、有冲击力。

低中调：暗色调含明度中间对比。色彩效果沉着、稳重、雄厚、迟钝、深沉。

低短调：暗色调含弱明度对比。色彩效果模糊、沉闷、消极、阴暗、神秘。

中长调：中灰色调含强明度对比。色彩效果力度感强、充实、深刻、敏锐、坚硬。

中间中调：中间灰调含中明度对比。色彩效果饱满、丰富、较含蓄有力。

中短调：中间灰调含弱明度对比。色彩效果有梦一般的朦胧感，模糊、混沌、深奥。

高长调：亮色调含强明度对比。色彩效果亮、清晰、光感强，活泼而具有快速跳动的感觉。

高中调：亮色调含中明度对比。色彩效果柔和、欢快、明朗而又安稳。

高短调：亮色调含弱明度对比。色彩效果极其明亮、辉煌、轻柔或有不足感。

全长调：暗色和亮色面积相等的强明度对比。色彩效果极其矛盾、生硬、明确。

(2) 色彩基调（见彩图15）

在色彩心理一节中，我们着重分析了各种主要色相的表情特征及其象征性的意义，在色彩调和一节中，我们又了解了在视觉中能产生调和的色彩搭配，这些知识为我们把握画面的色彩基调提供了方便。

色彩基调，主要体现色彩结构在色相及纯度上的整体印象，一个整体色彩，它是倾向暖色还是冷色，是偏橙红还是偏粉红，是鲜艳的饱和色还是含灰的色，这个基本的印象无疑对整个色彩所要表现的情绪和美感有着极大的影响。

对色彩基调的把握，主要在色量的控制：如果是寻求有倾向性色相的色调，就应该确立主色，并且让主色的面积大到足以使整体的色彩效果倾向于它，然后根据需要适当搭配其它对比色。一般来说，有色相倾向的色调具有明显的表情特征，属于类似调和的结构。关于什么样的情调选择什么色，可以参考色彩心理一节的内容。

在许多情况下，色彩基调又是以强调对比关系结构而成的。不同的对比，有不同的效果，如强冷暖对比和弱冷暖对比，前者表达的是强烈冲动、热情欢快、极其悦目的效果；后者很可能是情感内向、柔和适目的效果。一般说来，强对比的基调总是比较激烈的，弱对比总是含蓄柔和的。因此，都要根据最终所要达到的目的首先对颜色的整个基调给予考虑，这无疑会使整个设计井然有序。

18.2.2 色彩的对比与调和

(1) 色彩的对比

1) 色相对比

a. 原色对比

红、黄、蓝三原色是色相环上最极端的色，它们不能由别的颜色混合而产生，却可以混合出色环上所有其它的色。红、黄、蓝表现了最强烈的色相气质，它们之间的对比属最强的色相对比。如果一个色场是由二个原色或三个原色完全统治，就会令人感受到一种强极强烈的色彩冲突，这样的色彩对比很难在自然界的色调中出现，它似乎更具精

神的特征。世界上许多国家都选用原色作为国旗的色彩。

b. 间色对比

橙色、绿色、紫色为原色相混所得的间色，其色相对比略显柔和，自然界中植物的色彩呈间色为多，许多果实都为橙色或黄橙色，我们还经常可以见到各种紫色的花朵，像绿与橙、绿与紫这样的对比都是活泼、鲜明又具天然美的配色。

c. 补色对比（彩图17）

在色环直径两端的色为互补色。确定两种颜色是否为互补关系，最好的办法是将它们相混，看看能否产生中性灰色，如果达不到中性灰色，就需要对色相成分进行调整，才能寻找到准确的补色。

补色的概念出自视觉生理所需求的色彩补偿现象，与其看作对立的色，不如看作姻缘之色，因为补色的出现总是符合眼睛的需要。一对补色并置在一起，可以使对方的色彩更加鲜明，如红与绿搭配，红变得更红，绿变得更绿。

d. 类似色对比（彩图18）

在色环上非常邻近的色，如蓝与绿味蓝，蓝与紫味蓝这样的色相对比称为类似色相对比，是最弱的色相对比效果。类似色相对比在视觉中所能感受的色相差很小，调式统一，常用于突出某一色相的色调，注重色相的微妙变化。

e. 冷暖色对比（彩图19）

人们对一部分色彩产生暖和的感觉，对一部分色彩产生寒冷的感觉，这种感觉的差异，主要体现在不同的色相特征上。从色环上看，明显有寒冷印象的色彩是蓝绿至蓝紫的色，其中蓝色为最冷的色；明显有暖和感的色是红紫至黄的色，其中红橙色为最暖的色。色彩的冷暖性质在色彩美学上具有重要的意义，从视觉上，冷暖对比产生美妙、生动、活泼的色彩感觉。冷色与暖色能产生空间效果，暖色有前进感和扩张感，冷色有后

退感和收缩感。在艺术表现中，冷色与暖色都有极丰富的精神内涵。

2）纯度对比（彩图20）

一个鲜艳的红色与一个含灰的红色并置在一起，能比较出它们在鲜浊上的差异，这种色彩性质的比较，称为纯度对比。纯度对比既可以体现在单一色相中不同纯度色的对比中，也可以体现在不同色相的对比中，纯红和纯绿相比，红色的鲜艳度更高；纯黄和纯黄绿相比，黄色的鲜艳度更高，当其中一色混入灰色时，视觉也可以明显地看到它们之间的纯度差。黑色、白色与一种饱和色相对比，既包含明度对比，亦包含纯度对比。是一种很醒目的色彩搭配。

3）明度对比（彩图21）

每一种颜色都有自己的明度特征。饱和的紫色和黄色，一个暗，一个亮，当它们放在一起对比时，视觉除去分辨出它们的色相不同，还会明显地感觉到它们之间明暗的差异，这就是色彩的明度对比。

由于视网膜杆体细胞中视紫红质在明暗视觉中的代谢作用，眼睛会产生对明暗视觉的补偿，即在同时对比中对颜色明度认识的偏离。一个灰色，当它置于亮底之上时，看上去很重，置于暗地之上时，似乎又更亮了。在有彩色的对比中，也会发生明暗的错觉。

（2）色彩调和

怎样确定色彩是调和的，这在理论上的确是件很困难的工作，因为对色彩审美的要求往往同时表现在视觉的满足与心理需求两个方面，而色彩心理本身又包含极其复杂的因素。所以从广义的范围来说，很难对色彩调和的原则作出定论。然而在现实中，人们又承认色彩有调和与不调和的感觉，并且经常用"调和"这样的字眼来评价色彩，从狭隘的意义上说，色彩调和的问题的确又是值得讨论的问题。为此，不少色彩学家仍在努力对此进行探讨和研究。

通常是从色彩的秩序与量这两条思路上去寻找色彩调和的规律的。所谓调和是偏重于满足视觉生理的需求，以适合眼睛的色彩效果为依据，总结出色彩的秩序与量的关系。一般情况下，调和色彩要求有变化但不过分刺激，统一但不能单调，某些要素统一了，则其它方面要保持对比；完全一致的色彩或完全不具备任何相同因素的色彩，通常都被认为是不调和的。色彩调和可分为两大类：类似调和、对比调和。

1）类似调和

类似调和强调色彩要素中的一致性关系，追求色彩关系的统一感。类似调和包括同一调和与近似调和两种形式。

a. 同一调和

在色相、明度、纯度中有某种要素完全相同，变化其它的要素，被称为同一调和。当三要素中有一种要素相同时，称为单性同一调和；有两种要素相同时称为双性同一调和。

单性同一调和包括：

同一明度调和（变化色相与纯度）（彩图22）；

同一色相调和（变化明度与纯度）；

同一纯度调和（变化明度与色相）。

双性同一调和包括：

同色相又同纯度调和（变化明度）；

同色相又同明度调和（变化纯度）；

同明度又同纯度调和（变化色相）。

显然，双性同一调和比单性同一调和更具有一致性，因此统一感极强，特别是在同色相又同明度的双性同一调和关系中，色彩近乎令人感到单调，在这种情况下，只有加大纯度对比的等级，才能使它具有调和感。

b. 近似调和

在色相、明度、纯度三种要素中，有某种要素近似，变化其它的要素，被称为近似调和。由于统一的要素由同一变为近似，因此近似调和比同一调和的色彩关系有更多的变化因素。如：

近似色相调和（主要变化明度、纯度）；

近似明度调和（主要变化色相、纯度）；

近似纯度调和（主要变化明度、色相）（彩图23）；

近似明度、色相调和（主要变化纯度）；

近似色相、纯度调和（主要变化明度）；

近似明度、纯度调和（主要变化色相）；

无论同一调和还是近似调和，都是追求统一中的变化，因此一定要依据这个原则来处理好二种对立统一的要素组合关系。

2）对比调和

对比调和是以强调变化而组合的和谐的色彩。在对比调和中，明度、色相、纯度三种要素可能都处于对比状态，因此色彩更富于活泼、生动、鲜明的效果。这样的色彩组合关系要达到某种既变化又统一的和谐美，主要不是依赖要素的一致，而要靠某种组合秩序来实现。我们称为秩序调和（彩图24）。秩序调和的方式主要有：明度秩序调和、纯度或色相秩序调和。

3）面积调和

即根据画面上各色块的面积大小，力量强弱，来维持的一种色块均衡效果。这种均衡感即是我们所追求的"调和"感。

18.2.3 室内色彩与空间调节

色彩对于人心理上的影响很大，特别是在处理室内空间时尤其不容忽视。一般地讲，暖色可以使人产生紧张、热烈、兴奋的情绪，而冷色则使人感到安定、幽雅、宁静。根据这个道理，通常象居室、病房、阅览室等一类房间应选择冷色调，而另一类房间如影剧院中的观众厅、体育馆中的比赛厅、俱乐部中的游艺厅等则比较适合于选用暖色调。

色彩的冷暖，还可以对人的视觉产生不同的影响：暖色使人感到靠近，冷色使人感到隐退。两个大小相同的房间，着暖色的会显得小，着冷色的则显得大。此外，不同明度的色彩，也会使人产生不同的感觉：明度高的色调使人感到明快、兴奋；明度低的色调使人感到压抑、沉闷。

室内色彩，一般多遵循上浅下深的原则来处理。例如自上而下，顶棚最浅，墙面稍深，护墙更深，踢脚板与地面最深。这是因为色彩的深浅不同给人的重量感也不同，浅色给人的感觉轻，深色给人的感觉重。上浅下深给人的重量感是上轻下重，这完全符合于稳定的原则。

室内色彩处理必须恰如其分地掌握好对比与调和的关系。只有调和没有对比会使人感到平淡而无生气。反之，过分地强调对比则会破坏色彩的统一。一个房间的色彩处理应当有一个基本色调，确定了基调后，还必须寻求适当的对比和变化。顶棚、墙面、地面是形成空间的基本要素，基调的确定必然要通过它们来体现，因而顶棚、地面、墙面这三者在色彩处理上应当强调调和的一面。如果这三者不谐和，整个色彩的关系就难于统一。对比是在调和的基础上不可缺少的因素，但面积不宜太大。具体到室内空间的色彩处理，大面积的墙面、顶棚、地面一般应当选用调和色；局部的地方如柱子、踢脚板、护墙、门窗，及至室内陈设如家具、窗帘、灯具等则可以选用对比色，这样就会使色彩处理既统一和谐又有对比和变化。

在处理室内色彩时，还应避免大面积地使用纯度高的原色或其它过分鲜艳的颜色。特别是顶棚、墙面、地面的颜色不宜过分鲜艳、强烈，因为这种颜色往往使人感到刺激。为此，一般应采用多少带点灰色成份的中间色调，这样会使人感到既柔和又大方。

18.2.4 装饰材料的色质与运用

色彩和质感都是材料表面的某种属性，在很多情况下很难把它们分开来讨论。但就性质来讲色彩和质感却完全是两回事。色彩的对比和变化主要体现在色相之间、明度之间以及纯度之间的差异性；而质感的对比和变化则主要体现在粗细之间、坚柔之间以及纹理之间的差异性。在建筑处理中，除色彩外，质感的处理也是不容忽视的。

近代建筑巨匠赖特可以说是运用各种材料质感对比而获得杰出成就的。他熟知各种材料的性能，善于按照各自的特性把它们组合成为一个整体并合理地赋予形式。在他设计的许多建筑中，既善于利用粗糙的石块、花岗石、未经刨光的木材等天然材料来取得质感对比的效果，同时又善于利用混凝土、玻璃、钢等新型的建筑材料来加强和丰富建筑的表现力，他所设计的"流水别墅"和"西塔里森"都是运用材料质感对比而取得成就的范例。

质感效果直接受到建筑材料的影响和限制。如今，每出现一种新材料，都可以为质感的处理增添一种新的可能。直到今天，新型的装修材料层出不穷，这些材料不仅因为具有优异的物理性能而分别适合于各种类型的装饰，而且还特别因为具有奇特的质感效果而倍受人们注意。例如闪闪发光的镜面玻璃建筑刚一露面，便立即引起巨大的轰动，人们常常把它看成是一代新建筑诞生的标志。在美国，有许多建筑师极力推崇这种新材料，并以此创造出光彩夺目的崭新的建筑形象。据此，人们甚至根据建筑物奇特的质感——光亮——而把这些建筑师当作一个学派——"光亮派"——来看待。这一方面表明质感所具有的巨大的表现力，同时也说明材料对于建筑创作所起的巨大的推动作用。由此看来，随着材料工业的发展，利用质感来增强建筑与室内装饰表现力的前景则是十分宽广的。

下面具体谈一下装饰材料的材质与肌理的运用：

室内一切物体除了形、色以外，材料的质地即它的肌理（或称纹理）与线、形、色一样传递信息。室内的家具设备，不但近在眼前而且许多和人体发生直接接触，可说是看得清、摸得到的，使用材料的质地对人引起的质感就显得格外重要。初生的婴儿首先是通过嘴和手的触觉来了解周围的世界，人们对喜爱的东西，也总是喜欢通过抚摸、接触来得到满足。材料的质感在视觉和触觉上同时反映出来，因此，质感给予人的美感中还包括了快感，比单纯的视觉现象略胜一筹。

（1）粗糙和光滑

表面粗糙的有许多材料，如石材、未加工的原木、粗砖、磨砂玻璃、长毛织物等等。光滑的如玻璃、抛光金属、釉面陶瓷、丝绸、有机玻璃。同样是粗糙面，不同材料有不同质感，如粗糙的石材壁炉和长毛地毯，质感完全不一样，一硬一软，一重一轻，后者比前者有更好的触感。光滑的金属镜面和光滑的丝绸，在质感上也有很大的区别，前者坚硬，后者柔软。

（2）软与硬

许多纤维织物，都有柔软的触感。如纯羊毛织物虽然可以织成光滑或粗糙质地，但摸上去都是很愉快的。棉麻为植物纤维，它们都耐用和柔软，常作为轻型的蒙面材料或窗帘。玻璃纤维织物从纯净的细亚麻布到重型织物有很多品种，它易于保养，能防火，价格低，但其触感有时是不舒服的。硬的材料如砖石、金属、玻璃，耐用耐磨，不变形，线条挺拔。硬材多数有很好的光洁度、光泽。晶莹明亮的硬材，使室内很有生气，但从触感上说，一般喜欢光滑柔软，而不喜欢坚硬冰冷。

（3）冷与暖

质感的冷暖表现在身体的触觉、座面、扶手、躺卧之处，都要求柔软和温暖，金属、玻璃、大理石都是很高级的室内材料，如果用多了可能产生冷漠的效果。但在视觉上由于色彩的不同，其冷暖感也不一样，如红色花岗石、大理石触感冷，视感还是暖的。而白色羊毛触感是暖，视感却是冷的。选用材料时应两方面同时考虑。木材在表现冷暖软硬上有独特的优点，比织物要冷，比金属、玻璃要暖；比织物要硬，比石材又较软；可用于许多地方，既可作为承重结构；又可作为装饰材料；更适宜做家具，又便于加工，从这点上看，可称室内材料之王。

（4）光泽与透明度

许多经过加工的材料具有很好的光泽，如抛光金属、玻璃、磨光花岗石、大理石、搪瓷、釉面砖、瓷砖，通过镜面般光滑表面的反射，使室内空间感扩大。同时映出光怪陆离的色彩，是丰富活跃室内气氛的好材料。光泽表面易于清洁，减少室内劳动，保持明亮，具有积极意义，用于厨房、卫生间是十分适宜的。

透明度也是材料的一大特色。透明、半透明材料，常见的有玻璃、有机玻璃、丝绸，利用透明材料可以增加空间的广度和深度。在空间感上，透明材料是开敞的，不透明材料是封闭的；在物理性质上，透明材料具有轻盈感，不透明材料具有厚重感和私密感。例如在家具布置中，利用玻璃面茶几，由于其透明，使较狭隘的空间感到宽敞一些。通过半透明材料隐约可见背后的模糊景象，在一定情况下，比透明材料的完全暴露和不透明材料的完全隔绝，可能具有更大的魅力。

（5）弹性

人们走在草地上要比走在混凝土路面上舒适，坐在有弹性的沙发上比坐在硬面椅上要舒服。因其弹性的反作用，达到力的平衡，从而感到省力而得到休息的目的。这是软材料和硬材料都无法达到的。弹性材料有泡沫塑料、泡沫橡胶、竹、藤，木材也有一定的弹性，特别是软木。弹性材料主要用于地面、床和座面，给人以特别的触感。

（6）肌理

材料的肌理或纹理，有均匀无线条的、水平的、垂直的、斜纹的、交错的、曲折的等自然纹理。暴露天然的色泽肌理比刷油漆更好。某些大理石的纹理，是人工无法达到的天然图案，可以作为室内的欣赏装饰品，但是肌理组织十分明显的材料，必需在拼装时特别注意其相互关系，以及其线条在室内所起的作用，以便达到统一和谐的效果。在室内肌理纹样过多或过分突出时也会造成视觉上的混乱，这时应更换匀质材料。

有些材料可以通过人工加工进行编织，如竹、藤、织物；有些材料可以进行不同的组装拼合，形成新的构造质感，使材料的轻、硬、粗、细等得到转化。

小　　结

解决色彩之间的相互关系，是色彩构图的中心。室内色彩可以统一划分成许多层次，色彩关系随着层次的增加而复杂，随着层次的减少而简化，不同层次之间的关系可以分别考虑为背景色和重点色（用通俗话说，就是衬色和显示色）。背景色常作为大面积的色彩宜用灰调，重点色常作为小面积的色彩，在彩度、明度上比背景色要高。在色调统一的基础上可以采取加强色彩力量的办法，即重复、韵律和对比强调室内某一部分的色彩效果。室内的趣味中心或视觉焦点或重点，同样可以通过色彩的对比等方法来加强它的效果。通过色彩的重复、呼应、联系，可以加强色彩的韵律感和丰富感，使室内色彩达到多样统一，统一中有变化，不单调、不杂乱，色彩之间有主有从有中心，形成一个完整和谐的整体。

至于材质的使用，其要害是"巧于设计"。固然，高档材料的质感、色彩、丰采是低档材料不可比拟的。但如果裁剪得当、款式新颖，低档料子的服装也可呈现出朴实无华、典雅大方的美，反之若裁剪不当，也会形式不美，即使选用高档料子也是无济于事的。

18.3　美术基础技法

18.3.1　素描

　　装饰设计专业素描教学的目的就是通过素描训练，为造就现代艺术设计人才打下扎实的造型基础和设计基础。造型与设计是整个素描教学的核心问题。素描教学应着力于下述能力的培养：一、培养敏锐的视觉感受能力；二、培养分析、理解物象的认识能力；三、培养对造型的构想、形式的探求等方面的想象能力和创造力；四、培养技法的熟练掌握、有效的传达感受、认识和构想的表现能力。

　　为实现素描教学的目的，依据一般的科学规律和艺术教育规律，拟定出如下教学程序：一、结构方式的素描训练；二、明暗方式的素描训练。

　　两个不同阶段的素描训练，在内容、性质和意义上既有层次上的区别，又有内在的联系。比如结构方式的素描着重研究造型的结构规律，提高抓形能力和设计意识；明暗方式的素描着重研究造型的明暗规律，熟练造型技能和设计技巧。可见两个训练阶段的作用各不相同，它们之间是息息相关、紧密相联的。比如抓形能力是一切能力训练的基础，对结构的分析、理解与掌握是抓形的本质问题。线性素描为结构素描提供了方便，其本身也是不可缺少的造型语言。研究构造，探索空间，是设计意识的体现，也是踏入设计的第一步。所以说结构方式的素描训练是为后阶段的训练奠定基础。明暗素描只有在理解了结构的表现才有可信的力量，光影表现和黑白构成是设计造型的重要基础，所以明暗方式的素描训练起着承上启下的作用。装饰意味的素描训练是各种能力的综合体现，是设计意识发展到设计创造的飞跃阶段，所以本阶段的训练是素描教学进程的发展与终结。

（1）结构方式的素描训练

1）几何形体素描

a. 观察方法与表现方法

　　正确的观察方法与表现方法就是整体地看与整体地画。

　　整体地看就是在观察对象的过程中必须是"整体、整体、再整体"。即从整体出发，首先看到事物的全貌，获得最初的总体感受；然后再看到整体中的局部或细节，反复分析、比较判断其局部与局部、局部与整体的关系；最后加深对事物的整体感受，获得一个更完美的形象。这种观察方法改变了一般人的观察事物的方式：不看对象的整体，只看对象的局部；从看对象的局部或某一细节开始，又以支离破碎的细节告终，对事物毫无整体的感觉，只有歪曲事物的面貌与本质。

b. 几何形体写生

　　一切复杂物体可以简化成最简单的基本形体，如正方体、圆柱体、圆球体等。研究几何形体的结构、透视、明暗等规律，将具有普遍性指导意义。素描基础训练的最初阶段，写生各种几何形体，其目的正是为了熟悉和掌握简单形体的结构、透视等规律，同时又是初步熟悉和掌握写生的一般步骤与方法，从而提高抓形能力，为下一步表现较复杂的对象打下基础。

　　下面介绍用结构方式写生正方体的步骤与方法：

（*a*）观察　整体地观察对象，分析正方体的结构特征：有明显的长、宽、深三度空间，有六个全等的正方形平面，所有的邻边都相等，相对的面互相平行，相邻的面互相垂直，体面转折呈方角。由于透视变化的缘故，所有的面都产生透视缩形，伸向远处的边线都有不同程度的缩短，这些平行关系的线同时向一个方向消失。

（*b*）落幅　根据构图的需要，用短直线定出正方体的最高点与最低点的位置，运用目测法测定正方体外形的宽与高的比例关系，以直线画出左右最宽点的位置,即两条垂直边线。

(c) 勾轮廓 整体观察正方体的基本外形,画出上下几条倾斜边线,抓住对象的简单外轮廓。接着抓内轮廓:先根据视角和位置找出中间的顶角位置,即找准由这点分割成上下两段间距的比例关系,同时找准由这点分割成左右两段间距的比例关系;再通过这点画一垂直线与下面外轮廓线相交,调整下面顶角的位置;通过这点画出左右两邻边,调整左右两顶角位置,这样正方体的立体轮廓基本展现出来了。

(d) 深化形体结构 为了清晰明确地把握物体的结构,并准确地掌握角度和比例,应将正方体看得见和看不见的部分都画出来,即深入理解正方体的结构,通过想像,用穿透法画出正方体中所有处于空间深处而看不见的轮廓线,从而进一步与看得见的轮廓线作比较,分析、判断出正确的轮廓线的位置,直至塑造出更具体的形体特征(彩图25)。

(e) 调整、完成 重新回到整体上进行全面比较与调整大关系。着重依据对象的形体结构与空间透视关系,运用轻重、粗细、虚实的不同线条表现出坚实有力的形象。一般主要的轮廓线重、粗、实,次要的轮廓线轻、细、虚;前面的轮廓线重、粗、实,后面的轮廓线轻、细、虚;看得见的轮廓线重、粗、实,看不见的轮廓线轻、细、虚。调整完成的过程就是加强或减弱、补充或删除以及再次整形的过程,力求使画面形象主次分明、结构清晰、结实有力、纯朴自然,并富有节奏感。

结构方式的素描训练着重对形体结构的研究与表现,素描写生强调以轻重自如的线去表现立体的形象特征,而尽量避免使用明暗。用线由轻变重、由不确定到逐渐确定。素描在开始时不可能笔笔准确肯定,不能死扣线条而过早地肯定位置;只有通过反复比较、运用各种辅助线才能寻找到较为准确的轮廓线。辅助线也称为结构线,包括体面转折线、水平线、垂直线、中轴线、切线、连接线、延长线、倾斜线以及重叠部分的轮廓线和反面部分的轮廓线。作画时应保留结构线以作为进一步深入的标记,千万不能只顾画面的表面"整洁"的效果而不停地擦除结构线或暂时不确定的轮廓线,这样会失去"比较"的依据,反而抓不准形,甚至使画面一团糟。

几何形体素描写生,其目的不是为了完成一幅完整的作品,而是研究规律、训练能力。所以在训练中从不同视角或改变视点位置,对同一对象画数张素描,以及默写各种状态的几何形体,将有助于深入理解和熟练掌握基本形体的造型规律,提高记忆力、想象力和在纸面上构造形体的能力。

c. 透视

正方体的透视现象,反映了一切物体的透视变化规律。一般存在两种透视现象:

(a) 平行透视 有一面与画面平行,同时有一面与地面平行的正方体透视(彩图26)。

正方体处在心点时,只能看到一个面。处在视中线和视平线上时,能看到两个面。离开视中线和视平线时,能看到三个面。

正方体中与画面成角的平行线延长消失于心点。

正方体中与画面平行的面形状不变,若处于同一垂直面时其大小不变,但处于不同垂直面时则有近大远小的面积变化。正方体中其它两侧面和顶底两面,分别离视中线和视平线愈近则愈窄,愈远则愈宽;而分别处在视中线和视平线时,则成为一直线。

正方体中,垂直方向的线永远垂直,与画面平行的水平方向的线永远平行。

正方体处在视平线以下时,近低远高,看不见底面。处在视平线以上时,近高远低,看不见顶面。

(b) 成角透视 任何一面都不与画面平行,但有一平面与地面平行的正方体透视。

（彩图 27）。

正方体中，垂直方向的线平行于画面，它们永远垂直，但有近长远短的透视变化。

正方体中有两组线分别与画面成不同角度，它们的延长线在视平线上各消失一点。

正方体处在心点时，只能看见两个面，在视平线上、下可看到三个面，顶面或底面在视平线时则成一条直线。

正方体的两侧面，从左到右或从右到左移动，都是由宽变窄、由窄变宽，并且都表现为近大远小。

（2）明暗方式的素描练习

1）静物素描

a. 明暗方式的静物写生

明暗、色调是艺术设计不可缺少的造型语言。明暗造型又是色彩表现的必不可少的重要基础。明暗方式的静物写生正是学习明暗造型的最好途径。通过此项训练，可以逐步熟悉和掌握构图规律、明暗造型规律，进一步掌握物体的结构、透视规律。

下面着重谈一谈写生过程中应注意的问题。

（a）观察 应该培养画之前先观察的习惯。只有通过整体、仔细地观察，才能认识对象，发现对象中的形式美，也才能设计出理想构图。

（b）构图 提倡作小构图（肥皂盒或火柴盒大小）的探索练习。小构图只求画出大概关系，如对象的大体位置，主要线的分割，大体形式感觉，黑、白、灰的大体层次等。一般要求多画几幅小构图，再从中选择最理想的一幅。

（c）落幅 按小构图的设计，在画纸上确定对象的大体位置。落幅不是简单的放大"小构图"，而是再一次审定构图、进一步严密构图。

（d）勾大体轮廓 首先凭感觉抓住对象的大体关系和大的形体特征。确定对象比例时，必须先抓大比例和主要比例。通常先抓接近一半的比例位置，然后抓接近四分之一的位置。注意确定比较的中心，如以最高点、最低点、画面中心点或某一主要部位为基点，以防比较上的失误。确定对象倾斜度时，则主要依据心目中的垂直线（或画纸两侧边）和水平线（或画纸上下边）作比较。勾轮廓时需注意外轮廓与内轮廓在整体上的联系，同时结合抓明暗交界线和投影位置，及早地形成视觉空间，以便在想象的空间中立体地勾画轮廓。

（e）画大体明暗 根据光的照射方向，进一步确定暗部范围并铺上大体的色调。画大体明暗，一要全面铺开，不能光注意画局部，也不能有余漏之处；二要尽量概括成大面去铺，而不是小面小面地拼凑。

（f）深入刻画 从大体明暗转向深入，一般从最暗处画起，或者从前面部位画起，从主体画起，从主要部位画起，再依次画其它各部位。所谓的先画，是相对而言先行一步，决不可先把某处画得很深入了再画别的部位。

在深入过程中，由于不停地丰富细节，往往在画局部时，容易失去整体感觉。所以要反复调整感觉，反复调整大关系。通过深入刻画，以丰富的明暗色调，充分地表现出对象的形体、结构、空间、光色、质量感与神韵等。

（g）整理完成 回到最初的感觉或设想，作一次全面的调整。围绕整体关系，加强或减弱，突出或退让，或删除一切过跳的细节变化，使画面主体突出，层次分明，虚实有致，变化生动，和谐统一并富有装饰意味。

b. 明暗

由于光的照射，物体上出现受光与背光的明暗变化，也就显示出物象的形体、空间。表现了物体的明暗，才能在二度空间的平面上获得三度空间的立体效果。因此，明暗是造型的基本语言。

任何复杂对象受光照射都会产生受光面与背光面，即所谓"明暗两大面"。一切局部的明暗变化都不能破坏这两大基本层次。受光面明亮，背光面黑暗。受光面再暗不能暗过暗面，背光面再亮也不会亮过亮面。同时，受光面结构清楚，背光面模糊；受光面的边缘明确肯定，背光面的边缘含糊不清。"明暗两大面"是把握明暗素描整体的基础，加强明暗两大面的色调对比，画面便显得整体而有力。

物体受光后会产生丰富的明暗层次变化。一般有高光、亮部、明暗交界面、反光面、投影几个层次。但是，由于不同物质吸收光或反射光的功能不一样，有些物象不存在高光或高光不明显。因光照角度不同，有的投影被物体遮盖而不显露出来。所以一般明暗层次变化都存在五大调：亮面、次亮面、明暗交界面、次暗面、反光面。另外，物体所呈现的体形是随光线和画者视点的改变而变化的。在特定角度看不到物体的三个面，体积感很弱；若想明显构成物体的体积感，则起码要画出物体的三个不同空间的大面，即所谓"三大面"，通常三大面在光照下会显示出亮、灰、暗三个不同层次。一般抓住了这三个层次，体积也就显示出来，以上"五大调"、"三大面"统称为"三面五调"。

由于光的照射角度不同、光源与物体的距离不同、物体的质地不同、物体面的倾斜方向不同、光源的性质不同、物体与画者的距离不同等，都将产生明暗色调的不同感觉。以上"不同"点便是鉴别色调轻重的基本因素。

物体背光面因受到环境光的不同影响而产生丰富的色调层次变化。反光面受环境光影响最强而显得最亮，明暗交界面受环境光影响最弱而显得最暗，但仍具有空间、宽窄、浓淡、虚实、刚柔等变化。高光的强弱显示出不同的物质感觉，高光的位置与形态提示出物体的形体结构，不同空间上的高光有亮

度和虚实的变化。投影的色调变化具有暗面类似的特征，明暗交界线（投影边缘）、次暗部、反光部，投影边缘线同样有空间、宽窄、深浅、虚实等变化。投影线距投影物最近处最暗也最明确肯定，距投影物越远则越轻也越模糊。投影的外形暗示了被遮盖物的形体特征。投影的轻重与环境光、空间位置、被遮盖物的固有色等有关。

c. 调子

调子是指画面不同明度的黑白层次。调子与明暗是两个不同的概念。调子的黑白灰层次变化不是光照下产生的自然明暗层次变化。它有时与光照因素有关，如明暗素描的调子与光照有一定的联系，却不等于明暗变化。调子也可以根本与光照无关，如线描、黑白团块素描的调子就是远离光照因素而随意形成的。调子的形成主要与作者个人对形式美感的认识和物象自身的形体、结构、质地、固有色等因素有关。

素描调子具有不同的个性特征和风格面貌。如浓重或淡雅，细腻或粗犷，丰富或单纯，泼辣或含蓄，明快或深沉，写生或装饰等。画面调子的个性、风格的展现依赖于黑、白、灰三大色调层次的组合方式。比如造成画面色调整体上偏重或偏轻、色调反差偏大或偏小、色调的形式倾向不同等。素描调子的倾向特征和组织形式又由个人感觉、爱好以及画面内容所决定。

d. 空间

空间包括物体或环境的三度空间和不同时空物体组合成的画面空间。素描中的空间是一种"幻觉空间"，即通过不同手段使平面的绘画产生具有深远的视觉效果。

明暗方式的素描获得空间的途径：一是运用光影明暗。由于空气层的干扰和视力的影响，造成光照下的物体近处明暗对比强烈、远处对比灰暗、近清楚远模糊、近实远虚的空间层次变化。二是运用焦点透视法。如利用同一空间的平行线延长消失于一点，视平

线以上的物体近高远低、视平线以下的物体近低远高、相同物近大远小等法则造成物体的空间感觉。

18.3.2 水粉

(1) 用色基本知识

固有色 在通常情况下（如柔和的光线下）物体所呈现的色彩称固有色。在画面上，物体的中间色部分最能体现固有色的色彩。

光源色 是指光源的光色。大致上分暖光和冷光。太阳光一般是白光。清晨的阳光是红光，黄昏的阳光是金黄色的光；月光是冷色光；电灯光是桔色光；日光灯是冷色光。在画面上，一般若受光部是暖色，背光部则呈冷色。室内光源色是天光的折射，一般倾向蓝灰，因此受光部冷，背光部暖。

环境色 物体周围环境的色彩称环境色。环境色的强弱和光的强弱成正比。光滑的物体上，环境色明显，粗糙的物体上环境色不明显。

固有色、光源色、环境色构成写生色彩关系的三个因素。在不同条件下，它们体现在物体上的色彩变化是不同的。比如，在阴天，固有色相对明显；但在黄昏或月光下，光源色就占主要地位。

各个固有色不同的物体由于笼罩上一定明度和色相的光源色，所产生的同一色彩倾向，就叫调子或色调。在光源色不明显的室内，以主要物体或衬布的主色块来决定画面的色调。画面色调从明度上分有亮调子、灰调子、暗调子；从色性上分有冷调子、暖调子；从色相上分有紫调子、红调子、黄调子等，但在实际写生中三者是结合着表现出来的。调子支配着画面的色彩，如果不统一，便会使色彩紊乱。

(2) 观察

我们不是一个被动的观察者，观察之前总要带着预期目的或问题，因此观察不是像一面镜子那样反映外物，而应像探照灯一样寻找对象。在用色彩作画时，我们首先要寻找的就是对象的色彩关系。这种关系包括了对象的光源色、环境色和固有色之间的相互作用，包括了明暗冷暖、色相对比等等。观察者首先就是在它们的相互关联中、相互比较中找出主调色彩，确定基调。

由于寻找的是色彩关系，所以决不能孤立地盯住局部不放，特别是不要抓住固有色不放。要时刻记住，重要的不是某一块颜色而是它们之间的关系。这是因为，我们是用我们手中有限的几种颜色在捕捉对象，不论是从明亮度上讲还是从丰富性上讲，它们都无法和自然界的色彩媲美，因此不能只看局部，光盯住固有色。但另一方面，虽然作画的颜色有限，但是我们是在创造一幅有秩序的色彩和谐的画面，所以，这种限制能像音符一样提供种种可能性，使我们的知觉不断地得到强化，使我们能够超越对象的限制，看出一些新的色彩和谐来。但是要获得这种和谐，决不是一蹴而就的，它需要艰苦的实践，百折不挠的毅力。即使是对于训练有素的画家来说，这也是一个棘手的问题。例如，18世纪的西方画家就曾广泛地使用一种名叫克劳德镜的东西，那是一种表面微凹的暗色镜子，具有简化物体色调的效果，因此画家能借助它去把握大的块面与最深色调的位置。

寻找色彩关系。要特别地处理好局部与整体的关系，要经常把局部跟整体进行比较。对于局部的任何一笔的深入都应建立在与整体的和谐关系上。作为一个原则，它要贯彻整个作画的始终。初学者遇到色感强的对象，如红花绿叶，就偏向于固有色；遇到色感弱的对象如白布、陶罐就时而偏暖时而偏冷。那都是由于忽略了色彩关系，尤其是忽略了这些局部的物体与整个画面的关系而造成的。

强调观察是寻找色彩关系，还有一个重要的原因，因为形状是固定的、绝对的，而色彩却完全是变化的、相对的。在画面上，每一种颜色都因在别处添加的一笔而受到影响、有所变化。色块的大小和笔触的方向都在我们的知觉中改变着色彩的性能,因此,作画的过程,其实是一个观察和落笔不断反馈的过程,在这个过程中形与色得到不断的调整和深入。就色彩而言,每一笔着色,即影响着总体的色彩关系,也被总体的色彩关系所制约。

观察物体的受光 物体的受光,根据光线的投射角度可分为三种情况:①正面光。这种光线下物体的关系最复杂,要同时注意观察亮(明)部(包括高光)、中间色、暗部(包括反光)的三个大关系;落笔时,重点画中间色、亮部,而暗部则一带而过,要画得单纯一点。②侧面光。在这种光线下,要注意亮部、暗部、投影三个大关系,重点是暗部和投影。③背光(逆光)。在这种光线下,关键是亮部和暗部两个大关系,重点是暗部。这时暗部的色彩细微丰富,而亮部的色彩则显得很单纯。

提高观察和捕捉色彩关系的能力,可用小色稿来进行训练。即在一张小纸上概括地画出主要对象的色彩明度、冷暖等方面的关系,以帮助确定画面的色彩基调;其重点是解决亮部与暗部的色彩关系、物体与背景的色彩关系等等,而不必拘泥于个别物体的颜色以及形似与否。法国印象派画家莫奈曾说:"画画时,要先设法忘掉面前的物体,把一棵树、一片田野只看作一小块蓝色、一长条黄色,然后再准确地画下所观察到的颜色和形状。"

小色稿画好后可放在远处与实物比较,看看大的关系是否正确。如果不正确,可另画一张,反复尝试几次,直到获得和谐的色彩关系为止。这样,有了满意的结果,便可用于把握大画的色彩关系。

(3)调色技巧

1)调色的基本方法

调淡色时,应以白色为主,逐渐加入少量深色;调深色时,要稍稍多加一点水,尽量不调白色及含粉质较多的颜色;调亮部色时,则要加入适量白色。

要降低某种色彩的纯度,可加些色彩性格较稳定的一类颜色,如赭石、土黄、橄榄绿等;也可通过加入补色的办法,如要使红色纯度降低,可加入少量的绿色,反之,亦可降低绿色的纯度。

用三种以上颜色调合,色彩容易变脏,要克服这种弊病,就要使之不等量。

调色还应特别注意:①不要用笔在调色盘中反复打圈,这样容易产生气泡。正确的调法是用笔向前后摆动地调色。②不要把颜色调得过于均匀,稍稍调合即可,要宁"生"勿"熟"。有些颜色让它们在画面中自然溶合,否则发色性差、易灰。

2)要谨慎地选择颜色进行调合

在练习中要学会把握相近色的差异,应尽量使用接近对象的颜色来调色,不要"大概"地随便选用颜色。有些颜色要利用颜料本身的颜色,因为靠调合很难奏效。例如,一块蓝里偏青莲的衬布,选用紫罗兰色去调,颜色就会轻飘飘地泛上来,也有火气,有失对象的沉稳和典雅。一块带普蓝的衬布,如在调色中过多地选用群青、钴蓝,同样也会感到轻飘。再如白色的衬布有奶白和漂白之分,奶白是带暖的,而漂白则带冷色。如在画奶白的衬布时用了大量的纯白色,那就"变味"了。谨慎地用色对培养色彩的辨别力和正确敏感的判断力也非常有好处。

要画出色彩丰富的画面,不一定要用特别多的颜色。相反,根据不同对象的颜色来适当地选择和限制用色,通过调合使画面中的每块颜色都最大限度地发挥出各自的性能,反而会使我们的画面具有独特的色彩和明确的色调。

3)调色

调色时,每次可多调一点,但当画到画面上时,笔尖不宜蘸太多颜色,否则,画了第一遍,颜色就会堆起来。如碰上雨天,画面很难干透，待再上第二遍颜色时就会使底下的那层泛上来，造成脏和腻的结果。

4）黑色宜和其他颜色混合使用

但混合中一定要有色彩倾向，否则画面会产生"黑气"，如把群青、深红、翠绿等纯色调合起来，使其接近黑色的深度是有可能的，但这种混合的黑色往往有些发紫，若与白色调合，会形成一种令人感到不快的中间色。

5）调灰色

画灰色衬布，可先用黑色和白色调成灰色，然后再根据对象灰色的冷暖倾向来调成偏冷或偏暖的灰色。

（4）写生步骤

1）起稿

构图、起稿是一起进行的。目前有种不好的倾向，认为色彩写生特别是水粉、丙烯颜料可以覆盖，可以涂涂改改，所以不重视起稿；也有认为这是素描的任务。所以往往一开始就拿笔蘸上颜料直接往纸上画，这样涂来改去，造成画面脏、乱，以致无法收拾，当然构图位置更不会顾及了。正确的做法应该是：当你选好角度、确定视点（室内静物写生往往俯视居多），对对象经过一番观察（包括对象内容、色彩感觉等等），然后用软的铅笔（或炭条）轻轻地画下对象的位置、形状、比例、体面等。物体的体面要尽力分析得具体细致些（当然用笔要轻、淡，以不损伤纸、不影响上色变脏为准则），这时你对构图等再作一番检查，觉得可以了，那就能上色了。

2）铺色（彩图 28）

铺色是指组织色调，解决大的色彩关系，即把观察阶段所捕捉到的色彩关系落实到画面上。因此，在铺色时仍然要把色彩关系放在首位，要注意调整好局部与整体的关系，要注意色块的冷暖倾向，切不要把注意力放在细枝末节的刻画上。

一般地说，铺色先从中间色画起，以分

出画面主要色块的大关系，再画暗部，最后"提"出亮部。但是，如果对象的色调对比强烈，也可先画暗部，再画明暗交接处或中间色，然后再向亮部推移。

a. 色彩柔和的静物处理

碰到这类静物，要整个调子一起铺，不要盯住一个东西画，重点是抓气氛，抓色与色之间的相互关系，而不强调具体物体的塑造。

b. 色彩强烈的静物处理

（a）强调画面黑、白、灰的关系，画面黑的黑，白的白，黑白分明。

（b）保持住物体的鲜艳色彩，甚至可加几笔原色。

（c）注意色彩冷暖、主次关系。

（d）在营造画面整体关系的同时，强调物体的塑造。

c. 背景的色彩处理　背景和物体的色彩组成了画面大的色彩关系和基本色调。背景色彩可以和主体物的色彩成对比色，使画面响亮强烈，也可以采用同类色，使画面柔和协调。如果在作画时对此缺乏理解，就会似是而非，不能使主体物突出，画面也会产生脏或灰的弊病。

d. 学会保留画面效果好的部分　完成第一遍铺色后，不要盲目地把所有地方统统覆盖了重画，要学会肯定、保留住一些正确、效果好的部分，特别是在背景和暗部处。这样做的益处，不仅是为省时，主要是为画面留住了清新、透明的色彩（特别是暗部的颜色），画面也会显得生动。

3）塑造

铺色是解决大的色彩基调，而这一阶段则是深入刻画和塑造，也是作画过程中的重点阶段。在这一阶段，色彩之间的微妙而复杂的关系都要通过观察而具体地落实到画面上。如果说铺色阶段是画出大的色块之间的关系，那么，这一阶段则要求深入到细节，一个局部一个局部地去塑造对象的结构、质感、立体感和空间感。因此，在这个阶段，尤其要注意前面讲述的观察方法，千万不可盯住局部不放，而是要经常反复地把所画的部分与其他部分进行比较，一边比较，一边修改，一边调整。原则上，局部的用色一定要在整体的色彩关系内进行，一个局部所画的完美与否，也一定要放在它与整体的关系中去进行评价。这样，就可逐渐地掌握如何把一个局部画得恰如其分，适可而止。

所谓恰如其分，这里还指不可把所有的对象都画得面面俱到，巨细无遗。主次关系、虚实关系、对比关系等等，不只是构图阶段所要考虑的重要因素，同样，也是塑造阶段所要考虑的重要因素。

在这一阶段，初学者常遇的困难往往是画不出主体的颜色，这大都是忽略了主体与周围的色彩关系的缘故。一般地说来，要使对象亮就要在边上配以暗的色彩；要使其色彩突出，就要降低周围其它颜色的纯度；要使其色彩充分发挥它的色质，就要有其它的对比色来衬托呼应。

a. 物体的质感

在静物写生中，我们接触到的物体的质感大致有陶、瓷、金属、玻璃和各种水果、衬布等等，它们在人的视觉和心理上感觉是不同的。质感和体积的表现主要靠色彩关系准确（特别是对光线的描绘），也靠颜色的厚薄、笔触（轻、重、徐、疾……）及运笔方向来达到。

b. 明暗对比关系

初学者画色彩静物时往往忽略明暗对比关系，在想画亮时不会用暗的来反衬，而是一味地加白；反之，想画暗时则一味地加黑。如画鸡蛋之类明度较亮的东西时，不会利用明暗对比的手法把鸡蛋周围的物体的明度相应地压暗，以便衬托出蛋的透明来，而是使劲地在蛋上加白粉。同时，也不敢画蛋的暗部。结果弄得很粉气，仍然明亮不起来。在处理时，如果多观察对象与周围的色彩关系，

把衬布等等的明度相应地画深，那么就有余地画蛋了（这里是侧重于色彩的明度来说的）。

c. 冷暖对比关系

一组以橙子、苹果为主的静物，放在一块中性的豆沙色衬布上。对于这块豆沙色衬布，如果忘记考虑它与周围的色彩关系，只是凭感觉往偏赭色的暖色系里画，那么就很难把橙子的颜色画得响亮。这时应该把豆沙色衬布往橙子的对比色方面靠，让它微微有些发紫，橙子就容易处理了，也容易"突"出来了（彩图29）。

d. 纯度对比关系

曾经看到一张静物，上面的苹果除了固有色外，几乎没有一点其它颜色。特别是苹果背后的木板用色十分火爆（焦黄色），由于木板色过火，因此灰绿的苹果色画上去总是显得脏，涂来改去结果就成了纯度过高的绿色。这里的问题仍然是由于眼睛一味地盯住局部。只看到画的这个苹果的颜色不对，使劲地改，而没有把视野放开，看一下是否苹果周围物体的颜色出了问题。毛病仍是出在盯住了局部、忘了整体！我们知道，自然界的色彩其亮度是我们手中的颜色所无法比拟的，我们能做的是通过在画面上所建立的色彩关系去接近对象。因此才能让你"感觉到画面上所表现出明亮的光、色"。

4）调整

调整与修改并不只是最后阶段的工作，其实它贯串于作画的整个过程。就像前面所强调的，作画的过程是一个试错法的过程。因此，自始至终，我们都在不断地调整和修改画面，甚至由于发现了一种新的关系而调整修改我们原始的想法。不过，作为最后阶段的调整与修改，则是一个收拾全局的阶段，因此也是最关键的阶段。在这个过程中，每走一步都要慎重。如果有某些部位不理想，修改时要千万估计好颜色干后的浓淡深浅效果，切莫用某个局部半干时的效果与周围其

它部分比较。这时，画面由于干湿不一，画面关系往往不理想。此时如果心急，想一口气改好画面，就很容易适得其反，一不小心反而把好的部份改掉了。

习 题

1. 什么是色彩的三要素，并分别阐明。
2. 色彩的物理效应有哪些？
3. 举例说明色彩的心理效应。
4. 色彩的对比有几种情况？
5. 分别以色相对比、明度对比、纯度对比、冷暖对比来设计一幅色彩构图（限用 4 色）。
6. 色彩的调和有几类情况？
7. 试用同一调和法与秩序调和法分别设计一幅构图。
8. 举例论述巧用色彩来调节室内空间的方法。
9. 论述室内装饰材料的材质与肌理性能。

第四篇

班组管理与施工方案的编制

第19章 班 组 管 理

班组是能够在企业生产活动中，独立完成某一个系统、程序或分部、分项工作任务的作业小组，是企业生产活动的最小单位。

班组管理的好坏，直接影响企业产品质量、产量、安全和成本等各个方面，加强班组管理是企业工作的重点内容之一。班组作为企业一个最小的生产管理群体，一般设"三长五员"，即正、副班组长和工会小组长；学习宣传、经济核算、质量安全、料具管理和工资考勤员。

加强班组建设，实施各方面管理方法，才好完成企业交给班组的各项任务。

19.1 班组管理的任务、内容和特点

19.1.1 班组管理的任务

班组管理的任务是根据上级下达的生产任务要求，遵循生产特点和规律，合理配制资源，调动一切积极因素，把班组成员有机地组织起来，多、快、好、省地完成各项任务指标。使全部生产过程达到高速度、高质量、高工效、低成本、安全生产、文明施工的要求。

19.1.2 班组管理的内容

(1) 班组生产作业计划管理

根据企业给班组下达的任务和要求，组织班组人员做好熟悉图纸、生产准备、确定实施方案等方面的工作，保证按期完成任务。

(2) 班组质量管理

建立、建全班组质量管理责任制，积极开展QC小组活动，针对生产任务的内容组织学习相关的质量标准、规范，提高作业质量。

(3) 班组安全生产和文明施工管理

针对生产任务的内容，强调班组人员安全生产的意识，严格执行安全技术操作规程和各项规章制度，保证安全生产和文明施工。

(4) 班组工料消耗监督管理

对班组生产中的每一项任务，都进行用工用料分析，不断提高劳动生产率，降低材料和用工消耗，提高经济效益。

(5) 班组职工素质的提高

班组管理中应注意职工技术水平的提高，做好"传帮带"，大力提倡敬业精神，落实岗位经济责任制，开展技术革新，建立技术档案填写各种原始记录。

19.1.3 班组管理特点

由于班组是企业生产的一个最小单位，其在管理上有着自身的特点。

班组管理是企业的最终级管理。

班组管理是第一线管理，也就是对任何方案、计划的最终实施的管理。

小　结

班组是企业生产活动的最小单位。是企业各项管理工作的落脚点。

班组一般设置"三长五员"。

班组管理的主要任务：遵循生产特点和规律，充分发挥每个职工的作用，多、快、好、省地完成各项任务指标。

班组管理的主要内容：生产作业计划管理；质量管理；安全生产和文明施工管理；工料消耗监督管理；职工素质的提高。

班组管理是企业的最终级管理。

习　题

1. 班组的定义？
2. 班组管理的任务是什么？
3. 班组管理的主要内容是什么？如何加强班组管理。
4. 班组管理的特点？

19.2　班组管理的实施方法

19.2.1　班组生产作业计划管理

企业在生产经营活动中生产计划分为：年度生产计划；季度生产计划；月生产计划；日、周、旬生产作业计划。

各种生产计划的粗细程度是不相同的，分别满足不同管理层次的使用要求。

年度生产计划包括企业全部生产技术经济活动。是企业全体职工在计划年度内的行动纲领，所以，它是企业最主要的指导性计划。

季度施工计划是将年度生产计划过渡到月生产计划的桥梁。在落实年度任务、调整工程部署方面，季度生产计划是较年度生产计划更有实施性的控制计划。

月生产计划是年、季生产计划的具体化，实施性强，是企业基层生产单位直接组织生产的依据。

日、周、旬生产作业计划，是月生产计划的具体化，是作业队、班组组织生产的依据，是班组生产作业计划管理的重点。主要内容有：形象进度和实物工程量（日、周、旬）；承担任务的班组人数和日产量指标。

班组日、周、旬生产作业计划如何实施，班组围绕计划如何做好一切生产安排，具体有以下二方面。

（1）计划与准备管理

计划与准备管理要做好干什么、怎么干、在哪干、谁来干、何时干等方面的工作。

班组要把上级下达的任务搞清楚，理解任务的全部内容及各个细节部分，吃透工艺文件及明确完成任务的时间要求。确定投入劳动力、材料、机具三大资源的时间和数量。

根据工艺文件安排具体实现办法、生产方案、各种工艺装备的准备及质量、安全保证体系。

生产场地的安排、布置，设备的选择。人员的选择和搭配，人和机器的搭配。各道工序的开始和结束时间。

（2）实施管理

实施管理包括对整个生产过程的控制，结合其它方面的管理，监督控制生产的全过程。如进度控制、质量控制、安全保障、文明生产、处理意外事件（如机械临时故障、停电、停水、人员病事假、原料供应等）。

班组生产作业管理具有计划管理与实施管理的双重性。

19.2.2 班组质量管理

班组质量管理工作是企业的最基础产品质量管理。因为生产过程的一砖一瓦、一钉一木都是经过工人的手转移到建筑产品上去的。班组如果不注意把关、不重视工程质量、不加强质量管理，就搞不好总体工程的质量，企业的质量管理也就不可能搞好。为了搞好班组的质量管理，要求明确班组质量管理责任制；成立班组质量管理小组（简称 QC 小组），加强班组生产过程中的质量管理；学习掌握质量检验评定标准和方法。

班组质量管理责任制和 QC 小组活动，是班组质量管理的二个方面，两者是统一的。

（1）班组质量管理责任制度

为保证工程质量，一定要明确规定班组长、质量员和每个工人的质量管理责任制，建立严格的管理制度。这样，才能使质量管理的任务、要求、办法具有可靠的组织保证。

1）班组长质量管理职责

组织班组成员认真学习质量验收标准和施工验收规范，并按要求去进行生产；

督促本班的自检及互检，组织好同其他班组的交接检、指导、检查班组质量员的工作。

做好班内质量动态资料的收集和整理，及时填好质量方面的原始记录，如自检表等。

经常召开班组的质量会，研究分析班组的质量水平，开展批评与自我批评，组织本班向质量过得硬的班组学习。积极参加质量检查及验收活动。

2）班组质量员职责

组织实施质量管理三检制，即自检、互检和交接检。

做好班组质量参谋，提出好的建议，协助班组长搞好本组质量管理工作。

严把质量关，对质量不合格的产品，不转给下道工序。

3）班组组员的质量职责

牢固树立"质量第一"的思想。遵守操作规程和技术规定。对自己的工作要精益求精，做到好中求多、好中求快、好中求省。不能得过且过，不得马虎从事。

听从班组长、质量员的指挥，操作前认真熟悉图纸，操作中坚持按图和工艺标准施工，不偷减序减料，主动做好自检，填好原始记录。

爱护并节约原材料，合理使用工具量具和设备，精心维护保养。

严格把住"质量关"，不合格的材料不使用、不合格的工序不交接、不合格的工艺不采用、不合格的产品不交工。

（2）开展 QC 小组活动

QC 小组也叫质量管理活动小组，是在生产或工作岗位上从事各种劳动的职工，围绕企业的方针目标和现场存在的问题，运用质量管理的理论和方法，以改进质量、降低消耗、提高经济效益和人的素质为目的而组织起来，并开展活动的小组。

1）QC 小组的特点

小组活动具有明确的目的性；小组活动具有严密的科学性；小组活动具有广泛的群众性和高度的民主性。

2）QC 小组的作用

有利于改变旧的管理习惯。通过开展QC 小组活动，把全面质量管理的思想、方法引进到班组活动中，这就有助于推动从产量第一向质量第一转变；从事后把关向事前预防的转变；从分散管理向系统管理的转变；从生产第一向用户第一的转变。

有利于开拓全员管理的途径。通过QC小组活动把职工发动起来，参与管理，提高了职工队伍的政治素质和技术素质。

有利于推动产品创优活动。QC小组可以紧紧围绕产品升级创优，选择活动课题，组织技术攻关和质量改进，对产品质量的大幅度提高，做出贡献。

有利于传播现代管理思想和方法。QC小组从普及质量管理基本知识入手，运用全面质量管理的理论和方法，解决生产中的实际问题。使广大职工直接通过质量管理成果，看到了现代管理科学的好处，增强了运用现代管理思想和方法的自觉性。

创造了更多的经济效益。由于QC小组对自己所从事的工作环境、工艺装备十分熟悉，再加上它的活动课题又都是紧紧围绕企业方针和班组的实际工作选择的，比较容易提高质量、降低成本。

有利于促进精神文明建设。QC小组通过各种活动，把周围的职工紧紧地团结起来，改善了人与人之间的关系，开发了人的智慧和能力，提高了人的素质，培养锻炼了不少人才。

3）QC小组的任务

按照质量管理小组的含义、特点和作用，质量管理小组应该侧重在抓质量，攻关键；抓教育、促改善；提建议、搞试验；降消耗、保安全等几个方面开展工作。具体任务有以下几个方面：

抓教育，提高质量意识。QC小组要组织全组成员认真学习质量管理知识和经验，牢固树立"质量第一"的思想，把更新观念、改变习惯作为重要任务来抓。

抓活动，不断提高成果率。因为QC小组是以提高质量、降低消耗、提高经济效益为宗旨而建立起来的，比较容易取得成果。

抓基础，强化班组管理。QC小组要紧密结合班组和工序管理的实际，开展班组管理程序、管理标准、管理模式的研究、探讨和设计工作，改善传统管理体制，推动班组管理的各项基础工作向程序化、标准化、科学化方面转变。

抓自身建设，不断巩固提高。QC小组要加强自身建设，通过各种有益的活动，激励职工当家做主、参加民主管理的积极性，发挥每个职工的聪明才智，在出好产品的同时多出人才。

4）建立QC小组

由于企业的特点与情况不同，以及企业内部各部门的生产、工作性质不同，因此，QC小组的组织形式也应有所不同。通常有以下几种类型：一是按劳动组织建立质量管理小组。这类小组主要是以班组、岗位、工种、部门为中心，在共同劳动（工作）中，以技术骨干和TQC积极分子为主，自愿结合形成的小组。二是按工作性质建立质量管理小组。这里主要有以工人为主、以稳定提高产品质量降低消耗为目的的"现场型"小组；以"三结合"为主、以攻克技术关键为目的的"攻关型"小组和以科室职能部门为主、以提高工作质量为目的的"管理型"小组。三是按课题内容建立质量管理小组。这种小组主要是由与活动课题有关的人员采取自愿结合和行政组织的方式而建立起来的，它围绕某一课题开展活动，课题完成，就转入下一个活动课题，或更新人员，或自行解散。

QC小组能否开展活动、多出成果，关键在于小组成员的质量意识、技术水平和事业心。因此，对参加人员要有一定的要求，他们应有"百年大计、质量第一"的思想，工作认真、肯干、善于思考和探索，头脑活、点子多，熟悉本岗位的技术标准和工艺规程，并积极参加活动。不同类型的小组可以由不同的人员组成。如班组QC小组，基本以工人为主；队、厂级的QC小组，可以实行干部、技术人员和工人三结合。为了便于活动，小组成员不宜过多，根据不同类型的小组，一般在3～10人之间比较合适。

质量管理（QC）小组建立起来以后，要按照不同级别的活动范围，向上一级质量管理部门注册登记。

5）开展 QC 活动

QC 小组建立起来以后，关键要抓好活动。明确课题的选择依据、范围和方法，掌握活动的程序和内容，确保质量管理（QC）小组更广泛、更扎实地开展活动。QC 小组活动程序图，见图 19-1。

（3）掌握质量检验评定标准和方法

班组在接到上级下达的任务后，组织全班人员学习相关的质量要求，评定标准和方法，制定在完成任务过程中应该注意的质量问题，工艺做法。了解主要材料的质量要求和检验方法。对质量问题做到心中有数，在管理上有的放矢。

对有的项目在生产过程中容易或经常出现的通病，制定好对应的予防措施。

19.2.3　班组安全生产和文明施工管理

安全生产和劳动保护是党和国家的一项重要政策，也是企业和班组管理的一项基本原则。必须在职工中牢固地树立"生产必须安全，安全为了生产"及预防为主的观点。克服那种认为"生产是硬指标，安全是软任务"的错误观点。根据生产特点，必须建立安全生产责任制，班组设立不脱产的安全员，加强安全检查，开展安全教育，认真执行安全操作规程，把安全工作贯穿于生产的全过程。

班组长和安全员要针对班组各成员的具体工作，进行针对性的安全交底，容易出现安全问题的地方更要重点检查，反复交待，确

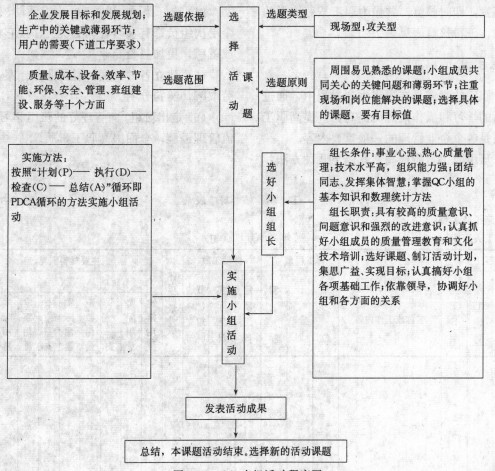

图 19-1　QC 小组活动程序图

保安全生产。

文明施工是现代企业管理的重要组成部分。班组在生产过程中必须按上级或施工组织的要求，在生产场地、材料堆放、使用机具、质量自检、社区关系等方面做好工作，使生产过程具有良好的文明氛围。

19.2.4　班组工料消耗监督管理

班组在生产活动中，对人工和材料消耗要进行核算和监督管理。

核算管理项目的确定要从实际出发，适应生产和劳动组织的特点，能核算到个人的要核算到个人，奖罚分明，调动每一个人的积极性。

工料核算可以和安排任务相结合，把任务工期、用工、用料、分解落实到个人，提前签发，即时核算，并做为职工按劳取酬的依据。工料核算表见表 19-1。

19.2.5　全面提高职工的素质

职工的素质是在班组生产过程中，通过不断的学习和操作锻炼而提高的。提高职工素质是各个企业管理的一项重要内容。

班组职工素质提高常有以下几种方法：

（1）经常组织参加文化、技术业务学习。积极参加企业职工的岗位培训，对本专业的应知实行达标管理。

（2）加强应会训练，培养操作多面手。在班组安全生产时给职工提供各个工序的操作机会，如不能一直安排某个职工做小工。积极参加上级组织的职工技术比武活动，锻炼职工队伍。

（3）抓"两头"，促"中间"，提高班组整体业务水平。抓好理论和实操技术尖子，使尖子更尖，树立班组的学习榜样；抓好级别低、理论和实操水平低的组员，做好"传帮带""结对子"工作，树立信心，赶上先进；注意引导中间力量冒尖，有目的的为他们提供施展才能的机会，为逐步变为技术尖子打好基础。

（4）选好课题，开展 QC 小组活动，使各个层次组员都有参与管理的机会，使它们有成就感，更加热爱专业。

（5）建立各种制度和组员业务档案，按劳取酬，奖罚分明。

（6）走出班组，向管理好的班组学习，交流管理经验，全面提高职工素质。

工　料　核　算　表　　　　　　　　表 19-1

施工队名称：

工人班组：　　　　　　　年　月　（旬）

工程任务单			单位工程、分部工程（分项工程）名称或工作内容	工程量			劳动工效			评定质量等级	主要材料消耗								
											（　）			（　）			（　）		
编号	开工日期	完工日期		单位	计划	实际	定额工日	实际工日	节约(十)超支(一)		定额用量	实际用量	节约或超支	定额用量	实际用量	节约或超支	定额用量	实际用量	节约或超支

习　题

　　1. 班组作业计划如何实施？

　　2. 班组质量管理的内容有哪些？

　　3. 班组长质量管理职责是什么？

　　4. 班组组员的质量职责是什么？

　　5. QC 小组的含义、特点和作用有哪些？

　　6. 如何提高职工的素质？

19.3　班组建设

　　班组是各个企业生产活动过程中一个最小的作业团体，它的建设成败直接影响着一个企业的生产经营效果，因此，必须加强班组建设。

19.3.1　班组核心建立与确定

　　班组做为企业管理中的最基层单位。它是大到几十人，小到 3、5 个人组成的团体。在管理过程中，需要一个核心，这就是我们熟悉的班组长。如何建立与确定核心，在班组建设中至关重要。

　　选择的班组长要有一定的素质，这个素质主要表现在以下几个方面：

　　（1）具有一定的号召力、凝聚力。大家喜欢和他交朋友，遇事愿意请教他，他说什么就有人跟着干，群众基础好。

　　（2）能以身作则。能处理好管好别人和管好自己的关系，处理好言教和身教的关系，大家佩服。

　　（3）技术过硬。熟悉自己的本职工作，对组内的各个岗位、各个工种、各种技术质量要求，都了如指掌，并能亲自操作。这样有利于在班组树立权威，便于组织指挥生产。

　　（4）办事公平合理、主持正义。对于激发组员的积极性，增强同事之间的团结，在班组中树立正气，都会起到有益的作用。

　　（5）有管理意识和管理能力。班组是一个相对完整独立的集体，作为班组长，要时刻想着自己打算领着组员怎么干，这个月解决什么问题，下个月解决什么；今年达到什么目标，明年达到什么目标；提高班组整体水平的突破口是什么？等等。这样就能使班组长具有主动的管理意识、明确的管理目标和清晰的管理思路。班组长还应学会善于做人的工作。班组管理是对人的管理，不会做人的工作就不可能有成功的管理。

班组长素质的提高，是通过企业对班组长的培训、自身努力、在副班长、工会小组长以及班组的核心成员如质量员、考勤员等岗位上经受锻炼而逐步取得的。

19.3.2 班组岗位职责

（1）班组长的职责

围绕生产任务，组织全体同志认真讨论并编制旬、日作业计划，合理安排人力物力，保证各项工程如期如质地完成；

带领全班认真贯彻执行各项规章制度，遵守劳动纪律，组织好安全生产；

组织全班努力学习文化，钻研技术，开展"一专多能"的活动，不断提高劳动生产率；

做好文明施工，做到工完场清，活完料净；

积极支持和充分发挥班组内几大员的作用，做好本班组的各项管理工作；

做好思想政治工作，使大家严格按岗位责任制进行考核，不搞平均主义和好人主义。

（2）"五大员"的职责

学习宣传员的职责是宣传党的路线、方针、政策，积极开展思想政治工作，搞好班组内的团结；及时宣传好人好事，号召和组织大家向先进人物学习；主动热情地帮助后进人物，揭露不良倾向；组织班组内的文化、技术业务学习，并积极带头参加，以身作则。

经济核算员的职责是协助班组长进行经济管理工作，核算班组各项技术经济指标完成的情况和各项技术经济效果；组织开展班组经济活动分析。

质量安全员的职责是经常不断地宣传"质量第一"的重要意义和安全生产的方针；监督检查全班执行技术安全操作规程和质量检验标准的情况，搞好每天（对所完成任务）的检、互检、交接检制度；并认真填好质量自检记录，及时发现并纠正各种违章作业的现象，保证安全生产。

料具管理员的职责是做好班组内所领用的各种材料、工具、设备及劳保防护用品的领退、使用和保管等工作；督促全组人员节约使用各种原材料及用品，爱护国家财产；同经济核算员互相配合搞好本组的材料、工具、设备等指标的核算与分析。

工资考勤员的职责是做好班组的考勤记工工作，掌握工时利用情况，分析并记录劳动定额的执行情况；负责班组工资和奖金的领取、发放工作，核算本班劳动效率及出勤率，协助班组长搞好劳动力的管理。

（3）操作工人岗位职责

遵守企业的各项规章制度，树立高度的组织观念、服从领导、服从分配，争当企业优秀职工；

热爱本职、钻研技术，安心工作、忠于职守，认真学习各项规范、规程、标准；

坚持按图纸施工、按施工规范、操作规程、安全规程进行操作，按质量标准进行验收；

爱护机器设备，节约能源、材料；

尊师、爱徒、团结互助。班组之间，工种之间要互相协作，搞好工序间和工种之间的关系；

积极参加企业的挖潜、革新、改进操作方法，提高劳动生产率；

认真领会技术交底精神，并在操作中实施。

小　结

建立与确定班组长的核心，在班组建设中至关重要。

选择班组长要有一定的素质，主要表现在以下几个方面：

1. 具有一定的号召力、凝聚力。

2. 能以身作则。

3. 技术过硬。

4. 办事公平合理、主持正义。

5. 有管理意识和管理能力。

班组的岗位职责分为班组长的职责、"五大员"的职责和操作工人岗位职责。

习　题

1. 班组建设的主要内容有哪些？

2. 班组长应具备哪些素质？

3. 简述班组长、"五大员"、操作工人的岗位职责。

第 20 章 施工组织设计知识

施工组织设计是指导施工活动的重要技术经济文件，也是对施工过程实施科学管理的有力手段。由于工程项目的多样性，每项工程都必须单独编制施工组织设计。

随着人类社会的进步发展，建筑装饰作为一个专业，已较明显的从土木建筑行业逐渐分离出来，并不断完善充实，已成为一项专业化的体系。因此，建筑装饰的施工，应有一套较完整的施工组织设计来指导施工活动，如何选择装饰施工方案，安排施工进度，正是本课题需要研究的一个重点内容。

20.1 施工组织设计概述

20.1.1 施工组织设计的作用

施工组织设计在一项建设工程中起着重要的指导作用和组织实施作用，具体表现在：

（1）施工组织设计是施工准备工作的一项重要内容，同时为其它准备工作（劳动力、材料、机具准备、施工场地准备等）提供依据，它是整个施工准备工作的核心；

（2）通过编制施工组织设计，能很好的理解设计意图，充分考虑了施工中可能出现的各种问题，并事先设法予以解决或排除，从而提高了施工的预见性，减少了盲目性，为实现建设目标提供了技术保证；

（3）施工组织设计为拟建工程所制定的施工方案和施工进度等，是指导现场施工活动的基本依据；

（4）施工组织设计对施工场地所作的规划与布置，为现场的文明施工创造了条件。

20.1.2 施工组织设计的分类与内容

施工组织设计与其它设计文件一样，也是分阶段编制逐步深化的。对于大型工业项目或民用建筑小区，施工组织设计一般可分成三个层次进行编制。

（1）施工组织总设计

施工组织总设计是以建设项目为对象，以批准的初步设计（或扩大初步设计）为依据，由工程总承包单位为主体（建设单位、分包单位及设计单位参加）而编制的。它是对建设工程的总体规划与战略布署，是指导施工的全局性文件。它包括的内容如下：

1）工程概况

包括工程规模、造价，工程的特点，建设期限，以及外部施工条件等。

2）施工准备工作

应列出准备工作一览表，各项准备工作的负责单位、配合单位及负责人，完成的日期及保证措施。

3）施工布署及主要施工对象的施工方案

包括建设项目的分期建设规划，各期的建设内容，施工任务的组织分工，主要施工对象的施工方案和施工设备，全场性的技术组织措施，以及大型暂设工程的安排等。

4）施工总进度计划

包括整个建设项目的开竣工日期，总的施工程序安排，分期建设进度，土建工程与专业工程的穿插配合，主要建筑物及构筑物的施工期限等。

5）全场性施工总平面图

图中应说明场内外主要交通运输道路、供水供电管网和大型临时设施的布置，施工场地的用地划分等。

6）主要原材料、半成品、预制构件和施工机具的需要量计划。

（2）单位工程施工组织设计

单位工程施工组织设计是以单个建筑物或构筑物为对象，以施工图为依据，由直接组织施工的基层单位负责编制的，它是施工组织总设计的具体化。根据施工对象的规模大小和技术复杂程度的不同，单位工程施工组织设计在内容的广度及深度上可以有所区别。一般应包括工程概况，施工方案和施工方法，施工进度计划，施工准备工作计划，各项需用量计划，施工平面图，技术经济指标等部分。对于较简单的工程，其施工组织设计的内容可以简化，只包括主要施工方法、施工进度计划和施工平面图。

（3）分部工程施工设计

分部工程施工设计也叫作业设计，它是单位工程施工组织设计的具体化。对于某些技术复杂或工程规模较大的建筑物或构筑物，在单位工程施工组织设计完成以后，可对某些施工难度大或缺乏经验的分部工程再编制其作业设计。作业设计的内容，重点在于施工方法和机械设备的选择，保证质量与安全的技术措施，施工进度与劳动力组织等。

20.1.3 施工组织设计的编制原则

施工组织设计的编制在长期的工程实践中积累了许多经验，编制施工组织设计以及在组织施工的过程中，一般应遵循以下基本原则：

（1）坚持基本建设程序，充分作好施工准备，不打无准备之仗，严禁盲目草率施工。

（2）在保证工程质量和生产安全的前提下，尽量缩短建设工期，加快施工进度。

（3）坚持全年连续施工，合理安排冬、雨季施工项目，增加全年施工天数。

（4）贯彻建筑工业化方针。按照工厂预制与现场预制相结合的方针，尽量扩大预制范围，提高预制装配程度。采用先进机械、简易机械与改良工具相结合的方针，尽量扩大机械化施工范围，提高机械化施工程度。

（5）合理安排施工进度，保持施工的均衡性与连续性。

（6）充分利用永久性设施为施工服务，节约大型暂设工程费用。诸如永久性铁路、公路、水电管网和生活福利设施等尽量安排提前修建，并在施工中加以利用。

（7）充分利用当地资源，就地取材，节约运输成本。

（8）广泛采用国内外的先进施工技术与科学管理方法，认真贯彻施工验收规范与操作规程。

（9）努力节约施工用地，力争不占或少占农田。

20.1.4 施工组织设计的编制依据

（1）施工组织总设计的编制依据

1）计划文件。如国家批准的基本建设计划文件，单位工程项目一览表，分期分批投产的期限要求，投资指标和工程所需设备材料的订货指标；建设地点所在地区主管部门的批件；施工单位主管上级下达的施工任务等。

2）设计文件。如批准的初步设计或技术设计，设计说明书，总概算或修改总概算和已批准的计划任务书。

3）建设地区的调查资料。如气象、地形、地质和地区条件等。

4）有关上级的指示，国家现行的规定、规范，合同协议和议定事项等。

5）类型相似或相似项目的经验资料。

（2）单位工程施工组织设计的编制依据

1）施工图。包括本工程的全部施工图纸，以及所需的各种标准图集。

2）工程预算。应有详细的分部、分项工

程量，必要时应有分层、分段或分部位的工程量。

3) 企业的年度施工计划。对本工程开竣工时间的规定和工期要求，以及与其它项目穿插施工的要求等。

4) 施工组织总设计。对本工程规定的有关内容。

5) 工程地质勘探报告以及地形图测量控制网。

6) 有关国家的规定、规范、规程，各省、市、地区的操作规程，本企业的传统施工方法和各种预算定额。

7) 有关技术革新成果和类似工程的经验资料等。

（3）分部、分项工程施工组织（方案）的编制依据

1）施工图，特别是节点详图，工程大样图。

2）本企业的分项工程施工工艺标准，企业执行的劳动定额、材料消耗定额和机械台班产量定额。

3）单位工程施工组织设计对该分项的具体要求。如进度、质量、安全等。

4）本企业常用的习惯施工方法、方案等。

小　结

施工组织设计是指导施工活动的重要技术经济文件。

施工组织设计可根据工程项目的规模大小分三个层次进行编制，即：施工组织总设计；单位工程施工组织设计；分部、分项工程施工设计。

各层次施工组织设计在编制时，都要遵循有关基本原则，才能使设计指导实践。

施工图是编制施工组织设计的重要依据之一。

习　题

1. 单位工程施工组织设计的主要内容是什么？
2. 编制施工组织设计应遵循哪些原则？
3. 施工组织设计的种类及其主要内容有哪些？
4. 分部、分项工程施工组织的编制依据是什么？

20.2 装饰工程施工组织设计

每一项装饰工程的施工，都应有施工组织设计来指导施工活动。作好装饰工程施工组织设计是加快工程进度；保证工程质量，特别是细部构造；调配各种资源合理利用的重要手段。

装饰工程与土建工程相比，有许多特点，主要表现在工程投资少、工期短、分工细、人员和机具较为集中，各主要工种讲求节奏和配合，要求操作人员能独挡一面，单独操作，要求工程管理人员具有丰富的专业知识和实践经验，熟识各工序施工过程的环节，并具有洞察问题、灵活协调工地事务的能力。

装饰工程施工组织设计的具体内容有以下几个方面。

（1）认真阅读装饰设计图纸及有关说明，领会设计意图。根据工程具体要求，编排分部、分项工程施工次序，用流程图表达出来。

室外抹灰和饰面装饰工程的施工，一般应自上而下进行。

室内装饰工程的施工，应待屋面防水工程完工后，并在不致被后续工程所损坏和沾污的条件下进行。施工顺序，应符合下列规定：

抹灰、饰面、吊顶和隔断工程，应待隔墙、钢木门窗框、暗装的管道、电线管和电器预埋件、预制钢筋混凝土楼板灌缝等完工后进行；

钢木门窗及其玻璃工程，根据地区气候条件和抹灰工程的要求，可在湿作业前进行；

铝合金、塑料、涂色镀锌钢板门窗及其玻璃工程，宜在湿作业完工后进行，如需在湿作业前进行，必须加强保护；

有抹灰基层的饰面板工程、吊顶及轻型花饰安装工程，应待抹灰工程完工后进行；

涂料、刷浆工程，以及吊顶、隔断罩面板的安装，应在塑料地板、地毯、硬质纤维板等地（楼）面的面层和明装电线施工前，以及管道设备试压后进行。木地（楼）板面层的最后一遍涂料，应待裱糊工程完工后进行；

裱糊工程，应待顶棚、墙面、门窗及建筑设备的涂料和刷浆工程完工后进行。

室内外装饰工程施工的环境温度，应符合下列规定：

刷浆、饰面和花饰工程以及高级的抹灰，溶剂型混色涂料工程不应低于5℃；中级和普通的抹灰，溶剂型混色涂料工程，以及玻璃工程应在0℃以上；裱糊工程不应低于10℃；使用胶粘剂时，应按胶粘剂产品说明要求的温度施工；涂刷清漆不应低于8℃；乳胶涂料应按产品说明要求的温度施工；室外涂刷石灰浆不应低于3℃。

室内装饰、装修工程通常的施工次序见图20-1。

（2）根据具体工程要求，列出分部、分项工程的施工清单，制定施工方案，编排各施工次序做法工艺流程。例如：

某办公大楼工程部分装饰做法一览表见表20-1。

以上为某办公大楼装饰做法的一部分，做为样表，我们在施工组织设计时，必须将每一功能分部的装饰项目列入一览表内，此表可视为该装饰工程项目的清单，为制定方案、计算工程量，编排进度计划，提用工、用料计划提供依据。

某办公大楼工程部分装饰做法　　　　　　　　　　表 20-1

___年___月___日

功能分部 / 装饰项目		门厅	房间	大小会议室	多功能厅	楼梯间	走道	卫生间	微机房	厨房	：	
顶棚部分	乳胶漆涂料	○	○	○	○							
	纸面石膏板	○		○								
	矿棉板			○	·	○		○				
	水泥石棉板						○		○			
	……											
楼（地）面部分	花岗石	○		○	○							
	木质地板		○									
	活动防静电地板								○			
	防滑瓷砖				○	○	○	○		○		
	……											

401

续表

装饰项目＼功能分部		门厅	房间	大小会议室	多功能厅	楼梯间	走道	卫生间	微机房	厨房			⋮
墙面部分	乳胶漆涂料	○	○	○	○				○				
	木质墙裙	○		○	○								
	瓷砖							○		○			
	油漆			○	○	○	○						
	……												
其它部分	铝合金门窗	○	○	○	○	○		○	○	○			
	家具			○	○								
	不锈钢					○							
	窗帘		○	○									
	……												

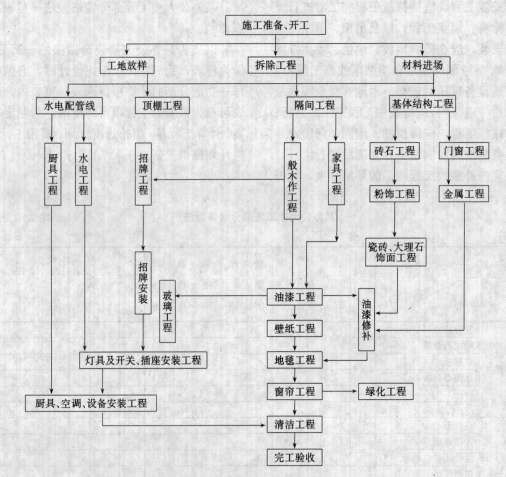

图 20-1　室内装饰工程一般施工顺序

402

当装饰清单列出后，可以制定各主要项目施工方案，编排工艺做法。作为操作工人的施工准则。例如，抹灰内墙、天棚表面乳胶漆涂料工程的主要工序流程为：清扫→填补缝隙、局部刮腻子→磨平→第一遍满刮腻子→磨平→第二遍满刮腻子→磨平→第一遍涂料→复补腻子→磨平（光）→第二遍涂料→磨平（光）→第三遍涂料，交活。又例如，现制彩色水磨石地面装饰的主要工序流程为：清扫、洒水打底→嵌分格铜条→养护铺面层→磨光→上蜡擦光交活。各工序施工方案、操作方法是：清扫、打底——将基层扫净，洒水湿透，刮素水泥浆一遍，然后用 1∶3 水泥砂浆打底找平。注意砂浆稠度，一般 3～5cm；嵌分格铜条→打底养护隔夜后进行，先按设计要求，纵横分格弹线。为了保证铜条准确，可将铜条调直，每米 3 眼钻孔，穿入 22# 铅丝。然后双面水泥浆窝嵌牢靠，抹灰高度比铜条低 3mm。要求条子齐直，上表面齐平，接头紧密；养护铺面层→经养护隔天后就可铺面层，水泥石碴调配计量工作必须准确，水泥碴浆稠度一般 6cm 左右，铺设水泥石渣时，先清除积水和浮砂，刷素水泥浆结合层后，随即浇注。铺设厚度略高分格条 1～2mm，用滚筒压实，待表面出浆后，再用抹子抹平，隔日养护。注意彩色水磨石地面先铺深色石碴，后铺浅色石碴，禁止多色同时进行铺设；磨光→开磨时间应以石碴不松动为准，一般铺设完后 3—4 天进行，磨石粒度由粗到细，二浆三磨；上蜡擦光→把表面清理干净，用清洁软布卷成团，蘸蜡液均匀涂抹于磨面上薄薄一层，用力多次揩擦，也可以把布团嵌于磨石机下研磨，直至光滑洁亮为止。

（3）计算工程数量，提出资源需要量计划，编排施工进度计划表。

根据施工图纸，计算统计出各项施工项目单位数量表。如顶棚面积、石膏板隔墙面积、壁纸贴面面积、地毯、石材铺设面积、灯具、插座数量……等等。计算出各分项工程的工程数量后，再根据预算定额本中所列的综合人工定额及相应的材料定额，按下列基本公式计算出人工工日数及材料需用量。

人工工日数＝工程量×综合人工定额

$$工作天数＝\frac{人工工日数}{每天工作人数}$$

（每天按一班 8h 工作计算）

材料需用量＝工程量×相应材料定额

在运用上列计算式时，工程量的计量单位必须与定额上所示计量单位相一致。

现行的预算定额是中华人民共和国建设部颁布的《全国统一建筑装饰工程预算定额》，不足部分可参照各省、市现行的建筑工程或装饰工程预算定额。

例如：地面工程工料计算

计算方法：

地面找平层、面层的工程量均按其主墙间的净空面积计算。应扣除凸出地面的卫生设备等不做面层的部分面积，不扣除间壁以及管道等所占面积，但门洞空圈开口部分面积亦不增加。

踢脚线工程量按其展开面积计算，即踢脚线展开长度乘其高度。

鉴于整体面层（如水泥、水磨石等）工料预算定额中已包括踢脚线工料，因此，计算整体面层工程量时不再计算踢脚线工程量。块料面层工料预算定额中不包括踢脚线工料，故计算块料面层工程量时，应另行计算踢脚线工程量。

假如，我们这次装饰工程有 150m² 的水泥砂浆地面，那么所需材料、人工各是多少？计算工料所需配套定额见表 20-2、表 20-3。

材料：

1∶2 水泥砂浆：1.5×2.17＝3.26m³

1∶3 水泥砂浆：1.5×0.20＝0.30m³

素水泥浆：1.5×0.12＝0.18m³

1m³ 水泥砂浆、水泥浆配合比

表 20-2

组成材料名称	单位	水泥砂浆					素水泥浆
		1:1	1:1.5	1:2	1:2.5	1:3	
325号水泥	kg	758	636	550	485	404	1502
净　砂	m³	0.64	0.80	0.93	1.02	1.02	

100m² 水泥地面工料

表 20-3

	项　目	单位	1:2水泥地面	水泥踢脚线
	综合人工	工日	16.4	46.8
材料	1:2水泥砂浆	m³	2.17	
	1:3水泥砂浆	m³	0.20	1.34
	素水泥浆	m³	0.12	
	1:2.5水泥砂浆	m³		0.89
	草　袋	m²	122	

注：1. 地面砂浆厚度为20mm。

2. 水泥踢脚线项目只适用于单独做踢脚线者。

3. 水泥地面如不做踢脚线者，其工料不予扣除。

由配合比换算为水泥和净砂用量为：

水泥：$3.26 \times 550 = 1793$ （kg）

$0.3 \times 404 = 121.2$ （kg）

$0.18 \times 1502 = 270.36$ （kg）

砂：$3.26 \times 0.93 = 3.03$ （m³）

$0.3 \times 1.02 = 0.31$ （m³）

合计：水泥用量 2184.56kg；净砂用量 3.34m³

人工：

$1.5 \times 16.4 = 24.6$ （工日）

因此装饰 150m² 水泥砂浆地面所需水泥 2185kg；净砂 3.34m³；人工 24.6 个。

用同样的方法计算出本工程项目所需的全部人工和材料名称、规格、数量并汇总列出计划表见表 20-4、20-5。

在提出劳动力、材料计划的同时，提出机具需要量计划。

工程量计算完成，资源需要量计划已经

提出，施工方案已经确定，现场已经勘察，可制定施工进度表。

劳动力计划表

表 20-4

编号	工程项目	人　工　数　量					进场时间
		木作	瓦抹	油漆			

工程名称：

材料计划表

表 20-5

编号	材料名称	使用部位	规格	单价	数量	产地	要求进场时间

工程名称：

施工进度计划表用于控制施工进度和调度工人及材料。进度表的编排是按照工程期限将各施工项目的工作量、完成项目所需的时间，科学性地编排在时间表内。通常有表格式和网络式二种表达形式，表格式进度计划例表见表 20-6。

进度计划表能反映出工程项目种类、总工期、平行搭接时间、项目的开始和持续时间等参数。它能直接指导工程施工进程。

（4）制定技术、质量、安全等保证措施。一项装饰工程的施工，还需各项保证措施加以保证。

施工管理人员在掌握了全盘施工资料后，按照施工内容进行人员部署，划分各工序的职责范围。选择有技术、有经验、责任心强的人员作工种负责人。对一些图纸上技术要求高或者需特殊处理的部位，加强管理，使工程顺利进行。作好施工放大样工作，查对实地放样与平面图纸尺寸是否有差异，把错误或不合适的地方消灭在准备阶段。

加强质量管理，层层落实质量责任制，可设现场专业质检员，在施工中随时检查和纠正施工质量问题。坚持工序交接制度，贯彻质量否决权。所有进场材料都应有出厂合格证明，禁止使用"三无"产品。做好产品保护工作，现场要制定产品保护制度，对损坏或污染的门窗、灯具、卫生设备等实行包修包换。

加强安全教育，提高大家的安全生产意识、高度树立安全第一的思想，确保生产安全进行。所有用电设备应安装安全用电保护器，配电开关箱上锁，经常检查电器设备，保证正常运转，禁止设备带病工作。现场应备有消防器材，火源、火种严加看管，防止发生火灾。进入施工现场要戴安全帽，高空作业要系安全带，严禁从楼内向下抛扔东西，严格执行国家有关安全法规。

表 格 式 进 度 表　　　表 20-6

日期 项目	7月 26~28	29~31	8月 1~3	4~6	7~9	10~12	13~15	16~18	19~21	22~24	25~27	28~30	9月 31~2
拆除工程	━												
砌墙工程		━											
木顶棚工程			━										
木墙板工程					━								
门面工程												━	
铝合金门窗					━					━			
木货柜工程													
不锈钢货柜工程											━		
招牌工程													
油漆工程							━						
壁纸工程													
外墙粉刷工程	━												
玻璃镜工程											━		
大理石工程												━	
水磨石地面工程													━
电工程													

小　结

　　装饰工程的施工，应作好施工组织设计来指导施工活动。确定施工流程、制定施工方案、编排施工进度、提出资源计划、制定各种保证措施是装饰工程施工组织的主要内容。

　　装饰工程的特点是：投资少、工期短、分工细、资源使用集中、配合紧凑。

　　编制装饰工程的施工组织设计的内容和步骤为：看设计图，编排总体施工流程图；列出分部、分项工程的施工清单、制定好施工方案；计算工程数量，排施工进度计划，提各种资源需要量计划；制定各种保证措施。

习　题

1. 装饰施工组织设计的内容有哪些？
2. 如何安排总体施工流程？
3. 计算工程数量的作用？
4. 排施工进行计划应考虑哪些问题？

第21章 环境保护基本知识

21·1 概 述

环境是人类赖以生存的基本条件。人类的一切生活和生产活动,离不开周围的环境,并使周围环境产生变化,这种变化又反作用于人类的一切活动。保护和改善环境是人类社会持续稳定发展的基本保证。

装饰工程是人类生产活动的一个分支,能为人类创造舒适、优美、合适的生活、生产环境,同时也会给人们带来许多不便,甚至会破坏环境。因此,在装饰工程施工时,要注意环境保护。

21.1.1 人类环境和环境问题

人类赖以生存和发展的物质条件的总体,称为人类环境。它包括自然环境和社会环境二大部分。自然环境是由地球上不同状态物质如岩石、矿物、土壤、水体、大气层、太阳辐射、动物、植物、微生物等结合而成的总体。社会环境是人类的生产、交换、流通和消费等经济活动以及居住、文化、教育、娱乐等社会活动的总体。具体分类见图21-1。

由于人类生活和生产活动,使周围环境产生变化,如果变化超出自然系统的调节能力,就会产生生态平衡的破坏,使人类和各种生物受害,这就出现了环境问题的课题。

环境问题可以分为两类,一类是由自然灾害引起的原生环境问题(一般人力不可抗拒);另一类是由人类生活、生产活动引起的次生环境问题(人为产生)。具体分类见图21-2。

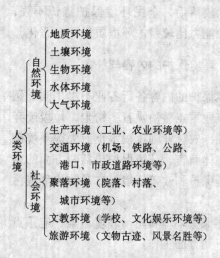

图 21-1 人类环境的分类

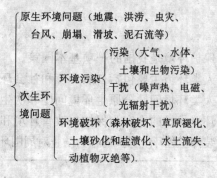

图 21-2 环境问题分类

我国环境问题的特点:

(1)我国人口众多,人均资源少,低于世界人均水平,现在经济又处在迅速发展时期,粗放的生产经营方式,使资源浪费和环境污染相当严重。

(2)我国的能源结构以煤为主,对环境污染危害严重。

(3)我国工业构成中,中小型企业多,生产过程中考虑环保因素较少,加之乡镇企业的崛起给环保的冲击巨大，环境污染治理任务更加艰巨。

（4）我国是发展中国家，经济比较落后，资金短缺，不可能拿出很多资金来治理保护环境。

（5）我国的文化科学水平与发达国家相比还比较落后，全民环境保护意识不强，环境保护能力比较差，环境质量还在恶化。

21.1.2 环境保护的内容与任务

环境保护的内容各行各业不尽相同。例如，建筑业重点整治噪音、粉尘、垃圾废弃物的污染；农林业则重视水土流失等环境破坏。但整体而言，环境保护包括两方面的内容：一是保护和改善环境；二是防治环境污染。

怎样保护环境和防治环境污染，应重点搞好以下几方面工作：

（1）严格管理城市环境，重点防治工业污染，减少废水、废气、固体废物、噪声污染，造福人民。

（2）发展生态农业，改善生态环境。

（3）严格控制侵占耕地，节约用水，合理开采矿产资源，减少各种资源的占用和消耗。

（4）确保资金投入，大力发展环境和生态保护的产业。

（5）加强环保执法力度，严打破坏环境的违法行为。

装饰工程施工的环境保护主要包括两个方面：

（1）由于施工而对周围环境的污染。如大气污染、水体污染、废弃物污染、噪声污染、光污染、次生灾害等。

（2）操作者施工过程中的环境保护。如施工噪声、气味浓度严重超标等。

小　　结

保护环境是我国的一项基本国策。

人类环境主要包括自然环境和社会环境二部分。

人类环境问题分原生环境问题和次生环境问题。

环境保护的内容为保护、改善环境和防治环境污染。

装饰工程环境保护内容为防止对周围环境产生污染和操作者自身的施工环境保护。

习　题

1. 什么是人类环境？环境保护的内容是什么？
2. 我国环境问题的特点是什么？
3. 装饰工程环境保护的内容是什么？

21.2　大气污染与防治

21.2.1　大气污染

大气（空气）不是单一的物质，而是多种气体的混合体。它的恒定成分有氧、氮、氩三种，分别占总容积的78.08％、20.95％和0.93％；除此之外，还有微量的稀有气体，如氖、氦、氙、氪等；它的可变成分有二氧化碳和水蒸汽。

由于火山爆发、森林火灾、地震、海啸等突发性自然灾害可产生大量的尘埃、硫、硫化氢等，作为空气的不定组分使大气局部区域产生较大的变化。

大气污染是指洁净大气被有害气体和悬浮物质微粒污染，其含量大大超过了原来的正常含量或混入了大量通常不存在的物质的现象。

21.2.2 造成大气污染的物质及危害

燃料的燃烧，工业生产，核爆炸后散落的放射性物质，交通运输工具等排出的有害烟气，是污染大气的主要来源。大气污染不仅对一个地区（甚至全球）的天气和气候发生影响，而且更重要的是对人类生活、动植物生长、工业产品质量和建筑物的使用寿命具有很大的危害。

大气污染物的种类很多，对人类和各种生物的生长发育影响较大的污染物有粉尘、硫氧化物、氮氧化物、一氧化碳和光化学烟雾、放射性物质等。

（1）粉尘

粉尘主要来自燃料燃烧过程中产生的废弃物，对一般燃烧装置而言，原煤燃烧后约有原重量的 10% 以上的废弃物以烟尘形式排入大气。工业企业中的水泥、石灰、矿业、冶炼、粮食和食品加工、砖瓦窑及石棉生产过程均会产生各种粉尘。一般粒径大于 $10\mu m$（微米）的称为落尘，小于 $10\mu m$ 的称为飘尘。落尘多是燃烧不完全的小碳粒，自重大，能很快降落到地面。飘尘成份复杂，有的含有害物质、致癌物质，在空气中长时间飘浮，能进入人体的呼吸系统，其中粒径小于 $5\mu m$ 的还能通过肺细胞进入血液循环系统。

（2）硫氧化物

硫氧化物主要指二氧化硫（SO_2）和三氧化硫（SO_3），是燃烧含硫的燃料和物质时产生的。硫氧化物进入人体，可引起慢性结膜炎、鼻炎、咽炎、气管炎、支气管炎和肺炎等疾病。硫氧化物遇水汽后会生成酸雾，具有较强的毒性和腐蚀性，对环境危害很大。

（3）氮氧化物

氮氧化物污染物在大气中主要是一氧化氮和二氧化氮，主要来源于各种矿物燃料的燃烧过程。接触二氧化氮可引起慢性支气管炎、神经衰弱等疾病。

（4）一氧化碳

一氧化碳即煤气，是无色、无嗅的有毒气体。一氧化碳主要来源于煤和石油的燃烧过程，如汽车尾汽排放。由于一氧化碳不溶于水，吸湿性差，很难被雨水吸收冲刷落到地面，长期停留在空气中。一氧化碳的排放量居世界主要有毒大气污染物的首位。一氧化碳对人体的危害主要是引起缺氧症状，轻者造成贫血、心脏病、记忆力减退、失眠等，重者发生窒息。

（5）光化学烟雾

光化学烟雾是氮氧化物和碳氢化物，经太阳紫外线照射而产生的一种毒性很大的浅蓝色烟雾。汽车尾气是产生光化学烟雾的主要根源。光化学烟雾有强烈的刺激作用，毒性很大，能使人眼睛红肿，喉咙疼痛。

（6）放射性物质

放射性污染是指铀、镭、锶等放射性物质的射线所造成的危害。放射性物质来源于天然辐射源和人工辐射源。天然辐射源如宇宙射线、水域、矿床中的射线，人工辐射源如医用、科研用的射线，核工排放和核试验等。人体如长期接受低剂量辐射，会引起白血球增多或减少，肺癌和生殖机能病变。

另外，各种大气污染的物质对植物的危害也很大。当大气污染浓度超过植物所能忍受的限度时，植物细胞和组织器官会受到伤害，生理功能和生长发育受阻，造成产量下降，质量变坏，甚至死亡。

大气污染还能使受害地区的土壤逐渐酸化、水质变劣、损坏建筑物、腐蚀机器设备、沾污或腐蚀家用电器、家具及衣物等，直接或间接地造成各种经济损失。

21.2.3 大气污染的防治

国家为保障人民群众身体健康和生态系

统不受破坏，对大气污染物的排放，制定了许多相关的标准和法律制度。它是大气环境监测和管理的依据。具体标准有以下几种。

(1) 1979 年颁布的《工业企业设计卫生标准》(TJ 36—79)。对居住区中有害物质规定了最高容许浓度。

(2) 1982 年 4 月我国国家标准局颁布的《大气环境质量标准》。将大气污染物确定为总悬浮微粒、飘尘、二氧化硫、氮氧化硫、一氧化碳和光化学氧化剂六项，并按地区差异，分为三类地区，分别执行三级不同标准。

(3) 1973 年颁布，1974 年试行的《工业"三废"排放试行标准》。根据我国的国情，暂定了十三类有害物质的排放标准。

(4) 1983 年城乡建设环境保护部颁布了《锅炉烟尘排放标准》。对锅炉烟尘的排放做了相关规定。

(5) 1987 年通过，1995 年修订的《中华人民共和国大气污染防治法》是防治大气污染的主要法律。对大气污染防治工作的管理体制、防治烟尘污染、防治工业废气、防治粉尘污染、防治恶臭污染和防治机动车船尾气都作了具体规定。

大气污染的防治方法较多，常采取下列方法进行防治：

(1) 城乡居民点的合理布局。工业企业是造成大气污染的主要污染源。合理规划工业布局，生活区布局，是防止大气污染的根本措施。

(2) 设置工业卫生防护带。种植宽度不等的林带，通过树木的吸附和过滤作用，可有效地降低烟尘及有害气体的浓度。

(3) 改变燃料结构，改进技术措施。增加对大气污染较轻的燃料和能源的利用比重。集中供气、供暖。改进燃烧技术；降低除尘排放量。

(4) 改进汽车发动机结构，安装净化装置，发展无公害交通工具。

小　结

　　大气污染是环境污染的一个重要部分。燃料的燃烧、工业生产、放射性物质、交通运输工具等排出的有烟烟气是污染大气的主要来源。

　　大气污染物中的粉尘、硫氧化物、氮氧化物、一氧化碳、光化学烟雾等对人体、动植物的危害最大。

　　工业的合理布局、燃料结构的改进、无公害交通工具的发展是大气污染防治的主要方法。

习　题

1. 大气污染源主要有哪些？
2. 大气污染物有哪些？它们对人体各有什么危害？
3. 大气污染防治的主要方法有哪些？

21.3 水体污染与防治

水是人类及一切生命活动的基本要素，没有水就没有生命。水是每个国家工农业生产的命脉。水资源是宝贵而有限的，防止水体污染已成为当今世界各国艰巨而繁重的任务。

21.3.1 水体污染物

污染物进入水体，其含量超过水体的自净能力，致使水质变坏，影响使用，称为水体污染。造成水体污染的物质相当复杂，通常分为四大类，即无机无毒物、无机有毒物、有机无毒物和有机有毒物。

无机无毒物包括酸、碱、无机盐、氮、磷等。

无机有毒物包括汞、镉、铅、铬、氰化物、氟化物等。

有机无毒物包括碳水化合物、脂肪、蛋白质、木质素、油类等在水中易分解的有机化合物。

有机有毒物包括酚类、多氯联苯、多环芳烃、有机农药、染料、油漆等。

21.3.2 水体污染的危害

水体污染后，可通过饮食直接危害人体健康，也可直接危及水产品的生存和繁殖，并降低水产品的食用价值。它对农作物的危害则表现为直接毒害、营养素过剩和土壤恶化等。

人们直接饮用含有致病菌的水，会感染发生诸如霍乱、伤寒、急性肠炎、腹泻等疾病。某些寄生虫可以由接触污染水传染。不同的病毒可以引起肝炎、脊髓灰质炎、脑膜炎、出疹性热病等。此外，含有有毒物质的污染水体，还可直接或间接危害人体。

水体污染可以直接降低农作物的产量和质量，而水体污染后会造成营养过剩的话，利用污水灌溉后会引起农作物陡长、贪青倒伏、晚熟、发生病虫害等，造成农作物大面积减产。此外，污水灌溉过的农田、菜地，由于水中大量的有害、有毒物质沉积于土壤之中，使土质受污染变坏，影响农作物的生长。

水体污染对渔业的危害表现在突发性大量中毒死亡、慢性危害和降低鱼类的商品价值等方面。

21.3.3 水体污染防治

为了加强对水体污染的预防和治理，国家对各种用水做了相关的规定，主要有以下标准。

1985 年我国颁布了《生活饮用水卫生标准》(GB 5749—85) 对水质和水源卫生防护提出了要求，对水质检验也作了规定。

1988 年我国颁布了《地面水环境质量标准》(GB 3838—88) 主要适用于江、河、湖、水库等具有使用功能的地面水域。

1985 年国家环境保护局颁布了《农田灌溉水质标准》(GB 5084—85) 对农田灌溉用水作了规定。

1988 年国家环境保护局颁布了《污水综合排放标准》(GB 8987—88) 对各种污水排放作了规定。

水体污染防治方法较多，常采用以下几种方法：

(1) 全面规划，合理布局。各工业区之间应有足够的距离，以保持河流等良好的自净条件。

(2) 加强污水排放管理。向农田灌溉排放工业废水和城市污水，应当符合相应的排放标准。利用工业废水和城市污水进行灌溉，应当防止污染土壤、地下水和农产品。禁止向水体排放油类、酸液、碱液或剧毒废液。禁止利用渗井、渗坑、裂隙和溶洞排放、倾倒含有毒污染物的废水、含病原体的污水和其他废弃物。

(3) 不达标水体排放前必须进行污水处

理。污水处理的目的是将污水中的污染物质分离出来，或将其转化为无害的物质，达到水体净化。由于污染物质的多样化，不能指望用一种方法就能将所有的污染物质去除殆尽，往往要通过多种方法综合处理，才能达到预期的效果。处理方法通常有物理处理法、化学处理法和生物处理法三大类。

物理处理法是最简易的处理方法，即采取格栅、沉淀池、滤网等方法，将污水中的悬浮物、沉降物等杂质以及依附其上的微生物、寄生虫卵等予以去除。

化学处理法是根据污染物的化学性质，可以选用中和、混凝、氧化还原、吹脱、吸附、离子交换以及电渗透等化学处理技术，去除污水中呈溶解、胶凝状态的污染物，或将其转化为无毒无害的物质。

生物处理技术是通过生物的代谢作用，使在污水中呈溶解、胶体以及微细悬浮状态的有机物、有毒物等污染物质，转为稳定、无害的物质。

小　　结

水是人类及一切生命活动的基本要素，没有水就没有生命。水资源是宝贵有限的，防止水体污染任务繁重而艰巨。

造成水体污染物常有无机无毒物、无机有毒物、有机无毒物和有机有毒物四大类。

工业废水是水体污染的主要污染源。

水体污染直接危害人体的身体健康，也直接危及鱼类、水中生物以及农作物的正常生长和繁殖。

污水处理方法有：物理处理法、化学处理法、生物处理法等。

习　题

1. 什么是水体污染？
2. 水体污染有哪些危害？
3. 怎样防治水体污染？
4. 污水处理方法有哪些？

21.4　固体废弃物的污染与防治

21.4.1　固体废物

人类在生产和生活过程中排出的固体废弃物质，统称为固体废物。

固体废弃物通常分为五大类：矿业固体废物；工业固体废物；生活和建筑垃圾；农业废物；放射性固体废物。

矿业固体废物是矿业开采和筛选过程中产生大量的固体废物，如煤矸石、废石等。

工业固体废物是工业生产和加工过程中产生的固体废物，如电厂粉煤灰、金属与木材加工废碴等。

生活和建筑垃圾是人们日常生活和基本建设过程所产生的固体废物，如菜叶、塑料袋、碎砖石块等。

农业废物包括农业生产和禽畜饲养产生的植物枝叶、秸秆、壳屑、动物粪便、尸骸等。

放射性固体废物来自核工业、放射性医疗、科学研究机构等。

21.4.2　固体废物的污染与危害

固体废物数量庞大，占地多，清理处置投入大，有些有害废物能改变土质和土壤结构，影响农作物的生长。

污染水体，固体废物通过直接倾倒、随地面径流流入、渗透等方法污染地面水和地下水。

固体废物中的微粒和粉尘能随风飞扬，使大气的能见度降低，而废物还会分解出臭气和有害气体，造成大气污染。

影响城市环境卫生，由于城市人口的急剧增加，使垃圾和粪便的排放量大大增加，而其中的大部分未经消毒处理就进入环境。它是病菌、病毒、蚊、蝇的孳生场地，并易于腐烂变质和散发恶臭，是城市的重要污染源。

21.4.3　固体废弃物的治理和利用

根据固体废弃物的不同类别，对废弃物进行不同的治理和利用，常用方法有以下几方面。

（1）合理安排堆集场地。堆集场地应与工厂区、住宅区和水源地有适当的卫生防护距离。并考虑二次的利用方便，如电厂的粉煤灰堆放应考虑生产砌块、水泥的方便等。

（2）提取回收各种金属。提取各种金属，如金、银、铂、钛、锑、钯等。

（3）生产建筑材料。利用燃料废渣、煤矸石、粉煤灰、高炉矿碴等制作水泥和多种墙体材料。

（4）改良土壤及用作肥料。粉煤灰、活性污泥可直接施用于农田，用来改良土壤。

（5）作为其它工业的代用原料。电石渣或合金冶炼中的硅钙渣中均含有大量的氧化钙成分，可以代替石灰使用，煤矸石可以代替焦炭生产磷肥等。

（6）废渣经过回收堆放和综合利用后，还需最终处置，如填埋、焚烧、投海、压缩水泥封装等。

除上述的综合利用之外，还有很多的固体废物可以综合利用，有待于不断开发利用，变废为宝。

小　结

固体废物是人类在生产和生活过程中排出的固体废弃物质。

固体废弃物通常分为五大类，即矿业固体废物；工业固体废物；生活和建筑垃圾；农业废物；放射性固体废物。

固体废物的堆存，占用土地，污染水体和大气，破坏土壤，危害生物和人体健康。

处理固体废物的最好方法是大力开展综合利用，变废为宝，充分地利用自然资源，废物资源化，物尽其用。

习　题

1. 什么是固体废弃物？按其来源分为哪几类？
2. 固体废弃物有哪几方面的危害？
3. 固体废弃物如何治理和利用？

21.5 噪声污染与防治

噪声污染是社会公害之一。它是指不同频率和强度的声音,无规则地组合在一起,造成对人和环境的影响。

衡量噪声污染程度有两种方法:一是反映噪声大小或强弱的客观物理量(如声压和声压级等);二是涉及到人耳的听觉特性,反映噪声对人产生的各种心理和生理影响的主观评价量(如A声级,等效声级等)。声级的单位都是无量级的分贝,用dB表示。

噪声污染应把主观评价量与客观物理量联系在一起综合评价。

21.5.1 噪声的来源和危害

噪声污染的来源主要是交通噪声、工业噪声和生活噪声。

交通噪声主要来源于各种机动交通工具。飞机噪声最大,火车噪声对铁路沿线居民的干扰极大,汽车噪声是城市噪声的主要噪声源,影响面大而广,几乎涉及每一个城市居民。

工业噪声主要来自机器振动和设备操作,对周围居民的干扰较大。建筑施工噪声主要是各种土方机械、打桩机械、空气压缩机、混凝土输送泵、搅拌机、风钻、电锯、振动器等发出的工作噪声,有的机具由于施工工艺特点在夜间连续使用,对周围环境危害更大。

生活噪声指娱乐场所的喧闹声,菜市场的嘈杂声,家庭电器工作噪声,中、小学校的吵闹声,以及高音喇叭广播和高声喊叫声等,这些噪声易使人心烦不安。

噪声对人的影响及危害主要是令人烦躁,干扰谈话,影响工作,不利休息,妨碍睡眠。而最显著的危害是使人听力减退和发生噪声性耳聋。此外,噪声对神经系统、心血管系统、消化系统、呼吸系统亦产生一定的影响。

21.5.2 噪声的污染防治

为了保护在噪声条件下工作和生活的人们的健康,国家根据实际需要、区域环境功能和经济合理等原则,制订了若干噪声标准。

1979年颁发了《工业企业噪声卫生标准》(试行草案)。要求工厂车间和作业场所的噪声卫生标准指标为85dB(A)。

1996年10月29日颁布了《中华人民共和国城市区域环境噪声标准》。把城市区域划分为0~4类五个区域,规定环境噪声标准值为昼间50~70dB,夜间40~60dB。每个类级相差5dB。

1996年10月20日颁布的《中华人民共和国工业企业厂界噪声标准》。把厂界划分为一至四类区域,规定环境噪声标准值为昼间55~70dB,夜间45~60dB。每个类级相差5dB。

国家对各类机动车辆噪声也制定了标准。

建筑施工现场应遵守《中华人民共和国建筑施工场界噪声限值》(GB 12523—90),具体噪声限值见表21-1。

建筑施工场界噪声限值　表21-1

施工阶段	主要噪声源	噪声限值(dB)	
		昼间	夜间
土石方	推土机、挖掘机、装载机等	75	55
打桩	各种打桩机等	85	55
结构	混凝土搅拌机、振捣棒、电锯等	70	50
装修	吊车、升降机等	65	55

只有当噪声源、传播途径和接收者三个因素同时存在时,噪声才能对人造成影响和危害。因此,噪声控制必须从上述三个方面着手。即从声源上降低噪声;在噪声的传播

途径上控制噪声；在接收者进行个人的噪声防护。

噪声控制，防比治更有效。从声源处治理噪声是降低噪声最有效和最根本的办法。通过改革产品的结构和工艺，将发声体改造成不发声或发声小的物体，可以有效地减轻噪声。搞好环境规划，颁布噪声控制标准和相关的控制法令，则是控制噪声最有效、最经济的办法。

当技术和资金上的原因，不能从声源控制噪声时，可以采取措施从噪声的传播途径上解决。具体的办法有：吸声、消声、隔声、隔振、阻尼等技术。例如：城市高架路两侧设置隔音墙，可以有效地隔断或减弱交通噪声对沿线居民的干扰。

从声源和噪声的传播途径上采取控制措施有困难或无法进行时，接收者可以采取个人防护措施。如佩带耳塞、耳罩、防声头盔等以隔断噪声对听觉的干扰。这也是装饰业防止噪声一种主要方法。

小　结

噪声污染是社会公害之一。它是指不同频率和强度的声音，无规则地组合在一起，造成对人和环境的影响。

噪声污染的来源主要是交通噪声、工业噪声和生活噪声。

环境噪声污染的主要任务是城市环境噪声污染的防治。

为了保护在噪声条件下工作和生活的人们的健康，国家根据实际需要、区域环境功能和经济合理等原则，制订了若干环境噪声排放标准。

习　题

1. 什么叫环境噪声污染？
2. 环境噪声污染对人体健康有什么危害？
3. 噪声控制从哪几方面入手？

21.6　建筑施工环境保护管理

21.6.1　国家有关建设环境保护的主要规定

（1）环境保护法

1989 年 12 月 26 日通过的《中华人民共和国环境保护法》对防治环境污染和公害治理作出了明确要求，主要表现在以下几个方面：

1）环保目标责任制

有可能产生环境污染和其它公害的单位，环保工作列入本单位工作计划，有目标有制度；已产生污染和公害的单位或个人，自己要进行治理，并达到标准。

2）严格执行"三个同时"

对建设项目中的防治环境污染和其它公害的设施，必须和主体工程同时设计、同时施工、同时交工投产。

3）排污申报和收费

所有排污单位或个人，向环保部门申报拥有的污染排放设施，处理设施，排污种类、数量和浓度，提供防治污染的有关资料，交纳一定的排污费用。

4）环境监测

环保部门建立环境监测网站，调查和掌握环境状况和发展趋势，并提出改善措施。

(2) 三个文件

《国务院关于环境保护工作的决定》即国发（1984）64 号文件；《关于基建项目、技措项目要严格执行"三同时"的通知》即(80) 国环号第 79 号文件；《建设项目环境保护管理办法》即 1986 年 3 月 26 日由国家环境保护委员会、国家计委、经委颁布实施。

这三个文件主要内容是：把保护和改善生活环境和生态环境，防止污染和自然环境破坏，作为我国社会主义现代化建设中的一项基本国策。一切可能造成污染和破坏的工程建设和自然开发项目，都必须严格执行防治污染措施与主体工程同时设计、同时施工、同时投产。凡污染治理工程没有建成的不予验收，不准投入使用。对违反文件有关制度的要进行处罚。

(3) 建设工程施工现场管理规定

此规定 1991 年 12 月 5 日建设部令第 15 号发布。该规定在第四章环境管理中有以下规定：

第三十一条 施工单位应遵守国家有关环境保护的法律规定，采取措施控制施工现场的各种粉尘、废气、废水、固体废弃物以及噪声、振动对环境的污染和危害。

第三十二条 施工单位应当采取下列防止环境污染的措施：

1) 妥善处理泥浆水，未经处理不得直接排入城市排水设施和河流。

2) 除符合规定的装置外，不得在施工现场熔融沥青或者焚烧油毡、油漆以及其他会产生有毒有害烟尘和恶臭气体的物质。

3) 使用密封式的圈筒或者采取其他措施处理高空废弃物。

4) 采取有效措施控制施工过程中的扬尘。

5) 禁止将有毒有害废弃物用作土方回

填。

6) 对产生噪声、振动的施工机械，应采取有效控制措施，减轻噪声扰民。

第三十三条 建设工程施工由于受技术、经济条件限制，对环境的污染不能控制在规定范围内。建设单位应当会同施工单位事先报请当地人民政府建设行政主管部门和环境行政主管部门批准。

21.6.2 施工现场环境保护管理

(1) 建立建全施工现场环境保护管理体系

每个工程项目施工前，根据单位工程及分项工程的特点，施工单位与当地环境主管部门；施工单位与居委会（或街道办事处）；总包单位与分包单位签订环境保护责任书。建立单位工程环保管理体系网络图。

针对工程特点对照有关法规等要求，建全各项环保规章制度，认真贯彻执行各项方针、政策、法规。做好工地环境保护的教育、预防治理和奖罚三个方面的工作。

(2) 现场环境保护的主要项目和内容

施工现场环境保护项目及内容视工程项目不同，施工地点、施工方法不同而略有不同，一般可以概括为"三防八治理"，即：

三防：防大气污染、防水源污染、防噪声污染。

八治理：锅炉烟尘治理、锅灶烟尘治理、沥青锅烟尘治理、地面路面施工垃圾扬尘治理、搅拌站扬尘治理、施工废水治理、废油废气治理、施工机械车辆噪声治理和人为噪声治理等。

(3) 施工现场环境保护具体要求

1) 施工现场场容要求

施工区域应用围墙与非施工区域隔离，防止施工污染施工区域以外的环境。施工围墙应完整严密，牢固美观。

施工现场应整洁，运输车辆不带泥砂出

场，并做到沿途不遗撒，不污染场外道路。

施工现场材料、设备堆放按施工设计平面图要求布置堆放，现场外不能堆放施工材料。

施工垃圾应及时清运到指定的消纳场所，装饰垃圾更要按要求和地点堆放，严禁乱倒乱放，随时清理垃圾出场。

搅拌站四周，施工地点无废弃砂浆和混凝土，现场道路通畅、整洁。

工地办公室、职工宿舍和更衣室要整齐有序，保持卫生、无污物、无污水、生活垃圾集中堆放及时清理，高层建筑物内应设有厕所，严禁随地大小便。

2）防大气污染要求

工地锅炉和生活锅灶须符合消烟除尘标准，采用有效的消烟除尘技术，减少烟尘对大气的污染。

优先采用冷做防水新技术、新材料。需熬热沥青的项目应采用消烟节能沥青锅，不得在施工现场敞口熔融沥青或者焚烧油毡、油漆、油漆桶以及其他会产生有毒有害烟尘和恶臭气体的物质。

装饰工程的下角废弃材料，如刨花、锯末、PVC板、龙骨、压条等不得随处焚烧，污染环境。

有较浓气味的油漆、涂料施工时要作好自身劳动保护工作，如减少工作时间、及时在室外呼吸新鲜空气等。

有条件的应尽量采用商品混凝土，无法使用的必须在搅拌站安装除尘装置。搅拌机应采用封闭式搅拌机房，并安装除尘装置。应使用封闭式的圈筒或者采取其他措施处理高空废弃垃圾，严禁从建筑物的窗口洞口向下抛撒施工垃圾。施工现场要坚持定期洒水制度，保证施工现场不起灰扬尘。施工垃圾外运时应洒水湿润并遮盖，保证不沿路漫撒扬尘。

对水泥、白灰、粉煤灰等易飞的细颗粒材料应存放在封闭式库房内，如条件有限须库外存放时，应严密遮盖，卸运尽量安排在夜间，以减少集中扬尘。

机械车辆的尾气要达标，不达标的不得行驶。

3）施工废水治理排放

有条件的施工现场应采用废水集中回收利用系统。

现场水泥浆水如水磨石浆水等必须沉淀、澄清，再进行排放。搅拌站应设沉淀池，并定期清掏。

装饰腻子、涂料等废弃物严禁直接排入下水道。

搅拌站、洗车台等集中用水场地除设沉淀池外，还应设有一定坡度不得有积水。现场道路应高出施工地面20～30cm，两侧设置畅通的排水沟，以保证现场不积水。

工地食堂废水凡接入下水道的必须设置隔油隔物池，附近无下水道的应选择适当地点挖渗坑，不得让污水横流。

4）施工噪声治理

离居民区较近的施工现场，对强噪声机械如发电机、空压机、搅拌机、砂轮机、电焊机、电锯、电刨等，应设置封闭式隔声房，使噪声控制在最低限度。这类机械操作人员工作时应注意自身的劳动保护。

对无法隔音的外露机械如塔吊、电焊机、打桩机、振捣棒等应合理安排施工时间，一般不超过晚上22时，减轻噪声扰民。特殊情况需连续作业时，须申报当地环保部门批准，并妥善做好周围居民工作，方可施工。

施工现场尽量保持安静，现场机械车辆要少发动、少鸣笛。施工操作人员不要大声喧闹和发出刺耳的敲击、撞击声，做到施工不扰民。

采用新技术、新材料、新工艺降低施工噪声，如采用隔声布围护、自动密实混凝土技术等。

5）油料污染治理

现场油料应存放库内。油库应作水泥砂浆地面，并铺油毡，四周贴墙高出地面不少于15cm，保证不渗漏。

埋于地下的油库，使用前要做严密性试验，保证不渗不漏。

距离饮水水源点周围50m内的地下工程禁止使用含有毒物质的材料。

小　结

国家对建筑施工环境保护管理制定了许多法规、制度，必须严格执行。

建筑施工对环境的污染，施工扰民已成为社会广泛关注的问题。施工企业应根据国家建设环境保护的有关法规、工程特点，文明施工，搞好施工现场的环境保护工作。

施工现场环境保护管理的主要内容有：签订环境保护责任书；做好"三防八治理"工作。

习　题

1. 建筑工程现场施工现场管理有哪些规定？
2. 什么是"三防八治理"？
3. 如何防治施工现场的环境污染？

参 考 文 献

1. 饶勃主编. 实用瓦工手册. 上海：上海交通大学出版社

2. 侯君伟主编. 瓦工手册. 北京：中国建筑工业出版社

3. 建设类技工学校教材. 砖瓦工工艺学. 北京：中国建筑工业出版社

4. 陈兴沛主编. 砖瓦抹灰工. 西安：山西科学技术出版社

5. 李书田主编. 新型建筑围护材料与施工. 北京：中国建筑工业出版社

6. 工程建设标准规范分类汇编. 建筑工程质量标准. 建筑工程施工及验收规范. 北京：中国建筑工业出版社

7. 叶刚. 建筑结构施工基本理论知识. 北京：中国建筑工业出版社

8. 王海平编著. 室内装饰工程手册（第二版）. 北京：中国建筑工业出版社，1998

9. 杨天佑编著. 建筑装饰工程施工（第二版）. 北京：中国建筑工业出版社，1998

10. 童霞主编. 建筑装饰构造. 北京：中国建筑工业出版社，1998

11. 杨天佑编著. 建筑装饰施工技术. 北京：中国建筑工业出版社，1998

12. 陈保胜编. 建筑装饰材料. 北京：中国建筑工业出版社，1998

13. 于永彬编著. 金属工程施工技术. 沈阳：辽宁科学技术出版社，1998

14. 郝书魁主编. 建筑装饰工程施工工艺. 上海：同济大学出版社，1998

15. 饶勃主编. 装饰工手册. 北京：中国建筑工业出版社，1997

16. 天津三建技校. 建筑装饰施工工艺. 北京：中国建筑工业出版社，1995

17. 上海质监总站. 装饰工程师创无质量通病手册. 北京：中国建筑工业出版社，1999

加强空间立体感

灯光创造气氛

利用家具组合来改变空间

某展厅的内墙分隔

线条和韵律的表情

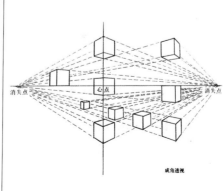

成角透视

室内空间与建筑结构

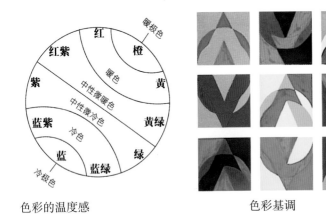

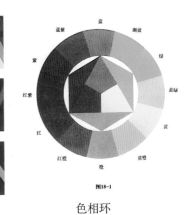

图18-1

色彩的温度感　　　　　　　色彩基调　　　　　　　　　色相环

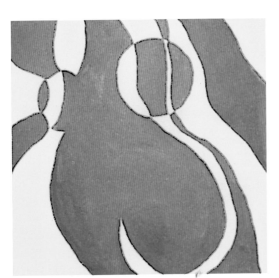

原色对比　黄－蓝　　　　　　　　　　　色彩的心理效应

色彩的重量感　　　　　　　明度基调　　　　　　　　色彩的距离感

补色对比

类似色对比

冷暖色对比

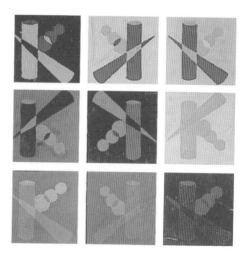

纯度对比

明度对比

同一明度调和

近似纯度调和

序列感的创造

色彩秩序调和

深化形体结构

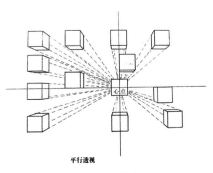

平行透视

重点处理手法的运用

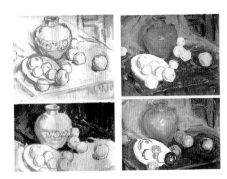

铺色

冷暖对比关系